UTB **1338**

Eine Arbeitsgemeinschaft der Verlage

Böhlau Verlag Köln · Weimar · Wien
Verlag Barbara Budrich · Opladen · Farmingon Hills
facultas.wuv · Wien
Wilhelm Fink · München
A. Francke Verlag · Tübingen und Basel
Haupt Verlag · Bern · Stuttgart · Wien
Julius Klinkhardt Verlagsbuchhandlung · Bad Heilbrunn
Lucius & Lucius Verlagsgesellschaft · Stuttgart
Mohr Siebeck · Tübingen
C. F. Müller Verlag · Heidelberg
Orell Füssli Verlag · Zürich
Verlag Recht und Wirtschaft · Frankfurt am Main
Ernst Reinhardt Verlag · München · Basel
Ferdinand Schöningh · Paderborn · München · Wien · Zürich
Eugen Ulmer Verlag · Stuttgart
UVK Verlagsgesellschaft · Konstanz
Vandenhoeck & Ruprecht · Göttingen
vdf Hochschulverlag AG an der ETH Zürich

Hans Häckel

Meteorologie

6., korrigierte Auflage

199 Abbildungen
29 Tabellen

Verlag Eugen Ulmer Stuttgart

Prof. Dr. Hans Häckel, geb. 1942 in München. Dort hat er 1962 das Abitur gemacht und danach ein Studium der Meteorologie absolviert. Nach dem Großen Staatsexamen führte ihn sein Weg zunächst an das Zentralamt des Deutschen Wetterdienstes nach Offenbach. 1971 wechselte er an die Agrarmeteorologische Forschungsstelle des Deutschen Wetterdienstes im Wissenschaftszentrum Weihenstephan. Dort studierte er Landwirtschaft und Gartenbau und promovierte 1974 zum Doktor der Landwirtschaft. 1976 übernahm er die Leitung der Dienststelle, die er bis zum Eintritt in den Ruhestand im Jahr 2003 innehatte. In dieser Zeit hat er eine große Zahl von Forschungsprojekten durchgeführt und war in zahlreichen Ausschüssen und Arbeitsgruppen tätig.

Seine Arbeitsschwerpunkte waren Frostschutz, Messtechnik, Modellierung, Agroklimatologie und Phänologie. Seit 1975 hält er Vorlesungen an der Fachhochschule und an der Technischen Universität (TUM) in Weihenstephan. 1987 wurde er von der TUM zum Honorarprofessor für Agrarmeteorologie ernannt.

Bibliografische Information der Deutschen Nationalbibliothek
Die Deutsche Nationalbibliothek verzeichnet diese Publikation in der Deutschen Nationalbibliografie; detaillierte bibliografische Daten sind im Internet über http://dnb.ddb.de abrufbar.

ISBN 978-3-8001-2897-6 (Ulmer)
ISBN 978-3-8252-1338-1 (UTB)

Wollgrasweg 41, 70599 Stuttgart (Hohenheim)
E-Mail: info@ulmer.de
Internet: www.ulmer.de
Lektorat: Monika Etspüler, Antje Springorum
Herstellung: Jürgen Sprenzel
Umschlagentwurf: Atelier Reichert, Stuttgart
Satz: Arnold & Domnick, Leipzig
Druck und Bindung: Graph. Großbetrieb Friedr. Pustet, Regensburg
Printed in Germany

ISBN 978-3-8252-1338-1 (UTB-Bestellnummer)

Inhaltsverzeichnis

Zu den Bildern auf der Umschlagseite:

Wie eine Wettervorhersage entsteht:

Oben: *Sie beginnt mit der Analyse der aktuellen Wetterlage – (hier symbolisiert durch ein Satellitenbild; s. Seite 295).*

Mitte: *Diese wird vom Computer übernommen und mit einem Wettermodell ihre weitere Entwicklung bis zum Prognosenzeitpunkt vorausberechnet – (hier symbolisiert durch ein anschauliches Atmosphärenmodell; s. Seite 286).*

Unten: *der Computer liefert die vorhergesagte Wetterkarte mit allen Wetterdaten – (hier symbolisiert durch eine Vorhersage-Wetterkarte; s. Seite 308).*

Von der Mühsal des Schreibens:

Im 8. Jahrhundert schildert der Schreiber des Westgotischen Wörterbuches die Mühsal seiner Tätigkeit und gibt dem Leser Anweisungen:

„O glücklichster Leser, wasche Deine Hände
und fasse so das Buch an,
drehe die Blätter sanft,
halte die Finger weit ab von den Buchstaben.

Der, der nicht schreiben kann,
glaubt nicht, daß dies eine Arbeit sei.
O, wie schwer ist das Schreiben:
Es trübt die Augen, quetscht die Nieren
und bringt zugleich allen Gliedern Qual;
drei Finger schreiben, der ganze Körper leidet."

(Quelle: Schreibersprüche aus der Ausstellung: „Schreibkunst, Mittelalterliche Buchmalerei aus dem Kloster Seeon." Kloster Seeon, 1996)

Vorwort

Die Meteorologie befasst sich mit den physikalischen Vorgängen in der Atmosphäre. Dabei hat sie naturgemäß wichtige Schnittstellen mit allen Geowissenschaften. Klimatologen, Geographen, Geophysiker, Ozeanographen, Geologen, Hydrologen und Glaziologen – sie alle benötigen für ihre Arbeit ein solides meteorologisches Grundwissen. Auch Botaniker, Zoologen und Ökologen können auf fundierte Kenntnisse über die Wechselwirkungen zwischen Atmosphäre und Biosphäre nicht verzichten. Wie wichtig die Meteorologie für Landwirtschaft und Gartenbau ist, soll eine Zahl beweisen: Über 80 % der Varianz der Ernteerträge lassen sich mit dem Wetter erklären. Selbst der Garten- und Landschaftsarchitekt muss wissen, welche klimatische Situation ihn im Gelände erwartet und inwieweit er bei seinen Maßnahmen in das meteorologische Geschehen eingreift. Ähnlich ergeht es dem Architekten, der ein Gebäude errichten, dem Städteplaner, der eine Stadt gestalten oder dem Umweltingenieur, der die Auswirkungen einer Industrieanlage auf die Umgebung abschätzen soll. Für sie alle ist dieses Buch geschrieben. Darüber hinaus will es Physiker ansprechen, die Meteorologie als Nebenfach betreiben. Schließlich wendet es sich an Lehrer, die Wetterkunde in ihrem Lehrplan stehen haben, und nicht zuletzt an jeden, den diese vielseitige und lebendige Wissenschaft interessiert. Für angehende Meteorologen ist das Buch allenfalls im Grundstudium geeignet. Von fortgeschrittenen Meteorologie-Studenten muss man ein erheblich tieferes Eindringen in ihr Fachgebiet – verbunden mit entsprechenden Detailkenntnissen – verlangen.

Detailfragen lassen sich jedoch im Rahmen des vorliegenden Buches nicht erschöpfend behandeln. Hier wird vielmehr ein breiter Überblick über die Meteorologie gegeben, der den Leser, die Leserin befähigt, sich selbständig weiter zu vertiefen oder in Spezialgebiete einzuarbeiten. Dazu soll auch die ausführliche Zusammenstellung wichtiger Spezialliteratur im Anhang dienen.

In die vorliegende 6. Auflage wurden wieder einige Ergänzungen aufgenommen, die zum großen Teil auf Fragen und Anregungen meiner Studenten/innen und zurückgehen. Sie sollen helfen, die Meteorologie noch leichter verständlich darzustellen. Denn das oberste Prinzip dieses Buches lautet weiterhin: Aktueller Inhalt bei optimaler Verständlichkeit! Wie auch schon in den früheren Auflagen wurde wieder großer Wert darauf gelegt, die Hintergründe der meteorologischen Gesetzmäßigkeiten zu beleuchten und die großen Zusammenhänge herauszuarbeiten. Hat man sie erst einmal begriffen, dann ergeben sich Details oft als selbstverständliche Konsequenzen.

Beibehalten wurde die schon in der 5. Auflage gewählte Form zur Behandlung des Kapitels „Schwankungen und Veränderungen des Klimas", das sich auch mit anthropogen verursachten Klimaänderungen befasst. Da zum Thema Klimaänderungen und ihren Folgen derzeit außerordentlich intensiv geforscht wird, ändert und vermehrt sich das Wissen darüber sehr schnell – viel zu schnell, als dass man es mit gedruckten Büchern ausreichend aktuell verbreiten könnte. Deshalb wurde das Thema „Schwankungen und Veränderungen des Klimas" als Anhang ins Internet ausgelagert, wo jederzeit updates möglich sind. Unter der Adresse **www.utb-met.de/Anhang** kann jederzeit kostenlos die neueste Version herunter geladen werden.

Die Meteorologie ist eine stark mathematisch-theoretisch geprägte Wissenschaft geworden. Das schreckt leider viele ab, sich mit ihr zu beschäftigen. Es wurde daher versucht, in diesem Buch mit möglichst wenigen Formeln auszukommen und die unumgänglich notwendigen aus der Alltagserfahrung heraus plausibel zu machen. Alle besprochenen Gesetzmäßigkeiten werden mit möglichst vielen und allgemein bekannten Vorgängen belegt. Umgekehrt sollen die uns oft völlig unbewusst begegnenden atmosphärischen Phänomene als Folge einfacher und leicht begreifbarer Zusammenhänge gedeutet werden. Die Randspalten wurden noch mehr als bisher dazu genutzt, „Blicke über den Tellerrand" hinaus zu ermöglichen und Verbindungen herzustellen zu Nachbarwissenschaften, zu Erfahrungen aus dem Alltagsleben und zu wichtigen Wissenschaftlerpersönlichkeiten.

Das Buch ist in neun Kapitel gegliedert. Das erste befasst sich mit der Geschichte der Atmosphäre und mit ihren Inhaltsstoffen, mit dem Luftdruck, den Stabilitäts- und Ausbreitungsbedingungen und den daraus resultierenden Umweltfragen. Das zweite behandelt die Gesetzmäßigkeiten und Erscheinungsformen des Wassers, das dritte die Sonnen- und Wärmestrahlung. Im vierten Kapitel werden die bis dahin erarbeiteten Gesetzmäßigkeiten zum

Energiehaushalt der Erdoberfläche zusammengeführt. Der Wind, der im fünften Kapitel behandelt wird, leitet über zur Dynamik der Atmosphäre mit ihren Hoch- und Tiefdruckgebieten, über die im sechsten Kapitel gesprochen wird. Aus ihr ergeben sich im siebten Kapitel ganz zwanglos die großen Klimazonen der Erde in die die klimatischen Besonderheiten im Gelände, in der Stadt, in unserer unmittelbaren Umgebung und an Einzelobjekten eingebettet sind. Wie man meteorologische Parameter messen kann, beschreibt das achte Kapitel und der Anhang schließlich befasst sich mit natürlichen und anthropogen verursachten Klimaänderungen.

Die Bücher der UTB-Reihe sind kostenmäßig sehr knapp kalkuliert, damit sie auch in Zeiten höherer finanzieller Belastung für die Student/innen erschwinglich bleiben. Das hat aber auf der anderen Seite zur Folge, dass in der Ausstattung mit Fotos Zurückhaltung geübt werden muss, Farbfotos sind oft überhaupt nicht möglich. Bei der Meteorologie, einer in ihrer Erscheinung außerordentlich „farbigen" Wissenschaft, ist das besonders bedauerlich. Ich habe daher die Anregungen des Verlages Eugen Ulmer, einen „Farbatlas Wetter & Klimaphänomene" und einen „Naturführer Wolken" zu erarbeiten, gerne und dankbar angenommen. Diese Bücher zeigen in mehreren hundert Farbbildern eine Vielzahl von meteorologischen Erscheinungen, die im vorliegenden Buch zwar besprochen sind, aber nicht adäquat abgebildet werden konnten. Sie dienen somit dem vorliegenden Lehrwerk als Ergänzung, die den Lesern die bunte Farbigkeit meteorologischer Phänomene vorstellt. Ihre genaue Bezeichnung findet man im Literaturverzeichnis.

Ich bedanke mich bei allen, die durch konstruktive Kritik mitgeholfen haben, das Buch weiter zu verbessern. Ganz besonderer Dank gebührt dafür Mitarbeiterinnen und Mitarbeitern des Verlags Eugen Ulmer für stets gute, kooperative und angenehme Zusammenarbeit.

Weihenstephan im Februar 2008 — Hans Häckel

Formelzeichen und Einheiten

Symbol	Bedeutung	Typische Einheit (in Klammern: Seite mit der Definition oder Erklärung des Begriffs)
a	absolute Feuchte	g Wasserdampf/m^3 feuchter Luft (62)
A	langwellige Ausstrahlung (der Erdoberfläche)	W/m^2 (204)
Ä	Äquivalentzuschlag	K (80)
AG	atmosphärische Gegenstrahlung	W/m^2 (204)
B	Bodenwärmestrom	W/m^2 (231)
B_v	Bodenwassergehalt	%vol (395)
c	spezifische Wärme	Ws/(g * K) (74)
c_p	spezifische Wärme der Luft bei konstantem Druck	Ws/(g * K) (238, 239)
C	Corioliskraft	N (261)
C	Konstante	–
d	Durchmesser	m, cm
D	direkte Sonnenstrahlung	W/m^2 (196)
e	Dampfdruck	mbar (69)
E	Sättigungsdampfdruck	mbar (69)
f	Fläche	m^2, cm^2
g	Gewicht	N
G	Globalstrahlung	W/m^2 (197)
G	Gradientkraft	N (266)
h	Höhe bzw. Vertikalkoordinate	m
h_k	Kondesationsniveau	m (90, 92)
h_0	Rauigkeitslänge	m (343)
h_v	Verdrängungshöhe	m (343)
H	Himmelsstrahlung	W/m^2 (197)
I	Interception	mm = Millimeter Niederschlagshöhe (100)

J, Jo	Strahlungsstrom	W/m^2 (164)
K	Kraft	N (37)
l	Länge	m, cm
L	Strom fühlbarer Wärme	W/m^2 (238)
m	Masse	g, kg
m	Mischungsverhältnis	g Wasserdampf/kg trockener Luft (63)
N	Niederschlag	mm = Millimeter Niederschlagshöhe (124, 384)
Nd	Niederschlag, der durch einen Bestand hindurch auf den Boden fällt	mm = Millimeter Niederschlagshöhe (102)
NS	Stängel, Stammabfluss	mm = Millimeter Niederschlagshöhe (102)
O	Oberfläche	cm^2, m^2
p	Druck, Luftdruck	Pa, mbar (37)
Q	Strahlungsbilanz	W/m^2 (198, 209, 214)
Q	Wärmemenge	Ws (75)
r	Albedo	% (193)
r	Radius	cm, m
R	Reflexstrahlung	W/m^2 (191)
RF	relative Feuchte	% (63)
s	spezifische Feuchte	g Wasserdampf/kg feuchter Luft (63)
S	Sättigungsfeuchte	g Wasserdampf/kg feuchter Luft (63)
t	Extinktionskoeffizent	1/m (166)
T	absolute Temperatur	K (375)
u	Austauschkoeffizient	$g/(m * s)$ (238, 239)
v	Geschwindigkeit	m/s
V	Volumen	cm^3, m^3
V	Strom latenter Energie	W/m^2 (243)
w	Weg	m
W	Verdunstungsrate	g Wasserdampf/$(m^2 * s)$ (97)
W^*	Verdunstungsrate	Millimeter Niederschlagshöhe/Tag (= mm/d) (97)
x, y	Horizontalkoordinaten	m
z	Vertikalkoordinate (Tiefe im Boden zählt nach unten negativ)	m
α_L	Wärmeübergangszahl	$W/(m^2 * K)$ (363)
δ	Deklination	° (Grad) (182)
τ	Taupunkttemperatur	°C (67)
δ	Dicke der Grenzschicht	mm (363ff.)
Δ	Differenzenzeichen	
ε	Emissionsvermögen	(172)
ζ	Faktor der Penmanschen Verdunstungsformel	(97)
η	Konstante des Wienschen Verschiebungsgesetzes	$\mu m * K$ (169)

ϑ	Temperatur	°C (374)
ϑ_f	Feuchttemperatur	°C (80)
Θ	potentielle Temperatur	°C (47)
λ	Wellenlänge (Strahlung)	µm (162)
Λ	Wärmeleitfähigkeit (162, 226ff.)	W/(m * K)
ν	Faktor der Penmanschen Verdunstungsformel	(97)
ρ	Dichte	g/m^3
σ	Konstante des Stefan-Boltzmannschen Gesetzes	$W/(m^2 * T^4)$ (170)
φ	geographische Breite	° (Grad)
ψ	spezifische Verdunstungsenergie	Ws/g (77, 243)
ω	Winkelgeschwindigkeit	1/s (266)
EXP*	e^x (e = 2,718 =Eulersche Zahl)	
*	Multiplikationszeichen	

Leider lässt es sich nicht immer vermeiden, ein und dasselbe Formelzeichen für mehrere physikalischen Größen zu verwenden. In solchen Fällen wurde jedoch streng darauf geachtet, dass keine Verwechslungen möglich sind.

1 Atmosphäre

Die Meteorologie gehört zu den Wissenschaften, die sich mit der Atmosphäre der Erde beschäftigen. Es ist daher angebracht, sich zunächst einige grundsätzliche Gedanken über eine solche Gashülle zu machen und wenigstens in Umrissen ihren Entstehungsweg und ihre Geschichte zu skizzieren.

1.1 Allgemeines über Atmosphären

Betrachtet man die Himmelskörper in unserem Sonnensystem, so fällt auf, dass Atmosphären keineswegs eine Selbstverständlichkeit sind. So hat beispielsweise gleich unser nächster Nachbar im Raum, der Mond, keine Atmosphäre.

Es drängt sich daher die Frage auf, woher es kommt, dass die Erde von Luft umgeben ist, der Mond dagegen nicht. Die Antwort darauf gibt uns die Physik in der kinetischen Gastheorie. Danach bewegen sich die Teilchen eines Gases im Mittel umso schneller, je höher ihre Temperatur ist. Weiter sagt diese Theorie, dass bei gleicher Temperatur die schweren Teilchen langsamer und die leichten Teilchen schneller fliegen.

Nach der molekularkinetischen Theorie ist die Temperatur ein Ausdruck für die Intensität der Molekularbewegung. Die mittlere Molekulargeschwindigkeit beträgt bei:

	0 °C	100 °C
H_2:	1840	2153 m/s
O_2:	460	539 m/s
CO_2:	393	450 m/s

Da die Bewegungsrichtung der Moleküle in einem Gas den Regeln der Statistik folgt, muss jede Richtung vorkommen. Auf eine Atmosphäre bezogen bedeutet das, dass sich zu jedem Zeitpunkt ein Teil der Moleküle von der Oberfläche des Himmelskörpers weg nach oben bewegt. Haben sie dabei eine Geschwindigkeit, die ausreicht, seine Anziehungskraft zu überwinden, so können sie ihm entfliehen und in den Weltraum hinaus verschwinden. Im realen Fall ist ein solcher Vorgang natürlich viel komplizierter als hier dargestellt, jedoch ist das Ergebnis das gleiche. Ob um einen Himmelskörper eine dauerhafte Atmosphäre existieren kann, hängt also zunächst davon ab, ob er in der Lage ist, mit seiner

Schwerkraft die Gasmoleküle genügend fest an sich zu ziehen oder nicht.

Die erste Voraussetzung für eine Atmosphäre ist also zwangsläufig eine ausreichende **Größe** des Himmelskörpers. Ist er zu klein und damit seine Anziehungskraft zu schwach, dann diffundieren die Gase weg, und es kann sich keine Atmosphäre halten.
Die zweite Voraussetzung ist, dass die **Temperatur** an der Oberfläche des Himmelskörpers nicht zu hoch ist. Wenn es dort sehr heiß ist, haben die Gasteilchen eher die Chance, eine Geschwindigkeit zu erreichen, die ihnen das Entfliehen ermöglicht, als wenn es kühl ist. Der Temperaturgrenzwert ist natürlich bei jedem Himmelskörper anders. Bei einem großen mit stärkerer Gravitation liegt er höher als bei einem kleinen.
Drittens muss das unterschiedliche **Verhalten der verschiedenen Gase** berücksichtigt werden. Da die Moleküle mit den kleinen Molekulargewichten schneller sind als die mit den großen, gelingt es ihnen eher, den Fesseln der Gravitation zu entkommen, als den anderen. Wasserstoff und Helium werden also leichter wegdiffundieren als Stickstoff, Sauerstoff und Kohlendioxid.

Die Betrachtungen über Atmosphären von Himmelskörpern in unserem Sonnensystem wurden bewusst sehr stark vereinfacht. Tatsächlich handelt es sich dabei um komplizierte und längst nicht vollständig geklärte physikalische Probleme.

Vergleicht man die Himmelskörper unseres Planetensystems unter diesen drei Gesichtspunkten, so kommt man zu folgendem Gesamtbild: Der Mond ist wesentlich kleiner als die Erde. Seine Schwerkraft beträgt nur 17 % der Erdschwere. Gleichzeitig erhitzt er sich auf der sonnenbeschienenen Seite bis über 130 °C. Zum Vergleich: Auf der Erdoberfläche werden 40 °C nur unter extremen Bedingungen überschritten. Der Mond hat deshalb keine Möglichkeit, eine Atmosphäre festzuhalten.

Die Erde dagegen kann die schwereren Gase bereits an sich binden, die leichten aber entfliehen auch ihrer Schwerkraft. Erst die großen Planeten wie etwa Jupiter und Saturn vermögen auch so leichte Gase wie Wasserstoff und Helium in größeren Mengen in ihrer Atmosphäre zu halten.

1.2 Geschichte der Erdatmosphäre

Es wäre ein großer Irrtum zu glauben, die Erdatmosphäre sei irgendwann einmal entstanden und dann bis heute unverändert erhalten geblieben. Sie hat vielmehr eine bewegte Geschichte hinter sich, in der sich ihre chemische Zusammensetzung mehrfach von Grund auf geändert hat. Abb. 1 zeigt schematisiert die chemischen Veränderungen im Verlauf der Atmosphärengeschichte.

Die Bildung der ersten Atmosphäre ist eng verknüpft mit der Entstehung des Erdkörpers und des Sonnensystems. Vor etwa 4,6 Mrd. Jahren rotierte im Weltall eine riesige, kugelförmige, sich

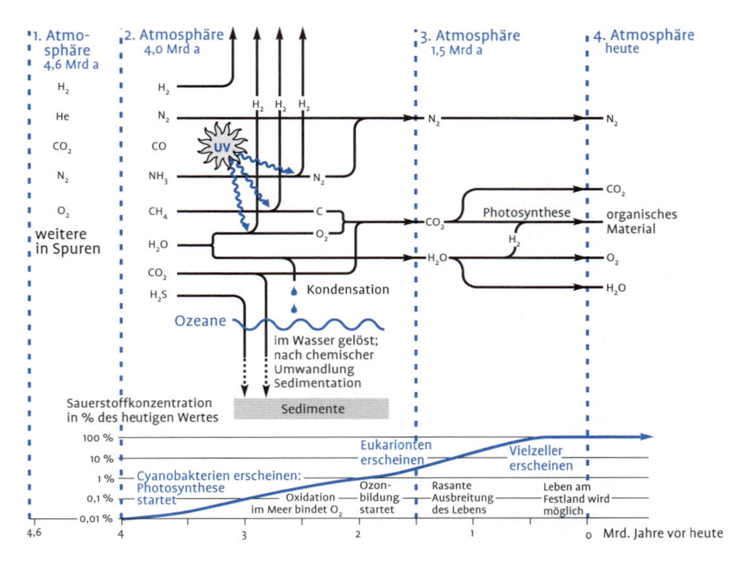

Abb. 1
Geschichte der Erdatmosphäre.

aber allmählich verflachende Wolke aus kosmischen Gasen, Staubpartikeln und größeren Materiebrocken. In diesem wogenden und wabernden Gebilde kam es zu unzähligen Zusammenstößen zwischen Materieteilchen verschiedenster Größe. Und bei vielen dieser Zusammenstöße bewirkte die Schwerkraft der Teilchen nicht nur ein Zusammenprallen, sondern auch ein Zusammenballen zu immer größeren Klumpen. Je größer ein Brocken wurde, desto größer wurde auch seine Schwerkraft, so dass er immer mehr Materie aus seiner Umgebung an sich reißen konnte. Keppler (1988) vergleicht diesen Vorgang sehr anschaulich mit dem Verlauf eines Monopoly-Spiels. Auf diese Weise wuchsen die Sonne, die Planeten, die zahlreichen Planetoiden und die Kometen heran. Innerhalb von etwa 10 Mio. Jahren hatten sie es geschafft, das Sonnensystem sozusagen leerzufegen.

In diese Zeit fällt wahrscheinlich auch die Entstehung einer ersten **Erdatmosphäre,** die häufig als **Uratmosphäre** bezeichnet wird. Sie muss sich gebildet haben, als der Erdkörper groß genug geworden war, eine Gashülle an sich zu binden. Sie dürfte sich aus den gleichen Gasen mit den gleichen Konzentrationen zusammengesetzt haben, wie wir sie noch heute im interstellaren Raum vorfinden: 92 % Wasserstoff (H_2), 7 % Helium (He), 0,03 % Kohlendioxid (CO_2), 0,008 % Stickstoff (N_2), 0,006 % Sauerstoff (O_2), dazu weitere in Spuren (Quellen s. Schönwiese, 2003). Diese Atmosphäre ist der Erde jedoch im Lauf von einigen 100 Mio. Jahren wieder restlos verloren gegangen. Zwei Vorgänge waren dafür verantwortlich. Erstens erhitzte sich die Erde unter dem ständigen Bombarde-

Welche Wärmeenergien bei Meteoriteneinschlägen freigesetzt werden, zeigt das Nördlinger Ries: Der Durchmesser des Meteors, der diesen fast 20 km großen und 200 m tiefen Krater geschlagen hat, betrug nur etwa 1 km.

ment mit Weltraum-Materie allmählich so stark, dass sie glutflüssig wurde. Die Erhitzung alleine hätte also schon genügt, die Atmosphäre wegdiffundieren zu lassen. Es kam aber noch ein Ereignis von gigantischem Ausmaß dazu: Als die Temperatur im Zentralgestirn des Sonnensystems 10 Mio. Grad erreicht hatte, zündete dort der bekannte **Kernfusionsvorgang**, der den bislang dunklen Materiehaufen in einen hell leuchtenden Stern verwandelte. Das war vor etwa 4,5 Mrd. Jahren. Mit der Kernfusion muss ein unvorstellbarer **Sonnenwind** eingesetzt haben. Man versteht darunter einen von der Sonne ausgehenden Strom elektrisch geladener Elementarteilchen. Er dürfte etwa 1 000-mal so stark gewesen sein wie heute. Ihm hätte keine noch so stabile Atmosphäre standhalten können. So wurden die Atmosphärengase von der Erde weggerissen und in die äußeren Bereiche des Sonnensystems verblasen.

Als sich die Materie des Sonnensystems mehr und mehr auf die verbliebenen Himmelskörper verteilt hatte, wurden die Einschläge allmählich weniger. Damit ließ auch die Aufheizung nach und die Erde fing an, sich infolge der Wärmeabstrahlung (s. Seite 204) langsam abzukühlen. Während dieses Abschnittes der Erdgeschichte muss ein unvergleichlicher Vulkanismus geherrscht haben, der zusammen mit der Ausgasung der Gesteine und Lavamassen vor etwa 4 Mrd. Jahren eine neue Atmosphäre entstehen ließ.

Aus welchen Gasen mag sich die zweite Atmosphäre zusammengesetzt haben? Erste Anhaltspunkte liefern uns die heute noch tätigen Vulkane. Danach dürfte die zweite Erdatmosphäre zu etwa 80 % aus Wasserdampf, zu rund 10 % aus Kohlendioxid (CO_2) und zu 5 bis 7 % aus Schwefelwasserstoff (H_2S) bestanden haben. In Konzentrationen um 0,5 % waren außerdem Stickstoff (N_2), Wasserstoff (H_2) und Kohlenmonoxid (CO), in Spuren Methan (CH_4) und Ammoniak (NH_3) enthalten.

Von den meisten dieser Gase enthält die Atmosphäre heute nur noch winzige Spuren. Was ist aus ihnen geworden? Wohin sind sie verschwunden? Der leichte **Wasserstoff** konnte der irdischen Gravitation entkommen und in das Weltall hinausdiffundieren. Mit fortschreitender Abkühlung begann Wasserdampf zu kondensieren und bildete ab etwa 2,3 Mrd. Jahren vor heute die Weltmeere, in denen sich gewaltige Mengen Kohlendioxid und Schwefelwasserstoff lösten. Bei Reaktionen mit anderen Inhaltsstoffen des Meerwassers sind aus ihnen Feststoffe geworden, die sich als Sediment auf dem Meeresboden abgelagert haben. Auf diese Weise erreichte das Wasser nie volle Sättigung, so dass ein ständiger Transport von der Atmosphäre über die Ozeane zu den Sedimenten aufrechterhalten blieb, der der Atmosphäre riesige Gasmengen entziehen konnte.

Durch die intensive ultraviolette Sonnenstrahlung wurden darüber hinaus ständig Ammoniak, Methan und Wasserdampf aufgebrochen. Der dabei freigesetzte Wasserstoff konnte kontinuierlich wegdiffundieren, die verbliebenen reaktionsfreudigen Kohlenstoff- und Sauerstoffmoleküle haben sich rasch verbunden, nur der chemisch träge Stickstoff überdauerte die Zeiten unverändert.

Auf diese Weise entstand im Lauf von 2,5 Mrd. Jahren eine **dritte Atmosphäre**. Sie enthielt im Wesentlichen Stickstoff, Kohlendioxid und Wasserdampf.

Damit ist aber die Entwicklungsgeschichte der Erdatmosphäre noch längst nicht zu Ende, denn bisher ist uns ja noch kein **Sauerstoff** begegnet. Wie und wann kam er in die Atmosphäre? Man könnte etwa an die Aufspaltung von Kohlendioxid und Wasserdampf durch energiereiche UV-Strahlung denken (Photodissoziation). Diese Vorgänge wären aber nicht in der Lage gewesen, auch nur einen Bruchteil des in der Atmosphäre vorhandenen Sauerstoffs freizusetzen. Wir wissen heute, dass praktisch der gesamte Sauerstoff aus der Photosynthese stammt, also von lebenden Organismen produziert wurde.

Es gibt Anhaltspunkte dafür, dass es bereits vor etwa 4 Mrd. Jahren Lebewesen gab, die die Photosynthese beherrschten, die so genannten **Cyanobakterien** (die oft fälschlich als „Blaualgen" bezeichnet werden). Dennoch dauerte es 2 Mrd. Jahre, bis sich das O_2-Gas in der Atmosphäre auf etwa 1 % der heutigen Konzentration angereichert hatte. Bis dahin wurde nämlich fast der gesamte freigesetzte Sauerstoff durch Reaktion mit dem im Meerwasser vorhandenen Eisen und Schwefel sofort wieder gebunden.

Mit dem Überschreiten der 1-%-Schwelle setzte ein für die weitere Entwicklung des Lebens sehr wichtiger Vorgang ein: die **Ozonbildung** (s. unten und Seite 30). Etwa zur gleichen Zeit, also vor rund 2 Mrd. Jahren, brachte auch die Evolution mit der Entwicklung der **Eukaryonten** einen gewaltigen Entwicklungsschub zustande. Eukaryonten sind pflanzliche Lebewesen mit einem hoch organisierten Zellaufbau und – was für uns besonders wichtig ist – der Fähigkeit, durch Veratmen von Photosyntheseprodukten (Respiration) auf sehr effiziente Weise Lebensenergie freizusetzen. Die weniger hoch entwickelten Lebewesen konnten Energie lediglich aus der Vergärung gewinnen – ein Vorgang, der aber nur etwa 7 % der Atmungsenergie liefert. Damit war die Voraussetzung für eine rasante Ausbreitung des Lebens geschaffen, die ihrerseits zu einer vermehrten Sauerstoffproduktion führte. Gleichzeitig ging das oxidierbare Material in den Ozeanen zur Neige. Beides zusammen bewirkte, dass sich der Sauerstoffgehalt der Atmosphäre innerhalb von etwa 1 Mrd. Jahre verzehnfachte.

Auf unseren Nachbarplaneten Venus und Mars gibt es kein mit dem irdischen vergleichbares Leben. Infolgedessen hat dort auch keine entsprechende Photosynthese stattgefunden. Die Massenproduktion von Sauerstoff, die wesentliche Voraussetzung für den Schritt von der dritten zur vierten Atmosphäre gewesen wäre, ist somit ausgeblieben.
Man kann deshalb stark vereinfacht sagen: Die Atmosphären dieser beiden Planeten sind in ihrer Entwicklung im Status der dritten Atmosphäre stehen geblieben. Sie enthalten noch heute im Wesentlichen CO_2 und N_2.

Venus:

Kohlendioxid:	98 %
Stickstoff:	2 %

Mars:

Kohlendioxid:	96 %
Stickstoff:	3 %
Argon:	1 %

(Schönwiese, 2003)

Vor 700 Mio. Jahren tauchten die ersten Vielzeller auf. Darüber hinaus hatte sich inzwischen eine Ozonschicht aufgebaut, die soviel ultraviolette Strahlung fernhielt, dass die Pflanzen vor etwa 420 Mio. Jahren das schützende Wasser verlassen und das Festland erobern konnten. Die damit verbundene explosionsartige Ausbreitung des Lebens ermöglichte innerhalb von 650 Mio. Jahren eine nochmalige Verzehnfachung der Sauerstoffkonzentration auf den heutigen Wert.

Aus der Reaktionsgleichung der Photosynthese

$$\text{Strahlungs-Quant} + 6\ CO_2 + 6\ H_2 \rightarrow C_6H_{12}O_6 + 6\ O_2$$

folgt, dass mit jedem Kohlenstoffatom, das organisch gebunden wird, gleichzeitig zwei Sauerstoffatome freigesetzt werden.

— Der CO_2-Gehalt der Erdatmosphäre wurde nicht nur über die Photosynthese, sondern auch über die Ozeane gesenkt. In ihrem Wasser konnte sich sehr viel CO_2 lösen, das nach chemischen Umsetzungen (z. B. über die Kalkschalen von Meerestieren) in den Sedimenten deponiert wurde. Auf diese Weise fand ein ständiger CO_2-Transport aus der Atmosphäre in die ozeanischen Sedimente statt. Auf der Venus ist es zu warm für eine Kondensation des Wasserdampfes (s. Seite 63ff.) und damit die Entstehung von Ozeanen. Deshalb haben sich dort bis heute so gewaltige CO_2-Konzentrationen halten können. Würde man das in den irdischen Sedimenten begrabene CO_2 wieder als Gas in die Atmosphäre zurückführen, würde sich dort eine ähnliche Konzentration einstellen wie auf der Venus.

Nun kann man die Menge des aus abgestorbenen Organismen stammenden Kohlenstoffes in den Sedimenten der Erdkruste mit dem Sauerstoffgehalt der Atmosphäre vergleichen. Dabei wird man feststellen, dass der in Atmosphäre plus Ozeanen vorhandene Sauerstoff nur etwa 4 % des theoretischen Kohlenstoff-Äquivalentes ausmacht. 96 % sind demnach für die oben genannten Oxidationsvorgänge aufgewendet worden. Tatsächlich haben also die Pflanzen fast 25-mal so viel Sauerstoff produziert, wie wir heute vorfinden. Diese Zahlen sollen verdeutlichen, zu welch ungeheuren Leistungen die Vegetation fähig ist.

Der heutige Sauerstoffgehalt wurde vor etwa 350 Millionen Jahren erreicht. Er blieb in dieser Zeit konstant.

1.3 Zusammensetzung der Erdatmosphäre und wirtschaftlich-ökologische Bedeutung der Atmosphärengase

Stickstoff	78,08	%vol	=	75,46 Gew. %
Sauerstoff	20,95	%vol	=	23,19 Gew. %
Argon	0,94	%vol	=	1,30 Gew. %

Dazu kommen in geringeren Konzentrationen:

Kohlendioxid (CO_2) im Jahr 2007	383	ppm (s. Seite 25)
Neon (Ne)	18,2	ppm
Helium (He)	5,24	ppm
Methan (CH_4)	1,7	ppm
Krypton (Kr)	1,1	ppm
Wasserstoff (H_2)	0,56	ppm
Distickstoffoxid (N_2O)	0,32	ppm
Ozon (O_3), stratosph.	0,31	ppm
Kohlenmonoxid (CO)	50–200	ppb
Xenon (Xe)	90	ppb

Ozon (O_3), troposph.	30	ppb
FCKWs	4,84	ppb
Stickoxide (NOx)	0,05–5	ppb
Radon (Rn)	$6 * 10^{-7}$	ppb

sowie in Spuren:
Fluor, Jod, Schwefeldioxid, Ammoniak und Wasserstoffperoxid.

Der **Wasserdampfgehalt** ist sehr variabel; er kann bis zu 4 %vol betragen; als Mittelwert gilt 2,6 %vol.

(Bezüglich „ppm" und „ppb" siehe Seite 24; „stratosph." = „stratosphärischer Ozongehalt" siehe Seite 30; „troposph." = „troposphärischer Ozongehalt" siehe Seite 34).

1.3.1 Stickstoff

Der Stickstoff ist essentieller Bestandteil der Aminosäuren, aus denen sich die Eiweißstoffe in den Zellen der Lebewesen aufbauen. Er spielt daher als Düngemittel in der gesamten Landwirtschaft eine außerordentlich wichtige Rolle.

Stickstoff ist ein chemisch sehr träges Gas. Er reagiert unter den uns umgebenden Bedingungen praktisch mit keinem anderen Element. Lediglich in der Hitze von Blitzentladungen (vgl. Seite 142) geht er Verbindungen ein, die vom Regen ausgewaschen und in den Boden eingetragen werden. Im gewitterreichen Alpenvorland sollen auf diese Weise pro Jahr 15–20 kg Stickstoff je ha gebunden und den Pflanzen als Dünger zur Verfügung gestellt werden. Über den Festländern der Erde werden jährlich 100 Mio. t Stickstoff durch Blitze in Stickoxiden fixiert, ausgewaschen und dem Boden zugeführt (Simons, 1997).

Die meisten Pflanzen benötigen Düngestickstoff in Form von wasserlöslichen Salzen. Verschiedene Bodenbakterien, insbesondere die zur Gattung Rhizobium gehörenden Knöllchenbakterien besitzen jedoch die bemerkenswerte Fähigkeit, für den Aufbau ihrer Eiweißsubstanzen den Stickstoff aus der Luft nutzen zu können. Da diese Bakterien mit Pflanzen aus der Ordnung der Leguminosen (Hülsenfrüchtler) in Symbiose leben, kommt der bakteriell gebundene Luftstickstoff auch den Wirtspflanzen zugute und gelangt schließlich als Dünger in den Boden. Durch den Anbau solcher Wirtspflanzen, zu denen z. B. die Erbse, die Bohne und die Lupine gehören, lässt sich die Stickstoffversorgung landwirtschaftlicher Nutzpflanzen deutlich verbessern. Die von ihnen jährlich gewonnenen Stickstoffmengen können bis zu 300 kg/ha (Nultsch, 1996) unter optimalen Bedingungen bis zu 400 kg/ha betragen. Das ist doppelt so viel wie für eine Weizen Qualitätsdüngung (maximal etwa 200 kg/ha und Jahr) erforderlich ist (Reiner, 1981).

Heute werden 90 % aller Stickstoffdünger aus Ammoniak hergestellt. Ohne das Haber-Bosch-Verfahren, mit dem aus Luftstickstoff Ammoniak gewonnen wird, wäre die Weltbevölkerung nicht mehr zu ernähren.

Seit es den beiden Chemikern F. Haber und C. Bosch 1913 gelungen ist, Ammoniak aus Luftstickstoff zu synthetisieren (Haber-Bosch-Verfahren) stellt die Atmosphäre eine schier unerschöpfliche Stickstoffquelle dar. Über 160 Mio. Tonnen NH_3 werden derzeit jährlich aus ihr gewonnen und zu Düngemitteln und den verschiedensten anderen Substanzen weiterverarbeitet.

1.3.2 Sauerstoff

Der aggressive Sauerstoff initiiert die unterschiedlichsten Oxidationsprozesse: Verbrennungsvorgänge genauso wie stille Oxidationen. Zu den Verbrennungsvorgängen zählen natürliche Feuer wie Wald und Steppenbrände, aber auch alle künstlichen, Energie spendenden Verbrennungsvorgänge, von der Raumheizung über die Elektrizitätserzeugung bis zum Automotor und Flugzeugtriebwerk. Stille Oxidationen sind z.B. das Rosten von Eisen, die Zersetzung organischen Materials oder Oxidationsprozesse, aus denen Pflanzen, Tiere und Menschen ihre Lebensenergie schöpfen, die so genannte Veratmung (vgl. Seite 21).

— Das Gleichgewicht zwischen Sauerstoffverbrauch und Sauerstoffproduktion wird durch die ständig zunehmende Verbrennung fossiler Energieträger einseitig belastet. Dennoch besteht keine Gefahr eines folgenschweren O_2-Schwundes. Würde man alle ausbeutbaren fossilen Brennstoffe auf einmal verbrennen, würde sich die Sauerstoffkonzentration nur um etwa 1,5 % vermindern.

1.3.3 Argon

Das Argon ist seiner Natur nach ein Edelgas und als solches chemisch inaktiv. Es hat deshalb keine weitere Bedeutung.

1.3.4 Wichtige atmosphärische Spurengase

Die Bezeichnung Spurengase macht schon deutlich, dass die Luft nur winzige Mengen dieser Gase enthält. Würde man ihre Konzentration in %vol angeben, so würde man sehr unhandliche Zahlen bekommen. Man benützt daher die Einheit „ppm“ = parts per million. 1 ppm bedeutet: Auf je 1 Mio. Luftteilchen trifft 1 Teilchen Spurengas.

Aus dieser Definition ergeben sich die folgenden Zusammenhänge:

1 ppm = 0,0001 %vol; 1 %vol = 10 000 ppm

Für noch geringere Konzentrationen verwendet man die Einheit „ppb“ = parts per billion. Bei einer Konzentration von 1 ppb trifft erst auf 1 Mrd. (10^9) Luftteilchen 1 Teilchen Spurengas. (Um keine Verunsicherungen aufkommen zu lassen: Im Englischen bezeichnet man die Zahl 10^9 – anders als im Deutschen – als „billion“).

— Zur Angabe extrem kleiner Konzentrationen werden die Einheiten **ppm** und **ppb** verwendet. Es gelten folgende Umrechnungsformeln:

1 ppm = 0,0001 %vol
100 ppm = 0,01 %vol
1 %vol = 10000 ppm
1 ppm = 1000 ppb
1 ppb = 0,001 ppm
100 ppb = 0,1 ppm

Trotz scheinbar vernachlässigbarer Mengen haben die atmosphärischen Spurengase in der modernen Meteorologie große Bedeutung erlangt. Zu ihnen zählen nämlich insbesondere diejenigen, die den so genannten **atmosphärischen Glashauseffekt** hervorrufen und dadurch einen erheblichen Einfluss auf unser Klima ausüben. Wie es zum Glashauseffekt kommt, wird auf Seite 210 besprochen; auf welche Weise er unser Klima beeinträchtigt, wird ab Seite 211 diskutiert.

Kohlendioxid (CO_2)

Das atmosphärische Kohlendioxid ist die Quelle, aus der die grünen Pflanzen den für den Aufbau ihrer Körpersubstanz benötigten Kohlenstoff beziehen. Da alle tierischen Lebewesen einschließlich der Menschen letzten Endes von den Pflanzen leben, ist dieses Spurengas als Grundstoff jeglichen organischen Materials auf der Erde zu sehen.

Der Assimiliations- oder Photosyntheseprozess, der diesen Stoffaufbau ermöglicht, benötigt Sonnenstrahlung als Energiequelle und kann deshalb nur tagsüber ablaufen. Gleichzeitig setzen die Pflanzen jedoch – genauso wie auch die tierischen Lebewesen – ständig durch Veratmung Kohlendioxid frei. Man nennt diesen Vorgang **Respiration**. Einzelheiten dazu findet man z. B. bei LARCHER (2001). Betrachten wir beide Vorgänge zusammen, so ergibt sich das folgende Gesamtbild: Am Tag entnehmen die Pflanzen durch Assimilation aus der Luft mehr Kohlendioxid, als sie durch Respiration zurückgeben. In der Nacht, wenn keine Assimilation stattfindet, wird die Luft wieder mit Kohlendoxid angereichert. Als Folge davon findet man insbesondere in ländlichen Gegenden in Bodennähe einen ausgeprägten **Tagesgang** (Tagesgang ist der meteorologische Fachausdruck für Tagesverlauf) der CO_2-Konzentration mit einem Maximum in der Nacht und einem Minimum am Tag. Besonders groß ist die Tag-Nacht-Schwankung während der Hauptvegetationszeit von Mai bis September (Abb. 2).

Würde man das täglich (1990) weltweit freigesetzte Kohlendioxid zu Trockeneis verarbeiten und in Güterwagen verladen, würde man dazu einen Zug mit einer Länge von 2 500 km benötigen. Das entspricht der Strecke Paris – Moskau (KERNER, 1990). Die Natur hat zum Aufbau derjenigen Menge fossiler Brennstoffe, die die Menschheit in einem einzigen Jahr verfeuert, etwa 2 Mio. Jahre gebraucht (SCHNEIDER, 1990).

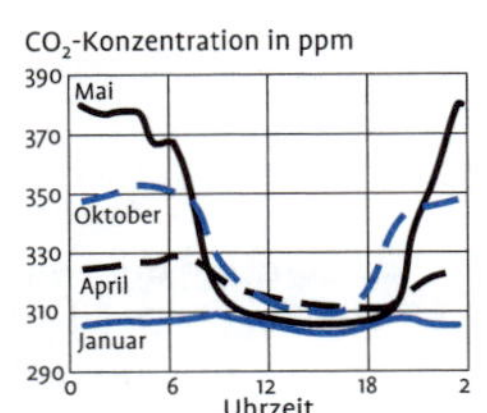

Abb. 2
Tagesgang der Kohlendioxid-Konzentrationen in einer ländlichen Gegend (nach OKE, 1992).

Der Jahresgang der CO_2-Konzentration erklärt sich aus der jahreszeitlich wechselnden, also der außertropischen Vegetation der jeweiligen Erdhalbkugel. Auf der Nordhalbkugel zeigt er ein Maximum in den Monaten März bis April nach der Winterruhe und ein Minimum zum Ende der Vegetationszeit im Oktober oder November. Während der Wachstumsperiode wird der Atmosphäre kontinuierlich CO_2 entzogen und ab Herbst durch Veratmung wieder zugeführt. Mit Beginn der Heizperiode kommt es darüber hinaus zu einer verstärkten anthropogenen Kohlendioxidfreisetzung. Auf der Südhalbkugel fällt das Maximum aus analogen Gründen in die Monate Oktober oder November und das Minimum in den April oder Mai. Da die Nordhalbkugel sehr viel mehr vegetationsbedeckte Festlandsfläche besitzt als die Südhalbkugel ist leicht einzusehen, dass die Amplitude der Jahresschwankung auf der nördlichen Hemisphäre deutlich größer ausfällt als auf der südlichen. Abb. 3 zeigt den Jahresgang der CO_2-Konzentration in den verschiedenen geographischen Breiten der Erde in stark schematisierter Form.

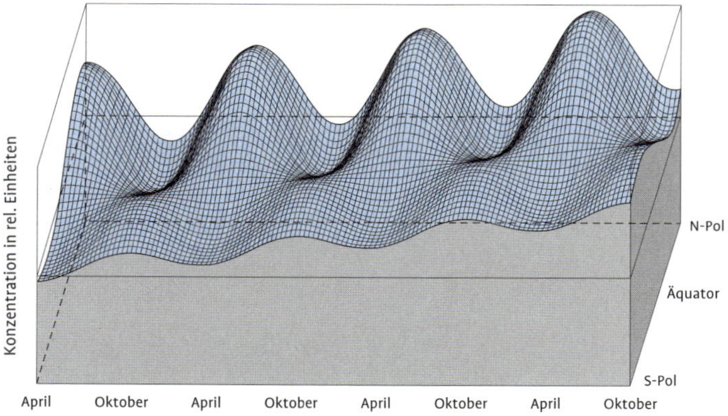

Abb. 3
Jahresgang der CO_2-Konzentration (stark schematisiert).

Wie inzwischen allgemein bekannt ist, werden von Jahr zu Jahr mehr Kohle, Erdöl und Erdgas verbrannt, was zu einer ständig wachsenden CO_2-Belastung der Atmosphäre führt. Heute werden auf diese Weise jährlich über 30 Gt (1 Gt = 10^9 t) produziert. Das bedeutet, dass täglich um die 60 Mio. Tonnen in die Atmosphäre abgelassen werden.

Seit dem Beginn der Industrialisierung Mitte des 18. Jahrhunderts ist der Kohlendioxidgehalt der Luft von damals 280 ppm mit kontinuierlicher Beschleunigung auf den heutigen Wert von über 371 ppm gestiegen (371 ppm betrug die Konzentration im Jahr 2001). Während sich die Steigerungsrate anfänglich um 0,2 ppm pro Jahr bewegte, liegt sie heute bereits bei über 1,6 ppm pro Jahr; diese Zunahme ist auch in Abb. 3 in stark schematisierter Form angedeutet. Dieses zusätzliche Kohlendioxid stammt aber nicht nur aus der Verbrennung fossiler Energieträger. Gewaltige Mengen werden auch bei der Rodung von Wäldern und der Zerstörung des Bodens freigesetzt.

Beiträge der verschiedenen Quellen zum anthropogen verursachten CO_2-Ausstoß in Deutschland (in %):

Haushalte:	14,9
Industrieprozesse:	2,7
Flugverkehr:	3,5
Straßenverkehr:	17,9
übriger Verkehr:	1,4
Kleinverbraucher:	6,9
Industriefeuerungen:	16,3
Kraft-, Heizwerke:	36,4

(nach versch. Quellen)

Damit erfährt der ohnehin schon komplizierte globale Kohlenstoffkreislauf noch eine anthropogen bedingte Erweiterung. Er ist in Abb. 4 in vereinfachter Form dargestellt. Die in den einzelnen Speichern (Atmosphäre, Ozeane, Festländer und Erdkruste) enthaltenen Mengen sind in Klammern gesetzt und in 10^9 t Kohlenstoff angegeben. Die Pfeile beschreiben die Kohlenstofftransporte. Die durchgezogenen stellen natürliche Ströme dar, die gestrichelten bezeichnen die auf menschliche Aktivitäten zurückgehenden. Ihre Einheit ist 10^9 t Kohlenstoff pro Jahr. Die ergiebigste anthropogene Quelle stellt, wie man sieht, das Verbrennen von Kohle, Erdöl und Erdgas – kurz gesagt fossiler Brennstoffe – dar. Sie liefert jährlich $7 * 10^9$ t Kohlenstoff. Die Waldrodungen schlagen mit $2 * 10^9$ t Kohlenstoff zu Buche und bei der Zerstörung des Bodens werden $1 * 10^9$ t Kohlenstoff freigesetzt.

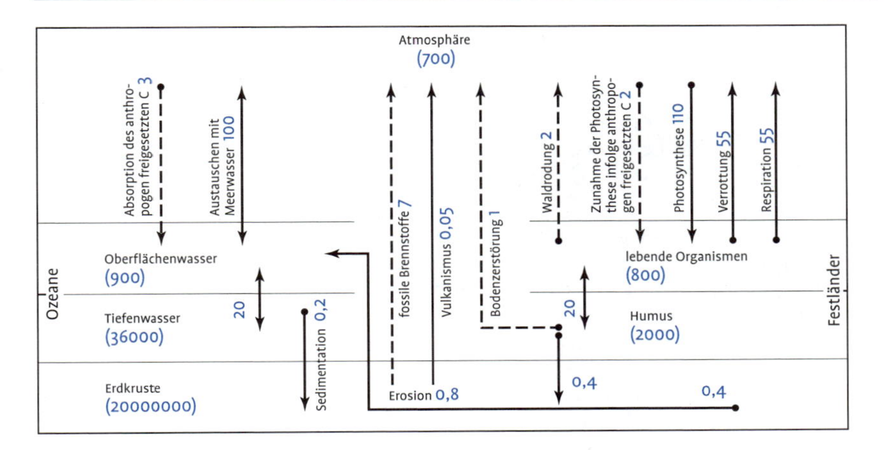

Abb. 4
Globaler Kohlenstoffkreislauf (Zahlenangaben nach verschiedenen Quellen).

Eine wichtige Kohlendioxidsenke ist das Oberflächenwasser der Weltmeere. Es entzieht der Atmosphäre jedes Jahr $3 * 10^9$ t anthropogen emittierten Kohlenstoff (vgl. Seite 20). Die Vegetation reagiert auf das gesteigerte Kohlendioxid-Angebot mit verstärktem Wachstum und bindet dadurch jährlich zusätzliche $2 * 10^9$ t Kohlenstoff. Von den pro Jahr anthropogen freigesetzten $10 * 10^9$ t werden also, wie man sieht, nur $5 * 10^9$ t gebunden. Der Rest sammelt sich in ständig wachsender Konzentration in der Atmosphäre an.

Zu beängstigenden Konzentrationssteigerungen kommt es häufig in industriellen Ballungsgebieten, wo zeitweise Werte weit über 450 ppm gemessen werden. In einem extremen Fall hat man im Londoner Nebel sogar schon 3 000 ppm, also fast das 10fache der Normalmenge gefunden (Möller 1973; s. Seite 22).

Kohlendioxid ist Hauptverursacher des atmosphärischen Glashauseffektes – über 60 % davon geht auf sein Konto (vgl. Seite 210) – es zählt daher in besonderem Maße zu den klimarelevanten Substanzen.

— Ozeane und Vegetation können nur die Hälfte des von der Menschheit künstlich freigesetzten Kohlendioxids abschöpfen. Der Rest reichert sich kontinuierlich in der Atmosphäre an. Seit Beginn der Industrialisierung hat seine Konzentration um fast 1/3 zugenommen. Sie steigt zurzeit exponentiell an.

Distickstoffoxid (N_2O)

Distickstoffoxid, auch unter dem Namen **Lachgas** bekannt, ist in der Atmosphäre mit 0,32 ppm vertreten. Nach Crutzen (1983) stammen etwa 7 Mio. t pro Jahr aus natürlichen Quellen. Zu ihnen zählen die Wald-, Busch- und Steppenbrände, die 2 Mio. t pro Jahr liefern, das Ausgasen aus Ozeanen, das ebenfalls 2 Mio. t pro Jahr und die Bodenatmung (siehe unten), die 3 Mio. t pro Jahr freisetzt.

Weitere 8 Mio. t pro Jahr werden aus anthropogenen Quellen freigesetzt: teils durch das Verbrennen fossiler Energieträger, teils durch die in der landwirtschaftlichen Produktion verwendeten Düngemittel.

Neuerdings (Schönwiese, 2003) werden jedoch erheblich höhere anthropogene Beiträge genannt. Einschlägige Forschungsergebnisse deuten außerdem darauf hin, dass bis zu 90 % des anthropogen produzierten N_2O aus der Landnutzung stammen könnten.

Der Zusammenhang zwischen Düngemitteleinsatz und N_2O-Bildung stellt sich folgendermaßen dar: Wenn im Boden viel Wasser und wenig Luft vorhanden ist – man spricht dann von anaeroben Verhältnissen – breiten sich Bakterienarten aus, die den für ihre Lebensvorgänge notwendigen Sauerstoff aus dem stufenweisen Abbau von Nitratradikalen beziehen.

Dabei läuft folgende Reaktionskette ab:
$NO_3 \rightarrow NO_2 \rightarrow NO \rightarrow N_2O$ ($\rightarrow N_2$)
Bei jedem Reaktionsschritt wird Sauerstoff abgegeben.
Man nennt diesen Vorgang **mikrobielle Denitrifikation.** Die in die Reaktionsfolge eintretenden Nitrate stammen entweder aus Kunstdünger oder sind unter aeroben Verhältnissen von entsprechenden Bodenbakterien aus leicht zersetzbarem organischem Dünger, z. B. Gülle, aufgebaut worden. Beschleunigend wirken: hoher Bodenwassergehalt – insbesondere Staunässe – oder Bodenverdichtungen jeweils bei gleichzeitig hohen Bodentemperaturen. Vorgänge dieser Art laufen selbstverständlich auch außerhalb landwirtschaftlicher Nutzflächen ab, wenn auch langsamer. Das dabei entstehende N_2O wurde oben in die Bodenatmung mit einbezogen.

Der Gehalt der Luft an Distickstoffoxid hat in den letzten Jahren kontinuierlich zugenommen. Aus Messungen an den US-amerikanischen Baseline-Stationen weiß man, dass seine Konzentration jedes Jahr um 0,75 ppb steigt. Abgebaut wird Lachgas fast ausschließlich in der Stratosphäre unter Bildung Ozon zerstörender NO_x-Radikale (s. Seite 33). Wegen seines auf rund 4 % bezifferten Beitrags zum atmosphärischen Glashauseffekt (s. Seite 210) zählt es zu den **klimarelevanten Substanzen.**

Methan (CH_4)

Die Atmosphäre enthält im Durchschnitt etwa 1,75 ppm Methan. Neben natürlichen Quellen tragen auch menschliche Aktivitäten zur Produktion dieses stark **klimarelevanten Gases** bei. Sein Beitrag zum Glashauseffekt wird auf 15 % geschätzt. Khalil und Rasmussen (1982) beziffern die beim Reisanbau freigesetzte Methanmenge auf jährlich 95 Mio. t. Im Verdauungstrakt der etwa 1,3 Mrd. auf der Erde lebenden Rinder und anderer Wiederkäuer entstehen durch bakterielle Zersetzung von Zellulose schätzungsweise 130 Mio. t pro Jahr. Bei der Verbrennung von Biomasse werden weitere 25 Mio. t und durch andere anthropogene Aktivitäten (Umgang mit Erdgas, Kohlebergbau und Mülldeponien) schließlich noch einmal 130 Mio. t in die Atmosphäre abgegeben. Das macht zusammen rund zwei Drittel der Jahresproduktion aus. Der Rest stammt aus natürlichen Quellen. Hierunter fällt auch die in der jüngsten Zeit diskutierte Methanproduktion durch Termiten, die auf ähnliche Vorgänge zurückgeht wie die in den Rinderpansen.

Man kann davon ausgehen, dass die Methankonzentration derzeit jährlich um 13 ppb steigt. Sollten als Folge von Klimaänderungen die so genannten **Permafrostböden**, das sind ganzjährig gefrorene Böden in den hohen geographischen Breiten, auftauen, dann werden heute noch unabsehbare CH_4-Mengen zusätzlich freigesetzt.

— Bei Verbrennungsvorgängen, beim Umgang mit Erdgas, bei der landwirtschaftlichen Produktion (Nassreisanbau) und bei der Viehhaltung wird doppelt soviel Methan freigesetzt wie aus natürlichen Quellen.

Bolin et al. (1986) konnten einen eindeutigen Zusammenhang zwischen dem Methangehalt der Luft und der Weltbevölkerung nachweisen. Danach steigt die Konzentration um 0,22 ppm pro Mrd. Menschen. Abgebaut wird Methan in erster Linie durch Reaktion mit OH-Radikalen, durch Vorgänge in der hohen Atmosphäre und durch Bodenbakterien.

Halogenierte Kohlenwasserstoffe

Diese Stoffgruppe ist auch unter Namen wie Fluor-Chlor-Kohlenwasserstoffe, Chlorfluormethane oder **FCKWs** bekannt. Sie bestehen aus Kohlenwasserstoffen, bei denen ein oder mehrere Wasserstoffatome durch Chlor- oder Fluoratome ersetzt sind. Die am häufigsten verwendeten sind $CFCl_3$ und CF_2CI_2, bekannt unter den Handelsnamen F11 und F12. Im Gegensatz zu den bisher genannten atmosphärischen Spurenstoffen stammen sämtliche FCKWs aus menschlicher Produktion. Sie werden hauptsächlich als **Kühlmittel** in Kühlschränken und Klimaanlagen, als **Reinigungsmittel** für elektronische Bauteile oder als **Treibmittel** bei der Schaumstoffproduktion eingesetzt. Dagegen werden FCKWs in Spraydosen bei uns heute nicht mehr verwendet. Dennoch werden noch immer jährlich 0,3 Mio. t in die Atmosphäre emittiert.

Zwei Eigenschaften dieser Stoffe schätzt man dabei besonders: Erstens lassen sie sich leicht verflüssigen (Kühlmittel), zweitens sind sie chemisch äußerst reaktionsträge. Sie gehen keine Verbindungen ein, sind nicht giftig und nicht brennbar. Aber gerade die chemische Stabilität ist es, die neben ihrem auf rund 11 % bezifferten Beitrag zum atmosphärischen Glashauseffekt den Klimaforschern und Luftchemikern Sorgen bereitet. Da sie nämlich in der unteren Atmosphäre (Troposphäre, s. Seite 59) keine Reaktionspartner finden, gelangen sie bis in Höhen über 20 km hinauf, wo sie auf die Ozonschicht treffen. Die in dieser Höhe herrschenden physikalischen und chemischen Bedingungen ermöglichen den FCKWs Reaktionen, die schließlich zum Abbau dieser Schicht führen. Was dabei im Einzelnen vor sich geht, wird auf Seite 33 besprochen.

— Halogenierte Kohlenwasserstoffe kommen in der Natur nicht vor. Sämtliche FCKWs in der Atmosphäre stammen aus anthropogener Produktion.

Ihre derzeitige Konzentration in der Atmosphäre beträgt 0,5 ppb; sie steigt jährlich um 0,02 ppb. Ihr Beitrag zum atmosphärischen Glashauseffekt wird mit 11 % beziffert. Sie zählen daher zu den klimarelevanten Substanzen.

Ozon (O_3)

Ozon ist ein dreiatomiger Sauerstoff. Er entsteht in Höhen zwischen etwa 10 und 50 km (s. Seite 58) unter der Wirkung der ultravioletten Sonnenstrahlung aus gewöhnlichem Sauerstoff. Seine maximale Konzentration von 8 bis 10 µg/g Luft – das sind knapp 10 ppm – erreicht es je nach geographischer Breite in 15 bis 30 km Höhe. Seine mittlere Höhenverteilung ist in Abb. 15 dargestellt.

Ozonbildung und Ozonabbau

Der Entstehungsprozess stellt sich – nach der **Chapman-Theorie** – in vereinfachter Form folgendermaßen dar: Zunächst wird in einem ersten Schritt (1) molekularer Sauerstoff durch so genannte **harte,** also besonders kurzwellige und damit energiereiche (s. Seite 162) **UV-Strahlung** mit Wellenlängen ≤ 0,24 µm in einzelne Sauerstoff-Atome gespalten. Man nennt einen solchen Vorgang **Photodissoziation** (vgl. Seite 21). Im zweiten Schritt (2) reagieren diese mit benachbarten O_2-Molekülen und bilden unter Mitwirkung eines Stoßpartners M ein Ozonmolekül. Diese Reaktion ist exotherm, d. h. es wird Wärmeenergie freigesetzt. Der Stoßpartner bleibt unverändert.

Diesem **Aufbauprozess** steht ein parallel ablaufender **Zerfallsprozess** gegenüber. Dabei wird im ersten Schritt (3) wiederum durch Photodissoziation aus einem Ozonmolekül ein atomarer Sauerstoff freigesetzt, der in einem zweiten Schritt (4) mit einem weiteren Ozonmolekül reagiert. Dabei entstehen zwei gewöhnliche Sauerstoffmoleküle. Für die Reaktion (3) reicht erheblich energieärmere Strahlung mit Wellenlängen ≤ 1,1 µm aus; UV-Strahlung mit Wellenlängen ≤ 0,3 µm führt bei diesem Vorgang zur Entstehung einer sehr reaktionsfreudigen Form von atomarem Sauerstoff, der beim Abbau der Ozonschicht im Rahmen der so genannten Ozonloch-Problemtik eine große Rolle spielt (vgl. Seite 31).

In der Fachliteratur findet man Vertikalverteilungen der Ozonmenge häufig als Ozon-Partialdruck angegeben. Als Einheit wird üblicherweise Nanobar (nbar) verwendet; 1 nbar = 10^{-9} bar. Auch im vorliegenden Buch wurde diese Darstellungsform gewählt. Sie gestattet eine bequeme Berechnung des Volumen-Mischungsverhältnisses Ozon zu Luft. Dazu braucht man nur den Partialdruck des Ozons durch den Gesamtluftdruck in der betreffenden Höhe zu dividieren.

(1) Quant + $O_2 \rightarrow O + O$ (Wellenlänge ≤ 0,24 µm)
(2) $O + O_2 + M \rightarrow O_3 + M$ + Wärmeenergie
(3) Quant + $O_3 \rightarrow O + O_2$ (Wellenlänge ≤ 1,1 µm)
(4) $O + O_3 \rightarrow 2\,O_2$

Beide Prozesse zusammen führen zu einem Konzentrationsgleichgewicht.

Von erheblicher Tragweite sind die zu den Reaktionen (1) und (3) führenden Absorptionsvorgänge. Sie führen dazu, dass über 50 % der ankommenden UV-Strahlung von der Erde ferngehalten werden. Vor allem die besonders gefährlichen kurzen Wellenlängen, also das harte UV wird durch die Ozonschicht aus der Sonnenstrahlung praktisch restlos herausgefiltert. Welche Wellenlängen davon im Einzelnen betroffen sind zeigt die Abb. 74. Wie dadurch die Spektralverteilung der Sonnenstrahlung verändert wird, sieht man in Abb. 70.

Ozon bildet sich bevorzugt in den niederen Breiten, weil dort die Sonnenstände und damit die Strahlungsintensität besonders hoch sind. Polwärts lässt die Produktion rasch nach. Messungen in höheren Breiten ergeben jedoch größere Ozonwerte als aufgrund theoretischer Betrachtungen zu erwarten wäre. Diese Diskrepanz lässt sich nur mit einem kontinuierlichen Ozontransport von der Äquatorialregion zu den höheren Breiten erklären.

Es ist nahe liegend, danach zu fragen, warum sich das Ozon nur in der begrenzten Höhenschicht zwischen 10 und 50 km bildet. Die Antwort ist einfach: Beim Passieren der Ozonschicht wird infolge der dort ablaufenden Reaktionen (1) und (3) bereits so viel UV-Strahlung absorbiert, dass in tieferen Etagen für die Reaktion (1) des Syntheseprozesses nicht mehr genügend zur Verfügung steht. Dass die Ozonkonzentration oberhalb von 40 km rasch zurückgeht, liegt daran, dass mit zunehmender Höhe der Luftdruck und damit die Luftdichte rasch kleiner werden (vgl. Seite 58) – die Luft immer „dünner" wird, – wie man landläufig sagt – und damit das Ausgangsmaterial, der Sauerstoff, immer weniger.

Chapman, Sidney
Geophysiker und Mathematiker
* 21.1.1888 in Eccles bei Manchester,
† 16.6.1970 in Boulder.
Bedeutende Arbeiten zur kinetischen Gastheorie, zum Erdmagnetismus, über Polarlichter, Sonnenplasma und Ozon.

Die Reaktion (2), so haben wir gesehen, ist eine exotherme Reaktion, eine Reaktion also, bei der Wärmeenergie freigesetzt wird. Diese führt zu einem deutlichen Anstieg der Lufttemperatur im Bereich der Ozonschicht. Dadurch wird die mit der Höhe fortschreitende Abkühlung der Atmosphäre (vgl. Seite 58) gestoppt – mehr noch, zwischen etwa 20 und gut 40 km Höhe, steigt die Temperatur sogar stetig an, d. h. es baut sich eine so genannte Inversion (s. Seite 49) auf, die die gesamte Dynamik der unteren Atmosphäre, insbesondere die Wettervorgänge (s. Seite 49, 296) und den Vertikaltransport atmosphärischer Spurengase und Aerosole entscheidend beeinträchtigt.

1985 wurde erstmals beobachtet, dass zum Ende des Polarwinters hin über der Antarktis eine dramatische Abnahme der Ozonkonzentration stattfindet. Auch in den Folgejahren setzte jeweils im September und Oktober insbesondere in Höhen zwischen 15 und 25 km ein rapider Ozonverfall ein, der jedes Jahr etwas stärker wurde. Man sprach kurzerhand vom Ozonloch. Das ist natürlich Unsinn, denn es handelt sich ja nicht um ein „Loch" in der Ozonschicht, sondern um einen Konzentrationsrückgang, der allerdings beachtliche Dimensionen annehmen kann. Die Abb. 5 stützt sich auf Messergebnisse von der Südpolstation Amundsen-Scott. Die schwarze Kurve zeigt die Ozon-Höhenverteilung vom

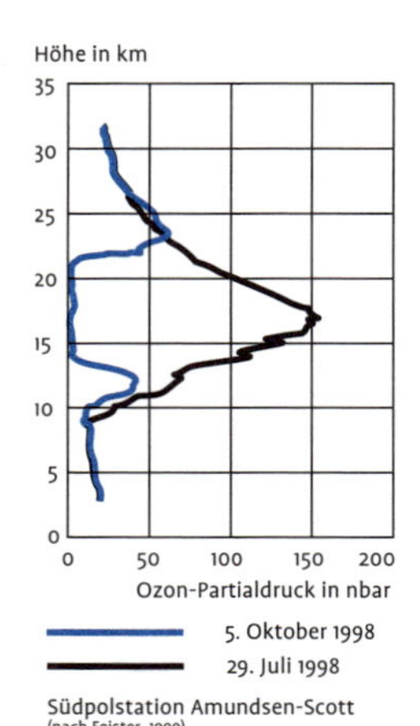

Abb. 5
Ozonkonzentration in Abhängigkeit von der Höhe unter normalen Bedingungen (schwarz) und während einer „Ozonloch“-Episode (blau).

29. Juli 1998, von einem Zeitpunkt also, an dem ganz normale Verhältnisse geherrscht haben. Man erkennt ein Konzentrationsmaximum in etwa 17 km Höhe mit einem Partialdruck von etwas über 150 nbar. Die blaue Kurve wurde am 29. Oktober 1998 erhoben, also mitten während einer „Ozonloch“-Episode. Wie man sieht, bricht die Konzentration in einer Höhe von etwa 13 km sehr stark ein, bewegt sich dann bis etwa 22 km Höhe nur wenig oberhalb Null um dann, innerhalb von nicht einmal 2 km, wieder auf den gewohnten Wert zu springen.

Mögliche Auswirkungen eines Ozonschwundes

Nachdem man den Rückgang der Ozonkonzentration über der Antarktis festgestellt hatte, kam die Befürchtung auf, der Ozon-Verlust könnte die ganze Atmosphäre erfassen, zumal man auch in niedereren Breiten eine – allerdings weniger spektakuläre – Ozonabnahme festgestellt hatte: Am Meteorologischen Observatorium auf dem Hohenpeißenberg (nördlich von Garmisch-Partenkirchen), wo seit den 1960er-Jahren Ozonforschung getrieben wird, hat man einen jährlichen Rückgang von durchschnittlich 0,2 % beobachtet (WEGE et al. 1988). Der Rückgang des Ozons bedeutet aber gleichzeitig eine Zunahme der UV-Strahlung. Eine einfache Faustregel der Luftchemiker besagt: **Jedes Prozent Ozonverlust lässt zwei Prozent mehr UV-Strahlung zur Erdoberfläche durchdringen.**

Man begann abzuschätzen, welche Folgen eine weitere Ozon-Abnahme und damit ein Anstieg der UV-Bestrahlung für das Leben auf der Erde haben könnten. So ergaben Modellrechnungen, dass eine 5 %ige Abnahme der Ozonkonzentration ein um 10 % erhöhtes Hautkrebsrisiko bewirken würde. Das bedeutet z. B. allein für die USA jährlich 40 000 neue Fälle. Aus anderen Modellrechnungen geht hervor, dass 1 % Ozonabnahme nach 20 Jahren das Risiko, an einem Nicht-Melanom-Hautkrebs zu erkranken, um 3 % erhöht. Weitere Folgen eines Ozonschwundes wären Hautverbrennungen, Augenerkrankungen und Schäden am Immunsystem. 1 % weniger Ozon hat 0,6 bis 0,8 % mehr Fälle von Augenlinsentrübungen zur Folge.
Unter den Pflanzen gelten eine Reihe von Nahrungs- und Futterpflanzen, darunter die Sojabohne, als außerordentlich UV-empfindlich. Eine Untersuchung hat gezeigt, dass bei einer simulierten Ozonabnahme um 25 % die Nettoproduktion um 20 bis 25 % sinken kann (SCHÖNWIESE und DIEKMANN 1987). Besonders folgenschwer wären Schäden an Mikroorganismen, insbesondere Algen, denn sie produzieren doppelt soviel Sauerstoff und binden doppelt soviel Kohlendioxid wie die grünen Pflanzen zusammen. Sie stehen zudem am Beginn einer Nahrungskette, die bis zum Menschen reicht.

Ursachen des Ozonschwundes

Angesichts solcher Gefahren ist man mit Nachdruck an die Erforschung des Phänomens gegangen und hat sehr unterschiedliche Theorien entwickelt, von denen aber keine eine umfassende Erklärung zu liefern vermag. So könnten Meteoritenströme mit ionisierten eisen- und kohlenstoffhaltigen Teilchen in die Polargebiete gelenkt und vom Ozon oxidiert werden. Auf die gleiche Weise könnten auch von Sonneneruptionen stammende Protonen mit dem Ozon reagieren (DRIMMEL 1987). Denkbar wäre, dass Vulkanausbrüche über den Eintrag von Chlorwasserstoff (HCl) in die Stratosphäre den Ozonabbau auslösen (HEATH 1985, LABITZKE 1987). Auch luftdynamische Vorgänge wurden erwogen (TUNG et al. 1986). Danach würde sich, wenn nach dem Dunkel des antarktischen Winters die UV-Absorption des Ozons wieder einsetzt, die Luft erwärmen, aufsteigen und ozonärmere Luft von unten nachsaugen *(upwelling)*. Auch einen *downwelling*-Prozess hält man für möglich, der Stickoxide aus größeren Höhen mitbringt, die ihrerseits das Ozon angreifen. Schließlich wurden vielfältige und komplizierte chemische Prozesse diskutiert, die beispielsweise bei BACH (1987) oder FABIAN (1992) ausführlich dargestellt sind.

Fest steht jedoch, dass anthropogene Einflüsse beim Ozonabbau zumindest eine erhebliche, wahrscheinlich sogar die ausschlaggebende Rolle spielen. So weiß man, dass insbesondere die FCKWs eine gewaltige Zerstörungskraft entwickeln.

FCKW- und Ozonabbau

Die Reaktionsfolge (5) bis (7) beschreibt den Ozonabbau durch FCKWs. Zunächst wird in Reaktion (5) unter der Einwirkung von harter UV-Strahlung ein Chlor-Atom abgespalten, das in Reaktion (6) unter Zerstörung eines Ozon-Moleküls oxidiert wird. Über die schon von oben bekannte Reaktion (3) werden O-Radikale produziert, die dem Chloroxid in (7) den Sauerstoff wieder entreißen. Das dabei freiwerdende Cl-Atom – und das ist das Teuflische an diesem Vorgang – ist damit bereit, erneut in die Reaktion (6) einzutreten und ein nächstes Ozon-Molekül zu reduzieren. Bis zu 10 000-mal kann sich dieser Prozess wiederholen, ehe das Chlor anderweitig gebunden wird. Man muss sich einmal klarmachen, was das bedeutet: Ein einziges FCKW-Molekül kann auf diese Weise bis zu 10 000 Ozonmoleküle zerstören.

(5) Quant + $CCl_2F_2 \rightarrow CClF_2 + Cl$ (Wellenlänge ≤ 0,22 µm)
(6) $Cl + O_3 \rightarrow O_2 + ClO$
(3) Quant + $O_3 \rightarrow O + O_2$ (Wellenlänge ≤ 1,1 µm)
(7) $ClO + O \rightarrow Cl + O_2$

Zur Angabe des Gesamtozongehaltes einer ausgewählten Luftsäule wird gerne die so genannte **DOBSON-Einheit (DU)** verwendet.
Sie ist folgendermaßen definiert: Würde man das gesamte Ozon in einer ausgewählten Luftsäule sammeln und unter Normalbedingungen (Temperatur 20 °C; Luftdruck 1 013 mbar = Luftdruck auf Meeresniveau) bringen, so würde das Ozon eine Schicht mit einer bestimmten Dicke bilden.
1 mm Schichtdicke wären dann 100 DU; 1 DU = 0,01 mm.
Ein typischer Jahresmittelwert für unsere Breite ist 330 DU. Würde man also alles Ozon sammeln und am Erdboden (bei 20 °C) komprimieren, so ergäbe sich eine nur 3,3 mm dicke Schicht, die aber dennoch über 50 % der ankommenden UV-Strahlung absorbiert.

Ähnliche katalytische Prozesse laufen auch mit Brom-Molekülen ab, die aus Feuerlöschern und Treibstoffen stammen. Und schließlich wird das oben schon diskutierte N_2O in eine katalytische Reaktionskette einbezogen, bei der NO als Katalysator fungiert.

Ozonbildung in der unteren Atmosphäre

Während in der höheren Atmosphäre, der so genannten **Stratosphäre** (s. Seite 59) das Ozon abnimmt, wird es in der bodennahen Atmosphäre, der so genannten **Troposphäre** (s. Seite 59), immer mehr. Zurzeit steigt dort der Ozongehalt pro Jahr um etwa 1,1 %. Bei den Ozon-Messungen auf dem Hohenpeißenberg wurde sogar eine doppelt so schnelle Zunahme festgestellt. Allerdings ist dieser Anstieg nur auf der Nordhalbkugel zu beobachten. Gegenwärtig beträgt die bodennahe Ozon-Konzentration nördlich des Äquators im Mittel etwa 40 ppb. Auf der Südhalbkugel liegt sie nur um 10 bis 20 ppb. In Deutschland findet man üblicherweise Werte zwischen 25 und 45 ppb, hat aber auch schon Konzentrationen über 200 ppb gemessen.

Woher kommt eigentlich das Ozon der unteren Luftschichten? Zum Teil sickert es natürlich aus der Stratosphäre ein, seit einigen Jahrzehnten lässt sich aber auch eine zusätzliche anthropogen bedingte Komponente mit etwa 0,5 Gt pro Jahr nachweisen. Ozon entsteht nämlich in der untersten Atmosphärenetage sowohl aus Kohlenmonoxid als auch aus Kohlenwasserstoffen, wenn gleichzeitig Stickoxide und kurzwellige Strahlung vorhanden sind.

— Bei Temperaturen unter etwa –80 °C wird der Vorgang der Ozonzerstörung durch Chloratome besonders forciert. Die erwartete Klimaänderung (s. Anhang) wird in der Höhe der Ozonschicht einen deutlichen Temperaturrückgang bringen. Es ist deshalb zu befürchten, dass aus einem geänderten Klima für die Ozonschicht eine zusätzliche erhebliche Gefährdung erwachsen wird.

Beim Bildungsprozess aus Kohlenmonoxid läuft folgende Reaktionskette ab:

(1) $CO + OH \rightarrow CO_2 + H$
(2) $H + O_2 + M \rightarrow HO_2 + M$
(3) $HO_2 + NO \rightarrow OH + NO_2$
(4) Quant + $NO_2 \rightarrow NO + O$ (Wellenlänge ≤ 0,4 µm)
(5) $O + O_2 + M \rightarrow O_3 + M$
Netto: $CO + 2\,O_2 \rightarrow CO_2 + O_3$

(M sind für die Reaktion notwendige Stoßpartner).

Wie aus der Nettoreaktion zu erkennen ist, entsteht bei der Oxidation jedes CO-Moleküls ein Ozon-Molekül. Voraussetzung dafür ist allerdings, dass die Luft eine Mindestkonzentration an Stickoxiden (NO_x) enthält. Bleibt die Konzentration der Stickoxide unter dem kritischen Wert, so läuft eine ganz andere Reaktionsfolge ab, die netto zu folgender Gleichung führt:

$$CO + O_3 \rightarrow CO_2 + O_2$$

In diesem Fall verschwindet also bei der Oxidation jedes CO-Moleküls ein Ozonmolekül.

Ähnliche, allerdings noch kompliziertere Vorgänge spielen sich auch bei der Oxidation von flüchtigen organischen Verbindungen, z. B. von Kohlenwasserstoffen, aber auch einer Reihe anderer organischer Spurengase ab. Neben Ozon entstehen dabei weitere, in ihrer Wirkungsweise dem Ozon verwandte Stoffe, die man als **Photooxidantien** bezeichnet, z. B. Peroxiacetylnitrat (PAN) oder Wasserstoffsuperoxid.

Alle hier aufgeführten chemischen Reaktionen sind sehr stark vereinfacht dargestellt. In Wirklichkeit sind die Vorgänge erheblich komplizierter und vielfach miteinander vernetzt. Eine Reihe von Details ist überdies noch völlig unbekannt.

Es wurde schon darauf hingewiesen, dass Vorgänge dieser Art überwiegend anthropogen verursacht sind. Man wird sich also fragen, woher die an diesen Reaktionen beteiligten Stoffe kommen. Die Stickoxide entstehen zwar zu einem geringen Teil auch auf natürlichem Wege z. B. bei Blitzentladungen (s. Seite 23). Der größte Teil stammt jedoch von heißen Verbrennungsprozessen, wie sie z. B. in fossil befeuerten Industrieanlagen oder Automotoren ablaufen. In Deutschland schlägt der Kraftverkehr etwa mit 60 % zu Buche.

Das Kohlenmonoxid entsteht bei der unvollständigen Verbrennung organischer Energieträger. Da praktisch alle Verbrennungsvorgänge mehr oder weniger unvollständig sind, wird dabei stets CO freigesetzt. Gut die Hälfte (2,6 Mrd. t pro Jahr) kommt aus anthropogenen Quellen, wobei der Kraftverkehr wieder die Spitzenstellung einnimmt. Auch die vorhin genannten, in der Luft vorhandenen flüchtigen organischen Verbindungen hat zu einem erheblichen Teil der Kraftverkehr zu verantworten. Sie entweichen beim Tanken, durch Verdunstung aus Kraftstofftanks und beim unvollständigen Verbrennen des Benzins. Nicht unerhebliche Mengen stammen aus den in Industrie und Haushalt verwendeten Lösungsmitteln.

Schäden durch troposphärisches Ozon

Wenn hier das troposphärische Ozon so ausführlich behandelt wird, dann liegt das daran, dass dieses Gas als sehr gefährlich eingeschätzt wird:

- Trotz seiner geringen Konzentration beträgt sein Anteil am atmosphärischen Glashauseffekt an die 10 %.
- Wegen seiner aggressiven Oxidationskraft löst es an allen Oberflächen verstärkt Korrosion aus.
- Ozon ist außerdem ein giftiges Gas. Gerade in den letzten Jahren hat man erkennen müssen, dass es eine ganze Reihe von Krankheiten auslösen kann. Sie reichen von Reizungen der Schleimhäute, der Atemwege und des Lungengewebes über Abnahme der körperlichen Leistungsfähigkeit bis zu Asthmaanfällen. In Ruhe

werden zwar relativ hohe Ozonkonzentrationen toleriert. Bei starker körperlicher Belastung genügen jedoch bereits Konzentrationen von 180 bis 240 µg/m³ Luft, um Körperreaktionen hervorzurufen. Allergische Personen reagieren auf Ozon besonders empfindlich.

- An Pflanzen treten ab 80 ppb – das ist ein Wert, der bei strahlungsreichem Sommerwetter in unseren Breiten häufig überschritten wird – offensichtliche Schäden auf, so genannte „Wetterflecken". Sie zeigen an, dass Zellkörperchen, die den grünen Pflanzenfarbstoff tragen (Chloroplasten) sowie Zellwände, zerstört sind (Berge und Jaag 1970). Zu versteckten Schäden, die aber zu einer Hemmung der Photosyntheseleistung führen und sich damit bei landwirtschaftlichen Nutzpflanzen in Ertragsrückgängen bemerkbar machen, kommt es schon bei geringeren Konzentrationen. Heagle (1989) berichtet über Versuche mit einer künstlich auf 40 bis 50 ppb (gegenüber 30 ppb) erhöhten Ozonkonzentration. Dabei musste man bei empfindlichen Winterweizensorten Ertragseinbrüche bis zu einem Drittel hinnehmen. Bei robusteren Sorten fielen die Verluste mit etwa 10 % jedoch nicht so krass aus. Sehr empfindlich sind jedenfalls auch Soja, Baumwolle, Tabak, Bohnen und Kohl.
- Offensichtlich ist Ozon auch an der Schädigung der Wälder beteiligt. Seine Rolle stellt man sich dabei folgendermaßen vor: Zunächst werden die Wachsschichten der Nadeln und Blätter von gasförmigem oder in Wasser gelöstem Ozon oder anderen Photooxidantien aufgebrochen. Durch die dabei entstehenden Risse gelangen die Gase ins Innere und führen zu Schäden an den Membranen und Spaltöffnungen. Dadurch kommt es zu Störungen im Wasserhaushalt. Gleichzeitig dringen auch saure Niederschläge ein und waschen lebenswichtige Calcium- und Magnesiumverbindungen aus (Leaching-Hypothese). Pahl und Winkler (1993) haben festgestellt, dass die Konzentration schädlicher Spurenstoffe im Wasser von Wolken und damit auch von Nebel bis zu 10-mal so hoch sein kann wie im Regenwasser.

Zwar bietet das chemische Milieu der Großstädte die beste Voraussetzung für die Ozonbildung. Man spricht in diesem Zusammenhang gern von **Photosmog** und nennt als Musterbeispiel den **Los-Angeles-Smog**. Da die Sonnenstrahlung eine wesentliche Voraussetzung für die Synthese von Ozon und anderen Photooxidantien ist, entstehen diese Stoffe aber auch in den strahlungsreichen Reinluftgebieten weit außerhalb der Städte in unerwartet hohen Konzentrationen – selbst dann noch, wenn der Wind die dorthin verfrachtete Großstadtluft schon weitgehend verdünnt hat.

Im Lauf der nächsten Jahre werden sich die Ausgangsstoffe für die Ozonbildung aller Voraussicht nach weiter anreichern. Wir haben deshalb in Zukunft mit noch viel höheren Ozonwerten zu rechnen als heute.

Die Betrachtungen zu den luftchemischen Auswirkungen der Atmosphärengase mussten hier stark pauschaliert werden. Die Zahlenwerte stammen aus verschiedenen Quellen insbesondere Schönwiese (2003). Ausführliche Informationen dazu findet sich in der luftchemischen Fachliteratur (s. Seite 432). Über die Auswirkungen des Ozons auf die belebte Welt berichtet Sandermann (2001).

1.4 Luftdruck

Der Luftdruck ist mit dem Begriff der Meteorologie landläufig am engsten verknüpft. Er wird regelmäßig an ungezählten Punkten der Erde rund um die Uhr mit großer Präzision gemessen und in Form von Linien gleichen Luftdruckes oder Isobaren in den Wetterkarten dargestellt. Er bildet eine Basis für die großräumige wie für die lokale Wettervorhersage und dient dem Luftverkehr als Navigationshilfe. Uns wird der Luftdruck helfen, den Temperaturrückgang mit zunehmender Höhe (s. Seite 45) zu verstehen.

1.4.1 Definitionen und Gesetzmäßigkeiten

Was ist eigentlich Luftdruck, wie kommt er zustande und was bewirkt er?

Als Druck (p) bezeichnet man in der Physik das Verhältnis einer senkrecht auf eine Fläche wirkenden Kraft (K) zur Größe der Fläche (f), also:

$$p = \frac{K}{f}$$

Einen Druck findet man z.B. am Grunde eines mit Wasser gefüllten Gefäßes, wo das Wasser mit der Kraft seines Gewichtes auf die Bodenfläche des Gefäßes drückt. Genauso wie das Wasser im Gefäß hat auch die Luft ein Gewicht, und mit diesem Gewicht drückt sie auf die Erdoberfläche. Der dadurch hervorgerufene Druck ist das, was man als Luftdruck bezeichnet.

Die gesamte Masse der Erdatmosphäre beträgt rund $5{,}1 * 10^{15}$ t. Unter der Wirkung der Schwerkraft lastet sie auf Meeresniveau im Mittel auf jedem Quadratmeter der Erdoberfläche mit einer Kraft von $1{,}01 * 10^5$ N. Das entspricht einem Druck von 1013 mbar oder 760 Torr (= mm Quecksilbersäule). Die beiden letztgenannten Einheiten sind seit Einführung der SI-Einheiten jedoch nicht mehr erlaubt.

Da der Luftdruck auf das Gewicht der auflastenden Luftsäule zurückgeht, muss er mit der Höhe immer geringer werden, denn

Der Atmosphärendruck auf die Oberfläche eines Himmelskörpers geht auf das Gewicht der Atmosphärengase zurück. Damit spielt nicht nur die Gravitation des Himmelskörpers eine wichtige Rolle, sondern auch die Masse seiner Atmosphäre. Bei unserem Nachbarplaneten Venus erreicht die Gravitation zwar nur 90 % der Erdgravitation, aufgrund der großen Atmosphärenmasse ist ihr Druck jedoch 100-mal so groß wie der Luftdruck auf der Erde.

je höher man kommt, desto weniger Luft hat man noch über sich. Genauso ist es auch in dem als Beispiel gebrauchten Wassergefäß. Am Boden ist der Wasserdruck am höchsten. Er geht nach oben immer weiter zurück und verschwindet an der Wasseroberfläche ganz.

Man kann die **Luftdruckabnahme mit der Höhe** auch leicht berechnen. Dazu betrachtet man die in Abb. 6 dargestellte Säule: p_0 sei der in der Höhe h_0, also am Boden gemessene Luftdruck. In der Höhe h_1 finden wir dann einen Druck p_1, der um den Beitrag der Luft aus dem Volumen $f * (h_1 - h_0)$ verringert ist. Dieser Beitrag lässt sich aus der Dichte der Luft und der Erdanziehung berechnen. Man erhält so eine Druckabnahme von etwa 0,13 mbar/m. Berechnet man damit die Höhe der Atmosphäre, so kommt man auf einen Wert von etwa 8 000 m. In dieser Höhe müsste der Luftdruck auf 0 mbar zurückgegangen sein. Das ist aber nicht der Fall, denn in 8 km Höhe findet man noch einen Luftdruck von etwa 350 mbar vor.

Abb. 6
Sehr anschaulich kann man sich den Luftdruck vorstellen, wenn man, wie hier gezeigt, an eine Luftsäule mit einer bestimmten Basisfläche denkt. Das Gewicht (g) dieser Luftsäule dividiert durch die Basisfläche (f) ist dann der Luftdruck (p_0) an der Erdoberfläche.

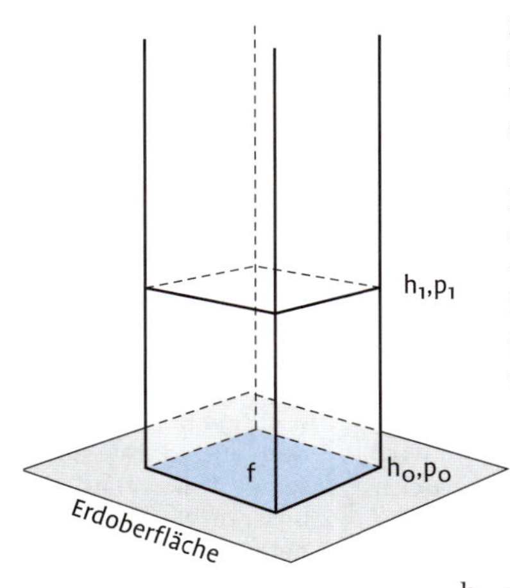

Wir haben also bei unseren Überlegungen offensichtlich etwas übersehen. Und das ist die Tatsache, dass Luft im Gegensatz zu Wasser ein zusammendrückbares Medium ist. Die Annahme, der für den Boden gewählte Dichtewert sei für alle Höhen gültig, war also falsch. Tatsächlich ist die Luft am Boden, wo das gesamte Gewicht der Luftsäule auflastet, viel stärker zusammengedrückt und damit dichter als in der Höhe, wo nur noch das Gewicht eines Bruchteiles der Luftsäule vorhanden ist.

Hält man sich diese Tatsache vor Augen, so ist leicht einzusehen, dass die Luftdruckabnahme in Bodennähe sehr schnell erfolgt und immer langsamer wird, je höher man hinaufkommt. Mit Abb. 7 soll der Zusammenhang verdeutlicht werden. In Bodennähe ist die Luftdichte hoch. Steigt man vom Boden (h_0) um h zur Höhe h_1, so lässt man eine Luftschicht unter sich, die aufgrund ihrer hohen Dichte einen relativ großen Beitrag zum Luftdruck leistet. Folglich ist zwischen h_0 und h_1 ein großer Luftdruckrückgang von p_0 auf p_1 zu beobachten. Weiter oben ist die Luftdichte geringer. Steigt man dort von h_2 um die gleiche Höhe h nach h_3, so lässt man eine Schicht unter sich, die nur einen kleinen Beitrag zum Luftdruck leistet. Die Folge davon ist eine nur geringe Druckabnahme von p_2 auf p_3.

Die Gleichung, mit der man den genauen Zusammenhang berechnen kann, heißt Barometrische Höhenformel. Sie lautet in verallgemeinerter Form:

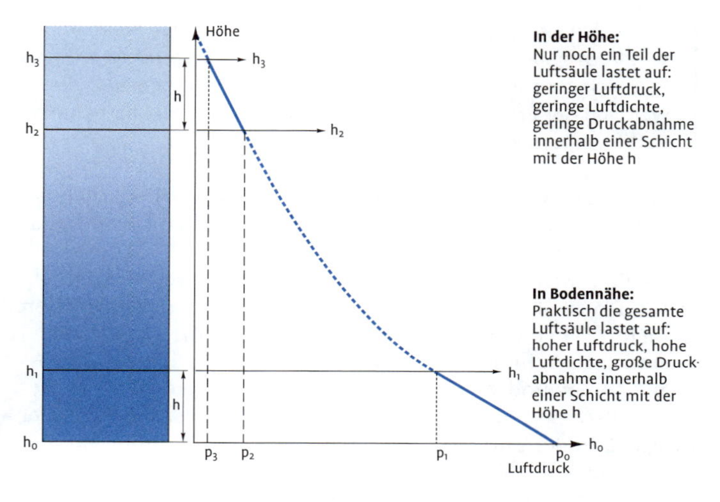

Abb. 7
Der Luftdruck nimmt mit der Höhe exponentiell ab (Erläuterungen im Text).

$$p_3 = p_2 * \mathrm{EXP}\left(\frac{-C * (h_3 - h_2)}{T}\right)$$

Dabei steht p_3 für den Luftdruck in der Höhe h_3 und p_2 für den Luftdruck in der Ausgangshöhe h_2. T ist die mittlere Temperatur der betrachteten Luftschicht (die zwischen h_3 und h_2 liegt!). C darf als Konstante betrachtet werden, sie nimmt den Wert 34 an, wenn die Höhe in km und die Temperatur in Kelvin (K) eingesetzt wird (vgl. Seite 375).

Soll bei einer Berechnung vom Meeresniveau ausgegangen werden, so nimmt die barometrische Höhenformel folgende einfachere Form an:

$$p_1 = p_0 * \mathrm{EXP}\left(\frac{-C * h_1}{T}\right)$$

Dann steht p_1 für den Luftdruck in der gewünschten Höhe h_1 und p_0 für den Luftdruck auf Meeresniveau. Die Indizierung in der Formel entspricht der in Abb. 7.

Die barometrische Höhenformel liefert einen Verlauf der Luftdruck-Höhenkurve, wie in der durchgezogenen Kurve der Abb. 8 dargestellt. Wie man sieht, geht danach der Luftdruck nach je etwa 5,5 km Höhenzunahme auf die Hälfte zurück. So finden wir in 5,5 km Höhe noch einen Druck von rund 500 mbar, in 11 km Höhe einen von etwa 250 mbar usw. In Bodennähe macht der Rückgang etwa 1 mbar/8 m aus.

Eine feste Atmosphärengrenze gibt es danach nicht. Vielmehr wird die Luft nach oben immer dünner und geht schließlich kontinuierlich in den als „luftleer" bezeichneten Weltraum über. Wenn in diesem Buch später von Atmosphärenobergrenze gesprochen wird, so ist damit eine gedachte Kugelschale um die Erde gemeint, die so weit von der Erdoberfläche entfernt ist, dass der dort herrschende Luftdruck vernachlässigt werden darf.

Auzug aus der US-Standardatmosphäre

Höhe km	Luftdruck mbar
0	1013
1	899
2	795
3	701
4	617
5	540
6	472
7	411
8	375
9	308
10	265
15	121
20	55
40	2,9
60	0,22
80	0,01
100	0,0003

(sie repräsentiert näherungsweise die Verhältnisse in mittleren Breiten) Nach NOAA (1976) zit. in KRAUS (2000).

Die durchgezogene Kurve in Abb. 8 gilt im Mittel für alle Jahreszeiten und die ganze Erde. Sie heißt „US-Standard-Atmosphäre".

Im Einzelfall kann es jedoch zu spürbaren Abweichungen von dieser Druck-Höhenverteilung kommen. Neben **dynamischen** (s. Seite 281) kommen dafür insbesondere **thermische** Ursachen in Frage. So gilt für kalte Luft: Der Druck ist in der unteren Atmosphäre größer und nimmt mit der Höhe schneller ab als in der Standard-Atmosphäre. Entsprechend gilt für warme Luft: Der Druck ist in der unteren Atmosphäre kleiner und nimmt mit der Höhe langsamer ab als in der Standard-Atmosphäre. In Abb. 8 sind schematisierte Druck-Höhen-Kurven für kalte und warme Luft eingezeichnet. Um die Verhältnisse möglichst deutlich zu machen, sind sie erheblich extremer gewählt, als sie in der Natur tatsächlich vorkommen (vgl. unten).

Natürlich lässt sich die Druckabnahme mit der Höhe in beliebig warmen bzw. kalten Luftmassen mit Hilfe der barometrischen Höhenformel problemlos berechnen und darstellen. Wir wollen aber versuchen, uns die Zusammenhänge auch anschaulich klarzumachen. Dazu soll uns Abb. 9 dienen, von der wir zunächst den oberen Teil betrachten.

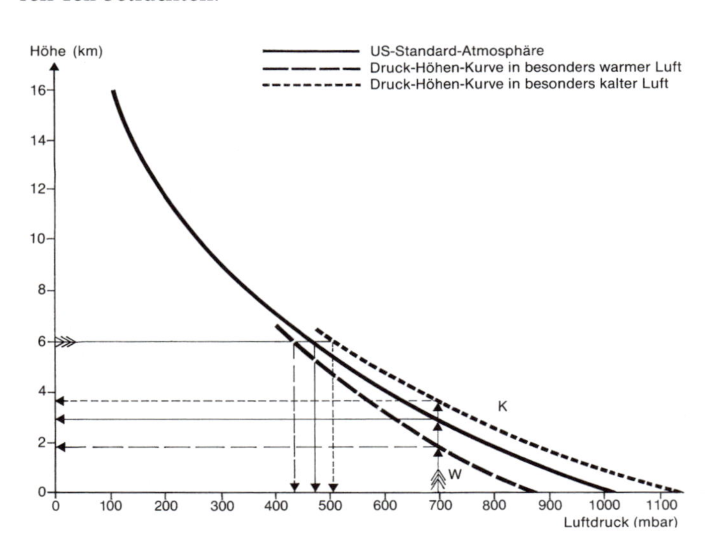

Abb. 8
Luftdruckabnahme mit der Höhe in der US-Standard-Atmosphäre (1976) und stark vereinfachter Druckverlauf in warmer und in kalter Luft.

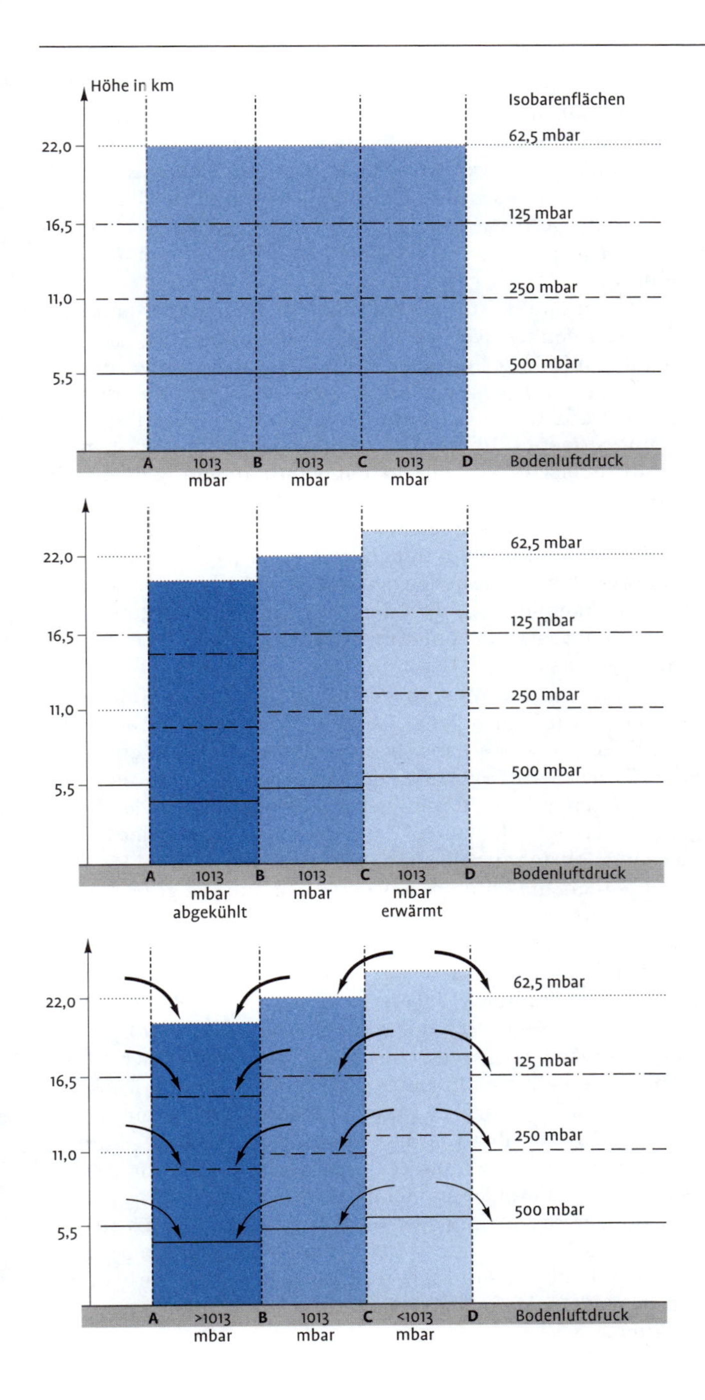

Abb. 9

Aufriss der Atmosphäre. Oben: Rückgang des Luftdrucks unter der Bedingung der Standard-Atmosphäre. Das Niveau, auf dem der Luftdruck 500 mbar beträgt ist durchgezogen dargestellt und liegt in 5,5 km Höhe, das 250-mbar-Niveau ist gestrichelt und liegt in 11 km Höhe. Das 125-mbar-Niveau ist strichpunktiert und das 62,5-mbar-Niveau schließlich ist gepunktet gezeichnet. Noch größere Höhen sind in diesem Zusammenhang nicht mehr von Interesse. Die Veränderungen in Abb. 9 Mitte und unten sind im Text erläutert. Zur Erklärung der Unterschiede in den Luftdruck-Höhen-Kurven bei verschiedenen Temperaturen (Einzelheiten siehe Text).

Denken wir uns dazu aus der Atmosphäre drei Luftsäulen herausgeschnitten: die erste über (A) – (B), die zweite über (B) – (C) und die dritte über (C) – (D). Sie sind blau hinterlegt und sollen der Standardatmosphäre entsprechen. Die drei Säulen sollen gegeneinander und gegen ihre Umgebung thermisch völlig isoliert sein, d. h., die gestrichelt eingezeichneten senkrechten Trennflächen über (A), (B), (C) und (D) sollen absolut wärmeundurchlässig sein.

Mit diesen Säulen führen wir jetzt ein Gedankenexperiment durch: Dazu denken wir uns die linke, über (A) – (B) liegende abgekühlt und die rechte über (C) – (D) erwärmt; die mittlere über (B) – (C) bleibt unverändert. Den Temperaturänderungen entsprechend zieht sich die linke Säule zusammen, während sich die rechte ausdehnt. Im mittleren Teil der Abbildung, in dem die Verhältnisse nach der jeweiligen Temperaturänderung dargestellt sind, erkennt man nun deutlich, dass der Druck in der abgekühlten Luft mit der Höhe schneller abnimmt als in der thermisch unveränderten, denn in allen Höhen finden wir jetzt in der Kaltluft kleinere Druckwerte als in den benachbarten Säulen. Auf die gleiche Weise erkennen wir, dass der Druck in der erwärmten Luft mit der Höhe langsamer abnimmt als in der Kaltluft und unter den Bedingungen der Standard-Atmosphäre.

Der Luftdruck auf Meeresniveau, kurz mit „Bodenluftdruck" bezeichnet, ist jedoch bislang überall gleich geblieben, denn das Gewicht der Luftsäulen hat sich ja bei unserem Gedankenexperiment nicht geändert. Wenn aber der Luftdruck in der warmen Luft in allen Höhen größer ist als in der gemäßigten und in der gemäßigten größer als in der kalten, dann wird ein horizontaler Druckausgleich einsetzten (s. Seite 256). Das bedeutet, dass mäßig warme Luft – den im unteren Teil der Abbildung eingezeichneten Pfeilen entsprechend – in die abgekühlte Säule und erwärmte Luft in den gemäßigten Bereich fließt. Da aber die zufließende Luft Masse mitbringt, steigt das Gewicht der kalten Säule und damit auch der Bodenluftdruck. Entsprechend bewirkt der Massenabfluss aus der warmen Säule dort eine Abnahme des Bodenluftdruckes.

— Zusammenfassend lässt sich über den Luftdruck folgendes feststellen: In besonders **warmer** / **kalter** Luft ist der Luftdruck in der unteren Atmosphäre **kleiner** / **größer** und nimmt mit der Höhe **langsamer** / **schneller** ab als in der US-Standardatmosphäre.

Diese Vorgänge erklären zwanglos die von Abb. 8 her bereits bekannten Verhältnisse: In kalter Luft ist der Bodenluftdruck höher als in der mäßig warmen Standardatmosphäre und nimmt mit der Höhe schneller ab als in dieser. In warmer Luft ist es umgekehrt: Dort ist der Bodenluftdruck kleiner als in der Standardatmosphäre und nimmt langsamer ab als in ihr.

Sowohl der Zufluss in die Kaltluft als auch der Abfluss aus der Warmluft machen sich nur in der unteren Atmosphäre bemerkbar. In der höheren Atmosphäre bleiben die Druckverhältnisse praktisch so als ob keine Massenzuflüsse oder -abflüsse stattgefunden hätten.

In der Natur gibt es natürlich keine völlige thermische Isolierung unmittelbar benachbarter Luftsäulen. Im Bereich vieler hundert oder gar tausend Kilometer spielen sich jedoch Vorgänge ab, die den oben dargestellten recht nahe kommen. Dennoch muss nachdrücklich betont werden, dass hier zugunsten der Anschaulichkeit sehr stark vereinfacht wurde.

Extrem tiefe Temperaturen findet man in Ostsibirien (s. Seite 247 und 325). Dort kann sich die Luft im Lauf des Winters fern von jeder wärmenden Meeresströmung bis unter –65 °C abkühlen. In dieser Gegend hat man auch mit 1 083,8 mbar den höchsten Luftdruckwert der Welt gemessen (Agata, UdSSR, am 31.12.1968).

„Bei solchen Temperaturen gibt es in Nowosibirsk hitzefrei", sagte der Professor, als sich die Studenten über den kalten Hörsaal beklagten.

In der Meteorologie bezeichnet man Gebiete, in denen der Luftdruck besonders hoch ist, als **Hochdruckgebiete** oder kurz als **Hochs**, und Gebiete, in denen er besonders gering ist, als **Tiefdruckgebiete** oder kurz **Tiefs**. In kalter Luft bildet sich demnach ein Hoch aus, man nennt es „Kältehoch"; in warmer Luft dagegen entsteht analog dazu ein „Hitzetief". Hochs und Tiefs können aber auch auf ganz andere Weise entstehen (s. Seite 281).

Will man die Luftdruckabnahme mit der Höhe an einem bestimmten Ort und zu einer bestimmten Zeit beschreiben, so kann man angeben, welche Druckwerte man in verschiedenen Höhen gemessen hat.

1.4.2 Luftdruck als Navigationshilfe für die Luftfahrt

Es gibt aber auch noch ein zweites, überdies sehr wichtiges Verfahren. Man fragt dabei nicht, welcher Druck in der betrachteten Höhe herrscht, sondern in welcher Höhe ein bestimmter Druck zu finden ist. In Abb. 8 sind die Höhen angegeben, in denen der Druck gerade 700 mbar beträgt. In der Warmluft ist das in 1800 m Höhe der Fall, in der Kaltluft in 3 700 m, in der Standard-Atmosphäre in 3 000 m. Man kann sich leicht überlegen, dass ein bestimmter Druckwert in einem Tief in einer geringeren Höhe zu finden ist als in einem Hoch.

Vergleicht man viele Punkte der Erde hinsichtlich der Höhenlage eines bestimmten Druckwertes, so bildet die Gesamtheit dieser Höhen eine gedachte Fläche gleichen Druckes oder **Isobarenfläche**. Sie wird nach dem Luftdruck benannt, der in ihr herrscht. So spricht man z. B. von der 700-mbar-Fläche oder der 300-mbar-Fläche. Isobarenflächen bilden regelrechte Topographien mit Bergen, wo Hochs, und Mulden, wo Tiefs liegen. Ihre nützlichste Eigenschaft ist, dass sie sehr bequem zur Flugnavigation benützt werden können. Erhält z. B. ein Flieger von der Flugsicherung den Auftrag, während seines Fluges immer auf der 500-mbar-Fläche zu bleiben, so besteht nie die Gefahr, dass er mit einem Flugzeug zusammenstößt, dessen Pilot beispielsweise die 400-mbar-Fläche zugewiesen bekommen hat.

Auf diese Weise lässt sich ein Flugetagensystem aufbauen, innerhalb dessen sich alle Flugzeuge alleine mit Hilfe eines Druck-Messgerätes gefahrlos bewegen können. Auch die Autopilotanlagen halten – einmal eingestellt – das Flugzeug immer in der vorgegebenen Fläche gleichen Drucks.

1.4.3 Reduktion des Luftdrucks auf Meeresniveau

In den Wetterkarten werden die Luftdruckwerte vieler Orte regelmäßig eingetragen und mit ihrer Hilfe Linien gleichen Luftdruckes, so genannte Isobaren, gezogen. Da sich der Luftdruck gerade in den tieferen Atmosphärenschichten mit der Höhe stark ändert, würden die Isobaren im Wesentlichen die Topographie der Erdoberfläche wiedergeben. Deshalb reduziert man den Luftdruck auf ein einheitliches Niveau. Dazu wählt man die Meereshöhe und denkt sich das unter der Station liegende Land weggenommen. Dann würde auf Meeresniveau der gemessene Luftdruck, vermehrt um den Beitrag der unter der Station liegenden Luft, herrschen.

Da der Luftdruck stark von der Höhe abhängt, kann man die Messwerte unterschiedlich hoch gelegener Stationen nicht miteinander vergleichen. Man trägt deshalb in die Wetterkarten so genannte „reduzierte" Luftdruckwerte ein, die sich ergeben würden, wenn der Beobachtungsort auf Meeresniveau liegen würde.

Diesen Anteil kann man mit Hilfe der barometrischen Höhenformel berechnen, wenn man die mittlere Lufttemperatur kennt. Das ist natürlich nicht der Fall, weil es sich ja um eine gedachte Schicht handelt. Aber man kann abschätzen, welche Temperatur sie haben müsste, wenn sie tatsächlich vorhanden wäre. Dazu geht man davon aus, dass es mit jedem Meter, den man hinuntersteigt, um 0,006 K wärmer wird (s. Seite 90).

Bezeichnet man mit ϑ_h die an der Station (in der Höhe h) gemessene Temperatur, dann beträgt der auf Meeresniveau zu erwartende Wert $\vartheta_h + h * 0{,}006$, wenn man h in Metern angibt. Die Mitteltemperatur ϑ_m der Schicht berechnet sich dann zu

$$\vartheta_m = \vartheta_h + 0{,}003 * h$$

Nun setzt man die mittlere Luftemperatur zusammen mit dem gemessenen Druckwert p_h und der Stationshöhe h in die barometrische Höhenformel ein und kann so den auf Meeresniveau reduzierten Druckwert p_0 berechnen. In der Praxis hat man dafür Tabellen, mit denen man die Reduktion bequem durchführen kann.

1.5 Temperatur der Atmosphäre

Dass die Temperatur der Luft nicht in allen Höhen gleich ist, weiß man von jeder Bergtour. Um wie viel kälter es in größeren Höhen ist, sieht man daran, dass im Hochgebirge der Schnee sogar im Sommer nicht schmilzt. Das markanteste Beispiel dafür ist der schneebedeckte Gipfel des direkt am Äquator liegenden Kilimandscharo (5895 m). Die wohlhabenden Römer entzogen sich der sommerlichen Hitze, indem sie die heiße Jahreszeit in ihren Villen in den Bergen verbrachten.

Wie kommt diese Temperaturabnahme zustande? Denken wir an einen ganz alltäglichen Vorgang: das Aufpumpen eines Fahrradreifens. Wie man weiß, erwärmen sich dabei die Pumpe und das Ventil, insbesondere aber – wie man leicht messen könnte – die Luft in der Pumpe. Bei anderen Kompressionsvorgängen kann man entsprechende Erwärmungen beobachten. Bekanntlich wird im Dieselmotor das Kraftstoff-Luft-Gemisch durch Kompression so stark erhitzt, dass es zündet. Andererseits kühlen sich Gase beim Entspannen ab. Öffnet man das Ventil eines voll aufgepumpten Fahrradreifens, so kann man diese Abkühlung an der ausströmenden Luft deutlich fühlen. Im Kühlschrank wird das stark komprimierte Kühlmittel unter hohem Druck durch eine enge Düse gepresst. Hinter der Düse dehnt es sich aus und nimmt deshalb ein viel größeres Volumen ein, als es vor der Düse hatte. Während der Volumenvergrößerung kühlt es sich ab und erzeugt auf diese Weise die gewünschte Kälte.

Alle diese Vorgänge lassen eine Gemeinsamkeit erkennen: Wird das Volumen verändert, so ändert sich auch die Temperatur. Kompression erhöht sie, Expansion senkt sie.

Wie ist dieses Verhalten zu erklären? Betrachten wir dazu einen Expansionsvorgang. Wenn das Volumen eines Gases vergrößert wird, wächst sein Energieinhalt. Dieser Zusammenhang lässt sich mit Hilfe theoretischer Betrachtungen (Formeln) bequem erklären und kann in Physik-Lehrbüchern nachgelesen werden (z.B. Bergmann-Schäfer, 1990). Anschaulich kann man sich den Vorgang so vorstellen: Beim Vergrößern des Volumens werden die Abstände zwischen den Gasmolekülen vergrößert. Dem widersetzten sich allerdings die zwischen den Molekülen wirksamen elementaren Anziehungskräfte. Man darf sich diese Kräfte wie zwischen den Molekülen gespannte Gummifäden vorstellen. Um sie zu dehnen muss Arbeit (= Kraft mal Weg) verrichtet werden – Arbeit, die einen Energieaufwand verlangt. Diese Energie bleibt nach der Expansion im Gas zurück um die vergrößerten Molekülabstände aufrecht zu erhalten (Bei der Verdunstung und Kondensation von Wasserdampf werden uns diese Gedankengänge noch einmal begegnen, s. Seite 77).

Natürlich stellt sich jetzt sofort die Frage: Woher kommt die für die Volumenvergrößerung erforderliche Energie. Und die Antwort kann nur lauten: Aus dem Wärmevorrat des Gases! Das Gas kühlt sich ab und stellt die dabei frei gesetzte Wärmeenergie für die Expansion zur Verfügung. Bei der Kompression laufen die Vorgänge

Auf Abkühlung infolge eines Expansionsvorganges geht auch das häufig zu beobachtende Phänomen zurück, dass sich beim Öffnen einer Sektflasche kurzzeitig ein feiner, aus der Flasche herausquellender Nebel bildet: Das in den Sekt gepresste Kohlendioxid erzeugt in der Flasche einen Überdruck, der sich beim Öffnen mit dem berühmten „Knall" abbaut. Dadurch sackt die Temperatur im Flaschenhals so weit ab, dass der in der „Flaschen-Atmospäre" enthaltene Wasserdampf spontan zu winzigen Nebeltröpfchen kondensiert. Die Wärme der Umgebungsluft lässt jedoch die Temperatur rasch wieder steigen – und damit den Nebel verschwinden.
Ähnliche „Nebelwölkchen" lassen sich auch beim Öffnen Kohlensäure-haltiger Mineralwässer und Limonaden beobachten.

in umgekehrter Richtung ab: Mit dem Zusammenpressen des Gases wird dessen Volumen verkleinert. Damit verringert sich sein Energieinhalt und die überschüssige Energie wird zum Erwärmen des Gases verwendet.

Aus dieser Vorstellung heraus lassen sich die Vorgänge in der Fahrradpumpe, im Dieselmotor und im Kühlschrank bequem erklären. Der Grund, dass sich beim Aufpumpen des Fahrradreifens auch Ventil und Pumpe erwärmen, besteht darin, dass die in der Pumpe erhitzte Luft natürlich auch Wärme an die Umgebung abgibt.

Die gleichen Überlegungen machen aber auch verständlich, warum die Lufttemperatur mit zunehmender Höhe immer weiter zurückgeht. Dazu stelle man sich in einen Luftwürfel mit einer Kantenlänge von 1 m vor. Seine 6 Grenzflächen sollen eine vollständige thermische Isolierung ermöglichen, dabei aber beliebig und ohne Kraftaufwand dehnbar sein. Man bezeichnet ein solch gedachtes Luftvolumen üblicherweise als **Luftpaket**. Mit einem so definierten Luftpaket Gedankenexperimente durchführen zu wollen, mag zunächst als unrealistisch, ja absurd empfunden werden. Tatsächlich aber kommt das Verhalten realer Luftvolumina in der Atmosphäre dieser idealisierten Vorstellung so nahe, dass das Denkmodell „Luftpaket" ohne Bedenken angewendet werden darf.

Wie gewaltig sich ein aufsteigendes Luftpaket ausdehnt, kann man mit der „Zustandsgleichung idealer Gase" berechnen. Denken wir uns einen Luftwürfel mit 1 Meter Kantenlänge vom Meeresniveau aus (Luftdruck 1013 mbar, Temperatur 20 °C) aufsteigen. Dieses Luftpaket kann (s. Seite 52) nur bis etwa 10 km Höhe steigen. Dort sollen 265 mbar Luftdruck und –50 °C herrschen (US-Standardatmosphäre; s. Seite 40 u. 47) Die Rechnungen ergeben, dass sein Volumen dann auf rund 3 m^3 und damit auf das 3-fache des Startwertes gewachsen sein wird. Für Messungen in der freien Atmosphäre benutzt man Radiosonden (s. Seite 414), die von Luftballonen in die Höhe getragen werden. Dabei bläht sich der Ballon wie ein Luftpaket auf, bis er in ca. 30 km Höhe platzt. Rechnungen ergeben (für die Bedingungen der Standardatmosphäre) dabei eine Zunahme des Ballondurchmessers von 2 m (am Boden) auf fast 9 m; das ist eine Volumenzunahme auf das 90-fache.

Ein solches Luftpaket soll nun vom Boden aus hochgehoben werden. Mit zunehmender Höhe wird der Luftdruck in seiner Umgebung (s. Seite 38) immer geringer. Im Inneren des Paketes herrscht aber der ursprüngliche hohe Bodenluftdruck. Die Folge davon ist, dass sich das Luftpaket aufbläht wie ein Luftballon. Es findet eine Volumenvergrößerung statt. Da die dafür erforderliche Energie aufgrund der thermischen Isolierung unseres Luftpaketes von Außen nicht zufließen kann, muss sie der Luft im Paket entnommen werden. Die Folge: dessen Temperatur geht kontinuierlich zurück. Damit entpuppt sich die Temperaturabnahme der Luft mit der Höhe als eine Konsequenz aus der Luftdruckabnahme. Analoge Überlegungen führen zu dem Ergebnis, dass Luftpakete, die von oben nach unten verschoben werden, eine Erwärmung erfahren.

Aus den Gesetzen der Thermodynamik kann man bequem ableiten, welche Temperaturänderungen bei Vertikalverschiebungen zu erwarten sind. Die Rechnungen ergeben einen Wert von ziemlich genau 1 K pro 100 Höhenmeter. (Einzelheiten darüber findet man in Fachbüchern zur Theoretischen Meteorologie, s. Seite 434). Man nennt diesen Wert den **adiabatischen Temperaturgradienten**. „Temperaturgradient" bedeutet in diesem Fall nichts anderes als „Temperaturänderung pro Höhenänderung"; er wird meist in k/100 m (siehe oben) angegeben. „Adiabatisch" bedeutet, dass während der Vertikalbewegung keine Energie von außerhalb des Luftpaketes zugeführt oder nach außen abgegeben wird, d.h., die gesamte bei der Volumenänderung umgesetzte Energie stammt ausschließlich aus dem Wärmevorrat der Luft.

Für Luftpakete stellt der adiabatische Temperaturgradient eine Art „Normalzustand" dar. Innerhalb höherer Luftschichten oder größerer Bereiche der Atmosphäre ist er eher die Ausnahme als die Regel. Das hängt damit zusammen, dass in der Atmosphäre eine ganze Reihe von Vorgängen ablaufen, die den Temperaturgradienten teilweise erheblich beeinflussen. Darunter sind auch solche, die nicht der Definition von „adiabatisch" entsprechen. Die Folge ist, dass die tatsächlichen Gradienten in der Atmosphäre oft beachtlich vom adiabatischen abweichen. Sie reichen von Temperaturabnahmen spürbar über 1 K/100 m (s. Seite 51) bis zu Temperaturzunahmen von fast 35 K/100 m (s. Seite 340). Im Mittel sinkt die Temperatur in der Atmosphäre innerhalb der untersten 12 km um 0,65 K/100 m. Dieser Wert ist auch der US-Standardatmosphäre (s. Seite 40) zugrunde gelegt. Man bezeichnet Temperaturabnahmen von mehr als 1 K/100 m als **überadiabatisch** und solche unter 1 K/100 m als **unteradiabatisch**. Bleibt die Temperatur mit der Höhe konstant, so spricht man von einer **Isothermie**, nimmt sie mit der Höhe zu, von einer **Inversion**.

Welche Prozesse zu Veränderungen von Temperaturgradienten innerhalb der Atmosphäre führen, werden wir unten sowie auf Seite 240 besprechen. Einen wichtigen nicht-adiabatischen Vorgang kennen wir schon: die Strahlungsabsorption des Ozons (s. Seite 30), bei der Sonnenenergie von außen zufließt, wie die Abb. 15 zeigt. Bekanntlich kommt es dadurch zu einer spektakulären Inversion mit nicht weniger als 30 km Mächtigkeit. Die Kondensation von Wasserdampf in der Luft wird eine Verallgemeinerung des Begriffes „adiabatischer Gradient" verlangen; wir werden uns auf der Seite 93 mit dieser Frage beschäftigen.

Wegen der Höhenabhängigkeit der Lufttemperatur ist es oft schwierig, den tatsächlichen Wärmeinhalt der Luft in verschiedenen Höhen miteinander zu vergleichen. Man denkt sich deshalb jede der zu vergleichenden Luftschichten zunächst einmal aus ihrer Druckfläche (p) adiabatisch in die 1000-mbar-Fläche verlagert. Die dabei angenommene Temperatur heißt potentielle Temperatur Θ. Sie berechnet sich nach der Formel

$$\Theta = ((\vartheta + 273{,}2) * (\frac{1000}{p})^{0{,}286}) - 273{,}2$$

wobei ϑ die ursprüngliche Lufttemperatur (im Niveau p) bedeutet.

Auszug aus der US-Standardatmosphäre. Nach NOAA (1976) zit. in Kraus (2000).

Höhe km	Temp. °C	Temp.-Gradient K/100m
0	15,0	
		0,65
1	8,5	
		0,65
2	2,0	
		0,65
3	–4,5	
		0,65
4	–11,0	
		0,65
5	–17,5	
		0,65
6	–24,0	
		0,65
7	–30,5	
		0,65
8	–37,0	
		0,65
9	–43,5	
		0,65
10	–50,0	
		0,65
11	–56,5	

Bei der Berechnung der potentiellen Temperatur folgt man den gleichen Überlegungen wie bei der Reduktion des Luftdruckes auf Meeresniveau (Seite 44).

Dazu ein Beispiel: Bei 500 mbar sei die Lufttemperatur 0 °C. Daraus errechnet sich eine potentielle Temperatur von 59,7 °C. 20 °C bei 800 mbar ergeben dagegen eine potentielle Temperatur von nur 39,3 °C. Man sieht daraus, wie leicht man sich in der Beurteilung des Wärmeinhaltes der Luft irren kann, wenn man die Höhenlage unberücksichtigt lässt.

Zu wesentlichen Veränderungen des Temperaturgradienten kommt es, wenn in der Atmosphäre großflächige Vertikalbewegungen stattfinden. Anhand der Abb. 10 soll gezeigt werden, was sich dabei abspielt. Dazu betrachten wir die Luftschicht AB. An ihrer Untergrenze herrsche die Temperatur ϑ_A, an ihrer Obergrenze ϑ_B. Durch Vorgänge, die später (s. Seite 280) zu besprechen sind, werde die Luftschicht jetzt nach unten verlagert. Da dort ein höherer Luftdruck herrscht als oben (s. Seite 37), wird sie dabei auf die Dicke CD zusammengedrückt. Gleichzeitig erfolgt eine adiabatische Erwärmung.

Neben dem großflächigen Absinken von Luftschichten gibt es noch eine ganze Reihe weiterer Vorgänge, die zur Entstehung von Inversionen führen. Eine besonders wichtige, die so genannte „Strahlungsinversion", werden wir im Zusammenhang mit dem Energiehaushalt der Erdoberfläche besprechen (s. Seite 238); bezüglich weiterer Entstehungsmechanismen muss auf Werke der Theoretischen Meteorologie (s. Seite 434) verwiesen werden.

Diese Erwärmung müssen wir nun etwas genauer betrachten. An der Untergrenze unserer Schicht steigt die Temperatur entsprechend dem adiabatischen Gradienten von ϑ_A auf ϑ_C. Auch die Temperatur an der Obergrenze der Schicht steigt entsprechend dem adiabatischen Gradienten von ϑ_B auf ϑ_D. Zeichnet man jetzt innerhalb der Schicht C – D die Temperatur-Höhenkurve (die durch die Punkte c und d läuft), so stellt man fest, dass die Temperatur nicht mehr mit der Höhe ab-, sondern zunimmt.

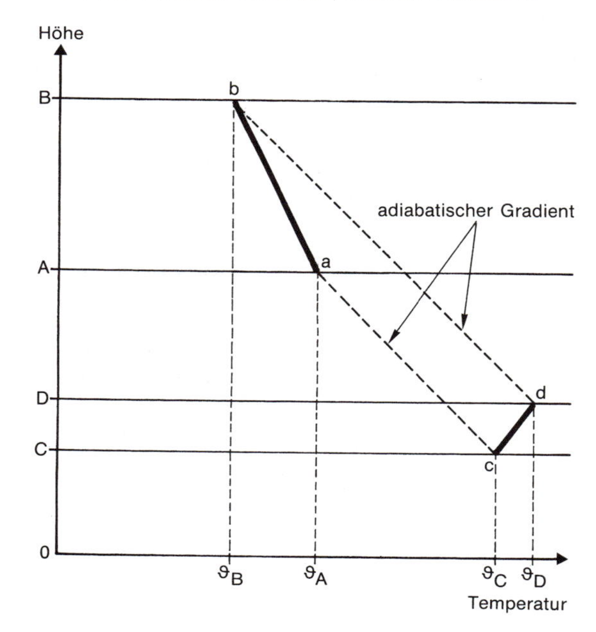

Abb. 10
Änderung des Temperaturgradienten bei Absink- und Hebungsvorgängen (Erläuterungen im Text).

Wie ist dieses überraschende Ergebnis zu erklären? Es ist eine Folge der während des Absinkens erfolgenden **Kompression** unserer Luftschicht. Dadurch legen nämlich ihre oberen Bereiche einen längeren Weg (b – d) zurück als die unteren (a – c) und da die Erwärmung proportional zur Höhendifferenz erfolgt (1 K/100 m) werden die oberen Bereiche stärker erwärmt als die unteren. Man nennt eine Temperaturschichtung, bei der es nach oben hin wärmer wird, eine **Inversion**. Durch das Absinken ist also eine Inversion entstanden; man bezeichnet sie unter Hinweis auf den Entstehungsmechanismus als **Absinkinversion**, gelegentlich auch als **Schrumpfungsinversion**.

Wäre die Luftschicht nicht so tief abgesunken wie in unserem Beispiel, so hätte es für die Entstehung einer Inversion nicht gereicht. Die Temperaturabnahme mit der Höhe wäre aber in jedem Fall kleiner, der Temperaturgradient also unteradiabatisch geworden.

Analoge Überlegungen führen zu dem Ergebnis, dass beim großflächigen Aufsteigen einer Luftschicht eine Inversion abgebaut bzw. ein unteradiabatischer Gradient in einen zunehmend adiabatischen übergeführt wird. Zu Veränderungen des Temperaturgradienten kommt es auch, wenn warme Luft auf kalte aufgleitet oder von kalter Luft hochgehoben wird (s. Seite 51ff.).

Großflächige und langlebige Absinkvorgänge stellen sich bei uns oft im Spätherbst und Winter ein. Dadurch kommt es zur Ausbildung mächtiger Inversionen, die nicht selten zu der zunächst paradox erscheinenden Situation führen, dass die Temperatur auf den Bergen höher ist als in den Tälern.

So wurde z.B. am 1. November 1984 um 7 Uhr folgendes Wetter gemeldet:

München	(Höhe 530 m)	nebelig:	–2,2 °C
Hohenpeißenberg	(Höhe 997 m)	heiter:	+8,6 °C
Großer Arber	(Höhe 1 445 m)	heiter:	+11,4 °C
Wendelstein	(Höhe 1 832 m)	heiter:	+10,2 °C
Zugspitze	(Höhe 2 930 m)	heiter:	+3,2 °C

Solche Situationen treten in dieser Jahreszeit regelmäßig auf. Während die tieferen Landesteile, insbesondere die Fluss- und Seeniederungen, in kaltem Nebel versinken, kann man in den Bergen oft bis in den Dezember hinein Tag für Tag bei mildem Spätherbstwetter prächtigsten Sonnenschein genießen.

Inversionen können – besonders im Herbst und Winter – so ausdauernd sein, dass sie sich sogar in den Monatsmitteltemperaturen bemerkbar machen. So wurden für den Monat Januar 1996 folgende Werte berechnet:

Metten (Donau):
(Höhe 313 m) –3,8 °C

München:
(Höhe 530 m) –3,6 °C

Garmisch-Partenkirchen:
(Höhe 719 m) –3,0 °C

Wendelstein:
(Höhe 1832 m) –0,5 °C

1.6 Stabilität und Labilität der Atmosphäre

In der Physik erklärt man die Begriffe Stabilität und Labilität gerne am Beispiel einer auf verschiedenartig gekrümmten Flächen liegenden Kugel. Zunächst soll die Kugel in einer Mulde (konkave Oberfläche) liegen. Versetzen wir der Kugel einen Stoß, so wird sie zwar zunächst zur Seite rollen, dann aber umgehend an ihren Ausgangspunkt zurückkehren. Wie oft und mit welchen Variationen wir den Versuch auch wiederholen, das Ergebnis wird stets das gleiche sein: die Kugel rollt zum tiefsten Punkt der Mulde. Wir sagen daher: Die Kugel befindet sich dort in einem **stabilen Zustand**, in den sie nach jeder Störung zurückkehrt. Ganz anders dagegen, wenn die Kugel auf einem Hügel (konvexe Fläche) liegt. Der kleinste Anstoß genügt, und sie rollt den Hügel hinunter, ohne jemals zurückzukehren. Wir sagen in diesem Fall: Die Kugel befindet sich in einem **labilen Zustand**. Auf einer waagrechten Ebene würde die Kugel stets an dem Punkt liegenbleiben, an dem sie abgelegt wird. In diesem Fall würde man von einem **indifferenten Zustand** sprechen.

Auch die Atmosphäre kann sich in einem stabilen, einem labilen oder in einem indifferenten Zustand befinden.

1.6.1 Stabile und labile Zustände

Unter welchen Umständen darf man in der Atmosphäre Stabilität, unter welchen Labilität erwarten? Dazu betrachten wir in Abb. 11 die rechte Hälfte. Dort ist eine Temperatur-Höhenkurve K dargestellt, die einer unteradiabatischen Schichtung entspricht. Nun denkt man sich in der Höhe h ein Luftpaket, das die gleichen Eigenschaften wie auf Seite 46ff. beschrieben sowie die Temperatur ϑ_H haben soll. Dieses Luftpaket werde nun auf das Niveau h_1 hochgehoben. Dabei kühlt es sich ab, und zwar adiabatisch. Wenn es in h_1 ankommt, ist seine Temperatur auf ϑ_L abgesunken. Da die Temperaturschichtung in der Atmosphäre als unteradiabatisch vorausgesetzt war, wird ϑ_L kleiner sein als die Temperatur der Umgebungsluft ϑ_U. Das Luftpaket ist also kälter als seine Umgebung.

Abb. 11
Zur Demonstration von Stabilität und Labilität der Atmosphäre (Erläuterungen im Text).

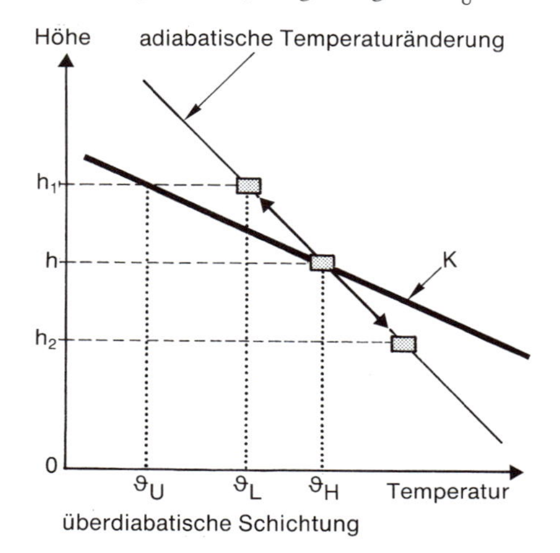

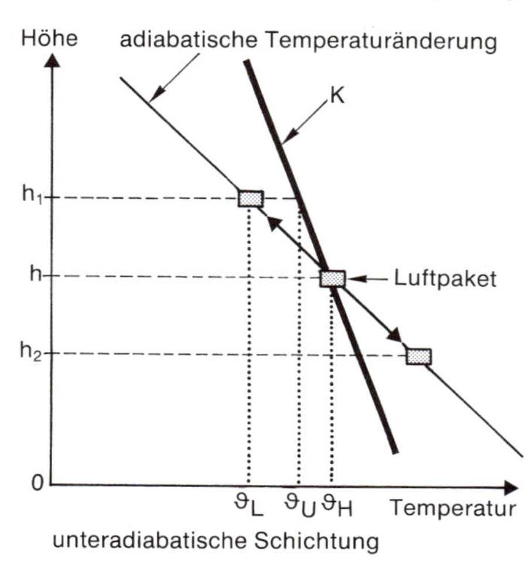

Kalte Luft ist aber schwerer als warme. Das Luftpaket wird infolgedessen sofort wieder nach unten wegsinken, bis es in der Höhe h angekommen ist. Dort stimmt nach adiabatischer Erwärmung seine Temperatur wieder mit der der Umgebung überein. Die gleichen Überlegungen gelten, sogar noch in verstärktem Maße, auch bei einer Inversion.

Denkt man sich das Luftpaket dagegen auf das Niveau h_2 heruntergeholt, so passiert genau das Umgekehrte wie vorhin: Aufgrund adiabatischer Erwärmung wird seine Temperatur höher als die der Umgebung, so dass es wie ein Heißluftballon zur ursprünglichen Höhe h zurücksteigen wird.

Im Falle einer unteradiabatischen Temperaturschichtung wird also jede Vertikalbewegung automatisch und vollständig rückgängig gemacht. Die Atmosphäre kehrt nach jeder Störung wieder in ihren Ausgangszustand zurück, genauso wie die Kugel wieder in die Mulde zurückrollt. Man kann also zu Recht von einer stabilen Atmosphäre sprechen. Man bezeichnet deshalb unteradiabatische Temperaturgradienten und erst recht Inversionen als **stabile Schichtungen.**

Betrachtet man, wie auf der linken Hälfte der Abb. 11 dargestellt, eine überadiabatische Schichtung, so erkennt man sofort, dass man hier einen labilen Zustand vor sich hat. Wird nämlich wieder ein Luftpaket von h nach h_1 gehoben, so zeigt sich, dass seine Temperatur ϑ_L dann höher ist als die der Umgebung ϑ_U. Dadurch erhält das Luftpaket einen ständig wachsenden Auftrieb, der es immer schneller nach oben schießen lässt. Analoge Überlegungen führen zu dem Ergebnis, dass eine Verschiebung nach unten zu einem Durchsacken bis zur Erdoberfläche führt.

Der geringste Anstoß reicht also bereits aus, in der Atmosphäre Umwälzungen größten Ausmaßes auszulösen, die nicht mehr in den Ausgangszustand zurückführen. Wir haben hier wie bei der über den Hügel rollenden Kugel eine labile Situation oder **labile Schichtung** vor uns. Echte überadiabatische Temperaturgradienten treten nur relativ selten und nur vorübergehend auf, weil immer Anlässe genug vorhanden sind, ausgleichende Umlagerungsvorgänge anzustoßen.

Einer der Fälle, bei denen es zu echter Labilität kommt, ist das rasche Vordringen von Kaltluft gegen eine warme Luftmasse. Aus noch zu erklärenden Gründen (s. Seite 291) kommt dabei die Kaltluft in der Höhe oft schneller voran als am Boden, d. h., es kann am Boden noch Warmluft vorhanden sein, während in der Höhe die Kaltluft schon angekommen ist. Eine drastische Temperaturabnahme mit der Höhe, also massive Labilität, ist die Folge. Eine solche Situation äußert sich in heftigen Gewittern, Regen-, Schnee- oder Hagelschauern. Die bei solchen Wettersituationen auftretenden heftigen Wind- und Sturmböen sind nichts anderes

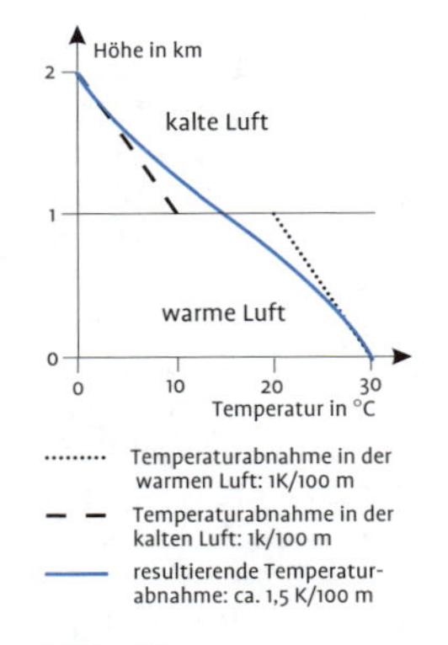

Abb. 12
Kaltlufteinbruch: In der Höhe oberhalb von 1 000 m ist die kalte Luft schon angekommen, während darunter noch die warme Luft vorhanden ist.

als Luftpakete, die aus großer Höhe heruntergestürzt und – am Erdboden angekommen – in die Horizontale umgelenkt worden sind.

Der soeben besprochene Vorgang zur Labilisierung der Atmosphäre ist zwar sehr anschaulich, sehr viel wichtiger ist ein anderer, ebenfalls beim Vorrücken von Kaltluft ablaufender Prozess: Die Kaltluft schiebt sich dabei keilförmig unter die Warmluft und beginnt diese wie mit einer Schaufel hochzuheben. Dabei laufen die in Abb. 10 (Absinkinversion) beschriebenen Vorgänge, die dort zu Stabilisierung bzw. zu Inversionsbildung geführt haben, in umgekehrter Richtung ab, d.h. der Temperaturgradient kippt in Richtung überadiabatische Schichtung mit der Folge starker Labilisierung.

Ein dritter wichtiger Labilisierungsprozess setzt bei starker Sonnenstrahlung ein. Er wird im Rahmen des Energiehaushalts der Erdoberfläche auf Seite 241 besprochen.

Wenn die tatsächliche Temperaturschichtung dem adiabatischen Gradienten entspricht, ruft die Vertikalverschiebung eines Luftpaketes keine Reaktion hervor, denn in jeder Höhe stimmen die Umgebungstemperatur und die eigene Temperatur überein. Die Folge ist, dass das Luftpaket unbeeinflusst in der betreffenden Höhe bleibt. Eine solche Situation entspricht in unserem Kugelmodell dem Fall, dass die Kugel auf einer ebenen, waagerechten Fläche liegt. Wird sie aus ihrer augenblicklichen Lage herausgenommen und an irgendeine andere Stelle gelegt, so bleibt sie dort ruhig liegen. Man nennt diesen Schichtungstyp **indifferent**.

— Wie hoch steigt eigentlich ein nach oben angestoßenes Luftpaket in einer labil geschichteten Atmosphäre? Da seine Temperaturdifferenz zur Umgebung mit zunehmender Höhe immer größer wird, wächst gleichzeitig auch sein Auftrieb weiter und weiter. Könnte das Luftpaket vielleicht sogar so schnell werden, dass es der irdischen Gravitation zu entfliehen vermag? **Antwort:** Das Luftpaket wird keine größere Höhe als etwa 10 km erreichen, denn die dort einsetzende mächtige, Ozon bedingte Inversion wird jede weitere Vertikalbewegung unterdrücken (s. Seite 58 sowie die Bildung von Amboss-Wolken auf Seite 122).

1.6.2 Atmosphärenschichtung und Umweltschutz

Wie gleich zu zeigen sein wird, spielt der Schichtungstyp bei Fragen des Umweltschutzes eine außerordentlich wichtige Rolle. Je nach dem Stabilitätszustand werden nämlich Emissionen entweder sehr schnell in vertikaler Richtung zu unbedeutenden Konzentrationen verdünnt, oder sie können sich, tage-, ja wochenlang in festen Höhenschichten eingeschlossen, in gefährlichem Maße ansammeln. Abb. 13 soll die Zusammenhänge erläutern. Dort ist für fünf verschiedene Schichtungen das typische Ausbreitungsverhalten von Emissionen dargestellt. Links daneben sind die zugehörigen Temperatur-Höhenkurven und der adiabatische Gradient eingezeichnet.

Im Falle (a) haben wir eine fast adiabatische Schichtung vor uns. Der vom Schornstein ausgestoßene Rauch bewegt sich dabei in immer größer werdenden Mäandern lebhaft auf und ab und verdünnt sich dabei außerordentlich rasch. Er kann aber vorübergehend auch einmal bis zum Boden heruntergedrückt werden. Fast erinnert das Bild an eine Tasse mit Kaffee, in der Milch verrührt wird. In der Tat spielen sich dabei auch ganz ähnliche Vor-

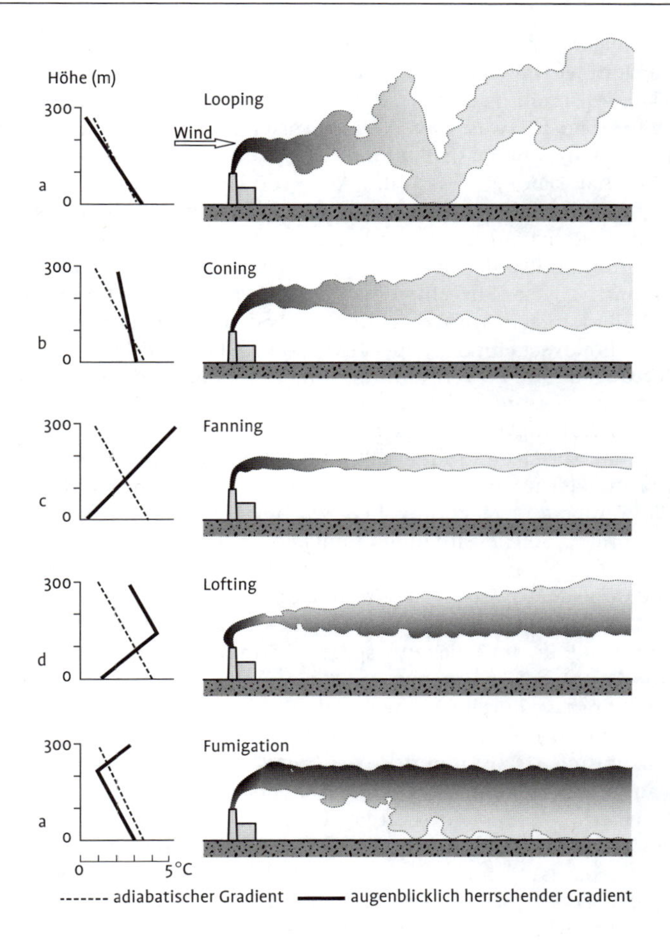

Abb. 13
Formen einer Rauchfahne bei verschiedenen Temperaturschichtungen nach Bierly *und* Hewson *1962.*

gänge ab. Würde man die Bahn eines ausgesuchten Rauchteilchens verfolgen, so könnte man sehen, dass sie aus vielen hintereinander angeordneten, verschieden großen Schleifen besteht. Von den Schleifen hat dieser Schichtungstyp auch seinen Namen **Looping** erhalten.

Vergleicht man den Typ (b) damit, so stellt man fest, dass bei einer leicht stabilen Schichtung zwar noch Ansätze zu Mäandern vorhanden sind, aber die Vertikalbewegung doch insgesamt schon recht eingeschränkt ist. Nur langsam entwickelt sich die Rauchfahne in der Vertikalen, entsprechend langsam erfolgt auch die Verdünnung der Emission. Wegen der konischen, allmählich dicker werdenden Form des Rauches nennt man diesen Schichtungstyp **Coning.**

Steigert man die Stabilität schließlich bis zu einer massiven Inversion, wie im Fall (c) dargestellt, so findet überhaupt keine vertikale Ausbreitung mehr statt. Der Rauch steigt zwar wegen seiner Wärme noch etwas über die Schornsteinoberkante hinaus, aber nur so lange, bis er sich auf die Temperatur der Umgebung abgekühlt hat. Dann gibt es für ihn keine Vertikalbewegung mehr. Nur in der Horizontalen besteht die Möglichkeit zur Ausbreitung, so dass die Rauchfahne die Form eines waagerecht liegenden Fächers annimmt. Entsprechend bezeichnet man Inversionslagen auch als Fanning-Lagen. Für einen seitlich stehenden Beobachter zieht sich der Rauch in Form eines dünnen Fadens dahin, der kein Ende zu nehmen scheint. Bei einer Inversion sind demnach die Voraussetzungen für eine Verdünnung von atmosphärischen Verunreinigungen außerordentlich schlecht.

Als **Lofting** bezeichnet man einen Schichtungstyp, bei dem wie in Abb. 13 (d) dargestellt, eine Inversion relativ geringer Mächtigkeit nur in Bodennähe vorhanden ist, während darüber die Temperaturschichtung in etwa adiabatischen Verhältnissen entspricht. Solche Situationen entstehen praktisch in jeder wolkenarmen Nacht aufgrund des Energiehaushaltes (s. Seite 240ff.). Die Höhe der Inversion ist sehr unterschiedlich und hängt wesentlich von der Geländeform ab. Im ebenen Gelände übersteigt sie kaum 300 m. In Tallagen dagegen kann sie durchaus mehrere hundert Meter erreichen.

Gelingt es, durch entsprechende Schornsteinhöhe und Abgastemperatur, die Emissionen über die Inversionsobergrenze hinaufzubringen, so ist innerhalb der Inversion keine Luftverunreinigung mehr zu befürchten. Da die Inversion Vertikalbewegungen blockiert, können keine Luftpakete nach unten vordringen, dagegen bestehen nach oben hin wie beim Looping- oder Coning-Typ gute Voraussetzungen für eine rasche Verdünnung. Werden Schadstoffe jedoch innerhalb einer Inversion so abgelassen, dass sie die darüberliegende adiabatische Schicht nicht mehr erreichen können, so bleiben sie, ebenso wie beim Fanning-Typ, in einer festen Höhe gefangen und sammeln sich dort in ständig steigender Konzentration an. Dieser Fall tritt dann ein, wenn die Inversion aufgrund einer extremen Wetterlage erheblich höher als gewöhnlich wird. Meist stellt Lofting eine vorübergehende Situation von nur einigen Stunden Dauer dar.

Neben den hier vorgestellten Schichtungstypen gibt es noch die relativ seltene Sonderform „**Trapping**". Ihren Namen hat sie vom englischen Wort für Falle: „trap". Bezeichnet wird damit eine Situation, bei der über einer Bodeninversion eine weitgehend adiabatische Schicht liegt, an die sich nach oben hin eine Höheninversion anschließt.

Schließlich ist der umgekehrte Fall zu nennen, bei dem über einer nahezu adiabatischen Schicht am Boden eine Höheninversion liegt (e). Eine solche Situation heißt **Fumigation**. Gelingt es nicht, Abgase bis auf das Niveau der Inversion zu bringen, so stellt eine Fumigation-Lage die umweltschädlichste von allen fünf genannten Situationen dar.

Nach oben hin ist durch die Inversion jede Verdünnungsmöglichkeit blockiert, nach unten hingegen können sich die Verunreinigungen ungehindert ausbreiten, so dass sie sich in der Schicht zwischen Boden und Inversionsuntergrenze zunehmend ansammeln.

Zu Fumigation-Situationen kommt es gerne in größeren Städten (s. Seite 350). Da in Ballungszentren im Allgemeinen auch besonders viele Emissionsquellen vorhanden sind, wirkt sich eine Fumigation-Lage besonders umweltbelastend aus. Ihre Entstehung ist leicht zu erklären.

Stellen wir uns vor, durch Absinken sei eine mehrere hundert Meter mächtige Inversion entstanden. Wenn jetzt die unteren Schichten dieser Inversion durch Wiedererwärmung abgebaut werden, haben wir in kurzer Zeit eine Fumigation-Situation. Aber welche Vorgänge sind es, die eine solche Wiedererwärmung bewirken können?

Zum einen ist es die Wärmefreisetzung durch Industrie, Hausbrand und Kraftverkehr, zum andern die Ausbildung von Windwirbeln an Gebäuden und Geländeunebenheiten. Insbesondere der zweite Vorgang spielt eine wichtige Rolle. Wie wir später noch sehen werden, erzeugt der Wind im Gelände (s. Seite 347) stets mehr oder weniger große Wirbel mit überwiegend waagerechten Rotationsachsen. Diese Wirbel erzwingen in ihren auf- und ihren absteigenden Ästen Vertikalbewegungen von Luftpaketen, sowohl von oben nach unten als auch umgekehrt von unten nach oben. Dadurch werden nicht nur sämtliche zur Labilität neigenden Schichtungen fast augenblicklich umgelagert, sondern auch stabile Schichtungen bis hin zu Inversionen zumindest abgeschwächt, wenn nicht völlig zerstört. Der Grund dafür ist, dass in den absteigenden Ästen der Wirbel Luftpakete aus Höhen bis zu einigen hundert Metern heruntergeholt werden. Diese sind von Anfang an schon wärmer als die kalte Luft am Grund der Inversion, zusätzlich werden sie aber während des Absinkens noch adiabatisch erwärmt. Damit können sie insbesondere die unteren Bereiche der Inversion aufheizen und sie auf diese Weise zum Verschwinden bringen, also eine Fumigation-Situation hervorrufen. Wie Fumigation-Schichtungen noch entstehen, wird auf Seite 350 besprochen.

— In der Nacht zum 30.1.1986 hatte sich im Raum Augsburg eine ungewöhnlich starke Inversion entwickelt. Innerhalb von 250 Höhenmetern wurde ein Temperaturanstieg um 25,5 K gemessen. Trotz dieses gewaltigen Gradienten von 10,2 K/100 m wurde die Inversion von einem plötzlich aufkommenden kräftigen und böigen Wind in nur gut einer Stunde restlos zerstört.

1.6.3 Ausbreitungsrechnung

Ihre Aufgabe ist es, die Ausbreitung und Verdünnung freigesetzter Luftverunreinigungen zahlenmäßig zu beschreiben. In der **Technischen Anleitung zur Reinhaltung der Luft**, kurz als **TA Luft** bezeichnet, die das Bundesministerium für Umwelt, Naturschutz und Reaktorsicherheit im Jahre 2002 neu herausgegeben hat, sind alle Grundlagen und Berechnungsverfahren sowie die dabei zu berücksichtigenden Richtlinien genau beschrieben und können dort im Bedarfsfall nachgelesen werden.

Hier soll nur ein vereinfachtes Beispiel vorgestellt werden, das das Ausbreitungsverhalten der Atmosphäre vom Prinzip her aufzeigt.

Dazu werden 5 **Stabilitätsklassen** definiert:
- sehr stabil
- stabil
- stabil-neutral
- labil-neutral
- labil
- sehr labil

Um Verwechslungen zu vermeiden sei darauf hingewiesen, dass die „Stabilitätsklassen" nicht mit den in der Meteorologie verwendeten Bezeichnungen „stabil" und „labil" identisch sind – sonst dürfte es zumindest die Klasse „sehr labil" überhaupt nicht geben, weil eine solche Schichtung keinen dauerhaften Bestand hat (s. Seite 51).

Welche Stabilitätsklasse bei einer gegebenen Situation gilt, wird von der Windgeschwindigkeit (Höhere Windgeschwindigkeit – stärkere Wirbelbildung, siehe oben) und vom herrschenden Temperaturgradienten festgelegt. Wenn der Temperaturgradient (wegen des zu großen Messaufwandes) nicht bestimmt werden kann, darf ersatzweise die Bewölkung als Kriterium verwendet werden. Wie später noch gezeigt wird (s. Seite 239) fallen nämlich die Temperaturgradienten umso extremer aus je weniger Bewölkung vorhanden ist. Auf diese Weise kommt es nachts zu kräftigen Inversionen und tags zu adiabatischen – zeitweise sogar zu leicht überadiabatischen Gradienten.

Diese Definition erlaubt es, die 5 Stabilitätsklassen – stark vereinfacht und generalisiert – folgenden Wettersituationen zuzuordnen:

sehr stabil:	windstille, klare Nächte
stabil:	windschwache, wolkenarme Nächte
stabil-neutral:	windige wolkenreiche Nächte, windige wolkenreiche Tage
labil-neutral:	windige, wolkenarme oder windschwache, wolkige Tage
labil:	windschwache, wolkenarme Tage
sehr labil:	windschwache, wolkenlose, extrem sonnige Tage

Die so gefundene Ausbreitungsklasse wird dann den Rechnungen zugrunde gelegt. Diese können natürlich nicht jeden einzelnen Wirbel und jede kleinste Luftbewegung erfassen. Sie beschreiben vielmehr einen mittleren Ausbreitungsvorgang. Man spricht von „quasistationären" Verhältnissen. In Abb. 14 sind Ergebnisse von

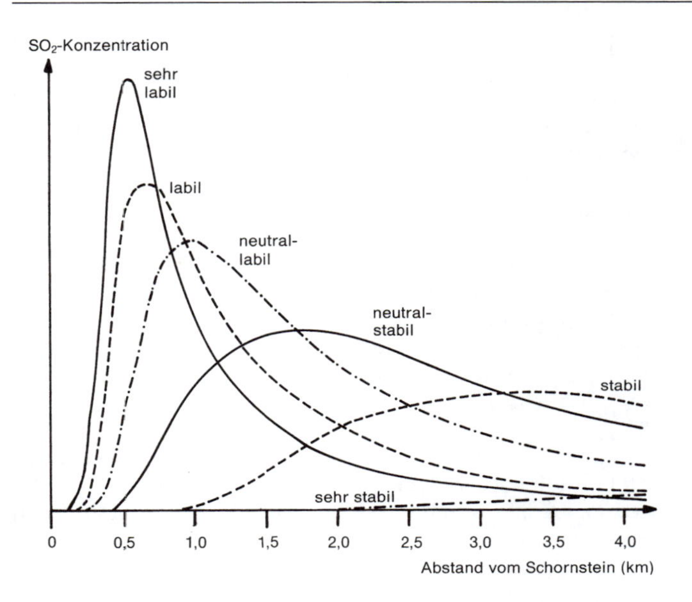

Abb. 14
Berechnete SO_2-Konzentrationen in Abhängigkeit vom Abstand zum Schornstein bei verschiedenen Wetterlagen (nach MALBERG 1985, abgeändert).

Ausbreitungsrechnungen dargestellt, die mit einem Gauß-Rechenmodell bearbeitet wurden. (Näheres zu diesem Modell findet man bei Malberg, 1985). Die Grafik zeigt die Abnahme der SO_2-Konzentrationen (in Bodennähe) hinter einem 125 m hohen Schornstein bei unterschiedlichen Ausbreitungsbedingungen.

Bei Wetterverhältnissen, die der Ausbreitungsklasse „labil" oder „sehr labil" entsprechen, kommt es, wie man sieht, in der unmittelbaren Umgebung des Emittenten zu auffällig hohen Konzentrationen, die aber mit der Entfernung rasch abnehmen. Dieses Ergebnis lässt sich leicht deuten: Man braucht sich nur klarzumachen, dass unter diesen Bedingungen SO_2-reiche Luftschwaden immer wieder bis in Bodennähe heruntergedrückt werden können (s. Abb. 13 a). Herrschen dagegen die Ausbreitungsbedingungen „stabil" oder „sehr stabil", dann treten erst in größeren Entfernungen nachweisbare Konzentrationen auf, die jedoch über eine weite Distanz erhalten bleiben.

- Gauß, Carl-Friedrich Mathematiker, Physiker und Astronom
* 30.4.1777 in Braunschweig
† 23.2.1855 in Göttingen
naturwissenschaftliches Universalgenie; von P.S. de Laplace als „größter Mathematiker Europas" bezeichnet.

1.7 Temperatur in höheren Atmosphärenschichten

- Achtung: Die hier vorgestellten Ergebnisse gelten nicht mehr, wenn die Ausbreitungsbedingungen durch lokalklimatische Einflüsse (s. Seite 325) modifiziert werden.

Wie oben gesagt wurde, nimmt die Lufttemperatur (im Mittel) vom Erdboden aus mit zunehmender Höhe ab. Etwas oberhalb 10 km Höhe hört die Temperaturabnahme jedoch ziemlich spontan auf, um dann bald in einen Temperaturanstieg umzuschlagen, wie man auf Abb. 15 sehen kann. Die Erwärmung erreicht ihren Höhepunkt in etwa 50 km Höhe, wo Temperaturen um 0 °C herrschen. Darüber geht die Temperatur wieder langsam zurück und erreicht in 80 bis 90 km Höhe einen zweiten Tiefstwert, um ab 90 km erneut und sehr schnell auf Werte von vielen hundert Grad anzusteigen. Allerdings darf man diese Temperaturen nicht mehr im selben Sinne sehen wie in Bodennähe.

Infolge der in diesen Höhen äußerst geringen Luftdichte – in 100 km Höhe beträgt sie weniger als ein Millionstel des Bodenwertes – ist die Luft überhaupt nicht mehr in der Lage, Wärme zu speichern und an irgendwelche Objekte wie ein Thermometer oder den menschlichen Körper zu übertragen. Trotz der nominal hohen Temperaturen würde man sie nicht als heiß empfinden. Diese Temperaturen ergeben sich nur rechnerisch nach physikalischen Gesetzen. Die in der Abb. 15 gezeigte Temperatur-Höhenkurve entspricht der US-Standardatmosphäre (Zit. in KRAUS, 2000).

Wesentliche Bedeutung besitzt das **Temperaturmaximum** um 50 km Höhe. Es verdankt seine Existenz dem dort vorhandenen Ozon. Ozon absorbiert, wie auf Seite 30 schon besprochen

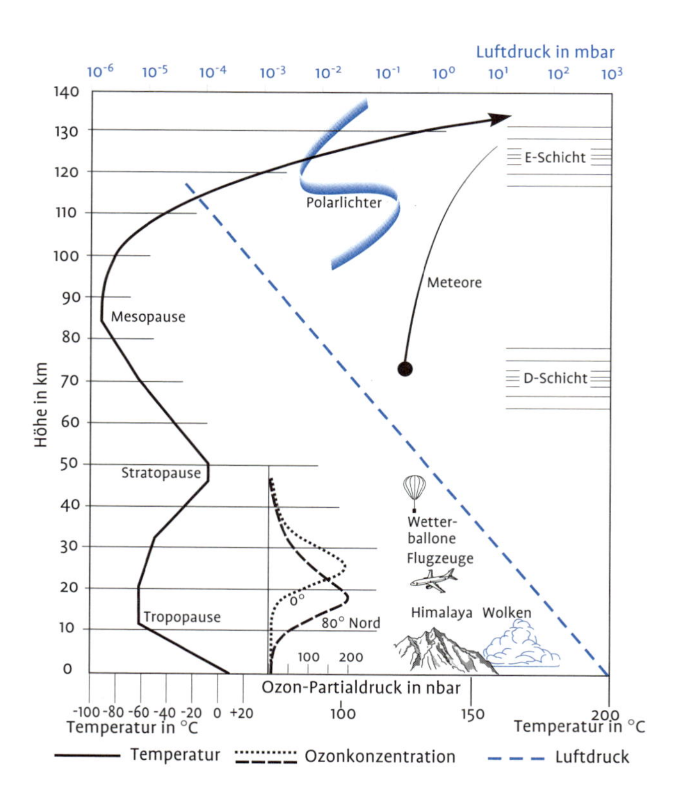

Abb. 15
Der Aufbau der Atmosphäre.

wurde, praktisch die halbe ultraviolette Strahlung. Es ist nicht verwunderlich, dass bei einer so starken Energieabsorption eine erhebliche Erwärmung eintritt.

Dass die höchste Temperatur weit oberhalb des Konzentrationsmaximums zu finden ist, erklärt sich ebenfalls aus der enormen Strahlungsabsorption.

In der Höhe des Ozonmaximums fehlt schon so viel UV-Strahlung, dass es nur noch zu einer vergleichsweise geringen Erwärmung kommt.

> Infolge des ozonbedingten Temperaturanstieges haben wir zwischen etwa 10 km und etwa 50 km eine zunehmend stabile Schichtung. Vertikalbewegungen der unteren Atmosphäre finden demnach hier ein ziemlich abruptes Ende. Durch diese Sperrschicht werden praktisch alle Wettvorgänge nach oben begrenzt. Selbst die labilsten Gewitterwolken stoßen nur wenig in sie vor.

Wegen des unterschiedlichen meteorologischen Verhaltens der einzelnen Stockwerke der Atmosphäre hat man ihnen verschiedene Namen gegeben. So nennt man die untere Schicht **Wetterschicht** oder **Troposphäre**. Ihre Obergrenze, also das Niveau, bei dem die ozonbedingte stabile Schichtung beginnt, heißt **Tropopause**, und die darüber befindliche Schicht trägt den Namen **Stratosphäre**. Diese reicht bis zum Temperaturmaximum in etwa 50 km Höhe und wird von der **Stratopause** nach oben begrenzt. Die nächste Schicht, die **Mesosphäre**, reicht wieder bis zum nächsten Temperaturextrem, dem Minimum in etwa 80 km Höhe. Über ihr liegt durch die **Mesopause** abgegrenzt die **Thermosphäre**. Im unteren Teil – Mitte der Abb. 15 sind Konzentrations-Höhenkurven des Ozons für 0° und 80° nördlicher Breite dargestellt. Die Daten stammen von Fabian (1992).

Die gestrichelte blaue Linie repräsentiert die Luftdruckabnahme. Sie wird an der blauen Skala am oberen Rand abgelesen.

Zu erwähnen ist noch die **Ionosphäre**. Darunter versteht man eine Atmosphärenschicht, in der freie Elektronen in reicher Menge vorkommen. Die Ursache für die Ionisierung ist in der energiereichen Höhenstrahlung (Röntgen-, Gamma-, kosmische Höhenstrahlung) zu suchen. Die Elektronendichte zeigt eine markante, bis zu 5fache Schichtung. Die Schichten werden üblicherweise mit D, E, F_1 und F_2 bezeichnet.

— Die Ionosphäre reflektiert bestimmte Rundfunkwellen und ermöglicht auf diese Weise die Überwindung sehr weiter Distanzen. Sie hat dadurch – auch heute noch – eine erhebliche Bedeutung für den Nachrichtenverkehr. Durch heftige Sonneneruptionen kann sie so stark verändert werden, dass sie die Rundfunkwellen nicht mehr reflektiert, sondern absorbiert, was unter Umständen bis zum Zusammenbruch des über sie abgewickelten Funkverkehrs führen kann.

Verständnisfragen

1.1 Welche Temperaturschichtung stellt sich beim großflächigen Absinken einer Luftschicht in der Atmosphäre ein?

1.2 Was versteht man unter „Fumigation-Situation"?

1.3 Wann gibt es überadiabatische Temperaturschichtungen?

1.4 *In welcher Form breiten sich Luftinhaltsstoffe in einer Inversion aus?*
1.5 *Wie kam der Sauerstoff in die Atmosphäre?*
1.6 *Warum nimmt der Luftdruck mit der Höhe ab und warum in exponentieller Form?*
1.7 *Warum sind FCKWs so gefährlich für das atmosphärische Ozon?*
1.8 *Warum nimmt die Lufttemperatur mit der Höhe ab?*
1.9 *Wie viele Prozent des von der Menschheit freigesetzten Kohlendioxids reichern sich in der Atmosphäre an?*
1.10 *Wie stellt man sich die Bildung von Ozon in der Stratosphäre vor?*

2 Wasser

Dem Wasser kommt in der Meteorologie eine ganz besondere Bedeutung zu, die im Wesentlichen darauf zurückzuführen ist, dass Wasser unter irdischen Bedingungen die drei **Aggregatzustände** fest, flüssig und gasförmig annehmen kann. Erst durch Kondensations-, Verdunstungs-, Schmelz- und Gefriervorgänge wird das möglich, was wir landläufig als Wetter bezeichnen. Ohne Wasser wäre auf der Erde kein Leben möglich, würden ganz andere Erosionsvorgänge ablaufen und würde sich ein Klima einstellen, das mit dem unsrigen kaum etwas gemeinsam hat.

Das auf der Erde vorhandene Wasser wird, wie Tab. 1 zeigt, auf knapp 1,4 Mrd. km^3 geschätzt. Davon enthält die Atmosphäre rund 13 000 km^3, das sind nicht einmal ganz 0,001 %. Noch einmal eine Größenordnung darunter liegt mit 1 000 km^3 der Wassergehalt der Lebewesen. Fast 15-mal so viel Wasser wie in der Atmosphäre finden wir in den Flüssen und Binnenseen. Im Boden sammeln sich mit nicht ganz 23,5 Mio. km^3 rund 1,7 % des irdischen Wassers, der allergrößte Teil in Form von Grundwasser, nur ein winziger Bruchteil – vergleichbar mit dem in der Atmosphäre – wird als Bodenfeuchte an und zwischen den Bodenteilchen festgehalten. Etwa die gleiche Menge wie im Boden ist in den polaren und grönländischen Eismassen gebunden. Mit knapp 25 Mio. km^3 enthalten sie fast 2 % der Gesamtwassermenge. Somit schlägt das Süßwasser mit etwa 3,5 % zu Buche. Der Rest von 96,5 % entfällt auf die Weltmeere, Binnenmeere und Salzseen. Der Anteil des Salzwassers ist also fast 30-mal so groß wie der des Süßwassers.

Die Erdatmosphäre enthält 13 000 km^3 Wasser in Form von Wasserdampf (s. Seite 23), Wolken, Regen, Schnee und Hagel. Mit dieser Menge könnte man den Bodensee (Inhalt etwa 50 km^3) über 250-mal füllen.

Bestenfalls 4 %vol macht der Wasserdampf an der Gesamtmenge der Atmosphärengase aus. Würde sich aller Wasserdampf der Atmosphäre zu Wolken verdichten und ausregnen, so ergäbe sich eine Wasserschicht von nur 25 mm Höhe. Da im Mittel über die ganze Erde betrachtet die Jahresniederschläge einen See mit

Tab. 1 Die Verteilung des Wassers auf der Erde

			Schichtdicke bei Verteilung auf die gesamte Erde
Gesamter Wasservorrat der Erde:	100 % =	1 386 Mio. km^3	2 718 m
davon enthalten:			
Atmosphäre	0,001 % =	0,013 Mio. km^3	0,025 m
Lebewesen	<0,001 % =	0,001 Mio. km^3	0,002 m
Fließgewässer und Binnenseen	0,013 % =	0,19 Mio. km^3	0,4 m
Bodenwasser	0,001 % =	0,017 Mio. km^3	0,03 m
Grundwasser	1,69 % =	23,4 Mio. km^3	45,88 m
Polareis	1,76 % =	24,4 Mio. km^3	47,85 m
Süßwasser zusammen	3,47 % =	48,021 Mio. km^3	94,18 m
Salzmeere, Salzseen	96,53 % =	1 338 Mio. km^3	2 624 m

nach Baumann et al. (1974) und Korzun et al. Zit. in Schwoerbel (1993)

knapp 1 000 mm Tiefe bilden würden, muss rein rechnerisch der gesamte Wasservorrat der Atmosphäre alle 9 bis 10 Tage einmal völlig umgewälzt werden. Welch atemberaubendes Tempo muss demnach das Wettergeschehen haben?

2.1 Definitionen und wichtige physikalische Gesetze über das Wasser in der Atmosphäre

Wasserdampf ist ein unsichtbares Gas. Der Begriff „Dampfwolke" ist im meteorologischen Sinne nicht richtig.

Während die Begriffe Eis und Wasser im Sinne von flüssigem Wasser jedem geläufig sind, herrschen bei der gasförmigen Phase, dem Wasserdampf, manchmal falsche Vorstellungen. Wasserdampf im meteorologischen Sinne ist nicht das, was als sichtbare Wolke aus einem Dampfkessel oder einem Kühlturm herauskommt. Wasserdampf ist vielmehr ein farbloses, durchsichtiges Gas, das mit dem Auge überhaupt nicht wahrgenommen werden kann.

2.1.1 Feuchtemaße

Man kann den Wasserdampfgehalt der Luft bequem angeben, indem man sagt, wie viel g Wasser jeder m^3 enthält. Diese Größe heißt **absolute Feuchtigkeit** a, gelegentlich wird sie kurz auch **absolute Feuchte** genannt. Ihre Einheit ist g Wasserdampf/m^3 Luft. Diese Angabe hat aber einen Nachteil. Denkt man sich ein Luftpaket auf ein anderes Niveau verschoben, so ändert sich sein

Volumen und damit trotz gleichbleibender Wasserdampfmenge die absolute Feuchte.

Man verwendet daher lieber eine andere Größe, bei der dieses Problem nicht auftritt: die **spezifische Feuchtigkeit** oder **spezifische Feuchte** s. Sie gibt an, wie viel g Wasserdampf in 1 kg feuchter Luft enthalten sind.

Diese Angabe ist bei Vertikalbewegungen konstant, solange keine Kondensation oder Verdunstung von Wolken oder Niederschlagsteilchen stattfindet. 1 kg Luft bleibt 1 kg, gleichgültig, unter welchem Druck sich das Luftpaket befindet.

Eng verwandt mit der spezifischen Feuchte ist das **Mischungsverhältnis** m. Es gibt die Menge des vorhandenen Wasserdampfs in g/kg trockener Luft an. Es unterscheidet sich zahlenmäßig kaum von der spezifischen Feuchte und darf im Allgemeinen durch diese ersetzt werden bzw. umgekehrt.

Relative Feuchte

Aus physikalischen Gründen kann Luft immer nur eine gewisse Höchstmenge an Wasserdampf enthalten. Diese Höchstmenge soll als **Sättigungsfeuchte S** bezeichnet und in g Wasserdampf/kg feuchter Luft angegeben werden. Die Sättigungsfeuchte hängt sehr stark von der Lufttemperatur ab. Bei tiefen Temperaturen ist sie klein, bei hohen Temperaturen groß. **Warme Luft kann demnach viel, kalte nur wenig Wasserdampf aufnehmen.** Dieses Naturgesetz führt später noch zu einer ganzen Reihe von sehr wichtigen und interessanten Konsequenzen.

Ein wichtiger Grundsatz in der Meteorologie, dessen man sich immer bewusst sein sollte, lautet: **Kalte Luft kann weniger Wasserdampf mit sich führen als warme Luft.**

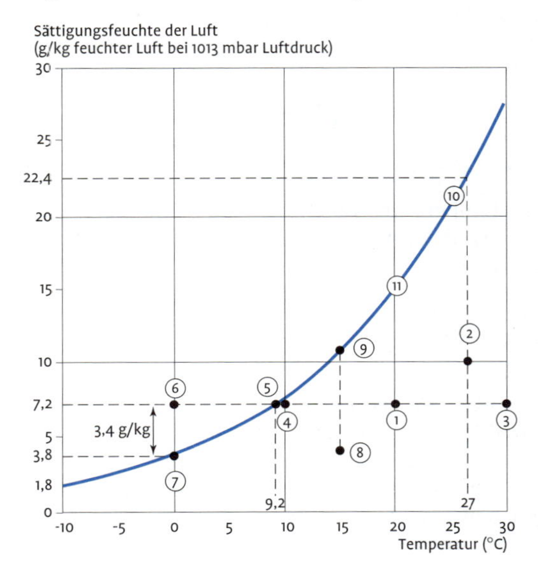

Abb. 16
Sättigungsfeuchte in Abhängigkeit von der Lufttemperatur (weitere Erklärungen im Text).

In Abb. 16 ist der Zusammenhang zwischen der Sättigungsfeuchte und der Temperatur dargestellt. Wie man sieht, kann 1 kg Luft bei –10 °C 1,8 g, bei 0 °C 3,8 g und bei 10 °C 7,6 g Wasserdampf aufnehmen. Mit steigender Temperatur nimmt das Wasserhaltevermögen rasch zu, so dass 1 kg bei 20 °C schon 14,4 g und bei 30 °C sogar 27,2 g Wasserdampf enthalten kann.

Für rohe Abschätzungen lässt sich daraus eine bequeme Faustformel ableiten, die zwar die Kurvenkrümmung unberücksichtigt lässt, in vielen Fällen jedoch ausreicht. Sie lautet: Im Temperaturbereich von 5 °C bis 30 °C entspricht die Sättigungsfeuchte in g/kg zahlenmäßig etwa der Temperatur in °C minus 10 %.

Betrachtet man nur solche Fälle, bei denen keine Volumenänderungen, (z. B. infolge von Vertikalverschiebungen) eintreten, dann darf man für die folgenden Betrachtungen auch den Sättigungswert der **absoluten Feuchte** benutzen, der sich auf einen m^3 bezieht und die Einheit g Wasserdampf/m^3 Luft besitzt (s. Seite 62). Für ihn gilt sogar eine noch einfachere Faustformel: Im Temperaturbereich von 5 °C bis 30 °C entspricht der Sättigungswert der absoluten Feuchte in g/m^3 zahlenmäßig etwa der Temperatur in °C!

Setzt man nun die spezische Feuchte in ein prozentuales Verhältnis zur Sättigungsfeuchte bei der augenblicklich herrschenden Temperatur, so erhält man eine neue Angabe über den Wasserdampfgehalt der Luft, die relative Feuchte RF:

$$RF = \frac{s}{S} * 100\,\%$$

Die relative Feuchte gibt also an, zu wie viel Prozent die Luft wasserdampfgesättigt ist. Zwei Beispiele mögen den Zusammenhang verdeutlichen.

Zu einem bestimmten Zeitpunkt soll die Luft 7,2 g Wasserdampf/kg enthalten. Die Temperatur sei 20 °C. Dieser Zustand entspricht dem Diagrammpunkt 1 in Abb. 16. Bei 20 °C beträgt die Sättigungsfeuchte 14,4 g/kg. Für die relative Feuchte gilt dann

$$RF = \frac{7{,}2}{14{,}4} * 100\,\% = 50\,\%$$

Im Diagrammpunkt 2 beträgt der Wasserdampfgehalt 10,0 g/kg bei einer Temperatur von 27 °C. Die Sättigungsfeuchte hat bei 27 °C den Wert 22,4 g/m^3. Hieraus errechnet sich eine relative Feuchte von

$$RF = \frac{10{,}0}{22{,}4} * 100\,\% = 44{,}6\,\% \approx 45\,\%$$

Die relative Feuchte hat eine bemerkenswerte Eigenschaft, die diese ohnehin nicht ganz leicht zu durchschauende Größe noch weiter verkompliziert. Sie ist nämlich **temperaturabhängig**. Betrachten wir dazu noch einmal den Diagrammpunkt 1 in Abb. 16. Für ihn haben wir eine relative Feuchte von 50 % errechnet. Jetzt denken wir uns die Temperatur auf 30 °C ansteigend. Im Diagramm Abb. 16 können wir diesen Vorgang dadurch nachvollziehen, dass wir vom Diagrammpunkt 1 auf der gestrichelten Linie zum Diagrammpunkt 3 gehen. Nach wie vor enthält die Luft 7,2 g Wasser/kg, die relative Feuchte errechnet sich jetzt aber zu

$$RF = \frac{7{,}2}{27{,}2} * 100\,\% \approx 26\,\%$$

Sie ist also fast auf die Hälfte des ursprünglichen Wertes gefallen. Umgekehrt steigt die relative Feuchte bei sinkender Temperatur, wie der Diagrammpunkt 4 zeigt. Dort beträgt bei gleichem Wasserdampfgehalt von 7,2 g/kg die relative Feuchte

$$RF = \frac{7{,}2}{7{,}6} * 100\,\% \approx 95\,\%$$

Sie ist also gegenüber der Situation 1 fast auf das Doppelte gestiegen. Wir können aus diesem Gedankenexperiment einen wichtigen meteorologischen Grundsatz ableiten: Bei steigender Temperatur fällt die relative Feuchte, bei sinkender Temperatur wächst sie.

Dieser Zusammenhang kommt bei einer Vielzahl von tagtäglich zu beobachtenden Erscheinungen zum Tragen. Man denke etwa an die im Winter immer wieder beklagte trockene Zimmerluft, die sich durch die Temperaturabhängigkeit der relativen Feuchte schnell erklären lässt. Angenommen, die Luft habe im Freien bei einer Temperatur von –10 °C eine relative Feuchte von 100 %, enthält also 1,8 g Wasser/ kg. Diese Luft denke man sich jetzt durch ein geöffnetes Fenster in einen geheizten Raum strömen, wo sie auf 20 °C erwärmt werden soll. Wird ihr dabei kein weiterer Wasserdampf zugeführt, so sinkt ihre relative Feuchte auf knapp 13 % ab ((1,8 / 14,4) * 100 % = 12,5 %).

Die gleiche Ursache hat auch der große Durst der Skifahrer. Wie man leicht berechnen kann, sinkt die relative Feuchte der kalten Winterluft auf wenige Prozent ab, wenn sie in den Lungen auf Körpertemperatur erwärmt wurde. Das hat eine erhebliche Wasserabgabe der Lungenbläschen zur Folge, wodurch der Wasserhaushalt des Körpers stark belastet werden kann. Auch Bergsteiger im Hochgebirge haben darunter schwer zu leiden. Mit denselben Überlegungen lässt sich auch erklären, warum die relative Feuchte tagsüber geringer ist als in der Nacht.

Eine wichtige Rolle spielt die relative Feuchte bei natürlichen und künstlichen Trocknungsvorgängen. Zwischen dem Wassergehalt im Trockengut und der relativen Feuchte der Luft stellt sich allgemein ein Gleichgewichtszustand ein. Das bedeutet, dass der Wassergehalt nicht unter einen von der relativen Feuchte abhängigen Wert gesenkt werden kann. So lässt sich z. B. Heu (bei einer Temperatur von 30 °C) nicht unter 20 Gewichtsprozent heruntertrocknen, solange die relative Feuchte der Luft über 56 % liegt. 15 Gewichtsprozent können nur dann unterschritten werden, wenn die relative Feuchte kleiner als 44 % ist. Ähnliches gilt, wie Abb. 17 zeigt, auch für andere landwirtschaftliche Produkte, Saatgut, Holz und viele weitere organische Materialien.

Schließlich erklärt sich aus dem Verhalten der relativen Feuchte, warum ein ungeheizter Keller im Sommer feucht und im Win-

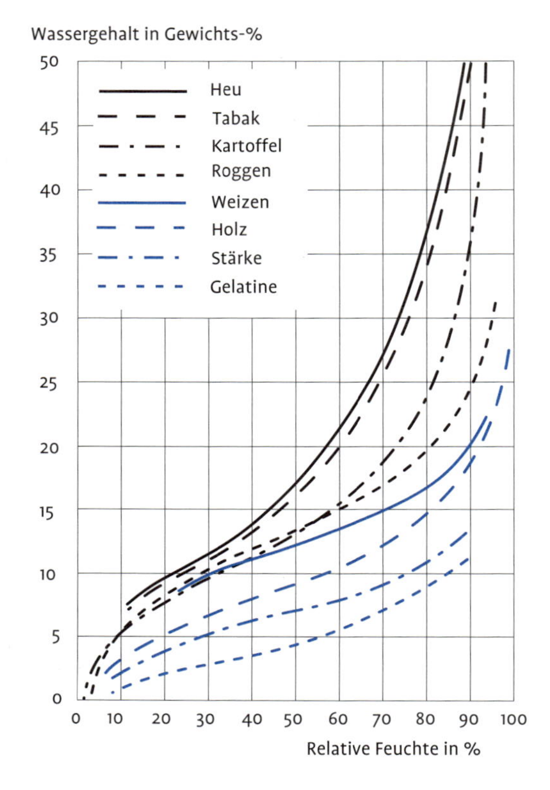

Abb. 17
Abhängigkeit des Wassergehalts verschiedener Materialien von der relativen Feuchte der Umgebungsluft nach BEINHAUER *(1990).*

ter trocken ist: Im Sommer ist die Temperatur im Keller tiefer als im Freien, so dass die relative Feuchte der von außen eindringenden Luft ansteigt. Im Winter ist es umgekehrt.

Warum, so wird man sich angesichts dieses komplizierten Verhaltens der relativen Feuchte fragen, hat man denn dieses eigenwillige Feuchtemaß überhaupt eingeführt? Der Grund dafür ist, dass man sie sehr leicht und sicher messen kann, im Gegensatz zu allen anderen bisher besprochenen Größen. Menschliche Haare haben nämlich die bemerkenswerte Eigenschaft, ihre Länge gerade der relativen Feuchte der Umgebungsluft entsprechend zu verändern. Bei geringer realtiver Feuchte ziehen sie sich zusammen, bei hoher Feuchte dehnen sie sich aus. Auch das ist letzten Endes eine Folge des oben erläuterten Gleichgewichts zwischen der relativen Feuchte und dem Wassergehalt organischer Substanzen. Bei hoher relativer Feuchte nimmt das Haar Wasser aus der Luft auf und quillt dabei. Bei geringer relativer Feuchte ist es umgekehrt. Die näheren Zusammenhänge werden in Kapitel „Messtechnik" auf Seite 390 behandelt.

Darüber hinaus lässt sich die relative Feuchte bequem in alle anderen Feuchtegrößen umrechnen, wie auf Seite 83 gezeigt wird. Das Diagramm Abb. 16 zeigt uns auch, wie sich die relative Feuchte ändert, wenn man in Luft mit einem gegebenen Wasserdampfgehalt noch zusätzlich Wasser einbringt. Im Diagrammpunkt 8 herrsche bei 15 °C und einer spezifischen Feuchte von 4 g/kg eine relative Feuchte von 37 %. Erhöht man die spezifische Feuchte, so steigt natürlich auch die relative Feuchte. Man kann aber nicht mehr als 6,8 g Wasserdampf/kg zusätzlich unterbringen, weil dann, wie Diagrammpunkt 9 zeigt, die Sättigungsfeuchte erreicht ist.

Taupunkt

Das Diagramm Abb. 16 führt uns noch zu einem weiteren, häufig benützten Feuchte-Maß. Dazu gehen wir wieder von Punkt 1 aus und denken uns bei konstant bleibendem Wasserdampfgehalt eine sinkende Temperatur. Bei 10 °C passieren wir den Punkt 4 und erreichen bei 9,2 °C den Punkt 5, an dem der tatsächliche Wasserdampfgehalt gerade gleich der Sättigungsfeuchte, die relative Feuchte also gleich 100 % wird.

Was passiert, wenn wir die Temperatur weiter senken? Dann wird das Wasserhaltevermögen der Luft überschritten, d. h. nichts anderes, als dass Wasserdampf ausgeschieden werden muss. Ab dem Punkt 5 wird also Wasserdampf zu flüssigem Wasser kondensieren. Im täglichen Leben würde man sagen, es bildet sich Tau. Dementsprechend nennt man die zum Punkt 5 gehörende Temperatur – in unserem Fall 9,2 °C – **die Taupunktstemperatur** τ oder kurz den **Taupunkt**.

— Der Taupunkt ist diejenige Temperatur, bei der die spezifische Feuchte gleich der Sättigungsfeuchte oder, was das gleiche bedeutet, die relative Feuchte gleich 100 % ist.

Mit dem Taupunkt haben wir die Möglichkeit, den Wasserdampfgehalt der Luft mit Hilfe einer Temperaturangabe zu charakterisieren.

Wie viel Wasserdampf wird aber nun ausgeschieden, wenn wir die Temperatur unter die Taupunktstemperatur senken? Auch darauf gibt uns das Diagramm Abb. 16 eine Antwort. Denkt man sich die Temperatur wie dort eingezeichnet auf 0 °C gesunken, so kann die Luft nur noch 3,8 g Wasserdampf/kg enthalten, wie aus Punkt 7 unschwer zu entnehmen ist. Da sich ursprünglich in jedem Kilogramm 7,2 g befunden haben, müssen 3,4 g/kg ausgeschieden worden sein.

Vorgänge, bei denen der Taupunkt unter- bzw. überschritten wird, sind in der Natur und im täglichen Leben außerordentlich häufig. Man denke nur etwa an die Wolkenbildung. Werden Luftpakete hochgehoben und adiabatisch abgekühlt, so wird in einer bestimmten Höhe der Taupunkt unterschritten, und die auskondensierenden Wassertröpfchen erscheinen als Wolken. Andererseits wird beim adiabatischen Absinken der Taupunkt in den Wolken überschritten, und die Tröpfchen verdunsten zu Wasserdampf, was zu einer allgemeinen Wolkenauflösung führt.

— Der Tau fällt nicht, wie das immer wieder gerne poetisch gesagt wird, sondern entsteht unmittelbar an den betauten Oberflächen.

In ähnlicher Weise bildet sich nachts, wenn die Temperatur unter die Taupunktstemperatur sinkt, Tau oder bei Temperaturen unter 0 °C Reif. Unter bestimmten, nur schwer vorhersagbaren Bedingungen bleiben die kondensierten Wassertröpfchen in der Luft schweben: Es ist Nebel entstanden. Der Taupunkt wurde ebenfalls unterschritten, wenn ein Glas mit kühlem Bier beschlägt, wenn die Wasserleitung oder die kühle Fensterscheibe anläuft. Aus dem gleichen Grund beschlägt auch eine Brille – aber nur, wenn man bei kaltem Wetter in ein geheiztes Haus tritt, nicht jedoch wenn man aus dem Haus ins Freie geht. Die Raumluft enthält viel Wasserdampf, der an den kalten Gläsern kondensiert.

Ein ähnlicher Vorgang läuft ab, nur eben bei Temperaturen unter 0 °C, wenn sich am Fenster Eisblumen bilden oder der Vergaser im Auto und der Verdampfer im Kühlschrank vereisen. Auch die bekannte Tatsache, dass unverpacktes Kühlgut rasch austrocknet, geht darauf zurück. Dadurch, dass Wasserdampf an den Kühlschlangen kondensiert, kommt es in der Kühlschrankluft zu einem Defizit, und die eingelagerten Waren geben ihr Wasser an die Luft ab. Bei der Gefriertrocknung wird dieser Vorgang systematisch zum Wasserentzug angewendet. Dort erwärmt man das Trocknungsgut sogar noch, um eine schnellere Wasserabgabe zu erreichen.

Eine wichtige Rolle können Kondensationsvorgänge im Überseeverkehr spielen. Wird ein Schiff beispielsweise in tropischen Breiten bei hohem Wasserdampfgehalt und hoher Temperatur mit Naturprodukten beladen, die in kühlere Regionen verschifft werden sollen, so kann es während des Transportes bei unzureichender Lüftung zur Kondensation kommen. Dadurch wird das Transportgut feucht und schimmlig. Diese Gefahr besteht insbesondere bei fest verschlossenen Containern. Auch bei Fahrten in umgekehrter Richtung, also von kühlen Regionen in feuchtheiße Tropen kann es zu empfindlichen Schäden kommen. Der Grund dafür liegt in der thermischen Trägheit der Schiffsladung. Bei schneller Fahrt kann das Schiff bereits das heiße Tropenklima mit hoher Luftfeuchtigkeit erreicht haben, während sich die Ladung noch kaum über die Temperatur der kühlen Ausgangsregion erwärmt hat. Bleibt die Temperatur der Ladung unter der Taupunktstemperatur der tropischen Umgebungsluft, so ist klar, was passiert: Der Wasserdampf kondensiert aus und schlägt sich am kühlen Ladegut nieder. Das kann an feuchte-empfindlichen Waren zu schweren Schäden führen. So kommt es bei Metallen zu Korrosion; Zucker und Mehl verkleben und Zement bindet ab. An Konservendosen entstehen Roststellen und ihre Etiketten werden schimmlig oder fallen ab.

Die damit zusammenhängenden Probleme haben zur Gründung eines eigenen Wissenschaftszweiges, der Laderaum-Meteorologie, geführt (PULS und CUNO 1977, ZÖLLNER 1984, PULS 1986)

Erfolgt die Kondensation von Wasserdampf auf einer Eisoberfläche, so spricht man von **Sublimation**, gelegentlich findet man dafür auch den Ausdruck **Deposition**.

Dampfdruck

Ein wichtiges physikalisches Gesetz, das nach seinem Entdecker „Daltonsches Gesetz" genannt wird, befasst sich mit dem Druck in Gasgemischen. Es besagt: „Jedes Gas aus einem Gasgemisch übt einen Teildruck aus. Dabei verhält es sich so, als ob die anderen Gase überhaupt nicht vorhanden wären, ihm also der gesamte Raum alleine zur Verfügung stehen würde. Der Gesamtdruck im Gasgemisch ist die Summe der einzelnen Teildrücke".

Auf die Atmosphäre übertragen bedeutet das: Jedes Gas in der Atmosphäre übt auf die Erdoberfläche einen individuellen, durch sein Gewicht verursachten Teildruck des Luftdruckes aus (vgl. Seite 37). Der gesamte Luftdruck setzt sich demnach zusammen aus: Einem Teildruck, der auf den Stickstoff zurückgeht, einem, der vom Sauerstoff verursacht wird usw. Einer dieser Teildrücke stammt von dem in der Atmosphäre vorhandenen Wasserdampf. Er wird als „**Dampfdruck**" bezeichnet.

Der Dampfdruck eignet sich sehr gut zur Angabe des Wasserdampfgehaltes der Luft und ist deshalb zu einem häufig benutzen Feuchtemaß geworden. In Formeln wird für ihn das Zeichen „**e**" verwendet. Seine Einheit ist das Millibar (mbar).

Gemessen am Gesamtluftdruck (im Mittel 1 013 mbar auf Meeresniveau; vgl. Seite 40) ist der Dampfdruck sehr klein. Er kann Werte zwischen wenig über 0 mbar bis bestenfalls 40 mbar annehmen. Sein Tagesmittel beträgt in Zentraleuropa im Sommer 15 mbar und im Winter 5 mbar; die Spitzenwerte liegen bei uns um 20 mbar (vgl. Seite 206).

▬ Dalton, John
Chemiker, Physiker und Meteorologe
* 5. oder 6.9.1766 in Eaglesfield
† 27.7.1844 in Manchester
Privatgelehrter; Hauptarbeitsgebiete: Thermodynamik der Gase, Messtechnik, physikalische Chemie.

▬ So wie der Luftdruck (Seite 37) auf das Gewicht der Luft zurückgeht, geht der Dampfdruck auf das Gewicht des in der Luft enthaltenen Wasserdampfes zurück. Er ist somit im Sinne des Daltonschen Gesetzes ein Teildruck des Luftdruckes.

2.1.2 Sättigungsdampfdruck

Bei der Diskussion der Frage, warum nur ein Teil der Himmelskörper Atmosphären besitzt, ein anderer dagegen nicht, waren wir auf die „Kinetische Gastheorie" gestoßen (vgl. Seite 17). Sie gilt in ähnlicher Form auch für Flüssigkeiten. So kann man sagen, dass sich auch im flüssigen Wasser die einzelnen Wassermoleküle (streng genommen: die einzelnen Hydrole; vgl. Seite 85) sehr heftig auf unregelmäßigen Bahnen bewegen. Dabei wird es insbesondere den schnelleren unter ihnen gelingen, sich aus den Fängen der zwischen den Molekülen bestehenden Anziehungskräfte (vgl.

Seite 18) zu befreien, die Wasseroberfläche zu durchzustoßen und ins Freie zu entkommen.

Ein außenstehender Betrachter, der von den molekularen Vorgängen nichts weiß, würde den Vorgang sicher wie folgt interpretieren: Im Inneren des flüssigen Wassers existiert ein Druck, der ständig Wassermoleküle durch die Oberfläche herauspresst. Wir wollen dieser sehr anschaulichen Deutung folgen, und bezeichnen diesen Scheindruck im Innern des flüssigen Wassers als „**Sättigungsdampfdruck**“. Als Formelzeichen für den Sättigungsdampfdruck verwenden wir das „**E**“, seine Einheit ist – wie üblich – das mbar.

Wie wir wissen (vgl. Seite 17) wird die Molekularbewegung mit steigender Temperatur immer heftiger. Da wir den Sättigungsdampfdruck als eine Folge aus der Molekularbewegung deuten, heißt das: Mit steigender Temperatur wächst auch der Sättigungsdampfdruck.

Tab. 2 Sättigungsdampfdruck (mbar) über einer ebenen Wasser- bzw. Eisoberfläche in Abhängigkeit von der Temperatur

Temperatur in °C	0	1	2	3	4	5	6	7	8	9
					über Eis!					
–30	0,38	0,34	0,31	0,28	0,25	0,22	0,20	0,18	0,16	0,14
–20	1,03	0,94	0,85	0,77	0,70	0,63	0,57	0,52	0,47	0,42
–10	2,60	2,38	2,17	1,98	1,81	1,65	1,51	1,37	1,25	1,14
0	6,11	5,62	5,17	4,76	4,37	4,01	3,68	3,38	3,10	2,84
					über flüssigem Wasser!					
–30	0,51	0,46	0,42	0,38	0,35	0,31	0,28	0,26	0,23	0,21
–20	1,25	1,15	1,05	0,97	0,88	0,81	0,74	0,67	0,61	0,56
–10	2,86	2,64	2,44	2,25	2,08	1,91	1,76	1,62	1,49	1,37
0	6,11	5,68	5,27	4,90	4,54	4,21	3,91	3,62	3,35	3,10
0	6,11	6,57	7,06	7,58	8,14	8,73	9,36	10,03	10,74	11,49
+10	12,29	13,14	14,04	15,00	16,01	17,08	18,21	19,41	20,67	22,01
+20	23,42	24,91	26,48	28,14	29,89	31,73	33,67	35,71	37,86	40,12
+30	42,49	44,99	47,61	50,37	53,26	56,29	59,47	62,81	66,31	69,97

Tab. 2 zeigt seine Abhängigkeit von der Temperatur. Man sieht, dass der Sättigungsdampfdruck von 6,11 mbar bei 0 °C exponentiell auf über 42,49 mbar bei 30 °C ansteigt. Er verhält sich also ganz ähnlich wie die Sättigungsfeuchte (vgl. Seite 63).

Natürlich gibt es auch über Eis einen Sättigungsdampfdruck. Zwar ist die Bewegungsfreiheit der Wassermoleküle im festen Kristallgitter eines Eiskristalls wesentlich mehr eingeschränkt als im flüssigen Wasser. Im Wesentlichen besteht sie nur aus Schwingungen um die Kristall-Gitterpunkte. Das Verlassen der Kristallstruktur ist deshalb viel schwieriger als das Entkommen aus der flüssigen Phase. Die Folge ist, dass der Sättigungsdampfdruck über Eis kleiner ist als der über gleich kaltem flüssigem Wasser – so genanntem **unterkühltem Wasser**. (Warum unterkühltes Wasser überhaupt existieren kann und welche Bedeutung es für die Meteorologie hat, werden wir im Zusammenhang mit der Niederschlagsentstehung noch ausführlich zu diskutieren haben; vgl. Seite 89).

Welcher Zusammenhang besteht nun zwischen dem Dampfdruck in der Luft und dem Sättigungsdampfdruck an einer freien Wasserfläche, beispielsweise der eines Sees?

Dass auch die Wasserdampfteilchen in der Luft Molekularbewegungen ausführen, ist uns inzwischen geläufig (vgl. Seite 17). Diese Molekularbewegungen bewirken, dass ein Teil der Moleküle aus der Luft heraus in das flüssige Wasser stürzt, d. h., wir haben in jedem Augenblick zwei Wasserdampf-Ströme vor uns: einen aus der flüssigen Phase in die Luft – angetrieben vom Sättigungsdampfdruck des flüssigen Wassers – und einen zweiten von der Luft in das Wasser – dieser angetrieben vom Dampfdruck in der Luft.

Abb. 18
Zum Zusammenspiel von Dampfdruck und Sättigungsdampfdruck (Einzelheiten siehe Text).

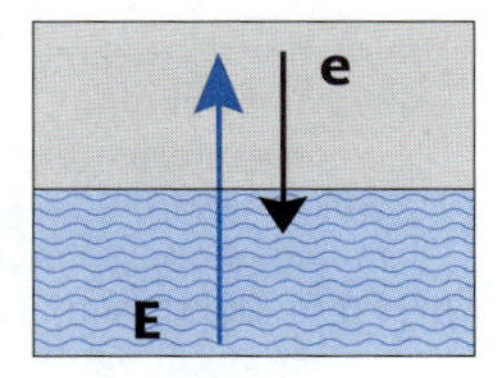

(A) E > e : Verdunstung

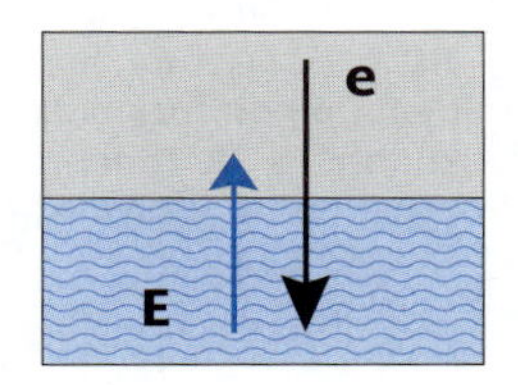

(B) E < e : Kondensation

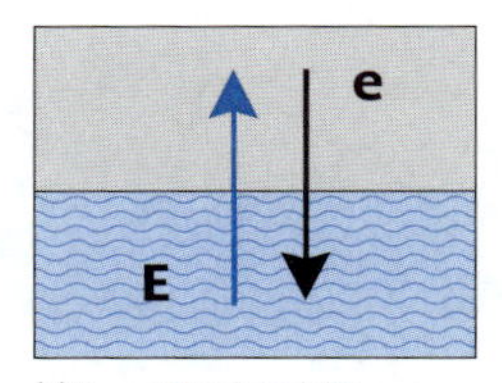

(C) E = e : Gleichgewicht

Nun sind die folgenden drei Szenarien denkbar, die in Abb. 18 dargestellt sind:

(A) Der Sättigungsdampfdruck des Wassers (E) ist größer als der Dampfdruck (e) in der Luft. Das würde bedeuten, dass der Wasserdampfstrom vom flüssigen Wasser zur Luft größer ist als der von der Luft zum Wasser. Die unterschiedlich langen Pfeile sollen das deutlich machen. Rechnen wir die beiden Ströme gegeneinander auf, so bleibt ein resultierender Strom vom flüssigen Wasser zur Luft übrig. Und wir würden sagen: Es findet Verdunstung statt.

(B) Die genau umgekehrte Situation: Der Dampfdruck in der Luft ist größer als der Sättigungsdampfdruck im Wasser. Aus analogen Überlegungen wie im Fall (A) ergibt sich dann ein resultierender Wasserdampfstrom von der Luft zum Wasser. In diesem Fall würden wir sagen: Es findet Kondensation statt.

(C) Dampfdruck und Sättigungsdampfdruck sind gleich groß. In diesem Fall gibt es keinen resultierenden Wasserdampfstrom, so dass nach außen hin alles im Gleichgewicht erscheint.

▬ Der Sättigungsdampfdruck wird in vielen Bereichen der Technik für die unterschiedlichsten Zwecke eingesetzt. Das Musterbeispiel ist die Dampfmaschine. Bei 200 °C bringt der Dampfdruck immerhin gut 15 Bar, bei 250 °C an die 40 und bei 300 °C gar 90 Bar auf die Kolben. So genannte Heißdampf-Maschinen wurden mit einem Druck bis zu 100 Bar betrieben. Mit sol hen Antriebsaggregaten und raffinierter Feuerungstechnik ausgestattet, erreichten windschnittig verkleidete Dampflokomotiven bereits in den 1930er-Jahren Geschwindigkeiten von 200 km/h. Die stärkste, jemals gebaute Dampflokomotive mit dem Namen „Big Boy" holte 5 900 kW (etwa 8 000 PS) Leistung aus dem Dampfdruck und konnte 25 000 Tonnen ziehen.

Natürlich gelten die hier beschriebenen Vorgänge nicht nur über einem See. Die gleichen Prozesse laufen auch über allen anderen flüssigen oder festen Wasseroberflächen ab: über einer regennassen Straße genauso wie über einem betauten Pflanzenbestand, über einer Schneedecke gleichermaßen wie über einem nassen Ackerboden, ja sogar über den in der Luft schwebenden Nebeltröpfchen.

Natürlich ist die Tau- bzw. Nebelbildung nicht darauf angewiesen, dass schon flüssiges Wasser vorhanden ist. Lediglich die Temperatur muss stimmen! Stürzen Wassermoleküle aus der Luft auf eine warme Oberfläche – mit einer Temperatur, die einen höheren Sättigungsdampfdruck als den Dampfdruck in der Luft zur Folge hat – so würden sie dort in so heftige Molekularbewegung geraten, dass sie sofort wieder davonfliegen würden (Fall (A)). Anders ausgedrückt: der hohe Sättigungsdampfdruck würde sie sofort wieder „verjagen". Die Folge: Die Oberfläche bleibt trocken. Diese Situation haben wir normalerweise während der warmen Tagesstunden. Ist aber die Oberfläche so kalt, dass der zugehörige Sättigungsdampfdruck kleiner ist als der Dampfdruck in der Luft, so hätten die Wassermoleküle keine ausreichende Startgeschwindigkeit, könnten also die Oberfläche nicht wieder verlassen: Es würde sich eine wachsende Tauschicht bilden (Fall (B)). Diese Situation ist in den kühlen Nachtstunden gegeben.

Daraus ergibt sich eine wichtige Konsequenz: Der Dampfdruck in der Luft kann nicht über den Sättigungsdampfdruck bei der herrschenden Lufttemperatur steigen. Täte er das, so würde die Kondensation überwiegen (Fall (B) von Seite 71)und so der überschüssige Wasserdampf verflüssigt. (Dass der Kondensationsprozess noch an weitere Voraussetzungen gebunden ist, braucht uns im Augenblick noch nicht zu interessieren; auf Seite 89 wird darauf näher eingegangen)
Verdunstung kann nur stattfinden, so lehrt uns Fall (A), solange der Sättigungsdampfdruck (E) höher als der Dampfdruck (e) ist. Die Differenz (**E – e**) wird als **Sättigungsdefizit** bezeichnet. Sie spielt bei der Berechnung der Verdunstung eine herausragende Rolle und wird uns deshalb im betreffenden Abschnitt (s. Seite 94) noch beschäftigen.
Steigt der Sättigungsdampfdruck über den gesamten auflastenden Luftdruck, so geht das geordnete Verdunsten in ungeordnetes Sieden über. Auf Meeresniveau ist das bei 100 °C der Fall – so wurde ja der 100 °C-Fixpunkt definiert (vgl. Seite 374). Auf dem Gipfel der Zugspitze in 2 960 m Höhe beträgt der Luftdruck im Mittel etwa 700 mbar (s. Seite 40). Dort siedet das Wasser bereits bei 89 °C. Auf dem 8 848 m hohen Mt. Everest ist der Siedepunkt bei einem mittleren Luftdruck von rund 320 mbar sogar schon bei 71 °C erreicht.

Das Phänomen Dampfdruck gibt es natürlich nicht nur beim Wasser. Jede Flüssigkeit hat ihren Dampfdruck. Allerdings sind die Druckniveaus bei verschiedenen Stoffen sehr unterschiedlich. Generell kann man sagen – und das ergibt sich zwangsläufig aus der oben vorgestellten, bildhaften Deutung: Je stärker eine Flüssigkeit zur Verdunstung neigt, desto höher ist ihr Dampfdruck.

In einem verschlossenen, teilweise oder ganz mit Flüssigkeit gefüllten Behälter wird sich also immer ein Druck einstellen, der dem Sättigungsdampfdruck der Flüssigkeit bei der herrschenden Temperatur entspricht.

Wir kennen diesen Effekt vom Reservebenzinkanister, der sich im Auto an heißen Tagen wie ein Ballon aufblähen kann. Wir sehen jetzt auch, dass es keinen Sinn hat, den Kanister kurz zu öffnen, um den „Überdruck abzulassen". Solange sich die Temperatur des Benzins nicht ändert, wird sich nach dem Verschließen der alte Druck sofort wieder einstellen.

Aufmerksamen Lesern wird nicht entgangen sein, dass sich der Dampfdruck zum Sättigungsdampfdruck letztlich genauso verhält wie die spezifische Feuchte zur Sättigungsfeuchte. Aus diesem Verhältnis hatten wir auf der Seite 64 die relative Feuchte abgeleitet.

Und in der Tat stellt auch der Quotient: Dampfdruck (e)/Sättigungsdampfdruck (E) nichts anderes als die relative Feuchte (RF) dar, also

$$RF = \frac{e}{E} * 100\,\%$$

Streng genommen wird die relative Feuchte sogar nach dieser und nicht nach der auf der Seite 64 vorgestellten Gleichung definiert.

Wenn sie hier über die spezifische Feuchte und die Sättigungsfeuchte eingeführt wurde, so geschah das in der Absicht, die nicht trivialen Vorgänge so anschaulich wie möglich zu erklären. Die zahlenmäßigen Unterschiede sind ohnehin so klein, dass sie für praktische Zwecke vernachlässigbar bleiben.

Schließlich kann man noch ein letztes wichtiges Feuchtemaß definieren: das **Sättigungsdefizit**. Dieses gibt an, um wie viele Millibar der Dampfdruck erhöht werden muss, um Sättigung zu erreichen, errechnet sich also zu (E – e). Das Sättigungsdefizit spielt bei der Berechnung der Verdunstung eine wichtige Rolle (s. Seite 94).

Kehren wir noch einmal zurück zum Dampfdruck: Bisher sind wir stillschweigend davon ausgegangen, dass wir eine ebene Wasserfläche vor uns haben. Das ist nicht immer und überall der Fall. Man braucht nur etwa an die Verhältnisse in einer Wolke oder im

– Der Sättigungsdampfdruck E über der konvexen Oberfläche eines Tropfens ist größer (s. nächste Seite), der über einer konkaven Oberfläche – wie wir sie z. B. in Kapillaren finden – ist kleiner als über einer (gleich warmen) ebenen Wasseroberfläche. Betrachten wir Abb. 18 (B) unter diesem Gesichtspunkt, so wird schnell klar, dass es in Kapillaren schon bei deutlich trockenerer Luft (kleinerer Dampfdruck e) zur Wasserdampf-Kondensation kommt als über einer ebenen Wasseroberfläche.
„Lapilli" ist ein körniges, sehr poröses vulkanisches Bodenmaterial. In seinen Poren bilden sich Kapillaren, die die Kondensation schon bei relativ geringer Luftfeuchte ermöglichen. Sie werden so zu sehr potenten Wasserspeichern für den Landbau. Insbesondere auf den Kanarischen Inseln ist daher Landwirtschaft und Gartenbau auf Lapilli-Feldern sehr verbreitet.

Die Erhöhung des Sättigungsdampfdruckes über Wolken- und Nebeltröpfchen erklärt sich aus der Oberflächenspannung, die gerade beim Wasser besonders groß ist (vgl. Seite 85). Sie versucht die Oberfläche der Tröpfchen zu verkleinern und verhält sich damit ähnlich wie die Gummihaut eines aufgeblasenen Luftballons. Durch dieses Bestreben entsteht im Innern der Tröpfchen ein Druck, der – wie der Sättigungsdampfdruck – versucht, Wassermoleküle durch die Oberfläche hindurch nach außen zu drücken.

Nebel zu denken. Dort haben wir es mit einer Vielzahl kugelförmiger Tröpfchen zu tun. An ihnen greift die Oberflächenspannung an. Diese aber will nichts anderes als die Oberfläche und damit das Volumen verkleinern. Dadurch wird das Bestreben der Wassermoleküle, das Tröpfchen zu verlassen, erheblich vergrößert. Die Folge ist ein gegenüber einer ebenen Wasserfläche **erhöhter Sättigungsdampfdruck**. Je kleiner das Tröpfchen ist, desto ausgeprägter ist der Effekt. Während bei Tropfenradien bis herunter zu 1 µm noch kaum eine Erhöhung zu beobachten ist, steigt er bei 0,1 µm um 1,2 %, bei 0,01 µm um 12 % und erreicht bei 0,001 µm mehr als das Doppelte des Wertes über einer ebenen Wasseroberfläche.

Aber auch eine **Erniedrigung des Sättigungsdampfdruckes** ist möglich. Etwa dann, wenn im Wasser Salze gelöst sind, die die Wassermoleküle hygroskopisch an sich zu binden versuchen. Man muss sich das so vorstellen, dass sich die Teilchen der gelösten Substanz mit einer Hülle aus Wassermolekülen umgeben und diese fest an sich ziehen. Das hat eine wichtige Konsequenz: Sinkt die Temperatur einer Lösung unter 0 °C, so verhindern diese Bindungskräfte zunächst, dass die Wasserteilchen in einen Eiskristall eingebaut werden können, so dass die Lösung erst mehr oder weniger weit unter 0 °C gefrieren kann. Der Gefrierpunkt sinkt um so tiefer, je konzentrierter die Lösung ist.

Auch über Eis ist der Dampfdruck niedriger als über flüssigem Wasser gleicher Temperatur, so genanntem „unterkühltem Wasser“ (s. Seite 89). Im Eiskristall sind die Wassermoleküle viel stärker aneinander gekettet als im flüssigen Wasser. Überwiegend besteht die Molekularbewegung in einem Kristall nur aus regelmäßigen Schwingungen um den Kristallgitterpunkt. Ein Entkommen aus der Kristallstruktur ist also wesentlich schwieriger als das Verlassen der flüssigen Phase. Der Sättigungsdampfdruck über Eis ist deshalb bis zu 0,3 mbar geringer als über flüssigem Wasser gleicher Temperatur. Tab. 2 enthält den Sättigungsdampfdruck über einer ebenen Wasser- und einer Eisoberfläche.

2.1.3 Spezifische Wärme und Volumenwärme

Stellt man ein Gefäß mit Wasser auf den Elektroherd und schaltet den Strom ein, dann wird das Wasser warm. Das ist eine Binsenweisheit. Interessant wird es jedoch, wenn man dieses „Experiment“ mit verschiedenen Flüssigkeiten durchführt. Erwärmt man z.B. eine gleich große (Gewichts-)Menge Alkohol gleich lang mit der gleichen Heizleistung, so stellt man fest, dass der Alkohol erheblich wärmer geworden ist als das Wasser – wohlgemerkt, bei ansonsten völlig identischen Versuchsbedingungen! Würden wir irgendwelche anderen Flüssigkeiten verwenden, könnten wir nach jedem Versuch eine andere Temperatur beobachten.

Offensichtlich reagieren also unterschiedliche Flüssigkeiten auf gleiche Wärmemengen mit einem unterschiedlichen Temperaturanstieg. Das gleiche gilt auch, wenn wir nicht Flüssigkeiten, sondern Feststoffe (oder Gase) erwärmen.

Formelmäßig lässt sich dieser Zusammenhang folgendermaßen beschreiben:

$$Q = m * c * \Delta \vartheta$$

Darin bedeutet $\Delta \vartheta$ den Temperaturanstieg einer Masse m, der die Wärmemenge Q zugeführt worden ist. Er ist trivialerweise umso kleiner, je größer die Masse ist. c ist zunächst nur ein Proportionalitätsfaktor. Er entpuppt sich aber, wie wir gesehen haben, als Materialkonstante und wird als **spezifische Wärme** bezeichnet. Je größer sie ist, desto kleiner bleibt der Temperaturanstieg.
Betrachten wir bei unseren Experimenten nicht gleiche Massen, sondern gleiche Volumina V, so brauchen wir nur in der obigen Gleichung m durch den Ausdruck: $V * \rho$ zu ersetzen, der sich aus der Definition der Dichte ρ zu $\rho = m/V$ zwangsläufig ergibt:

$$Q = V * \rho * c * \Delta \vartheta$$

Der Temperaturanstieg wird also umso kleiner ausfallen, je größer (bei gleichem Volumen und gleicher Wärmemenge) der Wert des Produktes $\rho * c$ ist. Man bezeichnet es als **Volumenwärme**. Tab. 3 enthält für einige Materialien Zahlenwerte der Spezifischen Wärme und der Volumenwärme.

— Die spezifische Wärme gibt an, wie viel Wärme man 1 g einer Substanz zuführen muss, damit sie sich um 1 K erwärmt. Die Volumenwärme gibt an, wie viel Wärme man einem cm^3 einer Substanz zuführen muss, damit sie sich um 1 K erwärmt.

Vergleicht man diese Werte, so stellt man fest, dass das Wasser eine erheblich größere Volumenwärme besitzt als die üblichen Bodenarten. Führt man einem Kubikmeter Wasser und zum Vergleich einem Kubikmeter eines natürlichen Bodens jeweils die gleiche Wärmemenge zu, so steigt die Temperatur des Bodens zwischen 8,4-mal (trockener Moorboden) und 1,3-mal (nasser Sandboden) so stark wie die des Wassers.

Damit begegnen wir einer der ganz wichtigen meteorologischen Eigenschaften des Wassers: seiner ungeheueren **klimatisierenden Wirkung**. Betrachten wir dazu die vorhin besprochenen Vorgänge einmal anders herum: Will man die Temperatur eines Kubikmeters Wasser und eines Kubikmeters Erdboden um einen bestimmten Betrag erhöhen, so muss man dazu beim Wasser erheblich mehr Wärme aufwenden als bei einem natürlichen Boden: im Vergleich zu einem trockenen Moorboden z. B. 8,4-mal soviel. Dafür ist dann aber im Wasser auch 8,4-mal so viel Wärme gespeichert wie im Moorboden. Bei einem Temperaturrückgang

Tab. 3 Spezifische Wärme, Dichte und Volumenwärme verschiedener Materialien

Material	spez. Wärme Ws/(g * K)	Dichte (Ø) g/cm³	Volumenwärme (Ø) Ws/(cm³ * K)
Feststoffe			
Schmiedeisen	0,5	7,9	3,7
Beton	0,7 bis 0,9	2,3	1,8
Gestein	0,7 bis 0,8	1,7 bis 3,0	1,8
Eis	1,9 bis 2,1	0,9	1,8
Holz	2,3 bis 2,8	0,5	1,4
Ziegelmauer	0,8	1,4	1,1
Sandboden, nass	1,9 bis 2,1	1,6	**3,2**
Sandboden, trocken	0,8 bis 0,9	1,4	**1,2**
Lehmboden, nass	0,7 bis 0,9	2,0	**1,6**
Lehmboden, trocken	0,6 bis 0,8	1,7	**1,2**
Moorboden, nass	3,2 bis 3,5	0,9	**3,0**
Moorboden, trocken	1,7 bis 1,9	0,3	**0,5**
Flüssigkeiten			
Wasser	4,2	1,0	**4,2**
Ethylalkohol	2,5	0,8	2,0
Erdöl	1,9	≈0,9	≈1,7
Gase			
Luft (20 °C, 1013 mbar)	1,0	0,0012	0,0012
Wasserdampf	2,1	0,0006	0,0012

(Ø = Mittelwert) nach Hell (1982), Geiger (1961) und Gröber et al. (1963)

wird aus dem Wasser dann wieder 8,4-mal soviel Wärme freigesetzt wie aus dem Moorboden.

Das bedeutet, dass das Wasser selbst bei geringen Temperaturänderungen enorme Wärmemengen umsetzen kann – sehr viel größere als jedes Festland. Die Seen und erst recht die Ozeane werden auf diese Weise zu riesigen **Wärmespeichern**, die sich während warmer Zeiten auffüllen und während kalter Zeiten entleeren, ohne dass es zu auffällig großen Temperaturänderungen kommen würde. So werden durch die Wirkung des Wassers extreme Tages- wie Jahresschwankungen der Temperatur ausgeglichen und durch Meeresströmungen immense Wärmemengen von wärmeren in kältere Klimagebiete transportiert. Wir werden später noch öfter auf diese Zusammenhänge zu sprechen kommen.

Betrachten wir noch einmal die Tab. 3, so fällt auf, dass die nassen Böden stets eine höhere Volumenwärme haben als die trockenen. Man sieht daraus, dass auch das Wasser im Boden eine nicht zu unterschätzende Wärmespeicherwirkung besitzt. Je nässer ein Boden ist, desto mehr Wärme kann er puffern. Auch diese Zusammenhänge werden uns später noch einmal begegnen.

2.1.4 Schmelz- und Verdunstungsenergie

Bisher wurden alle Phasenübergänge lediglich als eine Änderung des Aggregatzustandes gesehen. Tatsächlich spielen sich dabei aber wichtige energetische Vorgänge ab, die im Folgenden besprochen werden.

Denken wir zunächst an das Schmelzen von Eis. Im Eiskristall sind, worauf oben schon hingewiesen wurde, die Wassermoleküle an das strenge Raster des Kristallgitters gebunden. In der flüssigen Phase dagegen können sie sich zwanglos gegeneinander bewegen. Im Kristallgefüge sind nämlich starke Ordnungskräfte wirksam, die die Moleküle auf ihren Plätzen zu halten versuchen.

— Weder die Zufuhr der Schmelz- noch der Verdunstungsenergie bewirken – darauf muss nachdrücklich hingewiesen werden – eine Erhöhung der Temperatur. Sie dienen lediglich dazu, das Kristallgitter zu sprengen bzw. die Überführung in die Gasphase zu ermöglichen.

Will man einen Eiskristall schmelzen, so muss man Energie zuführen, die diese Kräfte überwinden hilft. Man nennt sie **Schmelzenergie**. Sie beträgt etwa 333 J/g. Das gleiche gilt für die Überführung von der flüssigen Phase in die Gasphase. Im Gas sind die Moleküle viel weiter auseinander als im flüssigen Zustand, und diese Entfernungsvergrößerung kostet Energie, die als **Verdunstungsenergie** bezeichnet wird und die sogar 2,3 kJ/g Wasser beträgt. Sie ist, wie man sieht, um ein Vielfaches größer als die Schmelzenergie.

Eine Reihe von Vorgängen aus dem täglichen Leben, z.B. das Verhalten des Wassers beim Sieden, lassen sich so bequem erklären. Stellt man einen Topf mit kaltem Wasser auf den heißen Herd, so steigt die Temperatur unter der Einwirkung der Heizenergie zunächst stetig an. Setzt aber, sobald 100 °C erreicht sind, der Phasenübergang zum gasförmigen Wasser ein, was sich äußerlich durch sprudelndes Kochen bemerkbar macht, so bleibt die Temperatur unverrückbar auf 100 °C stehen. Die nach wie vor zugeführte Heizenergie wird jetzt einzig und allein für den Phasenübergang aufgewendet.

Auch die Tatsache, dass ein Eis-Wasser-Gemisch wie z.B. im Sektkübel, so lange konstant auf 0 °C stehenbleibt, wie festes Eis vorhanden ist, erklärt sich daraus.

Nach einem fundamentalen Gesetz der Physik kann Energie weder verschwinden noch aus dem Nichts heraus entstehen. Wo bleibt dann aber die Schmelz- und die Verdunstungsenergie? Sie wird

Bei der Verdunstung werden die Abstände zwischen den Wassermolekülen vergrößert: Aus 1 Liter flüssigem Wasser werden (bei 100 °C, 1 000 mbar) fast 1,8 m^3 Wasserdampf. Da zwischen den Molekülen starke Anziehungskräfte wirken, muss zur Verdunstung Energie aufgewendet werden, die diese Kräfte überwindet. Das ist genauso, wie wenn man ein Gummiband auseinander zieht. Auch dabei muss Energie aufgewendet werden, die dann im gespannten Gummi gespeichert ist. Lässt man den Gummi los, dann schnellt er zusammen, wobei die beim Dehnen hineingesteckte Energie wieder verfügbar wird. Genauso wird auch die Verdunstungsenergie beim Kondensieren wieder frei.

dazu benützt, die vergrößerten Molekülabstände aufrechtzuerhalten. Da sich die Schmelz- und die Verdunstungswärme dem unmittelbaren Nachweis entziehen, sich also gewissermaßen verstecken, bezeichnet man sie als **latente Energie**.

Beim Gefrieren bzw. beim Kondensieren rücken die Teilchen wieder näher zusammen, wodurch die latente Energie in Form von Wärme wieder freigesetzt wird. Daraus ergibt sich für die Meteorologie ein eminent wichtiges Faktum: Flüssiges Wasser, erst recht aber der Wasserdampf stellen einen gigantischen Energiespeicher dar. Mit dem von der Luft transportierten Wasserdampf werden gleichzeitig gewaltige Energiemengen mitbefördert, die bei der Kondensation in Form von Wärme wieder verfügbar werden.

In den Ozeanen der Subtropen verdunsten erhebliche Wassermengen. Der dabei entstehende Wasserdampf enthält riesige Mengen an latenter Energie, die er in die kühleren Regionen der Erde transportiert. In unseren Breiten kondensiert er zu Wolken und Regen. Dabei wird die latente Energie wieder frei und trägt so zur Erwärmung dieser Zonen bei. In Form von latenter Energie wird mehr Wärme nach Europa transportiert als vom Golfstrom. Wir haben hier einen mächtigen Energietransport vor uns, der jedoch äußerlich überhaupt nicht als solcher in Erscheinung tritt.

Dazu ein kleines Rechenbeispiel: In München fallen im Juli durchschnittlich 150 Liter Regen auf jeden m^2. Dabei werden 360 MJ an Kondensationsenergie freigesetzt.

Andererseits verdunsten dort im gleichen Monat von jedem m^2 rund 80 Liter Wasser, die etwa 190 MJ an Verdunstungsenergie binden. Die Kondensation liefert somit 170 MJ mehr Energie als die Verdunstung aufbraucht. Diese Energiemenge steht zur Erwärmung von Luft und Boden zur Verfügung. Die Sonnenstrahlung spendet im Juli eine Energiemenge von etwa 590 MJ. Somit beträgt der Gewinn an Kondensationsenergie fast 30 % der Sonnenenergie.

Schauen wir uns noch ein anderes Beispiel an: An einem wolkenlosen Hochsommertag erhält ein m^2 Bodenoberfläche in Mitteleuropa etwa 30 MJ Strahlungsenergie. Denken wir uns am Abend eines solchen Tages ein Gewitter aufziehen, das jedem m^2 5 Liter Regen bringen soll, dann lässt sich leicht berechnen, dass bei der Kondensation dieses Regenwassers etwa 40 % der tagsüber eingestrahlten Energie freigesetzt wurden. Ein etwas heftigerer Schauer mit einer Regenspende von 10 Litern auf den m^2 bringt es auf 80 % und ein Unwetter mit 50 Litern pro m^2 auf das 4fache der Sonnenenergie. Wirbelstürme und heftige Sommergewitter beziehen ihre Energie vollständig aus der beim Kondensieren frei werdenden latenten Energie.

Im Garten- und Weinbau ist die Frostschutzberegnung als probates Mittel zur Bekämpfung der gefährlichen Spätfröste verbreitet. Die Methode besteht darin, dass die zu schützenden Pflanzen in kurzen, regelmäßigen Abständen mit Wasser besprüht werden, das auf der Pflanzenoberfläche bei 0 °C gefriert. Die dabei freiwerdende Gefrierenergie wird dazu benützt, die nächtlichen Wärmeverluste zu ersetzen. Richtig angewendet, kann man mit der Frostschutzberegnung Fröste bis unter –6 °C erfolgreich bekämpfen. Sowohl die Schmelzenergie als auch die Verdunstungsenergie müssen aus irgendeiner Quelle entnommen werden. In der Meteorologie ist das der Wärmevorrat der umgebenden Luft, des Bodens, der Gewässer, Pflanzen oder der auf der Erdoberfläche befindlichen Objekte und die Strahlung (s. auch Seite 97). Und weil eine Energieabgabe mit einer Temperaturabnahme verbunden ist, beobachtet man besonders bei Verdunstungsvorgängen oft eine spürbare Kühlwirkung.

Man kann diesen Effekt „am eigenen Leibe" verspüren, wenn man nach dem Baden im Freien aus dem Wasser steigt und das auf der Haut noch vorhandene Wasser verdunstet. Die damit verbundene Abkühlung kann sogar zum Frösteln führen. Vielfach werden Verdunstungsvorgänge bewusst zur Kühlung verwendet. So bewahrt man in südlichen Ländern den Wein gerne in porösen Tonkrügen auf, durch deren Wände ständig Flüssigkeit nach außen diffundieren und dort verdunsten kann. Die dafür notwendige Verdunstungsenergie wird dem Wein entzogen, wodurch er kühl gehalten wird.

Auch wenn die Feuerwehr einen Brand mit Wasser bekämpft, wird durch Entzug von Verdunstungsenergie der Brandherd unter die Entzündungstemperatur abgekühlt.

Tierische wie pflanzliche Lebewesen versuchen durch Verdunstungsvorgänge ihre Körpertemperaturen zu regulieren. Viele Tiere und die Menschen sondern dazu Schweiß ab, der an der Körperoberfläche verdunstet. Pflanzen transpirieren sowohl an der Cutikula (Deckhaut) als auch besonders an bestimmten Gewebeschichten (Schwammparenchym), von wo aus der Wasserdampf durch Stomata (Atemöffnungen) ins Freie gelangen kann. Durch Öffnen oder Schließen der Stomata kann die Pflanze die Verdunstungskühlung innerhalb weiter Grenzen regulieren.

Die Kühlung durch Verdunstung führt noch zu einer weiteren wichtigen Konsequenz. Feuchte Oberflächen kühlen sich stärker ab als trockene. Während so in einer kalten Nacht die Temperatur einer trockenen Pflanze vielleicht gerade noch über dem Gefrierpunkt bleibt, kann sich eine tau- oder regennasse schon unter das Frostniveau abkühlen. Der häufig benützte Begriff **Verdunstungskälte** lässt sich aus den aufgeführten Beispielen leicht als entzogene Verdunstungsenergie interpretieren.

— Auch im Alltagsleben gibt es Vorgänge, bei denen latente Energie in Wärme umgewandelt wird, z. B. beim Aufschäumen von Milch für einen Cappuccino. Dazu wird der heiße Wasserdampf in die kalte Milch geblasen. Dort kondensiert er und überträgt dabei die frei werdende latente Energie in Form von Wärme auf die Milch.

— Mit Fleischbrühe kann man sich leicht Zunge und Gaumen verbrennen. Der Grund dafür ist, dass die obenauf schwimmende Fettschicht die Verdunstung der Brühe verhindert. Wenn aber keine Verdunstung stattfindet, muss auch keine Verdunstungswärme aufgewendet werden, die die Brühe kühlen würde (vgl. Seite 97).

— Verdunstungskälte ist nichts anderes als Wärmeenergie, die der Luft, einem Körper oder einem Gegenstand entzogen und für die Verdunstung aufgewendet wird.

In diesem Zusammenhang soll noch kurz auf die so genannte **Feuchttemperatur** hingewiesen werden. Man versteht darunter die tiefste Temperatur, die sich durch Verdunstung (**Verdunstungskühlung**) erreichen lässt. Voraussetzung dafür, dass sich an einer nassen Oberfläche die Feuchttemperatur einstellt, ist, dass die für die Verdunstung aufzuwendende Energie ausschließlich der vorbei streichenden Luft entnommen wird. D.h., weder die Strahlung noch Wärme aus dem Innern des nassen Gegenstandes noch irgendwelche künstlichen Heizungen dürfen sich an der Energielieferung beteiligen. Darüber hinaus muss die Luft eine Strömungsgeschwindigkeit von mindestens etwa 7 km/h bzw. 2 m/s haben. Die Feuchttemperatur ist umso tiefer, je trockener die vorbei streichende Luft ist. Die Begründung dafür ist im Abschnitt Verdunstung (s. Seite 94) zu finden. Die Feuchttemperatur ist nicht ganz leicht zu berechnen. Beispiele für ausgewählte Situationen enthält die Tabelle auf Seite 83.

Die Feuchttemperatur spielt in der Messtechnik eine wichtige Rolle. Sie wird uns deshalb im Kapitel 8 (s. Seite 391) noch einmal begegnen.

Schließlich sei noch eine Größe erwähnt, die in verschieden Bereichen der Meteorologie verwendet wird, die so genannte **Äquivalenttemperatur.** Man versteht darunter die Temperatur die ein Luftpaket annehmen würde, wenn der gesamte darin enthaltenen Wasserdampf zur Kondensation gebracht und die dabei frei werdende Energie zu Erwärmung des Luftpaketes aufgewendet werden würde. Die Äquivalenttemperatur drückt also sozusagen den gesamten Energiegehalt der Luft in Form einer äquivalenten Temperatur aus. Sie lässt sich aus dem Dampfdruck nach Gl. (12) auf Seite 82 berechnen. Der von der Kondensationsenergie herrührende Temperaturanstieg wird als **Äquvivalentzuschlag** bezeichnet.

2.1.5 Rechenformeln und Vergleich der Relativen Feuchte mit anderen Feuchtemaßen

Sättigungsdampfdruck E

Für den Sättigungsdampfdruck gelten je nach Temperatur und Aggregatszustand unterschiedliche Gesetzmäßigkeiten (vgl. Seite 71):

Für Wasser im Temperaturbereich von 0 °C bis 100 °C gilt:

$$E = 6{,}1078 * \mathrm{EXP}\ \frac{17{,}0809 * \vartheta}{234{,}175 + \vartheta} \qquad \text{(Gl. 1)}$$

Für unterkühltes Wasser im Temperaturbereich von 0 °C bis –50 °C gilt:

$$E = 6{,}1078 * EXP \frac{17{,}8436 * \vartheta}{245{,}425 + \vartheta} \quad \text{(Gl. 2)}$$

Für Eis im Temperaturbereich von 0 °C bis –50 °C gilt:

$$E = 6{,}1071 * EXP \frac{22{,}4429 * \vartheta}{272{,}44 + \vartheta} \quad \text{(Gl. 3)}$$

Dabei ergibt sich der Dampfdruck E in mbar, wenn man die Temperatur ϑ in °C einsetzt.

Absolute Feuchte a

$$\mathbf{a} = \frac{e}{0{,}00462 * (273 + \vartheta)} \quad \text{(Gl. 4)}$$

Dabei ist der Dampfdruck e in mbar, die Temperatur ϑ in °C einzusetzen.

Bei Temperaturen von 0 °C bis 30 °C reicht meist die folgende **Faustformel** aus:

$$a = 0{,}75 * e \quad \text{(Gl. 5)}$$

bei Temperaturen < 0 °C bis –30 °C gilt analog:

$$a = 0{,}84 * e \quad \text{(Gl. 6)}$$

Für den **Sättigungswert** der Absoluten Feuchte gilt die folgende, häufig ausreichende **Faustformel:**

„Im Temperaturbereich von 5 °C bis 30 °C ist der Zahlenwert der Sättigungsfeuchte in g/m³ gleich dem Zahlenwert der Temperatur in °C". Beispiel: Bei einer Temperatur von 10 °C beträgt die Sättigungsfeuchte 10 g/m³.

Spezifische Feuchte s

$$s = 623 * \frac{e}{p - 0{,}377 * e} \quad \text{(Gl. 7)}$$

Dabei ergibt sich s in g/kg; Dampfdruck e und Luftdruck p müssen in gleichen Einheiten eingesetzt werden (vgl. Seite 408).

Da der Dampfdruck gegenüber dem Luftdruck sehr klein ist (e << p), ist die folgende Gleichung fast immer ausreichend:

— Ist feuchte Luft schwerer als trockene oder umgekehrt?
Sie ist leichter, denn der Wasserdampf hat eine geringere Dichte als die meisten anderen Atmosphärengase. Unter bestimmten Bedingungen findet man für Wasserdampf-freie Luft einen Dichte-Wert von 0,93 kg/m³, der von Wasserdampf kommt dagegen bei ansonsten gleichen Bedingungen nur auf 0,59 kg/m³.
Zu erklären ist die verhältnismäßig geringe Dichte des Wasserdampfes aus den Molekulargewichten der Atmosphärengase:

Argon (Ar):	18
Kohlendioxid (CO_2):	22
Sauerstoff (O_2):	16
Stickstoff (N_2):	14
Wasserdampf (H_2O):	10

$$s = 623 * \frac{e}{p} \quad \text{(Gl. 8)}$$

Bezüglich der Einheiten gilt das oben Gesagte.

Für den **Sättigungswert** der Spezifischen Feuchte gilt die folgende, häufig ausreichende **Faustformel**:

„Im Temperaturbereich von 5 °C bis 30 °C ist der Zahlenwert der Sättigungsfeuchte in g/kg gleich dem Zahlenwert der Temperatur in °C minus 10 %.“ Beispiel: Bei einer Temperatur von 30 °C beträgt die Sättigungsfeuchte 27 g/kg.

Mischungsverhältnis m

$$m = 623 * \frac{e}{p - e} \quad \text{(Gl. 9)}$$

Da der Dampfdruck gegenüber dem Luftdruck sehr klein ist ($e << p$), gilt näherungsweise:

$$m \approx s \approx 623 * \frac{e}{p} \quad \text{(Gl. 10)}$$

Taupunkt τ

$$\tau = \frac{423{,}86 - 234{,}175 * LN(e)}{LN(e) - 18{,}89} \quad \text{(Gl. 11)}$$

Die Gleichung liefert den Taupunkt in °C; LN (e) steht für den natürlichen Logarithmus des Dampfdruckes e (mbar).

Äquivalenttemperatur Ä

$$Ä = \vartheta + 1{,}53 * e \quad \text{(Gl. 12)}$$

Dabei ist die Temperatur ϑ in °C, der Dampfdruck e in mbar einzusetzen.

2.1.6 Molekularphysikalische Deutung ungewöhnlicher Eigenschaften des Wassers

Vergleicht man physikalische Eigenschaften verwandter chemischer Verbindungen, so stellt man fest, dass die Unterschiede meist auffällig gering sind.

Tab. 4 Vergleich der Relativen Feuchte mit anderen Feuchtemaßen

Temperatur:	–10	0	10	20	30	°C	Berechnung nach:
	2,9	6,1	12,3	23,4	42,5	Sättigungsdampfdruck (mbar)	Gl. 1; Gl. 2
Relative Feuchte: 30%	0,9	1,8	3,7	7,0	12,7	Dampfdruck (mbar)	s. Seite 73
	–24,1	–15,4	–6,7	1,9	10,5	Taupunkt (°C)	Gl. 11
	0,53	1,13	2,27	4,33	7,88	Spezifische Feuchte (g/kg)	Gl. 7
	0,71	1,45	2,82	5,19	9,11	Absolute Feuchte (g/m³)	Gl. 4
	–12,3	–4,3	3,6	10,9	18	Feuchttemperatur (°C)	s. Abb. 189 (S. 393)
	–8,7	2,8	15,6	30,7	49,5	Äquivalenttemperatur (°C)	Gl. 12
	2,0	4,3	8,6	16,4	29,7	Sättigungsdefizit (mbar)	s. Seite 73
Relative Feuchte: 60%	1,7	3,7	7,4	14,1	25,5	Dampfdruck (mbar)	s. Seite 73
	–16,2	–6,8	2,6	12,0	21,4	Taupunkt (°C)	Gl. 11
	1,06	2,26	4,55	8,69	15,83	Spezifische Feuchte (g/kg)	Gl. 7
	1,41	2,91	5,64	10,38	18,21	Absolute Feuchte (g/m³)	Gl. 4
	–11,5	–2,4	6,5	15,1	23,9	Feuchttemperatur (°C)	s. Abb. 189 (S. 393)
	–7,4	5,6	21,3	41,5	69,0	Äquivalenttemperatur (°C)	Gl. 12
	1,1	2,4	4,9	9,4	17,0	Sättigungsdefizit (mbar)	s. Seite 73
Relative Feuchte: 90%	2,6	5,5	11,1	21,1	38,2	Dampfdruck (mbar)	s. Seite 73
	–11,3	–1,4	8,4	18,3	28,2	Taupunkt (°C)	Gl. 11
	1,59	3,39	6,83	13,07	23,86	Spezifische Feuchte (g/kg)	Gl. 7
	2,12	4,36	8,46	15,57	27,32	Absolute Feuchte (g/m³)	Gl. 4
	–10,2	–0,4	9,2	18,9	28,6	Feuchttemperatur (°C)	s. Abb. 189 (S. 393)
	–6,1	8,4	26,9	52,2	88,5	Äquivalenttemperatur (°C)	Gl. 12
	0,3	0,6	1,2	2,3	4,2	Sättigungsdefizit (mbar)	s. Seite 73

Bitte beachten: Negative Feuchttemperaturen gelten für Eis (nicht für unterkühltes Wasser)!

„Verwandte" des Wassers – im chemischen Sinn – sind die Wasserstoffverbindungen derjenigen Elemente, die im Periodensystem unter dem Sauerstoff stehen, also Schwefel, Selen oder Tellur.

Vergleichen wir einmal ihre **Siedepunkte** miteinander:
Schwefelwasserstoff
(H_2S; Molekulargewicht 34): –61 °C = 212 K
Selenwasserstoff
(H_2Se; Molekulargewicht 82): –41 °C = 232 K
Tellurwasserstoff
(H_2Te; Molekulargewicht 130): –2 °C = 271 K

Wie man sieht, sind sie recht ähnlich. Die parallel zum Molekulargewicht leicht steigende Tendenz ist einleuchtend, denn je schwerer die Moleküle sind, desto mehr Energie benötigt man, um sie in den Dampfzustand überzuführen.

Das Wasser fällt jedoch bei diesem Vergleich völlig aus dem Rahmen. Für ein so leichtes Molekül (Molekulargewicht 18) sollte man einen Siedepunkt um –80 °C = 193 K erwarten. Tatsächlich liegt er aber bei +100 °C = 373 K und damit erstaunliche 180 K „zu hoch".

Ganz ähnliches gilt für den **Schmelzpunkt**:

H_2S: –86 °C = 187 K;
H_2Se: –66 °C = 207 K;
H_2Te: –49 °C = 224 K.

Beim Wasser müsste er um etwa –100 °C = 173 K liegen. Bekanntlich beträgt er aber 0 °C und übersteigt den erwarteten Wert damit um rund 100 K.

Auch der Temperaturbereich, in dem das Wasser flüssig ist, erstreckt sich mit 100 K über eine große Spanne. Vergleicht man mit den Verhältnissen bei seinen „Verwandten", so würde man an nur etwa 20 K denken.

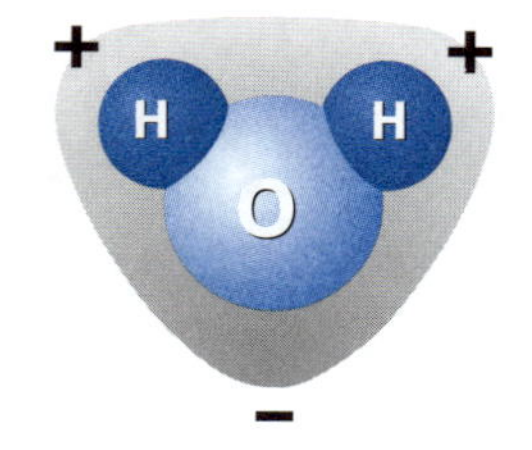

Abb. 19
Aufbau eines Wassermoleküls. An der Stelle, an der die in der Abbildung grau gefärbte Elektronenwolke besonders dicht ist, bildet sich eine negative, an den Stellen, wo sie besonders dünn ist, bildet sich eine positive Oberfläche aus.

Wie sind nun diese erstaunlichen Unterschiede zu erklären? Sie liegen in der Molekülstruktur des Wassers begründet: Die beiden Wasserstoff-Atome bilden zusammen mit dem Sauerstoff-Atom einen Winkel von etwa 105°. Am Scheitelpunkt des Winkels sitzt das Sauerstoffatom, an den Enden der beiden Schenkel je ein Wasserstoffatom. Dieses V-förmige Gebilde ist von einer Elektronenwolke umhüllt. Allerdings ist diese Wolke nicht überall gleich dicht: da der Atomkern des Sauerstoffs eine sehr viel stärkere Ladung besitzt als die Wasserstoffkerne, zieht er die Wolke überwiegend auf seine Seite, so dass am Scheitel des Molekülwinkels ein negativer Ladungsüberschuss entsteht. Dadurch verbleibt über den Wasserstoff-besetzten Winkelschenkeln nur noch ein dünner Rest der Elektronenwolke, der die positive Ladung der Wasserstoffkerne nicht mehr zu kompensieren vermag. Die Folge ist, dass sich dort ein positiver Ladungsüberschuss einstellt. Wassermoleküle haben demnach eine positiv und eine negativ geladene Seite. Solche Gebilde nennt man **Dipole** (Abb. 19).

Aufgrund dieser Eigenschaft ziehen die positiv geladenen Seiten von Wassermolekülen die negativ geladenen Seiten benachbarter Wassermoleküle elektrisch an. Dadurch können sie lockere, zwar leicht zu zertrennende, aber immer wieder neu entstehende Molekülnetze knüpfen, die gerne als **Cluster** oder **Hydrole** bezeichnet werden und die nach außen hin den Aggregatzustand „flüssig" entstehen lassen. In Hydrolen sind stets zwei benachbarte Sauerstoffatome über ein Wasserstoffatom miteinander verknüpft. In der physikalischen Chemie bezeichnet man solche Verknüpfungen als **Wasserstoffbrücken** (Abb. 20).

Die gegenseitige elektrische Anziehung erklärt die oben aufgeführten ungewöhnlichen Eigenschaften des Wassers ganz zwanglos. Beginnen wir mit dem **Siedepunkt**: Die Anziehungskräfte widersetzen sich in erheblichem Maße dem Bestreben der Wassermoleküle, sich voneinander zu trennen und damit in den gasförmigen Zustand überzugehen. Erst bei der hohen Temperatur von 100 °C wird die Molekularbewegung so heftig, dass es den einzelnen Molekülen gelingt, sich voneinander loszureißen. Analoges gilt beim Schmelzen und erklärt so die hohe Schmelztemperatur. Die Tatsache, dass das Wasser innerhalb einer Temperaturspanne von 100 K flüssig bleibt, folgt ebenfalls aus der elektrischen Anziehung zwischen den Wasserdipolen.

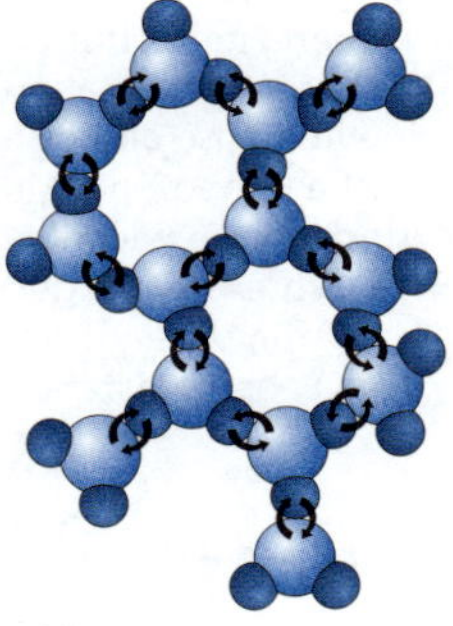

Abb. 20
Wassermoleküle haben eine positiv und eine negativ geladenen Seite. Infolge dieser „Dipol"-Eigenschaft sind sie in der Lage, sich über so genannte „Wasserstoffbrücken" gegenseitig anzuziehen. Die Anziehungskräfte sind durch ()-Symbole dargestellt. Dadurch entstehen lockere Molekülnetze (Hydrole). Diese besitzen naturgemäß eine weitaus geringere Bewegungsfreiheit als Einzelmoleküle. Die eingeschränkte Bewegungsfreiheit macht sich nach außen hin durch den Aggregatszustand „flüssig" bemerkbar.

Vom vorigen Abschnitt her wissen wir, dass das Wasser eine außerordentlich hohe **spezifische Wärme** besitzt, was wichtige meteorologisch-klimatologische Konsequenzen hat. Auch sie geht auf die Neigung zur Brückenbildung zurück. Führt man flüssigem Wasser Wärme zu, so wird ein nicht unerheblicher Teil davon zum Sprengen von Wasserstoffbrücken verbraucht. Da dieser Vorgang sehr energieaufwendig ist, bleibt für die Temperaturerhöhung nur noch ein bescheidener Rest übrig. Die Folge ist, dass sich das Wasser weniger erwärmt als Substanzen ohne Dipoleigenschaften. Dafür macht sich die mit steigender Temperatur abnehmende Zahl von Wasserstoffbrücken aber durch eine abnehmende Viskosität des Wassers bemerkbar: Bei 0 °C ist Wasser fast 7-mal so zäh wie bei 100 °C.

Besonders auffällig macht sich die Dipolwirkung unter den Molekülen an der Oberfläche von Wassertropfen bemerkbar. Sie lässt eine Art elastischer Haut entstehen, die stets bestrebt ist, sich zusammenzuziehen und sich damit möglichst eng um das Wasservolumen herumlegen. D. h., es entsteht eine erhebliche **Oberflächenspannung**. Sie hat zur Folge, dass auch noch relativ große, frei fallende Wassertropfen ihre Kugelgestalt beibehalten. Erst bei Tropfendurchmessern über 2 bis 3 mm kommt es, wie wir noch sehen werden (s. Seite 127) zu Deformationen.

Die große Oberflächenspannung bewirkt darüber hinaus, dass Wassertröpfchen, die sich zufällig berühren, spontan zu einem einzigen größeren Tröpfchen zusammenfließen. Auf diese Weise können Niesel- oder sogar Regentropfen entstehen (s. Seite 125): Die Oberflächen zweier kleiner Tröpfchen sind nämlich zusammen deutlich größer als die Oberfläche des Tröpfchens, das beim Zusammenfließen entsteht.

Ein kleines Rechenbeispiel soll das verdeutlichen. Denken wir uns zwei gleich große Tropfen mit einem Radius r = 1 mm. Ihre Oberfläche O berechnet sich dann nach der Formel $O = 4 * \pi * r^2$ zu O = 12,6 mm^2; beide zusammen haben also eine Oberfläche von 25,2 mm^2. Aus der Formel $V = 4/3 * \pi * r^3$ für das Kugelvolumen lässt sich berechnen, dass beim Zusammenfließen der beiden ein Tropfen mit einem Radius von 1,26 mm^2 entsteht, der eine Oberfläche von 20,0 mm^2 besitzt. Das sind aber nicht einmal 80 % der Oberfläche der beiden ursprünglichen Tropfen.

— Die außergewöhnlichen Eigenschaften des Wassers haben eine immense ökologische Bedeutung. Sie sind mit die wichtigsten Voraussetzungen dafür, dass auf der Erde Leben entstehen konnte.

Schließlich erklärt die Dipoleigenschaft der Wassermoleküle die ökologisch und klimatologisch so außerordentlich wichtige Tatsache, dass Wasser seine größte Dichte bei 4 °C hat, dass also Eis leichter als flüssiges Wasser ist. Eiskristalle haben ein tetraederförmiges Kristallgitter. D. h., jedes Sauerstoffatom ist von vier Wasserstoffatomen umgeben, von denen zwei durch Atombindungen und zwei durch Wasserstoffbrücken gebunden sind.

Diese Anordnung ergibt eine relativ voluminöse, von Hohlräumen durchzogene Struktur. Schmilzt der Kristall, brechen die Kristallstruktur-bildenden Ordnungskräfte zusammen.

Die Wassermoleküle unterliegen dann nur noch ihrer gegenseitigen elektrischen Anziehung, die ihnen ermöglicht, sich viel enger aneinanderzuschmiegen als im Kristall. Damit werden die Hohlräume zwischen ihnen kleiner, und das bedeutet nichts anderes, als dass die Dichte um knapp 9 % zunimmt.

Die Tatsache, dass das Wasser bei 4 °C seine größte Dichte zeigt, lässt sich folgendermaßen erklären. Dazu denken wir uns zunächst Eis mit einer Temperatur von wenigen Grad unter Null. Dieses Eis soll ganz langsam erwärmt werden. Was passiert dabei?

Übersteigt seine Temperatur die 0 °C-Marke, so brechen die Kristallstrukturen zusammen und es bilden sich zunächst große Hydrole. Diese sind verhältnismäßig voluminös, besitzen also eine relativ geringe Dichte. Mit weiter steigender Temperatur wird auch die Molekularbewegung der Hydrole heftiger. Das hat zur Folge, dass sich von ihnen zunehmend Teile ablösen oder sie in kleinere Hydrole zerbrechen, d. h., sie werden im Mittel immer kleiner. Kleine Hydrole benötigen aber weniger Raum als große, deshalb steigt mit zunehmender Temperatur auch ihre Dichte. Gleichzeitig spielt sich aber auch noch ein gegenläufiger Prozess ab. Wie (fast) alle Stoffe, dehnt sich auch das Wasser mit steigender Temperatur aus, d. h. seine Dichte nimmt ab. Die beiden sich überlagernden Prozesse führen schließlich zu einem Dichtemaximum, das bei ziemlich genau 4 °C liegt.

2.2 Phasenübergänge des Wassers und ihre Bedeutung in der Meteorologie

2.2.1 Kondensations- und Gefrierprozesse in der Atmosphäre

Im vorigen Kapitel wurde gesagt, es erfolge ein Auskondensieren des überschüssigen Wassers, wenn die Luft wasserdampfübersättigt werde. Als Beispiele wurden die adiabatische Abkühlung eines Luftpaketes mit Wolkenbildung oder aber auch die Bildung von Nebel – einer Art auf dem Boden aufliegender Wolke genannt. Dieser Vorgang muss nun doch etwas differenzierter betrachtet werden.

Kondensationsprozesse

Die Kondensation erfolgt in Form winziger kugelförmiger Tröpfchen. Wir wissen aber aus dem vorhin Gesagten (s. Seite 74), dass über Tröpfchen, vor allem über sehr kleinen Tröpfchen, der Sättigungsdampfdruck in Folge der Oberflächenspannung (s. Seite 85) zum Teil erheblich größer ist als in Tab. 2 angegeben, da sich die dortigen Werte auf eine ebene Wasseroberfläche beziehen. Sättigung über einer ebenen Wasserfläche bedeutet also noch lange nicht Sättigung in Bezug auf die Tröpfchen.

Ein Beispiel möge die Zusammenhänge verdeutlichen: Angenommen, es hätten sich Tröpfchen mit einem Radius von 0,01 µm gebildet. Über ihnen ist der Sättigungsdampfdruck gegenüber der ebenen Wasseroberfläche um 12 % erhöht. Für die Tröpfchen beträgt die relative Feuchte in der Umgebung also nicht 100 %, sondern (da der Sättigungsdampfdruck im Nenner um 12 % größer ist) nur rund 90 %. Die entstandenen Tröpfchen würden also allmählich wieder verdunsten.

So einfach wie oben geschildert kann also die Kondensation in der Atmosphäre nicht vor sich gehen, zumal man weiß, dass auch noch viel kleinere Tröpfchen existenzfähig sind. Wie aber dann? In der experimentellen Atomphysik werden zum Nachweis von Elementarteilchen so genannte Nebel- oder Kondensationskammern benützt. Man kann darin Luft adiabatisch abkühlen und auf diese Weise den in ihr enthaltenen Wasserdampf zur Kondensation bringen. Verwendet man für solche Versuche sorgfältig von allen Verunreinigungen befreite Luft, so setzt die Tröpfchenbildung erst bei einer relativen Feuchtigkeit von größenordnungsmäßig 800 % ein. Offensichtlich haben also die üblicherweise in der Luft vorhandenen Feststoffpartikel (**Aerosole**) einen Einfluss auf die Kondensation.

Welchen großen Einfluss Aerosole auf die Kondensation von Wasserdampf in der Luft haben, zeigen Untersuchungen am Forschungszentrum Karlsruhe. Sie ergaben, dass die täglichen Niederschlagsmengen im Mittel jeweils zu Beginn der Woche am geringsten sind, dass sie im Lauf der Woche bis zu 15 % zunehmen und samstags ihre Höchstwerte erreichen. Am Wochenende nehmen sie ab, um mit Beginn der neuen Woche erneut anzusteigen. Als Ursache dieses Phänomens sehen die Karlsruher Forscher den an den Wochenenden verringerten Aerosolausstoß durch Industrie und Verkehr. Im Lauf der Woche reichern sich dann die Aerosole wieder an und führen zu verstärkter Kondensation und Niederschlagsbildung. Parallel dazu hat auch die Niederschlagshäufigkeit ein Wochenend-Minimum und steigt während der Woche um 10 %. Ähnliches gilt für die Bewölkung. Genau umgekehrt ist es – wegen der Abschattwirkung der Aerosole – beim Sonnenschein.

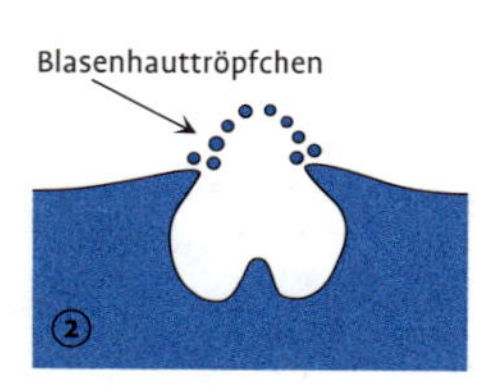

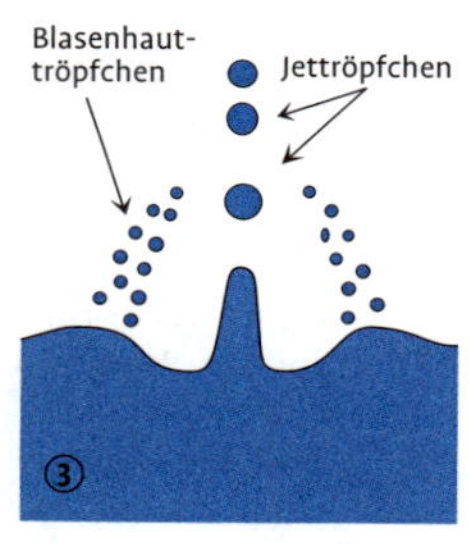

Abb. 21
In den sich brechenden Wellenkämmen entstehen zahlreiche, rasch aufsteigende Luftbläschen. Bevor sie die Wasseroberfläche erreichen, bilden sie eine hauchdünne „Blasenhaut" (1). Beim Platzen dieser Haut entstehen Hunderte von nur wenigen µm großen Tröpfchen (2), die rasch verdunsten und die in ihnen enthaltenen Salze freisetzen. Gleichzeitig werden aus den Bläschen bis zu einem Dutzend „Jet-Tröpfchen" hoch geschleudert (3), die ebenfalls verdunsten und Salzkristalle freisetzen. (Nach Roedel 2000, etwas abgeändert)

Analysiert man diese Aerosolpartikel auf ihre chemischen Eigenschaften hin, so stellt man fest, dass eine ganze Reihe von ihnen kleine Salzkristalle sind. Sie stammen größtenteils aus den Weltmeeren, von wo aus sie über teilweise komplizierte Vorgänge in die Luft gekommen sind (Abb. 21), von Vulkanausbrüchen, Waldbränden oder künstlichen Feuern, teilweise auch aus Industrieabgasen. Ihre Zahl ist sehr groß. Sie schwankt zwischen 100/ cm^3 in sehr reiner und 1 Mio. in verschmutzter Großstadtluft. Ihr Größenspektrum schwankt zwischen 10^{-4} und 1 µm.

Würde Kondensation an einem solchen Kristall stattfinden, so würde sich das Salz im Tröpfchen auflösen und infolge der daraus resultierenden hygroskopischen Wirkung den Sättigungsdampfdruck reduzieren (vgl. Seite 74). Da das Tröpfchen zunächst sehr klein ist, würde die Salzkonzentration sehr hoch und damit die dampfdrucksenkende Wirkung entsprechend stark sein. In der Tat hat sich dieser Vorgang als wesentlicher Teil des Tröpfchenbildungsprozesses herausgestellt. Die beteiligten Salzkristalle nennt man **Kondensationskerne**.

Wie leicht einzusehen, ist bei sehr kleinen Tröpfchen die Salzkonzentration sehr hoch. Die hygroskopisch bedingte Dampfdruckerniedrigung überwiegt dadurch die Dampfdruckerhöhung infolge der Oberflächenspannung bei weitem. Das bedeutet nicht nur, dass mit Hilfe von hygroskopischen Kondensationskernen selbst kleinste Wassertröpfchen entstehen, sondern auch, dass sie ohne zu verdunsten dauerhaft existieren können. Mehr noch: Unter bestimmten Voraussetzungen bilden sich sogar schon in ungesättigter Luft über Kondensationskernen winzige Tröpfchen. So erklärt sich die bekannte Tatsache, dass die Luft mit zunehmender Feuchtigkeit diesig wird. Dann haben sich, obwohl noch keine Sättigung eingetreten ist, bereits winzige Tröpfchen konzentrierter Salzlösung gebildet, die das Licht streuen (s. Seite 186) und dadurch die Sicht verringern.

Mit zunehmendem Tropfenradius und gleichzeitig abnehmender Salzkonzentration kommt dann aber der Oberflächeneffekt immer mehr zur Geltung. Ab einem bestimmten Tröpfchenradius, beginnt die Oberflächenspannung die Überhand zu gewinnen: Über dem Tröpfchen wird dann der resultierende Sättigungsdampfdruck größer als über einer ebenen Oberfläche und damit setzt Verdunstung ein (Abb. 22). Ab jetzt müssen andere Prozesse für das weitere Wachstum der Tröpfchen sorgen (s. Seite 125).

Gefrierprozesse

Nicht nur die Kondensationsprozesse verlangen unter den Bedingungen der Atmosphäre eine gesonderte Betrachtung, auch die Gefriervorgänge bedürfen einer differenzierten Behandlung. Die Oberfläche eines Süßwassersees gefriert wie erwartet bei einer

Temperatur von 0 °C. Auch das Wasser im Erdboden geht praktisch beim Unterschreiten der 0 °C-Schwelle in festes Eis über. Hoch gereinigtes Wasser dagegen konnte man im Labor schon unter –30 °C abkühlen, ehe das Gefrieren einsetzte. Einzelne Tröpfchen reinsten Wassers blieben bis –61 °C flüssig. Flüssiges Wasser mit Temperaturen unter 0 °C nennt man **unterkühltes Wasser**.

Tatsächlich sind auch zum Gefrieren Kerne notwendig, um die sich der Eiskristall aufbauen kann. Je ähnlicher die Oberflächenstruktur eines Materials der von Eis ist, desto besser eignet es sich als Gefrierkern. Man muss sich die Vorgänge ähnlich vorstellen wie beim Auskristallisieren von Kandiszucker an der Schnur, die dem Kristallisationskern bei der Eisbildung entspricht. Dass sich Eiskristalle besonders gerne dort bilden, wo bereits passende Strukturen vorhanden sind, kann man häufig bei den Eisblumen an Fensterscheiben beobachten. Die Kristallisation setzt bevorzugt an Kratzern oder ähnlichen Unebenheiten der Glasoberfläche ein.

In unserer Umwelt gibt es genügend geeignete Oberflächenstrukturen, die als Kondensationskerne fungieren können. In absolut reinem Wasser fehlen sie. Dort können Kristallisationskerne nur dadurch entstehen, dass sich mehrere Wassermoleküle zufällig in passender Form aneinander anlagern.

Bei Temperaturen nur wenig unter 0 °C ist die Wahrscheinlichkeit dafür recht gering, weil durch die Molekülbewegung ein entsprechendes Zusammenfügen von Wasserteilchen erschwert wird, genauso wie es mit zitternder Hand schwerfällt, eine Nähnadel einzufädeln oder ein Kartenhaus aufzubauen.

Mit sinkender Temperatur und dadurch ruhiger werdender Molekularbewegung steigt die Chance, dass die notwendigen Strukturen zustande kommen und nicht gleich wieder zerstört werden. Bei Kondensationskammerversuchen hat man festgestellt, dass ab Temperaturen von etwa –40 °C die Stabilität so groß geworden ist, dass spontanes Gefrieren einsetzt.

Wolkentröpfchen sind aber kein reines Wasser, das wissen wir schon seit der Diskussion des Kondensationsvorganges. Vielmehr enthalten sie eine Reihe von Substanzen, die als Kristallisationskerne dienen können. Vor allem solche, die selbst eine ähnliche Struktur haben wie das Eis, bilden, wie wir wissen, eine Basis, auf der ein Eiskristall entstehen und wachsen kann. Allerdings muss selbst dann eine gewisse Beruhigung in der Molekularbewegung eingetreten sein, ehe ein geordneter Wachstumsprozess einsetzen kann. Das bedeutet letzten Endes, dass, selbst wenn Kristallisationskerne vorhanden sind, atmosphärische Wassertröpfchen noch nicht bei 0 °C gefrieren, Unterkühlung bis –10 °C ist etwas ganz Gewöhnliches. Es werden sogar noch flüssige Tröpfchen bei Temperaturen bis –35 °C gefunden.

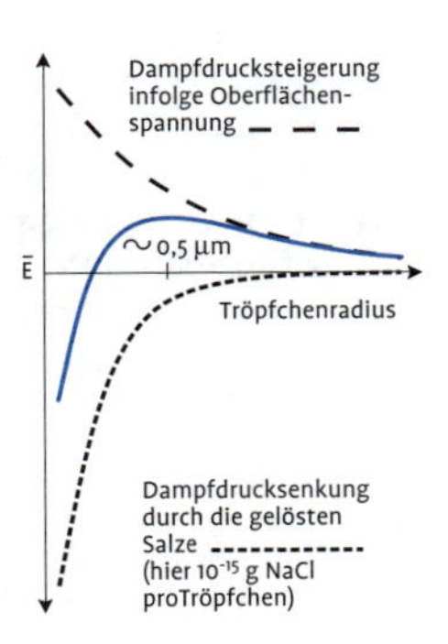

Abb. 22
Zur Tropfenbildung in der Atmosphäre (Einzelheiten siehe Text).

▬ Ähnlich wie die Wassertröpfchen enthalten auch die meisten Eiskristalle in der Atmosphäre winzige Kerne. Auf deren Kristallmuster bauen die Eiskristalle ihre eigenen Strukturen auf.

Die Zahl der für die Eisbildung geeigneten Kerne ist weitaus geringer als die Zahl der Kondensationskerne. So findet man je m^3 Luft nur einen einzigen, der bereits bei Temperaturen über –30 °C aktiv ist. Kerne, die im Bereich –30 °C bis –40 °C Gefriervorgänge einleiten, sind häufiger. Im Mittel enthält jeder cm^3 Luft einen von ihnen.

Energieumsätze bei den Phasenübergängen

Um uns die energetischen Auswirkungen bei der Kondensation von Wasserdampf in der Atmosphäre klar zu machen, betrachten wir die Abb. 23. Wir finden darin ein mit □ gekennzeichnetes Luftpaket, das auf Meeresniveau liegt und eine Temperatur von 20 °C hat.

Dieses Luftpaket bewegen wir nun in einem Gedankenexperiment mit konstanter Geschwindigkeit nach oben. Dabei kühlt es sich wie gewohnt (vgl. Seite 46) adiabatisch ab, also um 1 K pro 100 m Höhenzunahme. In 1 200 m Höhe soll die Taupunktstemperatur erreicht werden. Die Luft ist dann Feuchte-gesättigt und es setzt Kondensation ein. Man spricht deshalb vom **Kondensationsniveau,** für das das Formelsymbol h_k verwendet wird.

Mit einsetzender Kondensation wird die so genannte Kondensationsenergie frei (vgl. Seite 77). Zur Erinnerung: Die Kondensationsenergie ist beachtlich, sie beträgt nicht weniger 2,3 kJ pro Gramm kondensierenden Wasserdampfes. Diese Energie wirkt sich auf unser Luftpaket wie eine plötzlich einsetzende Heizung aus, die der weiteren Abkühlung entgegenwirkt. Die Folge ist, dass die Abkühlungsrate von bislang 1 K/100 m auf Werte zwischen 0,4 und 0,7 K/100 m zurückfällt. In Abb. 23 macht sich das Einsetzten der „Kondensationsheizung" durch einen kräftigen Knick in der Temperatur-Höhenkurve des Luftpaketes bemerkbar.

Doch damit ist unser Gedankenexperiment noch nicht zu Ende. Wir heben unser Luftpaket über das Kondensationsniveau hinaus in immer größere Höhen. Dabei geht seine Temperatur weiter zurück – wenn auch langsamer als vor dem Einsetzten der Kondensation. Mit fortschreitender Abkühlung wird auch ständig neuer Wasserdampf zur Kondensation gebracht, somit bleibt die „Kondensationsheizung" weiterhin wirksam.

Dennoch ist, wie man sieht, die Temperatur-Höhenkurve jetzt keine Gerade mehr. Nach dem steilen Verlauf, den sie mit dem Richtungssprung am Kondensationsniveau angenommen hatte, beginnt sie jetzt wieder zunehmend abzuflachen. Mit anderen Worten ausgedrückt heißt das: Die Abkühlungsraten beginnen wieder zu wachsen. In etwa 3 500 m Höhe wird sogar wieder der adiabatische Wert erreicht. Wie kann das sein? Wo doch, wie vorhin gesagt wurde, die Kondensationsheizung weiterhin wirksam bleibt!

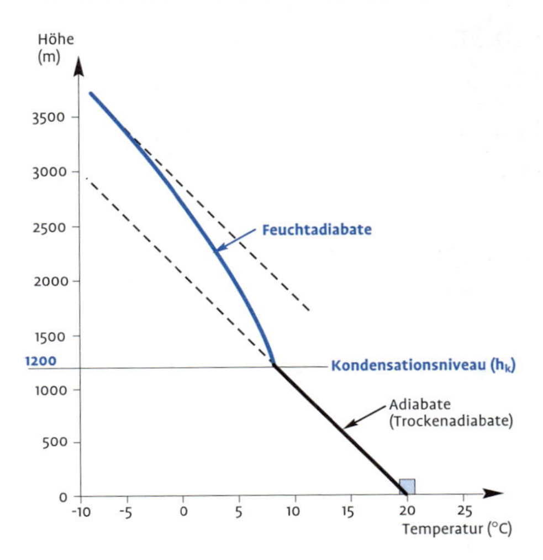

Abb. 23
Temperatur-Höhenkurve bei Vertikalbewegungen mit Kondensation.

Die Erklärung für dieses Verhalten liefert uns die Kurve der Sättigungsfeuchte in Abb. 16 auf Seite 63. Denken wir uns 25 °C warme, Feuchte-gesättigte Luft. Ihre Taupunktstemperatur beträgt dann 21,5 °C. Zur leichteren Orientierung ist dieser Punkt mit (10) gekennzeichnet. Wird diese Luft um 5 K auf 20 °C abgekühlt (11), dann werden etwa 21,5 – 15,0 = 6,5 g Wasserdampf je kg Luft zur Kondensation gebracht (wie die Kondenswassermenge bestimmt wird, ist auf Seite 67 dargestellt).

Hätte die Taupunktstemperatur 15 °C betragen (9) und hätten wir ebenfalls um 5 K abgekühlt, so wären aus einem kg Luft aber nur etwa 3 g Wasserdampf auskondensiert. Hätten wir schließlich die gleiche Abkühlung bei einer Taupunktstemperatur von 0 °C durchgeführt, so hätten wir in einem kg Luft sogar nur 3,8 – 2,8 = 1,0 g Kondensat gefunden.

Wir können also feststellen: Je kälter die Luft ist, desto weniger Wasserdampf kondensiert bei der Abkühlung um einem bestimmten Betrag (z.B. um 5 K). In der Grafik Abb. 16 manifestiert sich dieser Zusammenhang durch die exponentielle Krümmung der Sättigungsfeuchte-Kurve.

Je weniger Wasserdampf kondensiert, desto weniger Kondensationsenergie wird dabei freigesetzt und desto schwächer wird die aus dem Kondensationsvorgang entspringende Erwärmung der umgebenden Luft.

Damit wieder zurück zu unserem Gedankenexperiment. Unser Luftpaket gelangt bei seinem stetigen Aufstieg in immer kältere Schichten, in denen – nach dem oben gesagten – immer weniger Kondensationsenergie (pro Höhe) freigesetzt wird. Die Kondensationsheizung wird also mit zunehmender Höhe schwächer und schwächer. Die Folge ist, dass die Abkühlungsrate langsam wieder auf den adiabatischen Wert von 1 K/100 m wächst.

Der Wasserdampfgehalt der Luft kann sich bekanntlich innerhalb weiter Grenzen bewegen. Wir müssen daher noch der Frage nachgehen: Zeigt feuchtere Luft bei Vertikalbewegungen ein anderes Temperaturverhalten als weniger feuchte? Nach dem, was wir von Seite 67ff. her über Taupunktstemperaturen wissen, dürfen wir annehmen, dass in wasserdampfreicher Luft das Kondensationsniveau tiefer liegen wird als in wasserdampfarmer.

Den genauen Zusammenhang liefert uns die theoretische Meteorologie:

$$h_k = 122 * (\vartheta_o - \tau_o)$$

Dabei stehen h_k für das Kondensationsniveau in m; ϑ_o für die Lufttemperatur und τ_o für die Taupunktstemperatur jeweils am Boden (bzw. streng genommen 2 m über dem Boden) gemessen und in °C angegeben.

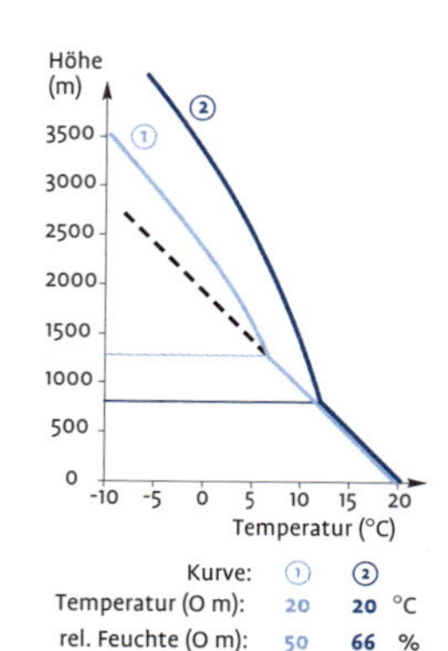

Abb. 24
Zum Temperaturverlauf bei Vertikalbewegung von Luftpaketen, in denen Wasserdampf-Kondensation stattfindet (Einzelheiten siehe Text).

Die Abbildung in der Randspalte bestätigt unsere Überlegungen. Sie zeigt zwei Beispiele. Die hellblaue Kurve gilt für Luft, die am Boden eine Temperatur von 20 °C und eine relative Feuchte von 50 % hat (τ_o = 9,2 °C); die dunkelblaue gilt für eine gleichwarme mit 66 % relativer Feuchte (τ_o = 13,4 °C). In der feuchteren Luft wird der Taupunkt und damit das Kondensationsniveau in etwa 800 m, in der trockeneren erst in rund 1 300 m Höhe erreicht. (Hinweis: Die Taupunktstemperaturen ändern sich mit der Höhe!)

Da die Kondensation in der feuchteren Luft bereits bei etwa 12 °C, in der trockeneren aber erst bei etwa 7 °C einsetzt, sind die Mengen an freiwerdender Kondensationsenergie (s. oben) in der feuchteren Luft größer als in der trockeneren. Die dunkelblaue Temperatur-Höhenkurve zeigt deshalb einen steileren Verlauf als die hellblaue.

Kehren wir noch einmal zu unserem Gedankenexperiment zurück.

Bewegt man das gleiche Luftpaket nach unten zurück, so verdunsten die kondensierten Tröpfchen unter Energieaufnahme allmählich, bis in der Höhe des Kondensationsniveaus. der gesamte Wassergehalt wieder gasförmig geworden ist. Die Temperatur-Höhenkurve schaut also bei der Abwärtsbewegung genauso aus wie bei der Aufwärtsbewegung.

Da die bei der Kondensation des Wasserdampfes freigesetzte Energie nicht von außen stammt wie bei der Strahlungsabsorption durch Ozon, sondern vorher schon, wenn auch latent, in der Luft enthalten war, haben wir auch oberhalb des Kondensationsniveaus einen adiabatischen Prozess vor uns. Zur besseren Verständigung unterscheiden wir adiabatische Vorgänge, bei denen keine Phasenübergänge stattfinden und solche, bei denen Kondensation oder Verdunstung auftritt. Die ersten nennen wir **trockenadiabatische** oder nur **adiabatische** und die zweiten **feuchtadiabatische** oder **kondensationsadiabatische** Vorgänge. Die in Abb. 23 und Abb. 24 dargestellten Temperaturänderungen verlaufen danach unterhalb des Kondensationsniveaus trocken- und darüber feuchtadiabatisch.

Mit der Einführung der Feuchtadiabaten müssen konsequenterweise auch die Begriffe stabil und labil eine Erweiterung erfahren. Ist nämlich in der Luft kondensierbarer Wasserdampf vorhanden, so stellt oberhalb des Kondensationsniveaus die Feuchtadiabate das Kriterium dafür dar, ob die Schichtung labil oder stabil ist. Man hat dafür eigene Diagramme entwickelt, die in Fachbüchern ausführlich beschrieben sind, z. B. bei Kraus (2000), Eichenberger (1969), Hesse (1961), Möller (1973), Weikmann (1938).

Bei den bisher besprochenen feuchtadiabatischen Vorgängen wurde davon ausgegangen, dass beim Absinken wieder der gesamte kondensierte Wasserdampf verdunstet, der Hebungs- und der Absinkvorgang also auf der gleichen Diagrammkurve verlaufen. Was passiert aber, wenn ein Teil des kondensierten Wasserdampfes in Form von Regen, Schnee oder Hagel ausfällt? Wohin gelangt dann der Teil der Kondensationsenergie, der beim Absinken nicht wieder für die Verdunstung aufgewendet wird? Ein geradezu klassisches Beispiel dafür ist der Föhn. Er soll deshalb zur Erklärung der dabei ablaufenden Vorgänge benützt werden.

Bei einer Föhnlage (s. Seite 312) werden Luftmassen von Süden her gegen die Alpen geführt und gezwungen, an der Alpensüdseite aufzusteigen, wie in Abb. 25 gezeigt. Dabei kühlt sich die Luft zunächst vom Punkt A aus trockenadiabatisch bis zum Kondensationsniveau B ab. Von hier aus geht die Abkühlung unter Wolkenbildung feuchtadiabatisch weiter C. Ab der Höhe D soll Niederschlag einsetzen, der der Luft Wasser entzieht. Beim Punkt E ist die Höhe des Alpenhauptkammes erreicht, und die Luft beginnt auf der Nordseite der Alpen zunächst wieder feuchtadiabatisch abzusinken. Da durch den Regen ein Teil des ursprünglich in der Luft enthaltenen Wassers entnommen wurde, dauert es nicht bis zum Kondensationsniveau, bis alle Tröpfchen verdunstet sind, sondern nur bis zur Höhe Punkt F. Von dort ab verläuft die Erwärmung trockenadiabatisch, so dass die Temperatur am Boden entsprechend dem Punkt G erheblich höher ist als die Ausgangstemperatur.

Letzten Endes geht also die markant höhere Lufttemperatur bei Föhn auf die Wirkung latenter Energie zurück. Wie stark die föhn-

Es darf nicht verschwiegen werden, dass die hier vorgestellte Theorie nicht alle bei Föhn auftretenden Phänomene ausreichend erklären kann, z. B. die hohen Windgeschwindigkeiten in den Gipfelregionen und an den Leehängen. Beobachtungen zeigen überdies: Es gibt heftigen Föhn auch ohne Stauniederschläge. Die Föhnluft stammt überwiegend – das haben Messungen ergeben – nicht aus den luvseitigen Ebenen sondern aus Höhen oberhalb 2000 m. Heute versucht man, die Föhnströmung mit den Gesetzen der Flachwasserdynamik zu erklären. Details über die neuen Theorien findet man bei Egger, 1999.

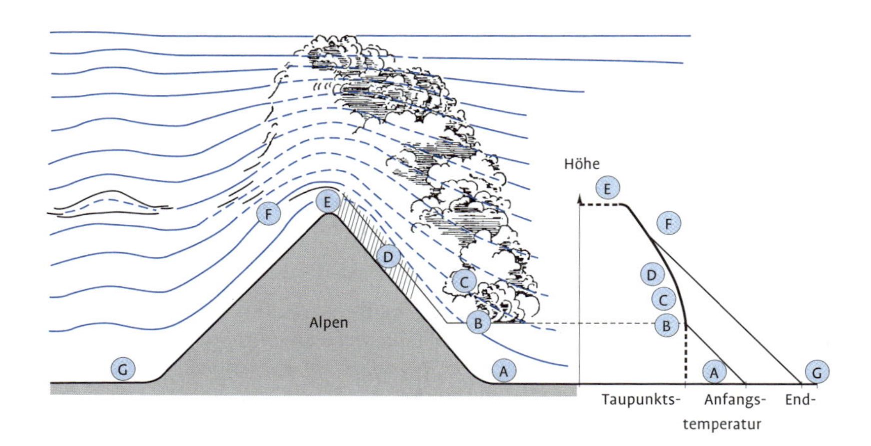

Abb. 25
Zur Entstehung des Föhns (Einzelheiten siehe Text).

bedingte Erwärmung sein kann, zeigt das Beispiel vom 6.11.1966. Der Föhnsturm erreichte an diesem Tag auf dem Sonnenblick in 3 100 m Höhe Spitzenwerte von 120 km/h. Um 7 Uhr wurde in Bozen (241 m über NN) eine Temperatur von 6,0 C gemessen. Gleichzeitig stand in Innsbruck (579 m über NN) das Thermometer auf 11,9 C. Denkt man sich die Temperatur von Innsbruck adiabatisch auf das Niveau von Bozen reduziert, so erhält man sogar 15,3 °C und damit einen Wert von 9,3 K über der Ausgangstemperatur. Dieser Temperatureffekt ist ausschließlich auf föhnige Vorgänge zurückzuführen, da um 7 Uhr noch kein Strahlungseinfluss vorhanden ist.

2.2.2 Verdunstung

Obwohl der Begriff „Verdunstung" physikalisch sehr einfach als die Überführung von flüssigem Wasser in gasförmigen Wasserdampf definiert ist, stellen sich doch immer wieder Verständigungsschwierigkeiten ein. Es scheint daher ratsam, die Begriffe vorab zu klären.

Begriffsbestimmungen und Rechenverfahren

Verdunstet Wasser an einer Oberfläche ohne Mitwirkung eines lebenden Wesens etwa an einer Seeoberfläche, einem Hausdach oder am unbewachsenen Boden, so spricht man von **Evaporation**. Wird dagegen Wasser unter dem Einfluss aktiver Lebensvorgänge verdunstet, so nennt man das **Transpiration**. Dazu gehört die Verdunstung an Pflanzenblättern oder des Schwitzwassers vom Menschen und verschiedenen Tieren.

Ist der Boden bewachsen, so laufen beide Vorgänge nebeneinander ab. Man spricht dann von **Evapotranspiration**. Sie ist gemeint, wenn hier kurz von „Verdunstung" gesprochen wird.

Erste und offensichtliche Voraussetzung für die Verdunstung ist das Vorhandensein von flüssigem oder festem Wasser in geeigneter Form. Geeignete Form bedeutet, dass das Wasser nicht etwa chemisch oder anderweitig gebunden sein darf. Verdunstung verlangt zweitens die Zufuhr von Energie. Diese kann entweder von der Strahlung geliefert oder aus dem Wärmevorrat von Luft, Boden oder Gewässern entnommen werden. Steht genügend Energie zur Verfügung, geht die Verdunstung schnell vor sich, wird sie dagegen nur im beschränkten Maße bereitgestellt, so erfolgt die Verdunstung langsam. Stellen wir einen Topf mit Wasser auf den Tisch, so verdunstet sein Inhalt ungleich langsamer, als wenn wir ihn auf die heiße Herdplatte setzen. Auch die Tatsache, dass im Winter im Freien weniger Wasser verdunstet als im Sommer, liegt an der mangelnden Energie.

Drittens ist für die Verdunstung notwendig, dass die Luft in der Lage ist, den Wasserdampf aufzunehmen, d.h., sie darf nicht feuchtegesättigt sein. Es gibt jedoch Ausnahmen, auf die hier aber nicht eingegangen werden kann.

Um die Abhängigkeit der Verdunstung von den meteorologischen Bedingungen verstehen zu lernen, stellen wir uns, wie in Abb. 26 gezeigt wird, eine ebene Fläche vor, die im Bereich AB nass, im übrigen aber trocken sein soll. Die Luft oberhalb der Fläche sei in der Lage, Wasserdampf aufzunehmen. Sie werde durch gedachte Trennwände in Pakete gleicher Breite zerteilt. Wie leicht einzusehen ist, wird jetzt im Bereich AB Wasser verdunsten und als Wasserdampf in den Raum ABB′A′ übertreten. In den Bereichen BC und CD dagegen kann, da kein Wasser vorhanden ist, auch keine Verdunstung erfolgen.

Wie wir wissen, kann Luft nur immer eine bestimmte maximale Wasserdampfmenge aufnehmen. Das bedeutet, dass nach einer

Die Auswirkungen des Föhns auf das Befinden des Menschen können sehr unterschiedlich sein, liegen aber überwiegend im psychischen Bereich. Neben Kopfschmerz, Migräne, Schlafstörungen, Reizbarkeit, allgemeinem Leistungsabfall und depressiven Verstimmungen tritt nicht selten eine übererregt-euphorische Stimmungslage und eine erhöhte psychische Labilität auf, die zu Fehlverhalten, z.B. zu erhöhter Risikobereitschaft und Aggressivität führen kann (Sönning 1998). Denkbare Erklärungen dafür wären die elektromagnetische Impulsstrahlung (Sferics vergl. Seite 141) oder Luftdruckschwankungen im Infraschallbereich. Beide sind regelmäßige Begleiterscheinungen des Föhns.

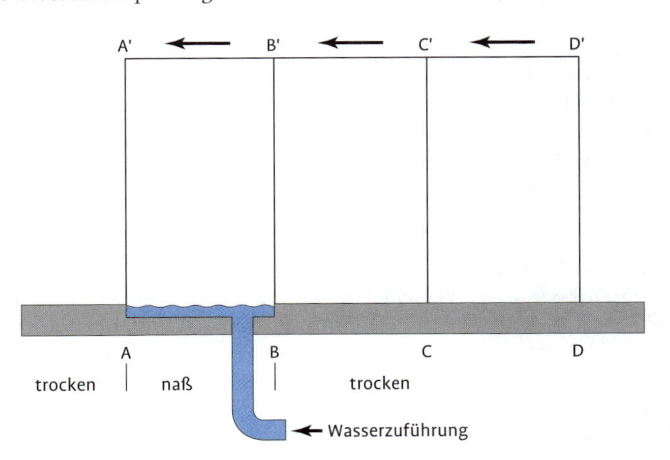

Abb. 26
Zur Erklärung des Zusammenhangs zwischen der Verdunstung und der Windgeschwindigkeit (Erläuterungen im Text).

Damit Verdunstung stattfindet, sind erforderlich:
- Wasser;
- Energie;
- Luft, die den entstehenden Wasserdampf aufnehmen und Wind, der ihn wegführen kann.

gewissen Zeit auch von der Fläche AB aus keine Verdunstung mehr erfolgen wird, weil der darüber befindliche Raum wasserdampfgesättigt ist. Denkt man sich jetzt die Luftpakete soweit nach links verschoben, dass das Volumen BCC'B' über die nasse Oberfläche zu liegen kommt, so setzt erneut Verdunstung ein, bis auch dieser Raum gesättigt ist. Dann denken wir uns CDD'C' darübergeschoben und so fort.

An der nassen Oberfläche wird um so mehr Wasser verdunsten, je öfter wir ein neues, trockenes Luftvolumen darüberschieben. Stellen wir uns jetzt den beschriebenen Vorgang nicht mehr in diskreten Schritten ablaufend vor, sondern kontinuierlich, so stellt diese Verschiebung von Luftpaketen eigentlich nichts anderes dar als eine Luftbewegung oder anders ausgedrückt einen Wind. Wir ersehen daraus, dass die Verdunstung von der Windgeschwindigkeit abhängen wird, und zwar in dem Sinn, dass sie mit steigender Windgeschwindigkeit wächst.

Eine Reihe von Vorgängen aus dem täglichen Leben sind Beispiele für diesen Zusammenhang. Blasen wir nicht die Suppe, wenn sie zu heiß ist? Dabei nimmt die Verdunstung zu und es steigt der Bedarf an Verdunstungsenergie, die der Suppe entnommen wird und so zur Abkühlung führt. Jede Hausfrau (und natürlich auch jeder Hausmann) weiß, dass Wäsche an einem windigen Tag schneller trocknet als an einem windstillen. Beschlagene Schaufensterscheiben werden klar, wenn man sie dem Wind eines Ventilators aussetzt. Ein mit Tinte beschriebenes Stück Papier trocknet schneller, wenn wir es in der Luft schwenken. Bei Händetrocknern mit entsprechend starkem Gebläse kann man sogar auf das Erwärmen der Luft verzichten. Und schließlich wissen wir alle, welche Wohltat es ist, wenn an einem heißen Sommertag ein sanfter Wind den schweißbedeckten Körper kühlt.

Wind alleine aber ist es noch nicht, was die Verdunstung in Gang setzt. Wären alle Luftpakete der Abb. 26 wasserdampfgesättigt, so könnte keine Verdunstung stattfinden, wie oft wir sie auch auswechseln. Wir brauchen, wie schon gesagt wurde, Luft, die den Wasserdampf aufnehmen kann. Je größer die Differenz zwischen dem Dampfdruck der Luft und dem Sättigungsdampfdruck des flüssigen Wassers ist, desto intensiver wird die Verdunstung (vgl. Seite 97).

Auch diese Feststellung lässt sich wieder mit Erfahrungen aus dem täglichen Leben belegen. In einem engen, dämpfigen Badezimmer trocknet die Wäsche langsamer als auf einem luftigen, hohen Dachboden. Die feuchte Luft der Sauna wirkt schweißtreibend, weil sie das ausgeschwitzte Wasser nicht aufnehmen kann. Schließlich ist der Durst an einem trockenen Tag erfahrungsgemäß größer als an einem feuchten, weil die trockene Luft unserer Lunge mehr Wasser entzieht.

Zusammenfassend gilt: Die **Verdunstungsrate** (gemeint ist damit die pro Fläche und Zeit verdunstete Wassermenge) ist umso größer, je mehr Wasser und je mehr Energie vorhanden sind, je größer das Sättigungsdefizit der Luft und je höher die Windgeschwindigkeit sind.

Die Verdunstung kann man messen. Welche Verfahren es dazu gibt, ist auf Seite 394 beschrieben. Wie dort gezeigt wird, sind die Messverfahren jedoch nur von mäßiger Genauigkeit und zum Teil physikalisch anfechtbar. Es erweist sich deshalb oft als nützlicher, sie mit Hilfe anderer meteorologischer Größen zu berechnen. Die Physik bietet dazu eine Reihe von Formeln an. Leider verlangen viele von ihnen aber gerade solche Größen, die in der Praxis nur schwer zu bestimmen sind, z. B. die Oberflächentemperatur des verdunstenden Wassers. Man benützt deshalb in der Meteorologie gern die leichter zu handhabenden Näherungsformeln, von denen eine besonders wichtige vorgestellt werden soll. Wer sich auch für die physikalischen Exaktformeln interessiert, findet darüber eine Fülle von Informationen bei Hofmann (1956 und 1988), bei Schrödter (1985) und bei Foken (2003).

Als Musterbeispiel zur Optimierung der Verdunstung gilt der Fön, mit dem wir nach dem Baden die Haare trocknen. Im Fön wird kräftig erwärmte Luft mit hoher Geschwindigkeit ausgeblasen. Infolge der Erwärmung geht die relative Feuchte der Luft stark zurück und das bedeutet: Es bildet sich ein erhebliches Sättigungsdefizit (E – e) aus. Gleichzeitig bringt die warme Luft aber auch die benötigte Verdunstungsenergie mit. Die hohe Strömungsgeschwindigkeit schließlich sorgt für einen schnellen Nachschub an trockener Luft. Händetrockner arbeiten nach dem gleichen Prinzip. Bei den unbeheizten Modellen muss die geringere Wasserdampf-Aufnahmefähigkeit der Luft durch eine höhere Strömungsgeschwindigkeit kompensiert werden.

Die bekannteste und weltweit als beste anerkannte Näherungsformel stammt von Penman (1948). Sie lautet:

$$W^* = \zeta * Q + (1 - \zeta) * \nu * (E_L - e_L)$$

Darin bedeutet W* die Verdunstungsrate in Millimetern pro Tag (mm/d; mit „Millimeter" ist die Einheit „Millimeter Niederschlagshöhe" gemeint, die auf Seite 384 näher erläutert ist; man verwendet diese Einheit gerne, um die Verdunstung bequem mit dem Niederschlag vergleichen zu können). ζ ist eine komplexe physikalische Größe, die unter anderem von der Temperatur abhängt. Q steht für die Strahlungsbilanz, einer Größe, die den Gewinn an Strahlungsenergie (s. Seite 214) beschreibt. ν enthält den Einfluss der Windgeschwindigkeit und $(E_L - e_L)$ ist das Sättigungsdefizit der Luft.

Wir finden also in dieser Formel die gleichen Einflussfaktoren wieder, die wir vorhin schon als verdunstungsrelevant erkannt haben: Temperatur und Strahlungsbilanz, die die Energie liefern, Windgeschwindigkeit und Sättigungsdefizit die den Wasserdampfabtransport besorgen.

Dem aufmerksamen Leser dürfte jedoch nicht entgangen sein, dass die Penman-Formel keine Größe enthält, die danach fragt, ob denn auch genügend Wasser zum Verdunsten zur Verfügung steht. In der Tat gilt diese Formel auch nur für die Verdunstung offener Wasserflächen oder eines gut mit Wasser versorgten, kurz gehaltenen Rasens. Man spricht in solchen Fällen von **potentieller Ver-**

Vorsicht beim Umgang mit Verdunstungswerten aus der Literatur! Leider wird oft nur kurz von Verdunstung gesprochen, ohne einen Hinweis darauf zu geben, ob die potentielle oder die aktuelle Verdunstung gemeint ist. Interpretiert man solche Werte falsch, so kommt man zu einer völlig unsinnigen Beurteilung der Situation. Natürlich dürfen Werte der potentiellen Verdunstung auch nicht mit solchen der aktuellen Verdunstung verglichen werden.

dunstung. Die tatsächliche oder **aktuelle Verdunstung** ist demnach kleiner oder bestenfalls gleich der potentiellen. Machen wir uns den Unterschied zwischen der potentiellen und der aktuellen Verdunstung durch einen Vergleich klar: In der Wüste ist die aktuelle Verdunstung wegen des fehlenden Wassers trivialerweise außerordentlich klein, die potentielle Verdunstung dagegen ist wegen der großen Hitze, der ungehemmten Sonneneinstrahlung, der trockenen Luft und der hohen Windgeschwindigkeiten außerordentlich hoch, was man auch mit einem einschlägigen Experiment jederzeit beweisen könnte.

Ganz anders in unseren Breiten: Hier ist die potentielle Verdunstung nur mäßig hoch. Wegen der häufig guten Wasserversorgung der Böden steht ihr aber die aktuelle Verdunstung oft nur wenig nach.

Die Penman-Formel liefert, wie wir gesehen haben, die potentielle Verdunstung. Uns interessiert jedoch in erster Linie die tatsächliche, die so genannte **aktuelle Verdunstung**. Es stellt sich also die Frage: Wie kommen wir zu einem Umrechnungsverfahren, das uns die gesuchten Werte liefert? Dazu müssen wir uns erst einmal Gedanken machen, unter welchen Bedingungen die aktuelle Verdunstung überhaupt hinter der potentiellen zurückbleibt.

Dabei ist zunächst an den **Boden** zu denken. In diesem Zusammenhang ist wichtig, sich klarzumachen, dass die Bodenteilchen das Wasser mit unterschiedlich starken Molekularkräften festhalten. Wird aus dem Boden verdunstet, dann werden zuerst die schwächeren Kräfte überwunden, die die Wassermoleküle noch relativ leicht abgeben. Geht der Bodenwassergehalt aber immer weiter zurück, dann bleiben nur noch die starken und stärksten Bindekräfte übrig, die sich der Verdunstung zunehmend vehement widersetzen.

Ergebnis: Je geringer der Bodenwassergehalt, desto weiter bleibt die aktuelle Verdunstung hinter der potentiellen zurück.

Darüber hinaus reagieren die **Pflanzen** physiologisch sehr sensibel auf die meteorologischen Bedingungen und können so die Verdunstung erheblich beeinflussen: Bei warmem, windigem und trockenem Wetter – das sind aber genau die Bedingungen hoher **potentieller Verdunstung** – schließen sie ihre Atemöffnungen (Stomata) und schränken dadurch die Transpiration stark ein. Natürlich verhält sich dabei jede Pflanzenart anders, ja selbst während verschiedener Wachstumsphasen treten bei ein und derselben Pflanzenart Unterschiede auf.

Fazit: je größer die potentielle Verdunstung ist, desto eher sinkt die aktuelle Verdunstung unter diesen Maximalwert – ein Verhalten, das leider leicht zu Verständnisproblemen führen kann.

Formal lässt sich die Drosselung der Verdunstung durch die Einführung von Widerstandstermen in die Verdunstungsgleichungen berücksichtigen. Sie beschreiben, welche Ursachen an welchen Stellen zu einer Behinderung des Wasserstromes durch die Pflanze führen: So greift z.B. der Bodenwassermangel an der Übertrittsstelle vom Boden zur Wurzel und der Stomataschluss an der Übergangsstelle vom Pflanzengewebe zur Luft ein.

Für die Penman-Formel hat MONTEITH entsprechende Anpassungen geschaffen. (Einzelheiten dazu findet man z.B. bei SCHRÖDTER 1985 oder FOKEN 2003).

Für praktische Anwendungen hat sich der sehr anschauliche Umrechnungsansatz von SLABBERS (1980) gut bewährt (BREUCH-MORITZ, 1989). Abb. 27 zeigt die Zusammenhänge am Beispiel eines Maisbestandes. Bei einem sehr nassen Boden (Saugspannung um $0{,}1 * 10^5$ Pa) bleibt die aktuelle Verdunstung gleich der potentiellen, egal wie hoch die potentielle Verdunstung auch immer ist. Im mittleren Bereich ($1{,}0 * 10^5$ Pa) erreicht die aktuelle Verdunstung die potentielle nur noch bei geringen Verdunstungsansprüchen der Atmosphäre, also bei einer geringen potentiellen Verdunstung. Bei potentiellen Verdunstungsraten über 6 mm/d geht die aktuelle Verdunstung auf unter 30 % (der potentiellen) zurück. Ist der Boden sehr stark ausgetrocknet ($10 * 10^5$ Pa) und bleibt die potentielle Verdunstung unter 2 mm/d, dann bleibt die aktuelle Verdunstung über der 40-%-Marke. Bei wachsender potentieller Verdunstung kommt sie aber schließlich völlig zum Erliegen.

Weitere Informationen über Näherungsformeln zur Verdunstungsrechnung findet man in der Spezialliteratur, vor allem bei

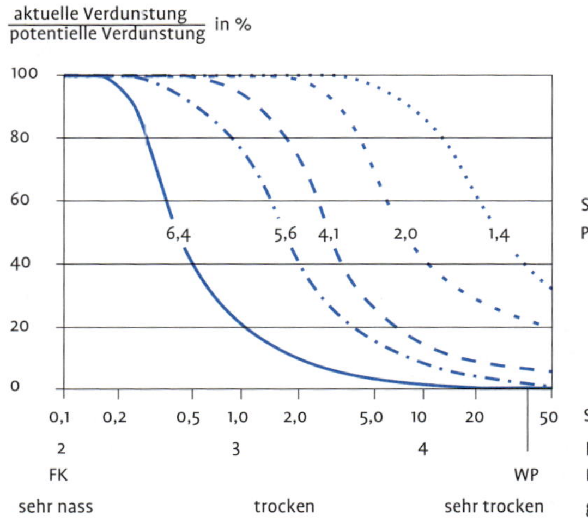

Abb. 27
Zur Reduktion der aktuellen Verdunstung nach SLABBERS (1980), Einzelheiten im Text.

Die Spitzenwerte der Verdunstung bei genügender Wasserversorgung der Böden (potentielle Verdunstung) liegen in Mitteleuropa um 6 bis 7 Millimeter pro Tag.

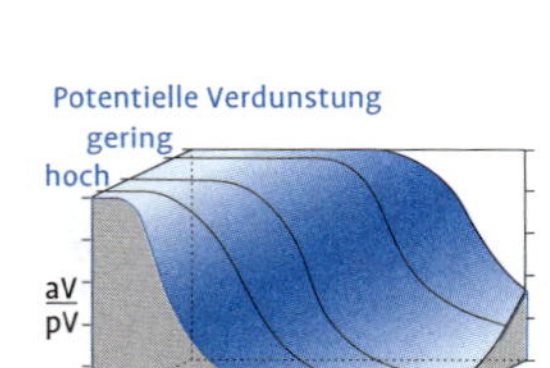

Abb. 28
Die Abbildung zeigt das Verhältnis der aktuellen zur potentiellen Verdunstung in Abhängigkeit von Bodenwassergehalt und potentieller Verdunstung (vgl. Seite 99) in einer einprägsamen 3D-Darstellung.

Schrödter (1985) und Foken (2003). Wie man mit den Verdunstungsformeln in der Praxis arbeitet, kann man in der VDI-Richtlinie 3786, Blatt 13 nachlesen.

Beispiele für Verdunstungsrechnungen

Tab. 5 soll an einigen Beispielen den Einfluss des Wetters auf die Verdunstung zeigen. Sie enthält Werte der potentiellen Verdunstung, berechnet nach der Formel von Penman. In Zeile 1 ist ein warmer, heiterer, trockener, windschwacher Julitag beschrieben. An ihm verdunsten 4,4 Wasser/m^2 (= mm). Liegt unter sonst gleichen Bedingungen die Temperatur 3 °C höher, so dass der Tag als sehr warm einzustufen ist (Zeile 2), wächst auch die Verdunstungsrate auf 4,8 mm.

Ändern wir jetzt die Wetterelemente aus Zeile 2: Scheint am Tag die Sonne statt 10 Stunden 15 Stunden (Zeile 3) nimmt die Verdunstung aufgrund des höheren Energieangebots auf 5,7 mm zu. Eine Senkung der relativen Feuchte von 65 % auf 50 % und die damit verbundene Vergrößerung des Sättigungsdefizits, wie etwa bei der Zufuhr trockener Festlandsluft (Zeile 4), bewirkt eine Steigerung um 0,4 mm gegenüber der Situation in Zeile 2. Erheblich verdunstungsfördernd wirkt offensichtlich der Wind. Bei mäßigem Wind erreicht die Verdunstung 6,3 mm (Zeile 5), bei sonst gleichen Bedingungen wie in Zeile 2.

Wurde bisher die Verdunstung einer Ebene betrachtet, so sollen jetzt die Bedingungen an einem 20 % geneigten Süd- bzw. Nordhang aufgezeigt werden. Während der sonnenexponierte Südhang (Zeile 6) gegenüber der Ebene (Zeile 2) eine Verdunstungssteigerung um 0,5 mm aufweist, geht sie am Nordhang (Zeile 7) um 0,7 mm zurück. Vergleicht man die gleiche Situation auch im September,(bitte beachten: im Herbst werden Tagesmitteltemperaturen von 16,6 C noch als warm empfunden, außerdem sind die Tage kürzer) so ergibt sich am Südhang eine Zunahme um 1 mm, am Nordhang eine Abnahme um 1,2 mm. Die Differenz zwischen Nord- und Südhang beträgt also im Herbst 2,2 mm, im Hochsommer dagegen nur 1,2 mm (vgl. Seite 330).

Interception

Das für die Verdunstung am Boden zur Verfügung stehende Wasser stammt fast immer in irgendeiner Form aus dem Niederschlag. Häufig gelangt aber der Niederschlag, bevor er wieder verdunstet, gar nicht bis zum Boden. Erhebliche Wassermengen bleiben an den Blättern und Zweigen der Pflanzen hängen und verdunsten, ohne den Erdboden je zu erreichen. Man nennt diesen Vorgang **Interception** oder **Interceptionsverdunstung**. Die aus der Interception resultierenden Wasserverluste sind sowohl bei den natürlichen Niederschlägen als auch bei der künstlichen Beregnung

Tab. 5 Richtwerte der Verdunstung bei verschiedenen Wetterbedingungen berechnet nach der Formel von Penman

				Tagesmittel von				
Nr.	Wetter	Monat	Lage	Temperatur °C	Relative Feuchte %	Wind m/s	Sonnenschein in h (%)	Verdunstung mm/d
1	Warm, heiter, trocken, kaum Wind	Juli	Ebene	17,6	65	1,5	10 (63)	4,4
2	Sehr warm, heiter, trocken, kaum Wind	Juli	Ebene	20,5	65	1,5	10 (63)	4,8
3	Sehr warm, wolkenlos, trocken, kaum Wind	Juli	Ebene	20,5	65	1,5	15 (95)	5,7
4	Sehr warm, heiter, trocken, kaum Wind	Juli	Ebene	20,5	50	1,5	10 (63)	5,2
5	Sehr warm, heiter, trocken, mäßiger Wind	Juli	Ebene	20,5	65	4,0	10 (63)	6,3
6	Sehr warm, heiter, trocken, kaum Wind	Juli	20° Südhang	20,5	65	1,5	10 (63)	5,3
7	Sehr warm, heiter, trocken, kaum Wind	Juli	20° Nordhang	20,5	65	1,5	10 (63)	4,1
8	Warm, heiter, trocken, kaum Wind	Sept.	Ebene	16,6	60	1,5	8 (64)	3,0
9	Warm, heiter, trocken, kaum Wind	Sept.	20° Südhang	16,6	60	1,5	8 (64)	4,0
10	Warm, heiter, trocken, kaum Wind	Sept.	20° Nordhang	16,6	60	1,5	8 (64)	1,8

Sonnenschein (%) bedeutet die tatsächliche Sonnenscheindauer in % der maximal möglichen Sonnenscheindauer von nicht zu unterschätzender Bedeutung. Sie summieren sich im Lauf der Zeit zu erheblichen Werten auf. Über Deutschland integriert kommt sie auf Werte um 9–10 % des Jahresniederschlages (s. Seite 157). In der jüngeren Zeit hat man der Interception besonders im Zusammenhang mit Bewässerungsfragen zunehmendes Interesse entgegengebracht (von HOYNINGEN 1980, SANCHEZ 1980).

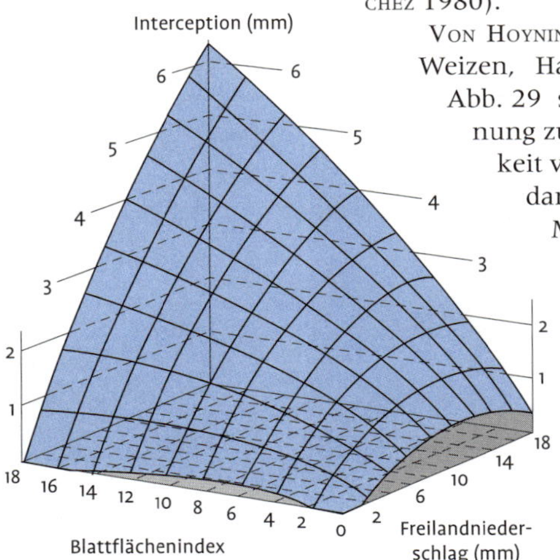

Abb. 29
Interception in Abhängigkeit von Niederschlag und Blattflächenindex (nach VON HOYNINGEN gen. HUENE 1980).

VON HOYNINGEN (1980) hat die Interceptionsverluste an Weizen, Hafer, Kartoffeln und Mais untersucht. In Abb. 29 sind die Ergebnisse einer Regressionsrechnung zu sehen, in der die Interception in Abhängigkeit vom Niederschlag und vom Blattflächenindex dargestellt ist. Der **Blattflächenindex** ist ein Maß für die Dichte des Blätterdaches eines Pflanzenbestandes. Er gibt an, wie oft man mit den Blättern die Bestandsfläche abdecken könnte.

Wie man sieht, nimmt die Interception mit dichter werdenden Blattflächen zum Teil erheblich zu. Nur bei sehr kleinen Niederschlagsmengen lässt dichtes Laub vielleicht wegen gegenseitiger Abschirmung die Interceptionskurven wieder rückläufig werden. Bei hohen Niederschlägen können dagegen große Blattmassen erhebliche Interceptionsverluste bewirken, während dünnes Blattwerk schon bei Niederschlägen von 10 bis 12 mm seine maximale Speicherkapazität erreicht.

Besonders hohe Interceptionsverluste erleiden Hafer und Kartoffeln. Weizen zeigt auffallend geringe Interceptionsraten. In dichten Wäldern können der Wasserversorgung der Pflanzen durch Interception bis zu 50 % des Niederschlags verlorengehen.

Bestimmen kann man die Interception nur über indirekte Verfahren. Dazu geht man von der Vorstellung aus, dass der auf einen Pflanzenbestand fallende Niederschlag (N) zu einem Teil ungehindert durch den Bestand hindurchfällt oder nach dem Auftreffen auf Blätter und Stängel zu Boden tropft (Nd), dass außerdem ein Teil am Stängel entlang herunter läuft (NS) und dass der Rest als Interception (I) an den Pflanzenoberflächen hängen bleibt. Misst man N, Nd und NS, so kann man I nach der Formel

$$I = N - Nd - NS$$

berechnen. Wie man bei den betreffenden Messungen vorzugehen hat, ist auf Seite 389 beschrieben.

2.3 Erscheinungsformen des atmosphärischen Wassers

2.3.1 Dunst

Wenn die Kondensation oder Sublimation des Wasserdampfes nicht an festen Oberflächen, sondern in der Luft erfolgt, spricht man von Dunst oder Nebel. Ob die genannten Prozesse in der Luft oder an festen Oberflächen ablaufen, hängt von einer Reihe von meteorologischen Voraussetzungen ab, die sich nur schwer nachweisen und noch viel schwerer vorhersagen lassen.

Die im Dunst und Nebel entstehenden Wassertröpfchen bewirken eine Streuung des Lichtes (s. Seite 186) und verschlechtern somit die Sichtverhältnisse, ähnlich wie in einem mit Zigarettenrauch erfüllten Zimmer. Die sichtbehindernde Wirkung wird auch zur Unterscheidung der beiden Phänomene benützt. So spricht man von **Nebel**, wenn die Sichtweite kleiner als 1 km ist, und von **Dunst**, wenn die Sicht zwar behindert ist, aber Gegenstände in Entfernungen über 1 km noch zu erkennen sind. Diese Grenzen wurden als Orientierungshilfe für Wetterbeobachter aufgestellt. Physikalisch spricht man von Dunst, solange die Luft noch nicht feuchtegesättigt, und von Nebel, wenn Sättigung eingetreten ist.

Wie oben dargelegt wurde, setzt die Kondensation des Wasserdampfes in der Atmosphäre schon lange vor der eigentlichen Sättigung ein. Die dabei entstandenen Tröpfchen können sogar noch wachsen. Da aber die hygroskopischen Kräfte mit zunehmender Verdünnung der Lösung schnell nachlassen, beginnen die einen Verdunstungsdruck ausübenden Oberflächenkräfte rasch zu überwiegen, so dass Tröpfchenradien von 0,1 bis 1 µm beim Dunst als obere Grenze anzusehen sind.

Sichtbehinderungen können auch durch Staub, Ruß oder ähnliche Luftverunreinigungen hervorgerufen werden. Man spricht in solchen Fällen von trockenem Dunst, obwohl auch hier häufig Wasser mitbeteiligt ist. Bei starkem trockenem Dunst, wie er in Industriegebieten auftritt, kann die Sicht bis weit unter 10 km reduziert sein. Wegen der Kleinheit der Teilchen erscheint trockener Dunst oft bläulich (s. Seite 187).

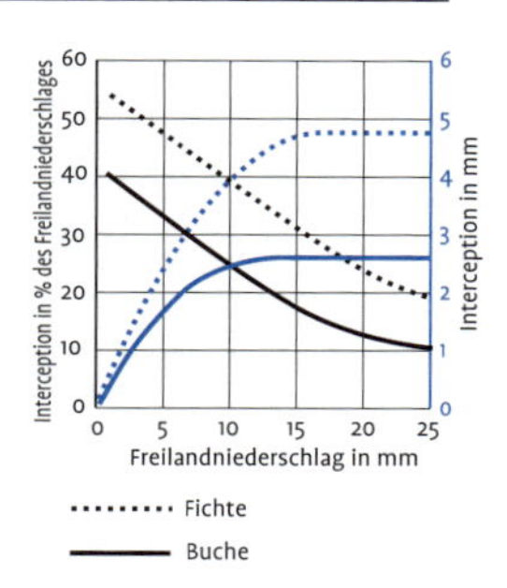

Abb. 30
Bei Fichtenwäldern kann die Interception pro Niederschlagsereignis Einbußen bis knapp 5 mm mit sich bringen. Das ist fast doppelt so viel wie bei Buchenwäldern, die Verluste bis zu 2,5 mm erleiden. Der Grund dafür ist, dass die vielen Nadeln der Fichte eine größere Auffangfläche besitzen als die Buchenblätter.
Von Niederschlägen unter 5 mm bleiben an Buchen bis zu 40 % an Fichten sogar bis zu 60 % als Interception zurück.

2.3.2 Nebel

Tritt Kondensation bei feuchtegesättigter Luft ein, so spricht man von Nebel. Im Nebel findet man Tröpfchen mit Radien bis über 30 µm. Er kann vielerlei Ursachen haben.

Strahlungsnebel

Sehr häufig tritt Nebel als Folge des nächtlichen Temperaturrückgangs auf. Da hierbei Ausstrahlungsvorgänge eine wesentliche Rolle spielen (s. Seite 242), spricht man gerne von Strahlungsnebel. Als solcher ist er meist nicht besonders mächtig, oft besteht er

Dunst durch Industrierauch

trockener Dunst

Dunst durch aufgewirbelten Staub

feuchter Dunst

Nebel in der Ferne

Nebelschwaden

Bodennebel

Nebel

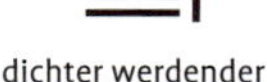

dichter werdender Nebel

Nebel, der sich als Raufrost absetzt

Abb. 31
Wettersymbole Dunst und Nebel.

auch aus mehreren dünnen Schichten. Nur in besonderen Fällen kann er Höhen von 300 m und mehr erreichen (s. Seite 242). Seine Tröpfchen sind wegen des nur geringen Wassergehaltes relativ klein. Strahlungsnebel ist deshalb meist nicht nässend. Da die Temperaturen im Gelände größere örtliche Unterschiede aufweisen und oft schon einige Zehntel K hin oder her über das Zustandekommen entscheiden, muss man mit großen lokalen Schwankungen der Häufigkeit, Dichte und Mächtigkeit von Strahlungsnebeln rechnen. Diese Tatsache macht ihn so außerordentlich schwer vorhersehbar. Oft genug wird er deshalb zum Schreckgespenst des beratenden Meteorologen.

Im Allgemeinen löst sich ein Strahlungsnebel im Lauf des Tages wieder auf. Erreicht er jedoch durch entsprechende Umstände eine solche Mächtigkeit, dass ihn die Sonne am nächsten Tag nicht wieder beseitigen kann, so ist ihm eine mehrtägige Existenz sicher. Nebel hat nämlich eine sich selbst erhaltende Wirkung: Einmal besitzt er ein außerordentlich hohes Reflexionsvermögen für Sonnenstrahlung. Bis zu 90 % der auftreffenden Energie werden zurückgeworfen. Dadurch steht nur noch ein geringer Restbetrag für die Erwärmung und damit die Auflösung des Nebels zur Verfügung. Andererseits geben die Wassertröpfchen in der Nacht besonders viel Energie durch Ausstrahlung (s. Seite 205) ab, so dass an seiner Obergrenze die Temperatur besonders tief sinken kann.

Zur Bildung von Strahlungsnebel kann es auch kommen, wenn eine Absinkinversion entstanden ist, die sich aber noch nicht bis zum Boden durchgesetzt hat oder von unten her wieder abgebaut wird – eine Schichtung also, die dem Typ **Fumigation** (s. Seite 53) entspricht. An der Inversionsuntergrenze sammeln sich verstärkt Staubpartikel, Kondensationskerne und Wasserdampf an. Durch kräftige Ausstrahlung einer solchen Dunstschicht kann sich die Luft bis unter den Taupunkt abkühlen, so dass Nebel, ja sogar eine Wolkenschicht entstehen kann. Die Nebel- bzw. Wolkenschicht wächst allmählich nach unten, bis sie die Erdoberfläche erreicht. Auf diese Weise entstehen manchmal tagelang anhaltende Nebel.

Advektionsnebel

Sehr dauerhafter Nebel entsteht, wenn warme, feuchte Luft herangeführt und über eine kalte Unterlage oder Luftschicht geschoben wird. Man spricht in diesem Fall von **Advektionsnebel**. Der Advektionsnebel ist die mächtigste und dauerhafteste Nebelform. Er entsteht bei uns bevorzugt im Winterhalbjahr, wenn Warmluft aus dem südatlantischen oder aus dem Mittelmeerraum in höhere Breiten strömt, dabei auf eine bodennahe Kaltluftschicht zu liegen kommt und sich abkühlt. Er hat im Allgemeinen eine Mächtigkeit von mehreren hundert Metern, kann aber ohne weiteres auf über

1 000 m anwachsen. Wegen der enormen Dicke einer Advektionsnebelschicht kann er von der Sonne alleine überhaupt nicht mehr beseitigt werden. Nur ein massiver Luftmassenwechsel ist in der Lage, ihn wegzuräumen. Bleibt dieser aus, so kann der Nebel tage-, ja wochenlang anhalten.

Zeitweise hebt er sich von der Bodenoberfläche ab und bildet eine einheitliche, graue, undurchsichtige Hochnebelschicht. Im Frühling sind die Meere und großen Binnenseen meist deutlich kälter als das Festland. Strömt Luft von dort aufs Wasser, so wird sie abgekühlt und es bildet sich Nebel. Bekannte Beispiele dieser Art sind die im Spätfrühling häufigen Küstennebel an der Ostsee.

Advektionsnebel entsteht auch dort, wo warme und kalte Meeresströmungen aufeinanderstoßen. Fließt Luft von der warmen zur kalten Meeresoberfläche, so kann sie sich dort weit unter den Taupunkt abkühlen. Besonders typisch für das Auftreten von Advektionsnebeln ist Neufundland, wo der kalte Labradorstrom auf den warmen Golfstrom trifft. An 120 Tagen im Jahr wird dort Nebel beobachtet (Grand Banks). Ähnliche Verhältnisse begegnen uns vor den Aleuten im nördlichen Pazifik. Hier kommen der kalte Oyashio und der warme Kuroshio miteinander in Berührung.

Eine große Nebelhäufigkeit findet man auch dort, wo kaltes Tiefenwasser an die Oberfläche gelangt, wie z.B. vor Kalifornien (Kalifornienstrom), wo es zu 40 bis 50 Nebeltagen pro Jahr kommt. Andere Beispiele sind Peru und Nordchile (Humboldtstrom) oder Südwestafrika (Benguelastrom). Von dort melden die Wetterbeobachter Jahr für Jahr mehr als 80 Tage mit Nebel. Ein Advektionsnebel ist auch der Grönlandnebel, der seine Existenz der Abkühlung der Luft an den grönländischen Eismassen verdankt. Diese Vorgänge kann man auch bei uns jedes Jahr zur Zeit der Schneeschmelze beobachten, wenn auch in wesentlich kleinerem Maßstab. Es bilden sich dann über den noch vorhandenen Schneeflecken Nebelfelder, während auf benachbarten schneefreien und damit schon wärmeren Flächen die Luft klar bleibt.

In den Randbereichen der Polargebiete kommt es an mehr als 80 Tagen des Jahres, vorzugsweise im Sommer, zur Bildung von Advektionsnebel. Infolge der Zufuhr von kaltem Schmelzwasser bleibt die Temperatur der Wasseroberfläche recht niedrig. Kommt von Süden her wärmere, feuchte Luft mit ihr in Berührung, entstehen schnell ausgedehnte Nebelfelder. Das ist der Grund dafür, dass sich die Arktis im Hochsommer trotz ununterbrochener Tageshelle meist trüb und nebelverhangen präsentiert.

Nebel treten bevorzugt dort auf, wo die nächtlichen Temperaturen besonders tief absinken. Häufiger Nebel ist also wie reichlicher Tau ein Indikator für besonders kalte und deshalb auch besonders frostgefährdete Geländelagen. Die bekannten Moornebel gehen, wie später (s. Seite 230) noch ausführlich begründet wird, nicht auf den hohen Bodenwassergehalt mit starker Verdunstung zurück, sondern auf die dort besonders tiefen Nachttemperaturen.

Orographischer Nebel

Ein weiterer Nebeltyp ist der **orographische Nebel**. Er entsteht, wenn feuchte Luft über einen Hang hinaufströmt und sich dabei adiabatisch abkühlt. Voraussetzung dafür, dass Nebel entsteht, ist ein tiefliegendes Kondensationsniveau, sonst bilden sich Wolken. Bei länger anhaltendem Luftzustrom kann der oft stark nässende Nebel viele Tage anhalten. Orographische Nebel findet man vielfach dort, wo die Passate (s. Seite 300) feuchtwarme Luftmassen gegen ausgedehnte Gebirgsmassen führen. So kennt man diese Erscheinung an den Ostküsten des afrikanischen und südamerikanischen Kontinents. Auf diese Weise kommt es an der somalischen Küste wie auch vor Madagaskar und Sansibar zu über 40 Nebeltagen pro Jahr. Auch am östlichsten Vorsprung Südamerikas findet man ähnliche Verhältnisse.

An der Südwestküste Afrikas zwingen die Westwinde der gemäßigten Zone die Luft regelmäßig zum Aufsteigen an den Hängen der dortigen Gebirgszone. Über 80 Nebeltage im Jahr sind die Folge davon. Gleiches gilt für die südlichen Anden (s. Seite 153). Auch an den Alpen und den deutschen Mittelgebirgen sind orographische Nebel nicht unbekannt.

Mischungsnebel

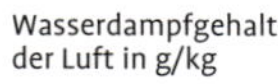

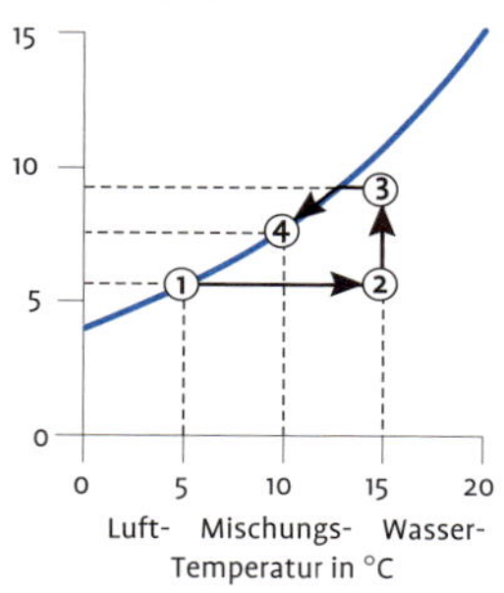

Abb. 32
Zur Bildung von Mischungsnebel (siehe Text).

Wenn im Herbst die ersten kühlen Nächte auf den bevorstehenden Winter aufmerksam machen, ist die Zeit der „dampfenden" Flüsse und Seen gekommen. In den Morgenstunden sieht man dann dicht über der Oberfläche der Gewässer eine riesige Zahl von winzigen Nebelschwaden oder Nebelsäulchen scheinbar regungslos schweben. Es handelt sich hierbei um so genannten **Mischungsnebel**. Diese Nebelart entsteht, wenn sich warme, feuchte Luft beim Vermischen mit kalter Luft unter die Taupunktstemperatur abkühlt.

Der Bildungsvorgang ist nicht ganz leicht zu verstehen, deshalb soll er mit Hilfe der Abb. 32 in vereinfachter Form dargestellt und erläutert werden. In ihr ist in der Waagerechten die Temperatur und in der Senkrechten der Wasserdampfgehalt der Luft aufgetragen. Die blaue Kurve stellt die Sättigungsfeuchte dar (vgl. Seite 63).

Denken wir uns jetzt eine kühle Herbstnacht. Die Lufttemperatur soll in dieser Nacht bis auf 5 °C zurückgehen. Außerdem soll die Luft, wie häufig in der Nacht, feuchtegesättigt sein, also in jedem kg etwa 6 Gramm Wasserdampf enthalten. Der Diagrammpunkt 1 kennzeichnet diese Situation. Gewässer kühlen im Lauf des Herbstes nur langsam aus. Für unseren Fluss oder unseren See dürfen wir also ohne weiteres eine Temperatur von 15 °C annehmen. Wenn sich jetzt die kalte Luft vom Ufer her über das Gewässer schiebt, wird sie sich dort, wo sie mit dem warmen Wasser in Berührung kommt, spürbar erwärmen – nehmen wir der Einfachheit halber an, bis auf die Temperatur des Wassers. Das entspricht dem Diagrammpunkt 2. Damit ist aber die Luft nur mehr 60 % feuchtegesättigt (rF = 60 %). Es ist also zu erwarten, dass Wasser verdunstet und sich der dabei entstehende Wasserdampf in der

Luft anreichert. Nehmen wir an, auf 9 Gramm pro kg, entsprechend dem Diagrammpunkt 3.

Die Luft, die sich an der Wasseroberfläche erwärmt hat, ist dabei gleichzeitig auch leichter geworden. Die Folge davon ist, dass sich einzelne Luftvolumina wie winzige Heißluftballone nach oben in Bewegung setzen. Dabei vermengen sie sich mit der nicht erwärmten Luft, und es stellt sich in ihnen eine Mischtemperatur ein. Wollen wir der Einfachheit halber annehmen, die Mischtemperatur entspreche genau dem Mittel aus der Luft- und der Wassertemperatur, also 10 °C (Diagrammpunkt 4). Bei dieser Temperatur kann die Luft aber nur noch etwa 7,5 Gramm Wasserdampf je kg mit sich führen. Infolgedessen müssen während der Abkühlung in jedem Luftvolumen (auf 1 kg umgerechnet) rund 1,5 Gramm Wasserdampf kondensieren, die schließlich als kleine Nebelsäulchen sichtbar werden.

Weil bei diesem Vorgang einzelne Luftblasen aufsteigen, entsteht der Eindruck, als rauche das Wasser, man spricht deshalb bezeichnenderweise von **Seerauchen**. Ist die über das Wasser geführte Kaltluftschicht nur dünn, so verschwindet der „Rauch" in geringer Höhe wieder. Seerauchen kann deshalb auf Höhen von nur einen halben Meter oder noch weniger beschränkt bleiben.

Auch das „Dampfen" des heißen Kaffees in der Tasse oder der heißen Suppe im Teller gehört physikalisch gesehen zu den Mischungsnebeln.

Ähnliche Erscheinungen kann man beobachten, wenn die Sonne auf ein nasses Hausdach scheint, etwa nach einem Regenschauer oder nach dem raschen Auflösen eines morgendlichen Strahlungsnebels. Man hat dann den Eindruck, als „dampfe" ein solches Dach. Auch Straßen, Autodächer, selbst den Erdboden kann man „dampfen" sehen.

Zu großflächigen Mischungsnebeln kommt es, wo Meeresströmungen warmes Wasser bis in hohe Breiten transportieren, wo es von kalter Luft überströmt werden kann, zum Beispiel vor der schwedischen Westküste.

Smog

Eine berüchtigte Nebelform ist der von industriereichen Großstädten her bekannte **Smog**. Er hat insbesondere in London eine traurige Berühmtheit erlangt. Smog ist ein Kunstwort, das sich aus smoke (engl. Rauch) und fog (engl. Nebel) zusammensetzt und damit bereits auf das Besondere dieser Nebelart hinweist.

Die Riesenzahl der mit Industrie-, Hausbrand- und Autoabgasen ausgestoßenen Partikel ermöglicht eine sehr frühzeitige und vollständige Kondensation des Wasserdampfes, so dass sich ein außerordentlich dichter und schmutzender Nebel bilden kann, in dem die Sichtweite oft nur wenige Meter beträgt. Die in den Abgasen darüber hinaus enthaltenen Oxidationspunkte wie Schwefeldioxid, Stickoxide und andere lösen sich in den Smog-Tröpfchen und verleihen ihm dadurch auch noch Säureeigenschaften.

„Am 5. Dezember 1952 erwachten die Londoner im schlimmsten Smog ihrer Geschichte. Über dem Themse-Tal lag eine mächtige Inversion, erfüllt von dichtem Nebel, der sich mit dem Rauch aus Tausenden von Kaminen vermengte. Das Tageslicht blieb fast ganz aus. Die Stadt versank für fünf Tage in dicker und dicker werdendem gelblich-schwarzem Smog. An manchen Stellen lag die Sichtweite unter 30 cm. Der Straßenverkehr kam fast völlig zum Erliegen und die Menschen fielen einer unheimlichen Platzangst anheim. Die Luft war erfüllt von unvorstellbaren Mengen schwarzer Ruß- und Teerpartikel. Der Schwefeldioxidgehalt wuchs auf das Zehnfache des Normalen an. Der Nebel überzog alles, womit er in Berührung kam, mit einem Film aus schmierigem Schmutz. Die Katastrophe hat an die 4000 Menschenleben gefordert. Den Bestattungsunternehmen gingen für die vielen Begräbnisse die Särge, den Floristen die Blumen aus. Der Großteil der Todesfälle war auf die Säure des Smogs zurückzuführen, die die Lungen angriff und die Menschen regelrecht ersticken ließ" (nach versch. Quellen).

Da der Smog überall hindringt, kann er sein Zerstörungswerk praktisch überall ausüben, angefangen bei Bauwerken und Industrieanlagen über Kleidung und andere Gebrauchsgegenstände bis hin zur gesamten Vegetation. Wegen seiner ätzenden Wirkung kann er bei Menschen Bronchitis und Lungenentzündung sowie Schleimhautreizungen jeder Art hervorrufen.

In seinem ausführlichen Bericht (vgl. Randspalte) über den Londoner Smog vom Dezember 1952 teilt Brooks (zit. in Blüthgen und Weischet 1980) mit, dass er alleine in London rund 4000 Menschenleben gekostet habe. Infolge eines geänderten Umweltverhaltens sind solche Smog-Katastrophen wie in den 50er-Jahren heute nicht mehr zu befürchten.

Allgemein ist in Städten die Nebelhäufigkeit erheblich größer als auf dem freien Land. Landsberg (1969) schreibt von einer Zunahme der Nebeltage um bis zu 100 % (vgl. Seite 352).

Eisnebel

Schließlich sei noch als Besonderheit der Eisnebel erwähnt. Er ist eine überwiegend polare Erscheinung, kann aber auch bei uns gelegentlich beobachtet werden. Wie der Name sagt, besteht er ausschließlich oder überwiegend aus feinen Eiskristallen, die zu ihrer Entstehung (s. Seite 88) Eiskeime benötigen. Da diese nur bei tiefen Temperaturen aktiviert werden, entsteht Eisnebel nur bei strenger Kälte, meist erst unterhalb –20 bis –30 °C. So wird er beispielsweise häufig um die Stadt Fairbanks in Alaska bei mittwinterlichen Kältegraden um –40 °C beobachtet. Erkennen kann man Eisnebel an den ausschließlich in dieser Nebelform auftretenden **Haloerscheinungen** (s. Seite 219).

Tab. 6 fasst die nebelbildenden Vorgänge noch einmal übersichtlich zusammen.

Nebel und Verkehr

Nebel kann für den Luft-, Wasser- und Straßenverkehr zu einer ernsten Gefahr werden, ihn oft sogar völlig zum Erliegen bringen. Schwere Schiffs- und Flugzeugkatastrophen haben sich durch Zusammenstöße im Nebel ereignet. Heute besitzen alle größeren Schiffe Radaranlagen, so dass der Küsten- und Wasserstraßenverkehr bei Nebel nicht mehr zum Erliegen kommen muss, wie es früher oft der Fall war. Aber selbst diese modernen Hilfsmittel können keine letzte Sicherheit vor Kollisionen bieten.

Im Luftverkehr kann der Nebel die Landung erschweren oder ganz unmöglich machen. Bis heute gibt es kein wirksames Mittel, dichten Nebel mit vertretbarem Aufwand zu beseitigen und so drohende Verkehrsstörungen zu verhindern. Bekannt ist die – besonders durch die gestiegenen Energiepreise sehr teuer gewordene – Pistenheizung oder das Ausfällen des Nebels, das aber nur

Tab. 6 Arten der Nebelentstehung

1. Abkühlung von wasserdampfhaltiger Luft
   a) Strahlungsverluste des Erdbodens, einer Aerosol- oder Nebelschicht: **Strahlungsnebel**
   b) Abkühlung der Luft beim Überströmen einer kalten Unterlage oder Luftschicht: **Advektionsnebel**
   c) adiabatische Abkühlung der Luft beim Hochsteigen an einem Hindernis: **orographischer Nebel**
2. Zufuhr von Wasserdampf
   in erwärmte ungesättigte Luft, die sich anschließend durch Vermischen mit Kaltluft unter den Taupunkt abkühlt: **Mischungsnebel** (Seerauchen, „dampfende Oberflächen", heißer Kaffee)
3. Zufuhr von Kondensationskernen
   aus Industrie-, Hausbrand- und Kraftfahrzeugabgasen in feuchte Luft: **Stadtnebel, Smog**

bei Temperaturen unter 0 °C zu dem gewünschten Erfolg führt. Man sprüht dabei Propan in die Nebelschicht oder streut aus einer über der Nebeldecke fliegenden Maschine Kohlensäureschnee aus. In beiden Fällen verdunstet die benützte Substanz und kühlt den Nebel dabei soweit ab, dass Eiskristalle entstehen. Diese wachsen (s. Seite 127) auf Kosten der verbliebenen unterkühlten Tröpfchen an und werden zu Schneekristallen, die schließlich aufgrund ihres Gewichtes ausfallen.

Gelegentlich versucht man auch, durch Überfliegen der Landebahn mit einem Hubschrauber die für den Nebel verantwortliche Inversion durch Verwirbelung zu zerstören. Dadurch steigt in der bodennächsten Schicht die Temperatur über den Taupunkt an. Diese Maßnahme ist aber meist nur von kurzzeitigem Erfolg begleitet.

Die beste Problemlösung ist hier vorsorgliche Planung, d. h. Flugplätze in Gebieten mit möglichst geringer Nebelwahrscheinlichkeit anzulegen. Oft werden jedoch Flughäfen in Senken und Becken gebaut, in denen sich kalte, nebelreiche Luft sammeln kann, oder man legt sie in landwirtschaftlich wenig wertvolle trockengelegte Moorgegenden, in denen aber aufgrund der sehr ungünstigen Bodeneigenschaften (s. Seite 230) besonders tiefe Temperaturen mit extremer Nebelhäufigkeit zu erwarten sind. Es ist ein gefährlicher Trugschluss zu glauben, dass die Absenkung von Grundwasser zu einer Verringerung der Nebelhäufigkeit führt. Wie auf Seite 227ff. ausführlich auseinandergesetzt wird, ist genau das Gegenteil der Fall. Die häufigsten Störungen des Flugbetriebs treten jedoch bei anhaltendem Advektionsnebel auf, der von der Geländeform und der Bodenart nicht beeinflusst wird.

In den USA werden umfangreiche Versuche durchgeführt, durch Anwendung von Detergenzien Nebeltröpfchen zum Ausfallen zu bringen. Dabei war besonders zu beachten, dass die verwendeten Chemikalien keine schädigenden Nebenwirkungen auf Lebewesen oder Gegenstände (Korrosion) haben durften. Die Ergebnisse waren ermutigend.

Ob Nebel entsteht oder nicht, hängt stark vom Gelände und vom Boden ab. So kann sich leicht auf engstem Raum extrem dichter Nebel bilden, scharf abgegrenzt von einem Bereich mit völlig freier Sicht. Und genau das lässt ihn zu einer großen Gefahr für den Straßenverkehr werden, weil er dem Autofahrer oft sehr plötzlich und völlig unerwartet wie aus dem Nichts heraus begegnet.

Auch der Straßenverkehr wird durch Nebel stark beeinträchtigt und erheblich gefährdet. Besonders nachts, wenn ein für den Autofahrer ganz plötzlich – oft innerhalb weniger Meter – auftauchender dichter Nebel die Sicht raubt, kann es zu schweren Massenkarambolagen kommen. Da eine Nebelbekämpfung auf Straßen und Autobahnen völlig indiskutabel ist, kann man dieser Gefahrenquelle nur vorbeugend durch geschickte Trassenwahl und Warneinrichtungen, vor allem aber durch eine umsichtige Fahrweise begegnen.

Die große lokale Schwankung, die dem Nebel, insbesondere dem Strahlungsnebel eigen ist, macht es schwer, klimatologische Aussagen über sein Auftreten zu machen. Häufig findet man nur Angaben über die Zahl der **Nebeltage**. Als Nebeltag gilt ein Tag, an dem irgendeinmal Nebel aufgetreten ist, gleichgültig, wie lange er angehalten hat und wie dicht er war. Bei Blüthgen und Weischet (1980) findet man eine Karte des Nebelvorkommens auf der Welt. Schirmer (1981) hat für das Bundesland Hessen eine Nebelkarte entworfen.

2.3.3 Wolken

Eine Wolke ist eine Ansammlung von Wassertröpfchen und/oder Eiskristallen verschiedener Größe. Der Radius der flüssigen Tröpfchen bewegt sich im Durchschnitt von 2 µm bis 10 µm. Doch können in bestimmten Wolken auch viel größere Tropfen vorkommen: bis zu 200 µm (in Cumulonimbus); Regentropfen haben Radien bis zu 2 mm. Noch viel größer können Hagelkörner werden. In extremen Fällen kann Hühnereigröße und noch mehr erreicht werden.

Wolken haben eine ausgeprägte Dynamik: während sie sich auf der einen Seite auflösen, entstehen sie auf der anderen Seite ständig neu. Eine Wolke ist also kein Gegenstand, sondern ein **Zustand**, darüber muss man sich im Klaren sein, auch wenn man glaubt, eine hoch aufgetürmte Haufenwolke buchstäblich in die Hand nehmen zu können, oder wenn eine sommerliche Schönwetterwolke den Eindruck erweckt, man könne sich wie in ein Federbett hineinlegen. Was sich in ihnen alles abspielt, empfindet man am ehesten, wenn man sich ins Gras legt und ihr Entstehen und Vergehen betrachtet.

Wolken vermitteln nicht nur eine vielseitige Ästhetik, sondern sind auch Ausdruck und Folgeerscheinung einer Vielzahl atmosphärischer Prozesse. Sie sind die offensichtlichen Zeichen der Wettervorgänge. Aus ihrer Form kann man den Schichtungszustand der Atmosphäre erkennen, aus ihrer Entwicklung lässt sich sogar ersehen, wie labil die Schichtung ist. Die Wolken geben mit ihrem Zug Hinweise auf die Windverhältnisse. Durch richtiges Deuten des Wolkenbildes kann man den amtlichen Wetterbericht auf die lokalen Verhältnisse hin modifizieren. Als es noch keine wissenschaftlich fundierte Wettvorhersage gab, waren die Wolken zusammen mit anderen Vorgängen in der Natur das einzige, was Kunde vom kommenden Wetter zu geben vermochte.

Wolkenklassifikation und der internationale Wolkenatlas

Die heute verwendete Wolkenklassifikation ist im „International Cloud Atlas" niedergelegt, der von der „World Meteorological Organization" (WMO), einer Unterorganisation der UNO immer wieder überarbeitet und neu herausgegeben wird. Das Werk dient als weltweit verwendetes Handbuch für die Wolkenbeobachtung und Verschlüsselung der Wolkenmeldungen. Die letzte Auflage stammt aus dem Jahr 1987. Von ihr hat der Deutsche Wetterdienst (DWD) im Jahr 1990 eine deutschsprachige Lizenzausgabe herausgebracht. An ihm orientieren sich auch die folgenden Beschreibungen.

Tabelle 7 enthält eine etwas umgearbeitete und verkürzte Form der heute gültigen Internationalen Wolkenklassifikation nach dem WMO-Schema. Sie gliedert sich – in Anlehnung an die LINNÉSCHEN Systematiken – in **Familien**, **Gattungen**, **Arten**, **Unterarten und Sonderformen**.

Die heute gebräuchliche internationale Wolkenklassifikation geht im Wesentlichen auf die 1803 von L. Howard vorgelegte Einteilung zurück. Etwa zur gleichen Zeit hatte J.B. de Lamarck eine ähnliche – fachlich jedoch noch bessere – Systematik veröffentlicht. Durchgesetzt hat sich schließlich das Schema von Howard. Der Grund: Er hatte lateinische Wolkennamen vergeben. Eine solche Einteilung schlug in der wissenschaftlichen Welt des 19. Jahrhunderts ein, denn von der Botanik, der Zoologie, der Medizin und der Chemie her war man lateinische Bezeichnungen gewöhnt und wollte diesen Fachgebieten nicht nachstehen. Dazu kam, dass J. W. VON GOETHE vom Howardschen Schema sehr angetan war und deshalb für eine rasche Verbreitung sorgte.

Wolkenfamilien

Das erste Gliederungsmerkmal ist die **Familie**. Sie informiert über die **Höhe**, in der sich eine Wolke aufhält. Als Kriterium für die Höhe wird dabei die Wolkenuntergrenze benutzt. Die Höhenstufen sind so gewählt, dass das oberste Stockwerk nur reine **Eiswolken** enthält. Im mittleren finden sich so genannte **Mischwolken**, die neben Eiskristallen auch flüssige Tröpfchen enthalten. In den Wolken des unteren Stockwerks schließlich gibt es nur flüssige Tröpfchen. Diese Definition der Höhenstufen bringt es mit sich, dass die einzelnen Wolkenstockwerke im Sommer höher liegen als im Winter (daher die Überschneidung bei der Grenzangabe für die Bereiche der hohen und der mittelhohen Wolken. In den unterschiedlich warmen Klimazonen der Erde gelten aus physikalischen Gründen etwas differierende Höhengrenzen. Auf Seite 113 findet man die international festgelegten Höhenbereiche zusammengestellt.

Hohe Wolken haben in Mitteleuropa Untergrenzen von 5 bis 13 km. Die Namen der zu dieser Familie gehörenden Wolken beginnen mit der Silbe **„Cirr"** (lat. cirrus = Haarlocke), z. B. **Cirr**us, **Cirr**ocumulus, **Cirr**ostratus.

Die Untergrenzen der **Mittelhohen Wolken** liegen in unseren Breiten zwischen 2 und 7 km. Die Namen der zu dieser Familie gehörenden Wolken beginnen mit der Silbe **„Alto"** (lat. altus = hoch), z. B. **Alto**cumulus, **Alto**stratus.

Tab. 7 Internationale Wolkenklassifikation

Familie	Gattung	Symbol	häufige Arten/Unterarten
hohe Wolken	schleierförmig: Cirrus (Ci)		uncinus: hakenförmig fibratus: faserig spissatus: verdichtet floccus: hohe Schäfchenwolke radiatus: strahlenförmig
	haufenförmig: Cirrocumulus (Cc)		undulatus: wellenförmig lacunosus: löcherig
	schichtförmig: Cirrostratus (Cs)		nebulosus: nebelartig
mittelhohe Wolken	haufenförmig: Altocumulus (Ac)		floccus: mittelhohe Schäfchenwolke lenticularis: linsenförmig castellanus: zinnenförmig translucidus: durchlässig für Sonnenlicht opacus: undurchlässig für Sonnenlicht
	schichtförmig: Altocumulus (As)		duplicatus: zweischichtig translucidus: (s. Ac) opacus: (s. Ac) radiatus: strahlenförmig
tiefe Wolken	haufenförmig: durch Turbulenz hervorgerufen: Stratocumulus (Sc) durch Konvektion hervorgerufen: Cumulus (Cu)		lenticularis: linsenförmig castellanus: zinnenförmig vesperalis: abendliche Auflösungsform humilis: niedrig mediocris: mittelhoch congestus: hochaufgetürmt fractus: (vom Wind) zerfetzt pileus: mit einer Wolkenkappe
	schichtförmig: Stratus (St)		nebulosus: hochnebelförmig fractus: (vom Wind) zerfetzt
stark vertikal entwickelte Wolken	haufenförmig: Cumulonimbus (Cb)		calvus: (an der Oberfläche infolge Vereisung) glatt capillatus: (an der Oberfläche) faserig incus: ambossförmig mammatus: busenförmig virga: Fallstreifen
	schichtförmig: Nimbostratus (Ns)		virga: Fallstreifen

Tiefe Wolken reichen in den mittleren Breiten vom Erboden bis in 2 km Höhe. Die Namen der zu dieser Familie gehörenden Wolken haben keine besondere Vorsilbe: Cumulus, Stratocumulus, Stratus.

Stockwerkübergreifende Wolken führt die Wolkenklassifikation in der vierten Familie. Zu ihr zählen die Wolken mit einer so mächtigen Vertikalentwicklung, dass sie die Stockwerksgrenzen sprengen. Sie können auf dem Erdboden aufliegen (Wolkenuntergrenze 0 km) und bis an die Tropopause (vgl. Seite 58) reichen, die in der gemäßigten Klimazone unter bestimmten Voraussetzungen in Höhen bis zu 13 km liegen kann. In ihren Namen findet sich stets die Silbe **„nimb“** (lat. nimbus = Regenwolke), z. B. Cumulo**nimb**us, **Nimb**ostratus.

Wolkenstockwerke nach der internationalen Klassifikation

Stockwerk	Polargebiete	Gemäßigte Zonen	Tropische Zone
oberes	3–8 km	5–13 km	6–18 km
mittleres	2–4 km	2–7 km	2–8 km
unteres	Erdboden bis 2 km	Erdboden bis 2 km	Erdboden bis 2 km

Wie viel Wasser enthalten Wolken? Denken wir uns zunächst einen Cumulus humilis (s. Seite 117) mit einer kreisrunden Basis von 1 km Durchmesser und halbkugelförmiger Gestalt. Sein Volumen V errechnet sich nach der Formel: $V = 1/2 * 4/3 * \pi * r^3$ zu 262 Mio. m^3. Dabei steht r für den Radius. Wolken dieser Art enthalten etwa 1 g kondensiertes Wasser je m^3. Damit beträgt ihr Wassergehalt etwas mehr als 250 t. Für eine mittelgroße Cumulonimbuswolke (s. Seite 117) errechnet sich ein Wert von etwa 800 000 t Wasser. Davon werden gut 10 % als Regen, Schnee oder Hagel ausgeschieden.

Wolkengattungen

Das zweite Gliederungsmerkmal ist die **Gattung**. Sie legt die prinzipielle Wolkenform innerhalb der einzelnen Familien fest. Dazu werden drei grundlegende Formen unterschieden: **haufenförmig, schichtförmig und schleierförmig.**

Die Namen der **haufenförmigen Wolken** enden stets auf **„cumulus“** (lat. Ansammlung, Haufen), z. B. Cirro**cumulus**, Alto**cumulus**, Strato**cumulus**, **Cumulus**. Nicht ins Schema passt allerdings die haufenförmige, stockwerkübergreifende Wolke (4. Familie): Sie müsste eigentlich „Nimbo**cumulus**“ heißen, tatsächlich ist ihr Name aber „Cumulonimbus“.

Die Namen der **schichtförmigen Wolken** enden stets auf **„stratus“** (lat. zweites Partizip von „sternere“ = ausdehnen, ausbreiten, bedecken), z. B. Cirro**stratus**, Alto**stratus**, **Stratus**, Nimbo**stratus**.

Schleierförmige Wolken gibt es nur im Bereich der hohen Wolken. Aus diesem Grund benötigt man keine kennzeichnende Nachsilbe. Die betreffende Wolke heißt einfach nur **Cirrus**.

Arten, Unterarten, Sonderformen und Begleitwolken

Ein einziger Blick zum Himmel genügt, um sich klar zu machen, dass mit den 10 Wolkengattungen die Formenvielfalt der Wolken auch nicht annähernd zu erfassen ist. Dazu sind noch viel weitergehende Differenzierungen erforderlich. Man erreicht sie durch Einführen von Arten und Unterarten.

Die insgesamt **14 Arten** ermöglichen eine nähere Beschreibung der **Höhe** und **Ausdehnung** (**Volumen**), der **Oberflächenbeschaffenheit**, der **Gestalt** und des **inneren Aufbaues** (**Struktur**) der Wolke. So gibt es z. B. die Arten: „humilis“ = niedrig, „calvus“ = glatt, „castellanus“ = zinnenförmig oder „fibratus“ = faserig. Mit Hilfe der **9 Unterarten** wird die **Anordnung der verschiedenen Wolkenteile** sowie **die Durchlässigkeit der Wolke für das Licht von Sonne und Mond** beschrieben. Als Beispiele seien aufgeführt: „undulatus“ = wellenförmig oder „translucidus“ = durchscheinend.

Viele Wolken besitzen arttypische **Sonderformen** oder sie treten zusammen mit **spezifischen Begleitwolken** auf. Beispiele dafür sind: „praecipitatio“ = sichtbar fallender Niederschlag, oder „incus“ = Amboss, der sich schirmartig über Cumulonimbus-Wolken ausbreitet.

Beschreibung der Wolkengattungen

Von den hohen Wolken sind die **Cirruswolken** oder kurz **Cirren** die eindruckvollsten. Sie haben ein schleier- oder federartiges, oft auch krallenförmiges Aussehen und bestehen aus Eiskristallen. Scharfe Konturen fehlen, üblicherweise sind sie hell weiß. Zur Krallenform kommt es, wenn Eiskristalle aus einer höheren, schnellen Windströmung in eine tiefere, langsamere Strömung fallen und dabei einen langen Schweif bilden. Abb. 33 zeigt eine Cirruswolke.

Der **Cirrocumulus** kann oft nur schwer vom Altocumulus unterschieden werden. Er besteht aus Flocken, Bällen, Bauschen oder parallelen Wolkenbändern. Cirrocumuluswolken treten oft gemeinsam mit Cirren auf. Meist bestehen sie aus Eiskristallen, können aber auch unterkühlte Wassertröpfchen enthalten. Landläufig werden sie als zarte Schäfchenwolken bezeichnet.

Der **Cirrostratus** ist eine dünne Schleierwolke, durch die die Sonne praktisch ungehindert durchscheinen kann. Dabei entstehen oft eindrucksvolle Haloerscheinungen: Ringe, Lichtsäulen, Nebensonnen (s. Seite 219), die auf die Existenz von Eiskristallen in der Cirrostratuswolke schließen lassen. Der Wolkenschleier kann so dünn sein, dass er sich nur durch das Auftreten einer oder mehrerer Haloerscheinungen bemerkbar macht.

Oft bedeckt die Cirrostratusschicht den ganzen Himmel. Sie kann sich aber auch durch eine scharfe Grenze vom wolkenfreien Himmel absetzen. Häufig geht sie auch ganz langsam in einen tiefer liegenden Altostratus über, besonders bei einem so genannten Aufzug in Zusammenhang mit dem Herannahen einer Warmfront (s. Seite 289ff.).

Abb. 33
Cirrus-Wolke.

Abb. 34
Altostratus-Wolke.

Abb. 35
Altocumulus-lenticularis-Wolke.

- In der Stratosphäre (s. Seite 59ff.) gibt es nur selten Wolken. Die bekanntesten von ihnen sind die **Perlmutterwolken**. Sie halten sich in 20 bis 30 km Höhe bei Temperaturen unter –85 °C auf und bestehen aus Eiskriställchen. Ihr Aussehen ähnelt dem von Cirren oder Altocumulus lenticularis. Ihre auffällige, von perlmutterfarbigem Schimmern begleitete Helligkeit, die auch noch anhält, wenn die Dämmerung schon weit fortgeschritten ist, erklärt sich damit, dass sie von der Sonne beschienenen werden, während diese für einen Beobachter am Erdboden längst untergegangen ist. Die häufig wellen- oder linsenförmigen Strukturen, aber auch das vermehrte Auftreten hinter Gebirgen, deuten auf Leewellen als Entstehungsursache für die Perlmuttwolken hin. Darüber hinaus findet man in der Stratosphäre so genannte **NAT** (**N**itric **A**cid **T**rihydrate) -Wolken. Sie bilden sich bei Temperaturen unter –78 °C und bestehen aus festem oder flüssigem Salpetersäuretrihydrat. Ihre Form ist schichtförmig mit sehr feingliedrigen Strukturen.

Die mittelhohen Wolken der Familie **Altostratus** bilden häufig eine durchgehende, gleichmäßige strukturlose Schicht, die meist große Teile des Himmels bedeckt. Oft entwickeln sie sich aus Cirrostratus und wachsen in ihrer Mächtigkeit langsam, aber kontinuierlich, wobei sie in ein erst leichtes, dann immer dichter werdendes Grau übergehen.

Anfangs scheint die Sonne noch mit einem unscharfen zerzausten Rand durch die Schicht hindurcht (s. Abb 34), mit zunehmender Dicke verschwindet sie jedoch dahinter. Altostratus enthält Wassertropfen und Eiskristalle nebeneinander. Geht eine Cirrostratusschicht in Altostratus über, so darf man mit baldigem Regen rechnen.

Die Haufenform der mittelhohen Wolken heißt **Altocumulus**. Diese Familie tritt uns in Form von Ballen, Bauschen, Schollen, Bänken oder Wogen entgegen. Manchmal bilden sich mehr oder weniger strukturierte Schichten oder parallele Bänder. Die regelmäßig angeordneten gröberen Schäfchenwolken gehören dazu. Gelegentlich fällt es schwer, Altocumuluswolken gegen Stratocumulus abzugrenzen. Hier hilft nur eine Schätzung der Höhe der Wolkenuntergrenze.

Bei Altocumulus gibt es zwei bedeutsame Sonderformen. Die eine ist die einmalig typische Föhnwolke mit ihren langen, fisch-, zigarren- oder zeppelinförmigen Gebilden. Bei genauer Betrachtung erkennt man, dass sie eine ebene, manchmal auch leicht gewölbte Untergrenze haben, wodurch ein linsenförmiger Querschnitt zustande kommt, der der Wolke zu ihrem Namen Altocumulus lenticularis (lat. linsenförmig) verhalf. Diese Wolken können sehr imposant wirken, wie Abb. 35 zeigt.

Gelegentlich kann man aus einer Altocumulus-Bank kleine Auswüchse emporschießen sehen. Häufig sind sie regelmäßig nebeneinander angeordnet und geben der Wolke das Gepräge einer zinnenbewehrten Burg. Durch diese Gedankenassoziation kam diese Sonderform von Altocumulus auch zu ihrem Namen **castellanus**. Die Castellani entwickeln sich zu selbständigen Ballen, die sich von der Wolkenbank lösen und allmählich nach oben verschwinden. Das bedeutsame dieser Wolkenform ist, dass sie ein meist verlässliches Gewittervorzeichen darstellen. Sieht man am Morgen Altocumulus castellanus, so darf man noch am gleichen Tag mit großer Wahrscheinlichkeit Gewitter erwarten.

Stratus ist die tiefe Schichtwolke. Landläufig wird sie als Hochnebel bezeichnet. Sie hat meist keine scharfe Untergrenze und mutet grau und trist an. Oft hängen Wolkenfetzen aus ihr heraus. Aus einer Stratuswolke kann gelegentlich Regen fallen, jedoch nur feiner Nieselregen. Wenn es aus einer Stratuswolke schneit, dann immer nur in Form kleiner Schneesterne, niemals fallen aus ihr große, reich strukturierte Schneeflocken.

Die Haufenwolken des unteren Niveaus heißen **Stratocumulus** und **Cumulus**. Die Stratocumuluswolke schaut aus wie Wattebauschen: keine scharfe Grenze, kein deutliches Kondensationsniveau, keine feste Form, wie Abb. 36 zeigt. Stratocumulus ist im Allgemeinen nur wenig mächtig. Sie ist die typische Schönwetterwolke.

Cumulus (siehe Abb. 37) unterscheidet sich von ihr durch eine glatte, scharfe Untergrenze. Sie tritt gelegentlich als graue Fläche aus der sonst weißen Wolke hervor. Ein weiteres Unterscheidungsmerkmal zwischen Stratocumulus und Cumulus ist die Oberseite der Wolke. Während die erste keine scharfe Begrenzung besitzt, bildet sich bei der zweiten die typische, an Blumenkohl erinnernde Form aus.

Je nach Höhenentwicklung unterscheidet man bei der Cumuluswolke die flache **Cumulus humilis**, die mittelmäßig entwickelte **Cumulus mediocris** und die mächtige **Cumulus congestus**. Die beiden letztgenannten Cumulusarten sind die typischen Wolken einer labil geschichteten Atmosphäre. Sie deuten immer auf heftige Vertikalbewegungen hin. Blickt man zu einem cumulusübersäten Himmel empor, so hat man den Eindruck, unmittelbar über dem Beobachtungsort seien die Wolken weniger dicht gedrängt als am Horizont. Der Grund dafür ist, dass man bei den zenitnahen Wolken nur die untere Fläche sehen kann, bei denen in der Nähe des Horizonts jedoch auch die hohen Flanken, so dass man dort scheinbar mehr Wolkenoberfläche zu sehen glaubt.

Cumulus congestus leitet über zu den sich über mehrere Atmosphärenetagen erstreckenden Wolken. Die Haufenform heißt **Cumulonimbus**, im landläufigen Sprachgebrauch Schauer- oder Gewitterwolke. Ihr typisches Merkmal ist ein schirmartiges Wolkengebilde an ihrem oberen Rand, das bezeichnenderweise Gewitterschirm genannt wird. Er ist meist vereist und bildet deshalb die für Eiswolken typische Faserstruktur aus, die uns bei den Cirren schon begegnet ist. Er mutet von der Seite gesehen oft wie ein Amboss an und wird deshalb auch gerne als solcher bezeichnet. Wie Abb. 38 zeigt, steht seine Struktur in scharfem Kontrast zu dem blumenkohlähnlichen Gepräge der tieferen wasserhaltigen Wolkenteile.

Ein Cumulonimbus, von der Seite betrachtet, gehört zu den imposantesten Wolkenerscheinungen, die der Himmel bieten kann. Befindet man sich aber in unmittelbarer Nähe oder gar unter einem Cumulonimbus, so sieht man nur eine dunkelgraue bis schwarze Masse, die nichts von der Schönheit und Leuchtkraft der darüber liegenden Wolke ahnen lässt. Gelegentlich schimmert es aus der Schwärze auch gelblich hervor. Dann darf man mit einiger Sicherheit damit rechnen, dass es dort hagelt.

Zu den Raritäten am Wolkenhimmel zählen die leuchtenden Nachtwolken. Wie der Name sagt, zeigen sie sich erst nach Sonnenuntergang bis in die Nacht hinein. Meist sind sie schleier- oder wellenförmig, stets von sehr zarter Struktur. Wenn sie nahe dem Horizont stehen, erscheinen sie orangerot bis goldbraun, in größerer Höhe nehmen sie silbrige oder bläulich-weißliche Töne an. Am ehesten findet man sie in Breiten über 50° während des Polarsommers. Sie halten sich knapp oberhalb der Mesopause (s. Seite 59ff.) in Höhen um 90 km auf. Bei den dort herrschenden Temperaturen zwischen –85 und –90 °C enthält die Luft nur noch winzige Spuren von Wasserdampf, der sich wahrscheinlich an Gefrierkernen aus Meteoriten-, vielleicht auch Vulkanstaub als Eiskriställchen niederschlägt.
Beleuchtet werden diese Wolken von gestreutem oder reflektiertem Sonnenlicht, was zusammen mit der großen Höhe ihr Erscheinen am nächtlichen Himmel erklärt.

Abb. 36
Stratocumulus-Wolke.

Abb. 37
Cumulus-Wolke.

Abb. 38
Cumulonimbus-Wolke.

Im Zusammenhang mit den Schauerwolken gibt es noch drei erwähnenswerte Sonderformen: Böenwalze, mammatus oder Regensack und Virga oder Fallstreifen.

Die **Böenwalze** ist eine langgestreckte, finster anmutende Wolkenwalze, die sich vor anrückender Kaltluft (s. Seite 289ff.) ausbildet und mit heftigen Sturmböen deren Ankunft verkündet. Nach einem Schauer kann man gelegentlich sackartig anmutende, fast regelmäßig angeordnete Wolkengebilde beobachten. Sie heißen **mammatus** und weisen darauf hin, dass aus der betreffenden Wolke Niederschlag gefallen ist.

Stockwerkübergreifende, schichtförmige Wolken heißen **Nimbostratus.** Sie präsentieren sich als graue, häufig dunkle Wolkenschicht, aus der üblicherweise anhaltend und ergiebig Regen- oder Schnee fällt. Die Schicht ist so dicht, dass die Sonne unsichtbar wird. Unterhalb der Schicht treten häufig niedrige, zerfetzte Wolken auf, die mit ihr zusammenwachsen können.

Gelegentlich verdunstet der fallende Regen, ehe er den Boden erreicht. Dabei sieht man mehr oder weniger schräge, parallel nebeneinander angeordnete Streifen, die scheinbar aus den Wolken heraushängen, jedoch nicht bis zum Boden reichen. Sie heißen **Virga** oder **Fallstreifen**.

Außer den wenigen erwähnten Sonderformen innerhalb der Wolkenfamilie gibt es noch gut zwei Dutzend weitere.

Zwei von ihnen sollen jedoch auch hier noch erwähnt werden. Das sind einmal die **Kondensstreifen**. Sie entstehen dadurch, dass der in den Abgasen von Flugzeugen enthaltene Wasserdampf kondensiert. Zu einer Kondensation wird es um so eher kommen, je mehr Wasserdampf bereits in der Luft vorhanden ist. In feuchter Luft kann man also öfter Kondensstreifen beobachten als in trockener. Da heranrückende feuchte Luft häufig eine Wetterverschlechterung mit sich bringt, darf man gehäuft auftretende Kondensstreifen als diesbezügliche Wetterboten deuten. Kondensstreifen diffundieren im Lauf der Zeit auseinander, werden dabei dünner und verlieren an Helligkeit. Aus der Versetzung der Kondensstreifen kann man auf die Windverhältnisse in ihrer Höhe schließen.

Schließlich sei noch Form und Habitus der sich beim Absinken auflösenden Wolken vorgestellt. Bei ihr beginnen zunächst die äußeren, ohnehin schon dünnsten Partien faserig und durchsichtig zu werden, um schließlich ganz zu verschwinden. Der Prozess greift allmählich auf die ganze Wolke über, wobei sich oft Teile abspalten, die Form von einzelnen Wolkenfetzen annehmen, immer kleiner und zerrupfter werden und sich schließlich in nichts aufzulösen scheinen.

Aus Cumulonimbuswolken fallen häufig schwere Regen-, Schnee- und Hagelschauer, oft begleitet von Gewittern und Sturmböen.

Gelegentlich kann man beobachten, dass hinter einem Flugzeug nicht Wolken entstehen, sondern dass sich – im Gegenteil – vorhandene Wolken auflösen.
Voraussetzung für diesen Effekt ist, dass sich in der Höhe eine von trockener Luft erfüllte Inversion (s. Seite 49) ausgebildet hat, an deren Untergrenze eine dünne Wolkenschicht schwebt. Durchfliegt ein Flugzeug diese Schicht, so wird die Wolkenluft von der Turbulenz der Triebwerke mit der Luft darüber und der darunter vermischt, die ja beide wärmer sind. Die Folge: Die Temperatur der Wolkenluft steigt, die Feuchtesättigung geht verloren und die Wolken lösen sich in einem dünnen Streifen längs der Flugbahn auf.

Entstehung der Wolken

Im Wesentlichen können Wolken auf zweierlei Weise entstehen:

- ungeordnete Hebung von Luftpaketen,
- großflächiges Aufgleiten von Luft.

Kondensstreifen geraten zunehmend in Verdacht, am Klimawandel beteiligt zu sein. Wegen der in Reiseflughöhe (10–13 km) herrschenden Temperaturen von –40 bis –70°C, bestehen Kondensstreifen wie auch die Cirren aus Eiskristallen. Diese reflektieren einen Teil der von der Sonne kommenden (so genannten kurzwelligen Strahlung) in den Weltraum zurück und wirken sich damit kühlend auf das Weltklima aus. Andererseits verursachen die Eiskristalle der Konddensstreifen eine Verstärkung des atmosphärischen Glashauseffektes (s. Seite 210), wirken also erwärmend. Nach neueren Erkenntnissen überwiegt der Erwärmungseffekt den Abkühlungseffekt zur Zeit nur geringfügig. Angesichts der vorhergesagten gigantischen Zunahme des Flugverkehrs in den kommenden Jahrzehnten lassen Modellrechnungen jedoch einen gefährlich steigenden Beitrag der Kondensstreifen zur Erderwärmung befürchten.

Ungeordnete Hebung von Luftpaketen

Ungeordnet oder **turbulent** nennt man eine Luftbewegung, wenn ein darin betrachtetes Teilchen seine Richtung und Geschwindigkeit ständig ändert. Auch die Bewegung des Windes ist eine turbulente Bewegung, was man daran erkennen kann, dass er stoßweise, böig auftritt und auch ständigen Richtungsänderungen unterliegt. Warum der Wind turbulent ist, wird auf Seite 275 ausführlich erklärt. Infolge der Turbulenz des Windes stoßen Luftpakete auch nach oben vor und kühlen sich adiabatisch ab. Dabei kann der Taupunkt unterschritten werden, und Wasserdampf beginnt zu kondensieren. Gleichzeitig werden andere Luftpakete von oben unter adiabatischer Erwärmung und Wolkenauflösung nach unten geführt.

Als Folge dieses ständigen Auf und Ab entstehen haufenförmige Wolken in allen Niveaus der Atmosphäre: Stratocumulus, Altocumulus, Cirrocumulus. Die Wolkendecke wird durch diese Vorgänge oft in eine große Zahl von kleinen Wolkenschollen, abgeplatteten Wogen oder hintereinander angeordneten Bändern zerteilt. Bei sehr feuchter Luft und nur unbedeutender Turbulenz kann sich auch eine durchgehende Stratusschicht aufbauen. Bei sehr kräftiger Turbulenz werden da und dort Wolkenteile so schnell nach unten bewegt, dass sie nicht mehr rechtzeitig verdunsten können und so als Fetzen aus der Wolke heraushängen. Die Turbulenz verhindert, dass sich eine glatte, durchgehende Wolkenuntergrenze ausbilden kann.

Auch Überhitzungen am Boden können dazu führen, dass sich Luftpakete wie Heißluftballone von selbst nach oben in Bewegung sezten. Über trockenen Getreidefeldern, Sandflächen, Städten und Hügeln kommt es gerne zu solchen als **Konvektion** bezeichneten Aufwärtsbewegungen. Kühlere Oberflächen wie Seen, Wälder und Flussauen ermöglichen ausgleichende Abwärtsbewegungen. Genauer werden die Vertikalbewegungen in Kapitel „Energiehaushalt" besprochen. Hier genügt uns, von ihrer Existenz zu wissen. Die Höhe, in der die Kondensation einsetzt, nennt man **Kondensationsniveau** (vergl. Seite 90 und 92).

Was nach dem Einsetzen der Kondensation geschieht, hängt ganz vom Wasserdampfgehalt der Luft und der Stabilität der Atmosphärenschichtung ab. Dazu betrachten wir Abb. 39 und richten unser Augenmerk auf ein Luftpaket, das sich am Boden auf die Temperatur ϑ_P überhitzt haben soll und gerade im Begriff ist aufzusteigen. Die gestrichelte Kurve beschreibt, wie seine Temperatur dabei adiabatisch zurückgeht (vgl. Seite 91). Nehmen wir an, die Atmosphäre sei relativ stabil geschichtet, wie es der Kurve 1 entspricht, dann sehen wir, dass die Überhitzung unseres Luftpaketes mit wachsender Höhe immer geringer und damit sein Auftrieb immer schwächer wird. Erst mit einsetzender Kondensation gibt die freiwerdende Kondensationsenergie einen erneuten Anstoß zum Aufsteigen. Innerhalb der jetzt entstehenden Cumuluswolke kühlt sich das Paket feuchtadiabatisch ab.

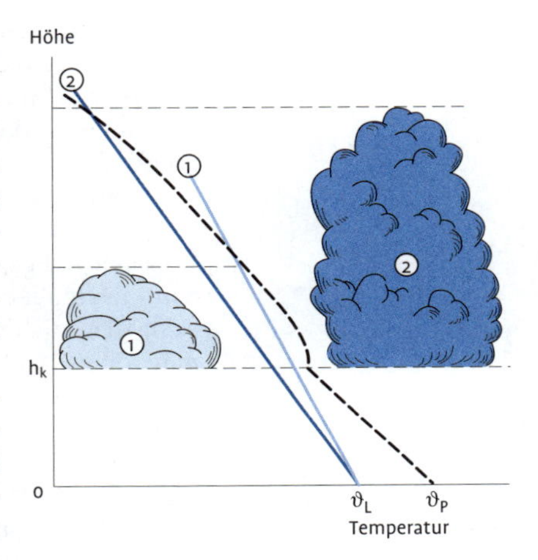

Abb. 39
Zur Entstehung von Cumulus-Wolken.

Bereits wenig oberhalb des Kondensationsniveaus sinkt die Temperatur unseres Paketes wieder unter die Umgebungstemperatur. Damit wird es schwerer als die Luft ringsum, und seine Aufwärtsbewegung kommt zum Erliegen. Äußerlich sichtbares Zeichen dafür ist, dass die Wolkenentwicklung hier aufhört und der entstandene Cumulus flach und niedrig bleibt: ein typischer Cumulus humilis. Wäre die Atmosphäre weniger stabil geschichtet gewesen, wie es etwa der Kurve 2 entspricht, so hätte sich ein mächtiger Cumulus mediocris oder gar ein Cumulus congestus entwickeln können.

Auch der **Wasserdampf der Luft** spielt bei der Cumulusentwicklung eine wesentliche Rolle. Ist die Luft verhältnismäßig trocken, so erschöpft sich die Kondensationsenergie sehr rasch, und die Wolkenentwicklung hört relativ schnell auf. Ist die Luft jedoch sehr feucht, so kann immer neuer Wasserdampf kondensieren und für einen anhaltenden Auftrieb sorgen. Die Vertikalgeschwindigkeiten erreichen dabei Werte bis 20, mitunter 30 m/s. Durch das Aufquellen werden auch aus der Umgebung immer neue Luftpakete in das Geschehen mit einbezogen. Die hochbrodelnden Luftmassen formen sich zu halbkugeligen Gebilden mit einer für sie typischen Zirkulation (Abb. 40), deren Hauptstoßrichtung im Zentrum nach oben gerichtet ist und dadurch dort die Vertikalentwicklung besonders vorantreibt. So bildet sich die für Cumuluswolken kennzeichnende blumenkohlartige Oberfläche aus.

Abb. 40
Zirkulation in einem Cumulus-bildenden Luftpaket, das die typische Blumenkohl-Struktur entstehen lässt.

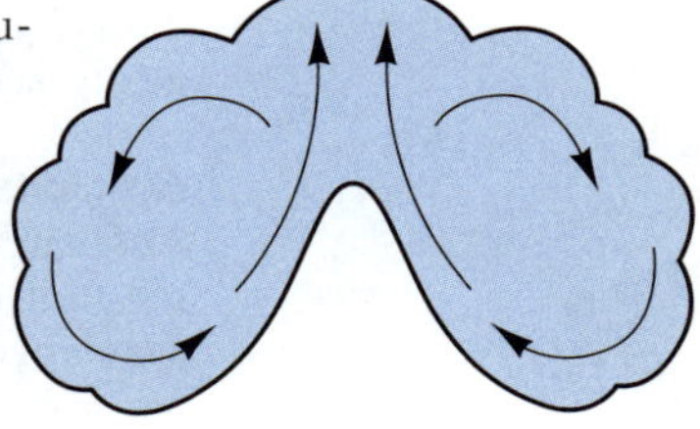

Ob sich ein einmal entstandener Cumulus zu einem Cumulus congestus oder gar einem Cumulonimbus entwickeln kann oder ob er auf der Stufe Cumulus humilis oder Cumulus mediocris stehenbleibt, hängt also vom Wasserdampfgehalt der Luft und der Temperaturschichtung der Atmosphäre ab: Je feuchter die Luft und je weniger stabil die Atmosphäre, desto höher die Wolken.

Inversionen, auch wenn sie nur auf begrenzte Schichten innerhalb der Atmosphäre beschränkt sind, hemmen in jedem Fall die Cumulusentwicklung. Ist eine Inversion nur wenig mächtig, so kann sie von einer kräftigen Wolkenentwicklung leicht durchstoßen werden.

Anders ist das bei der hochreichenden ozonbedingten Inversion der Stratosphäre. Erreichen die aufsprudelnden Luftpakete diese Sperrschicht, so werden sie gezwungen, nach der Seite auszuweichen. Das ist der gleiche Vorgang, wie wenn man einen Wasserstrahl gegen ein festes Hindernis richtet. Das Wasser spritzt dann nach allen Seiten auseinander. In der gleichen Weise entwickelt sich auch eine Cumuluswolke an der Tropopause zu einem mächtigen Wolkenschirm, dem **Gewitterschirm** oder **Amboss**. Erst wenn eine Wolke diesen Entwicklungszustand erreicht hat, nennt man sie Cumulonimbus. Wegen der tiefen Temperaturen in der Höhe der Tropopause vereist der Amboss im Allgemeinen, was ihm seine zerzauste, faserige Struktur verleiht. Ist erst einmal das Stadium Cumulonimbus erreicht, so können daraus kräftige Regen- und Schneeschauer fallen, bis hin zu schwersten Wolkenbrüchen mit Hagelschlägen und begleitet von heftigen Gewittern und Sturmböen.

— Die Lebensdauer von Quellwolken ist meist auf einige Stunden begrenzt. Mit Vorliebe entstehen sie wegen der dann allgemein labileren Bedingungen in der zweiten Tageshälfte und gehen in der Nacht wieder zugrunde. Oft sieht man am Morgen nach einer Gewitternacht die Reste von Ambossen als Cirren am Himmel stehen.

Zu einem besonders ausgeprägten Fall von labiler Schichtungen kommt es, wenn kalte Luft gegen warme vorrückt, an so genannten **Kaltfronten** (vgl. Seite 288ff.). Die Kaltfront hat dabei die Eigenart, in der Höhe häufig schneller voranzukommen als am Boden (s. Seiten 52 und 291). Das ruft in der Höhe bereits einen empfindlichen Temperaturrückgang hervor, während in den unteren Schichten noch die warme und feuchte Luft vorhanden ist. Damit sind die besten Voraussetzungen für die Entwicklung mächtiger Cumulus congestus und Cumulonimbuswolken mit Bildung von Schauern und Gewittern gegeben. Das Auftreten von Wolken dieser Art stellt für den Meteorologen eine wichtige Analysierhilfe zum Auffinden von Kaltfronten dar.

Manchmal ist nur eine begrenzte Luftschicht für die Cumulusentwicklung geeignet, während darunter zu große Stabilität herrscht. Oberhalb von Altocumuluswolken, die sich nahe der Schichtgrenze aufhalten, wachsen dann oft kleine, regelmäßige Quellungen, die Altocumulus castellanus. Die Umstände, die zu ihrer Bildung führen, erklären auch, warum Castellani recht zuverlässige Gewitterboten darstellen: Ist nämlich in der Höhe erst einmal ein labiler Zustand eingetreten, so ist es nur noch eine Frage der Zeit, bis er sich auf alle Atmosphärenschichten ausdehnt.

Aufgleiten

Aufgleiten kann auf zweierlei Weise erfolgen. Erstens kann warme Luft über kalte geschoben werden, und zweitens kann Luft gezwungen werden, an orographischen Hindernissen hochzugleiten.

Betrachten wir zunächst den ersten Fall, dass warme Luft auf kalte aufgleitet. Solche Vorgänge laufen an so genannten Warmfronten ab (s. Seite 289), wo warme Luft auf einen Keil kalter Luft geschoben wird. Im Kapitel 6.1.2 wird der Vorgang näher erläutert. Abb. 124(f), Seite 286, und Abb. 132, Seite 290 zeigen, wie man sich den Bewegungsablauf vorzustellen hat.

Die Vertikalgeschwindigkeiten, die dabei auftreten, sind sehr gering, normalerweise nur einige Zentimeter pro Sekunde. Dafür dauern Aufgleitvorgänge häufig viele Stunden, ja Tage an. Die Aufgleitflächen sind oft sehr ausgedehnt, Längen von mehreren tausend Kilometern und Breiten von einigen hundert Kilometern sind durchaus nicht ungewöhnlich. Während des Hochschiebens der Warmluft kommt es zu ganz typischen Wolkenbildern.

Beginnen wir mit unserer Betrachtung an der Spitze der Warmluftzunge knapp unter der Tropopause, wo die Wolkenentwicklung mit verbreiteter Cirrusbewölkung einsetzt. Dass dort überhaupt Wolken entstehen können, kommt einmal daher, dass sich wärmere und kältere Luft berühren, zum anderen kühlt sich die Warmluft beim Aufgleiten adiabatisch ab. Die Temperaturen sind dort – auch in der Warmluft – so tief, dass sich Eiskristalle bilden können.

Wir müssen uns vor Augen halten, dass sich diese Vorgänge in Höhen von 7 bis 8 km abspielen, wo Temperaturen von –30 °C bis –40 °C herrschen. Bei solchen Kältegraden ist aber in der Luft nur mehr eine winzige Wassermenge vorhanden. Sie reicht gerade noch für einen dünnen Cirrus-Schleier aus. Jeder m³ Luft enthält kaum mehr als hundert Eiskriställchen.

Gehen wir Schritt für Schritt in die Warmluftzunge hinein, so finden wir die Grenzfläche zwischen der warmen und der kalten Luft allmählich tiefer und tiefer sinken. Damit steigen die Temperaturen, wächst der Wasserdampfgehalt der Luft und vergrößert sich die Höhe bis zur Tropopause, also jener Schicht, in der Wolken existieren können. Die Folge ist eine an Dichte und Mächtigkeit zunehmende Bewölkung. Die einzelnen Cirren wachsen zunächst zu Cirrostratus zusammen. Daraus wird dann ein erst dünner, später immer dichterer Altostratus, der schließlich in einen ausgedehnten Nimbostratus übergeht. Gelegentlich vollzieht sich die Wolkenbildung auch in mehrere Schichten gleichzeitig.

Während bei Cirruswolken noch die Eiskristalle überwiegen, wächst bei den dichteren Wolken zunehmend der Gehalt an unterkühltem flüssigem Wasser. Dass sich die ganze Schicht zwischen der Grenze zur Kaltluft und der Tropopause mit Wolken füllen kann, kommt daher, dass durch das Aufgleiten innerhalb der Warmluft eine Hebungslabilisierung eintritt, die zur Durchmi-

Mit Cirruswolken beginnt – wie hier gezeigt wird – ein in typischer Weise fortschreitender Wolkenbildungs-Prozess, an dessen Ende lang anhaltender Regen- oder Schneefall steht. Cirren gelten daher landläufig als Schlechtwetterboten. Sie können aber auch mitten in einem stabilen Hochdruckgebiet auftauchen, das noch tagelanges Schönwetter erwarten lässt. Auf eine Wetterverschlechterung deuten Cirren nur dann hin, wenn sie zunehmend dichter werden. Auf diese Problematik macht auch das alte Meteorologen-Sprichwort aufmerksam: „Bei Frauen und Cirren kann man sich irren!“

schung der gesamten Warmluftschicht führt. Das erklärt auch die Tatsache, warum wir im hinteren Teil der Warmluftzunge mächtige Nimbostratuswolken finden, die ihren enormen Wassergehalt in Form lang anhaltender Regenfälle abladen. Die Labilisierung führt gelegentlich zur Bildung von ausgeprägten Zellen konvektiver Wolken, die sich in einer vorübergehenden Verstärkung der Regenintensität äußern. Da die Warmluft während des Aufgleitens die vor ihr liegende Kaltluft langsam vor sich herschiebt, vollzieht sich für einen Beobachter am Boden die Wolkenentwicklung dabei in der oben beschriebenen Reihenfolge.

Die Illustration der Wolken musste hier etwas knapp gehalten werden; außerdem war es aus technischen Gründen nicht möglich, sie in Farbe abzubilden. Aus diesem Grund hat der Verlag Eugen Ulmer für alle Wolkenfreunde den ebenfalls von H. Häckel verfassten „Naturführer Wolken" auf den Markt gebracht. Er erläutert anhand von 16 Grafiken Entstehung, Wachstum und Auflösung von Wolken und präsentiert in 170 Farbfotos ihre Formenvielfalt.

Aufgleitbewegung entsteht auch, wenn Luft über ein **orographisches Hindernis** geführt wird, etwa eine Gebirgskette wie die Alpen, die Rocky Mountains oder die Anden. Das Aufgleiten stellt deshalb auch einen Teil des Föhnvorgangs (s. Seite 93) dar. Dabei kommt es zur Bildung mächtiger Stauwolken mit ergiebigem Niederschlag. Hat die Luft die Höhe des Hindernisses überschritten, so gleitet sie unter adiabatischer Erwärmung wieder ins Tal hinab, wobei sich die Wolkenmassen rasch auflösen. Häufig sieht man die Staubewölkung wie eine Mauer über dem Gebirgshindernis stehen. Sie wird deshalb sehr treffend als **Föhnmauer** bezeichnet.

Beim Herabgleiten der Luft auf der Föhnseite entstehen meist mehrere großräumige Luftschwingungen. Sie bewirken ein erneutes Hochheben der Luft unter Umständen bis über das Kondensationsniveau. Auf der anderen Seite wird die Luft unter Erwärmung wieder nach unten geführt, so dass sich die für Föhn typischen langgestreckten Altocumulus lenticularis mit ihrem linsenförmigen Querschnitt bilden. Oft kommt es zu einer ganzen Reihe solcher Wolkenbänder, die sich hintereinander parallel zum Verlauf des Gebirges anordnen.

2.3.4 Niederschläge

Unter Niederschlag versteht man jede flüssige oder feste, aus kondensiertem Wasser gebildete und herabfallende Ausscheidung aus Wolken und Nebel.

Die Niederschläge werden eingeteilt in:

1.) flüssige Niederschläge
   a) Nieselregen; Tropfenradius 0,05 bis 0,25 mm;
   b) Regen; Tropfenradius 0,25 bis 3,0 mm;
2.) feste Niederschläge
   a) einzelne Eiskristalle, „Eisnadeln";
   b) Schnee (Schneesterne oder andere Eiskristalle; einzeln oder zu Flocken zusammengefügt);
   c) Graupel (Schnee- oder Eiskristalle, die mit vielen gefrorenen Wolkentröpfchen überzogen sind);

d) Hagel (schalenartig aufgebaute Eisklümpchen)
e) Eiskörner (gefrorene Regentropfen)

Nieselregen

anhaltender Nieselregen

gefrierender Nieselregen

Nieselregen in Regen übergehend

Abb. 41
Wettersymbole: Nieselregen.

Einst rechnete man sowohl die flüssigen als auch die festen Niederschläge zu den Meteoren und grenzte sie als Wassermeteore gegen die Feuermeteore ab. Die Wassermeteore gaben denn auch unserer Wissenschaft ihren Namen „Meteorologie".

Nieselregen

Unter Nieselregen oder Sprühregen versteht man einen kleintropfigen Regen, der oft aus tiefen Stratuswolken (vgl. Seite 116) fällt, aber auch in einem dichten, nässenden Nebel entstehen kann. Die Radien der Nieseltropfen liegen zwischen 0,05 und 0,25 mm. Sie entstehen durch zufälliges Zusammenstoßen und Zusammenfließen von Wolkentröpfchen, so genannte **Koaleszenz**.

Man kann solche Vorgänge auch bei den in der Suppe schwimmenden Fettaugen beobachten, die sich bei gegenseitiger Berührung gerne zusammenlagern. Der Grund dafür ist in der Oberflächenspannung der Tropfen zu suchen, die immer versucht, die Oberfläche möglichst klein zu halten. Da zwei einzelne kleine Tröpfchen zusammen eine wesentlich größere Oberfläche besitzen als das beim Zusammenfließen entstehende größere Tröpfchen, ist die Wirksamkeit dieses Bildungsmechanismus leicht einzusehen (vgl. Seite 86).

Wegen der Kleinheit der Nieseltropfen ist ihre **Fallgeschwindigkeit** nur gering. Sie liegt zwischen 0,25 und 2 m/s. Außerdem werden sie von der Luftbewegung leicht mitgenommen. Man kann die unregelmäßige Bewegung der einzelnen Tröpfchen oft unmittelbar beobachten. Die Intensität und die Ergiebigkeit eines Nieselregens sind im Allgemeinen gering, was ebenfalls auf die Tröpfchengröße zurückzuführen ist.

Nieselregen ist typisch für feuchte Warmluftmassen, die von wärmeren Gebieten in kältere strömen und dort durch Kontakt mit dem Boden abgekühlt werden.

Regen

Beim Regen unterscheidet man gerne nach der Intensität den kurzen, aber heftigen Schauerregen und den ruhigen, langanhaltenden Landregen. Der Entstehungsmechanismus der dabei fallenden Regentropfen ist aber nicht grundsätzlich verschieden, weswegen hier auf eine Differenzierung verzichtet wird.

Große Regentropfen haben Radien von 2 bis 3 mm. Die der Wolkentröpfchen dagegen liegen in der Größenordnung von 10^{-3} cm. Daraus ergibt sich, dass etwa 10^6 Wolkentröpfchen benötigt werden, um einen Regentropfen zu bilden.

Langmuir, Irving
Metallurge, Chemiker und Physiker
* 31.1.1881 in Brooklyn
† 16.8.1957 Falmouth (Mass.)
Ungewöhnlich vielseitiger Wissenschaftler; viele Erfindungen; Nobelpreis für Chemie; befasste sich mit zahlreichen Arbeitsgebieten, darunter auch mit der künstlichen Erzeugung von Regen.

Es gibt **zwei Theorien**, wie der Bildungsprozess ablaufen könnte. Die erste stammt von LANGMUIR und ist uns beim Nieselregen bereits begegnet. Sie führt das Tropfenwachstum auf Koaleszenz zurück. Dabei geht sie von der Vorstellung aus, dass in einer Wolke immer Tröpfchen ganz verschiedener Größe gleichzeitig vorhanden sind. Ein wichtiges Gesetz der Physik, das nach seinem Entdecker STOKES benannt wurde, sagt, dass die Fallgeschwindigkeit von Tröpfchen um so größer ist, je dicker sie sind. In einer Wolke mit ihrem breiten Spektrum von Tropfendurchmessern darf man deshalb gleichzeitig die verschiedensten Fallgeschwindigkeiten erwarten. Geht man von der Vorstellung aus, dass ein Tropfen alle anderen, die auf seinem Weg liegen, einholt und aufnimmt, dann würde er etwa einen vertikalen Zylinder leerfegen, der seinem Querschnitt und seinem Fallweg entspricht.

Diese Vorstellung ist natürlich stark vereinfacht. Tatsächlich wird nicht jedes auf dem Weg liegende Tröpfchen auch wirklich mit dem fallenden Tropfen kollidieren. Besonders die ganz kleinen werden von der Strömung um ihn herumgeführt, ohne mit ihm zusammenzustoßen.

Andererseits wissen wir bereits, dass in Wolken, besonders in den in heftiger Entwicklung befindlichen Cumulus congestus und Cumulonimbuswolken erhebliche Aufwinde herrschen, in Extremfällen bis zu 30 m/s. Solche Vertikalwinde können einen Tropfen in der Schwebe halten und ihm kleinere entgegentragen, die mit ihm koagulieren, so dass auf diese Weise ein erhebliches Tropfenwachstum denkbar ist.

Es hat sich aber gezeigt, dass dieser Wachstumsprozess außerordentlich hohe Wasserdampfmengen verlangt, die in unseren Breiten normalerweise nicht vorhanden sind. In den Tropen dagegen ist diese Voraussetzung wegen der dort besonders hohen Temperaturen und Feuchten durchaus gegeben, und so ist man heute der Meinung, dass der LANGMUIR'sche Wachstumsprozess zwar in diesen Regionen der Erde zur Bildung großtropfigen Regens führt, bei uns jedoch bestenfalls Nieselregen zustande bringt.

Der Verdacht, dass die Bildung von Regentropfen in den mittleren und höheren Breiten über einen anderen Prozess abläuft, wird hauptsächlich durch die Beobachtung erhärtet, dass Schauerwolken erst dann zu regnen beginnen, wenn sie in ihrem oberen Teil vereist sind, also die Entwicklungsstufe Cumulonimbus erreicht haben.

Bereits 1911 hat der große Meteorologe, Polarforscher und Geophysiker WEGENER die Vermutung geäußert, dass das Eis in den oberen Wolkenschichten der Ausgangspunkt für die Niederschlagsbildung sein könne. FINDEISEN und BERGERON haben sie später zu der heute allgemein anerkannten Theorie weiterentwickelt. Sie baut auf der Überlegung auf, dass ein Eiskristall nur dann ent-

Regen

Abb. 42
Wettersymbole: Regen.

stehen kann, wenn ein Gefrierkern als Basis zur Verfügung steht. Gefrierkerne sind aber selten, außerdem werden sie erst bei ziemlich tiefen Temperaturen aktiv. Folglich muss es in einer Wolke reichlich unterkühltes Wasser geben, Wasser also, das trotz seiner Temperaturen unterhalb des Gefrierpunktes noch flüssig ist.

Ist aber ein Eiskristall entstanden, so besteht für ihn wegen des über Eis erniedrigten Sättigungsdampfdruckes eine erhebliche Übersättigung. Diese bewirkt, dass sich Wasserdampf auf seiner Oberfläche absetzt. Dadurch sinkt der Dampfdruck der Luft, und bezüglich der unterkühlten Wassertröpfchen entsteht ein Sättigungsdefizit, das diese zum Verdunsten anregt. Insgesamt gesehen setzt also ein **Wasserdampfstrom** von den Tröpfchen zum Kristall ein, der ihm zu einem schnellen Wachstum verhilft (vgl. Seite 74).

Wegener, Alfred L.
Meteorologe und Geophysiker
* 1.11.1880 in Berlin
† Mitte Nov.1930 auf einer Grönlandexpedition
Professor in Hamburg, Arbeiten: Polarforschung, Wolkenphysik, Kontinentaldrift, Thermodynamik der Atmosphäre, Klimatologie, mehrere Expeditionen.

In Abb. 43 ist dieser Vorgang in einem Laborexperiment zu sehen. Bei einer Temperatur von etwa –25 °C wurde dort ein Metallspiegel leicht angehaucht, wodurch er sofort beschlug. Der Beschlag bestand, was leicht nachgewiesen werden konnte, aus unterkühlten Tröpfchen. Dann wurden Eiskristalle auf den Metallspiegel gestreut, die aus zerstoßenem Raureif gewonnen worden waren. Wie man sehr gut erkennen kann, sind um die Kristalle herum die Tröpfchen verdunstet, was an den dunklen Höfen zu sehen ist. Vielfach waren die Eiskristalle so klein, dass sie auf dem Bild selbst nicht mehr zu sehen sind. Sie verraten sich jedoch durch ihre Höfe, die als kleine schwarze Punkte erscheinen.

In der Wolke beginnt der schnell wachsende Kristall aufgrund seines Gewichtes zu fallen, zunächst durch die Schicht mit den unterkühlten Tröpfchen. Dabei läuft der eben beschriebene Wachstumsprozess kontinuierlich weiter. Außerdem stößt er ständig mit Tröpfchen zusammen, die sofort spontan an seiner Oberfläche festfrieren. Aus dem ursprünglichen Eiskristall ist also ein (amorphes) Eiskügelchen geworden. Dieser Vorgang bewirkt, wie man sich leicht vorstellen kann, ein unvergleichlich schnelleres Wachstum als es beim „Nur-Anlagern“ nach Langmuir möglich ist.

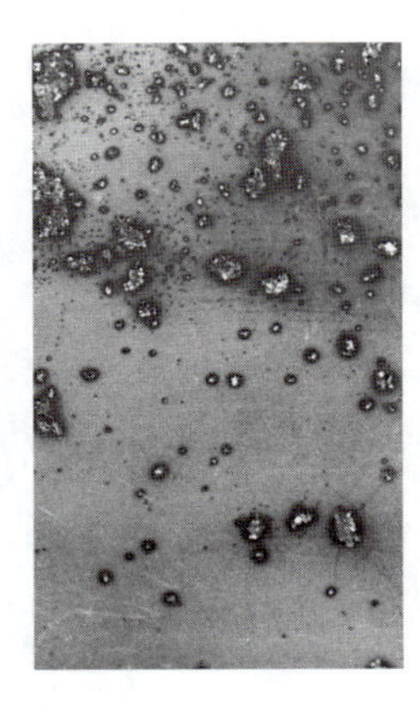

Abb. 43
Laborversuche zum Bergeron-Findeisen-Prozess; nach diesem Prozess erfolgt in den außertropischen Gebieten der Erde die Niederschlagsbildung (Erläuterungen im Text).

Sein weiterer Lebensweg ist nun eindeutig vorgezeichnet. Nach dem Durchfallen der 0 °C-Grenze schmilzt das Eiskügelchen, und ein großer Regentropfen ist entstanden. Damit muss aber die Entwicklungsgeschichte des Regentropfens noch nicht zu Ende sein. Wie man festgestellt hat, haben Regentropfen praktisch nie größere Radien als 2 mm, auch nicht, wenn sie nach dem Aufklatschen auf den Boden mehrere Zentimeter große Kleckse hinterlassen.

Was passiert aber, wenn ein Eiskügelchen so groß ist, dass es nach dem Schmelzen einen größeren Tropfen bilden würde? Wächst der Tropfenradius über etwa 3 mm, so kommt es beim

Bergeron, Tor
Meteorologe
* 15.8.1891 in Godstone b. London
† 13.6.1977 in Uppsala
Professor in Uppsala; Arbeiten zur Niederschlagsentstehung, Wettervorhersage, Frontentheorie (s. Seiten 286 und 288)

Fallen zu Abweichungen von der Kugelgestalt, es bilden sich Eindellungen, die schließlich zu instabilen Schwingungen führen, in deren Folge der Tropfen regelrecht zerfetzt wird. Dadurch entsteht eine Reihe neuer, kleinerer Tropfen, die durch Anlagerung wieder zu größeren Exemplaren heranwachsen können.

Regenrekorde

Häufigkeit, Menge und Ergiebigkeit der Regenfälle hängt von einer Reihe von Faktoren ab. Besonders hohe Niederschlagswerte werden beobachtet, wo feuchtwarme Luft zum Aufsteigen an orographischen Hindernissen gezwungen wird. So wurde in Cherrapunji in Ostindien unter der Wirkung des Monsuns (vgl. Seite 308) schon eine Jahresniederschlagsmenge von 26 461 mm (l/m^2) gemessen. Dieser Ort am Fuße des Himalaja hält auch den Monatsrekord. Im Juli 1861 wurden dort 9 300 mm gemessen. Dazu nehmen sich die deutschen Spitzenwerte geradezu bescheiden aus: 126 mm sind am 25.5.1920 in Füssen innerhalb von 8 Minuten gefallen. Der Rekord unter den ganztägigen Landregen liegt in Deutschland bei 260 mm. Gemessen wurde er am 7.7.1906 in Zeithain, Kreis Riesa. Die höchste Monatssumme Deutschlands stammt aus Oberreute, Kreis Lindau/Bodensee. Sie wurde im Mai 1933 gemessen und liegt bei 777 mm. Auch der Jahresrekord stammt aus Oberreute. Er beträgt 3 432 mm und wurde im gleichen Jahr erreicht.

Findeisen, Walter
Meteorologe und Physiker
* 23.7.1909 in Hamburg
† Mai 1945 vermisst in Prag
Hauptarbeitsgebiete: Wolkenphysik und Niederschlagsbildung

Künstlicher Regen

Aber auch das andere Extrem, der **Regenmangel**, tritt leider recht häufig auf. Nicht nur die Wüsten, an die man dabei wohl zuerst denkt, sind davon betroffen. Auch in den landwirtschaftlich noch nutzbaren Steppengebieten, in denen sonst regelmäßig Niederschlag fällt, kommt es zu Dürreperioden. Und dort wirken sie sich viel verhängnisvoller aus als in den Wüsten, wo die Trockenheit ohnehin keinen Landbau zulässt. Man denke nur an die Dürre in der Sahelzone. Selbst in Mitteleuropa können, wie in den berüchtigten Sommern 1976, 1983 und 2003 lang anhaltende Trockenzeiten vorkommen. Angesichts solcher Ereignisse fragt man sich, ob es denn nicht möglich sein könnte, Niederschlag künstlich zu erzeugen.

Am anderen Ende der Regenrekord-Skala stehen die Wüsten, in denen unter Umständen mehr als 10 Jahre lang kein Tropfen Regen fällt. In Wadi Halfa im Sudan hat es nach gesicherten Beobachtungen 19 Jahre lang nicht geregnet. In der Atacama-Wüste bei Calama (Chile) soll es während der 400 Jahre von 1571 bis 1971 nicht ein einziges Mal Niederschlag gegeben haben. Leider ist dieser Wert aber nicht gesichert.

In der Tat hat man schon in den 1950er-Jahren damit begonnen, Versuche in diese Richtung anzustellen. Wenn man die Theorie der Niederschlagsbildung konsequent durchdenkt, ist es eigentlich selbstverständlich, wie man vorzugehen hat. Wenn Wolken vorhanden sind und dennoch kein Regen fällt, so kann das nur daran liegen, dass es den Wolkentröpfchen nicht gelingt, sich zu Regentropfen zusammenzulagern. Nach der Wegener-Bergeron-Findeisen-Theorie erfolgt die Zusammenlagerung am wirksamsten über Eiskristalle. Dass diese nicht oder nicht in der notwendigen Menge entstehen, liegt – das zeigen Messungen – nicht etwa daran, dass die Temperaturen nicht tief genug sind, sondern dass es an einer genügenden Zahl von Gefrierkernen mangelt. Diese künstlich zuzusetzen ist aber kein Problem.

In Experimenten hat man zeigen können, dass unterkühlte Nebeltröpfchen rasch in Eiskristalle übergehen, wenn man geeignete Substanzen, wie etwa fein verteiltes Silberjodid, zuführt. Auch Trockeneis ist dafür geeignet. Wie schon erläutert wurde (s. Seite 109), hat man damit auch Nebel auszufällen versucht. In praktischen Versuchen wurde Silberjodid in Aceton gelöst und die Lösung verbrannt. Dabei entstanden die erwünschten kleinen Silberjodidkristalle. Ob sich aber tatsächlich mit ihrer Hilfe Regen gebildet hat, ist nur sehr schwer nachzuweisen, weil man nicht sicher ist, ob die Wolken nicht auch ohne Behandlung Regen gebracht hätten. Hier helfen nur raffinierte statistische Verfahren weiter.

Zum künstlichen Regen im weitesten Sinn gehört auch die in Landwirtschaft und Gartenbau praktizierte Feldberegnung. Sie hier zu behandeln, würde zu weit führen. Näheres dazu findet man in der Fachliteratur zur Agrarmeteorologie (s. Seite 421) und der Bewässerungswirtschaft, z. B. Achtnich (1980).

Aber selbst wenn der gebildete Regen tatsächlich aufgrund der künstlichen Beeinflussung entstanden ist, steht noch nicht fest, ob er auch den Boden erreicht oder ob er innerhalb der Wolke rasch wieder verdunstet.

Schnee

Sind die Temperaturen in einer Wolke tief genug, so kommt es zu Schneefall. Die Entstehung eines Schneekristalls beginnt im Prinzip genauso wie die Entstehung eines Regentropfens, nämlich durch Gefrieren von unterkühltem Wasser an einem Gefrierkern.

Die weitere Entwicklung erfolgt (wegen des Dampfdruckunterschiedes zwischen unterkühltem Wasser und Eis), indem eine Lage von Wassermolekülen nach der anderen auf die Kristalloberfläche aufgebaut wird. Je nach der Temperatur und den Feuchteverhältnissen in der Umgebung wachsen ganz unterschiedliche Kristallformen heran. Der japanische Schneeforscher U. Nakaya hat im Lauf seiner 40-jährigen Schneeforschungen über 200 verschiedene Typen klassifiziert. Die 40 wichtigsten sind in Abb. 45 zu sehen. Sie stammt aus seinem bereits 1954 erschienenen Buch.

Bei Lufttemperaturen von nur wenigen Grad unter Null setzt die Kristallbildung bei einer Übersättigung von etwa 10 % (= 110 % relative Feuchte, bezogen auf Eis) ein. Ab –3 °C entstehen zunächst aus winzigen Eisplättchen unregelmäßige (N1b), ab –5 °C relativ homogene (N1a) Eisnadeln. Bei Temperaturen unter –10 °C reicht bereits eine geringfügige Übersättigung aus, um Eissäulen mit (C1b) oder ohne (C1c) Spitze entstehen zu lassen. Zwischen –12 °C und –18 °C bilden sich zunächst flache, sechseckige Plättchen (P1a). Mit zunehmender Übersättigung wachsen ihnen immer deutlicher werdende Arme (P1b bis P1e), bis bei ausreichender Übersättigung und Temperaturen um –15 °C die bekann-

*

Schneefall

vereinzelte
Schneeschauer

Eisnadeln

Abb. 44
Wettersymbole: Schnee.

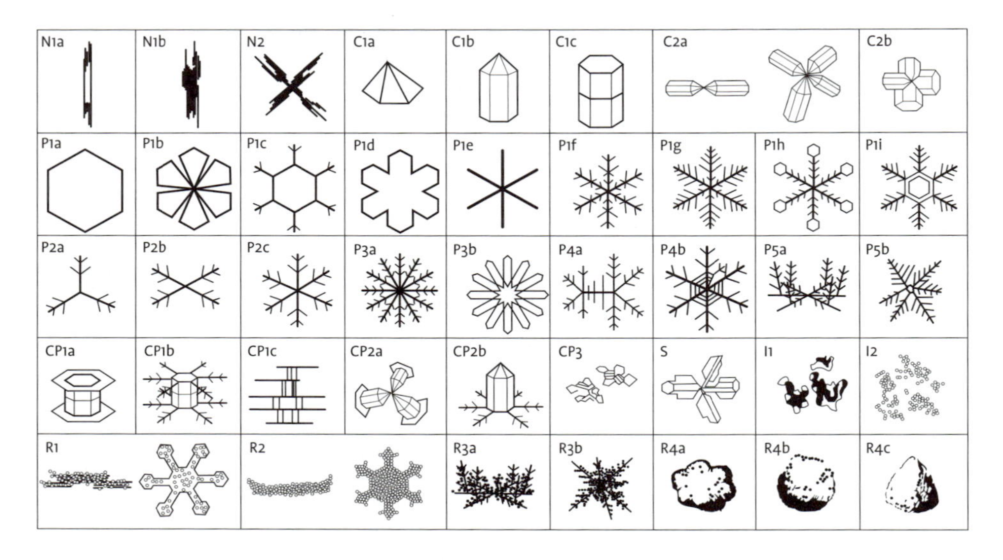

Abb. 45
Klassifikation der Schnee-Kristalle (nach N*AKAYA* *1954).*

te sechsstrahlige Schneesternform auftaucht, die auch als Dendrit bezeichnet wird (P1f bis P1i). Temperaturen unter –18 °C bis –25 °C lassen wieder Säulen bzw. bei sehr hoher Übersättigung dreidimensional angeordnete Plättchen (CP3) entstehen.

Beginnt ein Eiskristall durch die Atmosphäre zu fallen, so passiert er auf seinem Weg Schichten mit ganz unterschiedlichen Temperatur- und Feuchteverhältnissen. Von der Turbulenz wird er dahin und dorthin getragen, wiederholt hochgehoben oder rasch durch eine Schicht hindurch nach unten gerissen. Auf diese Weise kann seine Entwicklung ganz unterschiedlich verlaufen: Neue Wachstumsprozesse können eingeleitet und wieder gestoppt oder von anderen abgelöst werden. Gelangt beispielsweise ein Säulchen, das bei Temperaturen um –20 °C entstanden ist, in eine Umgebung mit etwa –15 °C, so beginnen an seinen beiden sechseckigen Begrenzungsflächen Plättchen anzuwachsen, und es entsteht ein Gebilde, das einer Fadenspule ähnlich sieht (CP1a). Läuft der Vorgang bei hoher Übersättigung ab, so bilden sich statt des Plättchens feingliedrige, radiale Sprosse mit reichlichen Seitenzweigen (CP1b), also dendritische Formen.

Eine leichtverständliche Zusammenstellung neuerer Forschungsergebnisse und weiterführende Literatur zu diesem Thema findet man bei: Deutscher Wetterdienst (1993).

Bei sorgfältiger Analyse kann man aus der Form und dem Ausbildungszustand von Schneekristallen auf die Bedingungen schließen, unter denen sie entstanden sind. Als man noch keine Möglichkeit hatte, die Temperatur und die Feuchte in der freien

Atmosphäre direkt zu messen, gaben die Schneeformen ähnlich wie die Wolken wertvolle Anhaltspunkte über die in den verschiedenen Höhen herrschenden Bedingungen. Man spricht dabei von **indirekter Aerologie.**

Ein einzelner Schneekristall kann während seiner Entwicklung eine Größe zwischen 1 und etwa 5 mm erreichen. Hat er den Erdboden erreicht, muss aber sein Wachstum noch nicht zu Ende sein. So kann man in der Nähe von nicht gefrorenen Wasserfällen manchmal Schneekristalle mit einem Durchmesser bis zu 10 cm finden. Dieses Wachstum verdanken sie der vom flüssigen Wasser hervorgerufenen Wasserdampfübersättigung der Luft in Bezug auf Eis.

Unterkühlte Tröpfchen kleben Schneekristalle oft durch spontanes Anfrieren zu größeren, äußerst unregelmäßigen Gebilden zusammen, die landläufig als Schneeflocken bezeichnet werden. Flocken entstehen nur bei Temperaturen oberhalb etwa –15 bis –20 °C. Ihre Größe, die bis zu 10 cm betragen kann, wächst mit steigender Temperatur. Beobachtet man bei einem Schneefall ein rasches Wachsen der Flockengröße, so ist das ein Zeichen dafür, dass in der Höhe Warmluft vorgestoßen ist. Man darf dann oft mit einem unmittelbar bevorstehenden Temperaturanstieg rechnen.

Oft koagulieren kleine, unterkühlte Wassertröpfchen auch nur mit einzelnen Schneekristallen. Dann kann man beobachten, dass Eiskügelchen auf den Kristallen sitzen. Manchmal sind es so viele, dass man die ursprüngliche Kristallform überhaupt nicht mehr erkennen kann. Unter bestimmten Voraussetzungen entsteht aus einem Eiskristall auf diese Weise sogar eine poröse, undurchsichtige Kugel mit einem Durchmesser bis zu einigen Millimetern. Man nennt sie Graupel. Da sie nicht aus massivem Eis besteht, zerspringt sie beim Aufprallen auf dem Boden oder harten Gegenständen in einzelne Bruchstücke oder ein Agglomerat aus gefrorenen Tröpfchen. Sie lassen sich auch meist leicht zerdrücken, wobei sie sich als spröde und brüchig erweisen. Oft treten sie gleichzeitig mit gewöhnlichem Schnee auf, kommen aber besonders im Frühjahr auch unabhängig von Schnee vor.

Bei Temperaturen unter –20 °C ist keine dendritische Kristallbildung mehr möglich. In den Polargebieten findet man daher im Allgemeinen keine Schneesterne und erst recht keine Schneeflocken. Vielmehr trifft man dort auf einfache Kristallformen wie Prismen und Plättchen. Das erklärt, warum in den Polarregionen häufig so prächtige Haloerscheinungen (s. Seite 219) zu beobachten sind.

Beim Schneefall unterscheidet man, wie beim Regen, Schneeschauer und lang anhaltende Schneefälle. Auch hier ist bei beiden der Entstehungsweg der gleiche. Zu langanhaltenden Schneefällen kommt es, wenn Warmluft auf Kaltluft (Warmfront, s. Seite 289) aufgleitet. Oft fällt stundenlang dichter, flockiger Schnee

Abb. 46
Formen von Dendriten. Zeichnungen nach präparierten Schneekristallen.

Gelegentlich kann man Schneefall noch bei Lufttemperaturen bis +5 °C beobachten. Der Grund dafür ist folgender: Bei Temperaturen über 0 °C bildet sich an der Oberfläche von Schneeflocken zunächst ein dünner Wasserfilm. Dieses Wasser verdunstet und die dabei auftretende Verdunstungskälte senkt die Temperatur der Schneekristalle wieder (s. Seite 79). Je trockener die Luft ist, desto heftiger ist die Verdunstung und desto stärker die Abkühlung. Bei ausreichend trockener Luft kann es dann leicht passieren, dass die Temperatur des Schneekristalls wieder deutlich unter 0 °C gedrückt wird. „Warmer Schneefall" ist also meist zu Beginn eines Schneeschauers zu beobachten. Hält der Schneefall und damit die Verdunstung des Oberflächenwassers länger an, dann wird die Luft feuchter (s. Seite 95ff.). Das drosselt die Verdunstung und der Schnee geht in Regen über.

und verleiht der Landschaft einen märchenhaften Winterzauber, bis sich die Warmluft bis zum Boden durchsetzt und die weiße Pracht innerhalb kürzester Zeit in einen schmutzigen Matsch verwandelt. Schneeschauer fallen aus labil aufgebauten Cumulonimbuswolken z. B. durch das Vordringen von Kaltluft in der Höhe.

Künstlicher Schnee

Die milden Winter insbesondere der beiden vergangenen Jahrzehnte haben wegen teilweise akuten Schneemangels beim Fremdenverkehr wiederholt zu ernsthaften Problemen geführt. In den nächsten 25 bis 50 Jahren wird die Untergrenze für schneesichere Gebiete nach neueren Klimaprognosen von derzeit 1 200 m auf dann 1 500 m ansteigen. Man versucht deshalb zunehmend, den benötigten Schnee künstlich zu erzeugen. So werden z. B. in der Schweiz um die 10 % der präparierten Pisten künstlich beschneit. Dazu setzt man so genannte Schneekanonen ein – eine Technologie, deren Entwicklung etwa 1 950 in den USA begann.

Ihre Funktionsweise soll am Beispiel des Typs **Ventilator-Schneeerzeuger** erklärt werden (Abb. 47). Solche Maschinen bestehen aus einem kurzen, dicken Rohr (R) an dessen offenem hinterem Ende ein Ventilator (V) sitzt. Dieser bläst Umgebungsluft mit einer Geschwindigkeit von 25 m/s durch das Rohr. Am vorderen Ende, sozusagen an der „Mündung" der Schneekanone ist ein Ring mit Wasserdüsen (D) angebracht, die Wasser in fein zerstäubter Form in den Luftstrahl blasen. Dadurch entsteht ein sehr kleintropfiger Nebel, der etwa 30 bis 45 m weit von der Kanone weggetragen wird. Auf diesem Flugweg gefrieren die flüssigen Tröpfchen und setzten sich schließlich als Kunstschnee ab. Bei einem Wasserdruck von bis zu 60 Bar können so stündlich bis zu 100 m^3 Schnee erzeugt werden.

Obwohl dieser Vorgang vom physikalischen Prinzip her sehr einfach scheint, treten bei der praktischen Umsetzung doch eine Reihe von Fragen und Problemen auf.

Zunächst einmal stellt sich die Frage: Auf welche Temperatur müssen die durch die Luft fliegenden Wassertröpfchen abgekühlt werden, damit sie gefroren sind wenn sie den Boden erreichen. Bekanntlich setzt die Eisbildung unter natürlichen Bedingungen erst bei Temperaturen zwischen –10 °C und –12 °C ein (vgl. Seite 89). Die nächste Frage lautet: Wie viel Wärme muss den Tröpfchen entzogen werden, damit sie sich auf die erforderlichen Temperatur abkühlen? Und schließlich wird danach zu fragen sein, welche Vorgänge es sind, die den Tröpfchen diese Wärme entziehen.

Eine künstliche Abkühlung der in der Schneekanone erzeugten Wassertröpfchen auf die natürlichen Gefriertemperaturen um oder unter –10 °C würde einen immensen Energieaufwand verlangen. Deshalb fügt man dem in der Schneekanone erzeugten

Wassernebel Kristallisationskerne bei. Im einfachsten Fall sind das winzige Eiskriställchen. Sie werden dadurch erzeugt, dass man ein Luft-Wassergemisch in so genannten Nukleatoren (N) mit sehr hohem Druck durch feine Düsen presst. Nach dem Verlassen der Düsen expandiert die Luft sehr stark. Die damit verbundene adiabatische Abkühlung senkt die Temperatur so weit, dass eine Fülle von Eiskriställchen entsteht. Diese wirken als Kristallisationskerne, die das Gefrieren des Wassernebels bereits bei einer Temperatur von 0 °C ermöglichen. Alternativ werden auch gefriergetrocknete organische Kristallisationskerne zugeführt, die bei wenigen Grad unter 0 aktiv werden.

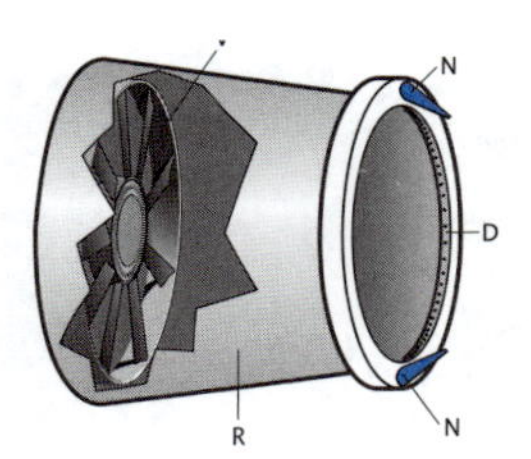

Abb. 47
Schneekanone (Einzelheiten siehe Text).

Die Frage nach dem Wärmeentzug ist jetzt leicht zu beantworten: Den durch die Luft fliegenden Wassertröpfchen muss soviel Wärme entzogen werden, dass sie sich auf die von den jeweils verwendeten Kristallisationskernen verlangte Gefriertemperatur (0 °C bzw. einige Grad darunter) abkühlen. Zusätzlich muss die bei der Eisbildung frei werdende Gefrierwärme (vgl. Seite 78) abgeführt werden.

Erreicht wird dieser Wärmeentzug einerseits durch Kontakt mit der kalten Umgebungsluft, andererseits durch die Verdunstung von Wassertröpfchen, die erhebliche Wärmemengen in Form von Verdunstungsenergie (vgl. Seite 77) bindet.

Entscheidend für das Gelingen der Kunstschneeproduktion wird also sein, dass die Luft einerseits ausreichend kalt ist und andererseits ein ausreichendes Sättigungsdefizit (vgl. Seite 72) aufweist, damit kräftig verdunstet werden kann. Als Kriterium dafür hat sich die Feuchttemperatur (vgl. Seite 80) gut bewährt. Bei Werten tiefer als –3 °C kann man erfolgreich Kunstschnee erzeugen. Dieser Grenzwert ergibt sich bei einer Lufttemperatur (ϑ) von 0 °C und einer relativen Feuchte (rF) von 40 %, bei $\vartheta = -1$ °C und rF = 50 %, bei $\vartheta = -2$ °C und rF = 70 % und schließlich bei $\vartheta = -3$ °C und rF = 90 %. Man sieht deutlich: Je wärmer die Luft ist, desto trockener muss sie sein, damit das Verfahren noch funktioniert (Fauve 2000).

Da Kunstschnee im Gegensatz zu natürlichem nicht während eines langsamen Sublimationsprozesses, sondern bei einem schnellen Gefrierprozess entsteht, hat er auch teilweise andere physikalische Eigenschaften. So besteht er nicht aus diffizil gestalteten Eiskriställchen mit vielen Lufteinschlüssen sondern aus kugeligen Partikeln mit Durchmessern um 0,5 mm. Diese Struktur verleiht ihm eine bis zu 4-mal so große Dichte und eine deutlich höhere Wärmeleitfähigkeit. Er wird dadurch kompakter, weniger luftdurchlässig und neigt mehr zum Verharschen. Kunstschnee ist resistenter gegen Tauwetter und Regen, und schmilzt nur halb so schnell ab wie Naturschnee (Watzinger 2002).

Metamorphosen des Schnees

Frisch gefallener, lockerer Schnee hat eine Dichte von weniger als 0,1 g/cm³. Er lässt sich leicht wegblasen und hat eine pulverige Konsistenz. Man nennt ihn deshalb auch Pulverschnee oder trockenen Lockerschnee. Fällt der Schnee bei Temperaturen um 0 °C oder wenig darunter, so lagert er sich als feuchter Lockerschnee mit einer Dichte von 0,1 bis 0,2 g/cm³ ab. Dieser Schnee ballt sich leicht zusammen, er klebt. Feuchter Lockerschnee ist das ideale Baumaterial für Schneemänner.

Wird trockener Lockerschnee durch den Wind verfrachtet und an anderer Stelle wieder abgelagert, entsteht Packschnee. Durch die erneute Ablagerung werden die einzelnen Schneekristalle fester gepackt. Die Dichte steigt deshalb auf 0,2 bis 0,3 g/cm³, und der Zusammenhalt wird größer.

Aber auch wenn Schnee nicht verblasen wird, wächst seine Dichte. Der über eine Schneeschicht fegende Wind drückt durch Schubkraft die Kristalle an der Oberfläche ineinander. Es entsteht Pressschnee. Diese Oberflächenschicht kann sehr hart werden, insbesondere wenn durch wiedergefrorenes Schmelzwasser eine eisige Kruste entsteht. Man spricht dann von Harsch. Steigt nach der Ablagerung von Lockerschnee die Temperatur über 0 °C an, so schmelzen die obersten Schneeschichten. Das gebildete Schmelzwasser sickert ein oder wird kapillar zwischen den noch vorhandenen Kristallen festgehalten. Der Schnee klebt dann sehr stark.

— In industriellen Ballungszentren kann man im Winter trotz ausgeprägten Hochdruckwetters (vgl. Seite 296) immer wieder auf enge Areale begrenzte Schneefälle bis zu mehreren Zentimetern Höhe beobachten. Ursache ist der oft in großen Mengen aus Industrieanlagen ausgestoßene Wasserdampf, der sich wegen der Absinkinversion im Hoch (vgl. Seite 49) nach oben hin nicht verdünnen kann. Man nennt dieses Phänomen „Industrieschnee" (Harlfinger et al. 2000).

Tritt danach wieder Frost ein, so gefrieren diese Tröpfchen zu Eiskörnern oder lagern sich schalenförmig um schon vorhandene Körner oder Kristalle herum und vergrößern diese. So wird der Schneestern allmählich zum Firnkorn, der Schnee zum Firn. Die Verfirnung schreitet von der Oberfläche nach der Tiefe fort. Auch der Harsch stellt bereits den Anfang einer Verfirnung dar, die sich jedoch noch auf die Oberfläche der Schneeschicht beschränkt. Firn wiegt 0,4 bis 0,8 g/cm³. Unter dem Druck des eigenen Gewichtes geht Firn schließlich allmählich in klares Gletschereis über, wobei die Dichte auf etwa 0,9 g/cm³ ansteigt.

Auftausalz

Um den Verkehr auch im Winter flüssig zu halten, hat man zu einer brutalen Methode gegriffen und den Schnee durch Aufstreuen ungeheurer Mengen an Kochsalz zum Verschwinden gebracht. Über Sinn oder Unsinn dieser Methode soll hier nicht gesprochen werden. Dagegen interessiert der dabei ablaufende physikalisch-meteorologische Vorgang.

Streut man Kochsalz auf Schnee, so reißen die Salzmoleküle durch elektrische Anziehungskräfte Wassermoleküle aus den Schneekristallen heraus, um sich die gewünschte Wasserhülle zu verschaffen (vgl. Seite 74). Dabei entsteht eine Salzlösung, was

Abb. 48
Büßerschnee.

— Bei frisch gefallenem Schnee trägt die Sonnenstrahlung kaum zum Schmelzen bei, denn bis zu 95 % der auftreffenden Energie werden an der hellen Oberfläche reflektiert (s. Seite 193). Bei älterem oder verschmutztem Schnee dagegen kann die Sonnenwärme den Schmelzvorgang erheblich beschleunigen. Besonders in den Hochgebirgen der niedrigen Breiten, wo die Sonne sehr hoch steigt, kann sie sich tief in den Schnee hineinfressen und höchst bizarre Abschmelzformen entstehen lassen. Am bekanntesten sind die als **„Büßerschnee"** bezeichneten, regelmäßig angeordneten Firnkegel, die in Nepal und Südamerika häufig zu finden sind.

nach außen hin nichts anderes bedeutet, als dass der Schnee schmilzt. Der Vorgang ist im Prinzip der gleiche wie beim Einsalzen eines Rettichs oder beim Einpökeln von Fleisch. Auch dort zieht das Salz Wasser aus den Zellen heraus und setzt sich als Salzlösung ab. Da je nach der aufgewendeten Salzmenge ganz erhebliche Konzentrationen erreicht werden können, lässt sich der Schnee mit diesem Verfahren noch bei Temperaturen bis weit unter 0 °C auftauen.

Hagel

Cumulonimbuswolken können extrem viel unterkühltes Wasser enthalten. Damit wird sich bei der Niederschlagsbildung nach dem Bergeron-Findeisen-Prozesses (vgl. Seite 126) auf jedem der nur in geringer Zahl vorhandenen Eiskristalle eine unverhältnismäßig große Wassermenge absetzten. Die Folge davon ist ein fast explosionsartiges Wachstum der Eispartikel.

Wie wir wissen, sind wasserreiche Wolken wegen der großen Menge an freigesetzter Kondensationsenergie sehr labil. In ihnen sind deshalb besonders starke Aufwinde zu erwarten. 20 bis 30 m/s sind keine Seltenheit. Damit haben die Eispartikel die Möglichkeit, sich sehr lange in der Wolke aufzuhalten. Die Struktur einer Cumulonimbuswolke, die in Abb. 50 schematisch dargestellt ist, ermöglicht zudem, dass herunterfallende Eispartikel erneut vom Aufwind erfasst und wieder hoch getragen werden. Um diesen Vorgang verstehen zu können, schauen wir uns die Abb. 50 etwas genauer an. Die blauen Pfeile zeigen die Strömungsverhältnisse. An der Vorderseite der Wolke, finden wir massive, schräg nach oben gerichtete Aufwinde, die rasch in eine senkrechte Strömung umschwenken. Ab einer Höhe von etwa 8 000 Metern werden die Aufwinde von der Tropopauseninversion zunehmend behindert, d. h., sie müssen mehr und mehr seitlich ausweichen und bilden dabei den Wolkenteil, den man so treffend als „Amboss" bezeich-

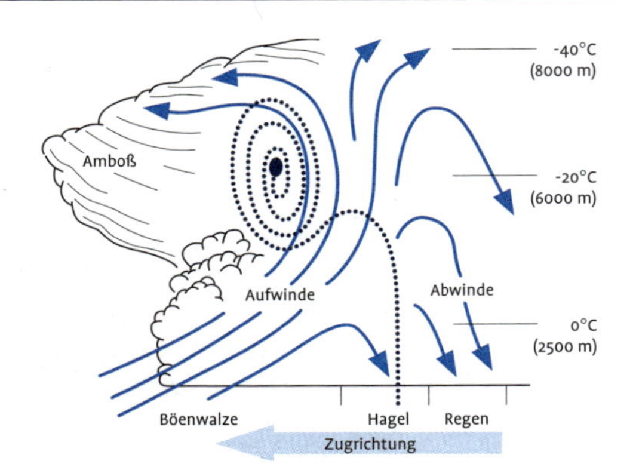

Abb. 50
Entstehungsweg eines Hagelkorns.

net. Auf der vorderen Umschlagseite dieses Buches ist über der Schemazeichnung ein Foto einer Cumulonimbuswolke abgebildet. Ihr Amboss ist unschwer als das Ergebnis von Aufwindströmungen zu erkennen.

In dieser Höhe herrschen Temperaturen um –40 °C, teilweise noch tiefere. Das heißt, dort gibt es neben den vielen unterkühlten Wassertröpfchen auch Eiskristalle. Beste Voraussetzungen also, den Bergeron-Findeisen-Prozess auf Hochtouren zu beschleunigen. Aus physikalischen Gründen etabliert sich das Haupt-Wachstumsgebiet etwas seitlich vom Aufwindschlauch. Picken wir uns nun eines der stark wachsenden Eispartikel heraus – es ist als blauer Klecks dargestellt – und verfolgen wir seine gepunktet gezeichnete Bahn. Infolge seines zunehmenden Gewichtes beginnt es zu fallen und gerät dabei in die Aufwinde, die es wieder hoch heben: der Wachstumsprozess setzt erneut ein und das Teilchen fällt ein zweites Mal herunter, stürzt dabei geradewegs in den Aufwindschlauch hinein und wird erneut hochgehoben. Dieser Prozess kann sich mehrere Male mit zunehmender Fallgeschwindigkeit wiederholen, bis das inzwischen mächtig gewachsene Eisteilchen den Aufwindschlauch durchstößt und ungehemmt auf die Erde herunter stürzt. Bei jedem Wachstumszyklus lagern sich weitere Eisschichten an. Fällt nun ein solches Eisgebilde, das einen Durchmesser von 10 cm und mehr erreichen kann, aus der Wolke heraus, so hat es keine Chance mehr, unterhalb der 0 °C-Grenze wieder restlos zu schmelzen. Es stürzt deshalb als mehr oder weniger große Eiskugel auf die Erdoberfläche. Es hagelt! Bei besonders schweren Hagelschlägen haben die Schlossen schon oft die Größe von Hühnereiern erreicht. Das schwerste Hagelkorn, das je gefunden wurde, stammt aus Kasachstan, es wog 1,9 kg.

An Dünnschnitten durch Hagelkörner erkennt man, wie in Abb. 51 gezeigt, den schalenförmigen Aufbau der Hagelschlossen.

Abb. 49
Wettersymbole: Hagel und andere Eisniederschläge.

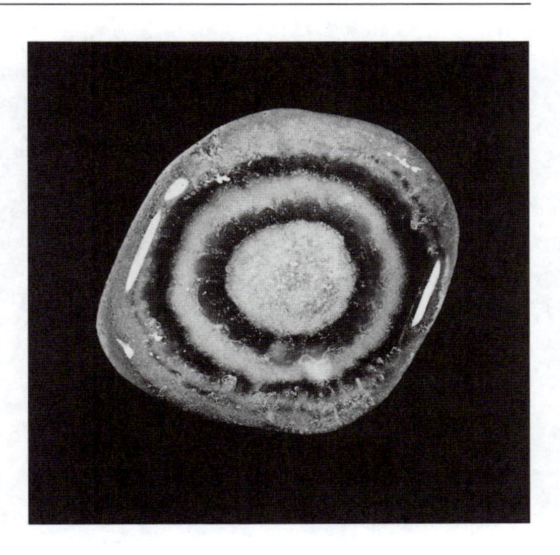

Abb. 51
Schichtungsaufbau eines Hagelkornes (Erläuterungen im Text).

Auffällig ist dabei, dass sich klare, durchsichtige Schalen mit trüben, diffusen Schalen abwechseln. In Abb. 51 erscheinen die klaren dunkel, weil durch sie hindurch der schwarze dunkle Hintergrund erkennbar bleibt, während die trüben weiß erscheinen. Der Wechsel von klaren und trüben Eisschichten erklärt sich aus der unterschiedlich schnellen Anlagerung des Wasserdampfes. Die klaren Schichten sind in tieferen, wärmeren und damit wasserdampfreicheren Wolkenschichten entstanden. Wegen des vielen Wasserdampfes erfolgte die Anlagerung so schnell, dass eine ordentliche Kristallbildung nicht mehr möglich war. Es bildete sich also klares, amorphes Eis. Die trüben Schichten dagegen sind in sehr kalten, großen Höhen entstanden, wo der spärlicher zuströmende Wasserdampf stets restlos in eine geordnete Kristallbildung einfließen konnte. Dabei bildete sich eine große Zahl winziger Eiskriställchen, die das Licht streuen (vgl. Seite 186) und deshalb eine undurchsichtige Schicht entstehen lassen.

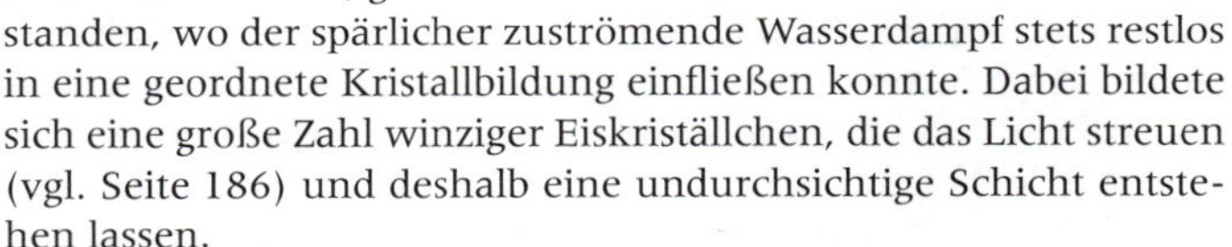

Hagel fällt mit teilweise sehr hohen Geschwindigkeiten vom Himmel. Rechenergebnisse zeigen, dass 3 cm große Schlossen mit einer Geschwindigkeit von etwa 25 m/s auf dem Boden aufschlagen. Das sind 90 km/h, 5 cm große erreichen sogar 33 m/s, das sind rund 120 km/h.

Welche Zerstörungsgewalt dabei entwickelt wird, liegt auf der Hand. Man kann immer wieder Berichte lesen, wonach Dächer von Hagelschlossen glatt durchschlagen wurden. Auch tiefe Beulen in Autodächern und zertrümmerte Gewächshäuser sind die Folge schwerer Hagelschläge. Jedes Jahr werden auch Obstplantagen, Getreide-, Mais- und Hackfruchtfelder von Hagelschlägen heimgesucht.

Hagelabwehr

Kein Wunder also, dass man nach Kräften bemüht ist, Hagel abzuwehren. Solche Bestrebungen gehen Jahrhunderte zurück. Früher hat man geglaubt, durch Glockenläuten oder Abschießen von Böllern könne man Hagelwetter vertreiben. Inzwischen hat man das Problem der Hagelabwehr mit wissenschaftlichen Mitteln angegangen und versucht, durch Eingreifen in den Entstehungsprozess die Hagelbildung zu verhindern.

Bei dem berüchtigten Hagelschlag, der am 12. Juli 1984 München und Teile des Alpenvorlandes heimgesucht hat, wurden 70 000 Gebäude und 240 000 Autos beschädigt. Die Versicherungsleistungen an landwirtschaftliche Betriebe und Gärtnereien lagen bei etwa 40 Mio. €. Insgesamt hat das Unwetter einen Schaden von über 1,5 Mrd. € angerichtet.

Das Verfahren, das man dazu anwendet, ist eigentlich verblüffend einfach. Da Hagel nur entsteht, weil für die in der Wolke enthaltene große Wassermenge zu wenig Eiskeime zur Verfügung stehen, braucht man nur geeignete Eiskeime künstlich in die Wolke zu bringen. Wenn es außerdem noch gelingt, Eiskeime zu finden, die schon bei weniger tiefen Temperaturen aktiv werden als die natürlichen, dann müsste man das in der Wolke vorhandene Wasser rechtzeitig auf viele kleinere Eiskristalle verteilen können, die unter der 0 °C-Grenze zu gewöhnlichen Regentropfen schmelzen.

Nach neueren Erkenntnissen aus einem Schweizer Hagelabwehrexperiment glaubt man, dass sich Hagelkörner auch noch über andere Prozesse bilden können, auf die das Silberjodid keinen Einfluss hat.

Die Hagelabwehr beruht letzten Endes auf der gleichen Idee wie die Auslösung künstlichen Niederschlags, so dass man auch dafür Silberjodid einsetzt. Die Silberjodidkriställchen haben auch den großen Vorteil, dass sie bereits bei –10 bis –15 °C als Eiskeime aktiv werden. Sie eignen sich also hervorragend als „Impfmittel". Die Durchführung der Impfung erfolgt wie bei der Regenerzeugung. Entweder man löst das Silberjodid in Aceton und verbrennt dieses in so genannten Generatoren, die am Boden aufgestellt oder an Flugzeugen angebracht werden und damit unmittelbar unter der Wolke eingesetzt werden können. Der Aufwind nimmt dann die beim Verbrennen entstehenden Kriställchen mit in die Wolke hinein. Oder man schießt das Silberjodid mit einer Rakete in die Hagelwolke, wo sie in einer bestimmten Höhe explodiert und das Material in der Umgebung fein verteilt. Die Zahl der dabei freigesetzten Eiskeime ist äußerst imposant: 10^{14} Kriställchen lassen sich bequem aus 1 g gewinnen. Eine ökologische Belastung stellt das Impfen nicht dar, wie man bei amerikanischen Untersuchungen festgestellt hat (WIESNIEWSKI und SAX 1979).

Obwohl dieses Verfahren physikalisch so einleuchtend, ja geradezu zwingend ist, und in Laborexperimenten regelmäßig zu verblüffenden Ergebnissen führt, waren in den zahlreichen, seit dem Ende der 1940er-Jahre durchgeführten Großversuchen keine eindeutigen, statistisch abgesicherten Erfolge nachweisbar. Die statistische Absicherung solcher Experimente ist außerordentlich schwierig, weil man im Fall einer hagelträchtigen Situation natürlich von vorne herein nicht sagen kann, ob es ohne Bekämpfung zu einem Hagelschlag gekommen wäre oder nicht. Man wendet daher die Los-Methode an, d. h. man legt zu Beginn des Experimentes in eine Trommel gleich viele Ja- und Nein-Lose. Bei Hagelgefahr zieht man daraus ein Los. Im Fall „ja" wird eine Bekämpfung durchgeführt, im Fall nein" unterbleibt sie.

Wegen der bislang ausgeblieben Erfolge und des gleichzeitig erheblichen und stetig wachsenden finanziellen Aspektes von Hagelschäden wird weltweit mit Nachdruck am Problem Hagelabwehr gearbeitet. Dazu gehören auch wolkenphysikalische Untersuchungen, die uns tiefere Einblicke in die Vorgänge bei der

Hagelbildung ermöglichen sollen. So könnte es in absehbarer Zukunft doch noch zu einem Durchbruch kommen.

Bis dahin muss man sich allerdings mit **passiver Hagelbekämpfung** behelfen. Sie besteht darin, dass man über gefährdete Kulturen Kunststoffnetze spannt, die die Hagelschlossen abfangen. Selbstverständlich wird dadurch das Klima im Pflanzenstand erheblich verändert, was letztlich zu einer Beeinträchtigung der Erntequalität führt. Trotzdem wird das Verfahren insbesondere in Oberitalien zum Schutz der Obstgärten häufig angewendet. Stellt es doch neben der Hagelversicherung den einzig wirksamen Schutz vor dieser Naturgewalt dar.

Strenggenommen muss man beim Hagel zwischen Schneegriesel, Frostgraupeln, Reifgraupeln und Eishagel unterscheiden. Auch die gewöhnlichen Eiskörner (gefrorene Regentropfen) sind in diesem Zusammenhang noch zu erwähnen. Ihre Diskussion würde jedoch den Rahmen dieses Buches sprengen. Interessierte Leser finden die exakten Definitionen in Lehrbüchern der Meteorologie (s. Seite 428).

Gewitter

Zwar gehören Gewitter nicht unmittelbar zum Thema des atmosphärischen Wassers, da sie aber praktisch ausnahmslos im Zusammenhang mit Niederschlägen auftreten, sei an dieser Stelle auf sie eingegangen.

Blitz und Donner zählen zu den eindrucksvollsten meteorologischen Erscheinungen unserer Breiten. Nicht umsonst hat man sie lange Zeit für einen Fingerzeig der Götter oder für Geister gehalten.

Ihre Entstehung ist an kräftige Konvektion in labiler, feuchter Luft gebunden.

> Nach den meteorologischen Bedingungen, bei denen diese Voraussetzungen erfüllt sind, unterscheidet man drei Gewitterarten:
> - Luftmassengewitter,
> - Frontgewitter,
> - orographische Gewitter.

Dazu kommen noch Gewitter, die gemeinsam mit Sandstürmen auftreten.

Abb. 52
Wettersymbole: Gewitter.

Gewitterarten

Luftmassengewitter sind das, was man üblicherweise als Sommergewitter oder Wärmegewitter bezeichnet. Ausgelöst werden sie, wenn warme, feuchte Luft durch kräftige Sonneneinstrahlung vom Boden her stark labilisiert wird und dadurch eine massive Konvektion einsetzt. Da Wärme, verbunden mit hoher Feuchtigkeit als Schwüle empfunden wird, spricht man gerne von „drückender Gewitterschwüle". Oft zeigen sich bei solchen Situationen schon am Morgen die berühmten Castellanuswolken (s. Seite 289) als erste Vorboten eines zu erwartenden Gewitters. Zur Ausbildung des Luftmassengewitters kommt es dann aber meist erst in den Nachmittags- bis Abendstunden. Betrachtet man den mittleren Tagesgang der Gewitterhäufigkeit, so findet man ein deutliches Maximum gegen 18 Uhr, das rasch in ein Minimum gegen 3 Uhr übergeht. Luftmassengewitter entstehen auch über dem Meer, wenn feuchte, labil geschichtete Kaltluft zuströmt.

– Schon vor Ausbruch eines Gewitters kann es bei Spannungen ab etwa 100 000 Volt/m zu Vorentladungen kommen, dem so genannten „Elmsfeuer". Man versteht darunter büschelförmige, bläulich-violett flackernde, oft weniger als 30 cm lange Entladungen, die von exponierten, spitzen Gegenständen ausgehen, z. B. von Schiffsmasten oder Gipfelkreuzen. Physikalisch zählen sie zu den so genannten Koronarentladungen. Der Name Elmsfeuer soll auf St. Elmo, zurückgehen, den italienischen Namen für den Hl. Erasmus, den Patron der Seeleute. Da das Elmsfeuer nur eine geringe Leuchtkraft besitzt, sieht man es bei Tag nur selten; dafür macht es aber durch sein ausdauerndes Knistern nachdrücklich auf sich aufmerksam.

Hat sich ein Gewitter dieser Art entladen, so steht der Fortdauer des warmen, sonnigen Sommerwetters nichts entgegen. Das einzige, was am Morgen danach zu sehen ist, sind die Reste der Ambosse, die als Cirren am Himmel stehen.

Ganz anders ist das bei **Frontgewittern**. Sie treten an der Grenze zu heranrückender Kaltluft, so genannten Kaltfronten (s. Seite 291) auf, aber auch vor Warmluftmassen an so genannten Warmfronten werden sie gelegentlich beobachtet. Mit ihnen wird das Eindringen einer anderen Luftmasse angekündigt, bei Kaltluftmassen sogar eingeleitet. Dadurch gibt es eigentlich keine bevorzugte Tageszeit ihres Auftretens. Doch beobachtet man, dass einbrechende Kaltluft nachmittags öfter und von heftigeren Gewittern begleitet wird als zu anderen Tageszeiten, was auf konvektive Verstärkung zurückzuführen ist.

Da sich hinter einem Frontgewitter eine andere Luftmasse einstellt, kündigen sie oft einen ausgeprägten Wetterwechsel mit massivem Temperatursturz an. In der Tat treten die heftigsten Gewitter auf, wenn bei uns im Sommer heiße, feuchte Mittelmeerluft durch kalte Polarluft abgelöst wird.

Die Gewitter der Warmfront sind dadurch zu erklären, dass dabei die auf Kaltluft aufgleitende Warmluft labilisiert wird. Warmfrontgewitter liegen oft in relativ hohen Schichten, ihre Blitzentladungen erfolgen dabei meist innerhalb einer Wolke oder von einer Wolke zu einer anderen.

Die **orographischen Gewitter** entstehen letzten Endes aus dem gleichen Grund, nur dass dabei die Luft statt auf eine andere Luftmasse auf ein orographisches Hindernis wie etwa einen Gebirgszug aufgleitet. Die große Gewitterhäufigkeit des bayerischen Voralpenlandes, die sich insbesondere bei Kaltluftvorstößen von Nordwesten her zeigt, wird durch die Orographie der Alpen mitbedingt.

Blitz und Donner

Die bei Gewittern auftretenden Blitze sind bekanntlich elektrische Ströme, die gegensätzliche Ladungen ausgleichen. Je nach dem, wo sich solche ausbilden, können drei unterschiedliche Blitzarten auftreten:

Erdblitze:	zwischen Wolken und Erdoberfläche;
Wolkenblitze:	zwischen zwei Wolken oder innerhalb ein- und derselben Wolke;
Luftblitze:	von der Wolke in den umgebenden wolkenfreien Luftraum.

In Mitteleuropa sind etwa 65 % aller Blitze Wolkenblitze. Zu Erdblitzen kommt es nur, wenn die Wolkenuntergrenze nicht höher als 3 000 Meter über der Erdoberfläche liegt. In den Tropen ist sie fast immer deutlich höher als 3 000 Meter, deshalb gibt es in diesen Gebieten kaum Erdblitze. Das erklärt auch, warum man dort an den Gebäuden nur selten Blitzableiter findet.

In Gewitterwolken existieren stets Bereiche mit unterschiedlichen elektrischen Ladungen. Normalerweise ist der obere Teil positiv, der untere negativ geladen. Die Grenze zwischen den beiden gegensätzlich geladenen Wolkenteilen liegt üblicherweise in der Höhe, in der die Temperatur etwa –15 °C bis –20 °C beträgt – also dort, wo Eisteilchen und unterkühlte Wassertröpfchen gleichzeitig vorhanden sind und wo deshalb auch intensive Gefriervorgänge ablaufen. In der Nähe der Wolkenbasis findet man häufig noch einen zweiten, relativ eng begrenzten Bereich positiver elektrischer Ladungen.

Hat die Ladungstrennung das so genannte Durchschlagspotential erreicht, so erfolgt die Entladung durch einen Blitz. Theoretisch sind für das Zünden eines Blitzes in feuchter Luft Feldstärken von 1 MV/m erforderlich. In der Natur kommt es aber schon bei erheblich geringeren Feldstärken zu Blitzentladung.

Von Aufnahmen mit rotierenden Zeitlupenkameras her weiß man, dass einem Erdblitz eine Reihe von Vorentladungen vorausgeht, die einen elektrisch leitenden Kanal für die eigentliche Entladung aufbauen. Dieser Kanal entsteht ruckweise in mehreren Abschnitten von jeweils etwa 50 m Länge auf einer vielfach verzweigten Zickzackbahn. Nähert sich die Vorentladung der Erdoberfläche, was nach etwa 10 Millisekunden der Fall ist, so baut sich vom Boden her infolge von Influenz eine entgegengesetzte Ladung auf, die man als **Fangladung** bezeichnet. Sie bewirkt, dass dem von oben her entstehenden Blitzkanal – anschaulich gesprochen – vom Erdboden aus ein zweiter Kanal entgegen springt. Haben die beiden Verbindung aufgenommen, setzt die Hauptentladung ein. Sie besteht aus mehreren Stößen von je etwa 40 Mikrosekunden Dauer mit viel längeren Pausen dazwischen. Gelegentlich kommt es zu einer so großen Zahl von Einzelentladungen, dass der Blitz scheinbar mehrere Sekunden lang anhält. Die durch-

— Blitze senden elektromagnetische Wellenimpulse mit unterschiedlichsten Frequenzen aus; darunter Rundfunkwellen, die das Knacken im Radio verursachen, aber auch solche mit Frequenzen um 10 kHz. Letztere werden als „Sferics" bezeichnet. Sie können aus über 1 000 km Entfernung geortet werden. Wesentlich ist, dass sie nicht erst in voll entwickelten Gewittern auftreten, sondern schon ab einem sehr frühen Entwicklungsstadium. Sie werden so zu einem wertvollen Hilfsmittel bei der Früherkennung von Gewittern.

— Welchen Wert hat ein Blitz?
Man darf annehmen, dass ein durchschnittlicher Blitz aus 4 Entladungen von je etwa 40 Mikrosekunden Dauer besteht. Dabei fließt bei einer Spannung von 30 MV ein Strom von 20 kA, d. h. es werden 25 kWh Energie umgesetzt. Bei einem Preis von 15 Cent pro kWh errechnet sich daraus ein Verkaufswert von lediglich 3,75 €.

schnittliche Länge eines Blitzes ist in unseren Breiten 1 bis 3 km. Er kann bei Spannungen von 20 bis 30 Millionen Volt Stromstärken zwischen von 20 000 und 40 000 Ampere erreichen und die Luft im Blitzkanal auf ca. 30 000 °C erhitzen. Der eigentliche Blitzkanal hat einen Durchmesser von nur etwa 12 mm. Wegen der großen Hitze und der heftigen elektrischen Anregung benachbarter Luftmoleküle (vgl. Seite 163) flammt auch die Umgebung des Blitzkanals grell auf, so dass der sichtbare Blitz viel „dicker" wird als der eigentliche Entladungskanal.

Blitze können ganz verschiedene Erscheinungsformen haben. Der gewöhnlichste ist der **Linienblitz**, der oft eine bizarr verzweigte Form annimmt. Seltener kann man **Perlschnurblitze** beobachten. Bei ihnen ist eine Reihe leuchtender Punkte entlang der Blitzbahn aufgereiht, die eine gewisse Ähnlichkeit mit einer Perlenkette haben.

Eine sehr seltene und recht ominöse Erscheinung ist der **Kugelblitz**. Obgleich es für ihn noch keine eindeutige Erklärung gibt, dürfte seine Existenz doch außer Zweifel stehen. Nach übereinstimmenden Beobachtungen tauchen Kugelblitze meist gegen Ende eines besonders heftigen Gewitters auf. Sie haben die Form einer leuchtenden Kugel von der Größe eines Tennisballs bis zu der eines Fußballs, die sich rollend oder springend auf einem unregelmäßigen Kurs fortbewegt. Angeblich lieben es Kugelblitze, sich durch enge Spalten und Ritzen zu zwängen. Meist beenden sie ihr Leben spontan durch eine von einem Knall begleitete Explosion. Gelegentlich verschwinden sie aber auch ohne jeden ersichtlichen Grund. Größere Schäden werden bei Kugelblitzen im Allgemeinen nicht beklagt. Neuerdings versucht man sie als Plasmakugeln zu deuten. Es ist auch schon gelungen, Kugelblitz-ähnliche Phänomene im Labor zu erzeugen.

Noch geheimnisvoller als der Kugelblitz ist ein Phänomen, für das es nicht einmal einen offiziellen Namen gibt. P. Simons (1997) nennt es „Feuerball" und beschreibt es anhand glaubwürdiger Augenzeugenberichte folgendermaßen: Feuerbälle stürzen während heftiger Gewitter in Form riesiger, feurig leuchtender Kugeln aus dem Gewölk und zerstäuben dort, wo sie auftreffen, zu einem regelrechten Funkenregen. Gleichzeitig lassen sie alles Brennbare in Flammen aufgehen, beschädigen Elektrogeräte und verletzten Menschen und Tiere teilweise lebensgefährlich. Wegen ihrer aggressiven Zünd- und Zerstörungskraft gelten sie als sehr gefährlich. Eine physikalische Erklärung für dieses Phänomen gibt es nicht.

Von weit entfernten Gewittern kann man Blitze nicht mehr direkt erkennen. Lediglich ihr Widerschein an den Wolken ist als **Wetterleuchten** zu sehen.

Welche Vorgänge sind es nun, die die elektrischen Ladungen trennen und in verschiedenen Bereichen der Wolke ansammeln? Es gibt darauf bis heute keine eindeutige Antwort. Zwar ist eine Reihe von Vorgängen bekannt, keiner aber reicht für sich alleine aus, das Phänomen vollständig zu erklären. Eine Theorie stützt sich darauf, dass sich fallende Regentropfen elektrisch aufladen. Eine andere geht davon aus, dass größere Regentropfen als Folge ihrer Deformation (s. Seite 127) im Fallen „zerfetzt" werden, wobei sich die größeren der neu entstehenden Tröpfchen positiv, die kleineren negativ aufladen. Dieses Phänomen ist unter dem Namen **Wasserfallelektrizität** bekannt. Es könnte den eng begrenzten Bereich positiver Ladung im unteren Bereich einer Gewitterwolke (s. oben) erklären. Schließlich spielen sich Ladungstrennende Vorgänge auch beim Schmelzen von Eis, beim Gefrieren unterkühlter Wassertröpfchen und einer Reihe weiterer wolkenphysikalischer Vorgänge ab.

Eine besondere Rolle scheint das Gefrieren unterkühlter Wassertröpfchen zu spielen. Diese Vermutung wird insbesondere dadurch gestützt, dass die Grenze zwischen positiven und negativen Ladungen im Temperaturbereich der gefrierenden Tröpfchen, schwerpunktmäßig also etwa zwischen –15 °C und –20 °C liegt (s. oben). Wir sollten den Vorgang deshalb noch etwas genauer betrachten: In der Luft sind stets Säure bildende Bestandteile vorhanden, die sich im Wasser der Wolkentröpfchen lösen. Wolkentröpfchen zeigen deshalb stets eine leicht saure Reaktion. Man braucht dabei nicht gleich an Luftverunreinigungen wie beispielsweise Schwefeldioxid zu denken, auch das allgegenwärtige Kohlendioxid löst sich im Wolkenwasser und bildet dabei Kohlensäure.
Im Wasser der Wolkentröpfchen spalten sich nun die H^+-Ionen von den negativ geladenen Säureresten ab und sammeln sich an der Tröpfchenoberfläche.

Von der Tröpfchenoberfläche aus beginnt aber auch der Gefriervorgang. Das bedeutet: Um das Tröpfchen herum bildet sich zunächst eine Eiskruste, die langsam nach Innen wächst. Bekanntlich dehnt sich aber das Wasser beim Gefrieren aus (vgl. auch Seite 86). Für unser gefrierendes Wolkentröpfchen bedeutet das, dass der Platz innerhalb der Eiskruste zwar für das flüssige Wasser ausreicht, nicht aber für das aus dem Wasser entstehende Eis. Die Folge ist, dass die Eiskruste während des Durchfrierens abgesprengt wird – und mit ihr die H^+-Ionen! Das bedeutet: Positive und negative Ladungen werden getrennt. Da die winzigen positiv geladenen Eisbruchstücke erheblich leichter sind als die negativ geladenen Tropfenreste, werden von den Aufwinden in erster Linie die positiven Ladungen in die oberen Wolkenteile verfrachtet, während die negativen in den unteren Wolkenteilen zurückbleiben.

Zum Blitz gehört der **Donner.** Der vom Entladungsstrom erhitzte Blitzkanal dehnt sich mit Überschallgeschwindigkeit aus und erzeugt dabei eine Schockwelle – vergleichbar mit dem Überschallknall eines Düsenflugzeuges – den Donner. Aus der Ausbreitungsgeschwindigkeit des Schalls in der Luft – etwa 350 m/s – kann man die Entfernung eines Blitzes ganz grob abschätzen. Die Zahl der zwischen Blitz und Donner vergangenen Sekunden dividiert durch 3 ergibt die Entfernung in Kilometern. Wegen der Absorption der Schallwellen in der Atmosphäre und an der Erdoberfläche ist der Donner aber nur 12 bis 15 km weit zu hören.

Während der Donner eines in der Nähe niedergehenden Blitzes als lauter, knallartiger Schlag empfunden wird, hört er sich aus größerer Entfernung rollend und polternd an, ähnlich dem Geräusch der Kugel auf der Kegelbahn.

Diese Geräuschkulisse erklärt sich aus der Laufzeit des Schalls. Denken wir uns einen 2 km langen Wolkenblitz. Sein Startpunkt soll 1 km, der Zielpunkt 3 km (in genau radialer Richtung) vom Beobachter entfernt sein. Dann hört der Beobachter den Donner vom Startpunkt des Blitzes nach etwa 3 Sekunden, den vom Zielpunkt nach rund 9 Sekunden. Er nimmt also 6 Sekunden lang Donnergeräusche wahr. Zu diesem Laufzeitphänomen kommt noch, dass der Schall an Wolken und am Gelände reflektiert wird. Der dumpfe Ton des Donnerrollens geht darauf zurück, dass die hohen Frequenzen aus dem Tonspektrum des Donners stärker gedämpft werden als die tiefen.

Gewitterhäufigkeit

— Am 29. Juli 2005 wurden über Deutschland in 24 Stunden 280 000 Blitze registriert. Das ist der höchste jemals gemessene Wert.

In jedem Augenblick toben auf der Welt schätzungsweise 2 000 Gewitter. Geht man von einer Blitzfolge von 1 Blitz pro Minute aus, so kommt es in jeder Minute zu 2 000 Entladungen. Das sind in der Stunde 120 000 und fast 3 Mio. pro Tag.

1,2 Mio. Blitze durchzucken Jahr für Jahr den Himmel über Deutschland. An besonders gewittrigen Tagen hat man schon an die 100 000 Blitze registriert. (Wie Blitzmessungen durchgeführt werden, ist auf Seite 141 beschrieben). Doch die Verteilung der Gewitter ist sehr ungleichmäßig: In Städten wie Hannover, Kiel, und Lübeck gibt es im langjährigen Mittel weniger als 20 Gewittertage pro Jahr; Mannheim und Saarbrücken kommen bereits auf mehr als 25; die größte Gewitterhäufigkeit schließlich findet man in Süddeutschland, insbesondere am Alpenrand: in Freiburg, Stuttgart und München blitzt und donnert es an mehr als 30 Tagen im Jahr. Der gewitterreichste Monat ist in Mitteleuropa der Juli. Auch von Jahr zu Jahr schwankt die Zahl der Gewittertage ganz erheblich. So wurden in München 45 Gewitter im Jahr 1978, im Jahr 1972 dagegen nur 25 beobachtet.

Verglichen mit der Gewitterhäufigkeit in den Tropenregionen machen sich die deutschen Zahlen aber eher bescheiden aus. In Bogor auf Java/Indonesien werden jährlich nicht weniger als 322, in Kampala/Uganda 242 Gewittertage gezählt. In der Weltkarte Abb. 53 ist die Zahl der Gewittertage pro Jahr dargestellt. Deutlich sind die Spitzenwerte in der Äquatorialregion zu erkennen. Außerhalb der Tropen nimmt die Gewitterhäufigkeit rasch ab, wenn auch im Bereich der subpolaren Tiefdruckrinne (s. Seite 300) noch einmal ein leichter Anstieg zu erkennen ist.

Sehr heftige Gewitter entladen sich üblicherweise über dem herbstlichen Mittelmeer, weil dann dort das Wasser vom Sommer her noch warm ist und die Gewitterwolken mächtig in den Himmel treibt. Sonst gibt es wegen der im Vergleich zum Festland küh-

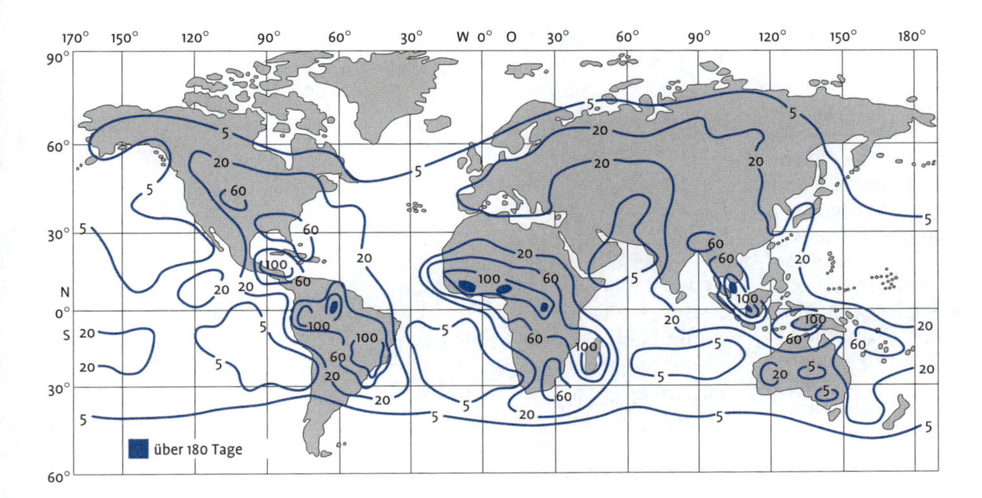

Abb. 53
Zahl der Gewittertage pro Jahr (nach WMO, zit. in Blüthgen und Weischet 1980).

len Wassertemperaturen über den Ozeanen meist weniger Gewitter als über den Kontinenten.

Blitzschläge und Blitzschutz

Von Gewittern gehen auch heute noch vielfältige Gefahren aus. Jedes Jahr wird von Blitzeinschlägen berichtet, die ganze Bauernhöfe in Schutt und Asche gelegt haben. 10 Personen kommen jährlich in Deutschland durch Blitzschlag ums Leben. Zwar versucht man sich seit der Erfindung des Blitzableiters (B. Franklin, 1752) vor dieser Gefahr zu schützen, doch kann selbst das beste Blitzableitersystem keine endgültige Sicherheit bieten. Das würde nur ein geschlossenes Metallgitter schaffen, dass das ganze Haus als so genannter **Faradayscher Käfig** umgibt.

Flugzeuge, Autos und Eisenbahnwaggons sind sehr gute Faradaysche Käfige. In ihnen gilt aber der Grundsatz: Nichts aus Türen und Fenstern halten. Bei Blitzeinschlägen in Flugzeuge ist es aber durch den Ausfall von Steuerungseinrichtungen dennoch schon zu Abstürzen gekommen. Flugzeugpiloten versuchen deshalb, unter Zuhilfenahme des Bordradars den Gewittern auszuweichen oder sie zu überfliegen. Im Haus sollte man elektronische Geräte vom Netz ggf. von der Antenne trennen, sich von Strom und Wasserleitungen fern halten und nicht telefonieren.

Faraday, Michael
Physiker und Chemiker
* 22.9.1791 in Newington (heute zu London)
† 25.8.1867 Hampton Court (heute zu London)
Professor in London
Arbeiten: Diverse Arbeiten zur Physik und Chemie; einer der bedeutendsten Naturforscher des 19. Jahrhunderts.

Sehr gefährlich kann es werden, wenn man auf freiem Feld oder im Gebirge von einem Gewitter überrascht wird. Jeder Baum, jede Geländeerhebung und jeder exponierte Punkt stellt für den Blitz ein Ziel dar. Der Deutsche Wetterdienst (Öffentlichkeitsarbeit/Pressesprecher: Merkblatt Gewitter) stellt dazu fest: „Befindet man sich im Freien, ist aber keine Schutzhütte erreichbar, doch

Kurioserweise wurde in der auf die Erfindung des Blitzableiters folgenden Euphorie angeregt, über allen Gebäuden so genannte Faradaysche Käfige zu errichten. Den Skeptikern, die ästhetische Bedenken gegen solche Konstruktionen äußerten, schlug man vor, die Gitter mit Figuren zu verzieren, etwa mit einer Nachbildung Franklins, wie er gerade Jupiter den Blitz auspinkelt. Glücklicherweise ist es nicht zu solchen „Kunstwerken" gekommen.

dafür Bäume, so kann man *die Nähe eines Baumes* schon aufsuchen. *Im Abstand von 5 bis 10 m* vom Baum, je nach Höhe, ist man vor einem Blitzschlag *relativ sicher*. Verletzungen beim Blitzeinschlag in den Baum sind aber durch eventuell umher fliegende Äste oder Holz möglich". Bei Blitzeinschlägen in Bäume werden Stamm und größere Äste oft regelrecht zerfetzt, weil das drin befindliche Wasser in der Hitze explosionsartig verdampft. Fachleute empfehlen, auf trockenem Boden am besten in einer Mulde möglichst zusammengekauert in die Hocke zu gehen und den Boden nur mit den Zehenspitzen und den Fußballen – nicht aber gleichzeitig mit den Fersen – zu berühren. Im Gebirge soll man unter entsprechend großen Felsvorsprüngen in relativer Sicherheit sein. Auf jeden Fall muss man breitbeiniges Stehen vermeiden, denn bei einem Blitzeinschlag entstehen auch am Erdboden elektrische Spannungsmuster, die einen tödlichen Strom von einem Bein zum anderen hervorrufen können. Auf diese Weise ist schon manches Weidetier ums Leben gekommen. Dass man während eines Gewitters in einem Gewässer nichts verloren hat, ist ohnehin selbstverständlich.

Die Gewittertätigkeit als Komponente des luftelektrischen Systems

Die Erdatmosphäre ist ständig von einem elektrischen Feld durchsetzt. Seine Feldlinien verlaufen zwischen der so genannten **Ausgleichsschicht** an der Untergrenze der Ionosphäre in einer Höhe von knapp 100 km und der Erdoberfläche. Ausgleichsschicht und Erdoberfläche bilden also zusammen einen riesigen Kugelkondensator dessen positiven Pol die Ausgleichsschicht und dessen negativen Pol die unterste Atmosphärenschicht bzw. die Erdoberfläche darstellen.

Beide „Kondensatorschalen" besitzen eine gute elektrische Leitfähigkeit. So kann die Ausgleichsschicht Ladungsüberschüsse in einem Gebiet innerhalb von Minuten über die gesamte Schicht verteilen. Daher auch der Name Ausgleichsschicht. Hervorgerufen wird diese Leitfähigkeit letzten Endes von den energiereichen kurzwelligen Komponenten der Sonnenstrahlung: der kosmischen Höhenstrahlung, der Röntgenstrahlung und der harten ultravioletten Strahlung (vgl. Seite 163). Ihre Strahlungsquanten schlagen aus den elektrisch neutralen Molekülen der Atmosphärengase Elektronen heraus (vgl. Seite 59), die sich an andere Luftteilchen anlagern. Einen solchen Vorgang nennt man **Ionisation**. Dadurch, dass sich die elektrisch geladenen Gasmoleküle leicht und schnell in horizontaler Richtung bewegen lassen, entsteht nach Außen hin eine gute elektrische Leitfähigkeit. Auch in den unteren Luftschichten laufen Ionisationsvorgänge ab, die im Wesentlichen durch die Strahlung beim Zerfall radioaktiver Gesteine verursacht werden.

Dieser atmosphärische Kondensator besitzt eine Spannung zwischen 200 und 400 kV, die ihrerseits ständig einen weltweiten vertikalen Ausgleichsstrom von etwa 1 500 bis 1 600 A durch die Atmosphäre hindurch aufrechterhält. Dieser Strom würde das atmosphärische Spannungsfeld rasch zusammen brechen lassen, wenn es nicht Vorgänge gäbe, die es immer wieder neu aufbauen. Und diese Vorgänge sind die Gewitter. Sie erzeugen ständig einen Strom, der dem Ausgleichsstrom entgegen gerichtet ist und halten damit die elektrische Spannung in der Atmosphäre aufrecht. Die Gewitter stellen also bildlich gesprochen einen Generator dar, dessen positiver Pol an die Ausgleichsschicht und dessen negativer Pol an die Erdoberfläche angeschlossen ist. Da er den vertikalen Ausgleichsstrom stets genau kompensieren muss, muss seine Stromstärke (s. oben) etwa 1 500 bis 1 600 A betragen. Das ist also der mittlere Wert der Ladungstrennung aller weltweit gleichzeitig ablaufenden Gewittervorgänge.

Weitere Informationen über Blitze und Gewitter findet man bei Vorreiter (1983).

2.3.5 Beschläge

Im Gegensatz zu Niederschlägen sind **Beschläge** flüssige oder feste, aus kondensiertem Wasserdampf gebildete Ausscheidungen, die nicht auf den Boden fallen, sondern sich an jeder Art von Hindernissen absetzen. Sie können durch Kondensation oder Sublimation des atmosphärischen Wasserdampfs, aber auch durch Anlagerung von bereits in der Luft vorhandenen Tröpfchen entstehen.

Wie bei den Niederschlägen unterscheidet man flüssige und feste Beschläge:

1. Flüssige Beschläge: Tau, Nebeltraufe
2. Feste Beschläge: Reif, Raureif, Klareis, Glatteis, Raueis

Tau

Nebeltraufe

gefrierender Tau

Reif

Rauhreif

Klareis

Raueis

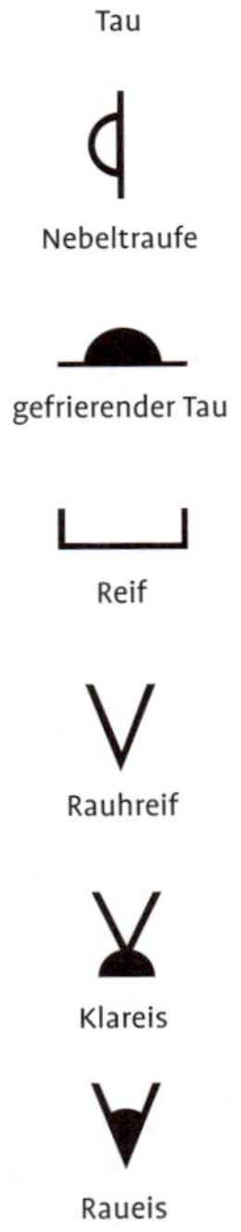

Abb. 54
Wettersymbole: Beschläge.

Tau und Reif

Kühlt sich eine Oberfläche unter die Taupunktstemperatur ab, so bildet sich bei Temperaturen über 0 °C **Tau**, bei Temperaturen unter 0 °C **Reif**. Solche Abkühlungen setzen als Folge des nächtlichen Energieverlustes (s. Seite 243) praktisch jeden Abend ein – insbesondere, wenn die Bewölkung gering ist oder überhaupt keine Wolken vorhanden sind. Bei der Taubildung haben wir einen Phasenübergang vom Wasserdampf zum flüssigen Wasser, beim Reif einen von der Dampf- unmittelbar in die Eisphase. Es gibt jedoch Hinweise darauf, dass sich die bei Reif entstehenden Eiskriställchen aus einer Kette von winzig kleinen gefrorenen Tröpfchen zusammensetzen (Möller 1984). Geländelagen mit viel Tau und Reif weisen genauso wie die mit viel Nebel (s. Seite 104) auf besonders tiefe Temperaturen und damit erhöhte Frostgefährdung hin. Der Anbau empfindlicher Kulturen will an solchen Stellen wohlüberlegt sein.

Sinkt nachts die Temperatur unter den Taupunkt, so wird mit der einsetzenden Kondensation das Reservoir der **latenten Kondensationsenergie** erschlossen. Damit werden die nächtlichen Energieverluste wenigstens teilweise ersetzt, so dass der Temperaturrückgang zwar nicht gestoppt, jedoch verlangsamt wird. Man hat daraus die so genannte **Taupunktsregel über die nächtliche Tiefsttemperatur** hergeleitet. Sie besagt, dass in der Nacht die Lufttemperatur nur wenig unter den im Lauf des Spätnachmittags gemessenen Taupunktswert sinken wird. Sie kann natürlich nur einen groben Anhaltswert liefern.

Eine Kondensation findet auch statt, wenn warme, feuchte Luft über kalte Gegenstände streicht und sich dabei unter ihren Taupunkt abkühlt. Wird z. B. durch einen Luftmassenwechsel sehr kalte Luft durch milde, feuchte Luft ersetzt, so kann man an Hauswänden, parkenden Autos und Pflanzen Taubeschlag finden. Über das Beschlagen von Fensterscheiben und Brillengläsern wurde schon gesprochen (s. Seite 67).

Die Menge des durch Tau abgesetzten Wassers ist in Mitteleuropa recht gering. Nur etwa 0,1 bis 0,2 mm werden pro Nacht gebildet. Mengen von 0,5 mm sind die Ausnahme. Theoretisch können in einer klaren zehnstündigen Nacht maximal etwa 0,8 mm entstehen. Gemessen an den Niederschlagswerten beträgt der Tau nur 2 bis 5 %. Die Bedeutung des Taues ist allerdings größer, als seine Menge annehmen lässt. In trockenen Gegenden der Erde stellt der Tau für die Pflanzen oft für lange Zeit die einzige Möglichkeit dar, an das lebensnotwendige Wasser zu kommen. Selbst unter europäischen Klimabedingungen kann der Tau zur Verbesserung der Wasserversorgung beitragen.

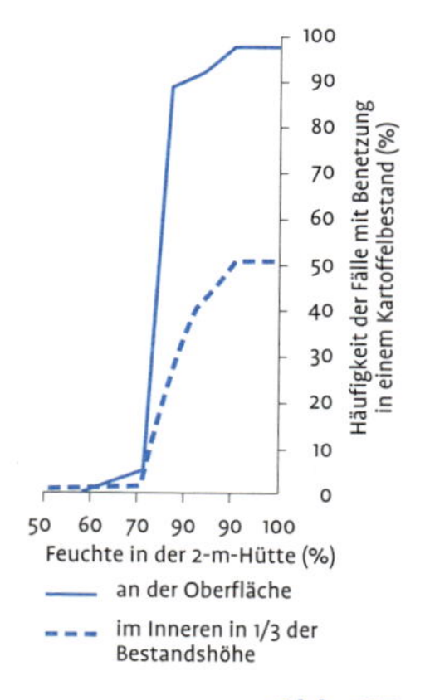

Abb. 55
Relative Häufigkeit der Fälle mit Benetzung an einem Kartoffelbestand (nach Häckel 1984).

Die wichtigste Rolle spielt er bei uns jedoch im Zusammenhang mit Pflanzenkrankheiten. Die Sporen der krankheitserregenden Pilze können nämlich nur dann keimen und dadurch die Wirtspflanze befallen, wenn auf den Blättern ein ausreichender Wasserfilm vorhanden ist. Ohne diesen sterben sie ab, ohne die Pflanze zu gefährden. Wenn aber ein Krankheitserreger aufgrund des fehlenden Wassers keine Infektion hervorrufen kann, sind auch keine Pflanzenschutzspritzungen notwendig. Man ist also sehr daran interessiert, unter welchen Bedingungen Pflanzen benetzt sind.

Häckel (1984) hat für eine Reihe von Kulturpflanzen den Zusammenhang zwischen der relativen Feuchte und den Benetzungsbedingungen untersucht. Abb. 55 zeigt die Verhältnisse bei Kartoffeln. Wie man sieht, darf man bei einer relativen Feuchte (gemessen in 2 m Höhe) von mehr als 75 % an der Bestandsoberfläche praktisch immer mit Benetzung rechnen. Bei anderen Kulturen liegen die Grenzwerte ähnlich. Wie man ebenfalls aus Abb. 55 erkennt, sind Pflanzenbestände im Inneren wesentlich seltener nass als an der Obergrenze (vgl. Seiten 210 und 358).

Nebeltraufe

Nebel schlägt sich, besonders wenn er wie der Advektionsnebel sehr wasserreich ist, an allen möglichen Hindernissen ab. Man sagt dann, der Nebel nässt. Insbesondere Bäume, von ihnen wieder in erster Line die Nadelbäume, kämmen das Wasser aus dem Nebel heraus und führen es über Zweige, Äste und Stämme dem Boden zu. Man nennt dies **Nebeltraufe, Nebeltau oder Nebelniederschlag**. Durch diesen Vorgang gewinnt der Boden Wasser, ohne dass echter Niederschlag gefallen wäre.

Die zahlenmäßige Bestimmung der Nebeltraufe ist zwar kein überaus großes Problem. Man braucht nur das den Stamm herunterlaufende Wasser aufzufangen. Da aber jede Pflanze eine andere Blattform und einen anderen Habitus hat, ist es außerordentlich schwierig, vergleichbare Werte zu bekommen. Grunow (1964) hat deshalb einen so genannten **Nebelfänger** konstruiert, der die erwünschten, gleichartig gewonnenen Daten liefert, und hat ihn über mehrere Jahre in einem weltweiten Messnetz eingesetzt. Das Gerät ist im Kapitel Messtechnik (s. Seite 388) beschrieben. Bei seinen Messungen fand er, dass der Wassergewinn durch Nebeltraufe in Europa innerhalb sehr weiter Grenzen schwanken kann. Insgesamt ist aber eine Zunahme mit der Höhe zu beobachten, wobei die Exposition zur Hauptwindrichtung hin oder von ihr weg eine wesentliche Rolle spielt. An der deutschen Nordseeküste wurden knapp 40 mm gemessen, das sind etwa 5 % der jährlichen Niederschlagssumme. Im mitteleuropäischen Binnenland schwanken sie bei 1 500 m Seehöhe zwischen 300 und 900 mm und erreichen dabei 25 bis 150 % der Jahresniederschlagsmenge. Auf dem Sonnblick in den Hohen Tauern beträgt die Nebeltraufe mit jährlich fast 2 200 mm über 180 % des Niederschlages.

Für die Wasserversorgung verschiedener arider Gebiete unserer Erde eröffnet sich über die Nebeltraufe aufgrund der Grunowschen Messergebnisse die Möglichkeit, wenigstens stellenweise durch Aufforsten die natürlichen Wasserreserven nutzbar zu machen. Beachtliche Wassermengen setzen sich aus den orographischen Nebeln an der Küste Afrikas und Südamerikas ab. Dort schafft die Nebeltraufe stellenweise die Voraussetzungen für eine immergrüne hydrophile Vegetation, wo ohne sie wüstenähnliche Bedingungen herrschen würden. In der Wüste Namib (Südwestafrika) lässt der sich an den Felsenhängen absetzende Nebelniederschlag an Stellen, wo sich das herabfließende Wasser sammelt,

Im Randbereich der peruanisch-chilenischen Küstenwüsten werden aus der als Garua bezeichneten dichten Nebelschicht, die sich über dem kalten Auftriebswasser des Humboldtstromes bildet, von eigens dafür gepflanzten Eukalyptusbäumen Wassermengen gesammelt, die 600 mm Niederschlag entsprechen.

eine typische Vegetation aus überwiegend sukkulenten Arten aufkommen (GRUNOW 1964). Messungen in Swakopmund (23° S, 14° O) ergaben in einem Jahr Werte der Nebeltraufe, die den 7,5fachen Wert des Niederschlages erreichten (NAGEL 1959). Zu sehr hohen Nebelablagerungen kommt es auch am Tafelberg bei Kapstadt – dort macht der Nebelzuschlag 320 % aus – und in Fray-Jorge (Süd-Chile), wo er regelmäßig 670 % erreicht (GRUNOW 1964).

Raureif und Raueis

Durch Sublimation von Wasserdampf an Pflanzen und Gegenständen in unserer Umgebung bildet sich **Raureif**. Er wächst naturgemäß sehr langsam, ist fein strukturiert und weist gerne Ansätze der sechsstrahligen Dendritenkristallform auf. Eine Sonderform des Raureifes sind die **Eisblumen** an kalten Fensterscheiben, die früher zum regelmäßigen Erscheinungsbild des Winters gehört haben, heute infolge hervorragender thermischer Isolierung der Fenster jedoch zur Rarität geworden sind.

— Obwohl Raueis scheinbar locker und leicht ist, kann es doch an Bäumen und Sträuchern, Stromleitungen, Sendemasten u. ä. nicht zu unterschätzende Schäden anrichten. Im Hochgebirge werden meteorologische Messungen oft erschwert, weil das Raueis die Messgeräte förmlich „überwuchert".

Raueis besteht aus Ablagerungen von bereits in der Luft vorhandenen unterkühlten Tröpfchen. Es bildet sich deshalb bevorzugt bei Nebel. Raueis lässt eine schwammartig aussehende, lockere Eisschicht entstehen, die normalerweise kaum oder überhaupt keine kristallinen Strukturen aufweist. Gewöhnlich wächst es dem Wind entgegen, der ja die eisbildenden Wassertröpfchen mitbringt. Weht längere Zeit ein beständiger Wind, so entwickelt sich das Raueis zu mächtigen Beschlägen mit bizarren Formen. Besonders auf Bergen sind in wasserreichen Wolken schon gigantische Raueisansätze mit einer Mächtigkeit von einem Meter und mehr beobachtet worden.

Glatteis

Als Glatteis bezeichnet man eine glatte, glasige Eisschicht. Sie entsteht, wenn unterkühlter Regen spontan an einer Oberfläche festfriert. Glatteis kann aber auch durch gewöhnlichen Regen hervorgerufen werden, wenn die Gegenstände, auf die er trifft, sehr kalt sind, so dass er zu Eis erstarrt. Glatteis ist sehr schwer und kann deshalb sowohl an technischen Einrichtungen, inbesondere Freileitungen, aber auch an Bäumen und Sträuchern zu schwersten Schäden führen.

Eine besondere Gefahr stellt das Glatteis für den **Flugverkehr** dar. An Flugzeugen bilden sich Eisanlagerungen in erster Linie auf den Vorderkanten der Tragflächen, Ruder, Stabilisatoren, Triebwerke und Propeller. Neben einer Gewichtsvergrößerung des Flugzeugs führt das zu einer wesentlichen Verschlechterung seiner aerodynamischen Eigenschaften. So werden dadurch der Auftrieb verringert und die Wirkung der Ruder und des Stabilisators eingeschränkt. Aus den Eisablagerungen an den Propellern können sich große Trümmer lösen und zu einer Unwucht führen, die starke Vibrationen verursacht.

Die größte Vereisungsgefahr besteht in den wasserreichen Wolken vom Typ Cumulonimbus und Nimbostratus. Die meisten Vereisungsfälle treten bei Temperaturen zwischen 0 °C und –10 °C auf. Aber selbst bei –30 °C besteht noch ein gewisses Risiko. Der sicherste Schutz besteht darin, dass der Flugzeugführer entsprechend der meteorologischen Empfehlung den gefährlichen Wolken ausweicht. Da das häufig nicht möglich ist, besitzen heute alle größeren Flugzeuge Enteisungsanlagen, die das Eis absprengen oder abtauen.

Auch auf **Schiffen** kann Vereisung zu einer ernstzunehmenden Gefahr werden. In extremen Fällen können sich bei Glatteisregen die Aufbauten mit einer meterdicken Schicht überziehen, die zu einer Schwerpunktsverlagerung des Schiffes nach oben führt, so dass seine Schwimmstabilität beeinflusst wird. Manches Glatteis hat auch schon den Straßenverkehr zum Erliegen gebracht, und schließlich redet plötzlich auch die Deutsche Bahn AG vom Wetter, wenn Glatteis die Fahrleitungen mit einem isolierenden Panzer umgibt und den Lokomotiven die Stromentnahme unmöglich macht.

- Echte Glatteissituationen, bei denen unterkühlter Regen nach dem Aufschlagen spontan gefriert, sind relativ selten. Viel häufiger friert gewöhnlicher Regen mit Temperaturen über 0 °C an sehr kalten Oberflächen an. Hervorgerufen werden solche Situationen von winterlichen Inversionslagen (s. Seite 49), bei denen über einer flachen, bodennahen Kaltluftschicht in der Höhe Temperaturen weit über 0 °C herrschen, in denen fallender Schnee zu gewöhnlichen Regentropfen schmilzt.

2.4 Niederschlagsverteilung, klimatische Wasserbilanz und Wasserkreislauf

Die mittleren jährlichen Niederschlagssummen in der Bundesrepublik Deutschland schwanken zwischen weniger als 500 mm und über 2 000 mm. Von diesen Mittelwerten können in Einzeljahren erhebliche Abweichungen auftreten. An einigen Standorten wurde in ausgesprochen nassen Jahren 2,4-mal soviel Niederschlag gemessen wie in Dürrejahren.

2.4.1 Örtliche und zeitliche Niederschlagsverteilung

In Mitteleuropa fällt der Niederschlag fast ausschließlich bei westlichem bis nördlichem Wind. Dadurch kommt es auf diesen Seiten der Mittelgebirge und im nördlichen Voralpenland regelmäßig zu Staueffekten, die die Niederschlagsspende erheblich ansteigen lassen. Gleichzeitig spielen sich auf den windabgewandten östlichen bis südlichen Seiten föhnige Erwärmungs- und Abtrocknungsvorgänge ab, die sich in entsprechenden Niederschlagsrückgängen äußern. Auf diese Weise modellieren sich die Gebirge und Mittelgebirge mit ihren relativen Niederschlagsüberschuss- und Niederschlagsmangel-Gebieten regelrecht aus den Karten der jährlichen Niederschlagssummen heraus.

Ein besondes interessantes Beispiel für den Zusammenhang zwischen Gelände und Niederschlag ist das „Nördlinger Ries", das ein vor etwa 14,8 Mio. Jahren eingeschlagener Meteorit als Krater hinterlassen hat. Es hat knapp 20 km Durchmesser und ist etwa 200 Meter tief. Niederschlagsträchtige Luft wird – aus welcher Richtung sie auch immer heranströmt – vom Kraterrand zum Kraterboden 200 Meter absinken und sich dabei adiabatisch erwärmen. Die Folge ist, dass die relative Luftfeuchte dabei absinkt und damit die Niederschlagsspende zurückgeht. Auf diese Weise wird das Ries zu einem relativen Trockengebiet. Auf der Niederschlagskarte von Bayern (Häckel, 2007; Seite 150 oben) zeichnet es sich als kreisrunder roter Klex an der westlichen Landesgrenze deutlich ab.

Die Abb. 56 zeigt in der unteren Hälfte das Geländeprofil längs einer zwischen Lorch (Schwäbische Alb) und Obergurgl (Ötztaler Alpen) etwa nordwestlich-südöstlich verlaufenden Schnittlinie. Darüber sind die langjährigen Jahres-Niederschlagssummen der an dieser Profillinie liegenden Klimastationen zu sehen. Die zwischen Stötten und der Donau nur um etwa 300 m abfallende Alb wirft einen „Regenschatten", der die Niederschlagssummen um 330 mm pro Jahr zurückgehen lässt. Südlich der Donau steigt das Gelände zu den Alpen hin stetig an – und mit ihm die Niederschläge, so dass in Thannheim im Staubereich der bis über 3 000 m hohen Bergmassive die Jahresniederschläge 2 000 mm erreichen. Dahinter fallen die Alpen zum Inntal hin steil ab (Imst, Ötz). Föhnige Absinkvorgänge mit Erwärmung und Wolkenauflösung führen dort zu einem dramatischen Rückgang der Niederschläge. Das Inntal wird dadurch zu einem Trockengebiet, in dem stellenweise weniger Niederschlag fällt als an der Donau. Verfolgen wir unser Geländeprofil weiter das Ötztal aufwärts, so begegnen uns mit erneut einsetzenden Stauvorgängen allmählich auch wieder wachsende Niederschlagssummen.

Stau und Föhneffekte führen auch in anderen Teilen der Welt zu erheblichen Differenzierungen des Niederschlagsangebotes.

Ein Musterbeispiel dafür stellt der Gebirgszug der südamerikanischen Anden dar. Wie in Abb. 57 gezeigt, bildet das Subtropenhoch (s. Seite 302ff.) westlich des südamerikanischen Kontinents in einer Breite von etwa 30° S einen Schwerpunkt aus. Infolge der damit verbundenen Luftströmung kommt es südlich von 30° S mit auflandigem Wind an der Flanke der Anden zu

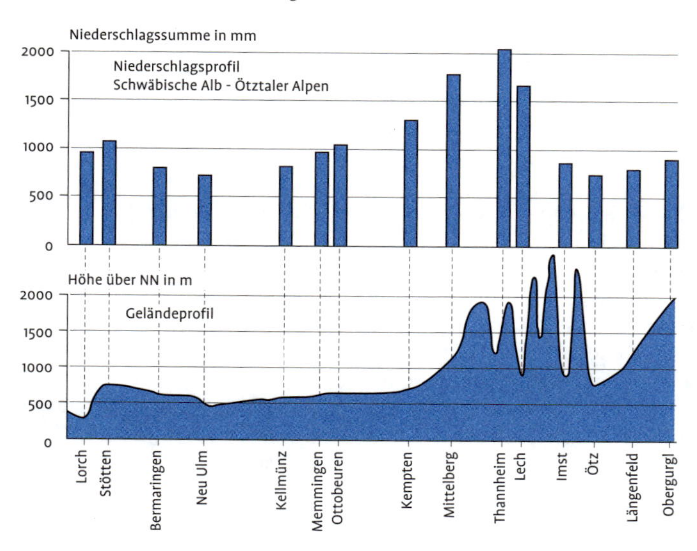

Abb. 56
Niederschlagsprofil zwischen Lorch, Schwäbische Alb und Obergurgl, Ötztaler Alpen.

erheblichen Stauniederschlägen, die zu Jahressummen von über 2 000 mm führen. Von der Station Bahia Felix in Süd-Chile werden im Durchschnitt nicht weniger als 325 Regentage pro Jahr gemeldet. Nördlich von 30° S dagegen ist die Strömung nach Westen gerichtet, wodurch infolge föhniger Abtrocknung teilweise weniger als 50 mm Jahresniederschlag fallen.

Aber nicht nur Gebirge üben einen Einfluss auf die Niederschlagstätigkeit aus. Selbst so flache Küsten wie die deutsche Nordseeküste haben ihre Wirkung, die allerdings einen anderen physikalischen Hintergrund hat: Wie später noch zu zeigen sein wird (s. Seite 342), bremst der Ozean den Wind weniger als die Topographie, Vegetation und Bebauung des Festlandes. Tritt der Wind von der See auf das Festland über, so erleidet er plötzlich eine Verzögerung, die zu einem Stau führt. Da keine andere Ausweichmöglichkeit besteht, wird die Luft gezwungen aufzusteigen

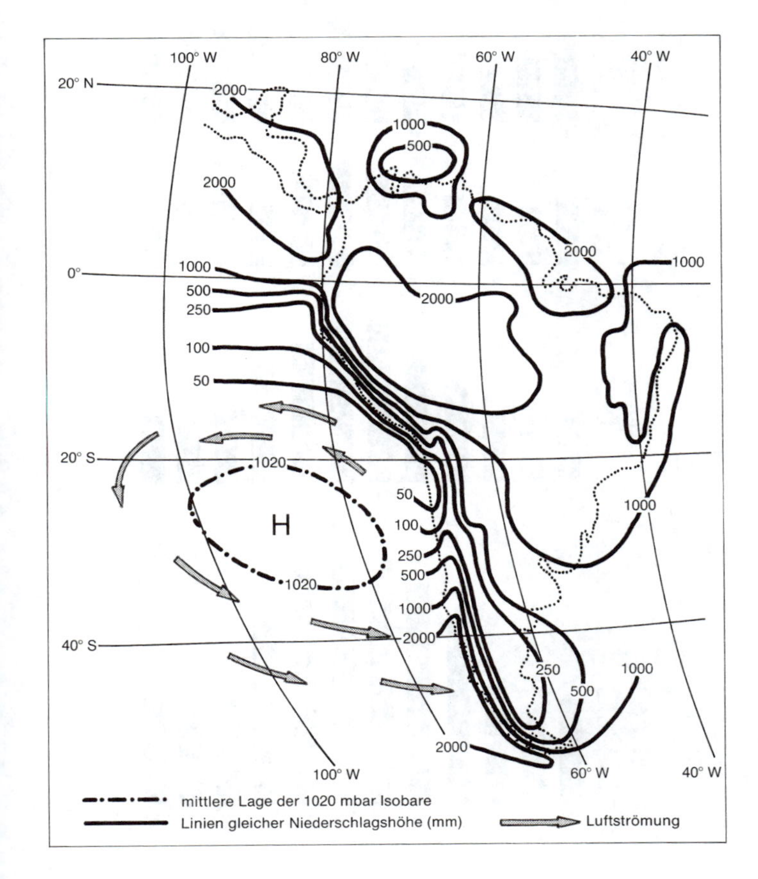

Abb. 57
Jährliche Niederschlagsmenge und mittlere Lage des Subtropenhochs im Pazifik unter Verwendung von GEIGER *(1964/66).*

mit den schon bekannten Konsequenzen: Abkühlung, verstärkte Wolkenbildung, Zunahme der Niederschläge.

Dieser Vorgang führt zu einer Niederschlagssteigerung hinter der deutschen Nordseeküste auf stellenweise über 800 mm, während über der freien Nordsee und in der übrigen Norddeutschen Tiefebene die Niederschlagssummen zwischen 700 und höchstens 800 mm liegen (Roth 1981).

Die jahreszeitliche Verteilung der Niederschläge weist bei uns zwei Maxima und zwei Minima auf, wie aus Abb. 58 zu entnehmen ist. Das ausgeprägtere Maximum tritt im Sommer auf, das sekundäre im Winter. Dazwischen liegen ein trockenes Frühjahr und ein trockener Herbst.

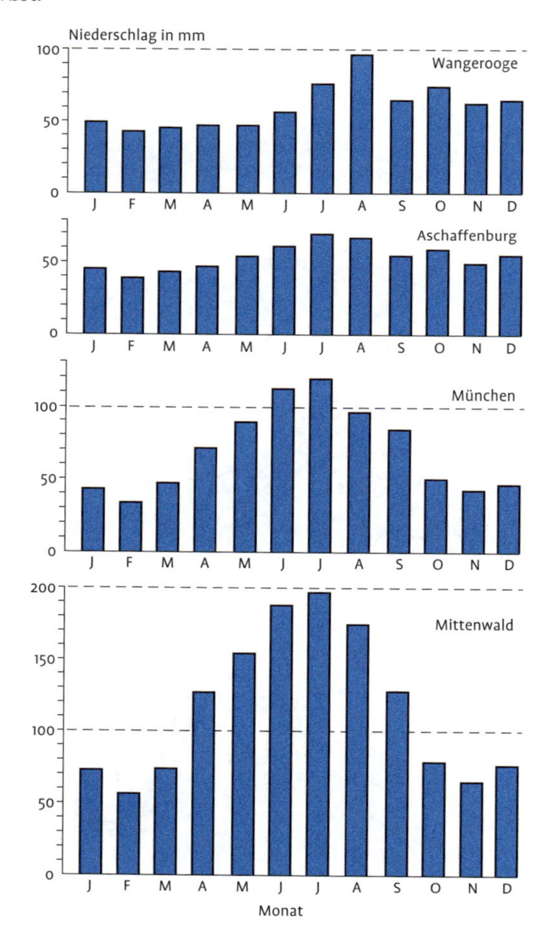

Abb. 58
Mittlere Monatssummen des Niederschlages (nach Reichsamt für Wetterdienst 1939).

Insgesamt ist der Verlauf der Niederschlagskurve im Küstengebiet (Wangerooge) wesentlich ausgeglichener als im Alpenvorland (München) oder gar im unmittelbaren Alpenraum (Mittenwald). In Norddeutschland bringt das Sommerhalbjahr nur etwa 10 % mehr Niederschläge als das Winterhalbjahr. Nach Süden zu werden die Sommer im Verhältnis zu den Wintern jedoch immer regenreicher. Am Alpenrand übersteigt das Verhältnis sogar 2 zu 1. Während auf dem Festland der Juli der regenreichste Monat ist, tritt das Sommermaximum an der Küste im August auf.

Die hohen sommerlichen Regenmengen des Alpenvorlandes gehen auf das Konto der dort häufigen Gewitterschauer und der Stauwirkung der Alpen. Allgemein ist die Ergiebigkeit der Niederschläge in Süddeutschland größer als in Norddeutschland, dafür regnet es dort öfter. Weitere Informationen findet man bei SCHIRMER und VENT-SCHMIDT (1979).

2.4.2 Klimatische Wasserbilanz

Eine besonders für die Bewässerungswirtschaft wichtige Größe ist die **klimatische Wasserbilanz**. Sie ist definiert als die Differenz von Niederschlag und (potentieller) Verdunstung. Ist diese Größe an einem Ort positiv, so bedeutet das, dass mehr Niederschlag fällt, als durch Verdunstung abgegeben wird. Ist sie negativ, so heißt das, dass mehr Wasser verdunstet, als in Form von Niederschlägen zugeführt wird. Betrag, Vorzeichen und Verlauf der klimatischen Wasserbilanz lassen also einen ersten Schluss zu, welche natürliche Vegetationsform vorhanden sein wird, ob und gegebenenfalls wie viel Bewässerung für den Landbau notwendig ist. Selbstverständlich spielt der Wasserbedarf der betrachteten Kulturpflanzen und der Vorrat an Bodenwasser und dessen Verfügbarkeit bei solchen Abschätzungen eine wesentliche Rolle. Nähere Einzelheiten findet man in Lehrbüchern der Agarmeteorologie (s. Seite 431) und der Bewässerungswirtschaft (z. B. ACHTNICH 1980).

In Abb. 59 ist die klimatische Wasserbilanz der Sommermonate Juni bis September wiedergegeben. Wir sehen, dass positive Werte nur an der Westküste Skandinaviens und der Britischen Inseln, im Staubereich der Alpen, nördlich der Karpaten sowie im Schwarzwald auftreten. In allen übrigen Gebieten finden wir negative klimatische Wasserbilanzen, wobei eine abnehmende Tendenz von Norden nach Süden zu erkennen ist. Deutlich heben sich jedoch aus dem allgemeinen Trend die Staugebiete vor Gebirgen und Mittelgebirgen mit weniger negativen Werten und die Trockengebiete im Regenschatten mit besonders tiefen Werten ab.

Ein außerordentlich rascher Anstieg ist auf der regenreichen Westseite des Bayerischen Waldes und Böhmerwaldes und ein ebenso ausgeprägter Rückgang auf der trockenen Ostseite zu sehen. Auch die Stauregen vor dem Gebirgszug der Pyrenäen spie-

Bitte beachten: In die klimatische Wasserbilanz geht die potentielle Verdunstung ein, die von optimaler Wasserversorgung ausgeht (s. Seite 97). Da diese Voraussetzung nur in seltenen Ausnahmefällen zutrifft, darf die klimatische Wasserbilanz lediglich als erste Näherung betrachtet werden. Sie wird hier nur deshalb behandelt, weil die tatsächliche Wasserbilanz aufgrund der vielen Einflussfaktoren, die auf die Verdunstung wirken, kartenmäßig nicht darstellbar ist.

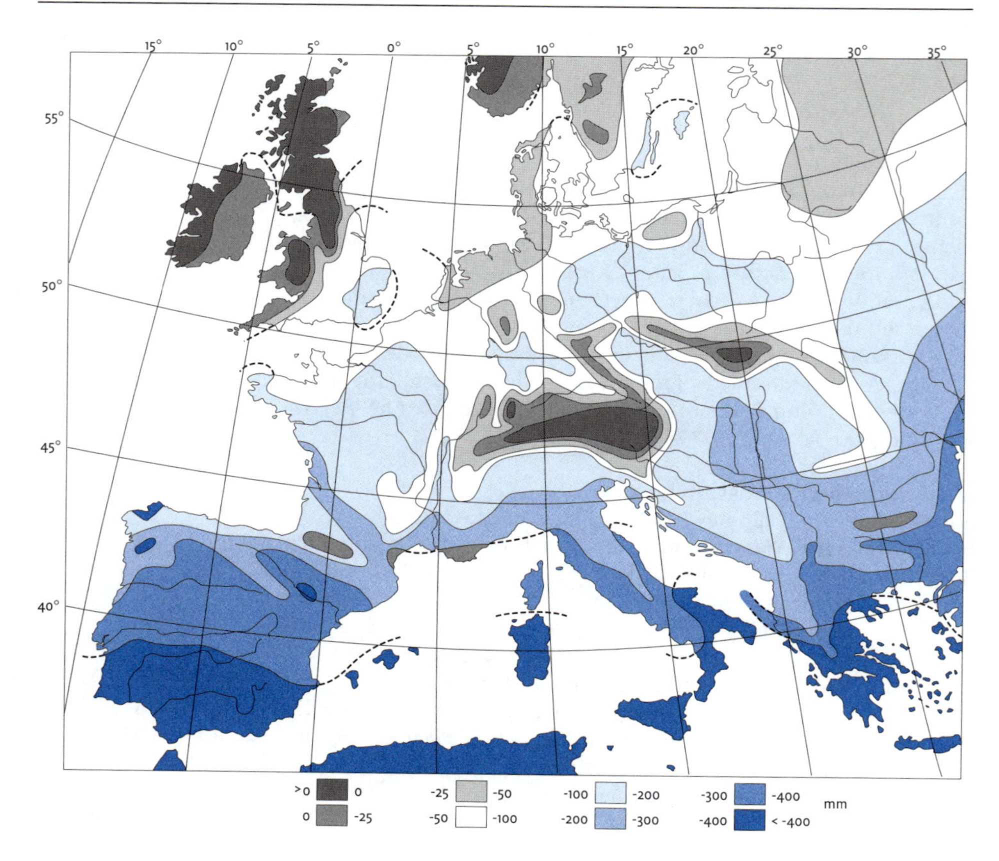

Abb. 59 *Klimatische Wasserbilanz während der Monate Juni bis September (nach Mohrmann und Kessler 1959).*

geln sich in der klimatischen Wasserbilanz wider. Ähnliches findet man auch vor den deutschen Mittelgebirgen.

2.4.3 Wasserkreislauf in der Bundesrepublik Deutschland

Abb. 60 zeigt schematisiert dargestellt den mittleren Wasserkreislauf für das Gebiet der Bundesrepublik Deutschland. Dabei entspricht 1 mm etwa 357 Mio. m³. Wie man sieht, fallen pro Jahr im Flächenmittel 779 mm Niederschlag, von denen bereits 17 mm wieder in der Luft verdunsten. Der Rest (762 mm) erreicht den Boden bzw. was darauf steht. Durch die Vegetation werden 72 mm als Interception abgefangen und wieder verdunstet, 122 mm fließen oberflächlich ab. Der Rest versickert im Boden und bildet das Grundwasser. Aus diesem werden wieder 42 mm für die Evaporation und 328 mm für die Transpiration entnommen und in die Atmosphäre zurückgeführt, 176 mm fließen mit dem Grundwasser ab.

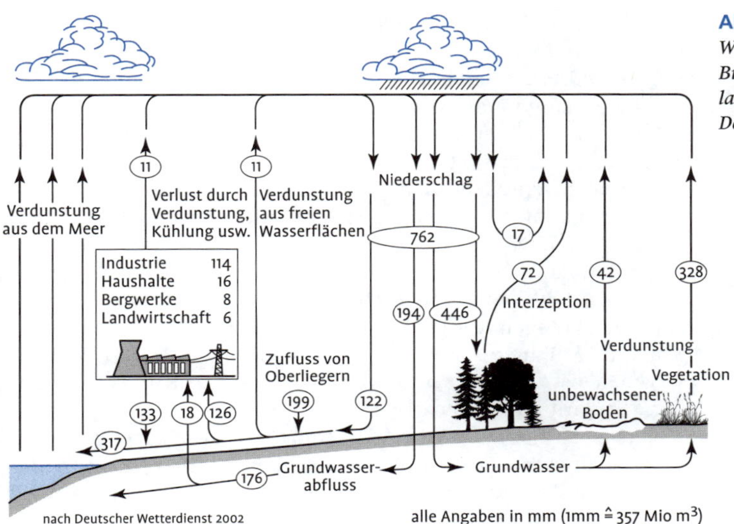

Abb. 60
Wasserkreislauf in der Bundesrepublik Deutschland (nach Daten aus Deutscher Wetterdienst).

Die 122 mm, die aus dem Niederschlag kommend oberflächlich abfließen, vereinigen sich mit dem Zufluss aus höher gelegenen Landschaftsteilen zu Bächen, Flüssen und Strömen. Aus ihnen verdunsten 11 mm. Auch Industrie, Elektrizitätswerke, Haushalt und Landwirtschaft bedienen sich für ihre Belange daraus. Zusammen mit der Grundwasserentnahme macht das 144 mm (= 126 + 18)aus. 11 mm davon wandern über Kühltürme, Landbewässerung oder andere Verdunstungsvorgänge wieder in die Atmosphäre zurück, 133 mm schließlich werden in das Flusssystem zurückgegeben, so dass dadurch 317 mm dem Meer zugeführt werden können.

Dieses Bild stellt die mittleren Verhältnisse dar. Selbstverständlich verschieben sich die Schwerpunkte von Landschaft zu Landschaft ganz erheblich. So tragen die Alpen und niederschlagsreichen Mittelgebirge mehr zum Abfluss und zur Grundwasserbildung bei als regenarme Beckenlandschaften. Dort fällt dagegen wegen der höheren Temperaturen der Verdunstungsanteil höher aus.

Zur Wasserdynamik im Subsystem Boden-Pflanze sei auf Ehlers (1996) verwiesen. Dort wird auch die Abhängigkeit des Pflanzenlebens und der Felderträge von Wasserangebot und Transpirationsleistung in sehr detaillierter Form beschrieben.

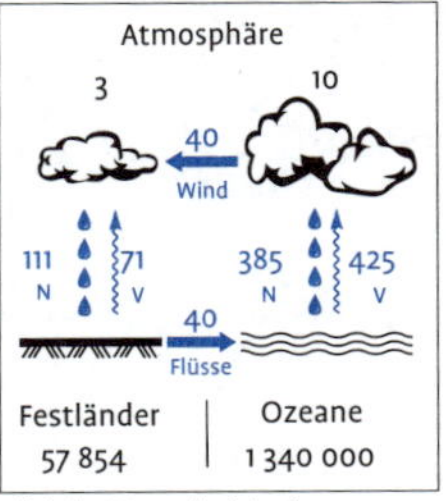

Globaler Wasserkreislauf

Schwarz:
Wasservorräte in 10^{15} Litern;
Blau:
Wassertransporte in 10^{15} Litern pro Jahr; (Wasserdampf in Flüssigwasseräquivalent);
10^{15} Liter = 1000 km³;
V = Verdunstung,
N = Niederschlag.

(Daten aus: Foken, 2003).

Abb. 61
Globaler Wasserkreislauf (Hydrologischer Zyklus).

2.4.4 Wasserhaushalt des Erdbodens im Jahresverlauf

Abb. 62 zeigt den Jahresverlauf des Wasserhaushaltes an der Station Schweinfurt in Unterfranken im Mittel über den Zeitraum

1961 bis 1990. Mit 500 bis 600 mm Jahresniederschlag gehört das Untermaintal von Schweinfurt bis Würzburg zu den trockeneren Gegenden Deutschlands. Das hat den Vorteil, dass sich die Kurven der dargestellten Wasserhaushaltskomponenten gut von einander abheben und der Unterschied zwischen der potenziellen und der aktuellen Verdunstung deutlich erkennbar wird.

Die täglichen Niederschlagsmengen sind in grauen, die täglichen Abflussraten – die sich aus dem tatsächlichen Oberflächenabfluss plus der Versickerung zusammensetzten – sind in hellblauen Säulen dargestellt. Die gepunktete schwarze Kurve beschreibt den Verlauf der potenziellen, die durchgezogene schwarze Kurve den der aktuellen Verdunstung. Alle vier werden an der linken Skala in „Millimeter pro Tag" (mm/d) abgelesen. Der Bodenwassergehalt wird von der durchgezogenen blauen Kurve repräsentiert. Er wird an der rechten Skala in „Millimeter" (mm) abgelesen. (Die Einheit mm wird dabei analog zu Niederschlags- und Verdunstungsangaben benutzt; vgl. Seite 384). Um die Darstellungen zu glätten und unübersichtliche Spitzen abzubauen, wurden die Datenreihen 5-tägig übergreifend gemittelt. Die Wasserhaushaltsbetrachtungen gelten für einen lehmigen Sandboden mit einer Feldkapazität von 125 mm.

> Unter **Feldkapazität** versteht man die maximale Wassermenge, die die obersten 60 cm des Bodens gegen die Schwerkraft halten können, ohne dass Versickerung eintritt.

Auf dem betrachteten Boden soll, wie es zu einer sinnvollen Landbewirtschaftung gehört, Fruchtfolge betrieben werden. Hier wurde die Folge: Mais – Winterweizen – Sommergerste ausgewählt.

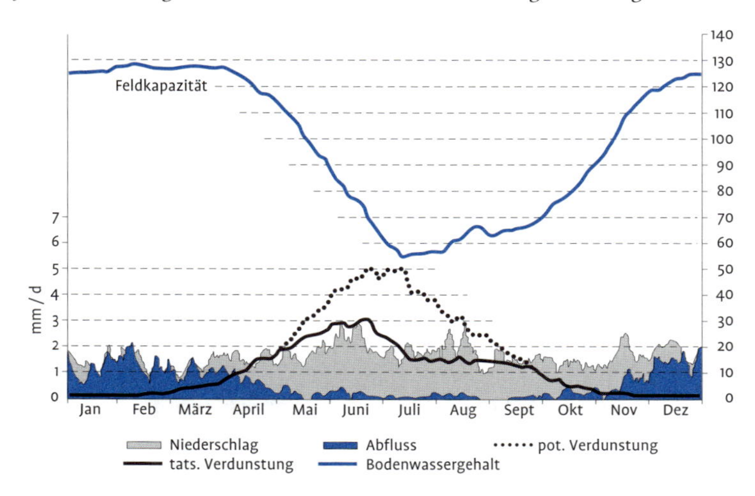

Abb. 62
Wasserhaushalt des Erdbodens in Schweinfurt im Jahresverlauf

Am Beginn eines neuen Jahres ist der Boden üblicherweise auf Feldkapazität aufgefüllt. Niederschläge, die zu dieser Zeit fallen, können also nicht mehr aufgenommen werden. Wegen der tiefen Temperaturen und der kurzen und flachen Tagbögen der Sonne (wenig Sonnenenergie!) findet darüber hinaus so gut wie keine Verdunstung statt. Die Folge ist, dass praktisch der gesamte Niederschlag – sofern er nicht als Schnee liegen bleibt – versickert oder von den Fließgewässern abgeführt wird. In der Abb. 62 ist das daran zu erkennen, dass sich die hellblauen und die grauen Säulen fast vollständig decken. Erst Anfang März steigen die Verdunstungsraten auf über 0,5 mm/d und binden damit einen zunehmenden Teil der Niederschläge. Die Folge ist, dass die Abflussraten mehr und mehr hinter den Niederschlägen zurückbleiben. Bis Mitte April sind die Verdunstungsraten so groß geworden, dass sie auch an den Bodenwasservorräten zu zehren beginnen, während gleichzeitig die Abflüsse kontinuierlich zurückgehen. Die Anfang Mai üblichen ergiebigen Niederschläge können den Rückgang zwar verzögen – jedoch nicht aufhalten.

Infolge des mehr und mehr austrocknenden Bodens aber auch wegen des zunehmenden Verdunstungsanspruchs der Atmosphäre (vgl. Seite 99) bleibt die aktuelle Verdunstung ab Anfang Mai zunehmend hinter der potentiellen zurück – daran können auch die reichlichen Juniniederschläge nichts ändern. Mitte Juni liegen die Raten der potenziellen Verdunstung um die 5 mm/d, während die aktuelle Verdunstung mit rund 3 mm/d noch nicht einmal $^2/_3$ davon erreicht. Zu einer regelrechten Verdunstungsdepression kommt es während der etwas niederschlagsärmeren Zeit um Ende Juni bis Anfang Juli. In diesen Tagen strebt auch der Bodenwassergehalt einem Jahresminimum zu. Aber bereits die ergiebigen Schauerniederschläge im August beginnen den Bodenwasservorrat wieder aufzubauen. Obwohl die potenzielle Verdunstung Jahreszeit bedingt schon wieder deutlich gesunken ist, bewirkt die zunehmende Bodenanfeuchtung, dass die aktuelle Verdunstung über viele Wochen hinweg auf einem konstanten Niveau stehen bleibt. Für den Abfluss bleibt in dieser Spätsommerphase so gut wie kein Wasser mehr übrig. Erst wenn im Oktober die Verdunstung wieder auf Werte unter 0,5 mm/Tag zurückgegangen ist, und das Bodenwasser sich auf die Sättigungsgrenze zu bewegt, steigen die Abflussraten wieder an. Schließlich übernehmen sie, wenn der Boden Ende Dezember auf Feldkapazität aufgefüllt ist, die Beseitigung des gesamten Niederschlags.

Verständnisfragen

2.1 *Wie stellt man sich die Wirkungsweise des zur Hagelabwehr eingesetzten Silberjodids vor?*

2.2 *Wasser hat seine größte Dichte bei 4 °C; nach höheren wie auch nach tieferen Temperaturen hin nimmt seine Dichte ab. Wie lässt sich dieses Verhalten erklären?*

2.3 *Über welchen Vorgang entsteht in mittleren Breiten Nieselregen, über welchen großtropfiger Regen?*

2.4 *Wie kommt es zum schalenartigen Aufbau von Hagelkörnern?*

2.5 *Welche Voraussetzungen sind erforderlich, damit Wasser verdunstet?*

2.6 *Warum ist es in einem (tiefen) Keller im Sommer feuchter, im Winter trockener als im Freien?*

2.7 *Wie viel Wasser verdunstet maximal an einem Sommertag, wie viel Tau bildet sich maximal in der Nacht?*

2.8 *Bei Föhn herrsche in der mittleren Gipfelhöhe der Alpen (2500 m) unterhalb der Föhnmauer eine Temperatur von 0 °C. Wie warm ist es dann im Bayerischen Alpenvorland in einer Höhe von 500 m? (Antwort: 20 °C)*

2.9 *Warum besteht bei einer Schiffsladung Zement, die von Hamburg nach Kapstadt verschifft wird, die Gefahr, dass der Zement während der Fahrt abbindet?*

2.10 *In einem Raum herrsche bei 20 °C eine relative Luftfeuchte von 75 %. Die Luft werde auf 5 °C abgekühlt. Wie viel Wasserdampf kondensiert dabei aus? (Antwort: 10 g/m³)*

3 Strahlung

Wenn man das Wort Strahlung hört, denkt man wohl zunächst an das für unser Auge sichtbare Licht, an die ultraviolette, die Röntgen- und die radioaktive Strahlung. Physikalisch besonders Interessierte mögen vielleicht noch an technische Anwendungen wie die Fotovoltatik und den Mikrowellenherd denken.

Tatsächlich ist damit aber der Begriff Strahlung noch längst nicht erschöpft. Ihre physikalische Natur und die Gesetze, denen sie unterliegt, sollen im nächsten Abschnitt diskutiert werden.

3.1 Definitionen und wichtige Gesetzmäßigkeiten über die Strahlung

Die Natur der Strahlung gab den Physikern lange Zeit schwere Rätsel auf. Einerseits gab es Experimente, bei denen sich die Strahlung eindeutig als elektromagnetische Welle präsentiert, andererseits hatte man Befunde, die sich nur mit der Vorstellung von Strahlungsquanten, also einer Art Korpuskeln, erklären ließen. Insbesondere der Fotoelektrische Effekt gehörte dazu.

Die Strahlung ist ein physikalischer Vorgang, bei dem Energie ohne materiellen Träger transportiert wird. Damit besitzt die Strahlung die Möglichkeit, Energie durch den „luftleeren" Weltraum von der Sonne auf die Erde zu übertragen. Ohne die Strahlungsenergie von der Sonne wäre die Erde ein kalter, unbelebter Brocken Materie.

Heute weiß man, dass man es bei der Strahlung mit einem Phänomen zu tun hat, das sich unserem beschränkten Vorstellungsvermögen entzieht – das sich aber je nach Situation als **Welle** oder als **Folge von hintereinander her fliegenden Quanten** offenbart. Man bezeichnet dieses Verhalten als Dualität.

Für die hier diskutierten Fragestellungen reicht überwiegend die Vorstellung der Strahlung als einer elektromagnetischen Welle aus. Lediglich wenn wir uns über Ihre Entstehung und ihre Wechselwirkungen mit der irdischen Materie Gedanken machen, werden wir auf die Quantendeutung zurückgreifen müssen.

fm = Femtometer
pm = Pikometer
nm = Nanometer
mm = Mikrometer

Strahlungsarten

Fragen wir zunächst einmal, welche Strahlungsarten es überhaupt gibt und wodurch sie sich denn unterscheiden. Darauf gibt uns Tabelle 8 eine Antwort. Wie man sieht, ist das primäre Unterscheidungskriterium die Wellenlänge. Die Wellenlängen bestimmen nicht nur die physikalischen Eigenschaften, nach ihnen werden auch die Bezeichnungen für die Strahlungsarten und die Bereichsgrenzen festgelegt. Das Spektrum der in der Atmosphäre vorkommenden Wellenlängen ist unvorstellbar groß. Es reicht von 10^{-15} m bis 10^{+6} m und umfasst damit nicht weniger als 21 Zehnerpotenzen. Um wenigstens eine Ahnung von den verschiedenen Wellenlängen zu bekommen, enthält die Tab. 8 Größenvergleiche mit verschiedenen Partikeln vom Elektron bis zu Hagelkörnern. Die Auswirkungen der verschiedenen Strahlungsarten ist auf den angegebenen Seiten besprochen.

Die kürzesten Wellenlängen besitzt die kosmische Höhenstrahlung mit Wellenlängen im Bereich von mit 10^{-15} bis mit 10^{-13} m. Diese Größenordnung besitzen auch Elektronen und Atomkerne. Ihr folgt mit 10^{-12} bis mit 10^{-10} m die γ-Strahlung; diese Wellenlängen sind teilweise immer noch kleiner als Atome. Mit Wellenlängen zwischen mit 10^{-9} m und mit 10^{-7} m erreichen die Wellenlängen der Röntgenstrahlung die Dimension von Molekülen und kleinen Aerosolteilchen. Sie geht in die Ultraviolette Strahlung über, der sich das sichtbare Licht anschließt. Die begrenzenden Wellenlängen sind in der Spalte ganz links angegeben. Wie man sieht, bewegen diese sich in der Größenordnung von Aerosol- und Dunstteilchen. Die infrarote und die „langwellige" Strahlung, die sich ab einer Wellenlänge von etwa 10^{-6} m und damit einer Größenordnung von Nebel-, Wolken- und Regentröpfchen anschließt, leitet in den Bereich der technisch genutzten Wellenlängen über: Radar, Mikrowelle, Telkommunikation insbesondere Fernsehen und Rundfunk. Dass auch den technischen Wechselströmen Wellenlängen zugeordnet werden, ist für unsere Fragestellungen nicht weiter von Bedeutung.

Zwischen der Wellenlänge und dem Energieinhalt der Strahlung besteht ein einfacher Zusammenhang: Je **kürzer die Wellenlänge** desto **energiereicher die Strahlung**. Mit jeder Verkürzung der Wellenlänge auf ein Zehntel steigt der Energieinhalt auf das 10fache. So enthält UV-Strahlung mit einer Wellenlänge von 10^{-7} m (= 0,1 µm) 10-mal mehr Energie als Infrarotstrahlung mit 10^{-6} m (= 1 µm) Wellenlänge.

Tab. 8 Das Spektrum der elektromagnetischen Wellen

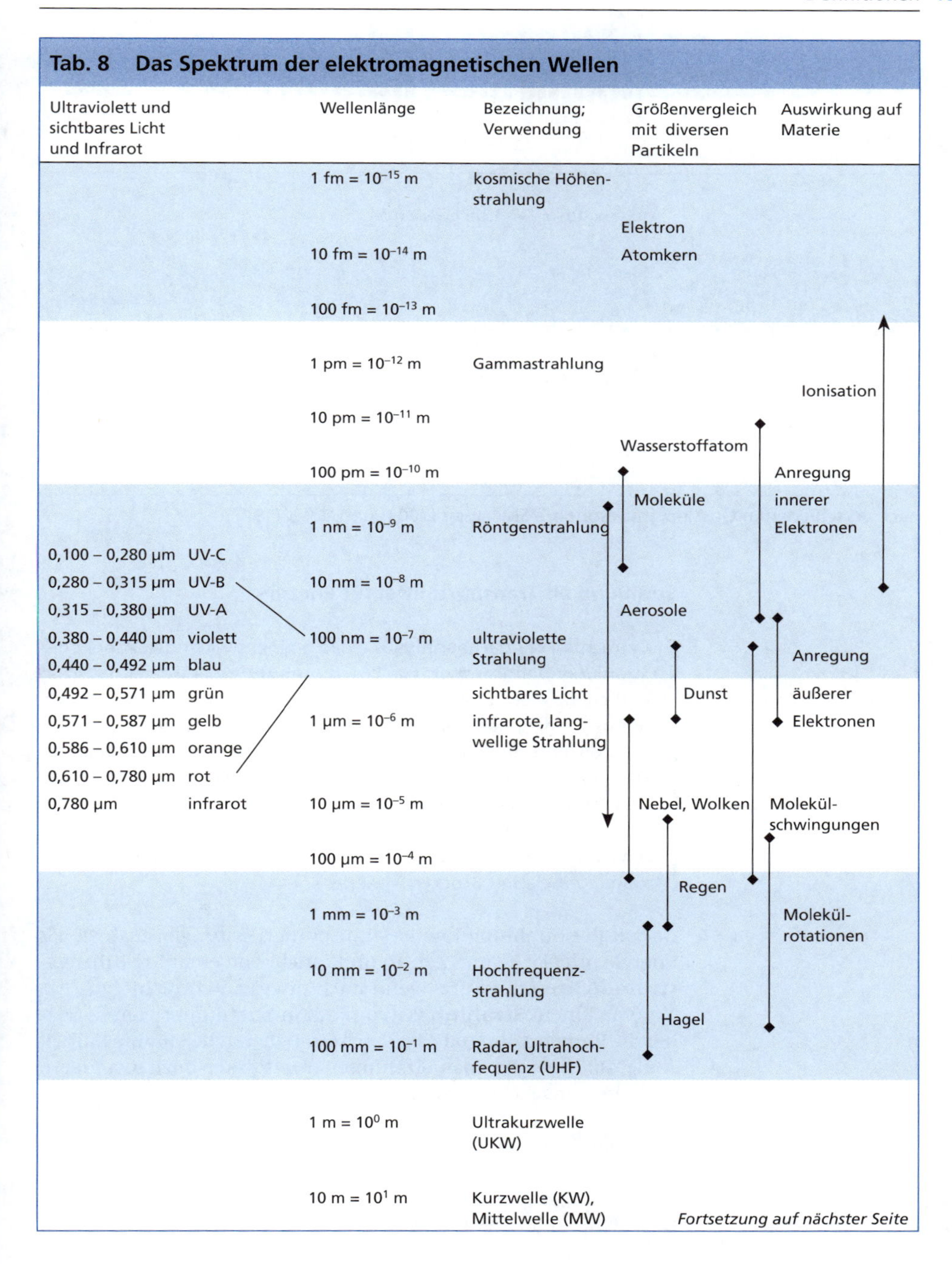

Ultraviolett und sichtbares Licht und Infrarot		Wellenlänge	Bezeichnung; Verwendung	Größenvergleich mit diversen Partikeln	Auswirkung auf Materie
		1 fm = 10^{-15} m	kosmische Höhenstrahlung		
				Elektron	
		10 fm = 10^{-14} m		Atomkern	
		100 fm = 10^{-13} m			
		1 pm = 10^{-12} m	Gammastrahlung		
					Ionisation
		10 pm = 10^{-11} m			
				Wasserstoffatom	
		100 pm = 10^{-10} m			Anregung
				Moleküle	innerer
		1 nm = 10^{-9} m	Röntgenstrahlung		Elektronen
0,100 – 0,280 µm	UV-C				
0,280 – 0,315 µm	UV-B	10 nm = 10^{-8} m			
0,315 – 0,380 µm	UV-A			Aerosole	
0,380 – 0,440 µm	violett	100 nm = 10^{-7} m	ultraviolette Strahlung		Anregung
0,440 – 0,492 µm	blau				
0,492 – 0,571 µm	grün		sichtbares Licht	Dunst	äußerer
0,571 – 0,587 µm	gelb	1 µm = 10^{-6} m	infrarote, langwellige Strahlung		Elektronen
0,586 – 0,610 µm	orange				
0,610 – 0,780 µm	rot				
0,780 µm	infrarot	10 µm = 10^{-5} m		Nebel, Wolken	Molekülschwingungen
		100 µm = 10^{-4} m			
				Regen	
		1 mm = 10^{-3} m			Molekülrotationen
		10 mm = 10^{-2} m	Hochfrequenzstrahlung		
				Hagel	
		100 mm = 10^{-1} m	Radar, Ultrahochfequenz (UHF)		
		1 m = 10^{0} m	Ultrakurzwelle (UKW)		
		10 m = 10^{1} m	Kurzwelle (KW), Mittelwelle (MW)		

Fortsetzung auf nächster Seite

Tab. 8 Das Spektrum der elektromagnetischen Wellen (Fortsetzung)

Ultraviolett und sichtbares Licht und Infrarot	Wellenlänge	Bezeichnung; Verwendung	Größenvergleich mit diversen Partikeln	Auswirkung auf Materie
	100 m = 10^2 m	Langwelle (LW)		
	1 km = 10^3 m			(vergl. dazu Seiten 59, 140ff., 146, 166, 184)
	10 km = 10^4 m	Elektroakustik		
	100 km = 10^5 m	Technische Wechselströme		
	1 000 km = 10^6 m			

nach verschiedenen Quellen, insbesondere Schönwiese (2003) und Vogel (1997)

Strahlung als Transportmittel für Energie

Betrachten wir darüber hinaus einen eminent wichtigen Aspekt der Strahlung: Den Transport von Energie mit Hilfe elektromagnetischer Wellen. Da elektromagnetische Wellen kein materielles Trägermedium benötigen, kann die Strahlung den luftleeren Weltraum durchdringen und auf diese Weise Energie von einem Himmelskörper zum anderen befördern. Unsere Erde erhält auf diesem Wege aus den Kernfusionsvorgängen auf der Sonne gigantische Energiemengen, die neben vielem anderen auch die meteorologischen Prozesse am Laufen halten. Ohne die Strahlung der Sonne wäre die Erde ein kalter, unbelebter Brocken Materie.

Da mit der Strahlung Energie transportiert wird, gibt man sie als Energie pro Fläche und Zeit an und spricht von einer **Strahlungsstromdichte** oder kurz, wenn auch physikalisch nicht ganz exakt, von einem **Strahlungsstrom J**. Ein Strahlungsstrom hat daher die Einheit W/m^2 oder $mJ/cm^2 * s$. Dabei steht J für die Einheit Joule. Häufig findet man Strahlungsstromstärken auch in anderen Einheiten angegeben, zum Teil auch in solchen, die die heute gesetzlich nicht mehr zugelassene Einheit Kalorie enthalten. Zwischen einigen häufig gebrauchten Angaben gelten die in Tab. 29 (Seite 404) angegebenen Umrechnungsfaktoren.

Strahlung breitet sich geradlinig aus. Das gilt zwar strenggenommen nur im Vakuum, darf aber bei unseren Betrachtungen in erster Näherung auch für Luft als gültig angenommen werden. Ein von einer punktförmigen Quelle ausgehender Strahlungsstrom nimmt mit dem Quadrat der Entfernung ab, was man sich mit Hilfe geometrischer Überlegungen leicht klarmachen kann.

3.1.1 Lambertsches Gesetz

Bisher sind wir stillschweigend davon ausgegangen, dass die Strahlung senkrecht auf die Empfängerfläche fällt. Das muss natürlich im Allgemeinen nicht der Fall sein. Welchen Einfluss der **Einfallswinkel** auf den Strahlungsgenuss einer Fläche hat, wollen wir anhand der Abb. 63 diskutieren. Dort sind zwei gleiche Sonnenstrahlenbündel zu sehen. Das eine trifft senkrecht auf die Empfängerfläche auf ($\alpha = 90°$), das andere unter dem willkürlichen Winkel β. Wie leicht einzusehen ist, verteilt sich die Energie des ersten Bündels auf die relativ schmale Fläche f_1, die des zweiten dagegen auf die verhältnismäßig breite Fläche f_2.

Lambert, Johann H.
Mathematiker, Physiker, Astronom und Philosoph
* 26.(?)8.1728 in Mühlhausen
† 25.9.1777 in Berlin
Autodidaktischer Universalgelehrter; Mitglied der Münchener und Berliner Akademie; Arbeiten zur Trigonometrie, Kartographie, Photometrie, Astronomie; als Philosoph einer der bedeutendsten Vertreter des deutschen Rationalismus.

Zwischen dem Einfallswinkel β und dem Strahlungsstrom J besteht der folgende Zusammenhang:

$$J = J_0 * \sin \beta$$

J_0 bedeutet den Strahlungsstrom, der auf eine senkrecht zur Ausbreitungsrichtung stehende Fläche trifft.

Dieses Gesetz heißt nach seinem Entdecker Lambertsches Gesetz. Es kommt im täglichen Leben recht häufig zur Wirkung. So ist z.B. bekannt, dass Nordhänge weniger Sonnenstrahlung empfangen als Südhänge und dass im Sommer die waagerechten, im Winter dagegen die senkrechten Flächen einen höheren Strahlungsgenuss aufzuweisen haben. Vom Fotografieren her ist der Effekt bekannt, dass schräg angestrahlte oder angeblitzte Flächen dunkler erscheinen als senkrecht beleuchtete.

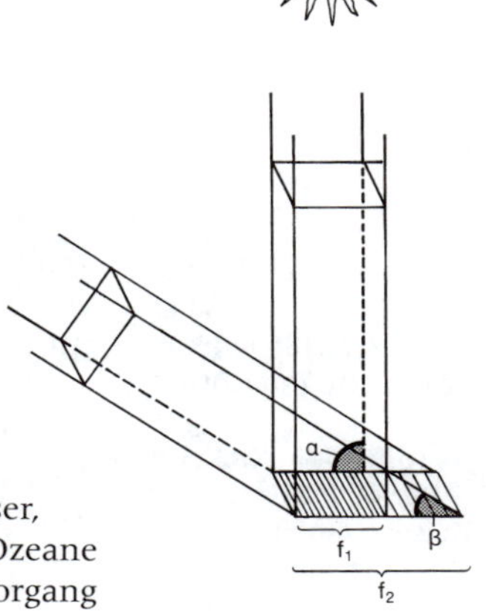

Abb. 63
Zur Erklärung des Lambertschen Gesetzes (Erläuterungen im Text).

3.1.2 Bouguer-Lambert-Beersches Gesetz

Von der Materie wird Strahlung im Allgemeinen mehr oder weniger stark absorbiert. Auch scheinbar völlig durchsichtige Substanzen, wie etwa das klare Meerwasser, dämpfen das Licht, sonst würde es nicht in den Tiefen der Ozeane allmählich immer dunkler werden. Man nennt diesen Vorgang **Extinktion**.

Das Gesetz, das beschreibt, wie ein Strahlungsstrom in einem absorbierenden Medium abgeschwächt wird, lautet:

Beer, August
Physiker
* 31.7.1825 in Trier
† 18.11.1863 in Bonn
Professor an der Universität Bonn; Hauptarbeitsgebiete: Optik, Photometrie, Elektroakustik, Elastizität.

$$J = J_0 * EXP(-t * l)$$

Dabei bedeutet J_0 den Strahlungsstrom, bevor er in das Medium eintritt und J seine Größe, wenn er darin den Weg l zurückgelegt hat. t heißt Extinktionskoeffizient.

Die Gleichung gilt streng genommen nur jeweils für eine einzige Wellenlänge. In einem Pflanzenbestand hängt t von der Blatthaltung, dem Blattflächenindex, von der Strahlungsdurchlässigkeit der Blätter, der Lage und Größe von Bestandslücken und der Strahlungsrichtung ab. JANETSCHEK (1982) hat dazu sehr interessante Ergebnisse veröffentlicht. Wir werden im Zusammenhang mit dem Klima in Pflanzenbeständen (s. Seite 357) noch darauf zu sprechen kommen.

3.1.3 Plancksches Gesetz

Bouguer, Pierre
Physiker und Astronom
* 16.2.1698 in Le Croisic (Bretagne)
† 15.8.1758 in Paris
Professor in Le Havre
Arbeiten: Begründer der wissenschaftlichen Fotometrie, Vermessungswesen, Schiffsbau.

Um das Plancksche Strahlungsgesetz und die sich daraus ergebenden Folgerungen verstehen zu können, müssen wir uns kurz mit dem physikalischen Wesen der Strahlung beschäftigen und machen dazu einen kleinen Abstecher in die Teilchenphysik. Dort begegnet uns die Strahlung nicht mehr als Welle sondern als Teilchenstrom (vgl. Seite 162). Wie wir von Seite 17 her wissen, sind die Atome und Moleküle, aus denen die Materie aufgebaut ist, in ständiger Bewegung. Bei den Gasen und Flüssigkeiten sind diese Bewegungen sehr unregelmäßig, bei Feststoffen sind es überwiegend Schwingungen um die Kristallgitterpunkte.

Infolge dieser so genannten Molekularbewegung stoßen ständig Materieteilchen mehr oder weniger heftig mit anderen zusammen. Wesentlich ist nun, dass die Stöße – bildlich gesprochen – nicht nur zu einem gegenseitigen Schubsen und Puffen unter den Teilchen führen, sondern dass sie auch Veränderungen an ihrem Elektronengefüge hinterlassen. Man sagt dann, die Elektronen befänden sich in einem **angeregten Zustand**. Gemeint ist damit, dass die Stoßenergie oder ein Teil davon in Form von **energiereicheren Elektronenbahnen** gespeichert wird. Anschaulich kann man sich diese Energieanreicherung als Aufblähen der Elektronenbahn vorstellen. Abb. 64 zeigt oben links ein Atom, von dessen Elektronen sich eines in einem angeregten Zustand befindet.

Planck, Max
Physiker
* 23.4.1859 in Kiel
† 4.10.1947 in Göttingen
Professor in Kiel und Berlin; Präsident der Kaiser-Wilhelm-Gesellschaft; Einer der bedeutendsten Physiker des 19. und 20. Jahrhunderts; 1918 Nobelpreis für Verdienste zur Quantentheorie.

Der Stoßaustausch mit Nachbarteilchen kann aber – insbesondere bei drei- und mehratomigen Molekülen, z.B. H_2O, CO_2, O_3, CH_4 – auch noch zu anderen Anregungszuständen führen, nämlich **zu verstärkten Rotationen und Schwingungen des Moleküls**. Abb. 64 zeigt links in der Mitte und links unten, wie man sich solche Anregungszustände anschaulich vorstellen kann.

Die angeregten Zustände bleiben allerdings nur für sehr kurze Zeit bestehen: Schon nach 10^{-9} Sekunden fällt das Elektronengefüge wieder in den Ausgangzustand zurück. Dabei entledigt es sich des vorher aufgenommenen Energiepaketes, indem es ein **Strahlungsquant** (vgl. Seite 161) aussendet. Bei Rotations- und Schwingungsanregungen läuft der Rücksprung in die vorherige Bewegungsform in analoger Weise ab. In jedem Fall wird dabei ebenfalls ein Strahlungsquant ausgesandt. Abb. 64 zeigt jeweils auf der rechten Seite die Bewegungszustände nach dem Aussenden der Strahlung. Die Teilchen befinden sich dann wieder in dem stabilen Zustand, in dem sie auch vor der Aufnahme der Stoßenergie waren und sind damit bereit für eine neue Anregung.

Die Strahlungsemission geht also stets auf Vorgänge an Einzelmolekülen zurück. Irgendwelche Strukturen oder Ordnungszustände unter den Molekülen sind nicht erforderlich. Das bedeutet, dass Materie in jedem der drei Aggregatszustände Strahlung aussenden kann. Das Glühen heißer Metalle und fließender Lava aber auch leuchtende Flammen sind Beispiele für die Strahlungsemission aus unterschiedlichen Aggregatszuständen.

Der Vorgang der Strahlungsemission wirft nun allerdings einige gleichermaßen interessante wie schwierige Fragen auf:

- Welche Wellenlänge hat denn die ausgesandte Strahlung?
- Wird nur eine einzige Wellenlänge ausgesandt oder sind es mehrere, vielleicht sogar sehr viele?
- Wenn das der Fall ist, welchen Beitrag leistet dann jede einzelne von ihnen zur Gesamtausstrahlung?
- Ist mit einer Änderung physikalischer Eigenschaften der strahlenden Materie auch eine Änderung der Strahlungsintensität und/oder der ausgesandten Wellenlängen verbunden? (Man denke dabei etwa an die unterschiedlichen Leuchterscheinungen, die beim fortschreitenden Erhitzen z.B. von Schmiedeeisen auftreten: Von Dunkelrot beim beginnenden Glühen geht die Farbe bis zum Schmelzen in grelles Gelb über. Die Ausstrahlung ändert also bei steigender Temperatur offensichtlich ihre Wellenlänge).
- Passiert das oder Ähnliches womöglich auch bei der Änderung anderer physikalischer Umweltparameter, z.B. der Luftfeuchtigkeit, dem Luftdruck oder der Zustrahlung aus der Umgebung?

Alle diese Fragen werden von einem einzigen Gesetz erschöpfend beantwortet, das Max Planck im Jahr 1900 aufgestellt hat und das ihm zu Ehren **Plancksches Gesetz** heißt. Es baut auf der Quantentheorie auf, mit der Max Planck die moderne Physik wesentlich mitgeprägt hat und lautet in vereinfachter Form:

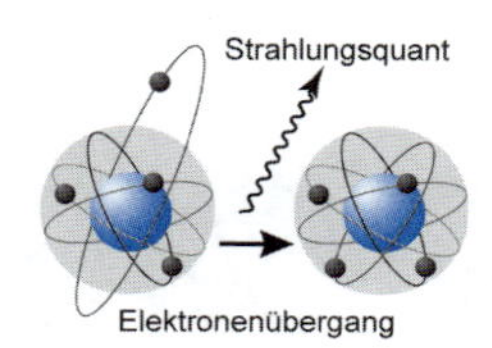

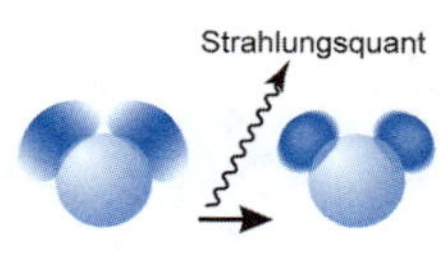

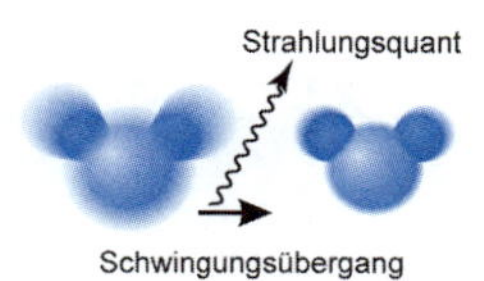

Abb. 64
Beim Übergang von angeregten in stabile Zustände (Elektronenübergang, Rotationsübergang, Schwingungsübergang) kommt es zur Aussendung eines Strahlungsquants, also zu Strahlungsemission.

$$J(\lambda, T) = \frac{c_1}{\lambda^5} * \frac{1}{(\text{EXP}(\frac{c_2}{\lambda * T}) - 1)}$$

Dabei bedeutet J ((λ, T) die (bei der Wellenlänge λ und der Temperatur T) ausgesandte Strahlungsenergie und T die (absolute) Temperatur der strahlenden Oberfläche; c_1 und c_2 sind Konstanten, die das Plancksche Wirkungsquantum, die Lichtgeschwindigkeit und die Boltzmann-Konstante enthalten. Sehr viel ausführlicher und vertiefter finden Interessierte diese Gleichung in Lehrbüchern der theoretischen Meteorologie behandelt (z. B. KRAUS 2000).

Für uns reicht es aus, ihre graphische Darstellung zu diskutieren. Abb. 65 zeigt die Plancksche Kurve für eine Temperatur von 5 800 K – das ist etwa die Temperatur an der Sonnenoberfläche. Für andere Temperaturen ergeben sich ähnliche Kurvenformen (vgl. Seite 176). Auf der Abszisse sind die Wellenlängen in µm aufgetragen, an der Ordinate lässt sich ablesen, wie viel Energie jede einzelne Wellenlänge zur Ausstrahlung beisteuert.

Die Plancksche Kurve hat eine unsymmetrische Glockenform. Sie zeigt von den kleinsten Wellenlängen ausgehend zunächst einen steilen Anstieg bis zu einem Höchstwert bei der Wellenlänge λ_{max}. Nach den längeren Wellenlängen hin fällt sie etwas sanfter wieder ab, erreicht aber selbst bei den längsten Wellenlängen nicht mehr den Wert Null, was durch den Pfeil am rechten Ende der Kurve zum Ausdruck gebracht werden soll.

Was besagt nun diese Grafik? Zunächst ist als außerordentlich interessantes Ergebnis festzuhalten, dass an der Ausstrahlung **sämtliche Wellenlängen des elektromagnetischen Spek-**

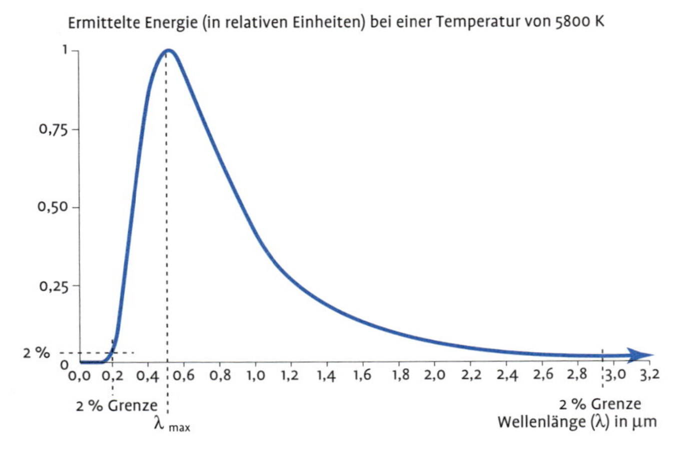

Abb. 65
Spektralverteilung der nach dem Planckschen Gesetz emittierten Strahlung (max = Wellenlänge mit maximaler Strahlungsintensität).

trums beteiligt sind: von den kürzesten mit Wellenlängen unter 1 fm bis zu den längsten mit Wellenlängen bis über 1 000 km. Dies gilt nicht nur für die Ausstrahlung der 5 800 K heißen Sonnenoberfläche. Dies gilt für jede Temperatur! Prinzipiell emittiert also jede strahlende Fläche sämtliche Wellenlängen von der Kosmischen Höhenstrahlung bis zu den technischen Wechselströmen.

Das mag sehr abstrakt und nur schwer verständlich klingen. Doch das Problem lässt leicht entschärfen: Wie man sieht, sinken die Beiträge der einzelnen Wellenlängen zur Gesamtausstrahlung mit der Entfernung von λ_{max} rasch auf marginale Werte ab und werden damit bedeutungslos. Es ist also sinnvoll, stets nur einen ausgewählten Spektralbereich zu betrachten – einen Spektralbereich, der auch wirklich wesentlich zur Ausstrahlung beiträgt. Diesen kann man mit den beiden Wellenlängen begrenzen, an denen die emittierte Energie unter einen vernachlässigbaren Grenzwert sinkt. In der Abb. 65 sind solche Grenzen dort gezogen, wo die Ausstrahlung 2 % des Maximalwertes unterschreitet. Das ist bei etwa 0,2 µm und bei knapp 3 µm der Fall. Wie wir später (s. Seiten 178 und 203) noch sehen werden, sind das die in der Meteorologie benutzen Grenzwerte für die von der Sonne kommenden (so genannten „kurzwelligen") Strahlung. Es ist aber wesentlich, sich klar zu machen, dass diese Begrenzung stets eine willkürliche Maßnahme ist.

3.1.4 Wiensches Verschiebungsgesetz

Damit wissen wir nun, dass der wesentliche Teil der Ausstrahlung von einem relativ begrenzten Wellenlängenbereich bestritten wird, der die eigentliche Glockenkurve bildet. Natürlich drängt sich jetzt die Frage auf: An welcher Stelle der Wellenlängenskala „sitzt" denn in einem gegebenen Fall die „Plancksche Glockenkurve"? Oder wissenschaftlicher ausgedrückt: Welchen Wert nimmt λ_{max} an?

Wien, Wilhelm
Physiker
* 13.1.1864 in Gaffken
† 30.8.1928 in München
Professor in Aachen, Gießen, Würzburg und München.
1911 Nobelpreis für Arbeiten zur Wärmestrahlung.

Diese Frage lässt sich beantworten, wenn man die Plancksche Funktion differenziert und die Ableitung gleich Null setzt. Das Ergebnis ist verblüffend einfach:

$$\lambda_{max} = \frac{\eta}{T}$$

Darin bedeuten η eine Naturkonstante mit dem Zahlenwert 2 898 µ * K und T die (absolute) Temperatur der strahlenden Oberfläche. W. Wien hat diesen Zusammenhang bereits zu einer Zeit gefunden, als das Plancksche Gesetz noch gar nicht bekannt war. Man nennt es deshalb ihm zu Ehren **Wiensches Gesetz** oder **Wiensches Verschiebungsgesetz**. Später wurde es vom Planckschen Gesetz voll bestätigt.

Es besagt, dass λ_{max} mit steigender Temperatur immer kleiner wird, oder anschaulich ausgedrückt, dass sich die „Plancksche Glockenkurve" bei steigender Temperatur zu immer kürzeren Wellenlängen hin verschiebt. Je heißer eine Oberfläche ist, desto kurzwelliger, je kühler desto langwelliger ist die emittierte Strahlung.

Dieser Zusammenhang deckt sich gut mit den schon oben angeführten Leuchterscheinungen beim Erhitzen von Eisen. Solange das Metall nur mäßig warm ist, sendet es nur sehr langwellige Strahlung aus, die von unseren Augen überhaupt nicht wahrgenommen werden kann. Bei etwa 1 000 K fängt es an, dunkelrot zu glühen. Beim weiteren Erhitzen verschiebt sich der Farbton zunehmend nach kürzeren Wellenlängen hin, bis bei 2 000 K das dann längst geschmolzene Metall grellgelb aufleuchtet.

In Tab. 9 sind die λ_{max}-Werte für eine Reihe von Temperaturen angegeben. Bei der für unsere Betrachtungen besonders wichtigen Temperatur der Erdoberfläche, die bei 288 K entsprechend 15 °C liegt, beträgt es etwa 10 µm, bei der Temperatur der Sonnenoberfläche – etwa 5 800 K – liegt es um 0,5 µm.

Mit Hilfe des Wienschen Verschiebungsgesetztes lässt sich die Oberflächentemperatur ferner Fixsterne aus der Spektralverteilung ihrer Ausstrahlung auf einfache Weise berechnen. Und die Feuerwehr erkennt an der Farbe der Glut, wie heiß ein Brandherd ist.

3.1.5 Stefan-Boltzmannsches Gesetz

Jetzt wissen wir, welche Wellenlängen an der Ausstrahlung maßgeblich beteiligt sind und welche Strahlungsleistung jede von ihnen erbringt. Die abgestrahlte Gesamtenergie kennen wir jedoch noch nicht.

Um sie zu berechnen muss man das Plancksche Gesetz über den gesamten Wellenlängenbereich integrieren. Das Ergebnis dieser Integration ist wiederum erstaunlich einfach:

$$J = \sigma * T^4$$

Dabei ist J die gesamte abgestrahlte Energie, σ eine Naturkonstante mit dem Wert $5{,}67 * 10^{-8}$ W/($m^2 * K^4$) und T die (absolute) Temperatur (vergl. Seite 375).

Auch dieser Zusammenhang war schon vor dem Planckschen Gesetz bekannt. J. Stefan hatte ihn experimentell gefunden und L. Boltzmann theoretisch hergeleitet. Durch das Plancksche Gesetz wurde er später voll bestätigt. Zu Ehren der beiden Wissenschaftler wird er **Stefan-Boltzmannsches Gesetz** genannt.

Stefan, Josef
Physiker
* 24.3.1835 in St. Peter bei Klagenfurt
† 7.1.1893 in Wien
Professor in Wien.
Hauptarbeitsgebiete: Strahlung, kinetische Gastheorie, Hydrodynamik.

Es enthält die fundamentale Aussage, dass die ausgestrahlte Gesamtenergie *ausschließlich* von der Temperatur der strahlenden

Oberfläche abhängt. Das bedeutet, dass die physikalischen Bedingungen in der Umwelt keinerlei Einfluss auf das Strahlungsverhalten ausüben. (Wird die Temperatur einer strahlenden Oberfläche durch irgendwelche physikalischen Einflüsse aus der Umwelt verändert, so ändert sich selbstverständlich auch dessen Ausstrahlungsintensität. Dabei handelt es sich aber lediglich um eine mittelbare Beeinflussung der Ausstrahlung).

Tab. 9 enthält Strahlungswerte nach dem Stefan-Boltzmannschen Gesetz. Wie gut zu erkennen, wachsen sie mit steigender Temperatur extrem schnell an. Die Erdoberfläche emittiert im Mittel (288 K bzw. 15 °C) 390 W/m^2, die rund 5 800 K heiße Sonnenoberfläche dagegen 64 200 000 W/m^2. Mit jeder Verdoppelung der Temperatur versechzehnfacht (2^4) sich die Strahlungsintensität. Um die Zahlenwerte einigermaßen handlich zu halten, wurde in der unteren Hälfte der Tabelle als Einheit das kW/m^2 gewählt.

Das Plancksche Gesetz hält noch eine weitere Überraschung bereit, die sich am besten anhand seines Integrals, des Stefan-Boltzmannschen Gesetzes zeigen lässt.

Wir haben bisher immer gesagt, eine strahlende Oberfläche (bzw. ein strahlendes Gas) verhielte sich in dieser oder jener Weise. Diese Formulierung legt die Vermutung nahe, dass es gilt, zwischen „strahlender" und „nicht strahlender" Materie zu unterscheiden. Um diese Frage zu klären, betrachten wir noch einmal die Tabelle 9. Sie zeigt, dass die Ausstrahlung nur dann auf Null

— Boltzman, Ludwig
Physiker und Mathematiker
* 20.2.1844 in Wien
† 6.9.1906 in Duino b. Görz
Professor in Graz, Wien, München und Leipzig.
Hauptarbeitsgebiete: Wärmetheorie, Strahlung.

Tab. 9 Ausstrahlung eines schwarzen Körpers nach dem Stefan-Boltzmann-Gesetz und Wellenlänge mit maximaler Energieabgabe nach dem Wienschen Verschiebungsgesetz in Abhängigkeit von der Temperatur der strahlenden Oberfläche

Temperatur	K	0	100	200	288	300	400	500	600
	°C	–273	–173	–73	15 (Erde)	27	127	277	327
Energie	$\frac{W}{m^2}$	0	5,67	90,7	390	459	1 450	3 540	7 350
λ max.	µm	–	29	14	10	9,7	7,2	5,8	4,8

Temperatur	K	700	800	900	1 000	2 000	4 000	4 500	5 800	8 000
	°C	427	527	627	727	1 727	3 727	2 227	5 527 (Sonne)	7 727
Energie	$\frac{KW}{m^2}$	13,6	23,2	37,2	56,7	927	14 500	23 300	64 200	232 000
λ max.	µm	4,1	3,6	3,2	2,9	1,4	0,72	0,64	0,50	0,36

zurückgeht, wenn die Temperatur des absoluten Nullpunktes erreicht ist – oder, anders formuliert: Materie strahlt nur dann nicht, wenn seine Temperatur 0 Kelvin beträgt.

Nach dem 2. Hauptsatz der Thermodynamik ist das aber nicht möglich; der absolute Nullpunkt kann nicht erreicht werden. Die Folge: Alle Materie auf der Erde sendet zu jeder Zeit Strahlung aus – wenn auch mit sehr unterschiedlicher Intensität und Wellenlänge. Das bedeutet, dass wir künftig bei allen Betrachtungen über den Energieaustausch zwischen Erde, Atmosphäre und Weltraum stets auch Strahlungsaustauschvorgänge mit betrachten müssen.

Schwarze Körper

Leider müssen die bisher gemachten Aussagen noch etwas relativiert werden. Sie gelten nämlich nur für den so genannten „schwarzen Körper". Damit ist nicht ein schwarz gefärbtes Objekt gemeint; es handelt sich dabei vielmehr um eine physikalische Idealisierung. Vom Denkansatz her lässt sich der „schwarze Körper" mit der „potentiellen Verdunstung" vergleichen, die uns auf Seite 98 begegnet ist und von der wir wissen, dass sie nur über ebenen Wasserflächen stattfindet. Ihr Vorteil war aber, dass sie sich mit Hilfe theoretischer Ansätze verhältnismäßig sicher berechnen und dann mit experimentell gewonnenen Reduktionsfaktoren auf die reale Verdunstung herunterrechnen lässt.

Genau so geht man auch im Fall des schwarzen Körpers vor. So wie die aktuelle Verdunstung kleiner oder bestenfalls gleich der potentiellen Verdunstung ist, ist die Strahlungsleistung realer Materie kleiner oder bestenfalls gleich der Strahlungsleistung eines schwarzen Körpers. Der schwarze Körper erbringt also für alle Wellenlängen die bei der gegebenen Temperatur theoretisch mögliche Maximal-Ausstrahlung. In der Natur gibt es keine schwarzen Körper. Bei jeder realen Materie bleibt zumindest in einem Teil der Wellenlängen die Strahlungsleistung mehr oder weniger hinter der des schwarzen Körpers zurück.

Für jedes reale Material lässt sich aber ein Proportionalitätsfaktor ermitteln, der angibt, welchen Bruchteil der Strahlung eines schwarzen Körpers es emittiert. Man nennt diese Materialkonstante **Emissionsvermögen** und verwendet für sie das Formelzeichen ε. Weitere Eigenschaften von ε brauchen uns nicht zu interessieren.

Für reale Materialien nimmt das Stefan-Boltzmannsche Gesetz daher folgende Form an:

$$J = \varepsilon * \sigma * T^4$$

In Tabelle 10 sind ε-Werte von verschiedenen Materialien für den Bereich der langwelligen Strahlung (vgl. Seite 202) zusammengestellt. Wie man sieht, fallen polierte Metalle durch ihre extrem kleinen Beträge (0,01 bis 0,03) auf. Bei oxidierten Metallen bewegen sie sich zwischen 0,55 und 0,85. Bei nichtmetallischen, insbesondere aber organischen Stoffen steigen sie bis 0,99. Sie verhalten sich also annähernd wie schwarze Körper.

Es ist wichtig, sich klar zu machen, dass ausschließlich das Material an der Oberfläche eines festen Objektes (bzw. einer Flüssigkeit) über die Strahlungsemission entscheidet. Für einen beschichteten Körper gilt immer der ε-Wert der Beschichtung und nicht der des Körpers (Tab. 10).

Daraus ergibt sich eine ganze Reihe von wichtigen Konsequenzen für praktische Anwendungen. So kann man beispielsweise den hohen Emissionswert einer Fensterscheibe, der bei etwa 0,9 liegt, durch Aufbringen einer dünnen, kaum sichtbaren (durch transparentes Oxid geschützten) Silberschicht auf etwa 0,1 reduzieren. Der Wärmeverlust durch Abstrahlung verringert sich dadurch auf fast ein Zehntel.

In guten Restaurants werden heiße Getränke z. B. Tee und Kaffee in polierten, versilberten Kannen serviert, weil das Edelmetall (ε etwa 0,01) bei gleicher Oberflächentemperatur erheblich weniger Wärmeenergie abstrahlt als Porzellan (ε etwa 0,93).

Eine ideale Sonnenschutzeinrichtung ist auf der Außenseite hell lackiert, damit sie viel Sonnenlicht zurückwirft (vgl. Seite 193) und sich deshalb nicht erhitzt und auf der Innenseite metallisiert, damit sie wenig Wärmestrahlung in den Raum abgibt.

Dort wo eine möglichst hohe Abstrahlung erwünscht ist, wie z. B. bei Heizkörpern oder Ofenrohren, kann man durch Anstriche mit hohen ε-Werten die Heizleistung deutlich verbessern. Heizkörperlack schützt und verschönert also nicht nur, sondern erhöht mit seinem ε-Wert von 0,93 auch die Wärmestrahlung.

3.1.6 Strahlungsverhalten der Gase

Gase strahlen im Gegensatz zu Feststoffen und Flüssigkeiten nicht über einen zusammenhängenden Wellenlängenbereich aus, sondern nur immer in relativ schmalen so genannten „Banden", die ihrerseits wieder aus einer Vielzahl von einzelnen Spektrallinien zusammengesetzt sind. Um die Unterschiede im Strahlungsverhalten deutlich zu machen, spricht man in diesem Fall von einem „Bandenspektrum" und im anderen von einem „Kontinuum". Jedes Gas hat seine speziellen Banden. Auch die Ausstrahlungsintensität kann von Bande zu Bande (verglichen mit dem Schwarzkörper-Kontinuum im entsprechenden Wellenlängenbereich) ganz unterschiedlich sein. Abb. 66 zeigt die Lage und Intensität von Emissionsbanden des Wasserdampfes, des Ozons und des Kohlen-

Tab. 10 Emissionsvermögen und Albedo einiger Materialien im Bereich der langwelligen Strahlung bei Temperaturen von etwa –30 °C bis +100 °C

Material	Emissionsvermögen	Albedo
Gold u. Silber, poliert	0,01–0,03	97–99 %
andere Metalle, poliert	0,04–0,2	80–92 %
Eisen, poliert	0,02	80 %
Eisenblech, verrostet	0,55–0,65	35–45 %
Eisen, verzinkt	0,27	73 %
Aluminiumbronce	0,20–0,40	60–80 %
Kupfer, grün oxidiert	0,76	24 %
Kupfer, schwarz oxidiert	0,78	22 %
Eisen, stark verrostet	0,85	15 %
Papier	0,80–0,90	10–20 %
Wolken	0,90	10 %
Lacke, Emaille	0,85–0,95	5–15 %
Sand	0,90	10 %
Kalkstein	0,92	8 %
Ackerböden	0,92–0,96	4–8 %
Mörtel, Putz	0,91–0,93	7–9 %
Kies	0.91–0,92	7–8 %
Dachpappe	0,93	7 %
Porzellan	0,92–0,94	6–8 %
Glas	0,89–0,94	6–11 %
Ton, Ziegelsteine	0,94	6 %
Holz	0,94	6 %
Pflanzenblätter	0,96	4 %
Asphaltstraßen	0,96	4 %
Pflanzenoberflächen	0.94–0,98	2–6 %
Heizkörperlack	0,93	7 %
menschliche Haut	0,96–0,98	2–4 %
Schnee, verschmutzt	0,97	3 %
Eis, Wasser	0,96–0,98	2–4 %
Textilien	0,97	3 %
Grasbestand	0,93–0,94	6–7 %
Schnee, frisch gefallen	0,99	1 %
Pelze	0,99	1 %

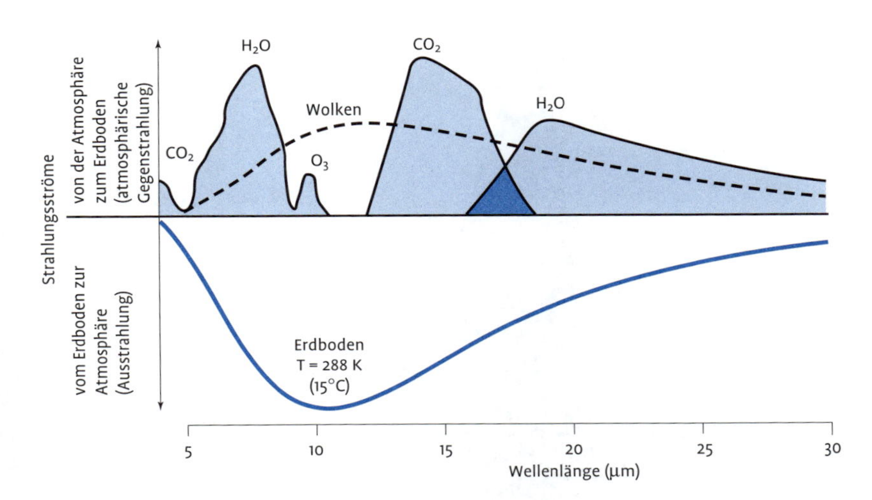

Abb. 66
Spektralverteilung der von der Atmosphäre und von der Erdoberfläche ausgehenden Strahlung (nach Möller 1984, abgeändert).

dioxids im Wellenlängenbereich von etwa 4 bis 30 µm. Wie man sieht, ist die O_3-Bande bei knapp 10 µm wesentlich weniger ausgeprägt als man im Vergleich zum Schwarzkörper-Kontinuum erwarten würde. Diese Abbildung enthält darüber hinaus das Strahlungs-Kontinuum des bewachsenen Erdbodens ($\varepsilon = 1$) bei der Mitteltemperatur von 15 °C. (Dass diese Kurve nach unten gezeichnet ist, entspricht der auf Seite 196 erläuterten Vorzeichenkonvention).

Die von einem aus mehreren Gasen zusammengesetzten Gasgemisch (z. B. der Atmosphäre) ausgehende Strahlungsmenge lässt sich mit einem modifizierten Stefan-Boltzmannschen Gesetz beschreiben:

$$J = C_{Gasgemisch} * \sigma * T^4$$

Dabei ist $C_{Gasgemisch}$ eine Konstante, die unter anderem von der Art, der Konzentration und dem Strahlungsverhalten der einzelnen Gase abhängt. Wir werden auf Seite 205 noch einmal darauf zu sprechen kommen.

3.1.7 Zusammenfassende Betrachtungen und molekularkinetische Deutung des Planckschen Gesetzes

Fassen wir zusammen, was wir aus dem Planckschen Gesetz, seiner Ableitung und seinem Integral an Informationen zusammengetragen haben, so ergibt sich folgendes Gesamtbild:

- jegliche Materie emittiert Strahlung;
- prinzipiell sendet sie dabei sämtliche Wellenlängen des elektromagnetischen Spektrums aus;

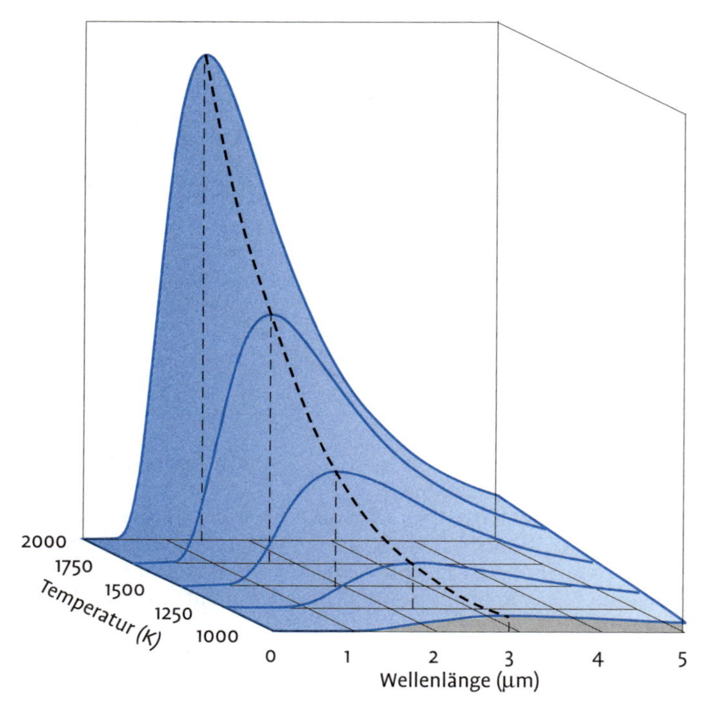

Abb. 67
Spektrale Strahlungsverteilung bei verschiedenen Oberflächentemperaturen nach dem Planckschen Gesetz. (λ_{max}: dicke gestrichelte Linie)

- maßgeblich sind an der Ausstrahlung aber immer nur die Wellenlängen unter der „Planckschen Glockenkurve" beteiligt;
- die maßgeblichen ausgesandten Wellenlängen sind umso kürzer, je wärmer die strahlende Oberfläche bzw. das strahlende Gas ist;
- mit steigender Temperatur der strahlenden Oberfläche bzw. des strahlenden Gases steigt auch die Gesamtstrahlung.

Abb. 67 zeigt die Lage und Höhe der Planckschen Kurven für die Temperaturen 1 000, 1 250, 1 500, 1 750 und 2 000 K. Man sieht deutlich, dass bei steigender Temperatur die Strahlungsleistung beträchtlich wächst und sich λ_{max} gleichzeitig immer weiter nach kürzeren Wellenlängen hin verschiebt.

Diese Zusammenhänge lassen sich schnell mit einem kleinen Experiment veranschaulichen, zu dem lediglich eine Glühlampe mit einem Helligkeitsregler benötigt wird. Was bei diesem Versuch passiert, kann man anhand der Graphik in der Marginalspalte von Seite 177 bequem verfolgen (Abb. 68).

Drehen wir den Regler zunächst auf „Aus". Der Glühfaden hat dann Raumtemperatur, also rund 300 K. Wie die Grafik zeigt, ist in diesem Fall die Plancksche Kurve weit vom (blau unterlegten) sichtbaren Wellenlängenbereich entfernt, so dass man mit dem Auge keine Strahlung wahrnehmen kann. Dreht man den Regler jetzt auf minimale Leistung, so sieht man ein schwaches Leuchten in einem warmen, rötlichen Farbton, der auf einen hohen Anteil an langwelligem, rotem Licht hindeutet. Die Temperatur des Glühfadens mag jetzt an die 1 000 K betragen. Für diesen Fall sehen wir, dass die Plancksche Kurve den sichtbaren Spektralbereich zwar anschneidet, der größte Teil der Strahlung jedoch nach wie vor im unsichtbaren, längerwelligen Bereich ausgesandt wird. Drehen wir den Regler jetzt langsam weiter und weiter auf, so können wir eine Zunahme der Helligkeit und gleichzeitig eine Verschiebung des Farbtones über Orange und Gelb nach Weiß beobachten. Bei Vollleistung hat die Glühwendel eine Temperatur von etwa 2 600 K (bei einer 100 Watt-Glühbirne). Bei dieser Temperatur überdeckt die Plancksche Kurve den sichtbaren Bereich zwar vollständig, der Rotanteil in der Strahlung ist aber immer noch erheblich höher als der Blauanteil. Auch wenn unser Auge die Farbe dieses Lichtes als „Weiß" interpretiert, so ist es doch noch immer rötlich. Ein Foto auf Diafilm würde das jederzeit beweisen.

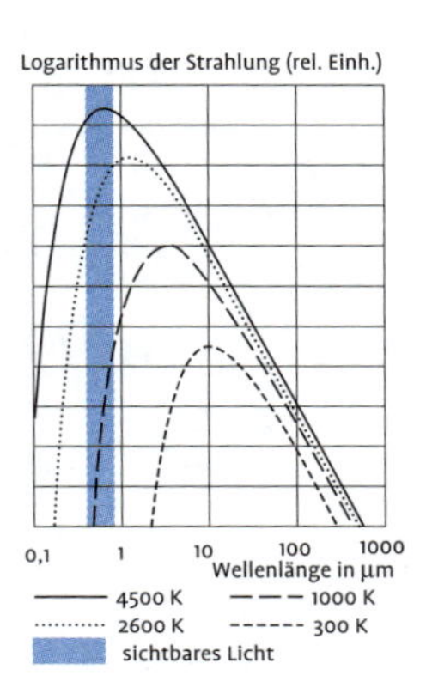

Abb. 68
Plancksche Kurven für verschiedene Temperaturen:
300 K: Raumtemperatur; kein sichtbares Licht;
1 000 K: Lampe beginnt zu leuchten; Farbton dunkelrot;
2 600 K: Vollleistung einer 100-Watt-Lampe, noch überwiegt Rot;
4 500 K: Grellweiß bis bläulich wie beim Schweißen;
Bitte doppel-logarithmischen Maßstab beachten.

Würde es uns gelingen, die Temperatur der Glühwendel auf 4 500 K zu erhöhen, dann wären Rot und Blau annähernd gleich stark vertreten und die Strahlung würde grellweiß erscheinen. Sie würde darüber hinaus einen nicht unerheblichen Anteil an ultravioletter Strahlung enthalten. 4 500 K ist eine Temperatur, wie sie beim Elektroschweißen auftritt. Die dabei emittierte Strahlung ist bekanntlich so hell, dass man nur mit Schutzbrille in den Lichtbogen blicken darf. Mit den Werten aus Tab. 9 kann man berechnen, dass sie über 400-mal so intensiv ist wie die beim Einsetzten des Glühens (1 000 K). Ihren Widerschein an einer Wand darf man normalerweise auch ohne Schutzbrille betrachten. Er zeigt, wie die Grafik in der Marginalspalte erwarten lässt, einen grellweißen Farbton. Und dass man sich vom hohen UV-Anteil einen gehörigen Sonnenbrand holen kann, wird jeder bestätigen, der schon einmal mit unzureichender Schutzkleidung geschweißt hat.

Blenden wir nun noch einmal zurück auf Seite 166, wo wir den Vorgang der Strahlungsemission aus der Molekülbewegung heraus erklärt haben. Es liegt auf der Hand, dass heftige Stöße zu energiereicheren Anregungszuständen führen als kraftlose. Dem entsprechend sind dann auch die ausgesandten Strahlungsquanten umso energiereicher, je lebhafter die Stöße waren. Da sich energiereiche Quanten in Form von kurzwelliger und energiearme in Form von langwelliger Strahlung äußern, bedeutet das: Einem heißen Milieu entspringt kurzwelligere, einem kühlen dagegen langwelligere Strahlung. Genau das aber ist der Inhalt des Wienschen Verschiebungsgesetzes.

Dass es bei hoher Temperatur zu häufigeren Stößen, häufigeren Anregungen und häufigeren Quantenemissionen – kurz zu intensiverer Strahlung – kommt, ist leicht einzusehen. Und damit erklärt sich auch das Stefan-Boltzmannsche Gesetz völlig zwanglos.

Auch das unterschiedlich Strahlungsverhalten der Gase gegenüber Festkörpern und Flüssigkeiten lässt sich aus der Molekularbewegung erklären. Bei Gasen gibt es nur wenige Anregungszustände, die zu einer Strahlungsemission führen. Die Folge ist, dass nur ein winziger Bruchteil der von Nachbarmolekülen stammenden Stöße „passt". Die meisten verpuffen wirkungslos: Sie führen lediglich zum Austausch kinetischer Energie, regen aber keine Strahlung an. Feststoffe und Flüssigkeiten dagegen besitzen eine schier unübersehbare Fülle von Anregungszuständen, so dass sozusagen „jeder Stoß zum Treffer wird". Im Prinzip existieren auch bei ihnen einzelne Banden, diese stehen jedoch sozusagen „Schulter an Schulter", so dass ein scheinbar zusammenhängendes Kontinuum entsteht. Das Kontinuum ist also der Spezialfall des Bandenspektrums.

3.2 Von der Sonne ausgehende Strahlung

Abb. 69
Die Sonne: Sie spendet Licht, Wärme und Leben.

Der Hauptteil der von der Sonne kommenden oder solaren Strahlung (Abb. 69) stammt aus der etwa 350 km dicken Fotosphäre, einer Art Sonnenatmosphäre. Die Spektralverteilung stellt ein Kontinuum dar, das allerdings durch die so genannten Fraunhoferschen Linien etwas verändert ist. Angenähert entspricht die Sonnenstrahlung der eines 5 800 K heißen schwarzen Strahlers. Abb. 70 zeigt das Sonnenspektrum (durchgezogene Kurve). Man teilt es üblicherweise in drei Wellenlängenbereiche ein (vgl. Tab. 8): Das von 0,1 µm bis 0,38 µm reichende Ultraviolett, das rund 7 % der Sonnenenergie transportiert, dann den sichtbaren Bereich von 0,38 µm bis 0,78 µm, der 46 % umfasst, und schließlich das Infrarot mit Wellenlängen über 0,78 µm und einem Energieanteil von 47 %. Jenseits von 0,2 und 3 µm ist die Strahlungsleistung der Sonne so schwach, dass auf eine Betrachtung verzichtet werden darf.

Fraunhofer, Josef von
Unternehmer und Physiker
* 6.3.1787 in Straubing
† 7.6.1826 in München
Bedeutende Erfindungen auf dem Gebiet der Optik.

3.2.1 Strahlungsgenuss der Erde

Die Erde erhält in jeder Sekunde rund $5 * 10^{10}$ kWh zugestrahlt. Das sind etwa $4{,}3 * 10^{15}$ kWh/Tag. Das ist eine ungeheuer große Zahl, unter der man sich nichts vorstellen kann. Wir setzen deshalb die der Erde pro Tag zugestrahlte Energie gleich 1 und vergleichen sie in Tab. 11 mit verschiedenen bei irdischen Vorgängen umgesetzten Energien. Wie man sieht, beträgt der jährliche Weltenergieverbrauch nur etwa 3 % ($= 10^{-1,5}$) der täglichen Sonnen-

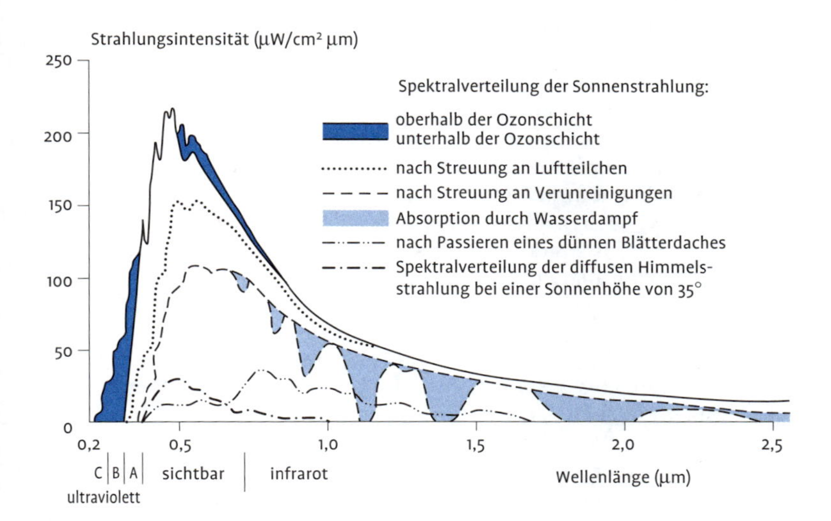

Abb. 70
Veränderungen im Spektrum der kurzwelligen Strahlung beim Durchgang durch die Atmosphäre (nach Möller 1984, Albrecht 1959, Dirmhirn 1964).

zustrahlung. Ein schweres Erdbeben beinhaltet etwa ein Hunderstel Energiemenge. Rund ein Hunderttausendstel der täglichen Sonnenenergie wird durch eine Wasserstoffbombe freigesetzt. Schließlich könnte man damit 10^{12} Einfamilienhäuser ein Jahr lang mit Energie versorgen.

Den außerhalb der Erdatmosphäre gemessenen Strahlungsstrom bezeichnet man als **extraterrestrische Strahlung** oder auch **Solarkonstante**. Sie hat den Wert 1 368 W/m². Das Wort Solarkonstante deutet auf eine hohe Konstanz der extraterrestrischen Strahlung hin. In der Tat weiß man heute, dass sie im Mittel mehrerer Jahre um weniger als 1‰ variiert. Ein langjähriger Trend

Tab. 11 Vergleich verschiedener Energieumsätze

Täglich von der Sonne zugestrahlte Energie	$1 = 10^{0}$
Weltenergieverbrauch im Jahr 2000	$10^{-1,5}$
Schweres Erdbeben	10^{-2}
Mittleres Tiefdruckgebiet	10^{-3}
Wasserstoffbombe (April 1954)	10^{-5}
Schweres Sommergewitter	10^{-7}
Nagasaki-Bombe (1945)	10^{-8}
Verbrennen von 100 t Kohle (etwa 4 Güterwagen)	10^{-10}
Jährlicher Energieaufwand für ein Einfamilienhaus	10^{-12}

nach verschiedenen Quellen

In nur 7½ Sekunden strahlt die Sonne genauso viel Energie zur Erde, wie die Menschheit an einem ganzen Tag verbraucht.

ist nicht erkennbar. Kurzfristige Schwankungen von mehreren Tagen bis Wochen Dauer und Amplituden bis 3 % treten dagegen regelmäßig auf. Größere Schwankungen würden auch sehr verhängnisvolle Konsequenzen haben. So hat man errechnet, dass eine Zunahme der Strahlungsleistung von nur 1 % zu einem weltweiten Temperaturanstieg von 2 °C führen würde. Welche Folgen das haben könnte, wird im Anhang diskutiert. Man glaubt heute auch zu wissen, dass sich die Spektralverteilung der Sonnenstrahlung bei insgesamt gleichbleibender Strahlungsleistung einmal mehr zum Blauen und einmal zum Roten hin verschieben kann (HOLWEGER 1982).

Die an der Atmosphärenobergrenze ankommende Sonnenstrahlung ist nicht immer und für jeden Punkt der Erde gleich. Bekanntlich bewegt sich unser Planet im Lauf eines Jahres in einer nur wenig von der Kreisform abweichenden Ellipsenbahn um die Sonne, wobei diese in einem der beiden Brennpunkte steht. Dadurch unterliegt der Abstand der beiden Himmelskörper einem jährlichen Gang. Im Januar ist die Entfernung am kleinsten (Perihel), im Juli am größten (Aphel). Als Folge davon zeigt auch der Strahlungsgenuss eine gewisse Schwankung. Der geringste Wert ist 1 310 W/m^2, der größte 1 400 W/m^2, das sind knapp 7 % Unterschied.

— Die Neigung der Erdachse gegen die Ebene der Ekliptik ist nicht konstant. Sie pendelt mit einer Periode von 41 000 Jahren zwischen 68° und 65,5°, hat also eine Amplitude von etwa 2,5°. Trotz des geringen Betrages haben diese Schwankungen – zusammen mit den Variationen anderer Erdbahnparameter – eine erhebliche klimatologische Bedeutung. Mit ihrer Hilfe lässt sich bequem und plausibel die Abfolge der Eiszeiten und Zwischeneiszeiten erklären. Im Anhang wird darüber noch ausführlich berichtet.

Eine erheblich größere Variation kommt jedoch dadurch zustande, dass die Rotationsachse der Erde mit der Ebene der Umlaufbahn, der Ekliptik, einen Winkel von 66,5° bildet. Abb. 71 verdeutlicht die Zusammenhänge. Die Folge davon ist, dass während des Winterhalbjahres Oktober bis März die Südhalbkugel mehr zur Sonne hin exponiert ist als die Nordhalbkugel. Das bedeutet, dass für die südliche Hemisphäre die Sonne tagsüber höher steht als für die nördliche. Nach dem Lambertschen Gesetz folgt daraus ein höherer Strahlungsgenuss. Auch die tägliche Sonnenscheindauer wird länger. In den südlichsten Regionen geht die Sonne überhaupt nicht mehr unter. Man spricht dann von der „**Mitternachtssonne**“. Auf dem Höhepunkt der Entwicklung am Tage der Wintersonnenwende (21. Dezember) reicht die Zone ununterbrochenen Lichtes von 66,5° S bis zum Südpol.

Auf die Nordhalbkugel fällt die Sonnenstrahlung dagegen während dieser Jahreszeit bei immer kürzer werdenden Tagen unter einem sehr flachen Winkel. Die nördlichsten Gebiete verbleiben sogar den ganzen Tag über auf der sonnabgewandten Seite. Zur **Wintersonnenwende** herrscht für alle Orte zwischen 66,5° N und dem Pol die ewige **Polarnacht**.

Mit dem weiteren Lauf der Erde um die Sonne ändert sich ihre Exposition gegenüber dem Zentralgestirn. Für die Nordhalbkugel beginnt die Sonne immer höher zu steigen, für die Südhalbkugel dagegen werden die Mittagshöhen von Tag zu Tag kleiner. Am

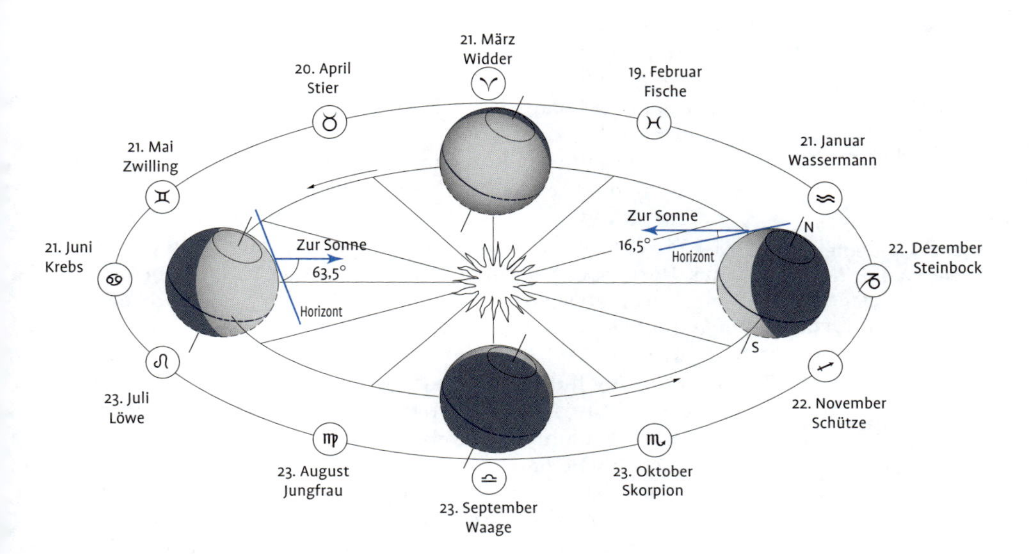

Abb. 71
Der jährliche Umlauf der Erde um die Sonne und das Zustandekommen der Jahreszeiten, welche durch den unterschiedlich hohen Sonnenstand bestimmt werden.

21. März ist es schließlich soweit, dass beide Pole von der Sonne beschienen werden, es gibt keine „ewige Finsternis" mehr, aber auch keine Mitternachtssonne. Die Nordhalbkugel wird jetzt immer mehr zur Sonne hin exponiert, d. h., für einen Beobachter auf dieser Hemisphäre erreicht die Sonne immer größere Höhen. Dagegen steigt sie für die Bewohner der Südhalbkugel immer weniger über den Horizont herauf. Dieser Trend hält bis zur **Sommersonnenwende** (21. Juni) an. Jetzt erhellt die Mitternachtssonne die Nordpolargebiete, und in der Antarktis haben wir die ewige Nacht.

Wegen der Neigung der Erdachse gegenüber der Ekliptik unterliegt der Strahlungsgenuss der verschiedenen Regionen der Erde einer teilweise erheblichen jahreszeitlichen Schwankung. Abb. 72 stellt den Jahresablauf der Einstrahlung an der Atmosphärenobergrenze für die verschiedenen geographischen Breiten dar. Betrachten wir zunächst die Verhältnisse in 50° N, wie sie in etwa für die Bundesrepublik Deutschland gelten. Ab der Wintersonnenwende steigt das Strahlungsangebot von etwa 2,3 kWh/($m^2 \ast$ d) zunächst langsam, dann aber immer schneller. Mit der Tagundnachtgleiche am 21. März verlangsamt sich das Wachstum, bis am 21. Juni mit der Sommersonnenwende der Maximalwert von knapp 12 kWh/($m^2 \ast$ d) erreicht ist. Danach geht die Zustrahlung wieder zurück, erst langsam, dann immer schneller, verlangsamt sich jedoch mit der Tagundnachtgleiche wieder und nähert sich kontinuierlich dem Minimumwert zur

Die Mittagshöhe der Sonne h_{max} lässt sich leicht für jeden Tag des Jahres berechnen. Dazu benutzt man folgende Formel:

$$h_{max} = 90° - \varphi + \delta$$

Dabei bedeuten φ die geographische Breite (pos. auf der N.-Halbkugel; neg. auf der S.-Halbkugel) und δ die Deklination der Sonne (am 21.12.: $-23\ ^1/_2°$; am 21.3.und am 23.9.: 0°; am 21.6.: $+23\ ^1/_2°$, dazwischen sinusförmiger Verlauf).

Wintersonnenwende. Abb. 72 zeigt, dass der sommerliche Maximalwert fast 6-mal so hoch ist wie der Tiefstwert im Winter. Genau umgekehrt sind die Verhältnisse auf der Südhalbkugel. Dort tritt der Maximalwert am 21. Dezember, der Minimumwert am 21. Juni auf.

Vergleichen wir die **Äquatorialzone** mit den eben diskutierten mittleren Breiten, so fällt sofort der dort recht schwach ausgeprägte Jahresgang auf, der sich nur etwa zwischen 9,5 und 10,5 kWh/(m^2 ∗ d) bewegt. Ganz anders schaut es an den **Polen** aus. Dort haben wir ein halbes Jahr lang überhaupt keine Zustrahlung (weiße Flächen). Im anderen Halbjahr finden wir dagegen die höchsten überhaupt vorkommenden Strahlungswerte von mehr als 13 kWh/(m^2 ∗ d). Diese Zahlen könnten leicht zu der Fehldeutung führen, dass dort besonders hohe Strahlungsströme auftreten. Das ist natürlich nicht der Fall. Tatsächlich sind sie darauf zurückzuführen, dass die Sonne dort den ganzen Tag ununterbrochen scheint.

Bei den bisherigen Betrachtungen wurde die Eigenrotation der Erde außer Acht gelassen. Dementsprechend konnten auch nur immer Tagessummen der Strahlung vorgestellt werden.

Für viele Vorgänge auf der Erde spielt gerade die Rhythmik von Tag und Nacht eine bedeutende Rolle: angefangen von der Fotoperiodik der Pflanzen über die innere Uhr von Mensch und Tier bis hin zu technischen Problemen wie Energieerzeugung, Beleuchtung und Bauwesen.

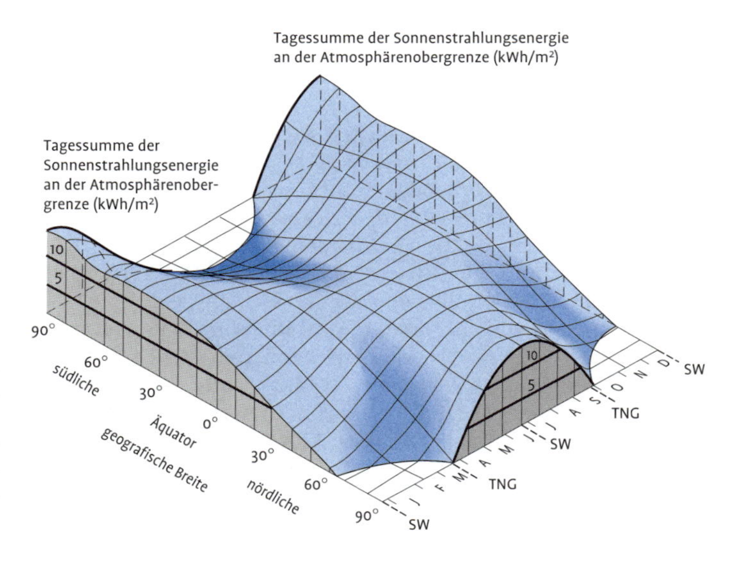

Abb. 72
Tagessummen der an der Atmosphärenobergrenze ankommenden Sonnenstrahlung in Abhängigkeit von der Jahreszeit und der geographischen Breite (nach Robinson *1966).*

Zunächst interessiert für viele Zwecke, wann die Sonne an welchem Punkt des Himmels steht. Auf diese Frage gibt Abb. 73 eine Antwort. Durch die konzentrischen Ringe wird die Höhe über dem Horizont angegeben, die Himmelsrichtungen findet man am Rand der Diagramme. Die Kurven beschreiben die Bahn der Sonne am Himmel für die verschiedenen Tage des Jahres. Die quer dazu verlaufenden Linien repräsentieren die Uhrzeit (WOZ), die jeweils an der Bahnkurve der Tagundnachtgleichen angegeben ist.

An einem Ort am Äquator (obere Darstellung) verlaufen die Sonnenbahnen als weitgehend paralleles Bündel beiderseits der Ost-West-Linie. Für die Pole (unteres Teilbild) stellen sie eine Schar konzentrischer Kreise und für die mittleren Breiten (50°) – im mittleren Teilbild dargestellt – eine Schar von girlandenartigen Kurven dar. Genaueres darüber findet man in der Spezialliteratur, z. B. bei DIRMHIRN (1953) oder ROBINSON (1966).

Der Tagesgang der an der Atmosphärenobergrenze ankommenden Sonnenstrahlungsenergie ist im obersten Teil der Tab. 13 (s. Seite 199) wiedergegeben. Sie gilt für einen Ort in 48° nördlicher Breite. Darin kommt deutlich der schon erläuterte große Unterschied in der Tageslänge zwischen Winter und Sommer zum Ausdruck. Darüber hinaus zeigt sich, dass durch die geringe Sonnenhöhe im Winter auch die Beträge der angebotenen Energie weit hinter den Sommerwerten zurückbleiben. So wird im Winter um 12 Uhr nur eine Zustrahlung von etwa 35 % des Sommerwertes erreicht. Welche Energiemengen an der Erdoberfläche noch ankommen, zeigen die unteren Abschnitte der Tab. 13.

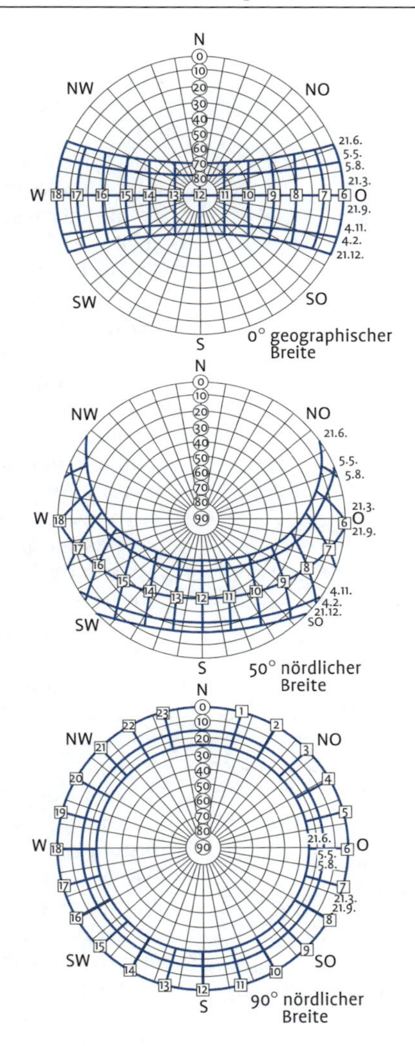

Abb. 73
Bahnen der Sonne am Himmel für verschiedene Tage des Jahres. Streng genommen gibt es am Nordpol nur noch die Himmelsrichtung „Süden"!

3.2.2 Absorption, Streuung und Reflexion

Unsere bisherigen Betrachtungen haben sich auf die Verhältnisse an der Atmosphärenobergrenze beschränkt. Im Folgenden soll nun besprochen werden, was mit der von der Sonne kommenden Strahlung geschieht, wenn sie in die Gashülle der Erde eindringt und auf die darin befindlichen Luftteilchen, Verunreinigungen und Wassertröpfchen trifft.

Im einfachsten Fall passiert überhaupt nichts: Die Strahlung durchdringt die Atmosphäre völlig unbehelligt. Ein Musterbeispiel dafür ist die so genannte **direkte Sonnenstrahlung** (s. Seite 196).

Komplizierter wird es, wenn Strahlungsquanten mit Luftmolekülen in Wechselwirkung treten. Dann kann es zu den von der Strahlungsemission her schon bekannten (s. Seite 166) angeregten Zuständen kommen. Hierbei spielt zunächst die Energie der Strahlung eine Rolle. Sind die Quanten sehr energiearm, wie das (s. Tab. 8) beim Infrarot sowie auch bei der so genannten **langwelligen Strahlung** (das ist die von der Erde und der Atmosphäre ausgehende Strahlung; vgl. Seite 202) der Fall ist, dann können nur Molekülschwingungen oder Molekülrotationen angeregt werden. Voraussetzung dafür ist, dass das Quant einen Energiebetrag mitbringt, der exakt der Differenz zwischen dem Grundzustand und dem angeregten Zustand entspricht. Andere Energiepakete können nicht „verarbeitet" werden. Zu Rotationen und Schwingungen kommt es praktisch nur bei drei- und mehratomigen Atmosphärengasen (z. B. H_2O, CO_2, CH_4). Energiereichere Strahlung, z. B. Licht oder UV-Strahlung kann zu Elektronenanregungen führen – wiederum vorausgesetzt, dass das Quant einen passenden Energiebetrag mitbringt.

Sind die Quanten sehr energiereich, wie das bei der kosmischen Höhenstrahlung, der Gammastrahlung und der kurzwelligen Röntgenstrahlung der Fall ist, dann können sie Elektronen vollständig aus ihrem Gefüge „herausschießen", so dass ein positiv geladener Molekülrest, ein so genanntes **Ion** zurückbleibt. Der Vorgang wird als **Ionisation** bezeichnet. Er spielt sich naturgemäß in der höheren Atmosphäre ab und führt unter anderem zur Entstehung der Ionosphäre (vgl. Seiten 59 und 163).

— Ein Musterbeispiel für Absorptionsvorgänge begegnet uns in den farbenprächtigen Fenstern gotischer Dome. Sie holen aus dem weißen Licht der Sonne, das alle Spektralfarben enthält, den größten Teil heraus, so dass nur noch eine Farbe übrig bleibt: ihre eigene. Ganz ähnlich ist es auch bei der Projektion von Lichtbildern: Das Diapositiv lässt aus dem weißen Licht der Projektionslampe nur die Farben passieren, die dann auf der Leinwand als Lichtbild erscheinen. Die anderen Farben werden absorbiert und in Wärme umgewandelt.

Angeregte Zustände sind bekanntlich sehr instabil und deswegen extrem kurzlebig. Bereits nach 10^{-9} Sekunden springt das Molekül wieder in seinen Ursprungszustand zurück und setzt dabei die zuvor aufgenommene Energie wieder frei. Je nachdem wie mit der freigesetzten Energie verfahren wird, spricht man dann von **Absorption** bzw. **Streuung**.

Wird die Energie durch einen Stoß auf ein benachbartes Teilchen übertragen, so erhöht sich dessen Geschwindigkeit, was nach der kinetischen Gastheorie (s. Seite 17) einen Anstieg seiner Temperatur bedeutet. Die aus der Strahlung entnommene Energie wird also zur Erwärmung der Materie benützt. Diesen Vorgang bezeichnet man als Absorption.

Die aufgenommene Energie kann aber auch in Form eines Strahlungsquantes wieder abgegeben werden, wobei jedoch die Richtung, in die das Quant ausgesandt wird, im Allgemeinen nicht mehr mit der ursprünglichen Strahlungsrichtung übereinstimmt.

Nach außen hin wird also in diesem Fall die auftreffende Strahlungsenergie lediglich auf verschiedene Richtungen umverteilt, bleibt aber in der Summe erhalten. Auch die Wellenlänge bleibt natürlich die gleiche, weil ja das gleiche Energiepaket abgegeben wird, das vorher aufgenommen worden war. Man spricht dann von Streuung. Erfolgt die Streuung nur in eine einzige (von der Richtung der einfallenden Strahlung abhängige) Richtung, dann bezeichnet man sie als **Reflexion.**

Absorption

Zur Diskussion der Absorptionsvorgänge in der Atmosphäre, die uns natürlich hier besonders interessieren, betrachten wir Abb. 74, die das Absorptionsverhalten einiger wichtiger Atmosphärengase darstellt. Die zur Sonnenstrahlung gehörenden Wellenlängen werden dort als „kurzwellig" bezeichnet. Wie man sieht, sind in diesem Bereich im Wesentlichen drei Gase wirksam: Ozon (O_3), Kohlendioxid (CO_2) und Wasserdampf (H_2O).

Das Ozon greift am stärksten in den Strahlungsfluss ein. Es absorbiert alle Wellenlängen kleiner als 0,3 µm zu 100 %. Damit hält es die physiologisch besonders gefährliche kurzwellige Ultraviolettstrahlung (UV-C und UV-B) vollständig von der Erdoberfläche fern. Dieser Strahlungsbereich ist es, der schwere Schädigungen an Pflanzen, Tieren und Menschen hervorrufen würde. Praktisch unbeeinflusst bleibt jedoch der UV-A-Anteil mit Wellenlängen über 0,3 µm. Auch diese Strahlung hat noch physiologische Wir-

Bei hoch stehender Sonne, wenn der Weg der Strahlung durch die Atmosphäre kurz ist, erreicht den Boden mehr UV-Strahlung als bei tief stehender Sonne. Die Gefahr, sich einen Sonnenbrand zu holen, ist deshalb am Mittelmeer größer als an der Nordsee, in den Mittagsstunden größer als in den Morgen- und Abendstunden, im Sommer größer als im Winter und im Hochgebirge größer als im Flachland.

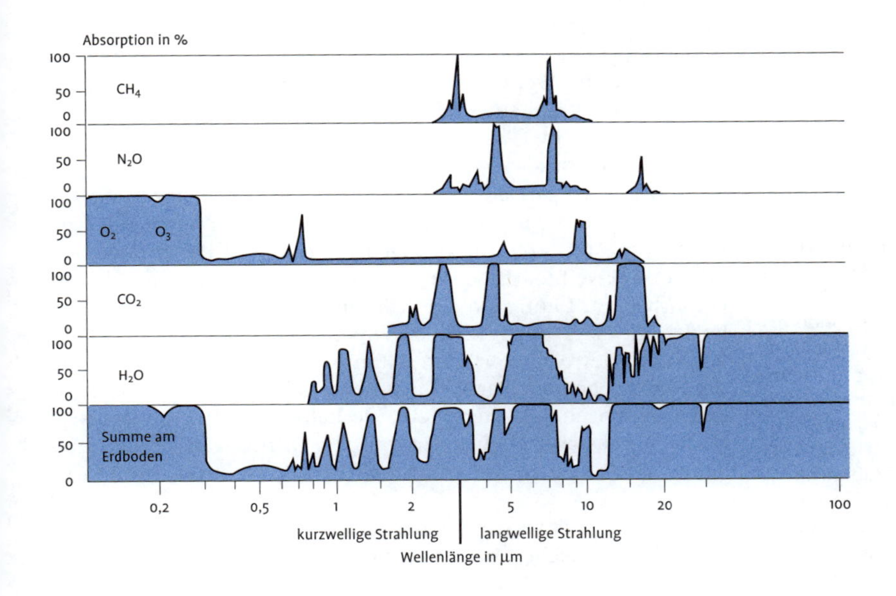

Abb. 74
Strahlungsabsorption wichtiger atmosphärischer Gase und der gesamten Atmosphäre (nach FLEAGLE und BUSINGER 1963, ergänzt nach Angaben bei MÖLLER 1973).

Rayleigh, Lord John W.
Physiker
* 12.11.1842 in Langford Grove (Essex)
† 30.6. 1919 in Witham (Essex)
Professor in Cambridge,
1904 Nobelpreis für Physik;
Ein ungewöhnlich vielseitiger Wissenschaftler mit bedeutenden Beiträgen zu nahezu allen Zweigen der klassischen Physik.

Mie, Gustav A. L.
Physiker
* 29.9.1868 in Rostock
† 13.2.1957 in Freiburg i.B
Professor in Greifswald, Halle/Saale und Freiburg i.B.;
Arbeiten: Elektrodynamik (vor allem Maxwellsche Gleichungen; Streuung), Relativitätstheorie, Maßsysteme.

Nach den Theorien von J.W. Rayleigh und G. Mie streuen Partikel, die nicht größer als 10 bis 20 % der Licht-Wellenlängen sind (Luftmoleküle), das Violett und das Blau bis zu 16-mal so stark wie das Rot (prop. λ^{-4}). Bei Partikeln, deren Größe etwa den Wellenlängen des Lichtes entspricht (Staubpartikel), erfolgt nur noch eine leicht blaubetonte Streuung (prop. $\lambda^{-1,3}$).

kungen. Sie ruft z.B. Rötung der Haut und den schmerzhaften Sonnenbrand hervor. Auch die Augen werden von ihr geschädigt. Im sichtbaren Bereich (0,38 bis 0,78 µm) absorbiert das Ozon nur vergleichsweise wenig. Wie das Sonnenspektrum nach dem Passieren der Ozonschicht aussieht, zeigt Abb. 70. Besonders auffällig ist die Beschneidung des kurzwelligen Endes. Die Verluste im sichtbaren Teil sind dagegen weniger krass.

Das sichtbare Spektrum kann die Atmosphäre überhaupt relativ unbeeinflusst passieren. Dagegen werden aus dem infraroten Teil durch Kohlendioxid und vor allem Wasserdampf erhebliche Strahlungsmengen absorbiert (Abb. 70). Je nach der Länge des Weges, den die Strahlung durch die Atmosphäre zurücklegt, fällt auch die Absorption unterschiedlich aus. Bei hoch stehender Sonne, wenn der Weg kurz ist, enthält deshalb die Strahlung am Boden mehr UV als bei tief stehender Sonne. Die Gefahr, sich einen Sonnenbrand zu holen, ist deshalb am Mittelmeer größer als an der Nordsee, in den Mittagsstunden größer als in den Morgen- und Abendstunden und im Sommer größer als im Winter.

Streuung

Unter Streuung versteht man, wie oben gesagt, einen Vorgang, bei dem Materie die Energie der Strahlung in andere Richtungen umverteilt.

Ein typisches und oft zitiertes Beispiel für Streuungsvorgänge ist der Zigarettenrauch im Zimmer, der durch einen hereinfallenden Lichtstrahl „sichtbar" wird. Dabei wird ein Teil des Lichtes durch die Rauchpartikel so aus einer Richtung abgelenkt, dass er in das Auge eines von der Seite her blickenden Betrachters fällt. Auf die gleiche Weise wird in staubiger, dunstiger oder nebliger Luft der Lichtstrahl eines Scheinwerfers sichtbar. Auch die Strahlen der hinter einer Wolke stehenden Sonne verwandeln sich in dunsterfüllter Atmosphäre zu einem leuchtenden Fächer.

Streuungsvorgänge sind die Ursache für viele bekannte Erscheinungen aus dem täglichen Leben. Dass Milch undurchsichtig ist, liegt an der Streuung des Lichtes an den in ihr enthaltenen Fett- und Eiweißteilchen. Wenn Bier trüb wird, weiß man, dass es verdorben ist. Dann sind nämlich winzige Eiweißteilchen ausgeflockt, die sich durch ihre Streuwirkung bemerkbar machen. Wenn sich der Wein nach dem Gären klärt, so liegt das daran, dass sich die streuenden Partikel am Boden absetzen. Schließlich ist eine beschlagene Fensterscheibe deshalb trüb, weil die Wassertröpfchen das auftreffende Licht in alle Richtungen streuen und damit das Erkennen der ursprünglichen Strahlungsrichtung unmöglich wird.

In der Technik verwendet man streuende Materialien, wenn es darum geht, weiche Übergänge von Hell nach Dunkel zu bekommen. So werden z. B. Glühlampen und Lampenschirme mattiert, damit sie keine harten Schatten werfen.

In der Atmosphäre wird die Sonnenstrahlung an den Luftmolekülen, den atmosphärischen Verunreinigungen wie Staub, Rauch oder Salzkriställchen sowie Dunst- und Wolkentröpfchen gestreut. Dadurch scheint der Himmel selbst diffus zu leuchten (diffus = ohne Schattenbildung). Die verschiedenen atmosphärischen Inhaltsstoffe haben sehr unterschiedliche Streueigenschaften:

Da wäre zunächst einmal die **Wellenlängenabhängigkeit** der Streuung zu nennen. Während nämlich Wolkentröpfchen, Dunstteilchen und Aerosole praktisch alle Wellenlängen gleich stark streuen, lenken die Luftmoleküle die kürzerem Wellen stärker ab als die längeren. Das hat zur Folge, dass die von den Luftteilchen gestreute Strahlung einen überproportional hohen Blauanteil enthält. Er ist es, der dem Himmel seine leuchtend blaue Farbe verleiht.

Noch größere Teilchen, die die Wellenlängen des Lichtes deutlich überschreiten (Nebel und Wolkentröpfchen) zeigen überhaupt keine Wellenlängenabhängigkeit mehr. Das an ihnen gestreute Licht ist weiß.

Die Streuung erfolgt aber nicht nur zur Erdoberfläche hin, sondern auch nach oben in den Weltraum hinaus. Sie lässt die Erdatmosphäre auf Satellitenbildern als jenen bläulich schimmernden Saum erscheinen, dem unsere Erde den Namen „blauer Planet" verdankt.

Wenn aus einem weißen Sonnenstrahl auf seinem Weg durch die Atmosphäre ständig blaues Licht herausgestreut wird, muss in ihm das rote Licht allmählich überwiegen. Das gilt insbesondere dann, wenn der Lichtstrahl einen besonders langen Weg zurückzulegen hat, wie z. B. bei Sonnenauf- oder untergang. Das ist – etwas vereinfacht dargestellt – der Grund dafür, dass die tief stehende Sonne rot leuchtet.

Ein Phänomen, das letztlich auf die gleiche Ursache zurückgeht, ist bei **Mondfinsternissen** zu beobachten: Die Übergangszone von der beschatteten zur besonnten Fläche des Mondes schimmert in einem eigenartig roten Farbton. Woher kommt denn diese Färbung, wo der Mond doch sonst in weißem Licht erstrahlt? Die Sonnenstrahlung, die in diesem Grenzbereich auf die Mondoberfläche fällt, hat vorher die Erdatmosphäre in einem ganz flachen Winkel und damit auf einem sehr langen Weg durchdrungen. Dabei ist durch Streuung aus ihrem Spektrum praktisch der gesamte kurzwellige Teil herausgestreut worden, so dass auf dem Mond nur noch langwelliges orangefarbenes und rotes Licht ankommt.

Die Tatsache, dass die Luftmoleküle Strahlung mit kürzeren Wellenlängen stärker streut als solche mit längeren, führt auch dazu, dass die Streustrahlung einen nicht zu vernachlässigenden Anteil an UV-Strahlung enthält. Abb. 70 zeigt in der gepunkteten Kurve, wie die Spektralverteilung der Sonnenstrahlung nach

▬ Beim aufmerksamen Beobachten wird man feststellen, das der von einer Zigarette aufsteigende Rauch bläulich, der ausgeblasene dagegen weiß gefärbt ist. Auch das hat mit der Größe der Teilchen zu tun: Der Rauch der Zigarette besteht aus Partikeln, die zwar hygroskopisch sind, aber noch keine Gelegenheit hatten, sich aus der Luft Wassermoleküle einzufangen. Sie bleiben somit überwiegend unter 1 µm und streuen deshalb „blaubetont". Spricht man nicht vom „blauen Dunst"? Wird der Rauch jedoch inhaliert, dann können sich die Rauchpartikel aus der Feuchtigkeit in den Lungen bequem bedienen und mit einer dicken Wasserhülle umgeben. Dabei wachsen sie auf eine Größe an, die alle Wellenlängen gleich stark streut.

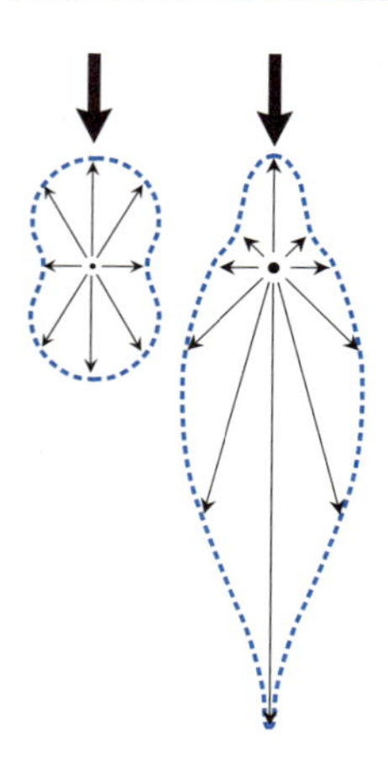

Abb. 75
Die Abbildung zeigt, wie die Sonnenstrahlung (hier von oben kommend) durch Streuung auf die verschiedenen Richtungen verteilt wird. Je länger die Pfeile sind, desto mehr Strahlung wird in die betreffende Richtung umgelenkt. Der linke Teil der Abbildung gilt für Luftmoleküle (Radien um 10^{-4} µm), der rechte für Staub-, Rauch- und Dunstteilchen (Radien von 0,01 bis 10 µm). Bitte beachten: Der rechte Teil ist im logarithmischen Maßstab wiedergegeben. Die Vorwärtsstreuung (in der Richtung der ungestörten Sonnenstrahlung – hier nach unten) ist demnach rund 400-mal so stark wie die Rückstreuung (zur Sonne hin – hier nach oben).

Streuung an den Luftteilchen aussieht. Während an der langwelligen Flanke kaum ein Verlust zu beobachten ist, zeigt sich an der kurzwelligen Flanke ein geradezu dramatischer Einbruch. Konsequenterweise ist das Spektrum der vom Himmel ausgehenden diffusen Strahlung – strichpunktiert dargestellt – auffällig reich an kurzen Wellenlängen. Das ist der Grund dafür, dass man sich auch im Schatten einen Sonnenbrand holen kann.

Im Gegensatz zu den Luftteilchen, so wurde vorhin gesagt, streuen die **atmosphärischen Verunreinigungen** und die **Wolkentröpfchen** praktisch alle Wellenlängen gleich stark. Sie rufen also keine charakteristische Streufarbe hervor. Dunstschichten und Wolken sind deshalb meist weißlichgrau. Dass Wolken auch dunkelgrau oder sogar bedrohlich schwarz aussehen können, steht dazu nicht im Widerspruch: Bei sehr mächtigen Cumulonimbus- oder Nimbostratuswolken (vgl. Seiten 117 und 119) wird nämlich schon in den oberen Schichten so viel von der eindringenden Strahlung weggestreut, dass unten fast nichts mehr ankommt. Die dünnen, ausfransenden Ränder der sich auflösenden Wolken leuchten dagegen besonders hell.

Je höher man in die Atmosphäre hinaufkommt, desto sauberer wird die Luft. Die Blau betonende Streustrahlung der Luftmoleküle überwiegt dann die farbneutrale immer mehr. Deshalb erscheint der Himmel auf hohen Bergen so herrlich tiefblau. Doch in größeren Höhen wird auch die Zahl der streuenden Luftmoleküle immer kleiner, so dass von ihnen immer weniger Strahlung ausgehen kann. Die Folge ist, dass der Himmel dunkler und dunkler wird und schließlich einen schwachen violetten Schimmer bekommt. Auf den Gipfeln der höchsten Berge ist der Himmel manchmal so dunkel, dass man am hellen Tag mühelos die Sterne erkennen kann. Das wollte auch der unvergessene Luis Trenker zum Ausdruck bringen, als er einen seiner unzähligen Bergfilme „Sterne am Mittag“ nannte.

Wenn warme, feuchte, mit Staub angereicherte Meeresluft von frischer, trockener Polarluft abgelöst wird, geht die Farbe des Himmels von einem weißlichen Grau in sattes Blau über.

Die verschiedenen atmosphärischen Inhaltsstoffe unterscheiden sich in ihrem Streuverhalten noch in einem weiteren Punkt: der **Streurichtung**.
Die Luftteilchen streuen in jede Richtung mit annähernd gleicher Intensität. Lediglich in Richtung des Sonnenstrahles und gegen die Richtung des Sonnenstrahles ist die Streuung jeweils etwas stärker. Nach der Seite hin ist sie am schwächsten. Die Unterschiede sind jedoch gering: Im Bereich der Maxima erreicht die Streuung kaum mehr als das Doppelte der Minimumwerte.

Ganz anders bei den größeren Partikeln, sie streuen in die Richtung des Lichtstrahles ein Vielfaches der Energie, die sie auf die anderen Richtungen verteilen. Seitlich zur Strahlungsrichtung nimmt die Streuintensität sehr rasch ab, steigt aber gegen die Richtung des Lichtstrahles, also zur Sonne hin, noch einmal etwas an. Man spricht deshalb bezeichnenderweise von **Vorwärtsstreuung**.

Diesem Unterschied entsprechend besitzt ein klarer Himmel eine völlig andere Helligkeitsverteilung als ein diesiger. In Abb. 76 sind Beispiele der unterschiedlichen Verteilungsmuster dargestellt. Im oberen Teil sehen wir das typische Erscheinungsbild der Vorwärtsstreuung. Die maximale Helligkeit finden wir um die Sonne herum: Je weiter wir uns am Himmel von der Sonne entfernen, desto schwächer wird die Streuung.

Im unteren Teil von Abb. 76 ist die theoretische Strahlungsverteilung in absolut sauberer Luft dargestellt. Zwar nimmt auch hier die Helligkeit mit der Entfernung von der Sonne zunächst ab, bei Winkeldistanzen um etwa 90° tritt dann ein ausgesprochenes Minimum auf, das sowohl nach Norden hin als auch in Horizontnähe deutlich erkennbar ist. Jenseits davon nimmt die Helligkeit wieder kontinuierlich zu: Eine Folge davon, dass die Streuung gegen die Richtung des Sonnenstrahles wieder etwas ansteigt.

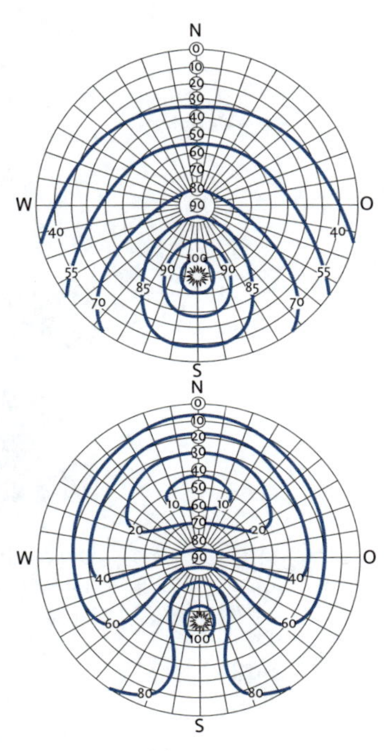

Abb. 76
Beispiele für die Himmelshelligkeit bei dunstiger (oben) und sehr klarer (unten) Luft in relativen Einheiten.

Ein interessantes Phänomen, das sich als strenge Konsequenz aus der Vorwärtsstreuung erweist, begegnet uns in Abb. 77. Das Bild ist im fortgeschrittenen Herbst aufgenommen. Das schon seit Wochen über Mitteleuropa liegende Altweibersommerhoch hat eine etwa 1 500 m mächtige Inversion entstehen lassen (s. Seite 296), in der sich massenhaft Staub, Dunst und andere atmosphärische Verunreinigungen angesammelt haben. Wir blicken vom Herzogstand – einem der am weitesten nach Norden vorgelagerten bayerischen Alpenberge – ins Voralpenland hinaus. Die Sonne steht schon weit im Westen, also links von unserer Blickrichtung. Ihre Strahlung ist daher nach Osten gerichtet und damit auch die in der Inversion hervorgerufene Vorwärtsstreuung. Im linken Bildteil ist also die Streustrahlung im Wesentlichen zum Beobachter hin gerichtet, wodurch die Verunreinigungen innerhalb der Inversion hell zu leuchten scheinen. Im rechten Bildteil dagegen ist die Streustrahlung zum größeren Teil vom Beobachter weg gerichtet, nur noch ein winziger Rest erreicht ihn: Die Inversion erscheint deshalb dort dunkel. Zwischen den beiden Bildteilen erfolgt natürlich ein kontinuierlicher Übergang.

Schließlich gibt es noch ein drittes Merkmal, in dem sich die Streuung an den Luftteilchen von der an größeren Partikeln gestreuten Strahlung unterscheidet: die **Polarisation.**

— „Nicht weil es dort Sonne gibt, reizt mich der Süden, sondern weil es dort angenehm ist, im Schatten zu sitzen". Martin Kessel *(1901–1990)*

— Man bezeichnet Strahlung als polarisiert, wenn ihre Wellen in einer einzigen Schwingungsebene verlaufen.

Abb. 77
Zur Richtungsabhängigkeit der Streuung am Dunstteilchen (Einzelheiten siehe Text).

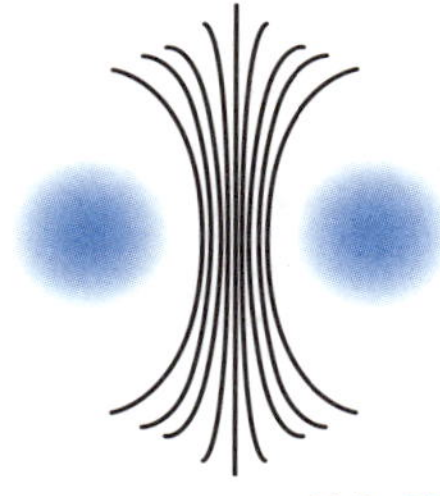

Abb. 78
Manche Menschen erkennen mit bloßem Auge, wo die Streustrahlung polarisiert ist und wo nicht. Sie sehen nämlich in polarisiertem Licht genau in der Mitte ihres Gesichtsfeldes eine ganz schwache, unscharfe Lichterscheinung, das so genannte HAIDINGERsche Büschel. Es besteht aus einem gelblichen, hyperbelförmigen Büschel, an dessen engster Stelle rechts und links je ein bläulicher Fleck sitzt. Sogar die Richtung der Polarisation zeigt das Büschel an: Sie steht senkrecht auf der Verbindungslinie zwischen den Flecken.

Obwohl die Sonnenstrahlung unpolarisiert ist, in ihr also alle Schwingungsebenen vorkommen, ist die an den Luftteilchen gestreute Strahlung bis zu 60 % polarisiert. Das lässt sich folgendermaßen erklären: Wenn die Sonnenstrahlung auf Luftmoleküle trifft, versetzt sie deren Elektronenhüllen in einen angeregten Zustand. Dabei geraten sie in Schwingungen senkrecht zur Ausbreitungsrichtung der Strahlung. Die Moleküle verhalten sich damit wie winzige Antennen: Sie senden Strahlung aus, die in ihrer eigenen Schwingungsrichtung (also senkrecht zur Sonnenstrahlung) polarisiert ist. Die Polarisation ist demnach nicht an jedem Punkt des Himmels gleich. Die Spitzenwerte findet man in den Himmelsregionen, die 90° von der Sonne entfernt sind. In der Nähe der Sonne dagegen verschwindet die Polarisation fast völlig. Bei Sonnenauf- und -untergang ist der Bereich um den Zenit konsequenterweise besonders stark polarisiert.

Von vielen Tieren weiß man, dass sie sich an der Polarisation des Himmelslichtes im Raum orientieren. Bei Bienen konnte KARL V. FRISCH einen besonders ausgeprägten Sinn zum Erkennen polarisierten Lichtes nachweisen.

Wenn Sie gerne fotografieren, sollten Sie daran denken, dass Sie mit Hilfe eines geeignet eingestellten Polfilters dem Himmel in vielen Fällen einen ungewöhnlich sattblauen Ton und ihren Bildern damit eine außerordentliche Tiefenwirkung verleihen können. Wolken kann man, da das an ihnen gestreute Licht im Gegensatz zum Himmelslicht unpolarisiert ist, durch Polfilterung besonders plastisch aus dem Himmel hervortreten lassen.

Bekanntlich tritt nach Sonnenuntergang nicht sofort totale Dunkelheit ein, sondern ein Übergangszustand, den man als Dämmerung bezeichnet. Ebenso setzt der Tag nicht erst bei Sonnenaufgang mit einer plötzlichen Lichtflut ein, sondern beginnt schon früher mit der morgendlichen Dämmerung.

Die Ursache der Dämmerung ist ebenfalls in der Streuung der Sonnenstrahlung an den Luftteilchen und atmosphärischen Verunreinigungen zu suchen. Laut Definition ist die Dämmerung dann zu Ende, wenn man bei wolkenlosem Himmel im Freien eine Zeitung ohne zusätzliche Beleuchtung gerade nicht mehr lesen kann. Das ist der Fall, wenn die Sonne etwa 6° unter den Horizont gesunken ist. Da es in der Meteorologie noch eine zweite Dämmerungsstufe gibt, bezeichnet man die eben definierte als die **bürgerliche Dämmerung**. Wenn sie, wie oben gesagt wurde, auf Streuungsvorgänge zurückzuführen ist, darf man annehmen, dass ihre Dauer davon abhängt, wie schnell die Sonne unter den Horizont sinkt.

Neben der „bürgerlichen Dämmerung" gibt es noch eine zweite Dämmerungsstufe: Die **„astronomische Dämmerung"**. Sie ist zu Ende, wenn die mit freiem Auge erkennbaren Sterne – das sind alle bis etwa zur 5. Größe – am Himmel erschienen sind. Die Sonne steht dann 17 Grad unter dem Horizont.

Verläuft die Sonnenbahn steil gegen den Horizont – der Extremfall wäre senkrecht – so dürfen wir erwarten, dass die Dämmerung schnell zu Ende ist. Geht die Sonne jedoch in einem flachen Winkel unter, so müssen wir mit einer langen Dämmerung rechnen. Daraus lässt sich eine deutliche Abhängigkeit der Dämmerungsdauer von der geographischen Breite und von der Jahreszeit folgern.

Während am Äquator die Nacht je nach Jahreszeit 21 bis 23 Minuten nach Sonnenuntergang eintritt, dauert die Dämmerung in 50° Breite schon zwischen 32 und 45 Minuten. Geht man noch weiter polwärts, so wächst die Dämmerungsdauer immer weiter, bis schließlich die Mitternachtssonne bzw. die Polarnacht Platz greifen. Selbst innerhalb von Mitteleuropa treten schon erhebliche Unterschiede in der Länge der Dämmerung auf. So dauert sie in 55° Breite (Flensburg) im Sommer bis zu 22 Minuten länger als in 45° Breite (Padua).

Reflexion

Um uns den Vorgang der Reflexion klarzumachen, betrachten wir Abb. 79. Denken wir uns, wie im oberen Drittel der Abbildung dargestellt, einen Lichtstrahl, der auf die Oberfläche eines festen Materials fällt, z. B. auf ein Blatt Briefpapier. Wer eine Papieroberfläche schon einmal mit der Lupe oder sogar mit dem Mikroskop betrachtet hat, der weiß, dass sie keineswegs glatt und eben ist. Sie besteht vielmehr aus einer riesigen Zahl kleiner und kleinster Unebenheiten, die durch die Faserstruktur des Papieres bedingt ist. Diese Struktur verhält sich dem auftreffenden Lichtstrahl gegenüber genauso wie Wolkentröpfchen oder andere atmosphärische Inhaltsstoffe: sie ruft eine Streuung hervor, in unserer Zeichnung durch ein Büschel von Pfeilen dargestellt. Das zurückgestreute Licht gelangt in unser Auge und lässt dadurch das Papier hell er-

Haidinger, Wilhelm K. Ritter von
Geologe und Mineraloge
* 5.2.1795 in Wien
† 19.3.1871 in Dornbach (heute zu Wien gehörig)
Leiter der geologischen Reichsanstalt in Wien;
Arbeiten: Entdeckung zahlreicher Minerale, Untersuchungen an Meteoriten, Polarisationsoptik.

scheinen. Da das Licht in jede Richtung gleich stark gestreut wird, ist es unerheblich, unter welchem Winkel wir das Blatt betrachten: Es wird uns – natürlich unter den Einschränkungen des Lambertschen Gesetzes – stets gleich hell erscheinen.

Hätten wir statt gewöhnlichem Briefpapier teures Kunstdruckpapier genommen, so wäre uns aufgefallen, dass das Papier „glänzt". Physikalisch ausgedrückt bedeutet das, dass die Papieroberfläche in bestimmte Richtungen mehr Licht zurückstreut als in andere. Der mittlere Teil der Abb. 79 soll diesen Fall deutlich machen. Ein Blick durch das Mikroskop würde gleichzeitig zeigen, dass das Kunstdruckpapier sehr viel glatter ist als das Briefpapier, anders ausgedrückt: eine feinere Struktur besitzt.

Gehen wir noch einen Schritt weiter und betrachten die Verhältnisse an einer sorgfältig polierten Oberfläche, so stellen wir fest, dass der auftreffende Lichtstrahl jetzt nur noch in einer einzigen Richtung zurückgeworfen wird. Diese ist festgelegt durch die Bedingung, dass der Winkel α gleich dem Winkel β ist. Einen solchen Vorgang – und nur einen solchen – bezeichnet man in der Physik als **Reflexion**.

Es gibt demnach einen kontinuierlichen Übergang von völlig gleichmäßiger (die Physiker sagen: isotroper) Streuung über gerichtete Streuung zur Reflexion – je nachdem, wie fein strukturiert die bestrahlte Oberfläche ist.
Daraus ergeben sich nun zwei wichtige Konsequenzen:

- Erstens, dass es Reflexion nur an festen oder flüssigen Oberflächen geben kann.
- Zweitens, dass längst nicht alles, was als Reflexion bezeichnet wird, tatsächlich der physikalischen Definition standhält.

Sehr viele „Reflexionsvorgänge" des täglichen Lebens sind in Wirklichkeit Rückstreuungsvorgänge.
Da die Grenze zwischen beiden fließend und oft nicht eindeutig zu ziehen ist, wollen wir uns hier der gängigen Praxis anschließen und jede von festen oder flüssigen Oberflächen zurückgeworfene Strahlung als „reflektierte Strahlung" bezeichnen.

Das Musterbeispiel für Reflexion im täglichen Leben ist der Spiegel; für ihn gilt die strenge physikalische Definition. Die Technik

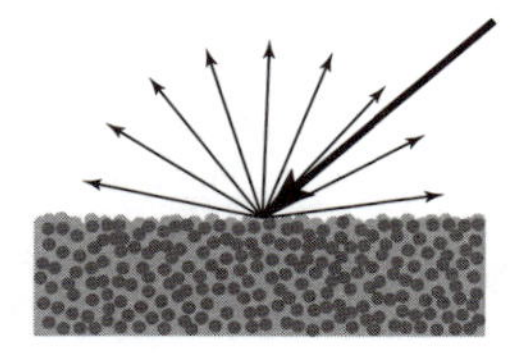

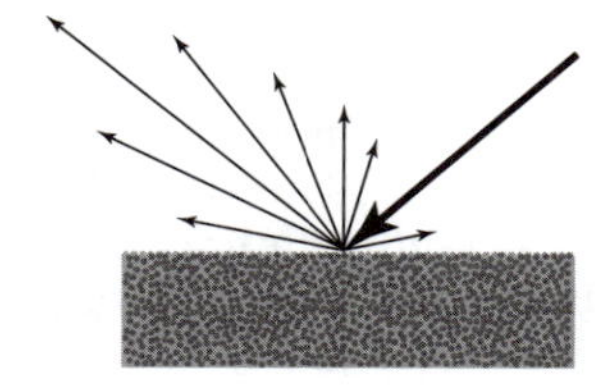

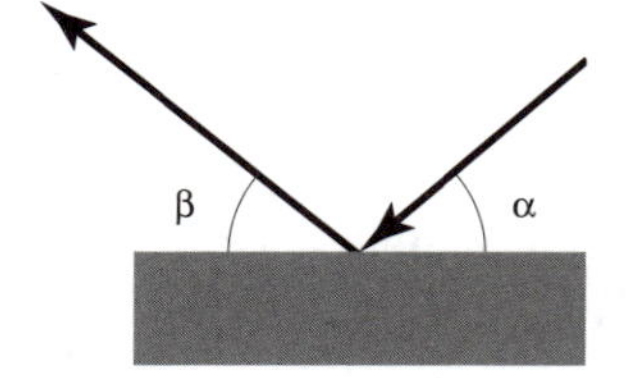

Abb. 79
Zum Begriff der Reflexion (Einzelheiten siehe Text).

nutzt die Reflexion in einer Vielzahl von Geräten und Verfahren. Als Beispiele seien genannt: Scheinwerfer, Spiegelteleskop, Radar oder das so genannte Katzenauge.

Häufig werden nur bestimmte Wellenlängen reflektiert, während der Rest absorbiert wird. Auf diese Weise erhält unsere Welt ihre bunte Farbigkeit.

Der von einer Oberfläche reflektierte Anteil der auftreffenden Strahlung, ausgedrückt in Prozent, wird als **Reflexionsvermögen** oder **Albedo** (r) bezeichnet. Wirft eine Oberfläche 10 % der ankommenden Strahlung zurück, so hat sie eine Albedo von 10 %. Helle Oberflächen haben (im sichtbaren Bereich!) eine hohe, dunkle eine niedrige Albedo. Tab. 12 nennt Albedowerte einiger Stoffe. Besonders hohe Albedowerte hat Neuschnee, der bis 95 % der auftreffenden Strahlung zurückwirft. Auch Altschnee und Eis reflektieren noch bis über zwei Drittel der ankommenden Strahlung.

Dass wir unsere Umwelt mit den Augen erfassen können, verdanken wir der Tatsache, dass alle Oberflächen vom auftreffenden Licht einen mehr oder weniger großen Teil reflektieren. Auch wenn Sie dieses Buch lesen, nutzen Sie die Reflexion aus. Die schwarzen Buchstaben werden nämlich dadurch erkennbar, dass sie das auftreffende Licht fast überhaupt nicht reflektieren, während der weiße Papieruntergrund einen Großteil davon zurückwirft.

Tab. 12 Albedowerte für den Bereich der Sonnenstrahlung

Neuschnee	75–95 %
Wolken	60–90 %
Altschnee	40–70 %
Gletschereis	30–45 %
Dünensand	30–60 %
Sandboden	15–40 %
Ackerboden	7–17 %
Tropischer Regenwald	10–12 %
Laubwälder mittlerer geographischer Breite im Sommer	15–20 %
Nadelwälder	5–12 %
Wiesen, Weiden, landwirtschaftliche Kulturen	12–30 %
Beton	14–22 %
Gärten, Weinberge	20–25 %
Siedlungen	15–20 %
Asphaltstraße (neu)	5–10 %
Tiefes Wasser bei	
– hochstehender Sonne	3–10 %
– tiefstehender Sonne (5°)	rund 80 %
– streifender Sonne	bis 100 %
Polierte Metalle	rund 80 %
Erde insgesamt	rund 30 %

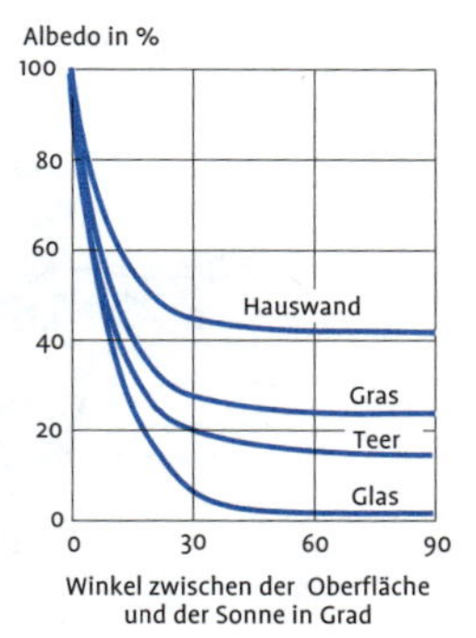

Abb. 80
Bei sehr flachen Einfallswinkeln (unter 20°) nimmt die Albedo – wie bei Wasseroberflächen – deutlich zu.

Das Wort **Albedo** stammt vom lateinischen Wort *albus* = weiß und bedeutet wörtlich übersetzt „Grad der Weißheit". Damit wird schon vom Wort her angedeutet, dass man einer Oberfläche ihre Albedo an ihrer Helligkeit näherungsweise „ansehen" kann. Näherungsweise deshalb, weil unsere Augen nicht das gesamte kurzwellige Spektrum wahrnehmen können.

Die natürlichen Böden haben wesentlich schlechtere Reflexeigenschaften, besonders wenn sie einen größeren Anteil an organischer Substanz enthalten. Von den Wäldern reflektieren die Nadelwälder am wenigsten, teilweise nur um 5 %, dicht gefolgt vom tropischen Regenwald. Bis zu einem guten Viertel reicht die Reflexion landwirtschaftlicher Kulturen. Auch Siedlungen liegen in einer ähnlichen Größenordnung.

Bei allen Oberflächen spielt der Einfallswinkel eine gewisse Rolle (s. Abb. 80). Beim Wasser sogar eine ganz erhebliche. Während es bei hoch stehender Sonne nur etwa 3 bis 10 % zurückwirft, wächst der reflektierte Anteil mit sinkender Sonne rasch an und erreicht bei streifendem Einfall sogar 100 %. Das von Fotoamateuren so hoch geschätzte Glitzern der Gewässer und das prächtige Rot der Seen bei Sonnenuntergang erklärt sich aus diesem Verhalten. Der physikalische Grund ist in den Brechungsvorgängen im Wasser zu suchen, die in der Spezialliteratur erläutert sind (Bergmann und Schäfer 1990). Eine Sonderstellung nehmen die Metalle ein, die im polierten Zustand Albedowerte von etwa 80 % haben.

Abb. 81 zeigt die weltweite Verteilung der Oberflächenalbedo im Januar. Deutlich treten die tiefen Werte der tropischen Regenwälder mit 10 und 15 % hervor. In den Wüstengebieten finden wir über 30 %. Die Vegetation der Südhalbkugel reflektiert 15 bis 25 %, während sich auf der Nordhalbkugel die Schneebedeckung mit Albedowerten bis über 70 % bemerkbar macht. Die nach Norden zunehmende Albedo der Meeresoberflächen geht auf den flacher werdenden Einfallswinkel der Sonnenstrahlung zurück. Das Reflexionsverhalten hat eine außerordentlich große Bedeutung, denn es entscheidet darüber, welche Energiemenge tatsächlich absorbiert und in den Energiehaushalt einbezogen wird.

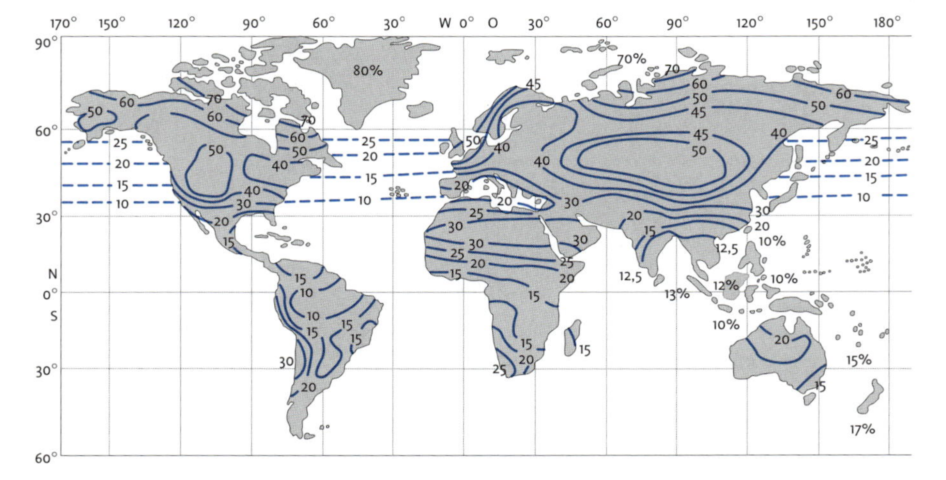

Abb. 81
Weltweite Verteilung der Oberflächenalbedo im Januar (nach Baumgartner et al. 1976).

Innerhalb der Atmosphäre erfolgt Reflexion an den Wassertröpfchen und Eiskristallen der Wolken. Sie haben, wie Tab. 12 zeigt, eine sehr hohe Albedo. Ist der Himmel wolkenverhangen, wird verständlicherweise ein gewaltiger Teil der Sonnenstrahlung in das Weltall zurückgeworfen. Die starke Reflexion an Wolkenoberflächen ermöglicht das Erkennen typischer Wolkenstrukturen vom Satelliten aus.

3.2.3 Strahlungsumsatz von Atmosphäre, Boden, Vegetation und Gewässern

Abb. 82 quantifiziert die Absorptions-, Streuungs- und Reflexionsprozesse, denen die kurzwellige Strahlung (vergl. Seite 185) beim Durchgang durch die Atmosphäre und an der Erdoberfläche unterliegt. Darüber hinaus fasst sie die verschiedenen Energieströme im System Erde – Atmosphäre – Weltall zur Energiebilanz der Erde zusammen. Diese können wir jedoch erst verstehen, wenn wir uns auch mit der langwelligen Strahlung (s. Seite 202) befasst haben und über das Wesen des Bodenwärmestroms (s. Seite 225) sowie der Ströme fühlbarer Wärme (s. Seite 238) und latenter Energie (s. Seite 242) Bescheid wissen. Hier müssen wir uns zunächst auf die Betrachtung der kurzwelligen Strahlung beschränken. Sie ist im linken Teil der Abbildung behandelt.

Diese Abbildung stellt eine wichtige Basis für weitere Betrachtungen dar, sie wird uns im Folgenden noch mehrfach begegnen. Damit rechtfertigt sich eine etwas ausführlichere Diskussion dieser Grafik.

Abb. 82
Der Energiehaushalt von Erde und Atmosphäre (nach WMO, zit. in KEPPLER 1988). Einzelheiten siehe Text.

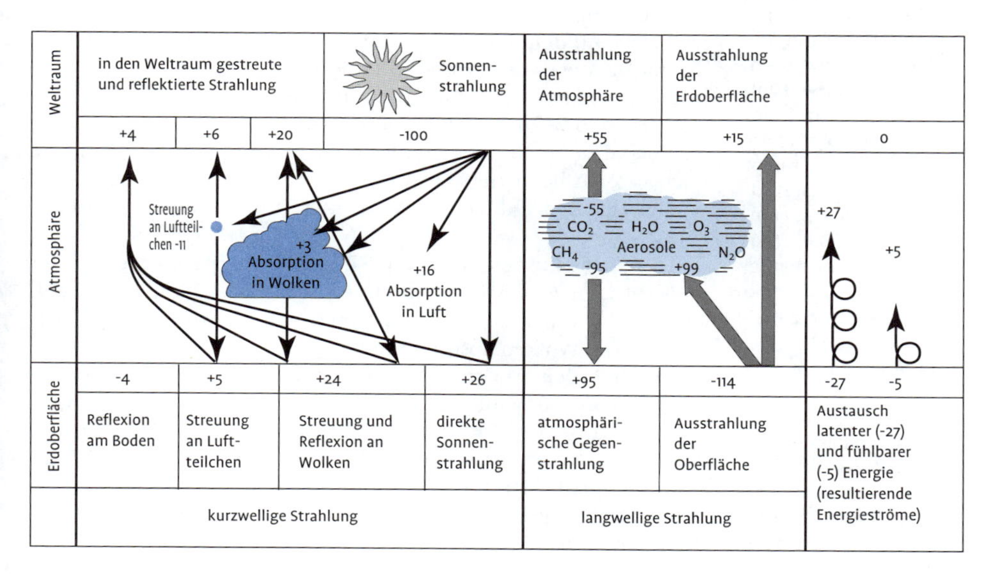

Alle Energieströme, seien es **Strahlungsströme, Wärmeströme** (s. Seite 225 und 238) oder **Ströme latenter Energie** (s. Seite 242) werden nach der folgenden Vorzeichenkonvention behandelt: Fließt ein **Strom aus der Atmosphäre oder aus dem Erdboden zur Erdoberfläche hin,** so zählt er **positiv.** Fließt er **von der Erdoberfläche weg, sei es in die Atmosphäre oder in den Erdboden hinein,** so zählt er **negativ.**

Um ihren Inhalt gut verstehen zu können, bedarf es zunächst einer kleinen Einführung in die Darstellungsform: Alle Angaben stellen Mittelwerte über die gesamte Erde und alle Jahreszeiten dar. Im Einzelfall kann es deshalb erhebliche Abweichungen davon geben. Einzelheiten dazu findet man auf Seite 243ff. Die Abbildung gliedert sich in drei Stockwerke: Im oberen werden die Vorgänge im Weltraum, im mittleren die in der Atmosphäre und im unteren die an der Erdoberfläche behandelt. Darüber hinaus ist sie in drei Blöcke aufgeteilt. Im linken sind die kurzwelligen, im mittleren die langwelligen Strahlungsströme und im rechten die Ströme fühlbarer Wärme und latenter Energie beschrieben. Die Pfeile geben jeweils die Richtung der Ströme an. Als Einheit für ihre Intensität wird die an der Atmosphärenobergrenze ankommende (extraterrestrische) Sonnenstrahlung gewählt, sie beträgt 1370 W/m^2 (vgl. Seite 179). Alle Zahlenabgaben in Abb. 82 erfolgen in Prozent der extraterrestrischen Sonnenstrahlung. Positive Vorzeichen bedeuten dabei: Der Energiestrom fliest in das betreffende Stockwerk hinein, negative bedeuten: Der Energiestrom fliest aus diesem heraus.

Betrachten wir zur Verdeutlichung den an der Atmosphärenobergrenze ankommenden Sonnen-Strahlungsstrom, den wir im linken Block der Abbildung finden. Er hat vereinbarungsgemäß eine Größe von 100 %. Da er beim Eindringen in die Atmosphäre den Weltraum verlässt, wird er im Weltraum mit –100 % bilanziert.

Die in Abb. 82 gezeigten großen Intensitätsunterschiede zwischen der von den Luftteilchen (5 Einheiten) und der von den Wolken (24 Einheiten) ausgehenden Himmelsstrahlung findet man beim Fotografieren im Freien immer wieder bestätigt: Bei wolkenlosem Himmel werden Schattenpartien oft sehr dunkel und stark blaustichig wiedergegeben; bei einem wolkigen Himmel dagegen werden die Schatten aufgehellt und farblich erheblich ausgeglichener. Die Verhältnisse schwanken allerdings von Fall zu Fall innerhalb weiter Grenzen.

Was passiert nun mit dieser Strahlung, wenn sie in die Atmosphäre eintritt? Gut ein Viertel davon durchdringt sie ohne jede Veränderung. Dieser Anteil heißt **direkte Sonnenstrahlung** und wird mit dem Formelzeichen „D“ abgekürzt. Das ist diejenige Strahlung, die es uns ermöglicht, die Sonne am Himmel zu sehen und die Schatten wirft. Sie kann für das Stockwerk „Erdoberfläche“ mit +26 % angesetzt werden. Natürlich kann die Erdoberfläche die direkte Sonnenstrahlung nicht restlos absorbieren. Je nach ihrer Albedo (s. Seite 193) reflektiert sie einen mehr oder weniger großen Teil davon. Wir kommen unten noch darauf zurück.

16 % der extraterrestrischen Sonnenstrahlung werden in der wolkenfreien Atmosphäre absorbiert – in erster Linie vom Ozon aber auch von anderen Gasen sowie von Aerosolen (vgl. Seite 185). Die Wolken absorbieren 3 %.

Durch Reflexion von Sonnenstrahlung an den Wolkenoberflächen und Streuung innerhalb der Wolken wird ein weiterer Strahlungsstrom zur Erdoberfläche in Gang gesetzt. Er schlägt dort mit 24 % der extraterrestrischen Sonnenstrahlung zu Buche.

Die Reflexion an und die Streuung in den Wolken haben auch einen Strahlungsstrom nach oben zur Folge. Er verlässt die Atmosphäre in Richtung Weltraum und erreicht 20 %.

Durch die Streuung an Luftteilchen werden 5 % der extraterrestrischen Sonnenstrahlung in Richtung Erdoberfläche und 6 % in Richtung Weltraum umgelenkt. Da die an Luftteilchen gestreute Strahlung einen hohen Anteil an kurzwelligem Licht enthält (s. Seite 187), erscheint einem Beobachter am Erdboden der Himmel blau. Entsprechend macht die von den Luftmolekülen gestreute, in den Weltraum gerichtete Strahlung unsere Erde zum „blauen Planeten".

Die zum Erdboden gerichteten Äste der Streu- bzw. Reflexstrahlung von Wolken und Luftteilchen, die zusammen 24 % + 5 % = 29% ausmachen, werden zur so genannten **diffusen Himmelsstrahlung** oder kurz **Himmelsstrahlung** zusammengefasst: Ihr Formelsymbol ist das „H".

> Bei den meisten einschlägigen Fragestellungen interessiert lediglich, wie viel Energie über die kurzwellige Strahlung insgesamt an die Erdoberfläche gelangt. Eine Differenzierung nach direkter Strahlung und diffuser Himmelsstrahlung ist meist nicht erforderlich. Aus diesem Grund fasst man diese beiden Strahlungsströme gerne zur so genannten **Globalstrahlung** zusammen, die das Formelzeichen „G" erhält:
>
> $$G = D + H$$
>
> Sie beschreibt – anders ausgedrückt – das Energieangebot an die Erdoberfläche aus der kurzwelligen Strahlung.

– In den Alpen geht die Globalstrahlung im Sommerhalbjahr bis etwa 2000 m Höhe kontinuierlich zurück und bleibt dann weitgehend konstant. Der Grund dafür ist, dass höhere Berggipfel während dieser Jahreszeit oft in Wolken sind, in den Tälern dagegen die Sonne scheint (vgl. Seite 258). Im Winter ist es genau umgekehrt. Dann ragen die Gipfel häufig aus einer Dunst oder Nebel erfüllten Inversionsschicht heraus. Die Folge davon ist, dass die Globalstrahlung mit der Höhe zunimmt.

Weltweit und über alle Jahreszeiten gemittelt nimmt die Globalstrahlung einen Wert von 26 % + 24 % + 5 % = 55 % an, d. h., nur etwas mehr als die Hälfte der extraterrestrischen Sonnenstrahlung dringt bis zur Erdoberfläche vor.

Das bedeutet aber noch nicht, dass der Erdoberfläche auch tatsächlich 55 % der extraterrestrischen Strahlungsenergie zur Verfügung stehen. Denn wie man sieht, wird von jedem zum Boden gerichteten Strahlungsstrom ein (von der örtlichen Albedo abhängiger) Teil reflektiert: Insgesamt 4 %. Die Summe der reflektierten Strahlung heißt **Reflexstrahlung** und wird in Formeln mit „R" abgekürzt.

Zusammen mit der nach oben gestreuten und von Wolken reflektierten Strahlung nimmt sie einen Wert von 20 % + 6 % + 4 % = 30 % an. Da die Albedo als Verhältnis von reflektierter zu eingehender Strahlung definiert ist, kann man sagen: Die Albedo des Systems Erde–Atmospäre beträgt 30 %. Genau dieser Wert ist uns auch in der Albedotabelle (s. Seite 193) begegnet.

Streng genommen ist die kurzwellige Strahlungsbilanz eigentlich keine Bilanz. Bei einer Bilanz werden echte Einnahmen und echte Ausgaben gegenübergestellt. Die Reflexstrahlung ist aber keine echte Energieausgabe, sondern stellt – wenn man so will – eine Art Annahmeverweigerung dar. Wie sich noch zeigen wird, hat sich der Begriff Bilanz in anderen Bereichen der Strahlung jedoch außerordentlich bewährt, so dass es sinnvoll ist, ihn auch auf die kurzwellige Strahlung anzuwenden.

Die Reflexstrahlung lässt sich – mit Hilfe der Albedo – auch wie folgt beschreiben:

$$R = (D + H) * \frac{r}{100\,\%} = G * \frac{r}{100\,\%}$$

wobei die Albedo r in % angegeben wird.

Tab. 13 zeigt die direkte Sonnenstrahlung in Abhängigkeit von der Tages- und Jahreszeit sowie von der Seehöhe. In ihr wird deutlich erkennbar, wie sehr die Atmosphäre die Strahlung beeinflusst, insbesondere bei langen Wegen.

Die tatsächlich an der Erdoberfläche absorbierte kurzwellige Strahlung (Q_K) lässt sich folgendermaßen formulieren:

$$Q_K = D + H - R$$

Q_K repräsentiert somit den Energiegewinn, den die Erdoberfläche aus der Sonnenstrahlung zieht, man nennt ihn **kurzwellige Strahlungsbilanz**. Q_K lässt sich auch über die Albedo (r) beschreiben:

$$Q_K = (D + H) * (1 - \frac{r}{100\,\%})$$

Der Tagesgang der Globalstrahlung, der Reflexstrahlung und der kurzwelligen Strahlungsbilanz ist in Abb. 83 für einen Ort in mittlerer Breite schematisch dargestellt. Mit beginnender Dämmerung setzt die Globalstrahlung ein, wächst mit steigender Sonne rasch an, bis sie um Mittag ihren Höchstwert erreicht. Am Nachmittag geht sie zurück und verschwindet mit der Dämmerung. Die Reflexstrahlung verläuft weitgehend spiegelbildlich zur Globalstrahlung. Da sie entgegengesetzt gerichtet ist, liegt sie im negativen Bereich. Die weltweite Verteilung der jährlichen Globalstrahlungssumme ist in Abb. 142 auf Seite 304 dargestellt. Sie ist aber nur im Zusammenhang mit der allgemeinen Zirkulation der Atmosphäre zu verstehen. Wir werden deshalb erst später darauf zu sprechen kommen.

Während am festen Boden die Strahlung zum Teil innerhalb von Millimeterbruchteilen absorbiert wird (vgl. Seite 202), lassen die Pflanzenblätter einen Teil der Strahlung passieren. Man nennt diesen Vorgang **Transmission**. Abb. 84 zeigt die Abhängigkeit der Transmission, Reflexion und Absorption von der Wellenlänge bei grünem Laub. Sie werden im Wesentlichen vom Fotochemischen Verhalten des Chlorophylls bestimmt. Die Reflexion weist bei 0,53 µm, also im Grünen, ein ausgesprochenes Maximum auf,

Tab. 13 Tagesgang der direkten Sonnenstrahlung auf eine horizontale Fläche, gemessen in den Ostalpen in W/m² (48° N)

Datum	Wahre Ortszeit							
	5	6	7	8	9	10	11	12 Uhr
	19	18	17	16	15	14	13	
				an der Atmosphärenobergrenze (berechnet)				
15.03.		3	198	419	609	752	847	877
15.06.	186	402	622	824	999	1132	1216	1245
15.09.		55	292	513	701	847	940	970
15.12.				19	193	327	412	439
				3 000 m Seehöhe				
15.03.			122	303	480	620	704	720
15.06.	98	244	439	620	781	899	976	997
15.09.		21	167	362	530	669	753	781
15.12.				17	118	251	335	355
				1 000 m Seehöhe				
15.03.			87	243	408	531	606	641
15.06.	58	185	355	519	673	791	860	885
15.09		17	130	289	459	575	658	692
15.12.				13	92	193	272	300
				200 m Seehöhe				
15.03.			56	194	337	466	538	570
15.06.	36	146	297	467	615	735	791	810
15.09.		9	98	239	397	513	591	631
15.12.				8	64	151	229	258

nach Sauberer und Dirmhirn (1948) zit. in Dirmhirn 1964, ergänzt nach Zentralanstalt für Meteorologie und Geodynamik (1983)

Abb. 83

Vereinfachter und schematisierter Tagesgang der einzelnen Komponenten des Strahlungshaushaltes an einem wolkenlosen Sommertag in Mitteleuropa. G = Globalstrahlung, QK = kurzwellige Strahlungsbilanz, Q = gesamte Strahlungsbilanz, AG = atmosphärische Gegenstrahlung, R = kurzwellige Reflexstrahlung, QL = langwellige Strahlungsbilanz, A = langwellige Ausstrahlung von der Erdoberfläche, SA = Sonnenaufgang, SU = Sonnenuntergang.

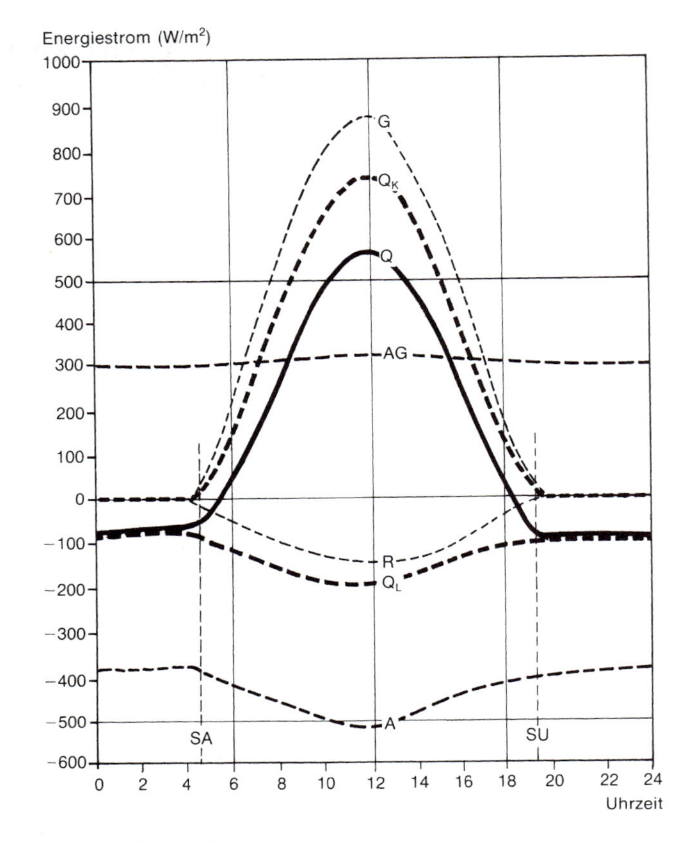

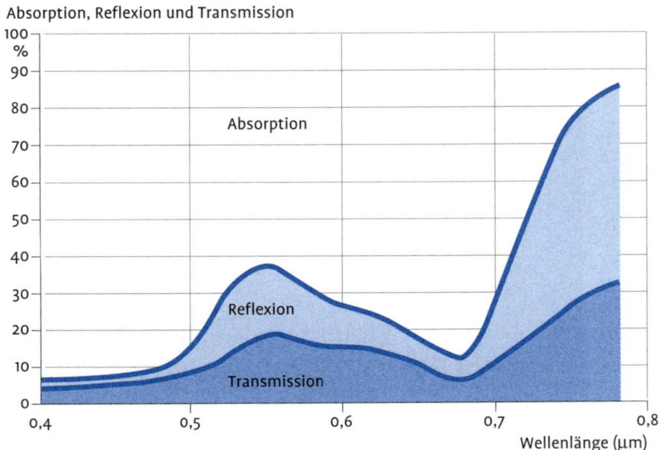

Abb. 84

Abhängigkeit von Absorption, Reflexion und Transmission bei grünem Laub (nach Möller 1973, abgeändert).

während sie nach dem Blau und dem Rot zu deutlich zurückgeht. Das ist der Grund dafür, dass Pflanzenblätter unserem Auge grün erscheinen. Ab etwa 0,69 µm nimmt die Reflexion nach dem Infrarot hin dramatisch zu. Sie steigt dabei auf Werte bis über 50 %. Dadurch stellt sie einen sehr empfindlichen Indikator zum Nachweis funktionsfähigen Chlorophylls dar. Da man heute Filme und elektronische Verfahren zur Verfügung hat, die auch für diese Wellen des Infrarotbereiches empfindlich sind, kann man kranke, anderweitig geschädigte oder unter Wasser- und Nährstoffmangel stehende Pflanzen über Fernerkundungsverfahren ausfindig machen (vgl. VDI-Richtlinie 3792-2).

Die Transmission von Blättern verhält sich ähnlich wie die Reflexion, d. h. auch die durch das Laub hindurchgetretene Strahlung enthält einen relativ hohen Grünanteil. Er ist es, der Blätter auch in der Durchsicht grün erscheinen lässt. Das verdeutlicht auch Abb. 70, in der strich-zweipunktiert die Spektralverteilung der Sonnenstrahlung nach Passieren eines dünnen Blätterdaches dargestellt ist.

Die verbleibende Energie wird in den Zellen absorbiert und zum Aufrechterhalten der Lebensvorgänge verwendet. Abb. 85 zeigt, welchen Beitrag die verschiedenen Wellenlängen zur Fotosynthese (spektrale Wirkungsfunktion) leisten. In erster Linie beteiligen sich die zwischen 0,4 und 0,5 µm sowie die zwischen 0,6 und 0,7 µm daran, während die um 0,53 µm nur in sehr bescheidenem Maße mitwirken.

Der Anteil der Globalstrahlung, den die Pflanzen für die Fotosynthese ausnützen können, heißt **Photosynthetisch aktive**

Die ungewöhnlich starke Strahlungsreflexion der Pflanzen im Infraroten ist zur Arbeitsgrundlage für einen außerordentlich interessanten Forschungszweig geworden: die **Luftbildarchäologie**. Wo sich Fundamentreste alter Bauwerke im Boden befinden, erleiden die über ihnen wachsenden Pflanzen Wasser- und Nährstoffmangel. Sie bauen dadurch weniger Chlorophyll auf als die stressfreien Nachbarpflanzen. In Falschfarbenluftaufnahmen bilden sie auf diese Weise die Lage der Fundamentreste durch Farbveränderungen in allen Details ab.

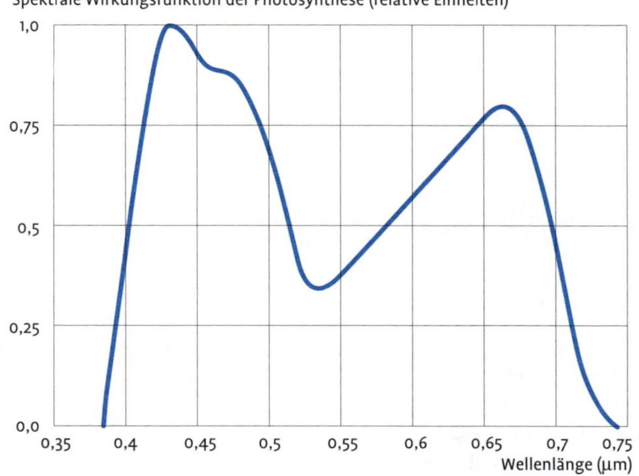

Abb. 85
Die „spektrale Wirkungsfunktion der Photosynthese" gibt an, welchen Beitrag die einzelnen Wellenlängen zur Photosynthese leisten. Sie spiegelt im Wesentlichen das Absorptionsverhalten der an der Photosynthese beteiligten Chlorophylle wider. Einzelheiten findet man in Lehrbüchern der Botanik. Die hier gezeigte Funktion kann naturgemäß nicht generell für alle Pflanzen gelten. Nach DIN 5031-10 (2000) ergänzt und generalisiert.

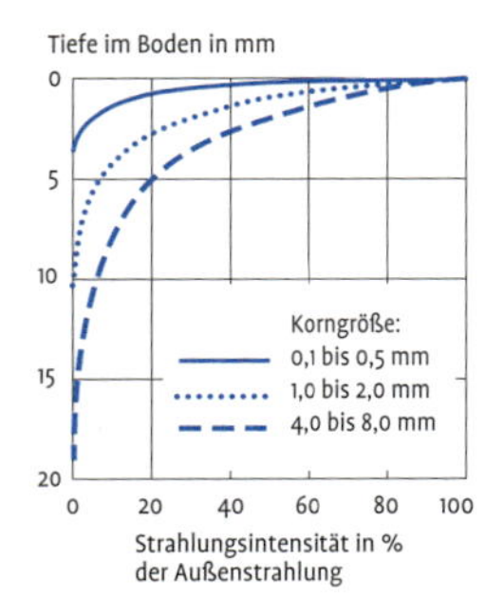

Abb. 86
Eindringtiefe der kurzwelligen Strahlung in Sandböden mit verschiedenen Korngrößen (nach Baumgartner 1953).

Strahlung (PAR). Sie macht knapp 30 % der Globalstrahlung aus. Mit diesem Prozentsatz lassen sich Schätzwerte der PAR berechnen. Näheres dazu findet man bei Golchert (1981) sowie Langholz und Häckel (1984).

Vergleicht man die Spektralverteilung der vom Laub durchgelassenen Strahlung (Transmission) in Abb. 84 mit der PAR-Kurve, so erkennt man, dass unter einem Blätterdach nur noch Fotosynthetisch recht wertlose Strahlung vorhanden ist. Das erklärt unter anderem, warum unter dichten Pflanzenbeständen, z.B. Wald, meist nur noch kümmerlicher Unterwuchs existieren kann.

Der tatsächliche Ausnutzungsgrad der Strahlung ist in jedem Fall sehr gering. Nach Larcher (2001) werden bestenfalls 2 bis 3 % in Kohlenhydraten gebunden. Lediglich landwirtschaftliche Intensivkulturen bringen es unter optimalen Bedingungen auf höhere Werte. Beim Mais hat man in subtropischen Gebieten einen Ausnutzungsgad bis 9 % gemessen. Hofmann (1986) gibt als sinnvollen Mittelwert für Wälder einen Jahresdurchschnitt der fotosynthetisch genutzten Energie 0,15 w/m^2 an (vgl. Seite 243).

Der Erdboden absorbiert die Strahlung innerhalb einer extrem dünnen Schicht. Baumgartner (1953) hat dazu interessante Messungen veröffentlicht. Danach geht die Strahlungsstärke in einem feinen Sandboden (Korngröße 0,1 bis 0,5 mm) in nur 2 mm Tiefe auf 1 % des Außenwertes zurück. In einem grobkörnigen Sandboden findet man diesen Wert in etwa 15 mm Tiefe. In Schluff und Tonböden dringt die Strahlung nur Bruchteile von Millimetern ein. Im Wasser herrschen dagegen ganz andere Absorptionsbedingungen, die natürlich stark von der Trübung des Wassers abhängen.

Während in verschmutzten Gewässern bereits nach 1 m nur mehr 1 % der Außenstrahlung vorhanden ist, findet man in klaren Seen sogar in 5 bis 10 m Tiefe noch höhere Werte. Im Mittelmeer liegt die 1-%-Grenze in Küstennähe in etwa 60 m und in den offenen Weltmeeren teilweise sogar erst um 150 m (Larcher 2001).

Das tiefe Eindringen der Strahlung in die Ozeane hat eine außerordentlich wichtige Konsequenz für das Klima der Erde: Mit der Strahlung gelangt Energie bis in große Meerestiefen und bewirkt dadurch eine gleichmäßigere und tiefreichendere Durchwärmung, als es auf dem Festland möglich ist. Dadurch werden im Wasser der Ozeane riesige Wärmemengen gespeichert, die in Zeiten mit geringerem Strahlungsangebot zur Verfügung stehen.

Abb. 87
Die Ausstrahlung von Erde und Atmosphäre steht mit der Sonnenstrahlung im Gleichgewicht (s. Seite 208).

3.3 Von der Erdoberfläche und der Atmosphäre ausgehende Strahlung

Die mittlere Oberflächentemperatur der Erde liegt, ganz grob gesagt, um 15 °C. Ihr entspricht nach dem Wienschen Verschiebungsgesetz eine maximale Ausstrahlung bei etwa 10 µm, eine Wellenlänge also, die weit außerhalb des sichtbaren Spektrums liegt. Nach dem Planckschen Gesetz erstreckt sich der Bereich der ausgesandten Strahlung von etwa 3 µm bis etwa 60 µm. In Abb. 88 sind das solare und das irdische oder terrestrische Spektrum nebeneinander aufgetragen. Es zeigt sich, dass sie fast überhaupt keinen Überlappungsbereich haben. Um die beiden Strahlungsbereiche kurz und prägnant zu unterscheiden, bezeichnet man den solaren als den kurzwelligen und den terrestrischen als den langwelligen.

Wir Menschen besitzen im Gegensatz zu manchen Tieren kein Sinnesorgan für die Wahrnehmung langwelliger Strahlung. Es fällt deshalb oft schwer, sich ihrer Existenz bewusst zu werden. Eine kaum merkliche Wärme- oder Kältewirkung ist das einzige, wodurch unser Körper auf sie aufmerksam wird. Hält man z. B. die Hand neben das Gesicht, so empfindet man an der Wange, dass von der Hand „Wärme ausgeht“. Sie rührt davon her, dass die Gesichtshaut von der warmen Hand mehr langwellige Strahlung zugesandt bekommt als von der kühleren Umwelt. Hält man dagegen die Hand neben einen Eisklotz, so spürt man förmlich, wie kalt er ist, obwohl man ihn gar nicht berührt. Das kalte Eis emittiert weniger langwellige Strahlung als die Hand. Sie gibt also mehr Energie ab, als sie empfängt, und das führt zu einer geringfügigen Abkühlung der Haut.

Bitte beachten: Dass die beiden in der Abb. 88 gezeigten Planckschen Kurven nicht die bekannte unsymmetrische Form zeigen, liegt daran, dass die Wellenlängen auf der Abszisse – anders als bei bisherigen Darstellungen – in einem logarithmischen Maßstab aufgetragen sind.

Hält man sich im Winter in einem vorher lange nicht geheizten Raum auf, so empfindet man es dort ungemütlich, selbst wenn die Luft weit über 20 °C warm ist. Der Grund dafür ist, dass die Wände noch kalt sind und – ähnlich wie der Eisblock – wenig Strahlungsenergie abgeben. Die gleiche Ursache hat auch die bekannte Erscheinung, dass man am Lagerfeuer auf der einen Seite „gebraten“ werden kann, während man auf der anderen fröstelt.

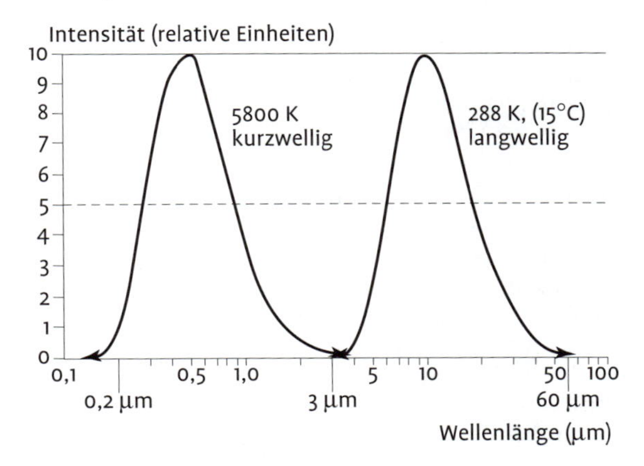

Abb. 88
Spektralverteilung der Ausstrahlung eines schwarzen Körpers mit einer Temperatur von 5800 K (Sonne) und einer Temperatur von 288 K nach dem PLANCKschen Strahlungsgesetz.

3.3.1 Definitionen und wichtige Gesetzmäßigkeiten

Als Quellen für die langwellige Strahlung kommen der Erdboden mit allem, was darauf steht, und die Atmosphäre mit ihren Inhaltsstoffen in Frage. Die vom Erdboden ausgehende Strahlung wird üblicherweise **langwellige Ausstrahlung** (A) genannt, die von der Atmosphäre zur Erdoberfläche gerichtete heißt **atmosphärische Gegenstrahlung** (AG). Während vom Erdboden ein Kontinuum ausgesandt wird, geben die atmosphärischen Gase ein diskontinuierliches Bandenspektrum ab. Die Wassertröpfchen der Wolken und die festen Verunreinigungen emittieren jedoch ebenfalls kontinuierlich. In Abb. 68 ist die spektrale Verteilung der verschiedenen Strahlungsströme von Erde und Atmosphäre dargestellt.

Die obere Hälfte der Grafik zeigt die atmosphärische Gegenstrahlung, die untere die Ausstrahlung des Erdbodens bei der (weltweit gemittelten) Temperatur 15 °C. Die Ausstrahlung zählt – unserer Vorzeichenkonvention (vgl. Seite 196) entsprechend – negativ, weil sie von der Erdoberfläche weg gerichtet ist. Die atmosphärische Gegenstrahlung stellt somit für die Erdoberfläche einen Energiegewinn, die Ausstrahlung einen Energieverlust dar.

Im Zusammenhang mit der atmosphärischen Gegenstrahlung sei noch auf eine interessante Tatsache hingewiesen. Dazu betrachten wir noch einmal die Abb. 68 (Seite 177) und stellen fest, dass im Wellenlängenbereich von etwa 10,5 bis 12,5 µm keines der Atmosphärengase langwellige Strahlung aussendet.

Kirchhoff, Gustav
Physiker
* 12.3.1824 (in Königsberg/Preussen)
† 17.10.1887 in Berlin
Professor in Breslau, Heidelberg und Berlin; Hauptarbeitsgebiete: Elektrizitätslehre, Strahlung, Mechanik, Akustik, Magnetismus und Thermodynamik.

Nach einem von Gustav Kirchhoff aufgestellten Gesetz kann man vereinfachend sagen: Gase absorbieren genau diejenigen Wellenlängen, die sie auch selbst emittieren und umgekehrt. Auf die Atmosphärengase angewendet bedeutet das, dass in der Emissionslücke 10,5 bis 12 µm auch keine Absorption stattfinden kann. In der Tat findet man diese Aussage in Abb. 74 (Seite 185) bestätigt. Das hat zur Folge, dass die Ausstrahlung der Erdoberfläche in diesem Wellenlängenbereich die Atmosphäre ungehindert und unbeeinflusst passieren kann. Man spricht deshalb gerne vom „atmosphärischen Fenster".

Aus der Existenz dieses atmosphärischen Fensters sind in den letzten Jahrzehnten ungeahnte Möglichkeiten zur Fernerkundung mit Hilfe von Flugzeugen und Satelliten erwachsen. Man braucht dazu nur wie beim Wettersatellitensystem METEOSAT (s. Seite 418) die Ausstrahlung im Wellenlängenbereich 10,5 bis 12 µm zu messen und Hilfe des Stefan-Boltzmannschen Gesetzes in die Strahlungstemperatur umzurechnen (bei plausiblen Annahmen über das Emissionsvermögen).

Dadurch lässt sich nicht nur ein sehr präzises Bild über die Temperaturverteilung an der Erdoberfläche gewinnen, auch die Höhe von Wolken kann man aus der Temperatur ihrer Oberfläche gut bestimmen. Daraus ergibt sich eine Fülle von wertvollen Hilfen für die Analyse der Wettersituation.

Man sieht, dass die atmosphärische Gegenstrahlung im Wesentlichen vom Kohlendioxid und vom Wasserdampf ausgeht. Verständlicherweise wirken sich Konzentrationsänderungen dieser Gase auf sie aus. Eine Steigerung verstärkt sie, eine Verringerung schwächt sie. Somit würde ein ständig zunehmender CO_2-Gehalt eine weiter und weiter wachsende Gegenstrahlung bewirken. Das gleiche passiert, wenn die Konzentration von CH_4, N_2O und (troposphärischem) Ozon ansteigen. Welche wichtigen Konsequenzen das hat, wird im Anhang besprochen.

Um uns den Einfluss des Wasserdampfes auf die Atmosphärische Gegenstrahlung klar zu machen führen wir eine kurze Berechnung durch. Wir wählen dazu die Formel von F. Baur und H. Philips (1934), die zwar schon etwas älter ist, aber dafür den großen Vorteil hat, die Zusammenhänge besonders klar aufzuzeigen. Sie lautet:

$$AG = (\underbrace{0{,}594 + \underbrace{0{,}0416 * \underbrace{\sqrt{\underset{9}{e}}}_{3{,}0}}_{0{,}12}}_{0{,}71}) * \sigma * T^4$$

In ihr stehen AG für die atmosphärische Gegenstrahlung in W/m^2, e für den Dampfdruck in mbar. σ ist die Konstante des Stefan-Boltzmannschen Gesetzes (vgl. Seite 170) mit dem Zahlenwert $5{,}67 * 10^{-8}$ $W/(m^2 * K^4)$ und T ist die Lufttemperatur, gemessen in 2 m Höhe und angegeben in K.

Man sieht, dass diese Formel exakt die Struktur der Gleichung besitzt, die uns im Abschnitt 3.1.6 über das Strahlungsverhalten der Gase begegnet ist. Ganz rechts finden wir den vom Stefan-Boltzmannschen Gesetz her bekannten Ausdruck $\sigma * T^4$ über die Ausstrahlung eines schwarzen Körpers. Links daneben steht ein Klammerausdruck. Er entspricht der Konstanten $C_{Gasgemisch}$ aus der Gleichung von Seite 175. Im vorliegenden Fall haben wir allerdings keine Konstante, sondern einen – aus zwei Summanden bestehenden – Ausdruck. Der rechte der beiden Summanden beschreibt den vom Wasserdampf stammenden Anteil an der atmosphärischen Gegenstrahlung, im linken sind die Beiträge der übrigen Atmosphärengase zusammengefasst. Diese Aufteilung ist

— Natürlich ist an der atmosphärischen Gegenstrahlung nicht nur die Luftschicht bis 2 m Höhe beteiligt, sondern die gesamte Atmosphäre. Allerdings nehmen die Beiträge der höher gelegenen Schichten sehr rasch ab. Der Grund dafür ist, dass jede Luftschicht genau die Wellenlängen absorbiert, die von der über ihr gelegenen als atmosphärische Gegenstrahlung ausgesandt werden. Die Folge davon ist, dass die Strahlung höherer Luftschichten von tiefer gelegenen Schichten weitestgehend absorbiert wird und nur ein minimaler Rest den Erdboden erreicht.

deshalb erforderlich, weil der Wasserdampfgehalt der Atmosphäre im Gegensatz zu den anderen Atmosphärengasen erheblich schwanken kann (0 – 4 %vol). Er darf daher unter keinen Umständen als konstant angesetzt werden und fließt deshalb über den Zahlenwert des Dampfdruckes e in die Formel ein.

Die hier vorgestellte Gegenstrahlungsformel, die bereits im Jahr 1934 veröffentlicht wurde, hat eine sehr anschauliche Struktur und ist deshalb gut verständlich. In der neueren Literatur z. B. VDI 3789/2 (1994) finden sich jedoch erheblich genauere Formeln, die man im Bedarfsfall der hier vorgestellten vorziehen sollte.

Setzen wir für den Dampfdruck einige typische Werte ein. Beginnen wir mit dem Jahresmittel von Zentraleuropa. Für ihn gelten etwa 9 mbar als brauchbare Näherung. Die Wurzel daraus ist 3,0. Multipliziert mit 0,0416 ergibt 0,12. Zusammen mit dem Beitrag der anderen Atmosphärengase, der mit 0,594 angesetzt wird, nimmt der Klammerausdruck dann den Wert 0,71 an. Wir erhalten damit für die mittlere Atmosphärische Gegenstrahlung:

$$AG = 0{,}71 * \sigma * T^4$$

Was besagt nun diese Zahl? Zunächst einmal, dass die Atmosphärische Gegenstrahlung im Schnitt nur etwa 70 % der Ausstrahlung eines gleich warmen schwarzen Körpers erreicht. Diese Tatsache wird uns weiter unten (s. Seite 209) noch beschäftigen.

Gehen wir noch einen Schritt weiter und setzen wir jetzt den Beitrag des Wasserdampfes in Relation zur gesamten Atmosphärischen Gegenstrahlung, also 0,12/0,71 so erhalten wir 0,17. Das bedeutet, dass 17 % der Atmosphärischen Gegenstrahlung vom Wasserdampf stammen.

Im Winter bewegen sich die mittleren Dampfdruckwerte in Zentraleuropa um 5 mbar. Damit errechnet sich der Beitrag des Wasserdampfes zu 14 %.

Im Sommer findet man Dampfdruckwerte um 15 mbar. Damit steigt der Beitrag des Wasserdampfes an der atmosphärischen Gegenstrahlung auf über 21 %. Obwohl der Wasserdampf zu dieser Jahreszeit bei uns nur knapp 1 Gewichts-% der Atmosphärengase ausmacht (zu berechnen mit der Gleichung (7) auf Seite 81), geht von ihm doch nahezu ein Viertel der atmosphärischen Gegenstrahlung aus!

In Tab. 14 finden sich detaillierte Informationen über den Zusammenhang zwischen dem Wassergehalt der Luft und der atmosphärischen Gegenstrahlung.

In jedem Fall zeigt sich, wie wichtig es ist, bei allen Betrachtungen zur atmosphärischen Gegenstrahlung den Wasserdampfgehalt der Luft gebührend zu berücksichtigen.

Auch die Wolken beeinflussen die atmosphärische Gegenstrahlung. Dabei kommt es nicht nur auf die Menge, sondern auch auf die Art an. Während eine dünne Cirrusschicht (Ci) (s. Seite 114) zu einer Zunahme von höchstens 4 % führt, kann sie eine Stratusdecke (St) (s. Seite 116) um fast ein Viertel erhöhen, wie Tab. 15 zeigt.

Tab. 14 Ausstrahlung eines schwarzen Körpers (Erdoberfläche) in Abhängigkeit von der Oberflächentemperatur und atmosphärische Gegenstrahlung in Abhängigkeit von der Temperatur und der relativen Feuchte berechnet in W/m²

Temperatur	Ausstrahlung	Atmosphärische Gegenstrahlung bei einer relativen Luftfeuchtigkeit von		
°C	σT^4	30 %	60 %	90 %
20	426	300	320	334
10	370	250	262	272
0	321	209	216	222
–10	276	175	180	183

Tab. 15 Atmosphärische Gegenstrahlung in Abhängigkeit von der Lufttemperatur und den Bewölkungsverhältnissen in W/m²

Bewölkung in Zehntel des Himmels und Wolkenart	Temperatur °C			
	–10	0	10	20
wolkenlos	184	224	274	339
5 Ci	186	226	277	342
10 Ci	191	235	288	353
5 St	195	237	290	359
10 St	228	278	340	420

Betrachten wir jetzt noch einmal Abb. 82, die bereits auf Seite 195 vorgestellt wurde. Dort ist auch die Bezeichnungsweise im Detail erklärt. Sie zeigt in ihrem mittleren Teil das Zusammenwirken der verschiedenen langwelligen Strahlungsströme.

Der von der Erdoberfläche ausgehende langwellige Strahlungsstrom – auf Seite 204 hatten wir ihm den Namen „langwellige Ausstrahlung“ (A) gegeben – schlägt mit –114 % zu Buche. Wie sich gleich zeigen wird, steht dieser Wert nicht im Widerspruch dazu, dass die an der Atmosphärenobergrenze ankommende Sonnenstrahlung nur 100 % beträgt. Der größte Teil der „langwelligen Ausstrahlung“ – nämlich 99 % – wird innerhalb der Atmosphäre absorbiert: besonders wirksam sind dabei: Kohlendioxid, Wasserdampf, Ozon, Methan, Distickstoffoxid sowie diverse Aerosole.

Lediglich 15 % verlassen die Atmosphäre „ungeschoren" in Richtung Weltraum.

Die vorhin genannten atmosphärischen Spurengase und Aerosole senden, wie wir wissen (vgl. Seite 205), selbst erhebliche Mengen an langwelliger Strahlung aus. Den nach unten gerichteten Strahlungsstrom hatten wir als „atmosphärische Gegenstrahlung" (AG) bezeichnet. Er erreicht im Mittel 95 %, die der Erdoberfläche zugute kommen. Der nach oben gerichtete Strahlungsstrom ist mit 55 % nur gut halb so groß wie die „atmosphärische Gegenstrahlung". Der Grund für diesen Unterschied ist – vereinfacht gesagt – darin zu suchen, dass die zum Weltraum hin gerichtete Strahlung überwiegend von höheren Atmosphärenschichten ausgeht, in denen die Zahl der emittierenden Partikel schon deutlich kleiner ist als in den bodennahen Schichten (vgl. Kapitel 1.4), die primär für die „atmosphärische Gegenstrahlung" zuständig sind.

— Die Existenz eines Strahlungsgleichgewichtes mag für die Erde als glücklicher Zufall empfunden werden – ist aber dennoch allgemeingültiges physikalisches Prinzip. Nehmen wir an, die Erde würde weniger Energie ausstrahlen als sie zugestrahlt bekommt. Dann würde sie sich erwärmen und mit zunehmender Temperatur ihre Abstrahlung intensivieren – so lange, bis sich ein Gleichgewicht eingestellt hat. Entsprechendes würde passieren wenn die Erde „zu viel" ausstrahlen würde. Mit der daraus folgenden Temperaturabnahme würde auch die Ausstrahlung gedrosselt werden. Eine Zunahme der Sonnenstrahlung um 1 % würde weltweit zu einem Temperaturanstieg um 2 K führen.

Die hier vorgestellten Zahlen könnten die falsche Vorstellung aufkommen lassen, die Atmosphäre würde über die langwellige Strahlung mehr Energie abgeben (–55 % – 95 % = –150 %) als sie an Energie empfängt (+99 %). Tatsächlich stehen der Atmosphäre neben der langwelligen Zustrahlung vom Erdboden her aber noch weitere Energiequellen zur Verfügung. Einmal aus der kurzwelligen Strahlung: Wie man im linken Block der Abb. 82 sieht, sind das +3 % aus der Absorption in den Wolken und weitere +16 % aus der Absorption in Luft. Dazu kommen noch erhebliche Mengen aus dem Austausch fühlbarer Wärme (+5 %) und latenter Energie (+27 %), die im rechten Teil der Abb. 66 behandelt sind. Alles in allem erhält die Atmosphäre somit:

+3 % + 16 % + 99 % + 27 % + 5 % = 150 %, so dass ihre Energiebilanz vollständig ausgeglichen ist.

Ebenso vollständig ausgeglichen ist auch die Energiebilanz des Systems Erde – Atmosphäre. Von den 100 % extraterrestrischer Sonnenstrahlung gehen –4 % – 6 % – 20 % = –30 % durch Reflexions- und Streuungsvorgänge verloren. Lediglich 70 % dringen im kurzwelligen Bereich in das System ein. Und genau der gleiche Betrag 55 % + 15 % = 70 % wird über die langwellige Ausstrahlung in Richtung Weltraum wieder abgegeben.

Es besteht also ein energetisches Gleichgewicht zwischen der kurzwelligen Zustrahlung zur Erde und der langwelligen Abstrahlung von der Erde. Dieses so genannte „Strahlungsgleichgewicht" ist unabdingbare Voraussetzung für gleichbleibende Temperaturverhältnisse, denn es verhindert sowohl ein Überhitzen als auch ein Auskühlen der Erde und garantiert damit das für das Leben erforderliche Temperaturniveau.

Die Tagesgänge der langwelligen Ausstrahlung und der atmosphärischen Gegenstrahlung ergeben sich zwangsläufig aus dem

Verlauf der Temperatur von Atmosphäre und Erdboden. Während man am Boden eine teilweise erhebliche Tag-Nacht-Schwankung vorfindet, zeigt die Temperatur der Luft nur einen vergleichsweise bescheidenen Gang. Dementsprechend ist, wie in Abb. 83 (Seite 200) zu sehen, die Ausstrahlung des Erdbodens an einem sonnigen Sommertag in unseren Breiten fast 1,4-mal so groß wie in der Nacht. Bei der atmosphärischen Gegenstrahlung dagegen macht der Unterschied nur etwa 10 % aus. Da die Ausstrahlung für die Erdoberfläche einen Energieverlust darstellt, ist sie negativ eingezeichnet.

Analog zur kurzwelligen Strahlungsbilanz der Erdoberfläche kann man auch eine langwellige Strahlungsbilanz der Erdoberfläche Q_L definieren:

$$Q_L = AG - A$$

AG bedeutet wieder die atmosphärische Gegenstrahlung und A die Ausstrahlung des Bodens. Q_L stellt somit den tatsächlichen Energieumsatz des Erdbodens durch langwellige Strahlung dar.

Wie Abb. 83 zeigt, ist in unseren Breiten im Sommer die langwellige Strahlungsbilanz den ganzen Tag über negativ. Der größte Energieverlust wird in den Mittagsstunden beobachtet, wenn der Boden am wärmsten ist, der kleinste kurz vor Sonnenaufgang bei nächtlich-tiefen Bodentemperaturen. Auch in anderen Gegenden der Erde ist die langwellige Strahlungsbilanz praktisch immer negativ. Dieser Sachverhalt lässt sich daraus erklären, dass die Strahlungsleistung der Atmosphäre bei gleicher Temperatur ein Drittel kleiner ist als die des Erdboden (s. Seite 206).

Es mag verwundern, dass die Ausstrahlung der Atmosphäre ausschließlich von den nur in winzigen Konzentrationen vorhandenen Spurengasen stammt. Abb. 82 gibt uns die Antwort darauf: Die Energie, mit der die Atmosphäre ihre Ausstrahlung unterhält, stammt größtenteils aus der langwelligen Ausstrahlung der Erde. Diese liegt schwerpunktmäßig im Wellenlängenbereich um 10 µm; solche Wellenlängen beinhalten nur bescheidene Energiemengen, die bestenfalls zur Anregung von Molekülschwingungen oder -rotationen ausreichen (s. Seite 163). Solche Anregungszustände gibt es nur bei drei- oder mehratomigen Molekülen. Zu ihnen gehören aber ausschließlich die Spurengase. Sauerstoff und Stickstoff sind zweiatomig – können also von der Ausstrahlung der Erde überhaupt nicht angeregt werden.

3.3.2 Wirkungen der langwelligen Strahlung

Mit Hilfe der langwelligen Strahlungsbilanz lässt sich eine Vielzahl von wichtigen meteorologischen Phänomenen ganz zwanglos deuten. So geht z. B. die Tatsache, dass es in trockenen, wolkenlosen Nächten besonders kalt ist, ganz einfach darauf zurück, dass gerade unter diesen Bedingungen (geringe atmosphärische Gegenstrahlung) die langwellige Strahlungsbilanz besonders stark negativ ist.

Zu den gefürchteten Spätfrösten im Mai kommt es nur in seltenen Fällen, weil die zuströmende Luft eine Temperatur unter 0 °C hat. Vielmehr ist die eindringende Kaltluft meist sehr trocken und wolkenarm, so dass nachts durch die stark negative Strahlungsbilanz sehr viel Energie verloren geht.

Eine verstärkte atmosphärische Gegenstrahlung dagegen verhindert tiefe Nachttemperaturen z. B. bei dichter Bewölkung oder Nebel.

Die Tatsache, dass es nachts in einem Zelt weniger kalt wird als unter freiem Himmel, lässt sich ebenfalls über die langwellige Strahlungsbilanz erklären: Bei gleicher Temperatur ist die ins Innere des Zeltes gerichtete Ausstrahlung der Zeltplane um 30 % größer als die atmosphärische Gegenstrahlung.

Eine günstige Beeinflussung der nächtlichen Strahlungsbilanz bringt gleichermaßen auch jede Frostschutzabdeckung. Man zieht damit sozusagen einen „künstlichen Himmel" über die Pflanzen – einen Himmel jedoch, der 30 % mehr langwellige Strahlung aussendet als der natürliche. Der ausgeglichene Temperaturverlauf in einem Wald ist unter anderem darauf zurückzuführen, dass die Kronen nachts eine größere Strahlungsmenge zum Boden senden, als es der freie Himmel tun würde. Die Kastanien der beliebten bayerischen Biergärten haben nicht nur die Aufgabe, Schatten zu spenden. Am Abend sorgen sie durch langwellige Ausstrahlung dafür, dass es im Garten nicht zu schnell kühl wird. Auch in Lauben lasen sich aus diesem und anderen Gründen halbe Nächte verbringen. Man kann generell sagen, dass die Nachttemperaturen um so weniger tief sinken, je größere Teile des Himmels durch stark strahlende, feste Oberflächen verdeckt sind. So erklärt sich, warum die Beduinen gerne in Felsspalten Schutz vor der nächtlichen Kälte der Wüste suchen. Auch das günstige Klima an Spalierwänden lässt sich dadurch erklären und warum Pflanzenteile, die sich tief im Inneren eines Bestands befinden, nachts nicht so kalt werden wie die an der Bestandsoberfläche.

3.3.3 Glashauseffekt

Strahlungsverhältnissen ganz besonderer Art begegnen wir in den Gewächshäusern der Gärtnereien und den gerade in den letzten Jahren so beliebt gewordenen „Wintergärten". Wie in Abb. 89 zu sehen, kann die kurzwellige Strahlung praktisch unbeeinflusst ins Innere des Hauses vordringen (1). Boden, Stelltische und Pflanzen absorbieren (je nach Albedo) einen mehr oder weniger großen Teil davon und erwärmen sich dadurch entsprechend. Die Folge ist, dass sie nun selbst in zunehmendem Maße langwellige Strahlung aussenden (2). Diesem Wellenlängenbereich gegenüber verhält sich das Glas jedoch völlig anders: Alle Wellenlängen größer als 3 µm werden nämlich fast restlos absorbiert, d.h., aus dem Innern des Hauses gelangt praktisch keine langwellige Strahlung nach außen. Wenn aber die Glaseindeckung ständig Strahlungsenergie absorbiert, erwärmt sie sich zunehmend und wird nun ihrerseits verstärkt langwellige Wärmestrahlung abgeben. Ein Teil davon wird naturgemäß nach außen (3), der Rest nach innen (4) gerichtet sein. Damit ist ein großer Teil der ursprünglich in Form von kurzwelliger Strahlung zugeführten Energie im Glashaus gewissermaßen „gefangen". Dadurch steigt die Temperatur im Inneren des Hauses über die Freilandtemperatur, und wir haben das, was man als Glashauseffekt bezeichnet. Selbstverständlich kommt der Glashauseffekt nur dann zustande, wenn das Gewächshaus oder der Wintergarten geschlossen ist, so dass der Wind die Wärme nicht wegtragen kann.

Der Glashauseffekt kommt im praktischen Leben öfter zum Tragen, als man gemeinhin glaubt. Wer denkt beispielsweise schon daran, dass er sich auch in folienverschlossenen Verkaufsschälchen für Obst und Gemüse einstellen kann, wenn sie vor dem Geschäft in der Sonne stehen. Bei einschlägigen Untersuchungen hat man festgestellt, dass sich dunkle Kirschen dabei bis über 50° aufheizen können. Natürlich wissen das die Verpackungsfachleute und versuchen, Überhitzungen zu vermeiden, indem sie erstens Folien verwenden, die für langwellige Strahlung weitgehend durchlässig sind, so dass sich der Glashauseffekt erst gar nicht in diesem Maße ausbilden kann. Zweitens stanzen sie Löcher in die Folien, so dass die Wärme – wie bei geöffneten Gewächshausfenstern – rasch nach außen abziehen kann. Wer denkt außerdem daran, dass der Glashauseffekt im Spiel ist, wenn im Winter die tief stehende, durch die Fenster hereinscheinende Sonne die Räume erwärmt? Schließlich leistet er seinen Beitrag, wenn man empfindliche Kulturen vor einer Spätfrostnacht mit einer (natürlich für langwellige Strahlung möglichst undurchlässigen) Folie abdeckt.

Im Gewächshaus führt der Glashauseffekt zur erwünschten Erwärmung. In anderen Fällen kann er aber auch zu einer unerwünschten Überhitzung führen, etwa in einer sonnenbeschienenen, geschlossenen Telefonzelle oder in einem in der Sonne abgestellten Auto. Wie heiß dabei das Lenkrad, das Armaturenbrett oder andere Objekte im Wageninneren werden können, hat jeder Autofahrer schon selbst beobachtet.

Betrachtet man die Abb. 82 (Mitte) unter dem Gesichtspunkt des Glashauseffektes, so wird sehr schnell klar, dass sich der Wasserdampf, die atmosphärischen Spurengase CO_2, N_2O, CH_4 und O_3 sowie die Aerosole genauso verhalten wie das Glas beim Gewächshaus: Hier wie dort kann die kurzwellige Strahlung relativ unbeeinflusst eindringen, wird die von der Erdoberfläche emittierte langwellige Strahlung absorbiert und mit der dabei gewonnenen

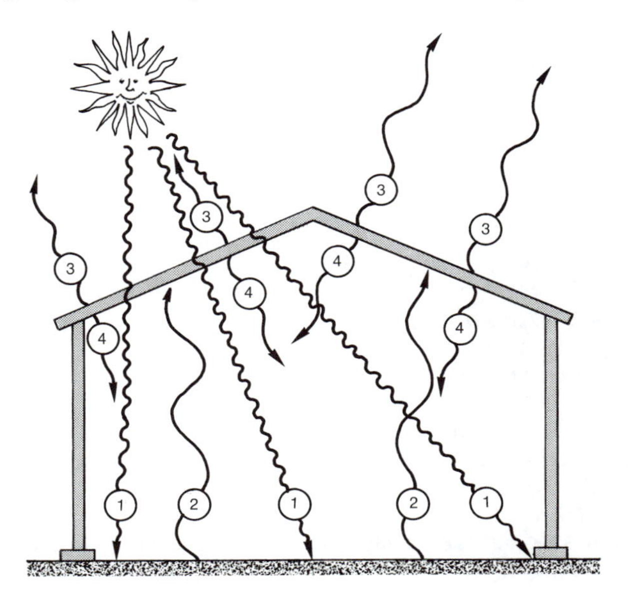

Abb. 89
Zum Zustandekommen des Glashauseffektes (Erläuterungen im Text).

Energie eine eigene Strahlungsemission betrieben. In beiden Fällen wird dabei Energie „gefangengehalten" und dadurch eine Erhöhung des Temperaturniveaus erreicht. In der Tat ist die Atmosphäre nichts anderes als ein riesengroßes Gewächshaus, nur dass es nicht von Glas umschlossen ist, sondern von Gasen, die sich aber genauso verhalten wie Glas.

Ein kleines Gedankenspiel soll die gewaltigen Energieumsätze über die langwellige Ausstrahlung der Erde verdeutlichen. Dazu überlegen wir uns, welche Temperatur die Erde haben müsste, wenn sie selbst nicht in der Lage wäre, Strahlung in den Weltraum auszusenden – **was natürlich jeder physikalischen Realität widersprechen würde**. Nehmen wir dazu stark vereinfachend an, die Strahlung der Sonne wäre seit deren Entstehung vor 4,5 Mrd. Jahren konstant gewesen. Dann hätte die Erde in dieser Zeit (Albedo = 0,3) $4{,}7 * 10^{27}$ kWh Energie absorbiert (vgl. rechts). Die Masse der Erde beträgt rund $6 * 10^{27}$ g; ihre mittlere spezifische Wärme gibt VOGEL (1997) mit 0,6 J/(g * K) an. Damit (vgl. rechts) hätte die Erde – selbst wenn man jegliche geothermisch erzeugte Wärme vernachlässigt – eine mittlere Temperatur von etwa 4,8 Mio. K annehmen müssen.

Um eine Vorstellung über das Ausmaß des atmosphärischen Glashauseffektes zu bekommen, wollen wir eine theoretische Betrachtung anstellen: Bekanntlich (s. Seite 208) steht die Erde mit der Sonne im Strahlungsgleichgewicht. Das bedeutet, dass die Erde genausoviel kurzwellige Strahlungsenergie aufnimmt, wie sie selbst in Form von langwelliger Strahlung aussendet. Berechnen wir doch einmal diese beiden Strahlungsströme! Zunächst den kurzwelligen, den wir mit J_{Sonne} bezeichnen.
Die Erdkugel schneidet aus der Sonnenstrahlung ein Bündel heraus, das gerade dem (kreisförmigen) Erdquerschnitt entspricht, absorbiert davon aber nur einen durch seine Albedo festgelegten Teil:

$$J_{Sonne} = J_0 * \left(\frac{d}{2}\right)^2 * \pi * (1 - r)$$

darin bedeuten J_0 die Solarkonstante, d den Erddurchmesser und r die mittlere Albedo der Erde.
Die Ausstrahlung der Erde bezeichnen wir mit J_{Erde}. Sie berechnet sich nach der Gleichung:

$$J_{Erde} = 4 * \pi * \left(\frac{d}{2}\right)^2 * \varepsilon * \sigma * T^4_{Erde}$$

in der das Stefan-Boltzmannsche Gesetz mit der Oberfläche der Erdkugel multipliziert ist. Setzt man jetzt beide Strahlungsströme gleich und löst die dabei entstehende Gleichung nach T_{Erde} auf, so erhält man:

$$T_{Erde} = \left(\frac{J_0 * (1 - r)}{4 * \varepsilon * \sigma}\right)^{1/4}$$

Mit den Zahlenwerten
$J_0 = 1\,370$ W/m² (s. Seite 179)
r = 0,3 (s. Seite 193)
$\varepsilon = \approx 1$ (s. Seite 174)
und $\sigma = 5{,}67 * 10^{-8}$ W/m^{-2} K^{-4} (s. Seite 170)
ergibt sich eine mittlere Strahlungstemperatur der Erde von 255 K bzw. rund –18 °C. Tatsächlich beträgt aber die mittlere Temperatur der Erdoberfläche etwa + 15 °C. Woher dann die stattliche Differenz von 33 Grad? Sie ist die Folge des atmosphärischen Glashauseffektes!

Hätten wir keinen Wasserdampf und keine Spurengase in der Atmosphäre, dann würde sich eine mittlere Oberflächentemperatur von –18 °C einstellen. Die Erde wäre dann ein vielleicht vollständig vereister Planet. Selbst wenn es zwar Wasserdampf, aber keine Spurengase gäbe, würde die mittlere Temperatur auf der Erde immer noch lebensfeindliche +2 °C betragen. Man sieht daraus, welche gewaltige Wirkung der atmosphärische Glashauseffekt besitzt.

Ein Blick auf die Abb. 74 zeigt, dass Methan, Distickstoffoxid und Ozon, vor allem aber Kohlenmonoxid und Kohlendioxid die wesentlichen Beiträge zum atmosphärischen Glashauseffekt liefern. Einen überzeugenden Beweis für die Wirksamkeit des Kohlendioxides liefert unser Nachbarplanet Venus. Seine Atmosphäre enthält über 95 % CO_2. Diese hohe Konzentration ruft einen so enormen Glashauseffekt hervor, dass die Oberflächentemperaturen auf Werte von über 460 °C steigen.

Es mag auf den ersten Blick verwunderlich erscheinen, dass es gerade die Gase mit den geringsten Konzentrationen – fast ausschließlich im ppm-Bereich – sind, die den atmosphärischen Glashauseffekt bewirken und nicht die Hauptbestandteile Stickstoff und Sauerstoff. Doch blenden wir noch einmal zurück zur Seite 166, wo wir versucht haben, die Strahlungsvorgänge physikalisch zu deuten. Dort wurde gezeigt, dass die langwellige Strahlung in erster Linie aus den Rotations- und Schwingungsanregungen der dreiatomigen Moleküle stammt. In diese Molekülgruppe gehören aber praktisch alle oben genannten Spurengase. So ergibt sich ganz zwangsläufig, dass sie den atmosphärischen Glashauseffekt auslösen und seine Stärke bestimmen.

Dem aufmerksamen Leser wird nicht entgangen sein, dass bei der ganzen Besprechung der langwelligen Strahlung nicht ein einziges Mal von Reflexion die Rede war. Nur über Emission und Absorption wurde gesprochen. Tatsächlich spielt dieser Vorgang im Bereich der terrestrischen Strahlung praktisch keine Rolle. Wie Tab. 12 zeigt, beträgt die langwellige Albedo bei nichtmetallischen Stoffen allgemein weniger als 10 %. Besonders auffallend ist der Wert 0,5 % bei Schnee. Könnten unsere Augen im Bereich der langwelligen Strahlung sehen, so würde uns der Schnee schwarz erscheinen. Metalle dagegen haben eine sehr hohe langwellige Albedo. Metallische Oberflächen spielen jedoch im Bereich der Meteorologie kaum eine Rolle, so dass darauf nicht näher eingegangen zu werden braucht.

Zum Abschluss seien die wichtigsten Unterschiede zwischen der kurzwelligen und der langwelligen Strahlung in Tab. 16 noch einmal zusammengestellt und ihre jeweiligen Besonderheiten hervorgehoben.

Ein Hinweis für Tüftler: Die vorhin berechnete Strahlungs-Gleichgewichtstemperatur von –18 °C steht natürlich nicht im Widerspruch zur mittleren Oberflächentemperatur der Erde, die etwa +14 °C beträgt. Tatsächlich ist es ja weniger (s. Abb. 82 auf Seite 195) die Erdoberfläche, die mit ihrer Wärmestrahlung die Sonnenstrahlung im Gleichgewicht hält, sondern die Atmosphäre, und deren mittlere Temperatur liegt tatsächlich um die –18 °C. (Mit mittlerer Temperatur ist hier die Temperatur in 5,5 km Höhe gemeint. Das ist die Höhe, die die Atmosphäre massenmäßig halbiert.)

Tab. 16 Wichtige Unterschiede zwischen der kurzwelligen und der langwelligen Strahlung

	Kurzwellige Strahlung	Langwellige Strahlung
Quellen	Ausschließlich Sonne	Erdoberfläche, Atmosphäre und gesamte Umwelt
Albedo irdischer Oberflächen	Von fast 0% bis knapp 100%	Zu vernachlässigen (außer bei Metallen)
Energiebilanz der Erdoberfläche	Ausschließlich positiv	Praktisch immer negativ
Sinneswahrnehmung	Ein großer Teil des Spektrums mit den Augen wahrnehmbar	Keine unmittelbare Wahrnehmung, geringfügige Wärmewirkung auf der Haut

3.4 Strahlungsbilanz der Erdoberfläche

Man kann die kurzwellige und die langwellige Strahlungsbilanz der Erdoberfläche zur Gesamtstrahlungsbilanz oder kurz Strahlungsbilanz Q zusammenfassen:

$$Q = Q_K + Q_L$$

Q beschreibt den gesamten strahlungsbedingten Energiehaushalt der Erdoberfläche.

Die Strahlungsbilanz gibt an, welche Energiemenge der Erdboden – je nach Vorzeichen – aus der Gesamtheit aller Strahlungsvorgänge letzten Endes gewinnt bzw. verliert. Im Kapitel „Energiehaushalt der Erdoberfläche" wird darüber noch ausführlich zu sprechen sein.

In Abb. 83 (s. Seite 200) ist ihr Tagesgang dargestellt: In der Nacht fehlt die kurzwellige Zustrahlung, nur die langwellige Strahlung ist wirksam. Damit ist auch die Strahlungsbilanz negativ. Mit der Morgendämmerung setzt die kurzwellige Strahlung ein. Schon kurz nach Sonnenaufgang wird bereits soviel kurzwellige Strahlung absorbiert, dass die Energieverluste durch langwellige Ausstrahlung wettgemacht werden können: Q schlägt in den positiven Bereich um. Von jetzt an formt Q_K die Strahlungsbilanz. Knapp eine Stunde vor Sonnenuntergang ist der kurzwellige Strahlungsgewinn dann so klein geworden, dass die infolge des warmen Bodens kräftige langwellige Ausstrahlung zu überwiegen beginnt. Damit wird Q wieder negativ und bleibt es bis zum Morgen. Dieser Tagesverlauf des Strahlungshaushalts gilt im Prinzip für alle Regionen der Erde und alle Tage des Jahres. In den höheren Breiten bleibt die Strahlungsbilanz in den Wintermonaten sogar ganztags negativ. Natürlich sind das Niveau und die Steilheit des Kurvenverlaufes außerordentlich unterschiedlich.

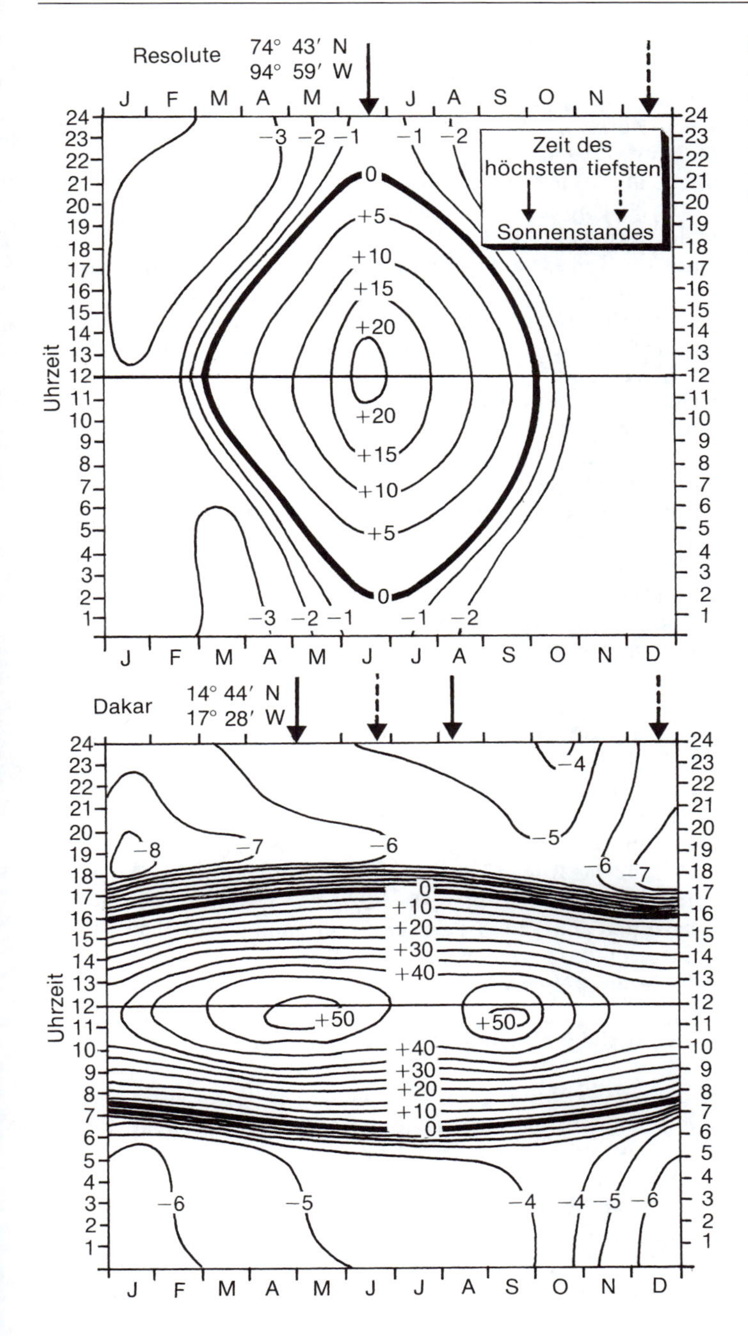

Abb. 90

Mittlere Tages- und Jahresgänge der Strahlungsbilanz der Erdoberfläche in cal/cm²h (1 cal/cm²h = 11,6 W/m²) (nach KESSLER 1975).

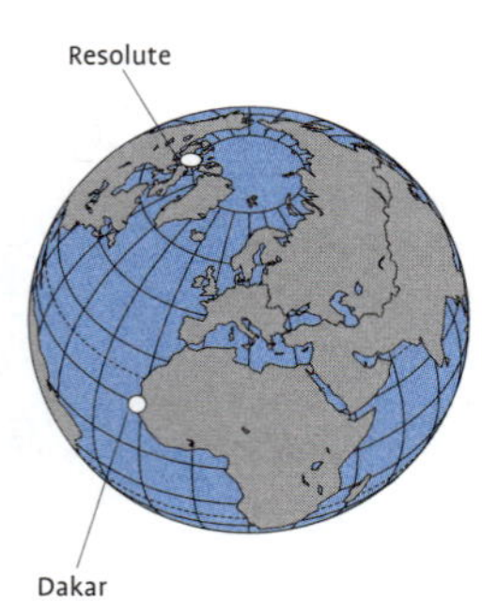

Abb. 91
Lage der Stationen Resolute und Dakar (vgl. Abb. 90).

In Abb. 90 sind gemittelte Isopleten der Strahlungsbilanz der Erdoberfläche in Abhängigkeit von der Tages- und Jahreszeit dargestellt. Die untere Abbildung gilt für Dakar an der westafrikanischen Küste in 14° 44′ N gelegen (Abb. 91). Die obere gibt die Verhältnisse an der Station Resolute auf Cornwallis Island (Kanadische Inseln) in 74° 43′ N wieder.

Die beiden Darstellungen unterscheiden sich zunächst deutlich in der Form der Isopleten. Während in Dakar nahezu parallel verlaufende Kurven auf geringfügige jahreszeitliche Unterschiede hinweisen, haben die Linien gleicher Strahlungsbilanz in Resolute beinahe Kreisform und zeigen so einen ausgeprägten Jahresgang an. Die Erklärung dafür ist recht einfach. In Dakar steht die Sonne das ganze Jahr über sehr hoch. Damit ist dort auch die Strahlungsbilanz fast immer unverändert stark positiv. In Resolute dagegen scheint im Sommer die Mitternachtssonne, während im Winter ewige Nacht mit anhaltend negativer Strahlungsbilanz herrscht. Dadurch bildet sich ein erheblicher Jahresgang aus. Dass in Dakar die größten Werte der Strahlungsbilanz nicht mit der Zeit des Sonnenhöchststandes zusammenfallen, hängt mit der Regenzeit von Ende Juli bis Anfang September zusammen. Während dieser Wochen schirmt die häufige Bewölkung die Sonnenstrahlung ab.

Nicht von vornherein selbstverständlich ist, dass die langwellige Strahlungsbilanz in der Kälte der Polarnacht nur auf –35 W/m² (= –3 cal/cm²h), in der nächtlichen Steppe dagegen auf –93 W/m² (= –8 cal/cm²h) absinkt. Und doch ist die Ursache klar. Der kalte Boden des hohen Nordens strahlt unvergleichlich weniger Energie ab als der tagsüber stark erhitzte Boden Westafrikas. Dafür spricht auch, dass die am stärksten negativen Werte immer kurz nach Sonnenuntergang beobachtet werden, wenn der Boden vom Tag her noch besonders warm ist (s. auch Abb. 83).

Die für die Tropen bekannte kurze Dämmerung zeichnet sich durch einen sehr abrupten Übergang von positiven nach negativen Werten ab. Während der große Abstand der Isopleten in der Polarregion insbesondere in den Mittsommertagen die langen Dämmerungszeiten widerspiegelt.

„Ornamente des Himmels" nannte der Münchener Meteorologie-Professor Fritz Möller die optischen Erscheinungen in der Atmosphäre. Sie gehören in der Tat zum Schönsten und Farbenprächtigsten, was der Himmel über uns zu bieten hat. Da sie nur wenig wissenschaftliche Bedeutung besitzen, führen sie innerhalb der Meteorologie leider ein Schattendasein. Auch hier können sie nur in geraffter Form behandelt werden. Sehr viel mehr über sie, dazu eine Vielzahl von farbigen Bildern, findet man bei Häckel (1999 und 2004).

3.5 Optische Erscheinungen in der Atmosphäre

In diesem Abschnitt sollen Erscheinungen beschrieben und gedeutet werden, die auf Beugung, Brechung und Reflexion an Luftmolekülen, Wassertropfen und Eiskristallen zurückgehen.

3.5.1 Regenbogen

Der Regenbogen ist wohl die häufigste und bekannteste unter ihnen. Obwohl allgemein bekannt ist, dass er durch Brechung und Reflexion des Lichtes in Regentropfen entsteht, fällt es doch oft schwer, seine kreisrunde Form zu verstehen. Abb. 92 zeigt den Verlauf eines Sonnenstrahls in einem Regentropfen. Betrachten wir zunächst die obere Hälfte. Der Sonnenstrahl S wird zunächst beim Übertritt von der Luft in den Tropfen bei B_1 gebrochen und dann bei R an der Tropfenoberfläche reflektiert. Beim Verlassen des Tropfens erfolgt noch eine zweite Brechung B_2. Insgesamt wurde der Strahl um 139° gedreht, so dass zwischen der ursprünglichen und der jetzigen Richtung ein Winkel von 41° liegt.

Wie in Abb. 92 ebenfalls zu sehen ist, verhalten sich nicht alle Wellenlängen gleich. Der blaue und violette Anteil wird stärker gebrochen als der rote. Infolgedessen wird das weiße Licht auf seinem Weg durch den Tropfen in seine Spektralfarben zerlegt, und jede Farbe verlässt den Tropfen in einer etwas anderen Richtung. So bildet das Blau-Violett mit dem auftreffenden Lichtstrahl einen Winkel von etwa 40°, das Rot einen von 42°. (In Abb. 92 sind die Winkel zur Verdeutlichung der Verhältnisse absichtlich verändert.)

Je nachdem, wie der Sonnenstrahl auftrifft, verlässt er den Tropfen nach oben, nach unten oder irgendwie seitlich. Es gibt hier keine bevorzugte Richtung. Nur der Winkel von im Mittel 41°

Der **Regenbogen** hat wegen seiner faszinierenden Form und Farbigkeit in der Mythologie und in vielen Religionen eine tiefe Symbolkraft erlangt. Im Christentum wurde er zum Zeichen des Friedens zwischen Gott, Mensch und Natur. In der Genesis (Moses 1.9) wird berichtet, dass Gott nach der Sintflut zu Noah sprach: „Wohlan denn, ich errichte meinen Friedensbund mit euch und eueren Nachkommen und mit allen lebenden Wesen bei euch, mit Vögeln, Vieh und jeglichem Wild des Feldes ... Dies (der Regenbogen) ist das Zeichen des Bundes, den ich zwischen mir und Euch stifte ...".

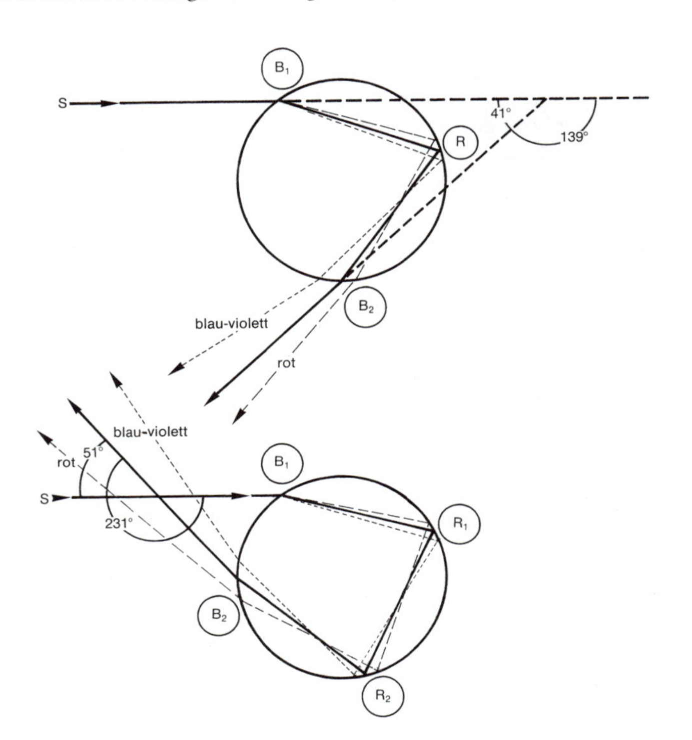

Abb. 92
Brechungs- und Reflexionsvorgänge in Regentropfen, die zur Entstehung des Regenbogens führen.

Beim sorgfältigen Beobachten kann man feststellen, dass der Himmel zwischen den beiden Regenbögen dunkler erscheint als innerhalb des kleinen und außerhalb des großen Bogens. Man nennt diesen Bereich **„Alexanders dunkles Band"**. Das Phänomen kommt dadurch zustande, dass das Licht durch die Brechungsvorgänge aus dem „Alexanderschen Band" großenteils auf die beiden Bögen umgelenkt und dort zu hellem Leuchten konzentriert wird. Damit bleibt für den Bereich zwischen den Bögen nur noch eine schwache Restausleuchtung übrig.

bleibt immer erhalten. Lenken wir auf den Tropfen ein Strahlenbündel, das seinen ganzen Querschnitt erfasst, so dürfen wir erwarten, dass das zurückgelenkte Licht einen Kegelmantel mit einer Öffnung von 2-mal 41° bildet, wie in Abb. 93 gezeigt. Wir dürfen davon ausgehen, dass sich an allen von der Sonne beschienenen Regentropfen solche Strahlenkegel bilden.

Denken wir uns jetzt einen Beobachter, der die Sonne im Rücken hat und zu ihrem Gegenpunkt blickt. Wie leicht einzusehen ist, können genau alle die Tropfen Licht in sein Auge lenken, die 41° rechts, links, über oder unter seiner Blickrichtung schweben. Mehr noch, es kommen dafür alle in Frage, zwischen denen und der Blickrichtung des Beobachters der besagte Winkel liegt. D.h. aber nichts anderes, als dass alle passenden Tropfen auf einem Kreis liegen müssen, dessen Mittelpunkt mit dem Gegenpunkt der Sonne zusammenfällt und der einen Öffnungswinkel von 41° besitzt. Dem Beobachter erscheint dieser Kreis als leuchtender Regenbogen, innen violett und außen rot. Da Regentropfen nur in der Luft vorhanden sein können, ist leicht einzusehen, dass vom Boden aus nur immer ein begrenztes Bogenstück dieses Kreises zu sehen ist, woraus sich auch der Name Regenbogen erklärt. Es wird um so größer, je tiefer die Sonne steht. Nur vom Flugzeug oder anderen erhöhten Standpunkten aus zeigt sich bei entsprechendem Sonnenstand der ganze Kreis.

Häufig erscheint sogar noch ein zweiter Regenbogen: größer als der gewöhnliche und in umgekehrter Farbenfolge, also außen violett und innen rot. Wie entsteht dieser Regenbogen? Dazu greifen wir noch einmal auf Abb. 92 zurück und betrachten die untere

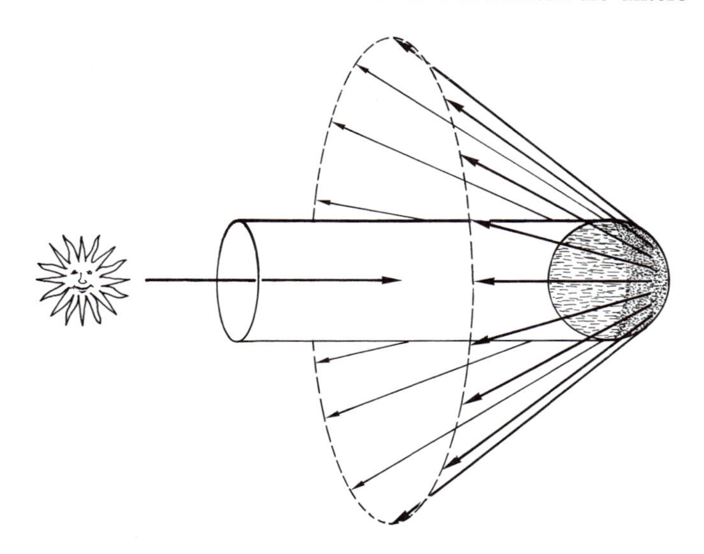

Abb. 93
Zur Erklärung der Strahlungsumlenkung in einem Regentropfen (Erläuterungen im Text).

Hälfte. Unter bestimmten Voraussetzungen wird nämlich der eindringende Sonnenstrahl nicht nur einmal reflektiert, sondern 2-mal, bei R_1 und bei R_2. Wie man aus dem Strahlenverlauf sieht, bildet der ankommende Strahl mit dem reflektierten einen Winkel von 51° (Rot 50° und Blau-Violett 53°). Nach dem oben Gesagten entsteht dadurch ein Regenbogen mit einem Radius von etwa 51°, bei dem Rot innen und Blau-Violett außen ist.

3.5.2 Haloerscheinungen

Neben dem Regenbogen gehören die Haloerscheinungen zu den spektakulären Himmelsschauspielen. Man zählt zu ihnen alle optischen Phänomene, die auf Brechung oder Spiegelung des Sonnenlichtes an atmosphärischen Eiskristallen zurückzuführen sind. Welche Formen Eiskristalle annehmen können, wurde auf Seite 130 bereits gezeigt. Haloerscheinungen entstehen in erster Linie an den sechseckigen Plättchen oder Säulen. Welche Möglichkeiten der Brechung und Reflexion möglich sind, zeigt Abb. 94. Bei dem Kristall ganz oben erfolgt die Brechung an dem rechten Winkel zwischen der Deckfläche und einer der sechs Seitenflächen. Der Lichtstrahl wird in diesem Fall gegenüber seiner ursprünglichen Richtung um 46° geknickt. Man sagt: „Der Brechungswinkel beträgt 46°."

Bei dem Kristall in der Mitte erfolgt die Brechung an dem gepunktet eingezeichneten Winkel von 60°, der jedoch als solcher gar nicht vorhanden ist. Er liegt nämlich zwischen je einer Seitenfläche und der übernächsten. Erst wenn man sich die Seitenflächen, wie in Abb. 94, verlängert denkt, wird er als solcher erkennbar.

Brechung am Winkel von 120° zwischen zwei benachbarten Seitenflächen führt zu innerer Totalreflexion. Sie spielt also bei Haloerscheinungen keine Rolle. Dagegen ist die Reflexion sowohl an der Deck- als auch an den Seitenflächen der Eiskristalle recht häufig der Grund für die Entstehung von Halos. Sie ist in Abb. 94 unten für zwei Fälle dargestellt. Interessant ist, dass Brechungshalos farbig, Reflexionshalos dagegen rein weiß sind. Die Farbigkeit geht wie beim Regenbogen darauf zurück, dass die verschiedenen Wellenlängen des weißen Lichts verschieden stark gebrochen werden.

In Abb. 95 sind die wichtigsten Haloerscheinungen skizziert, so wie sie am Himmel zu sehen sind. Der Beobachter ist im Mittelpunkt des vom Horizont begrenzten Kreises zu denken. Am bekanntesten und häufigsten ist der **kleine Ring** (1), der einen Kreis um die Sonne mit einem Radius von 22° bildet. Er kommt durch die Brechung am 60°-Winkel bei beliebiger Orientierung der Eiskristalle zustande. Die Kreisform lässt sich auf die gleiche Weise erklären wie beim Regenbogen. Häufig ist der kleine Halo-

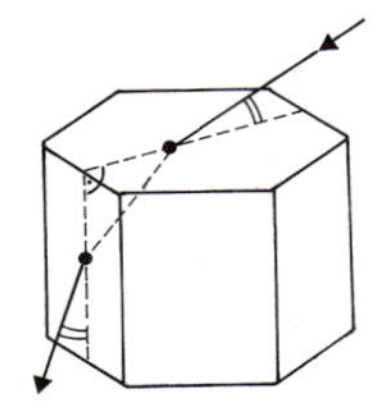

Brechung am 90°-Winkel (Brechungswinkel 46°)

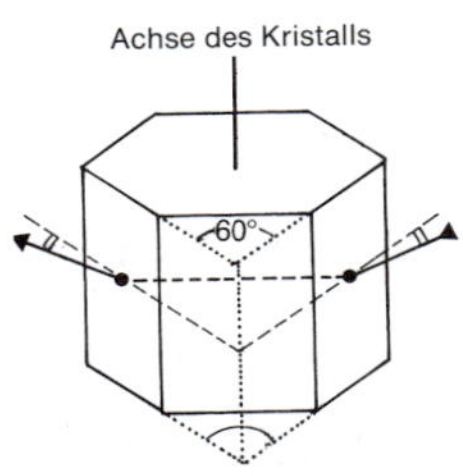

Brechung am 60°-Winkel (Brechungswinkel 22°)

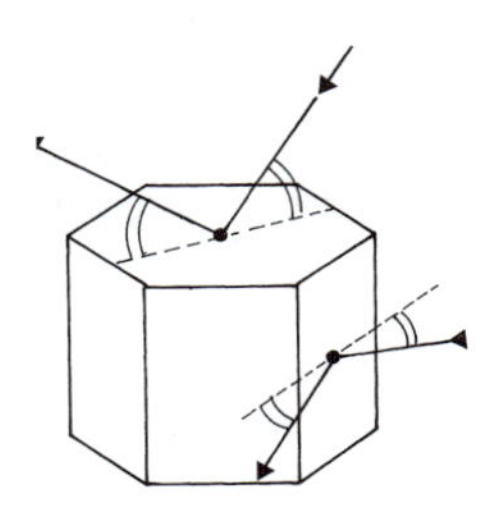

Reflexion an Deck- und Seitenflächen

Abb. 94
Brechungs- und Reflexionsvorgänge an Eiskristallen, die zu Haloerscheinungen führen.

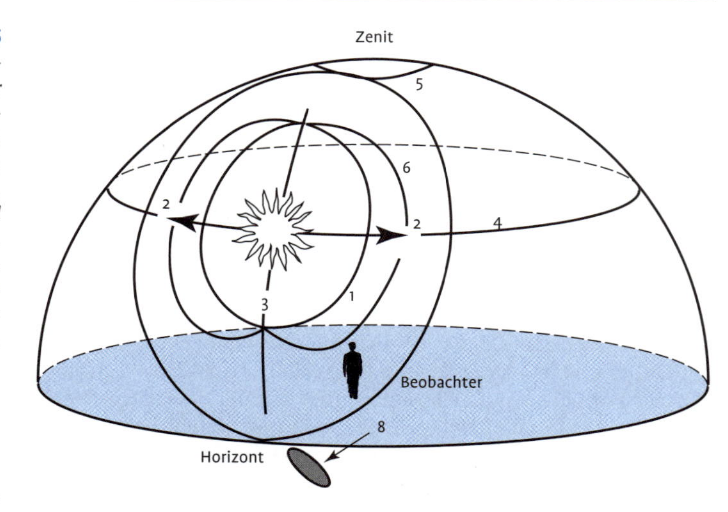

Abb. 95
Die wichtigsten Haloerscheinungen. 1 = Kleiner Haloring, 2 = Nebensonnen, 3 = Lichtsäule, 4 = Horizontalkreis, 5 = Zirkumzenitalbogen, 6 = Berührungsbögen und umbeschriebener Halo, 7 = großer Haloring, 8 = Untersonne (nach einer Darstellung bei MÖLLER 1984, ergänzt).

— Bei Laborexperimenten hat man darüber hinaus noch einige weitere Regenbögen nachweisen können. In extrem seltenen Fällen ist einer von ihnen auch in der Natur zu erkennen. Er hat einen Radius von 140° (Rot 138°, Blau-Violett 142°), steht also hinter dem Beobachter, auf der sonnenzugewandten Seite. Weitere interessante Informationen über Regenbögen findet man bei VOLLMER (2000).

— Neben den in Abb. 95 vorgestellten Haloerscheinungen gibt es noch ein knappes Dutzend weitere, auf die hier nicht weiter eingegangen werden kann, die aber in der Spezialliteratur (s. Literaturverzeichnis) ausführlich beschrieben sind.

ring von zwei farbigen Flecken flankiert, die etwas außerhalb des Ringes in Höhe der Sonne zu sehen sind (2). Sie heißen **Nebensonnen** und entstehen ebenfalls durch Brechung am 60°-Winkel von Eiskristallen. Voraussetzung ist jedoch, dass die Achse der Eiskristalle überwiegend senkrecht steht. Das ist häufig der Fall und physikalisch leicht zu erklären, wenn die Kristalle eine plättchenförmige Gestalt haben.

Eine sehr oft zu beobachtende Erscheinung ist die **Lichtsäule** (3). Das ist ein senkrechtes, oft spitz auslaufendes Lichtband oberhalb und unterhalb der Sonne. Besonders bei tief stehender Sonne kann die Lichtsäule zu einer eindrucksvollen, feuerroten Erscheiung werden. Manchmal steht sie schon am Horizont, wenn die Sonne noch gar nicht aufgegangen ist. Bei der Lichtsäule erfolgt eine Spiegelung an den Seiten überwiegend waagerecht liegender Eiskristalle. Die waagerechte Lage ist bei längeren Kristallen ausgesprochen stabil. Lichtsäulen entstehen auf ähnliche Weise wie die schillernd leuchtenden Sektoren auf Schallplatten, wo das Licht an den Flanken der Tonrille reflektiert wird.

Spiegelt sich das Sonnenlicht an den Seitenflächen senkrecht stehender Eissäulen, so bildet sich der **Horizontalkreis** (4), der durch Sonne und Nebensonnen läuft. Diese Lage der Eiskristalle ist nur wenig stabil, man muss deshalb den Horizontalkreis zu den selteneren Erscheinungen zählen. Gelegentlich bilden sich Lichtsäulen und Horizontalkreis gleichzeitig aus. Es entsteht dann der Eindruck, als würde am Himmel ein Kreuz leuchten. Bekanntlich soll Kaiser Konstantin ein Kreuz am Himmel erschienen sein. Es war nichts anderes als die oben beschriebene Haloerscheinung. Auch der **Zirkumzenitalbogen** (5), der durch Brechung am 90°-

Tab. 17 Die Entstehung der wichtigsten Haloerscheinungen

Lage der Hauptachse des Kristalls	Brechender Winkel 60°	Brechender Winkel 90°	Spiegelung an den
Senkrecht	Nebensonnen	Zirkumzenitalbogen	Seitenflächen: Horizontalkreis
Waagrecht	Oberer und unterer Berührungsbogen zum 22°-Ring		Seitenflächen: Lichtsäule
	Umschriebener Halo		Deck- und Basisflächen: Horizontalkreis
Beliebig	22°-Ring	46°-Ring	–

nach MÖLLER (1973, abgeändert)

Winkel senkrechter Eiskristalle entsteht, gehört zu den seltenen Erscheinungen.

Dagegen kann man den **oberen** und **unteren Berührungsbogen** (6) recht oft sehen. Sie ändern ihre Gestalt stark mit der Höhe der Sonne über dem Horizont. Bei tief stehender Sonne nehmen sie die Form von zwei Astpaaren an, bei hochstehender schließen sie sich zu einem Gebilde, dem umbeschriebenen Halo, zusammen. Ihre Entstehung verdanken sie der Brechung am 60°-Winkel waagerechter Kristalle. Schließlich sei noch der große **Haloring** (7) erwähnt, der einen Kreis mit einem Radius von 46° um die Sonne bildet. Seine Ursache hat er in der Brechung am 90°-Winkel beliebig orientierter Kristalle. Tab. 17 enthält eine Übersicht über die besprochenen Haloerscheinungen. Halos treten nicht nur am Tage, sondern auch bei Mondschein auf.

3.5.3 Weitere optische Erscheinungen

Neben Regenbogen und Halo gehören **Kränze** und **Glorien** zu den relativ häufigen Erscheinungen am Himmel. Ein Kranz besteht aus einem oder mehreren farbigen Ringen um Sonne oder Mond. Gelegentlich spricht man auch vom Hof des Mondes. Der innerste Teil des Kranzes ist eine helle weiß leuchtende Scheibe, die Aureole. Kränze gibt es nur in dünnen Wasserwolken. Je einheitlicher die Größe der Wolkentröpfchen ist, desto deutlicher sind die Erscheinungen. Die Ringe sind umso größer, je kleiner die Tröpfchen bleiben. Man kann ihre Größe sogar aus den Radien der Ringe berechnen. Glorien sind ganz ähnliche Phänomene, jedoch um den Gegenpunkt der Sonne. Man kann sie häufig beim

Unter bestimmten Voraussetzungen verbindet sich mit einer Glorie eine wahrhaft gespenstische Szenerie. Sie besteht darin, dass Schatten des Beobachters in der Tiefe einer Nebelschicht riesig vergrößert scheint. Durch das Wallen des Nebels ändert sich seine Form und Größe ständig, kann scheinbar zurückweichen oder auf den Beobachter zustürzen, ohne dass er sich selbst bewegt. Dieses Phänomen bezeichnet man als **Brockengespenst**. Ursache seines Entstehens ist letztlich, dass der Schatten des Beobachters dabei nicht auf eine senkrechte Wand fällt, sondern je nach Dichte des Nebels bis zu mehreren Deka- ➔

meter in ihn eindringt, bevor er sich endgültig darin verliert. Dadurch kommt es zu einer ungewohnten Perspektivenwirkung, die sich durch das Wallen des Nebels bis ins gespenstische steigern kann.

Fliegen über einer Wolkendecke um den Schatten des Flugzeuges sehen. Auch sie treten nur in Wasserwolken auf.

Kränze und Glorien gehen auf Beugungsvorgänge zurück. Häufig zu beobachten sind auch Erscheinungen, die auf Lichtbrechung und -spiegelung an verschieden dichten Luftschichten zurückgehen. Ein von außen kommender Sonnenstrahl gelangt innerhalb der Atmosphäre in immer dichtere Luftschichten. Wie schon beim Regenbogen besprochen, erleidet der Strahl dabei eine Richtungsänderung. Da der Übergang in der Atmosphäre kontinuierlich erfolgt, dürfen wir auch keinen scharfen Knick erwarten, so wie wir ihn von den Regentropfen her kennen. Vielmehr kommt es zu einer stetigen, nach oben konvexen Krümmung, wie Abb. 96 zeigt. Man nennt diesen Vorgang **Refraktion**. Die Krümmung ist um so stärker, je länger der Weg des Strahles durch die Luftschicht ist, d. h., je flacher er auf die Atmosphäre auftrifft. Ein Stern ist deshalb von der Erde aus noch sichtbar, wenn er bereits etwa 0,6° unter dem Horizont steht. In der Praxis wird er wegen der atmosphärischen Trübung dann allerdings nicht mehr zu sehen sein.

Wendet man das Gesagte auf die nur wenig über dem Horizont stehende Sonne an, so ergibt sich, dass ihr unterer Rand aufgrund der stärkeren Refraktion optisch mehr gehoben wird als der obere. Und das führt dazu, dass sie dann abgeplattet erscheint. In Abb. 96 ist das Phänomen dargestellt. Man sieht, dass die Sonnenscheibe ohne Refraktion die scheinbare Höhe α, mit Refraktion dagegen die viel geringere Höhe β hat.

Bei extremer Bodenerhitzung mit besonders großen Temperaturgradienten kann es zu **Luftspiegelungen** kommen. Das ist gerne über Straßen oder Sandflächen bei starker Sonneneinstrahlung der Fall. Blickt man in eine solche Schichtung unter einem sehr flachen Winkel hinein, so glaubt man einen See oder Fluss zu erkennen, der sich beim Näherkommen in nichts auflöst. In Wüs-

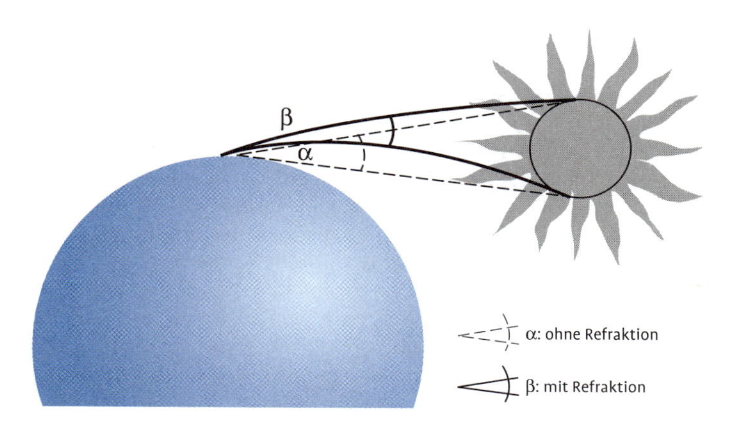

Abb. 96
Wirkungsweise der atmosphärischen Refraktion.

ten kann dieser Effekt so weit führen, dass hinter dem Horizont liegendes Gelände, Bäume, Häuser und ähnliches sichtbar wird. Man spricht dann von **Fata Morgana.**

Verständnisfragen

3.1 *Angenommen, der Erdboden und die Luft hätten die gleiche Temperatur. Wie viel Prozent der Ausstrahlung des Erdbodens erreicht dann (im Mittel) die atmosphärische Gegenstrahlung?*

3.2 *Wo findet man die größte Tagessumme der Sonnenstrahlungsenergie (gemessen an der Atmosphärenobergrenze): am Äquator oder in den mittleren Breiten oder an den Polen?*

3.3 *In welchem Wellenlängenbereich reflektieren Pflanzenblätter am stärksten: im Infrarot oder im Grünen oder im Ultraviolett (UV)?*

3.4 *Bitte ordnen Sie die folgenden Oberflächen nach steigender kurzwelliger Albedo: Dünensand, Neuschnee, tropischer Regenwald, Wasser bei Sonnenuntergang, landwirtschaftliche Kulturen.*

3.5 *Wann ist die langwellige Ausstrahlung der Bodenoberfläche größer: am Tag oder in der Nacht?*

3.6 *Was versteht man unter „Strahlungsbilanz der Bodenoberfläche"?*

3.7 *Warum gehören zu einem Biergarten stattliche Bäume? (zwei Gründe)*

3.8 *Man denke sich in einer geographischen Breite von 50° N einen um 20° geneigten Nord- und einen um 20° geneigten Südhang. Wie groß ist die direkte Sonnenstrahlung auf diese Hänge am 21. Juni, am 21. März und 23. September, am 21. Dezember jeweils um 12 Uhr (wahrer Ortszeit!)?*
Die auf eine zur Strahlungsrichtung senkrechte Fläche fallende direkte Sonnenstrahlung werde der Einfachheit halber mit 100 % angesetzt.
Antwort:

			Südhang		**Nordhang**	
Datum	Deklination (°)	Sonnenhöhe über Ebene (°)	Sonnenhöhe über d. Hang (°)	Strahlung (%)	Sonnenhöhe über d. Hang	Strahlung (%)
21.6.	23,5	63,6	83,5	99	43,5	69
21.3./23.9.	0	40	60	87	20	34
21.12.	–23,5	16,5	36,5	59	–3,5	keine

Strahlungsgenuss eines Nord- und eines Südhanges jeweils um 12 Uhr wahrer Ortszeit.

3.9 *In einem Gewässer betrage der Extinktionskoeffizient 0,1 m^{-1}. In welcher Tiefe ist die an der Gewässeroberfläche ankommende Strahlung auf die Hälfte zurückgegangen? (Antwort: Etwa 7 m).*

3.10 *Was versteht man unter Strahlungsgleichgewicht zwischen Erde und Sonne? Wie kann man daraus den Glashauseffekt der Atmosphäre abschätzen?*

4 Energiehaushalt der Erdoberfläche

Aus dem letzten Kapitel wissen wir, dass an der Erdoberfläche am Tag mehr Strahlungsenergie aufgenommen als abgegeben wird. Wir sagten, die Strahlungsbilanz sei positiv. In der Nacht ist es umgekehrt. Dann wird mehr Energie abgegeben, als von der Atmosphäre zugestrahlt wird: die Strahlungsbilanz ist negativ. Anders betrachtet heißt das, wir haben tagsüber einen Energieüberschuss, nachts ein Energiedefizit. Da, wie wir wissen, Energie weder verschwinden noch aus dem Nichts entstehen kann, müssen Mechanismen existieren, die die Überschüsse abschöpfen, in andere Energieformen umwandeln und zwischenspeichern.

Der Energiehaushalt der Erdoberfläche ist ein zentrales Thema in der praktischen Meteorologie. Wie sich noch zeigen wird, kann man damit die (Luft-)temperatur nicht nur in den verschiedenen Klimagebieten der Erde, sondern auch über unterschiedlichen Bodenarten und Bewuchsformen auf einfache und überzeugende Art und Weise erklären.

Es sind dies die **Erwärmung von Boden, Vegetation, Luft und Gewässern** sowie die **Verdunstung des Wassers**.

In der Nacht decken sie unter gleichzeitiger Abkühlung den Energiebedarf der langwelligen Ausstrahlung. Auch der Wasserdampf kondensiert dann zu Tau, Nebel und Reif und unterhält mit der freigesetzten Kondensationsenergie den Strahlungsvorgang.

4.1 Speicherung von Wärme im Boden und in Gewässern

4.1.1 Grundsätzliches zum Wärmetransport im Boden

Die physikalischen Vorgänge, die beim Eindringen der Wärme in den Boden und bei der Rückführung zur Bodenoberfläche ablaufen, lassen sich sehr anschaulich an einem einfachen Modellversuch demonstrieren, der anhand der Abb. 97 (obere Hälfte) erklärt werden soll. Dort sind zwei zylinderförmige Gefäße G_O und G_T dargestellt. Sie sind über ein Ventil (V) miteinander verbunden. Durch den Zulauf (Z), dargestellt durch einen Wasserhahn, kann in das Gefäß G_O Wasser geleitet werden. Durch den am unteren

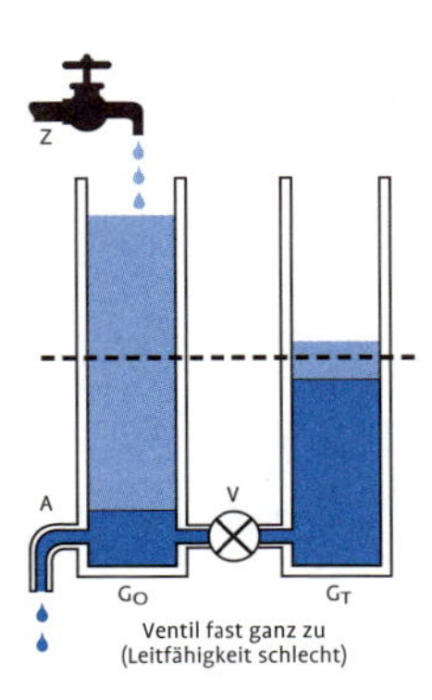

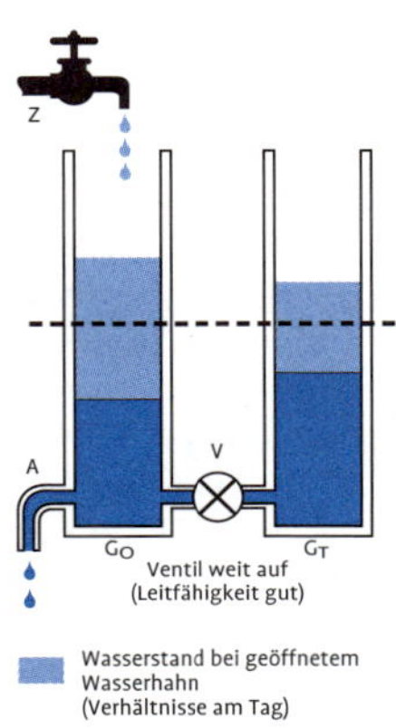

Abb. 97
Analogiemodell für die Wärmespeicherung im Boden (nach LARCHER und HÄCKEL 1985).

Unser Modellversuch kann aber auch die Wärmeaustausch-Vorgänge zwischen der Bodenoberfläche und der Tiefe des Bodens beschreiben.

Ende des Zylinders angebrachten Auslauf (A) läuft das Wasser wieder heraus. Dieser sei so dimensioniert, dass bei weit geöffnetem Wasserhahn der Wasserspiegel steigt und bei fast oder ganz geschlossenem Hahn wieder sinkt. Das zufließende Wasser stellt den Energiegewinn aus der kurzwelligen Strahlung dar, das ablaufende entspricht dem Energieverlust durch langwellige Ausstrahlung. Die Höhe des Wasserspiegels in G_O symbolisiert die Bodentemperatur an der Erdoberfläche.

Nun kann man sich leicht vorstellen, was passiert, wenn man bei zunächst völlig geschlossenem Ventil V den Wasserhahn ganz langsam aufzudrehen beginnt. Am Anfang wird noch so wenig Wasser zulaufen, dass durch den Auslauf alles wieder wegfließen kann. Dreht man aber immer weiter auf, so wächst auch die zulaufende Wassermenge und wird schließlich größer sein als die abfließende. Ab jetzt bleibt Wasser im Zylinder zurück, und sein Spiegel steigt langsam an. Bei höherem Wasserspiegel steigt auch der Druck am Boden des Gefäßes, weswegen auch immer mehr Wasser auslaufen wird. Schließt man den Wasserhahn allmählich wieder, so läuft der angesammelte Wasservorrat erst schnell, mit sinkendem Wasserspiegel immer langsamer heraus.

Wir sehen, dass wir mit diesem Analogieversuch die Strahlungsvorgänge recht gut nachahmen können: Wenn wir durch langsames Aufdrehen des Hahnes einen Anstieg der kurzwelligen Strahlung simulieren, so reagiert unser Modell mit einer Zunahme der langwelligen Abstrahlung und mit der bekannten Erwärmung der Bodenoberfläche. Entsprechend zeigt es bei sinkender Sonne eine Abkühlung der Bodenoberfläche und einen Rückgang der Ausstrahlung an. Schließlich können wir an diesem Modell auch sehen, dass die nächtliche Ausstrahlung aus dem tagsüber angesammelten Energievorrat gespeist wird. Es zeigt sogar, dass die Abstrahlung im Lauf der Nacht zurückgeht, denn mit sinkendem Wasserspiegel sinkt auch der Druck am Boden des Zylinders, so dass der Ausfluss immer schwächer wird.

Bisher haben wir nur die alleroberste Bodenschicht betrachtet, eine Wärmeleitung in die Tiefe des Bodens wurde noch nicht mit einbezogen. Wir müssen unser Modell also noch etwas erweitern. Dazu dient das zweite Zylindergefäss G_T. So wie der Wasserstand in G_O die Temperatur an der Bodenoberfläche beschreibt, stellt der Wasserstand in G_T die Temperatur in der Tiefe des Bodens dar. Die Stellung des Ventils V schließlich entspricht der Fähigkeit des Bodens, Wärme weiterzuleiten. Man spricht kurz von der **Wärmeleitfähigkeit**. Will man einen gut leitenden Boden simulieren, so hat man das Ventil weit zu öffnen, bei einem schlechten Wärmeleiter muss man es fast schließen.

Wir betrachten zunächst einen schlecht leitenden Boden und halten dementsprechend das Ventil weitgehend geschlossen. In dieser Stellung wiederholen wir jetzt das vorhin beschriebene Experiment. Dabei denken wir uns der Einfachheit halber das Wasser zunächst in beiden Gefäßen gleich hoch stehend (bei der gestrichelten Linie). Steigt nach dem Aufdrehen des Hahnes der Wasserspiegel in G_O, so fließt ein Teil des Wassers durch V in den Zylinder G_T hinüber. Natürlich ist diese Wassermenge recht gering, denn das Ventil lässt nur wenig durch. Der Wasserspiegel in G_T wird zwar steigen, aber weit hinter dem in G_O zurückbleiben. Damit sagt unser Modell: Bei einem schlecht wärmeleitenden Boden wird es tagsüber an der Oberfläche sehr warm, während sich in der Tiefe die Temperatur kaum ändert. Schließen wir – abnehmender kurzwelliger Strahlung entsprechend – den Wasserhahn wieder, so wird der Wasserspiegel in G_O wegen des stetigen Abflusses sinken. Da durch das Ventil kaum Wasser von G_T zurückfließen kann, muss der Wasserverlust fast ausschließlich aus dem Vorrat von G_O bestritten werden. G_T kann nur einen unbedeutenden Beitrag leisten. Folglich wird der Wasserspiegel in G_O tief absinken, während er in G_T fast unverändert bleibt. Auf die Natur übertragen heißt das, dass die Temperatur an der Bodenoberfläche stark zurückgeht, weil in der Tiefe kaum Wärme gespeichert ist und diese außerdem noch weitgehend zurückgehalten wird.

Fazit: Bei einem schlecht wärmeleitenden Boden finden wir an der Oberfläche eine große Tag-Nacht-Schwankung der Temperatur, in der Tiefe dagegen nur einen unbedeutenden Tagesgang. Ein solcher Boden eignet sich, da er nur wenig Wärme aufnimmt, kaum zur Energiepufferung.

Denken wir uns jetzt, wie in der unteren Hälfte der Abb. 97 dargestellt, das Ventil weit geöffnet, dann wird sofort klar, dass bei einem gut leitenden Boden an der Oberfläche nur eine mäßige Temperaturschwankung auftreten wird, in der Tiefe dagegen eine weit größere als beim schlechten Wärmeleiter. Außerdem sehen wir, dass ein solcher Boden sehr viel Überschussenergie abschöpfen kann und dadurch eine große Speicherwirkung besitzt.

Nachdem wir die Wärmeleitfähigkeit des Bodens als wesentliches Kriterium für seine Eignung als Energiespeicher erkannt haben, müssen wir uns natürlich fragen, wovon diese abhängt. Dazu betrachten wir die Tabelle 18. Bevor wir aber auf die Wärmeleitfähigkeitswerte von Böden schauen, die im unteren Drittel der Tabelle zusammengestellt sind, betrachten wir zunächst das obere Drittel. Wir sehen, dass die Werte sehr stark schwanken. Sie reichen von 420 bis 0,03 $W/(m * K)$. Die Spitzenwerte stammen von den Metallen, die ja als gute Wärmeleiter bekannt sind. Bis zu mehrere Zehnerpotenzen kleiner, aber immer noch beachtlich sind die Werte von massiven Materialien wie Beton und Gesteinen, aber auch die von Eis, Altschnee und Früchten. Darunter finden nach einem weiteren Zehnerpotenz-Sprung Materialien, die als Isolierstoffe gelten: von Neuschnee bis zu Styropor.

Besonders interessant ist das mittlere Drittel. Unbewegtes Wasser – wie es z.B. in Früchten eingeschlossen ist – hat eine durch-

Tab. 18 Wärmeleitfähigkeit verschiedener Materialien

Material	Wärmeleitfähigkeit W/(m * K)
Metalle	40–420
Beton	4,6
Gestein	1,5–4,6
Eis	2,3
Straßenunterbau	1,5
Altschnee	1,2–2,0
reife Früchte	0,7–1,0
Neuschnee	0,08–0,2
Holz	0,06–0,2
Rinde	0,075
Haar, Wolle	0,04
Stroh	0,05–0,4
Torfmull	0,05–0,08
Styropor	0,03
Wasser, unbewegt	0,6
Luft, turbulent	100–400
Luft, unbewegt	0,02–0,025
Sand,feucht	2,2
Sand, trocken	0,3
Lehm, feucht	1,6
Lehm, trocken	0,25
Moor, feucht	0,8
Moor, trocken	0,06
Torf, feucht	0,5
Torf, trocken	0,06

Nach Gröber et al. (1963), Häckel (1973), Oke (1992), Bergler (1994), Hofmann (1986), Zmarsly et al. (2002)

aus respektable Wärmeleitfähigkeit von 0,6 W/(m * K), die sich auch in den Werten von Früchten widerspiegelt. Unbewegte Luft, wie sie z. B. in den winzigen Bläschen von Styropor eingeschlossen ist, liegt mehr als eine Zehnerpotenz darunter. Ganz anders dagegen turbulente Luft: sie leitet die Wärme so hervorragend wie Metalle. Auf die Bewegung also kommt es an!

Betrachten wir jetzt die Böden, so stellen wir fest:
- **Mineralische Böden** (Sand, Lehm) leiten **besser** als stark **humushaltige** (Moor, Torf).
- **Feuchte Böden** leiten **besser** als gleichartige **trockene**.
- Dazu kommt noch, dass **feste, unbearbeitete Böden besser leiten** als gut **bearbeitete, lockere Böden**.

Dass die mineralischen Böden, wie Sand und Lehm besser leiten als die organischen wie Moor und Torf liegt natürlich an der unterschiedlichen Wärmeleitfähigkeit des Ausgangsmaterials: Gestein leitet erheblich besser als Holz und andere organische Substanzen (Abb. 98). Neben dem Ausgangsmaterial spielt aber auch eine wesentliche Rolle, wie viele Poren der Boden besitzt, und was sich darin befindet: Luft, dann ist die Leitfähigkeit schlecht, oder Wasser, dann ist sie gut.

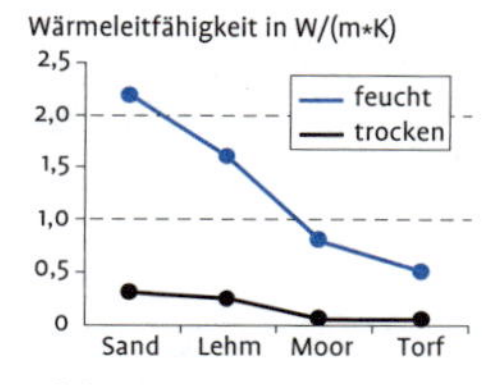

Abb. 98
Wärmeleitfähigkeit verschiedener Bodenarten.

Welchen Einfluss der Luftgehalt hat, wird beim Schnee deutlich. Lockerer Neuschnee leitet um eine Zehnerpotenz schlechter als gesetzter Altschnee. Auch Stroh und Torfmull gehören wegen ihres großen Luftanteils zu den schlechten Wärmeleitern. Unsere Kleidung, aber auch Felle und Gefieder beziehen ihre Wärmeschutzwirkung ebenfalls aus den vielen Lufteinschlüssen. Schließlich erklärt sich die Tatsache, dass man mit nassen Schuhen schneller kalte Füße bekommt als mit trockenen, damit, dass Wasser die Körperwärme viel schneller ableitet als Luft.

Die massiven Stoffe wie Beton, Gestein oder Eis und erst recht die Metalle zeichnen sich durch eine besonders hohe Leitfähigkeit aus.

Abb. 99 zeigt den Verlauf der höchsten und der tiefsten Temperatur bis 50 cm Tiefe in zwei unmittelbar benachbarten, unterschiedlich leitenden Böden am gleichen Tag. Während sich an der Oberfläche des torfigen Bodens eine Schwankung von 25 K zeigt, bleibt sie beim Lehmboden bei 18 K. In 50 cm Tiefe sind die Verhältnisse jedoch genau umgekehrt. Im torfigen Boden ist der Tagesgang mit 0,5 K kaum noch nachzuweisen, während er im Lehm fast 2 K erreicht.

Diese Zusammenhänge erklären eine ganze Reihe von bekannten Phänomenen, z. B. wird es

Abb. 99
Höchste und tiefste Temperaturen in den verschiedenen Tiefen zweier benachbarter, unterschiedlich wärmeleitender Böden am gleichen Tag.

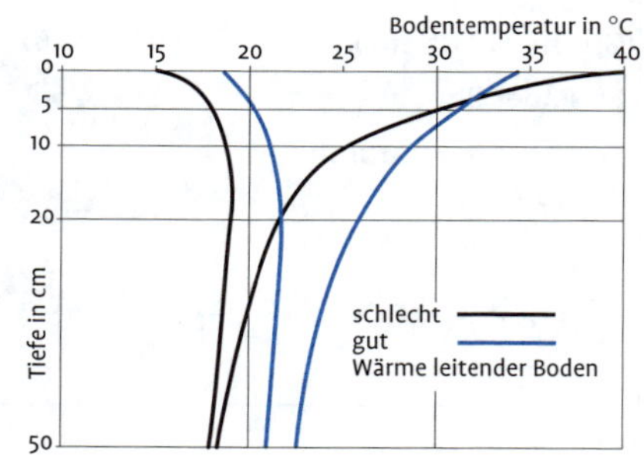

in den Mooren, besonders in drainierten, tagsüber deshalb so heiß, weil die schlechte Wärmeleitung eine Art Hitzestau hervorruft. Umgekehrt wird es dort nachts so empfindlich kalt, weil im Boden wenig Wärme gespeichert ist und diese Wärme zudem noch daran gehindert wird, zur Bodenoberfläche zu fließen, um die Ausstrahlungsverluste zu ersetzen. So erklärt sich auch die berüchtigte Spätfrostgefährdung auf kultivierten Moorflächen im Frühjahr und die Frühfrostgefährdung im Herbst.

Auch die **Moornebel** lassen sich zwanglos durch das rasche und tiefe Unterschreiten des Taupunktes deuten – nicht etwa durch verstärkte Verdunstung! Bei den meisten Mooren ist nämlich die tagsüber mit Wasserdampf angereicherte Luft längst vom Wind fortgeführt, ehe die nächtliche Abkühlungsphase einsetzt.

Schließlich lässt sich die Tatsache, dass sich im Frühjahr ein gelockerter Boden an der Oberfläche schneller erwärmt als ein fester, damit erklären, dass die Wärme der Sonne im lockeren Boden gestaut wird.

Auch das Verhalten des Frostes im Boden hängt von den Wärmeleitungseigenschaften des Bodens ab. Tab. 19 enthält einige Zahlenwerte dazu. Wie man sieht, dringt der Frost in einen Basaltgrus mehr als dreimal so schnell ein als in einen Humusboden. Mit 67 cm erreicht er dort auch die doppelte Tiefe. Genauso schnell, wie sich der gut leitende Boden abkühlt, erwärmt er sich auch wieder, so dass der grusige Boden fast einen ganzen Monat früher wieder frostfrei ist als der Humus.

Tab. 19 Bodenfrost in verschiedenen Böden in Gießen im Winter 1939/40

	Basalt-grus	Sand	Lehm	lehmiger Sand	Humus
Eindringgeschwindigkeit des Frostes in cm/Tag	2,0	1,7	1,1	1,1	0,6
Größte Frosttiefe in cm	67	52	52	40	32
Ende der Bodengefrornis	25.2.	28.2.	16.3.	7.3.	22.3.
Tiefste Temperatur in					
10 cm Tiefe	–12,0	–9,6	–9,6	–5,2	–2,0
20 cm Tiefe	–8,1	–7,0	–4,6	–3,3	–0,5
50 cm Tiefe	–1,2	–0,1	–0,1	+0,1	+0,4
100 cm Tiefe	+2,1	+2,1	+1,0	+1,8	+3,0

nach Kreutz (1942)

4.1.2 Bodenwärmestrom

Aus unserem Wassermodell können wir ableiten, dass ein Wärmetransport im Boden immer dann zustande kommt, wenn zwischen verschiedenen Tiefen ein Temperaturunterschied vorhanden ist, ja mehr noch, er ist sogar proportional zu diesem. Auch die Richtung des Transportes wird vorhergesagt: Die Wärme fließt immer von der wärmeren zur kälteren Schicht. Außerdem wächst die transportierte Energiemenge mit der Wärmeleitfähigkeit.

Damit wird die Formel, die den Wärmetransport im Boden beschreibt, sofort verständlich. Sie lautet in vereinfachter Form

$$B = \Lambda * \frac{\vartheta_0 - \vartheta_z}{z}$$

B stellt die pro Fläche und Zeit transportierte Energiemenge, den so genannten Bodenwärmestrom dar. Λ ist die Wärmeleitfähigkeit; der zweite Faktor enthält ϑ_0, die Temperatur an der Bodenoberfläche und ϑ_z, die Temperatur in der Tiefe z. Er beschreibt somit die Temperaturänderung mit der Tiefe, stellt also einen Temperaturgradienten dar. Die Gleichung enthält somit zwei Steuerungsgrößen: Während der Temperaturgradient angibt, wie groß die Antriebskraft für den Bodenwärmestrom ist, beschreibt die Wärmeleitfähigkeit die Transportbedingungen.

Nicht nur die für die Meteorologie wichtigen Transporte fühlbarer und latenter Energie folgen diesem Gleichungstyp. Schauen wir uns, um das Verständnis für die Zusammenhänge noch etwas zu vertiefen, einen Vorgang aus einem ganz anderen Bereich der Physik an: den Transport elektrischer Ladungen, den man als „elektrischen Strom“ bezeichnet. Für ihn gilt das Ohmsche Gesetz:

Ohm, Georg Simon
Physiker
* 16.3.1787 in Erlangen
† 7.7.1854 in München
Professor für Physik in München.
Hauptarbeitsgebiete: Elektrizität, Akustik, Optik.

$$R = \frac{U}{I}$$

dem man aber sicher nicht auf den ersten Blick ansieht, dass es exakt dem Typ einer **Transportgleichung** entspricht. R steht für den elektrischen Widerstand, U für die Spannung und I für die Stromstärke. Mit einer kleinen Umstellung kann man es in die Form

$$I = \frac{1}{R} * U$$

bringen. Bekanntlich bezeichnet man den Reziprokwert des elektrischen Widerstandes als elektrische Leitfähigkeit c, also $1/R = c$.

Gleichungen, die Transporte beschreiben, enthalten generell zwei Terme: Einen „Antriebs-Term“ und einen „Hindernis-Term“. Der Antriebs-Term besteht im Allgemeinen aus dem Gradienten einer für den betreffenden Transport typischen physikalischen Größe oder ihre Differenz zwischen dem Start- und dem Zielpunkt. Im Fall des Wärmetransportes ist das der Temperaturgradient. Der Hindernis-Term beschreibt die Transportbedingungen und die auf dem Weg auftretenden Hindernisse. Er besteht üblicherweise aus einem Leitfähigkeitswert für die zu transportierende Größe. Beim Wärmetransport ist das aus nahe liegenden Gründen die Wärmeleitfähigkeit.

Berücksichtigt man weiter, dass die Spannung nichts anderes als eine Potentialdifferenz $P_2 - P_1$ ist, so nimmt das Ohmsche Gesetz folgende Form an:

$$I = c * (P_2 - P_1)$$

und ist somit eindeutig als Transportgleichung identifizierbar.

Nun aber wieder zurück zum Bodenwärmestrom. Für sein Zustandekommen wird also sowohl ein Temperaturgefälle als auch eine ausreichende Leitfähigkeit verlangt. Ist nur eines der beiden nicht oder nicht in ausreichendem Maße vorhanden, so bleibt auch der Bodenwärmestrom nur schwach. Da in die Tiefe negativ gezählt wird, bekommt auch B ein negatives Vorzeichen, wenn die Bodenoberfläche wärmer ist als die tieferen Schichten. Damit wird der Konvention entsprochen, dass ein Energiestrom immer positiv zählt, wenn er (von oben **oder** von unten) zur Erdoberfläche hin gerichtet ist, und negativ zählt, wenn er (nach oben **oder** nach unten) von ihr weggerichtet ist. Wärme, die in den Boden hineinfließt, stellt also einen negativen Bodenwärmestrom dar. Fließt sie dagegen aus dem Boden heraus, ist er positiv zu zählen.

Aus der oben entwickelten Vorstellung über den Wärmetransport im Boden ergibt sich noch eine weitere Konsequenz: Die von der Bodenoberfläche aus in den Boden eindringende Wärme wird eine gewisse Zeit brauchen, bis sie eine bestimmte Tiefe erreicht hat. Während das tägliche Temperaturmaximum an der Bodenoberfläche angenähert mit dem Sonnenhöchststand zusammenfällt, tritt es in zunehmender Tiefe immer später ein, wie Abb. 100 zeigt. Ab etwa 50 cm ist die Verschiebung so groß geworden, dass

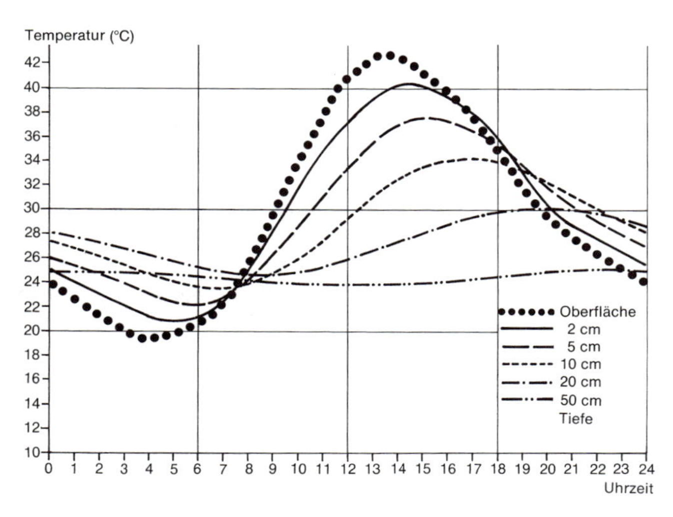

Abb. 100

Tagesgang der Temperatur in einem sandigen Lehmboden in Weihenstephan am 27.7.1983 (Oberflächentemperatur berechnet).

sich der Tagesgang geradezu umdreht, dort ist es dann während der Nachtstunden am wärmsten und tagsüber am kühlsten.

Dass die Schwankung in der Tiefe geringer wird, ist eine Folge der Tatsache, dass immer größere Bodenvolumina erwärmt werden müssen. So verschwindet ab etwa 0,5 bis 1,0 m der Tagesgang und zwischen 8 und 15 m der Jahresgang der Bodentemperatur.

Mit den soeben gewonnenen Erkenntnissen lässt sich auch ein Phänomen des täglichen Lebens erklären, das sonst üblicherweise einige Rätsel aufgibt: Manche Materialien fühlen sich warm, andere dagegen kalt an, selbst wenn sie die gleiche Temperatur haben. Dazu betrachten wir Abb. 101. In der oberen Hälfte berührt dort eine Hand symbolisch ein Stück Metall, in der unteren ein Stück Styropor. Vor dem Berühren (Zustand 1) habe das Metall die tiefere Temperatur ϑ_M, die Hand die höhere Temperatur ϑ_H.

An der Berührungsstelle setzt jetzt ein Wärmefluss von der Hand zum Metall ein. Das bedeutet, dass die Temperatur der Hand an der Berührungsfläche (BF) sinkt und die des Metalls steigt. Da das Metall die ankommende Wärme, wie wir wissen, hervorragend weiterleitet, wird sie sich innerhalb des Metallstückes ziemlich gleichmäßig verteilen (Kurve 2), genauso wie bei unserem Modell das zufließende Wasser bei weit offenem Ventil in beiden Zylindern fast gleich hoch gestiegen ist. Die Wärmeleitung in der Hand ist dagegen sehr viel schlechter. Die an das Metall abgegebene Wärme kann nicht im erforderlichen Maße nachgeliefert werden, so dass die Temperatur der Hand an der Berührungsfläche

Was für den Tagesgang der Bodentemperatur gilt, das gilt, natürlich in angepasster Form, auch für den Jahresgang. Je nach der Wärmeleitfähigkeit des Bodens treten in 10 bis 12 Metern Tiefe die höchsten Temperaturen im Januar und die tiefsten im Juli auf.

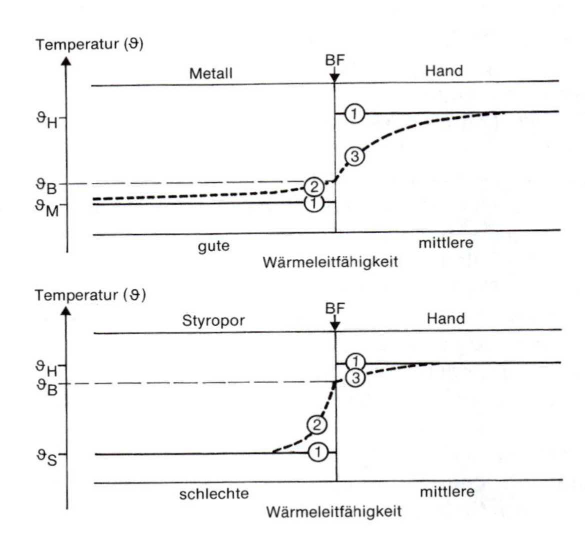

Abb. 101
Zur Erklärung der Berührungstemperatur von Gegenständen mit unterschiedlicher Wärmeleitfähigkeit (Erläuterungen im Text).

– Sie haben sich sicher schon einmal an einer ofenfrischen Pizza die Zunge verbrannt. Nein – es war mit Sicherheit der Gaumen, den Sie sich verbrannt haben. Der lockere Teig enthält eine riesige Zahl kleiner, Luft gefüllter Poren, die ihm eine relativ geringe Wärmeleitfähigkeit verleihen. Dadurch kann vom heißen Teig nur wenig Wärme auf die Zunge übertreten, so dass keine Verbrennungsgefahr besteht. Die saftige Pizza-Auflage dagegen hat eine sehr hohe Wärmeleitfähigkeit, die die Backofenhitze blitzartig an den Gaumen überträgt.

– Unter einem Kartoffelbestand speichert der Boden nur etwa $^2/_3$, unter einem Rasen etwa die Hälfte und unter einem Weizenbestand sogar nur $^1/_3$ der Wärme, die ein unbewachsener Boden speichern kann.

– Wiesennebel und Moornebel gehen auf das rasche Unterschreiten der Taupunkttemperatur zurück. Deshalb wird den Obstbauern geraten, während der Zeit der Frühjahrsfröste unter den Obstbäumen keinerlei Unterwuchs zu dulden.

verhältnismäßig tief absinkt. Genauso wie bei unserem Modell der Wasserstand im Zylinder G_O rasch sank, als das Ventil fast geschlossen war und das Wasser nur sehr spärlich nachfließen konnte. Da die Temperatur an der Berührungsfläche zwischen Hand und Metall (ϑ_B) tief absinkt, wird das Metall als kalt empfunden.

Die gleichen Überlegungen zeigen, warum bei Styropor die Berührungstemperatur relativ hoch ist. Damit wird dieses Material als warm empfunden. Das erklärt auch, warum man sich mit 50 °C heißem Wasser verbrühen kann, eine Moorpackung mit der gleichen Temperatur jedoch als angenehm warm empfindet.

4.1.3 Bewachsener Boden

Bisher wurde immer davon ausgegangen, dass der Boden unbewachsen sei. In der Natur ist er jedoch großenteils von Pflanzenbewuchs bedeckt. Dadurch ergeben sich natürlich Unterschiede im thermischen Verhalten, auf die im Folgenden eingegangen werden soll.

Durch eine **Pflanzendecke** wird die Fläche mit dem größten Strahlungs- und damit Energieumsatz vom Boden weg nach oben verlegt. Je nach der Dichte des Bestandes liegt sie zwischen 15% der Bestandshöhe und der Bestandsobergrenze. Bei einem geschlossenen Kartoffelbestand z. B. fällt sie praktisch mit der Bestandsoberfläche zusammen: Bei einem ausgewachsenen Getreidebestand liegt sie in etwa zwei Drittel seiner Höhe. Damit kann kein unmittelbarer Energieaustausch mit dem Boden stattfinden, vielmehr muss erst die Pflanzendecke durchdrungen werden. Da Pflanzenbestände allgemein ein lockeres Gefüge mit einem hohen Luftanteil besitzen, sind sie ausgesprochen schlechte Wärmeleiter. Sie drosseln die Wärmeaufnahme in den Boden ganz erheblich. Sie selbst sind darüber hinaus kaum in der Lage, nennenswert Wärme aufzunehmen.

Eine Vegetationsdecke stellt deshalb eine ausgesprochene **Wärmebarriere** dar. So lassen sich am Tag unter einer Grasnarbe ohne weiteres über 15 K tiefere Temperaturen finden als im benachbarten vegetationsfreien Boden in gleicher Tiefe. Andererseits bleibt in der Nacht die Bodenwärme unter der Vegetationsdecke besser erhalten als in einem offenen Boden. Die Folge davon ist, dass die Tag-Nacht-Schwankung der Bodentemperatur unter Pflanzenbeständen erheblich gedämpfter ausfällt als im unbewachsenen Boden. Je dichter der Pflanzenbestand ist, desto stärker behindert er den Wärmetransport. In Tab. 20 findet man dazu einige überzeugende Zahlenwerte.

Konsequenterweise wird es jedoch über einer dichten Vegetationsdecke nachts viel kälter als über unbewachsenem Boden. Wenn man abends barfuß über eine Wiese geht, spürt man deutlich, dass das Gras viel kühler ist als z. B. ein Weg. Zwischen der

Tab. 20 Einfluss einer Vegetationsdecke auf den Bodenwärmestrom (Einzelheiten siehe Text)

Tiefe in cm	Tagesschwankung der Bodentemperatur (in K) in einem unbewachsenen Boden	unter einem Kartoffelbestand	unter einem Weizenbestand	unter einem Grasrasen
0	22	14	10	8
10	10	9	4	4
20	6	4	2.5	2.5
30	4	3	1.5	1.5
40	2.0	2.0	1.0	1.0
50	0.5	0.5	0.5	0.5

nach VAN EIMERN (1964)

Obergrenze eines Grasbestandes und seinem Wurzelbereich sind dann über 10 K Temperaturdifferenz möglich. Deshalb ist auch das Gras oft schon betaut, wenn die Sonne noch gar nicht untergegangen ist.

In Landwirtschaft und Gartenbau werden frostempfindliche Kulturen häufig mit einer **Mulchabdeckung** versehen. Sie soll verhindern, dass die schadenbringende Kälte bis zu den Pflanzen vordringt. Auch sie bezieht ihre Wirkung aus der schlechten Wärmeleitfähigkeit der eingeschlossenen Luft. Die üblicherweise für Mulchdecken verwendeten Materialien wie Stroh, Laub, Torfmull, Reisig oder Sägespäne besitzen bekanntlich eine sehr lockere Struktur mit einer Vielzahl von Lufteinschlüssen.

Selbstverständlich geht die Wärmeschutzwirkung einer **Schneedecke**, die die Wintersaaten vor den gefährlichen Kahlfrösten schützt, auf die gleiche Ursache zurück. Unter nur 10 cm Schnee kann die Temperatur bis 20 K höher liegen als darüber. Abb. 102 zeigt den Temperaturverlauf unterhalb einer Schneedecke und im Erdboden. Schnee stellt also für Pflanzen einen hervorragenden Kälteschutz dar. Aber nur solange er die Pflanzen auch wirklich abdeckt. Herausragende Pflanzen oder Pflanzenteile sind sogar besonders frostgefährdet, denn über der Schneedecke sinkt die Temperatur besonders tief ab.

VAN EIMERN (1972) hat festgestellt, dass Temperaturen unter –16 bis –18 °C in unserem Klimagebiet überhaupt nur dann auftreten, wenn eine wenigstens einige Zentimeter dicke Schneeschicht vorhanden ist. Dieses Phänomen ist sehr leicht zu erklären. Wegen der großen kurzwelligen Albedo der Schneedecke ist

— Agrarmeteorologen des Deutschen Wetterdienstes in Braunschweig haben beobachtet, dass die Spuren eines Hasen in einer Neuschneedecke eine um 5 K höhere Temperatur aufwiesen als der unberührte Schnee! Erklärung: Durch das Zusammendrücken des Schnees wurde dessen Wärmeleitfähigkeit vergrößert (vgl. Tab. 18 Neuschnee → Altschnee). Dadurch konnte innerhalb der Fährten vermehrt Wärme aus dem Boden nach oben strömen und die Temperatur erhöhen.

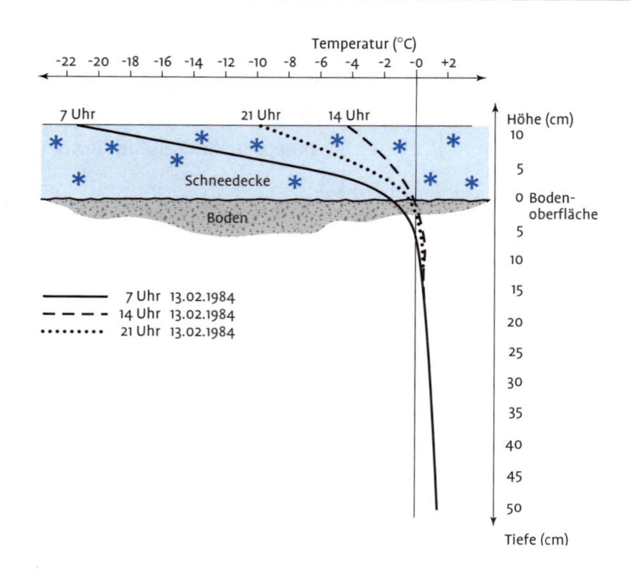

Abb. 102
Temperaturverlauf innerhalb einer Schneedecke und im Erdboden im Februar 1984 in Weihenstephan.

▬ Abschätzung der Strahlungsbilanz einer Schneedecke an einem wolkenlosen Dezembertag um 12 Uhr mittags bei einer Temperatur von –10 °C:
Globalstrahlung:
308 W/m² (= 258 + 50), (Seiten 199, 195); Albedo 85 % (Seite 193); kurzwellige Strahlungsbilanz: 46 W/m³

Ausstrahlung:
–273 W/m² (–10 °C; Seiten 174, 207)
Gegenstrahlung:
180 W/m² (Seite 207)
langwellige Strahlungsbilanz: –93 W/m²

---

gesamte Strahlungsbilanz: –47 W/m²

▬ Auf Seite 75 wurde bereits darauf hingewiesen, dass das Wasser eine hohe Volumenwärme besitzt. Das bedeutet, dass auch mit geringen Temperaturveränderungen große Wärmeumsätze verbunden sind. Bei gleicher Erwärmung (Abkühlung) kann ein m³ Wasser bis zu 10-mal so viel Wärme aufnehmen (abgeben) wie ein m³ fester Boden.

ihre Strahlungsbilanz nicht nur nachts, sondern häufig auch am Tag negativ. Diesem fast ununterbrochenen Energieverlust steht die extrem geringe Wärmenachlieferung von unten gegenüber. Dadurch gehen die Temperaturen nachts an der Schneeoberfläche und der unmittelbar darauf liegenden Luftschicht besonders weit zurück, genauso wie in unserem Modell der Wasserspiegel im Zylinder G_O bei fast geschlossenem Ventil V besonders tief absinkt.

4.1.4 Wärmespeicherung in Gewässern

Bisher haben wir im Zusammenhang mit der Wärmespeicherung immer nur das im Boden gebundene Wasser betrachtet.

Das freie Wasser der Seen, Meere und Flüsse verhält sich demgegenüber jedoch völlig anders. Drei wichtige Unterschiede sind hier zu nennen:

- Die Absorption kurzwelliger Strahlung ist nicht ausschließlich auf die Oberfläche beschränkt;
- das Wasser besitzt eine erheblich höhere Volumenwärme als der Erdboden (vgl. Seite 75);
- das Wasser ist im Gegensatz zum festen Boden durchmischbar.

Wie auf Seite 202 bereits gezeigt wurde, dringt die kurzwellige Strahlung – insbesondere bei sauberem Wasser – bis in große Tiefen vor. Damit kann die in der Strahlung enthaltene Energie unter Umständen eine relativ dicke Wasserschicht erwärmen. Das darf allerdings nicht zu der falschen Vorstellung führen, die gesamte

Wasserschicht werde völlig homogen erwärmt. Die überwiegende Erwärmung findet natürlich in den oberen Schichten statt, wo die Strahlungsintensität noch besonders groß ist.

Die Durchmischung eines stehenden Gewässers geht von dem über seine Oberfläche hinwegstreichenden Wind aus. Er schleift infolge von Reibung stets die oberste Wasserschicht mit. Am leeseitigen Ufer taucht die Strömung nach unten ab, kehrt ihre Richtung um und flutet unter der Wasseroberfläche wieder zurück. Die an den beiden gegenläufigen Strömungsästen entstehenden Wasserwirbel sorgen dann für eine optimale Durchmischung. Bei sehr dünnen durchmischten Schichten kann die Strömungsgeschwindigkeit an der Oberfläche auf über 4 % der Windgeschwindigkeit wachsen. Je dicker die Schicht ist, desto langsamer driftet das Wasser.

Überlegen wir uns doch einmal, wovon die Mächtigkeit dieser Schicht abhängt. Beginnen wir unsere Betrachtungen bei den Verhältnissen im Spätherbst, wenn das Wasser eine Temperatur von 4 °C angenommen hat. Die Ausstrahlung in den immer länger werdenden Nächten erfolgt von der Oberfläche des Gewässers aus: Dort geht also Energie verloren, und dort muss konsequenterweise eine stetig fortschreitende Abkühlung stattfinden.

Da das Wasser bei 4 °C seine größte Dichte hat, wird Wasser, das sich unter 4 °C abgekühlt hat, wegen seiner geringeren Dichte an der Wasseroberfläche bleiben, also gleichsam auf dem dann wärmeren Tiefenwasser „schwimmen".

Die Dichte des Wassers nimmt also aufgrund der Temperaturschichtung nach unten zu. Würden wir uns aus der Tiefe eine Wasserprobe heraufholen, nennen wir sie in Analogie zum Luftpaket „Wasserpaket", so wäre seine Dichte größer als die der Umgebung, so dass es sofort wieder hinuntersinken würde. Wir haben also eine **stabile Wasserschichtung** vor uns. Da eine solche Schichtung Vertikalbewegungen bekanntlich äußerst erschwert (vgl. Seite 50), kann sich den Winter über nur eine dünne Mischungsschicht ausbilden.

Mit beginnendem Frühling steigen auch die Temperaturen an der Wasseroberfläche wieder. Hat das Gewässer erst einmal eine durchgehende Temperatur von 4 °C erreicht, so ist aus der stabilen Schichtung eine indifferente geworden. Jetzt lässt es sich leicht bis in große Tiefen hinunter durchmischen.

Mit fortschreitender Jahreszeit erwärmen sich die oberen Schichten des Gewässers mehr und mehr, während die unteren – weitgehend unerreichbar für die Sonnenstrahlung – unverändert kalt bleiben. Jetzt haben wir warmes Wasser geringer Dichte über 4 °C kaltem, dichtem Tiefenwasser und damit wieder eine stabile Schichtung. Wir finden jetzt unter der (vom Wind) gut durchmischten, warmen Oberschicht (dem so genannten **Epilimnion**)

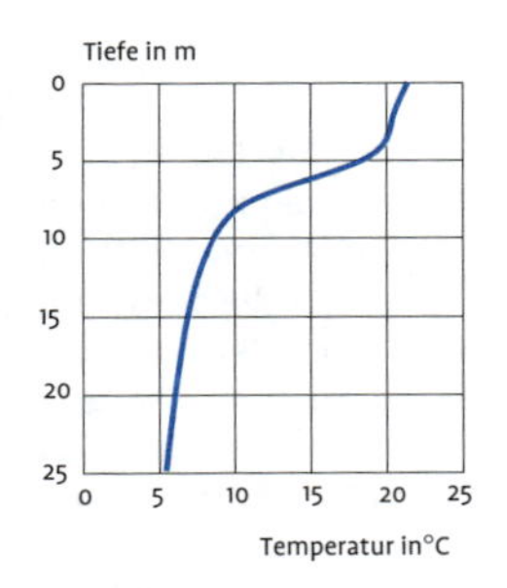

Abb. 103
Temperaturschichtung im Mindelsee (15.8.1970) bei Radolfzell/Bodensee.

Windinduzierte Durchmischung gibt es nicht nur bei natürlichen Seen, sondern auch bei sehr kleinen „Gewässern" beispielsweise – einer Kaffeetasse! Sollten Sie vergessen haben, an der Kaffeebar ein Löffelchen zum Umrühren mitzunehmen, brauchen Sie sich nicht noch einmal anzustellen. Blasen Sie einfach flach über den Rand der Tasse und sofort werden Kaffee und Milch optimal durchmischt!

einen oft ziemlich abrupten Temperaturübergang (**Metalimnion**) zur kalten Tiefenschicht (**Hypolimnion**).

Die Übergangsschicht nennt man gerne auch **Sprungschicht**. Die Lage und die Dicke der Sprungschicht hängen natürlich vom Wetter des einzelnen Jahres ab. Die Unterschiede von Jahr zu Jahr sind aber relativ unbedeutend, so dass beide für das betreffende Gewässer weitgehend charakteristisch sind. Generell kann man sagen: Je größer ein Gewässer ist, desto tiefer liegt die Sprungschicht. Im kleinen, nur 0,16 km² großen Wesslinger See bei München liegt sie in 2 bis 7 m Tiefe, im 2,19 km² großen Schliersee in 5 bis 10 m Tiefe. Im Ammersee, der eine Fläche von 47 km² hat, findet man sie zwischen 10 und 15 m Tiefe, und beim fast 60 000 km² großen Huronsee vollzieht sich der Übergang vom Epilimnion zum Hypolimnion zwischen 50 und 100 m (BAUMGARTNER und LIEBSCHER 1990). Mit der herbstlichen Abkühlung verschwindet auch die stabile Schichtung wieder, bis sie sich im Winter mit sehr kaltem Oberflächenwasser erneut einstellt.

Ist ein Gewässer zugefroren, so verhält es sich innerhalb des Eises weitgehend wie der Erdboden.

Im Mittel über die ganze Erde und alle Jahreszeiten geben Boden und Gewässer die gesamte aufgenommene Wärme wieder restlos zurück. In Abb. 82 erscheint deshalb kein diesbezüglicher Pfeil. Der geothermische Wärmestrom darf vernachlässigt werden.

— Der aus dem heißen Erdinneren kommende so genannte geothermische Wärmestrom darf bei den Betrachtungen zum Energieumsatz im Boden und in Gewässern unberücksichtigt bleiben. Er bewegt sich der Größenordnung um 0,1 W/m² und erreicht demnach nur etwa ein Zehntausendstel der solaren Strahlungsenergie.

4.2 Austausch fühlbarer Wärme und latenter Energie

4.2.1 Fühlbare Wärme

Überschussenergie wird aber nicht nur an Boden und Gewässer abgegeben, sondern auch an die Luft. Der dabei ablaufende Vorgang unterscheidet sich etwas vom Wärmetransport im Boden. Während dort die Wärme von Bodenteilchen zu Bodenteilchen weitergeleitet wird, erfolgt hier der Transport gewissermaßen portionsweise mit Hilfe von Luftpaketen. Man nennt diesen Vorgang **Konvektion**. Eigentlich wird also dabei die Wärme nicht unmittelbar, sondern mit Hilfe wärmebeladener Luftvolumina befördert. Diese unterliegen aber bei ihrer Bewegung den gleichen Gesetzmäßigkeiten. Daher ist es nicht weiter verwunderlich, dass die Gleichung, die diesen Transportvorgang beschreibt, der Bodenwärmestrom-Formel recht ähnlich ist.

— **Wichtig!** Der Austausch fühlbarer Wärme und latenter Energie erfolgt mit Hilfe von wärmebeladenen Luftpaketen. Damit ist dieser Austausch an Luftbewegung gebunden. Bei absolut unbewegter Luft könnte also auch kein Wärmeaustausch stattfinden. Dieses Verhalten unterscheidet sich grundlegend von der Wärmeleitung im Boden. Dort wird die Wärme von Bodenteilchen zu Bodenteilchen weitergegeben, verlangt also keinerlei Luftbewegung.

Sie lautet in vereinfachter Form:

$$L = -u * c_p * \frac{(\vartheta_0 - \vartheta_h)}{h}$$

Dabei bedeutet L die pro Fläche und Zeit zwischen der Bodenoberfläche und der Luft ausgetauschte Wärmeenergie, den so genannten **Strom fühlbarer Wärme**. u heißt **Austauschkoeffizient**, c_p ist eine physikalische Konstante, die spezifische Wärme der Luft bei konstantem Druck, ϑ_0 die Lufttemperatur an der Bodenoberfläche und ϑ_h die in der Höhe h. h darf allerdings nicht größer als wenige Meter sein.

Auch hier tritt also wieder die Temperaturveränderung mit der Höhe, der Temperaturgradient auf. An die Stelle von Λ tritt der Austauschkoeffizient u. Das Minus-Vorzeichen sagt, dass ein nach oben (von der Erdoberfläche weg) gerichteter Wärmestrom gemäß Konvention negativ zählt. Damit erkennen wir sofort, dass L (dem Betrag nach) um so größer ausfallen wird, je schneller die Temperatur mit der Höhe zurückgeht und je größer der Austauschkoeffizient ist. Und wie beim Bodenwärmestrom müssen wir auch jetzt wieder fragen, was es mit diesem Koeffizienten auf sich hat.

Der wesentliche Unterschied gegenüber Λ besteht darin, dass er nicht konstant ist, sondern sehr stark von den gegebenen meteorologischen Bedingungen abhängt, nämlich
- von der Oberflächenstruktur der Umgebung,
- von der Windgeschwindigkeit,
- vom Temperaturgradienten der Luft.

Je unruhiger und je rauer die Erdoberfläche in der näheren Umgebung ist, desto größer wird der Austauschkoeffizient. Er wächst demnach von Wasseroberflächen über Tiefebenen und ausgedehnten Moorlandschaften zu hügeligem Gelände, Wäldern und Städten. Auch zunehmende Windgeschwindigkeit vergrößert den Austauschkoeffizienten. Kräftiger Wind fördert den Austausch. Dieser Zusammenhang wird sofort verständlich, wenn wir die auf den Seiten 274 und 347 angestellten Überlegungen auf den Wärmeaustausch übertragen.

Vom Temperaturgradienten hängt der Austauschkoeffizient in der Weise ab, dass er bei einer starken Temperaturabnahme mit der Höhe große Werte annimmt, bei einer schwachen Temperaturabnahme kleine und bei einer Temperaturzunahme mit der Höhe (Inversion) sogar extrem kleine.

Machen wir uns noch einmal klar, dass der Wärmeaustausch zwischen Bodenoberfläche und Luft mit Hilfe wärmebeladener Luftpakete vor sich geht, und erinnern wir uns daran, was auf Seite 49 über Stabilität und Labilität der Atmosphäre gesagt wurde.

Bei starkem Temperaturrückgang mit der Höhe ist die Atmosphäre **labil** geschichtet. Vertikalbewegungen laufen ungehindert, ja sogar beschleunigt ab. Damit kann sich eine Fülle von Luftpaketen in Bewegung setzen und Wärme von der Bodenoberfläche aus

Zur Wiederholung! Der Austauschkoeffizent hängt ab von:
1. der Bodenrauigkeit, die über die Wirbelbildung entscheidet,
2. der Windgeschwindigkeit, die die Wirbelbildung fördert,
3. dem Temperaturgradienten in der Luft, der die Vertikalbewegungen beeinflusst.

in die Atmosphäre tragen. Bei einer geringen Temperaturabnahme oder gar einer Temperaturzunahme mit der Höhe ist die Atmosphäre stabil und lässt praktisch keine Vertikalbewegung zu. Also kann auch so gut wie kein Wärmeaustausch stattfinden. Damit ergibt sich der Zusammenhang zwischen dem Austauschkoeffizienten und der Temperaturschichtung der Luft als eine selbstverständliche Konsequenz aus dem Stabilitätsgrad der Atmosphäre.

Soweit theoretische Betrachtungen. Wie wirken sich nun diese Zusammenhänge im meteorologischen Alltag aus? Betrachten wir dazu Abb. 104, die (im Wesentlichen) auf Messungen zurückgeht. Sie zeigt, wie sich die Temperatur-Höhenkurven bei wolkenlosem Spätsommerwetter (29./30.8.) im Lauf eines Tages verändern. Beginnen wir mit der Situation um 12 Uhr, etwa zur Zeit des Temperaturmaximums, die in Kurve (1) dargestellt ist. Die Bodenoberfläche ist sehr warm und mit ihr die unterste, unmittelbar auf dem Boden aufliegende Luftschicht. Nach oben wird es rasch kühler: wir sehen, dass die Temperatur in Bodennähe sogar um mehr als 1 Grad pro 100 m zurückgeht. Einem kräftigen Wärmetransport vom Boden in die Luft steht damit nichts im Wege, sind doch beide Voraussetzungen dafür in idealer Weise erfüllt: einerseits ein – wenigstens in der bodennächsten Luftschicht – überadiabatischer Temperaturgradient, andererseits ein – gerade wegen dieses Gradienten – besonders großer Austauschkoeffizient.

Jetzt denken wir uns mit fortschreitendem Nachmittag die Sonne allmählich tiefer sinken. Die Strahlungsbilanz geht dadurch

Abb. 104
Zur Entstehung und Auflösung der nächtlichen Strahlungsinversion (Erläuterungen im Text).

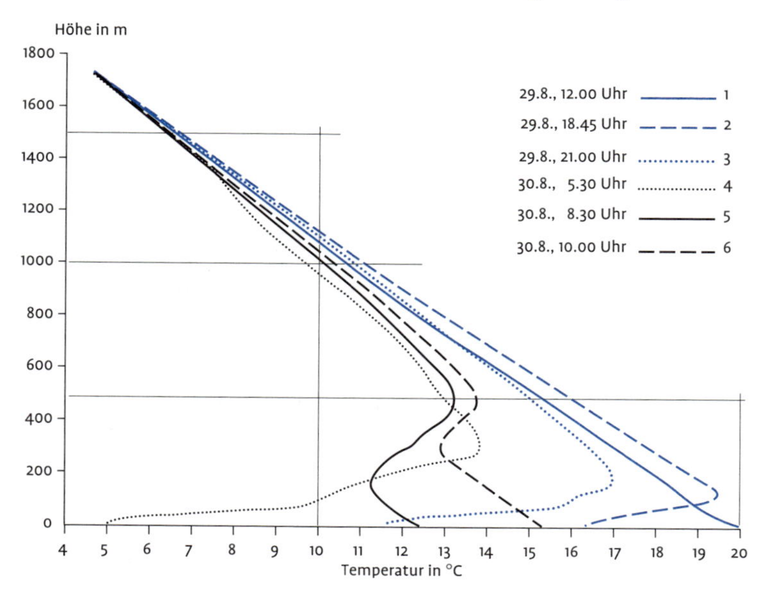

zurück, wird schließlich negativ. Auch die gleichzeitig einsetzende Wärmelieferung aus dem Boden kann bekanntlich nicht verhindern, dass sich die Bodenoberfläche abkühlt. Natürlich überträgt sich der Temperaturrückgang von der Bodenoberfläche auf die unmittelbar darauf liegende Luftschicht, so dass auch diese kälter wird. Wir finden daher in der um 18.45 Uhr durchgeführten Messung am unteren Ende der Temperatur-Höhenkurve (2) einen Knick, der uns anzeigt, dass dort eine Inversion entstanden ist. Die Inversion ist sogar schon früher entstanden, leider fanden jedoch zwischen 12 Uhr und 18.45 Uhr keine Messungen statt, mit denen sie hätte nachgewiesen werden können.

Mit der Bildung der Inversion geht der Austauschkoeffizient radikal zurück. Konsequenz: So gut wie kein wärmebeladenes Luftpaket lässt sich mehr nach unten, zur Bodenoberfläche hin bewegen, wo sein Wärmeinhalt gerade jetzt die schwächer werdende Sonnenstrahlung ersetzen könnte.

Obwohl also in der Luft vom Tag her viel Wärme gespeichert ist, kann der ausstrahlenden Bodenoberfläche aus diesem Vorrat praktisch nichts zur Verfügung gestellt werden. Der üblicherweise am Abend einschlafende Wind verschärft die Situation noch. Wir haben also jetzt in der Luft ganz ähnliche Verhältnisse, wie sie uns auf Seite 229 in einem schlecht wärmeleitenden Boden begegnet sind. Im Boden stellt sich in solchen Fällen bekanntlich ein scharfer, vom warmen Boden zur kalten Oberfläche weisender Temperaturgradient ein. Und genau das gleiche passiert jetzt auch in der Luft. Die Folge ist, dass sich die Bodenoberfläche weiter und weiter abkühlt und die Inversion immer mächtiger wird. Bis zum Morgengrauen um 5.30 Uhr hat sie, wie man sieht, eine Höhe von über 300 Metern erreicht.

Erst wenn sich mit der im Lauf des Vormittags höhersteigenden Sonne der Boden wieder erwärmt, wird die Inversion Zug um Zug abgebaut, wie um 8.30 Uhr und um 10.00 Uhr zu sehen ist. Am späten Vormittag oder spätestens gegen Mittag (12.00 Uhr) ist sie dann wieder völlig verschwunden.

▬ Nehmen wir in einem kleinen Gedankenexperiment einmal an, die abendliche Inversion würde sich nicht ausbilden und damit die Blockierung des Wärmetransportes nicht eintreten. Dann – so können wir der um 18.45 Uhr gemessenen Kurve entnehmen – würden alle Luftpakete aus Höhen über etwa 150 m nach adiabatischer Erwärmung mit einer Temperatur von etwa 21 °C am Boden ankommen. Welche erhebliche Wärmemenge sie dabei mitbringen würden, liegt auf der Hand.

Wir können aus dem Geschilderten zwei wichtige Faktoren entnehmen:

- Erstens, dass der Strom fühlbarer Wärme zwar sehr gut geeignet ist, Überschussenergie abzuschöpfen, aber diese Energie während der nächtlichen Bedarfsphase auch nicht annähernd wieder zurückgeben kann. Die Luft darf also nicht als Wärmespeicher im gleichen Sinn wie der Boden betrachtet werden. Da der Strom fühlbarer Wärme praktisch nur nach oben gerichtet ist, erscheint er in Abb. 82 als resultierender Energietransport. Er erreicht weltweit und über das ganze Jahr gemittelt immerhin 5 % der Solarkonstanten.

Eine 8-jährige Analyse auf dem Flughafen München-Riem ergab, dass 15 % der nächtlichen Inversionen weniger als 100 m mächtig waren, bei 60 % lag die Obergrenze zwischen 100 und 300 m und 25 % reichten über 300 m hinaus.

- Zweitens haben wir einen neuen Entstehungsmechanismus für Inversionen kennengelernt. Da diese Art von Inversion ihre Ursache letzten Endes in der Energieabgabe durch langwellige Strahlung hat, wird sie gerne als Strahlungsinversion bezeichnet. **Strahlungsinversionen** sind sehr häufige Erscheinungen. Sie entstehen praktisch in jeder windschwachen, wolkenarmen Nacht. Im Gegensatz zu den früher behandelten sind sie meist nur kurzlebige Phänomene. Die während ihrer Abbauphase vorübergehend herrschende Fumigation-Situation dauert glücklicherweise meist nur wenige Stunden. Auch die Höhe der Strahlungsinversion ist relativ bescheiden. Im flachen Land wird sie nur selten höher als 300 bis 400 m. In tiefen, schmalen Tälern kann sie jedoch auf viele hundert Meter anwachsen.

Neben der Bewölkung, die die atmosphärische Gegenstrahlung verstärkt, ist der Wind das zweite Wetterelement, das Winzer und Gärtner vor einer Spätfrost gefährdeten Nacht sehr aufmerksam beobachten. Bleibt er erhalten oder verstärkt er sich sogar, so ist die Frostgefahr längst nicht so groß, wie wenn er einschläft. Denn er mobilisiert die Wärme in der Luft und verhindert so eine gefährliche Auskühlung der Bodenoberfläche und der darauf stehenden Pflanzen.

In Nächten, in denen der Wind nicht einschläft, bleibt der Austauschkoeffizient so groß, dass ein deutlicher Strom fühlbarer Wärme aus der Luft zum Boden aufrechterhalten werden kann. Die Temperaturen sinken dann längst nicht so tief wie in windstillen Nächten. Ein plötzlich aufkommender Nachtwind kann sogar eine bereits vorhandene Inversion „aufbrechen" und einen Temperaturanstieg oder zumindest eine Dämpfung des Temperaturrückganges bewirken. Dabei wird die Wärme höherer Luftschichten in der gleichen Weise mobilisiert wie in unserem Gedankenexperiment auf Seite 241 beschrieben: Der Wind führt zu Vertikalbewegungen, die Luftpakete von oberhalb der Inversion unter adiabatischer Erwärmung zur Bodenoberfläche verfrachten. Damit sinkt die Temperatur weniger tief als in windstillen Nächten. Obst- und Weinbauern achten deshalb in frostgefährdeten Nächten sehr sorgsam auf das Verhalten des Windes.

4.2.2 Latente Energie

Dass die Verdunstung von Wasser zum Energiehaushalt gehört, mag zunächst verwundern. Macht man sich jedoch klar, dass zum Überführen von 1 g flüssigen Wassers in die Dampfform die stattliche Energiemenge von 2 300 Ws entsprechend 2,3 KJ notwendig ist, so wird man die Verdunstung schnell als potenten Energietransportmechanismus erkennen.

Mit dem nach der Verdunstung wegtransportierten Wasserdampf wird auch die latente Energie mitgenommen. Erst bei der Kondensation zu Tau, Nebel, Reif oder Wolken wird sie wieder nachweis- und verfügbar. Der Transport des mit latenter Energie beladenen Wasserdampfes erfolgt ebenfalls in Form von Luftpaketen.

Der Austausch latenter Energie ist also proportional zur Änderung der spezifischen Feuchte mit der Höhe oder, anders ausgedrückt, zum Gradienten der spezifischen Feuchte. Dieser Gradient verhält sich praktisch genauso wie der Temperaturgradient. Tagsüber nimmt die spezifische Feuchte mit der Höhe ab, nachts nimmt sie zu. Daraus ergibt sich zwangsläufig ein nach oben gerichteter Strom latenter Energie am Tag und ein zum Boden hin gerichteter in der Nacht. In der Tat ist uns ja schon geläufig, dass tagsüber Verdunstung und nachts Taubildung stattfindet. (Es gibt zwar Ausnahmen von dieser Regel, sie brauchen uns hier aber nicht zu interessieren – GEIGER 1964.) Jedoch erfolgt aus dem Verhalten des Austauschkoeffizienten, dass durch Verdunstung zwar große Energiemengen abgeschöpft werden können, aber über die Taubildung nur sehr wenig Energie wieder zurückgeführt wird.

An einem sonnigen Sommertag kann in Mitteleuropa im Mittel etwa 30-mal soviel Energie durch Verdunstung gebunden werden, wie durch nächtliche Kondensation wieder freigesetzt wird. Dieser Tatsache begegnen wir auch in Abb. 82. Über die ganze Erde und das ganze Jahr gemittelt, tritt dort nämlich ein resultierender Strom latenter Energie in Richtung Atmosphäre von fast einem Viertel der Solarkonstanten auf.

— Wie wir von Seite 202 her wissen, wird durch die Photosynthese der Pflanzen nur ein sehr geringer Anteil der Strahlungsenergie gebunden. HOFMANN (1986) hat gemessen, dass die Spitzenwerte der photosynthetischen CO_2-Bindung bei 2 mg $CO_2/(m^2 * s)$ liegen. Daraus errechnet sich ein Energieaufwand von 22 W/m^2. Als Jahresmittelwert für den Energiebedarf der Photosynthese hat er 0,15 W/m^2 errechnet. Diese Zahlen rechtfertigen, dass wir die Photosynthese bei den Energiehaushaltsbetrachtungen unberücksichtigt lassen.

Die Gleichung, die den Vorgang beschreibt, lautet in vereinfachter Form:

$$V = -u * \psi * \frac{(s_0 - s_h)}{h}$$

Dabei bedeutet V die pro Fläche und Zeit transportierte latente Energie; u ist er Austauschkoeffizient und ψ die spezfische Verdunstungsenergie (2400 Ws/g). An die Stelle der Temperatur tritt jetzt die spezifische Feuchte s.

4.3 Energiehaushalt als Ganzes

Fassen wir noch einmal zusammen, was wir inzwischen über den Energiehaushalt der Erdoberfläche wissen: Am Tag, so haben wir gesagt, ist die Strahlungsbilanz (Q) praktisch immer positiv, d.h., wir haben überschüssige Energie, die die anderen Wärmeströme – also der Bodenwärmestrom, der Strom fühlbarer Wärme und der Strom latenter Energie – abnehmen. In der Nacht ist es umgekehrt. Die Strahlungsbilanz ist dann negativ. Es kommt dadurch zu einem Energieverlust, den die anderen Energieströme (in allererster Linie der Bodenwärmestrom) durch Zulieferung aus ihren tagsüber angelegten Reserven zu ersetzen versuchen.

Mathematisch lässt sich dieser Zusammenhang gemäß unserer Vorzeichenkonvention folgendermaßen formulieren:

$$Q = -(B + L + V)$$

Die Summe von B, L und V ist dem Betrag nach stets gleich der Strahlungsbilanz, ihre Richtung jedoch der Richtung des Strahlungsstromes entgegengesetzt.
Diese Gleichung lässt sich nun – zunächst rein formal – in die folgende Form bringen:

$$Q + B + L + V = 0$$

Die Energiehaushaltsgleichung für die Erdoberfläche: $Q + B + L + V = 0$ ist genau genommen nur eine andere Formulierung des ersten Hauptsatzes der Thermodynamik. Da die Erdoberfläche keine Masse besitzt, sondern nur eine mathematische Trennfläche darstellt, kann sie keine Energie speichern. Das bedeutet: Die Energiemenge, die auf sie zufließt, muss auch wieder vollständig von ihr wegfließen. Unter Berücksichtigung unserer Vorzeichenkonvention heißt das, dass die Summe aller Energieströme gleich Null sein muss.

Betrachtet man diese Form etwas genauer, so stellt man fest, dass sie eine gewaltige Verallgemeinerung unserer bisherigen Vorstellungen über den Energiehaushalt zulässt. Sie stellt nämlich alle vier Energiehaushaltskomponenten völlig gleichrangig nebeneinander. Die Strahlungsbilanz verliert dabei ihre Vorreiterrolle. Es braucht also keineswegs so zu sein, dass Q prinzipiell ein anderes Vorzeichen hat wie die drei anderen. Es können auch zwei Energieströme positiv und zwei negativ sein. Ein regelmäßig auftretender Fall soll als Beispiel genannt werden: Wie wir wissen und wie auch Abb. 105 zeigt, sind die Strahlungsbilanz und der Bodenwärmestrom ab dem späteren Nachmittag gleichzeitig positiv. Die Ströme fühlbarer Wärme und latenter Energie bleiben aber bis in den Abend hinein negativ.

Man darf sich also die Verhältnisse nicht so vorstellen, dass jeder Energiestrom gewissermaßen eigene Energieabnahme- und Energielieferungsverträge mit der Strahlungsbilanz unterhält. Vielmehr läuft alles in einer Art Verbundsystem ab. Wenn irgendwo Energie überschüssig ist, wird sie in das System eingespeist, und jeder Strom, der in der Lage ist, Energie abzuführen, entnimmt sie daraus. Wird dagegen Energie benötigt, so versuchen andere, sie heranzuschaffen, jeder nach seiner Möglichkeit.

Man kann sich den **Energiehaushalt** ganz ähnlich vorstellen wie einen privaten Finanzhaushalt. Dem Energiegewinn durch kurzwellige Strahlung entspricht das Gehalt, das jeden Monat überwiesen wird. In der Zwischenzeit muss mit dem Geld gehaushaltet werden. Auch die Sonne sendet ihre Strahlung nur am Tag, während Energie auch in der Nacht parat sein muss. Wer Geld verdient, muss Einkommensteuer zahlen. Das lässt sich nicht umgehen. Und wo viel Geld eingeht, verlangt der Staat auch einen hohen Steuersatz. Ihm entspricht die langwellige Ausstrahlung. Daneben gibt es im privaten Haushalt aber auch noch andere feste Ausgaben, etwa für Wohnung, Essen, Versicherungen oder das Auto. Erfahrungsgemäß kommt von ihnen nichts oder höchstens einmal ein kleiner Versicherungsbonus zurück. Diese Ausgaben lassen sich also gut mit den Strömen fühlbarer Wärme und latenter Energie vergleichen. Schließlich muss etwas auf das Konto, denn man braucht ja auch am Monatsende noch etwas zu essen und Benzin fürs Auto oder Geld für eine plötzlich notwendig werdende Anschaffung. Dem entspricht der Bodenwärmestrom.

Genauso wie in einem privaten Haushalt je nach persönlicher Situation, nach Temperament und Veranlagung die Ausgabenschwerpunkte ganz unterschiedlich gesetzt werden, so wird der Energiehaushalt sehr stark von den meteorologischen Bedingungen gestaltet. In Abb. 105 sind zwei sehr gegensätzliche Formen dargestellt.

In der oberen Hälfte ist der Energiehaushalt an der meteorologischen Versuchsstation in Garching bei München vom 10.6.64 (nach Berz 1969), in der unteren der auf der Sandbichleralm bei Bayrischzell vom 7.7.76 dargestellt. In jedem Fall ist der Boden von einer dichten Grasnarbe bedeckt. Zum Zweck besserer Vergleichbarkeit ist in beiden Darstellungen der Maximalwert der Strahlungsbilanz auf 100 Einheiten festgelegt.

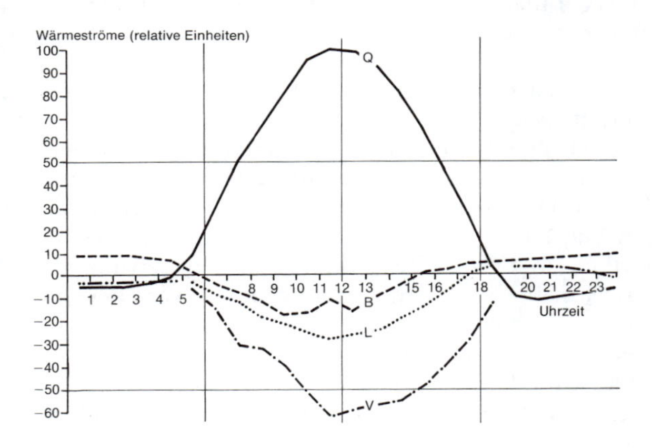

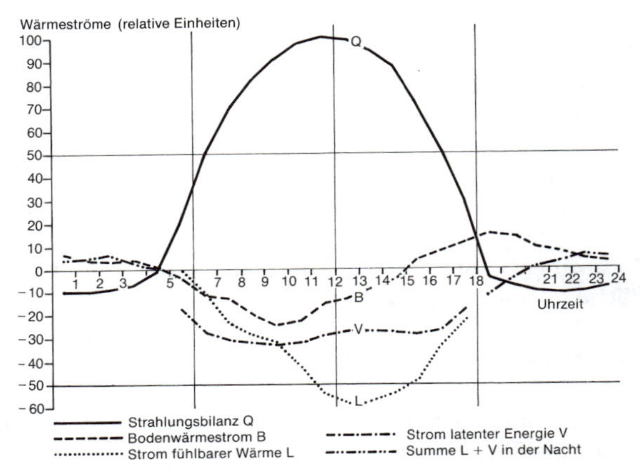

Abb. 105
Komponenten des Energiehaushaltes der Erdoberfläche. Wiese in Garching bei München am 10.6.1964 (oben), Sandbichleralm bei Bayerischzell am 7.7.1976 (unten). Der Pflanzenwärmestrom ist dem Bodenwärmestrom zugeschlagen. Maßstab: 100 Einheiten = 717 W/m² (oben); 717W/m² (unten). Die Kurven sind stellenweise etwas generalisiert (vgl. auch Seite 308).

Während in Garching am 10.6.64 der lehmige Boden in der Isaraue reichlich mit Wasser versorgt war, stand am 7.7.76 die berüchtigte Dürreperiode vor ihrem Höhepunkt (s. Seite 308). Der nur 10 bis 15 cm mächtige, stark humushaltige Almboden war ausgetrocknet, das Gras welk, zum Teil schon verdorrt. Zum Wassermangel im Boden kam hinzu, dass die Pflanzen nur noch zum Teil transpirieren konnten. Damit war auf der Alm die Verdunstung sehr stark gedrosselt. Während V in Garching nach der Strahlungsbilanz (Q) die wirksamste Komponente des Energiehaushaltes darstellt, mit Werten bis über 60 Einheiten, erreicht sie auf der Alm nur die Hälfte davon. Wenn die Verdunstung nicht ausreichend funktioniert, müssen die anderen Komponenten des Energiehaushaltes eingreifen. So kommt es, dass der Strom fühlbarer Wärme (L) auf der Alm um ein Drittel größer ist als der Strom latenter Energie, während er in Garching nicht einmal die Hälfte davon erreicht.

Auch der Bodenwärmestrom, in Garching mit gut 15 Einheiten recht bescheiden, steigt auf der Alm bis nahe 30 Einheiten an, und das, obwohl der Boden trocken und damit schlecht leitend war. Doch seine Speicherfähigkeit ist bald erschöpft, schon ab dem späten Vormittag geht B rasch zurück. Ab jetzt muss der Strom fühlbarer Wärme den Löwenanteil am Abtransport von Überschussenergie übernehmen und steigt dabei bis 50 Einheiten an. So kräftige Ströme fühlbarer Wärme verlangen natürlich auch entsprechende Temperaturgradienten. So wurden im Gras 35 °C, in 2 m Höhe 18 °C gemessen. Diese Situation bewirkt, dass der Bodenwärmestrom sein Maximum schon am Vormittag, fühlbare Wärme und latente Energie ihres dagegen erst am Nachmittag erreichen. In Garching wird dagegen bei allen drei Wärmeströmen der Höchstwert fast gleichzeitig mittags beobachtet.

Ergänzend sei hier noch ein interessanter Spezialfall erwähnt. In einem geschlossenen Gewächshaus werden die Ströme L und V fast vollständig unterdrückt. Damit muss der Bodenwärmestrom erhebliche Energiemengen aus der – wegen des Glashauseffektes ohnehin noch verstärkten – Strahlung übernehmen. Von Danwitz et al. (1988) haben Ergebnisse von Bodentemperaturmessungen veröffentlicht, aus denen sich für den Wärmestrom B Beträge bis über 400 W/m^2 errechnen lassen. Das ist gut das Dreifache der zur selben Jahreszeit für Garching berechneten Spitzenwerte.

Das Death Valley in Kalifornien steht dem Welt-Hitzerekord allerdings nur wenig nach: am 10. Juli 1913 wurden dort 56,7 °C gemessen. Die höchste Temperatur Deutschlands wurde am 8. August 2003 in Roth (Bayern) registriert; sie betrug 40,4 °C.

4.4 Zusammenhang zwischen Energiehaushalt der Erdoberfläche und Temperatur der bodennahen Luft

Die auf der Erde auftretenden (bodennahen) Lufttemperaturen bewegen sich innerhalb einer Spanne von gut 150 K. Den **Hitzerekord** hält mit 58 °C (13.Sept.1922; 2 m über dem Boden) die in der libyschen Wüste gelegenen Station Al Aziziyah. Der **Kälte-**

pol liegt in der Antarktis. An der Forschungsstation Wostok wurde in einer Höhe von 3 000 m über NN (2 m über dem Boden) am 21. Juli 1983 –89,2 °C gemessen. An der Bodenoberfläche wäre die Temperatur in der Wüste noch höher, in der Antarktis noch tiefer gewesen.

Wie kommt eine so immense Temperaturvielfalt zustande? Die Antwort auf diese Frage ergibt sich ganz zwanglos aus dem Energiehaushalt der Erdoberfläche. Wenn wir uns über das Zusammenspiel und die Größenverhältnisse der vier Energiehaushaltskomponenten, insbesondere den mit der bodennahen Temperatur eng verknüpften Strom fühlbarer Wärme im klaren sind, werden wir schnell für jede klimatische Situation eine plausible Erklärung finden.

Suchen wir uns fürs erste ein besonders einfaches und einleuchtendes Beispiel aus: die **Wüste**. Wir fragen uns: Warum wird es dort tagsüber so heiß und nachts so kalt?

Wüsten liegen in geographischen Breiten um 30°. Das bedeutet, wir haben bei sehr hohen Sonnenständen und häufig wolkenlosem Himmel gewaltige kurzwellige Strahlungsströme. Zwar ist die langwellige Strahlungsbilanz stärker negativ als in Mitteleuropa, was daran liegt, dass dort einer (wegen der hohen Bodentemperaturen) sehr starken Ausstrahlung eine (wegen großer Lufttrockenheit) verhältnismäßig schwache atmosphärische Gegenstrahlung gegenübersteht. Im Durchschnitt ist die Gesamtstrahlungsbilanz dennoch mehr als doppelt so hoch wie in Mitteleuropa. (Die atmosphärische Gegenstrahlung wäre noch geringer, wenn nicht erhebliche Mengen von aufgewirbeltem Staub und Sand einen Beitrag dazu leisten würden.)

Wohin mit der vielen Energie? Zunächst wird man an den Bodenwärmestrom denken, der ja als potenter Energiespeicher gilt. Da der Wüstenboden sehr trocken ist, darüber hinaus großenteils aus Sand besteht, hat er eine extrem schlechte Wärmeleitfähigkeit. Er kann deshalb nur einen geringen Bruchteil der anfallenden Überschussenergie zwischenspeichern. Scherhag und Lauer (1982) beziffern ihn in einem Beispiel aus der Wüste Gobi auf etwa 10 % der Strahlungsbilanz.

Trivialerweise ist auch der Strom latenter Energie nicht in der Lage, nennenswerte Energiemengen abzuschöpfen. Bleibt nur der Strom fühlbarer Wärme; er muss notgedrungen die Hauptlast übernehmen: in dem schon genannten Beispiel aus der Wüste Gobi weit über 80 %. Dazu bedarf es bekanntlich (s. Seite 238) entsprechender Temperaturgradienten – selbst dann, wenn der Austauschkoeffizient wegen des beständigen Wüstenwindes beachtliche Werte annimmt. Damit die benötigten Temperaturgradienten erreicht werden, müssen – anschaulich gesprochen – die

Die tiefsten Temperaturen der Nordhalbkugel wurden in Werchojansk (Ostsibirien) gemessen; am 5. und am 7. Februar 1892 sank dort das Thermometer auf –67,8 °C. Der kälteste bewohnte Ort der Erde ist Ojmjakon (Ostsibirien); seine Jahresmitteltemperatur beträgt –16,3 °C; seine Tiefsttemperaturen sind ähnlich wie in Werchojansk. Der kälteste Ort Deutschlands (und gleichzeitig Mitteleuropas) ist Hüll (Niederbayern); dort zeigte das Thermometer am 12. Februar 1929 –37,8 °C.

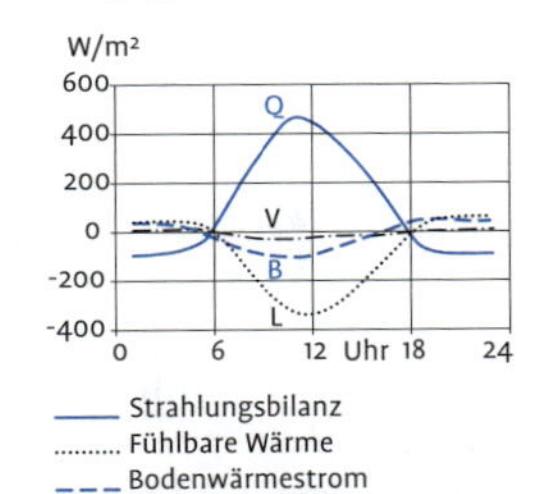

Abb. 106
Energiehaushalt Ikengüng, Wüste Gobi.

Temperaturen am Erdboden „erheblich hochgefahren" werden. Dementsprechend hohe (bodennahe) Lufttemperaturen findet man denn auch in den Klimaaufzeichnungen der Wüstenstationen. So liegen z. B. die mittleren Maximumtemperaturen der Luft in 2 m Höhe in der Sahara in den Sommermonaten zwischen 40 und 45 °C; die Bodenoberflächen werden nicht selten 60 bis 70 °C heiß.

Dass die Nächte in den Wüsten „lausig" kalt werden können, erklärt sich jetzt beinahe schon von selbst: schwache atmosphärische Gegenstrahlung, fast keine Bodenwärme, durch Inversionen blockierte Wärmelieferung aus der Atmosphäre, und das in – je nach Jahreszeit – bis zu 14 Stunden langen Nächten. Kein Wunder also, dass in manchen Wüsten die mittleren Minimumtemperaturen in den Wintermonaten nur wenige Grad über dem Gefrierpunkt liegen. An vielen Klimastationen treten sogar regelmäßig oder zumindest sporadisch Fröste auf, dabei sind Temperaturen bis unter –10 °C nicht auszuschließen.

— Anregung zum Nachdenken! Wäre es nicht reizvoll, vorab selbst zu versuchen, die Höchst- und Tiefsttemperaturen über den verschiedenen Oberflächen mit Hilfe des Energiehaushaltes zu erklären? Sie brauchen sich nur klar zu machen, in welcher Relation Strahlungsbilanz, Bodenwärmestrom, fühlbare und latente Wärme im jeweiligen Fall zueinander stehen.

In Abb. 107 sind Tagesgänge der Temperatur an verschiedenen Oberflächen dargestellt. Sie stammen von Scherhag und Lauer (1982) und gelten für sommerliche Verhältnisse in Mitteleuropa.

Beginnen wir mit dem **asphaltierten Boden**, der mit Abstand die höchsten Temperaturen aller hier vorgestellten Oberflächen

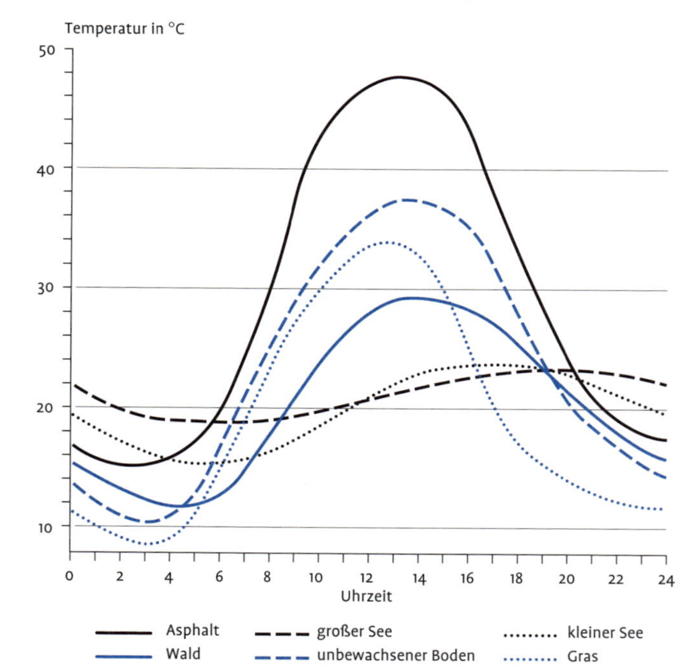

Abb. 107
Tagesgang der Temperatur verschiedener Oberflächen an einem Hochsommertag in 50° geographischer Breite (nach einer Vorlage bei Scherhag und Lauer 1982, etwas schematisiert).

zeigt. Einerseits absorbiert er wegen seiner dunklen Färbung – die Albedo neuer Fahrbahnbeläge liegt zwischen 5 und 10 % (vgl. Seite 193) – tagsüber sehr viel Strahlungsenergie. Aufgrund der guten Wärmeleitfähigkeit des Untergrundes – in der Literatur werden Λ-Werte von über 1,5 W/(m ∗ K) genannt (vgl. Seite 228) – kann zwar der Bodenwärmestrom mehr Energie abführen als in vielen natürlichen Böden. Das letztlich entscheidende Kriterium aber ist, dass es keine Verdunstung gibt. Also muss – wie in der Wüste – der Strom fühlbarer Wärme die Hauptlast übernehmen. Dazu sind sehr große Temperaturgradienten erforderlich, die nur durch extrem hohe Temperaturen der Bodenoberfläche erreicht werden. Bei intensiver Sonnenstrahlung bilden sich an der Oberfläche von Asphaltstraßen regelmäßig überadiabatische Gradienten aus.

Ähnliches gilt übrigens für Eisenbahntrassen. Dort misst man üblicherweise sogar noch höhere Temperaturen als über Straßenoberflächen. Bahndämme besitzen eine ungewöhnlich schlechte Wärmeleitfähigkeit und entsprechend schwach sind die Bodenwärmeströme. Die schlechte Wärmeleitfähigkeit ist leicht zu erklären. Das Gleisbett ist aus grobem Schotter aufgebaut, deren Steine sich nur jeweils punktweise berühren. Die Wärmeleitung wird dadurch extrem erschwert. Zwischen den Steinen ist viel Luft und kaum Wasser. Dadurch kann so gut wie keine Verdunstung stattfinden.

> An heißen Tagen kann man über Straßen, Plätzen und Bahnstrecken die Luft heftig flimmern sehen. Das ist der sichtbare Ausdruck für einen sehr intensiven Strom fühlbarer Wärme. Die Warmluftpakete „sprudeln" dort geradezu in die Höhe, und weil sie eine verminderte optische Dichte haben, wirken sie wie kleine Linsen, die den Eindruck flirrenden Zitterns erwecken.

Der **unbewachsene Ackerboden** absorbiert nicht mehr so viel Strahlung wie der Asphalt (Albedo je nach Sandanteil bis über 30 %) und kann schon merklich verdunsten. Dadurch wird ein erheblicher Teil der zugeführten Energie aufgezehrt. Außerdem fließt hier eine spürbare Wärmemenge in den Boden, wo sie bis zur Nacht gespeichert bleibt. Das erklärt, warum die Temperaturdifferenz zwischen Asphalt und Ackerboden am Tag größer ist als in der Nacht.

Vergleichen wir damit eine bewachsene Bodenoberfläche, z. B. eine **Wiese**. Neben einer kräftigen Verdunstung ist für sie typisch, dass der Bodenwärmestrom stets recht bescheiden bleibt. Die vielen Lufteinschlüsse zwischen den oberirdischen Pflanzenteilen und das lockere Wurzelwerk lassen wegen ihrer schlechten Wärmeleitfähigkeit am Tag nur wenig Wärme in den Boden eindringen (s. Seite 234). Da aber die Wiese aufgrund großzügiger Verdunstung von einem recht tiefen Temperaturniveau aus in die Nacht geht und nur sehr bescheidene Bodenwärmereserven zur Verfügung stehen, ist nicht weiter verwunderlich, wenn es in der Nacht an der Grasnarbe empfindlich kühl wird.

— Welche gewaltige Kühlwirkung die Verdunstung haben kann, zeigen auch Messungen von Agrarmeteorologen beim Deutschen Wetterdienst in Braunschweig. Im heißen Sommer 2003 wurde von zwei benachbarten Rübenbeständen nur der eine bewässert. Der nicht bewässerte litt sichtbar (schlapp herunterhängende Blätter) unter Wassermangel und musste deshalb die Verdunstung drosseln. Dabei stiegen die Blatttemperaturen um fast 10 K über die Temperatur der bewässerten, kräftig verdunstenden Nachbarpflanzen.

Besonders interessante Verhältnisse finden wir an der Oberfläche eines **Waldes**. Sie ist wegen der unterschiedlich hoch herausragenden Baumwipfel sehr rau, was einen erheblichen Anstieg des Austauschkoeffizienten zur Folge hat. Dadurch kommt es tagsüber zu erheblichen Strömen fühlbarer Wärme wie latenter Energie. Nachts kühlt sich die Oberfläche eines Waldes durch Ausstrahlung ab – wie jede andere Oberfläche auch. Und wie an jeder Oberfläche bildet sich auch hier „Kaltluft". Beim Wald kann die Kaltluft jedoch in den Baumbestand einsickern. Dafür steigt aus dem warmen Stammraum Luft nach oben. Die von ihr mitgebrachte Wärme ersetzt damit wenigstens einen Teil der durch Ausstrahlung verlorenen Energie, so dass die Temperatur an der Oberfläche des Waldes gemäßigt hoch bleibt. Der Wald verhindert auf diese Weise die Bildung und das Ableiten von Kaltluft in tiefere Geländelagen (s. Seite 338, 359).

Den flachsten Temperaturtagesgang zeigen die **Gewässer**, insbesondere die Seen. Sie bleiben am Tag relativ kühl: erstens, weil die eingestrahlte Energie bekanntlich (s. Seite 202) bis – im Vergleich zum festen Boden – relativ große Tiefen hinunter verteilt wird; zweitens, weil eine erhebliche Verdunstung stattfindet. Wegen der gleichmäßigen Durchwärmung und der großen spezifischen Wärme des Wassers (s. Seite 236ff., 76) geht dann auch nachts die Wassertemperatur nur wenig zurück. Insbesondere bei größeren Seen lässt sich das sehr deutlich erkennen.

Verständnisfragen

4.1 *Gleichungen, die Transportvorgänge beschreiben, enthalten neben Konstanten stets zwei Terme. Wie nennt man sie, und was sagen sie aus?*

4.2 *Warum sind Moore und Wiesenflächen besonders nebelreich?*

4.3 *Warum ist auf und unter Brücken die Gefahr von Glätte besonders groß?*

4.4 *Warum ist es in Wüsten am Tag extrem heiß und in der Nacht unerwartet kalt?*

4.5 *Warum fühlt sich Eisen kälter als Styropor an, auch wenn beide Raumtemperatur haben?*

4.6 *Warum treten in Mitteleuropa Lufttemperaturen unter –14 bis –16 °C nur auf, wenn eine Schneedecke vorhanden ist?*

4.7 *Von welchen drei Einflussgrößen hängt der Austauschkoeffizient ab?*

4.8 *Ordnen Sie bitte den Bodenwärmestrom, den Strom fühlbarer Wärme, den Strom latenter Energie und die Strahlungsbilanz nach ihren Spitzenwerten an einem Sommertag in Mitteleuropa bei einem gut mit Wasser versorgten Boden.*

4.9 *Ordnen Sie bitte die folgenden Oberflächen nach ihrer Höchsttemperatur an einem sonnigen Sommertag: Gras, Asphaltstraße, unbewachsener Ackerboden, Wald, See.*

4.10 *Ordnen Sie bitte die unter Frage 4.9 genannten Oberflächen nach ihrer Tiefsttemperatur in einer wolkenlosen Nacht.*

Abb. 108
Aristoteles (384–322 v. Chr.) hat in seinen meteorologischen Abhandlungen 8 Winde unterschieden, je einen aus den 8 Haupt- und Zwischenhimmelsrichtungen. Ihnen zu Ehren wurde um 80 v. Chr. in Athen am Fuß der Akropolis der tempelartige, achteckige „Turm der Winde“ errichtet. Jede seiner Marmor-Außenwände trug eine Reliefplastik der zur jeweiligen Himmelsrichtung gehörenden Windgottheit. Auf dem Dach zeigte eine Windfahne in Form einer Nymphe den gerade herrschenden Wind an.

5 Wind

In der Antike hielt man den Wind wie auch die meisten anderen meteorologischen Phänomene für Gottheiten. Aristoteles (384–322 v. Chr.) beschrieb acht Winde. Sie sind auf dem achteckigen Turm der Winde in Athen als Reliefs abgebildet. Ihre Gestalt und Kleidung entspricht dem Wetter, das sie begleiten. So ist Boreas, der kalte Nordwind, als alter, bärtiger Mann dargestellt, angetan mit einem dicken Mantel und mit einer Muschel in der Hand, aus der man sein Heulen zu hören glaubte. Der Ostwind Apeliotes dagegen ist ein Jüngling in luftigem Gewand.

Wenn auch der Wind heute als atmosphärisch-physikalisches Phänomen erforscht ist, so hat er doch einen Rest seines unheimlichen Wesens behalten. Das wird den Menschen spätestens dann bewusst, wenn er in einer Sturmnacht über das Land jagt, Bäume entwurzelt, Bauwerke zum Einsturz bringt oder Sturmfluten vor sich hertreibt, die schwerste Schäden anrichten und Menschenleben fordern. Auf der anderen Seite ist er es, der Pflanzen bestäubt, atmosphärische Verunreinigungen verdünnt und an schwül-heißen Sommertagen für willkommene Kühlung sorgt.

Im Gegensatz zu den meisten meteorologischen Größen hat der Wind eine Geschwindigkeit und eine Richtung. Als Richtung des Windes bezeichnet man immer diejenige, aus der er kommt. Der Nordwind kommt aus Norden, der Ostwind aus Osten. Der Seewind (s. Seite 256) kommt von der See her und der Landwind vom Land her. Nach welchem Schema die Zwischenhimmelsrichtungen benannt werden, ist aus Tabelle 21 zu entnehmen.

Häufig wird die **Windrichtung** aber nicht nach der Himmelsrichtung, sondern nach einer 360°-Skala (Azimutwinkel) angegeben. Sie beginnt bei Nord mit 0°, läuft über Ost (90°), Süd (180°) und West (270°), bis sie schließlich bei Nord mit 360° wieder en-

Tab. 21 Windrichtungstabelle

360°-Skala	Himmelsrichtung	
	Name	Zeichen
0	Nord	(N)
22,5	Nord-Nordost	(NNO)
45	Nordost	(NO)
67,5	Ost-Nordost	(ONO)
90	Ost	(O)
112,5	Ost-Südost	(OSO)
135	Südost	(SO)
157,5	Süd-Südost	(SSO)
180	Süd	(S)
202,5	Süd-Südwest	(SSW)
225	Südwest	(SW)
247,5	West-Südwest	(WSW)
270	West	(W)
292,5	West-Nordwest	(WNW)
315	Nordwest	(NW)
337,5	Nord-Nordwest	(NNW)
360	Nord	(N)

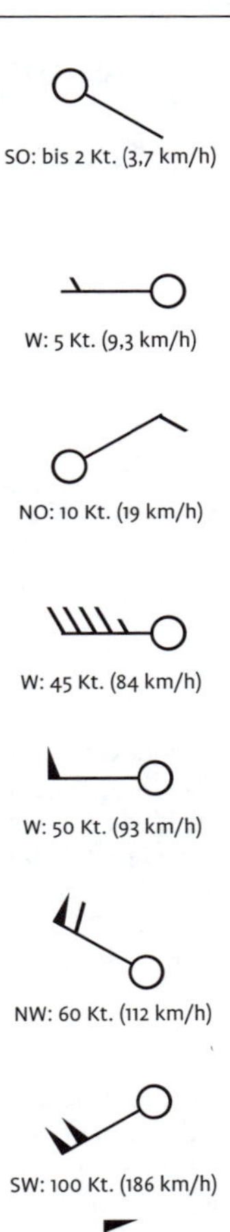

Abb. 109
Windsymbole: Die Richtung des Pfeils zeigt an, wo der Wind herkommt. Die Fiedern geben seine Stärke in Knoten (Kt) an: kurze Fieder 5 Knoten, lange Fieder 10 Knoten, dreieckige Fieder 50 Knoten (1 Kt = 1 nautische Meile/Stunde = 1,96 km/h).

det. Der Zusammenhang zwischen den Winkelangaben und der Himmelsrichtung ist aus Tab. 21 zu ersehen. Man findet jedoch auch Skalen, auf denen Norden mit ±180° und Süden mit 0° bezeichnet werden.

Der Wind kann sehr hohe **Geschwindigkeiten** erreichen. In Bodennähe hält ein Wind, der am Mt. Washington gemessen wurde, den Rekord. Dort erreichte eine Böe eine Geschwindigkeit von 115 m/s, entsprechend 416 km/h. In Europa wurde auf der Zugspitze eine Böenspitze mit 93 m/s = 335 km/h gemessen. Noch viel höhere Werte bis zu Schallgeschwindigkeiten treten in Tornados (s. Seite 269) auf. Sie konnten aber noch nicht mit genügender Sicherheit nachgewiesen werden. Den höchsten Jahresmittelwert fand man in Kap Denison (s. Seite 261) in der Antarktis. Er liegt bei 19 m/s, das sind 68 km/h. Zum Vergleich: An den Küsten des europäischen Festlandes beträgt die Jahresmittel-Geschwindigkeit etwa 6 m/s (22 km/h), im Binnenland sogar nur 2 bis 4 m/s (8 bis 15 km/h).

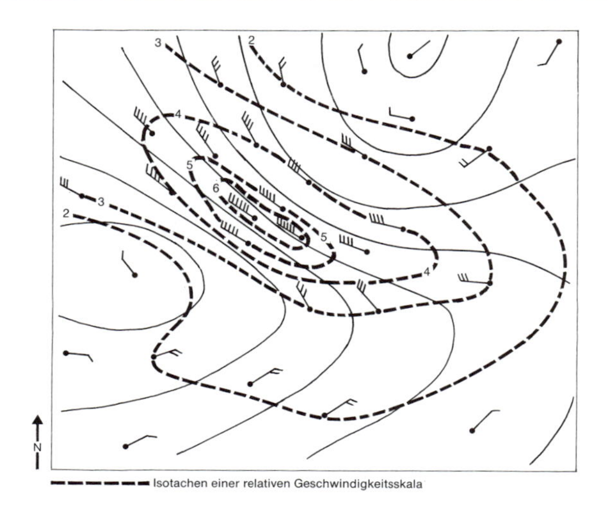

Abb. 110 (linke Hälfte)
Zur Darstellung eines Windfeldes: Stromlinien

Grundstücksmakler zum Meteorologen: „Das ist das ideale Grundstück für das neue Wetteramt: Nördlich davon ist eine Mülldeponie, im Osten eine Kläranlage, im Süden eine Schweinemästerei und westlich gleich vor der Haustür eine Stinktierzucht – man weiß also immer genau, wo der Wind herkommt".

Wegen der Bodenreibung nimmt die Windgeschwindigkeit mit der Höhe zu. Da hierbei Form und Gestalt des Geländes eine wesentliche Rolle spielen, soll der genaue Zusammenhang in Kapitel Geländeklima auf Seite 342 besprochen werden. Hier genügt der Hinweis, dass die Geschwindigkeit mit der Höhe zunächst rasch, dann aber immer langsamer wächst.

In der freien Atmosphäre ist der Wind demnach viel stärker als in Bodennähe. Extrem starke Winde findet man in den so genannten Jetstreams (s. Seite 283), wo schon 150 m/s gemessen wurden. Das sind nicht weniger als 540 km/h.

5.1 Graphische Darstellung des Windes

Am gebräuchlichsten ist die Darstellung mit Hilfe von **Stromlinien**. Das sind Linien, deren Tangenten in jedem Punkt die Richtung des Windes angeben.

Man erhält sie auf folgende Weise: Zunächst werden in eine Karte an möglichst vielen Punkten die Windrichtung und Windgeschwindigkeit eingetragen. Die Windrichtung gibt man durch einen Richtungspfeil an, die Geschwindigkeit durch Fähnchen. Je höher die Geschwindigkeit ist, desto mehr Fähnchen setzt man an. Die Stromlinien erhält man dadurch, dass man Kurven zeichnet, deren Verlauf sich an der Richtung der Windpfeile orientiert (die Windpfeile sind Tangenten der Stromlinien) und die um so näher zusammenrücken, je mehr Fähnchen an den Windpfeilen sitzen.

Wertvolle Hilfe beim Konstruieren der Stromlinien leisten darüber hinaus die **Isotachen**, das sind Linien gleicher Windgeschwindigkeit. In Abb. 110 sind sie gestrichelt eingezeichnet.

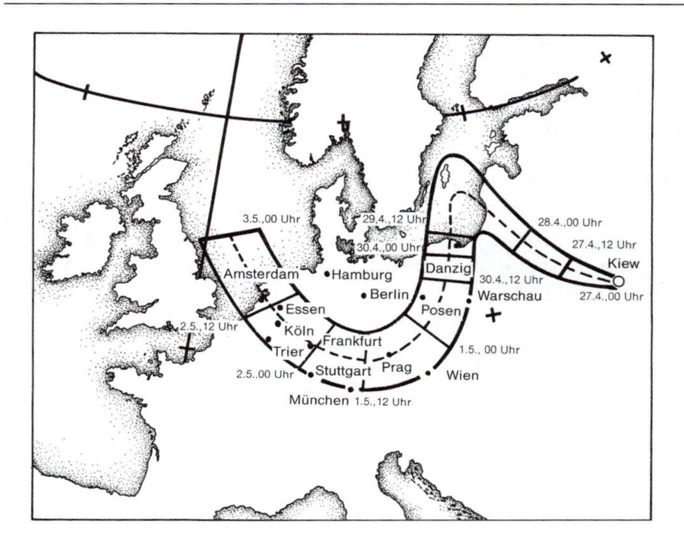

Abb. 110 (rechte Hälfte)
Zur Darstellung eines Windfeldes: Trajektorien; nach Deutscher Wetterdienst (1986) abgeändert.

Es ist nicht ganz so einfach, ein Stromlinienfeld zu konstruieren, wie es scheinen mag. Natürlich kann es nicht die Aufgabe dieses Buches sein, das Entwerfen von Stromlinienkarten zu lehren. Es soll aber doch ein gewisses Verständnis dafür wecken, eine vorliegende Stromlinienkarte zu interpretieren. Deshalb sei noch einmal kurz auf Abb. 110 links eingegangen. In der Bildmitte weist die starke Stromliniendrängung auf eine hohe nordwestliche Windgeschwindigkeit hin. Nach Nordosten wie nach Südwesten hin geht sie rasch zurück. Im südöstlichen Teil der Abb. 110 dreht der Wind unter Abschwächung auf Nordost.

Jedes Luftteilchen bewegt sich demnach längs einer Stromlinie durch das Windfeld. Das gilt allerdings nur, wenn sich die Form des Windfeldes nicht verändert, während das Teilchen unterwegs ist. Da die Atmosphäre aber einer ständigen Dynamik unterliegt, ist das im Allgemeinen nicht der Fall. Dann muss man die Bahn eines individuellen Teilchens, die man als **Trajektorie** bezeichnet, mit Hilfe computergestützter Verfahren oder geduldiger Mühe konstruieren. Normalerweise spielen Trajektorien in der Meteorologie keine besondere Rolle. Ein Fall, in dem sie jedoch überragende Bedeutung bekamen, war der Reaktorunfall in Tschernobyl. Mit ihrer Hilfe konnte man nämlich bequem den Weg der freigesetzten radioaktiven Substanzen über Europa hinweg verfolgen. Abb. 110 zeigt im rechten Teil, wann die radioaktiven Stoffe, die den Reaktor am 27. April 1986, 00 Uhr verlassen haben, über welchen Gebieten Europas angelangt waren. Die Trajektorie ist gestrichelt eingezeichnet. Da sich die radioaktive Wolke im Lauf der Zeit auch quer zur Strömungsrichtung ausbreitet, ist die Form eines stromabwärts immer breiter werdenden Bandes entstanden. Für das zu einem anderen Zeitpunkt freigesetzte Material gelten natürlich andere Trajektorien. (Einzelheiten siehe Deutscher Wetterdienst 1986.)

5.2 Entstehung des Windes

Zur Diskussion der Frage, wie Wind entsteht, gehen wir von einem simplen Experiment aus. Bläst man einen Luftballon auf und verschließt ihn nicht sofort, so strömt die Luft wieder heraus. Selbstverständlich wissen wir, warum das so ist. Im Ballon ist der Druck größer als außerhalb, und dieser Überdruck presst die Luft heraus. Strömende Luft ist aber genau das, was wir als Wind bezeichnen. Also dürfen wir verallgemeinernd aus diesem Experiment folgern, dass Wind immer dann entsteht, wenn an zwei Orten unterschiedlicher Luftdruck herrscht. Weiter dürfen wir schließen, dass der Wind solange aufrechterhalten bleibt, bis sich die Luftdruckgegensätze ausgeglichen haben.

5.2.1 Land- und Seewind

Wie kommt es in der Atmosphäre zu windauslösenden Luftdruckunterschieden? Betrachten wir zur Beantwortung dieser Frage die Abb. 111 (a).

Dort ist eine Küstenzone dargestellt, links ist das Meer, rechts das Festland. P_1 und P_2 sind zwei Flächen gleichen Luftdrucks (s. Seite 43). Im Teil (b) der Abb. 111 soll nun die Sonne aufgegangen sein und sowohl Meer wie Festland erwärmen. Wie wir wissen, steigt die Temperatur über dem Land viel höher als über dem Meer. Die Erwärmung hat eine uns bekannte Folge: Die Luft dehnt sich aus. Dabei wird Masse von unten nach oben verlagert, und der Luftdruck in der Höhe steigt, während er am Boden unverändert bleibt. Das ist genauso, wie wenn in einem Hochhaus alle Bewohner gleichzeitig den ganz oben wohnenden besuchen würden. Dann würden dort viele Menschen zusammengedrängt sein, die Gesamtzahl der im Haus befindlichen Personen bleibt jedoch unverändert. An der Stelle B ist also der Luftdruck höher als an der gleich hoch gelegenen Stelle C. (Die Lage der Isobarenfläche aus Abb. 111 (a) ist noch gestrichelt eingezeichnet.) Unten dagegen ist er bei D genauso groß wie bei A. Von B nach C wird demnach eine Luftbewegung einsetzen, während zwischen A und D keinerlei Ursache dafür vorhanden ist.

— Die Ursache für das Entstehen des Land-See-Wind-Systems – darauf muss in aller Deutlichkeit hingewiesen werden – ist letzten Endes, dass das Land wärmer als das Meer wird. Dadurch wird über dem Land eine aufwärts gerichtete Luftbewegung initiiert, die in der Höhe zu einer Massenverdichtung führt. So wird die für die Windentstehung erforderliche lokale Druckerhöhung hervorgerufen.

Mit dem Wind erfolgt ein Transport von Luft von B nach C, wie in Abb. 111 (c) dargestellt. Dadurch sammelt sich in der Luftsäule über D zusätzlich Masse an, und das hat zur Folge, dass in D der Luftdruck steigt. Zwischen D und A kommt es deshalb zu einer Luftdruckdifferenz, die dadurch noch verstärkt wird, dass

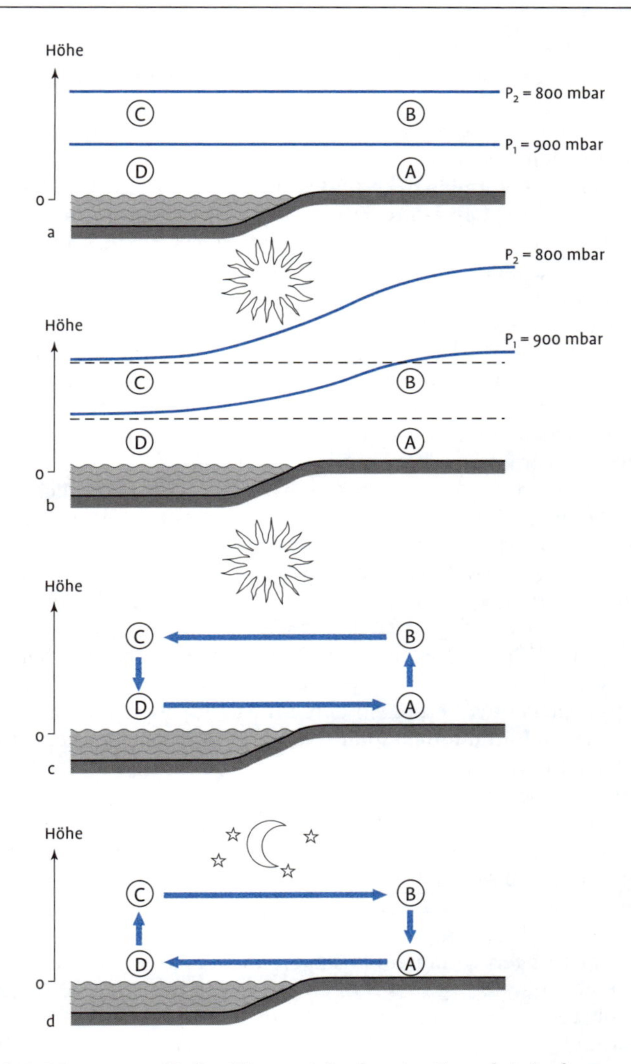

Abb. 111
Zum Entstehen der Land-See-Wind-Zirkulation (Erläuterungen im Text).

bei B Masse wegfließt. Wenn sich aber in C und A Luft ansammelt, von D und B dagegen welche abfließt, so ist leicht einzusehen, dass von C nach D eine Absinkbewegung einsetzt. Zusammen mit dem Aufsteigen über A ist somit ein geschlossener Kreislauf entstanden, der sich, wie man sieht, gegen den Uhrzeiger dreht.

Nachts liegen die Verhältnisse umgekehrt wie am Tag. Über dem kühleren Land schrumpft die Luft stärker zusammen als über dem Meer. Dadurch wird eine Zirkulation eingeleitet, die genau

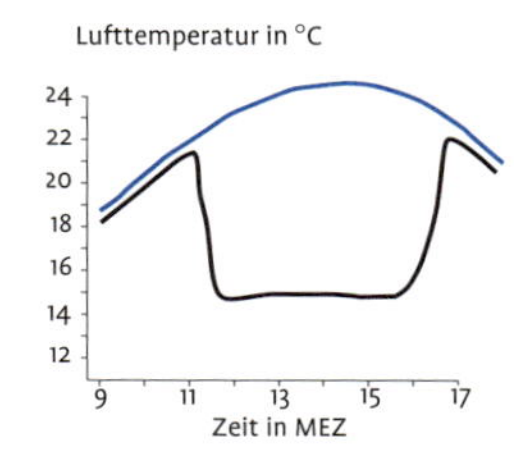

Abb. 112
Stark schematisiert wiedergegebener Temperaturverlauf in Zingst/Ostsee am 17. Mai 1966 bei Windgeschwindigkeiten von 15 bis 25 km/h; schwarz: am Strand (unter Einwirkung des Seewindes), blau: 200 Meter landeinwärts (außerhalb der Reichweite des Seewindes). Nach einer Vorlage von HUPFER *und* KUTTER *(2005).*

entgegengesetzt gerichtet ist: Wir haben also in Bodennähe einen Landwind zu erwarten, der in der Höhe von einem Seewind überlagert ist.

Für einen Beobachter am Boden präsentiert sich dieses Zirkulationssystem als ein tageszeitlich wechselnder Wind, der am Tag von der See her und in der Nacht vom Land her weht. Man spricht dabei kurz von **Land-See-Wind**. In den gemäßigten Breiten erstreckt sich dieses Windsystem über etwa 10 bis 20 km, seine Höhe erreicht tagsüber einige hundert Meter, in der Nacht zum Teil nur 50 m. In den Tropen und Subtropen jedoch, wo die Temperaturen viel höher sind, kann es bis 1 000 m anwachsen und ist noch 100 km von der Küste weg nachweisbar. In Jakarta hat man gemessen, dass alleine der Seewind schon etwa 1 km hoch reicht und von einer 3 km mächtigen Ausgleichströmung überlagert ist. Die Geschwindigkeit betrug dort in Bodennähe 10 m/s, in der Ausgleichsströmung dagegen nur etwa 2,5 m/s.

In unseren Breiten sind die Geschwindigkeiten wesentlich kleiner. An den heißen Küsten stellt der Seewind, der dort mit einem Temperaturrückgang bis zu 10 K verbunden ist, eine wohltuende Erfrischung dar (Abb. 112). Oft ist das Einsetzen der Seewindbrise durch einen ausgesprochenen Knick in der vormittäglichen Temperaturkurve zu erkennen. An manchen Küsten setzt der Seewind sehr pünktlich ein. Die „Ora" am Nordufer des Gardasees hat davon sogar ihren Namen (hora = lat. die Stunde). Die Fischer mit ihren Segelbooten benützten den am Abend einsetzenden Landwind, um mit ihm hinauszufahren, und ließen sich am Vormittag vom aufkommenden Seewind wieder zurücktreiben.

Bei windigem Wetter kann sich die Land-See-Wind-Zirkulation nicht ausbilden, oder aber der Umschlag von der einen Windkomponente zur anderen erfolgt verzögert. Bei windruhigem Wetter dagegen lassen sich selbst an größeren Binnenseen, am Bodensee oder wie oben schon gesagt am Gardasee, Land-See-Wind-Zirkulationen nachweisen. In Abb. 113 ist die mittlere Häufigkeit der Windrichtungen von Friedrichshafen im Juli dargestellt. Je länger ein Richtungspfeil ist, desto öfter tritt der betreffende Wind auf. Die obere Darstellung gilt für 6 Uhr, die untere für 12 Uhr. Friedrichshafen liegt an der Nordostküste des Bodensees. Die 6 Uhr-Verteilung zeichnet sich durch ein auffälliges Überwiegen von Nord- bis Nordostwinden aus, was auf den Landwindeinfluss zurückgeht. Am Mittag dagegen treten als Folge des Seewindes besonders häufig südliche bis westliche Winde auf.

5.2.2 Andere kleinräumige Windsysteme

Neben den Küsten haben auch Gebirge ihre typischen Winde. Wenn am Morgen die Sonne aufgeht, fällt ihre Strahlung zunächst auf die nach Osten abfallenden Hänge der Gebirgstäler, während die nach Westen abfallenden noch im Schatten liegen. Dadurch erwärmt sich die besonnte Talseite schneller als die beschattete. Allmählich beginnen dort Luftpakete wie Heißluftballone den Hang hinaufzugleiten. Diesen Vorgang kann man häufig beobachten, wenn man am Vormittag am Osthang eines nordsüdlich verlaufenden, möglichst tief eingeschnittenen Flusstales steht. Man empfindet dort immer wieder für Sekunden eine deutliche Temperaturerhöhung. Gleichzeitig riecht man dann auch vorübergehend viel stärker den Duft der Blüten. Dabei gleitet jedesmal ein Warmluftpaket vorbei, das auf seinem Weg besonders viel Blütenduftstoff aufnehmen konnte.

Wegen der höheren Temperatur enthalten diese Luftblasen auch reichlich Wasserdampf. Das führt unter anderem dazu, dass sich im Laufe des Tages über den Gipfeln der Berge häufig Quellwolken bilden oder sogar Schauer mit Gewittern entstehen können. So erklärt sich auch, dass im Sommer auf Bergen weniger Globalstrahlung gemessen wird als im Tal (vgl. Seite 198). In sonst trockenen Gebieten können diese Vorgänge sogar zur Niederschlagsbildung führen. So findet man in der Savannenzone an den Berghängen häufig üppige Regenwälder, die ihre Existenz solchen kleinräumigen Niederschlägen verdanken.

Wird die Folge aufgleitender Luftpakete dichter, so kann ein regelrechter Wind entstehen, der **Hangaufwind**. Seine Geschwindigkeit übersteigt jedoch kaum 2 bis 4 m/s. Als Ausgleich für die aufgleitende Luft kommt es über der Talmitte und am unbesonnten Hang zu Abgleitvorgängen, die ein geschlossenes System entstehen lassen, die **Hangwindzirkulation**. Bei Nord-Süd-Tälern verlagert sich der aufwärts gerichtete Ast am Nachmittag nach dem Westhang hin, bei Ost-West-Tälern bleibt er ganztags über dem Südhang.

In der Nacht drehen sich die Verhältnisse um. Durch Abstrahlung kühlen sich die Hänge ab und damit auch die darauf liegende Luft. Diese wird dadurch schwerer und gleitet in Form großer Luftpakete den Hang hinunter. Diesen Vorgang kann man beim abendlichen Spaziergang in den Bergen deutlich spüren. An steilen Hängen der Gebirge kann dieses Abtropfen so intensiv werden, dass SCHMAUSS von Luftlawinen sprach. Mit fortschreitender Nacht schließen sich die Luftpakete zum kontinuierlichen **Hangabwind** zusammen (vgl. Seite 339).

In den Gebirgstälern entwickelt sich aber noch ein zweites Windsystem, das **Berg-Tal-Wind-System**. Es erfasst nicht nur eine dünne, auf dem Boden aufliegende Lufthaut, sondern den gesamten Talquerschnitt. Tagsüber weht der Wind vom Gebirgsvorland talaufwärts, man spricht dann vom **Talwind**, in der Nacht strömt die Luft das Tal hinunter und hinaus ins Vorland, man spricht vom **Bergwind**. Eine deutliche Ausgleichsströmung ist

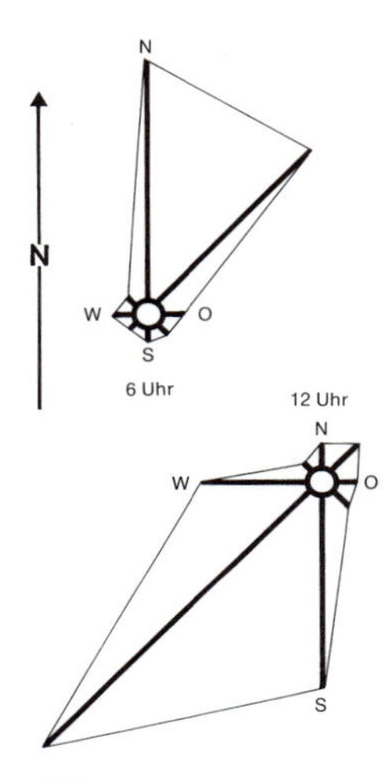

Abb. 113
Windrichtungsverteilung von Friedrichshafen (Bodensee) um 6 Uhr und 12 Uhr im Juli unter dem Einfluss der Land-See-Wind-Zirkulation (nach AICHELE*, unveröffentlicht).*

Das abendliche und nächtliche Abgleiten von kalter Luft über die Hänge der Mittelgebirge und Flusstäler spielt in der Agrarmeteorologie im Zusammenhang mit der Frostgefährdung und in der Stadtklimatologie im Zusammenhang mit der Frischluftzufuhr eine außerordentlich wichtige Rolle. Wir werden deshalb bei der Diskussion des Gelände- und des Stadtklimas noch einmal darauf zu sprechen kommen (vgl. Seite 338 und Seite 351).

nur zeitweise erkennbar, so dass sich vielfach keine geschlossene Zirkulation ausbilden kann.

Dieser Wind lässt sich einerseits als Folge der Hangwindzirkulation, andererseits dadurch erklären, dass im Tal eine vergleichsweise geringere Luftmenge erwärmt werden muss als im Flachland, deren Temperatur dann auch schneller und stärker ansteigt. Nachts kühlt sich die im Tal befindliche Luft aber auch schneller ab als die über dem Flachland lagernde, so dass sich eine talabwärts gerichtete Strömung einstellt. Die Tagesschwankung der Temperatur ist im Tal etwa doppelt so groß wie im Vorland. Die Geschwindigkeiten, die hierbei erreicht werden können, liegen bei maximal einige Meter/Sekunde. Unter bestimmten topographischen Bedingungen kann ein besonders kräftig ausgebildeter Talwind sogar über die Passhöhe hinübergreifen und im jenseitigen Tal zu einer scheinbar verkehren Windrichtung führen. Ein bekanntes Beispiel dafür ist der **Malojawind**.

Zusammen mit der Hangwindzirkulation bildet der Berg-Tal-Wind ein recht kompliziertes Windsystem aus, das in Abb. 114 stark vereinfacht wiedergegeben ist. Es geht im Prinzip auf DEFANT zurück. Mit Sonnenaufgang (a) setzt sofort der Hangwind ein, der hier zur Vereinfachung auf beiden Hängen gleichartig angenommen wurde, während der Bergwind von der Nacht her noch das Tal herunterweht. Der Hangwind wird dadurch in die voluminösere Bergwindströmung mit einbezogen, so dass die absinkende Luft von ihr aus dem Tal heraustransportiert wird. Mit dem am Vormittag einsetzenden Talwind dreht sich die Hauptströmungsrichtung um (b). Am späten Nachmittag (c) kippt die Hangwindzirkulation in den umgekehrten Drehsinn, während der Talwind vorerst noch erhalten bleibt. Dadurch wird die über der Talmitte aufsteigende Luft gleichzeitig talaufwärts geführt. Erst wenn in der Nacht auch der Bergwind einsetzt (d), wird die hangabwärts gleitende Luft aus dem Tal herausgeführt.

Abb. 114
Zusammenwirken des Hangwindsystems mit dem Berg-Tal-Wind-Systems (in Anlehnung an DEFANT 1949)

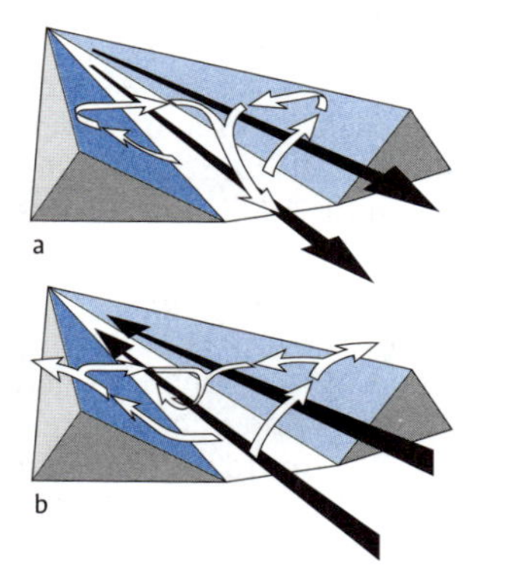

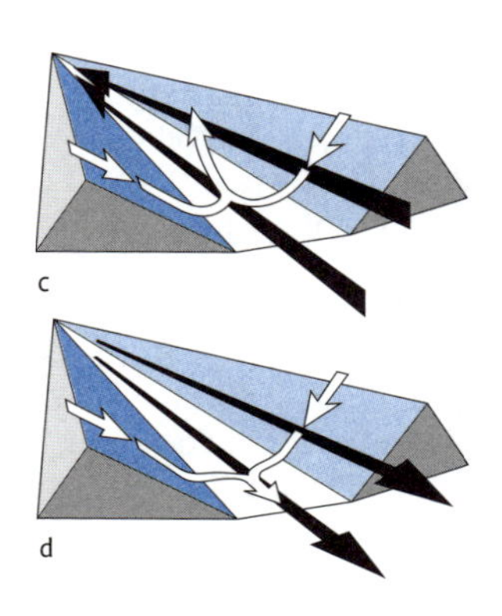

Auf ähnliche Weise wie die Hangabwinde kommen auch die **Fallwinde** zustande, die nach dem griechischen Wort für absteigen auch **katabatische Winde** heißen. Sie entstehen an Hängen, an denen sich die unterste Luftschicht besonders stark abkühlt und dadurch zu Tal gleitet. Der bekannteste Vertreter ist in unseren Breiten der Gletscherwind. Er verdankt seine Existenz der Kälte des Gletschereises. Auch hierbei erfolgt das Abgleiten der kalten Luft tropfenweise. Ist das Gletschertal eng, so kann es zu einem recht böigen Wind kommen. Der Gletscherwind ist immer hangabwärts gerichtet. Eine echte Tagesperiodik gibt es nicht, höchstens dass am Tag größere Geschwindigkeiten beobachtet werden als in der Nacht. Seine Mächtigkeit ist nur gering.

Der Gletscherwind hat auch noch einen großen Bruder, den **Inlandeiswind**, der besonders in Grönland und in der Antarktis bekannt ist. Auch er ist auf eine relativ flache Schicht beschränkt. Wegen des von ihm aufgewirbelten Schnees war er für die mit Hundeschlitten reisenden Polarforscher früherer Tage eine enorme physische wie psychische Belastung. Er erreicht dann besonders hohe Geschwindigkeiten, wenn seine Richtung mit der allgemeinen Strömungsrichtung zusammenfällt. Für Kap Denison in der Antarktis südlich Australiens hat man eine mittlere jährliche Windgeschwindigkeit von 19 m/s errechnet, an einzelnen Tagen wurden 20 bis 30 m/s gemessen. Diese Station liegt an der Küste unterhalb des Abfalles des Inlandeises, wo die allgemeine Zirkulation der Atmosphäre verstärkend wirken kann.

Fallwinde sind nicht generell an Eis gebunden. Auch wenn in Gebirgen eine kräftige Abkühlung erfolgt, können Luftmassen sturmartig ins Tal stürzen. Ein berüchtigter Wind dieser Art ist die kalte **Bora**, die von den Dalmatischen Bergen an die Adria hinunterbläst. Natürlich erwärmt sich die Luft auch dabei um 1 K/100 m, da aber die Luft besonders im Winter von Anfang an sehr kalt und die Fallhöhe nur gering ist, kann auch die adiabatische Erwärmung aus ihr keine milde Mittelmeerluft machen. Boraähnliche Winde gibt es auch an der Südküste der Insel Koim und am Schwarzmeerufer vor dem Kaukasus.

5.2.3 Großräumige Windsysteme

Bisher wurden Windsysteme besprochen, deren Dimensionen in der Größenordnung bis einige hundert Kilometer liegen. In der Atmosphäre gibt es aber Druckunterschiede, die unter Umständen über mehrere tausend Kilometer reichen. Die Winde, die von ihnen hervorgerufen werden, unterscheiden sich von den bisherigen dadurch, dass bei ihnen die ablenkende Kraft der Erdrotation – Corioliskraft genannt – wirksam wird und für eine zunächst völlig unerwartete Änderung der Windrichtung sorgt. Ein kleines Gedankenexperiment soll uns helfen, die Wirkungsweise dieser Kraft

de Coriolis, Gaspard G.
Physiker und Ingenieur;
* 21.5.1792 in Paris
† 19.9.1843 in Paris
Lehrer an der École Polytechnique in Paris.
Arbeiten: Rotationsbewegungen und Bewegungen in rotierenden Systemen; Theorie der Maschinen.

zu verstehen. Dazu denken wir uns, wie im linken Teil der Abb. 115 dargestellt, eine um ihren Mittelpunkt drehbare Scheibe. Auf ihr sind zehn konzentrische Kreise mit Radien von 1 bis 10 cm aufgezeichnet. Die Radiuslängen sind umringelt angegeben. Auf dem Scheibenmittelpunkt liegt eine Kugel. Die Scheibe soll sich in 16 Sekunden einmal gegen den Uhrzeigersinn drehen,

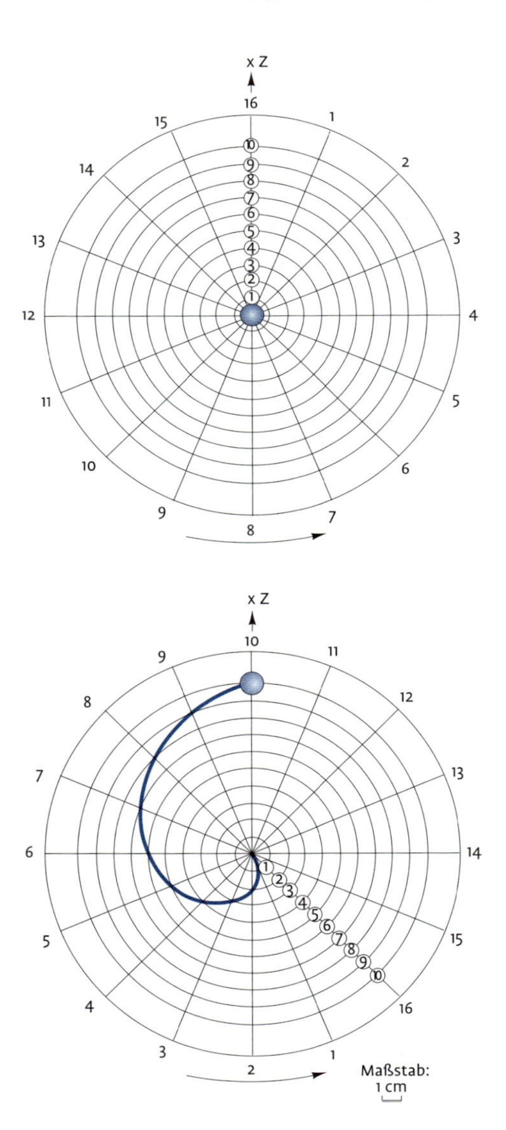

Abb. 115
Modellversuch zur Erklärung der Corioliskraft (Erläuterungen im Text).

pro Sekunde also um einen der eingezeichneten Sektoren weiterrücken. Zum Startzeitpunkt soll sie die gezeichnete Stellung einnehmen. Nach 1 Sekunde wird dann der Radius (1) genau nach oben weisen, nach 2 Sekunden der Radius (2) und so weiter, bis die Scheibe nach 16 Sekunden wieder ihre Ausgangsstellung erreicht hat.

In unserem Gedankenexperiment versetzen wir jetzt der Kugel einen Stoß, der sie mit einer Geschwindigkeit von 1 cm/s in Richtung Z, einem Punkt **außerhalb** der rotierenden Scheibe, in Bewegung setzt. Der Stoß soll genau dann erfolgen, wenn sich die Scheibe gerade in der gezeichneten Stellung befindet.

1 Sekunde nach dem Start wird die Kugel den innersten der konzentrischen Kreise erreichen, d. h. sie hat sich dann 1 cm vom Scheibenmittelpunkt entfernt. Inzwischen hat sich aber die Scheibe gerade soweit gedreht, dass der Radius (1) in Richtung Z weist und somit unter die Kugel zu liegen kommt. Nach 2 Sekunden, wenn sich die Kugel 2 cm vom Scheibenmittelpunkt entfernt hat, liegt gerade der Radius (2) unter ihr und so weiter. Nach 10 Sekunden ist die im unteren Teil der Abb. 115 dargestellte Situation erreicht. Darin sind auch die einzelnen Etappen des Weges zu verfolgen, den die Kugel genommen hat: Obwohl sie unbeirrt in ihre Zielrichtung gerollt ist, hat sie für einen auf der Scheibe stehenden – also mitrotierenden – Beobachter eine Rechtsablenkung aus ihrer ursprünglichen Richtung erfahren. Wir können ja ihre gekrümmte Bahn auf der Scheibe deutlich erkennen.

Hätten wir unsere Kugel nicht nach oben, sondern in irgendeine andere Richtung rollen lassen, wäre sie ebenfalls scheinbar nach rechts aus ihrer Bahn abgelenkt worden. Hätten wir die Scheibe in eine Drehung im Uhrzeigersinn versetzt, so wäre eine Linksablenkung erfolgt. Und das Ergebnis unseres Gedankenexperiments: Wir dürfen uns vorstellen, dass auf der rotierenden Scheibe eine Kraft existiert, die an jedem Objekt angreift, das eine Bewegungskomponente in radialer Richtung besitzt; sie bildet mit seiner Bewegungsrichtung einen rechten Winkel und versucht es – je nach Rotationssinn der Scheibe – nach rechts oder links aus seiner Bahn abzulenken. Man bezeichnet sie nach ihrem Entdecker, dem französischen Naturwissenschaftler G. G. CORIOLIS, als **Corioliskraft**. Die Corioliskraft bleibt solange wirksam, wie sich die Scheibe dreht und wie eine Bewegungskomponente in radialer Richtung vorhanden ist.

Auch auf der rotierenden Erde gibt es eine Corioliskraft. Das lässt sich mit einer ganz einfachen Rechnung zeigen: Infolge der Rotation bewegt sich am Äquator jeder Punkt der Erdoberfläche mit einer Geschwindigkeit von 1667 km/h von Westen nach Osten. Zu den Polen hin nimmt die Geschwindigkeit ab, weil die Entfernung zur Erdachse kleiner wird. In 30° Breite beispielsweise ist

— Wem der Bewegungsablauf auf einer rotierenden Scheibe noch nicht völlig klar ist, der kann die zunächst theoretischen Überlegungen noch mit einem kleinen realen Experiment vertiefen. Dazu heftet man eine Papierscheibe mit einem Reißnagel an eine Pinnwand und markiert an der Pinnwand (nicht auf der Papierscheibe) einen Punkt. Jetzt setzt man einen Bleistift mit der Spitze auf den Reißnagel und zieht, während man die Scheibe dreht, einen geraden Bleistiftstrich zum markierten Punkt über die rotierende Scheibe. Welche Spur hinterlässt der Bleistift auf der Papierscheibe?

sie bereits auf 1441 km/h zurückgegangen, in 60° Breite beträgt sie nur noch 835 km/h, und an den Polen verschwindet sie völlig.

Denken wir uns nun ein Luftpaket, das sich vom Äquator nach Norden bewegen soll. Es versucht dabei – wegen seiner Massenträgheit – seine Geschwindigkeit nach Osten beizubehalten. Kommt es beispielsweise nach 10 Stunden in 30° nördlicher Breite an, so hat es eine Ostwärtsversetzung von 10 h mal 1 667 km/h gleich 16 670 km hinter sich. Die Punkte der Erdoberfläche in dieser Breite haben sich aber während dieser 10 Stunden nur um 8 350 km nach Osten bewegt. Daraus errechnet sich für das Luftpaket ein Vorsprung von 8 320 km. Dieser Wert ist natürlich rein theoretisch. In Wirklichkeit macht die Verschiebung gegenüber der Erdoberfläche wegen der Reibungsvorgänge am Boden nur einen kleinen Teil davon aus. Aber dennoch befindet sich das Luftpaket jetzt weiter östlich als am Startpunkt. Es wurde also nach rechts aus seiner ursprünglichen Bahn abgelenkt. Auf gleiche Weise könnte man auch zeigen, dass ein Luftpaket, das vom Äquator aus nach Süden startet, eine Linksablenkung erfährt.

Nun beziehen ich diese Überlegungen natürlich nur auf meridionale Bewegungen. Tatsächlich wirkt sich aber die Corioliskraft auf alle Bewegungen aus, egal in welche Richtung sie zielen.

Um das verstehen zu können, wollen wir ein kleines Experiment durchführen. Dazu brauchen wir lediglich einen etwas größeren Ball, der uns als Erdkugel dient (am besten wäre natürlich ein Globus), und eine kreisrunde Kartonscheibe. Auf sie malen wir als Markierung ein gut sichtbares Kreuz, dessen Balken sich im Scheibenmittelpunkt schneiden. Die Scheibe kleben wir mit einem Stück Teppichklebeband in einer beliebigen „geographischen Breite“ auf unsere „Erde“ (bitte jedoch nicht auf den „Äquator“!). Jetzt drehen wir unsere Erdkugel um ihre Rotationsachse Nordpol-Südpol und verfolgen dabei die Bewegung der aufgeklebten Kartonscheibe. Und wir werden feststellen, dass sie wie ein Karussell um ihren Mittelpunkt rotiert, in welcher geographischen Breite wir sie auch aufgeklebt haben.

Dieses Verhalten hat eine außerordentlich wichtige Konsequenz: Da sich jeder Punkt der Erdoberfläche (außer dem Äquator, wie wir gleich sehen werden) wie eine rotierende Scheibe dreht, dürfen wir alles vorhin über die Corioliskraft auf der ebenen Scheibe Gesagte ohne weiteres auf die Erdoberfläche übertragen. Insbesondere gilt das auch für die Tatsache, dass es für die Corioliskraft völlig unerheblich ist, in welcher Richtung man sich von seinem ursprünglichen Standpunkt wegbewegt, d. h. also, dass die Corioliskraft **bei jeder Bewegung** auf der Erde wirksam wird, egal wohin sie zielt.

Die Corioliskraft wird von den Polen zum Äquator hin immer kleiner. Der Grund dafür ist, dass sich mit abnehmender geogra-

— Infolge der Corioliskraft hat bei den Eisenbahngleisen auf der Nordhalbkugel die rechte Schiene stets einen stärkeren Druck auszuhalten als die linke. Sie wird deshalb auch stärker abgenutzt. Nach Bergmann und Schäfer (1961) ist unter europäischen Bedingungen und mittleren Fahrgeschwindigkeiten eine Erhöhung der rechten Schiene um 0,4 mm nötig, um diesen Druck aufzuheben. Auch Flussbette sind häufig auf der rechten Seite stärker ausgewaschen und damit steiler als auf der linken. Auf der Südhalbkugel ist es genau umgekehrt.

phischer Breite die Entfernung zur Rotationsachse der Erde pro Grad Breitenänderung immer weniger ändert. Am Äquator selbst verschwindet sie schließlich völlig. Auch bei unserem Pappscheibenexperiment macht sich dieser Einfluss bemerkbar, und zwar insofern, als die Scheibe mit abnehmender Breite scheinbar immer flacher wird, bis man sie am Äquator nur mehr von der Seite sieht und damit auch keinen Rotationsvorgang mehr feststellen kann. Abb. 116 zeigt die Drehrichtung und -stärke der Corioliskraft in den verschiedenen geographischen Breiten. Dass die Corioliskraft sich auch auf Vertikalbewegungen auswirkt, sei nur der Vollständigkeit halber erwähnt.

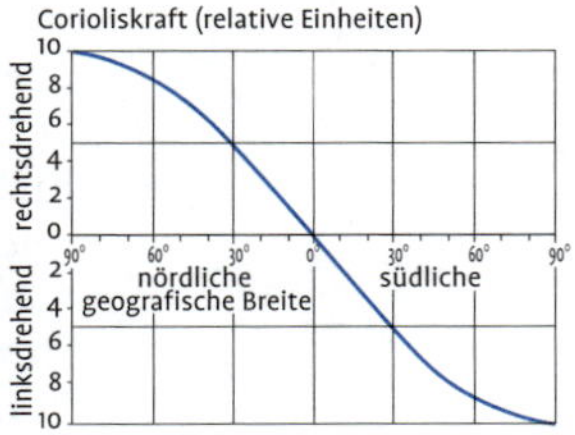

Abb. 116
Drehrichtung und Stärke der Corioliskraft in den verschiedenen geographischen Breiten.

In welcher Weise greift nun die Corioliskraft in die großräumigen Luftbewegungen auf der Erde ein? Dazu betrachten wir Abb. 117. Wir finden darin zwei Linien gleichen Luftdruckes (= Isobaren; s. Seite 37) P_1 und P_2 auf der Nordhalbkugel der Erde. Bei P_1 sei der Luftdruck höher als bei P_2. Am Punkt 1 soll ein Luftpaket liegen, dessen Bewegung wir verfolgen wollen.

Sicher wird es sich zunächst in Richtung des Druckgefälles (durchgezogener Pfeil) in Bewegung setzen. Aber bereits im Augenblick des Starts wird es von der Corioliskraft erfasst. Ihre Richtung ist, wie wir wissen, gegenüber der Bewegungsrichtung des Luftpaketes um 90° nach rechts verdreht. Sie weist also in die Richtung, in die der gepunktete Pfeil zeigt. Somit ergibt sich als tatsächliche Zielrichtung die zum Punkt 2 weisende, aus dem Kräfteparallelogramm hervorgehende Resultierende aus der Gradient- und der Corioliskraft.

Hat unser Luftpaket die Position 2 erreicht, so stellen wir einen neuen Kräfteplan auf. Die Gradientkraft weist natürlich hier in die

Analog zum Temperaturgradienten (s. Seiten 231, 239) oder zum Feuchtegradienten (s. Seite 249) spricht man von einem **Luftdruckgradienten,** wenn zwischen zwei betrachteten Punkten unterschiedliche Werte des Luftdruckes herrschen. Horizontale Luftdruckgradienten üben auf Luftpakete stets eine horizontal wirkende Kraft aus. Diese Kräfte sind uns bei den verschiedenen kleinräumigen Windsystemen bereits begegnet. Man bezeichnet eine solche Kraft in der Meteorologie kurz als **Gradientkraft.**

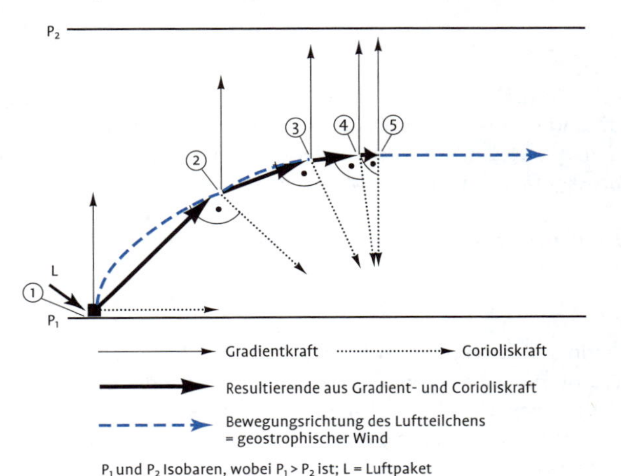

Abb. 117
Zur Entstehung des geostrophischen Windes (Erläuterungen im Text).

gleiche Richtung wie am Punkt 1, denn am Luftdruckfeld hat sich ja nichts geändert. Die Corioliskraft hat jedoch, weil sie mit der Bewegungsrichtung **stets** einen rechten Winkel bildet, eine neue Richtung angenommen. Und wie vorhin legt die Resultierende aus beiden auch jetzt die weitere Bewegungsrichtung fest. Der gleiche Vorgang wiederholt sich an den Punkten 3 und 4. Wir beobachten, dass sich die Strömungsrichtung immer mehr der Richtung der Isobaren annähert. Im Punkt 5 schließlich halten sich Gradientkraft und Corioliskraft genau die Waage, d.h. sie sind gleich groß, aber einander genau entgegengerichtet, heben sich also gegenseitig auf. Jetzt gibt es keine Resultierende mehr, die unser Luftpaket in eine andere Richtung umdirigieren könnte. Ab hier wird es also unbeeinflusst – exakt parallel zu den Isobaren – weitergleiten.

Aus der ursprünglich vom hohen Druck zum niederen Druck, also senkrecht zu den Isobaren, gerichteten Strömung wird auf der rotierenden Erde eine Isobaren-parallele Strömung. Oder, allgemeiner ausgedrückt: In großräumigen Windsystemen weht der Wind unter der Wirkung der Corioliskraft parallel zu den Isobaren. Das gilt aber in dieser strengen Form nur, wenn die Bodenreibung außer Acht gelassen werden darf, wie z.B. in größeren Höhen.

Natürlich läuft der Prozess kontinuierlich ab, so dass unser Luftpaket in Wirklichkeit der gestrichelten Linie folgt. Der auf diese Weise entstehende Wind wird als **geostrophischer Wind** bezeichnet.

Nun wissen wir also über die **Richtung** großräumiger Windsysteme Bescheid, nicht jedoch über die **Geschwindigkeit**. Um es gleich vorweg zu sagen, auch beim coriolis-beeinflussten Wind gilt: Je größer das Druckgefälle, desto größer die Windgeschwindigkeit. Da dieser Zusammenhang mit Worten nur schwer verständlich zu machen ist, wollen wir einen Abstecher in die Theoretische Meteorologie machen.

Sie liefert uns (nach einigen Vereinfachungen!) für die Gradientkraft (G) folgenden Ausdruck:

$$G = -\frac{dp}{dx}$$

d.h. die Gradientkraft ist dem Betrag nach gleich der Luftdruckänderung (dp) längs des Weges (dx), oder anders ausgedrückt gleich dem Betrag des Luftdruckgradienten. Ihre Richtung ist die des Luftdruckgefälles – daher das Minus-Vorzeichen.

Für die Corioliskraft auf unser Luftpaket gilt die Gleichung:

$$C = 2 * \rho * \omega * \sin(\varphi) * v$$

Darin bedeuten ρ die Luftdichte, ω die Winkelgeschwindigkeit der Erdrotation, φ die geographische Breite und v die Geschwindigkeit des Luftpaketes, also die Windgeschwindigkeit.
Nun ist nach dem oben gesagten die Bedingung für einen beschleunigungsfreien Wind, dass

Streng genommen gilt die Bezeichnung „geostrophischer Wind" nur bei geradlinigen Isobaren. Den zwischen gekrümmten Isobaren entstehenden (großräumigen) Wind bezeichnet man als „Gradientwind".

$$C = -G$$

ist. Setzen wir die beiden oben gefundenen Ausdrücke ein, dann erhalten wir:

$$2 * \rho * \omega * \sin(\varphi) * v = \frac{dp}{dx}$$

Löst man diese Gleichung nach v auf, so erhält man:

$$v = \frac{1}{(2 * \rho * \omega * \sin(\varphi))} * \frac{dp}{dx}$$

und dieser Ausdruck besagt, dass die Windgeschwindigkeit dem Druckgradienten proportional ist, was wir ja beweisen wollten.

Wir erkennen aber noch einen weiteren Zusammenhang. Die Windgeschwindigkeit hängt, wie man aus der letzten Gleichung sieht, auch von der geographischen Breite ab: v ist proportional $1/\sin(\varphi)$. Das heißt aber, dass unter sonst gleichbleibenden Bedingungen die Windgeschwindigkeit mit der geographischen Breite abnimmt oder anders ausgedrückt: Ein und derselbe Druckgradient führt in hohen Breiten zu kleineren Windgeschwindigkeiten als in niedrigen.

Kehren wir noch einmal zur **Windrichtung** zurück. Wir hatten oben festgestellt, dass der Wind immer genau parallel zu den Isobaren weht. Das hat eine außerordentlich wichtige Konsequenz: Wenn die Luftströmung keine Komponente vom hohen Druck zum niedrigen Druck mehr hat, dann können sich auch vorhandene Luftdruckgegensätze nie mehr ausgleichen; ein irgendeinmal entstandenes Hoch- oder Tiefdruckgebiet würde sozusagen das „ewige Leben" haben. Dem widerspricht jedoch jegliche meteorologische Erfahrung: Zwar entstehen immer irgendwo auf der Erde Hochs und Tiefs, entwickeln sich nicht selten zu riesigen Druckgebilden, aber früher oder später fallen doch alle Druckunterschiede wieder in sich zusammen. Offensichtlich haben wir bei unseren Betrachtungen einen Einflussfaktor übersehen.

Nun, wir sind bisher stets davon ausgegangen, dass der Wind an der Erdoberfläche keinerlei Reibung erfährt. Das ist natürlich nicht richtig.

Um uns die Auswirkung der Bodenreibung auf den Wind klar zu machen, betrachten wir noch einmal die Abb. 117. Nehmen wir einmal an, unser Luftpaket habe auf seinem Weg eine stetige Bodenreibung überwinden müssen. Dann ist seine Geschwindigkeit natürlich kleiner, als wenn die Bewegung reibungsfrei abgelaufen wäre. Betrachten wir nun die Situation am Punkt 5. Eine kleinere Geschwindigkeit würde nach dem oben Gesagten auch eine kleinere Corioliskraft hervorrufen. Dann würde aber die Gradientkraft überwiegen, und es bliebe eine resultierende Kraft in der Richtung der Gradientkraft bestehen. Das hieße aber nichts anderes, als dass unser Luftpaket doch nicht exakt parallel zu den Isobaren strömen, sondern eine, wenn auch kleine Bewegungskomponente vom hohen zum tiefen Druck beibehalten würde. Und in der Tat ist das der Vorgang, der die Druckgegensätze früher oder später zusammenbrechen lässt. Über den glatten Ozeanen ist die Reibung viel schwächer als über den rauen Festländern (genaueres dazu s. Seite 342), deshalb können sich Luftdruckgegensätze über den Ozeanen sehr viel leichter und sehr viel länger halten als über dem Festland.

Dazu zwei Beispiele: Wenn man sich die Mühe macht, den Weg und die Entwicklung eines Tiefdruckgebietes über mehrere Tage zu verfolgen, wird man feststellen, dass mit dem Übertritt vom Ozean auf das Festland ein markanter Zerfallsprozess einsetzt.

Zweites Beispiel: Nach den Gesetzen der Atmosphärendynamik (s. Seite 303) müsste sich in etwa 30° südlicher Breite ein durchgehender Hochdruckrücken um die ganze Erde ziehen. Wie die Abb. 144 (Seite 307) über die mittlere Luftdruckverteilung der Erde zeigt, können sich aber nur über den reibungsarmen Ozeanen so beständige Hochdruckzellen halten, dass sie auch in Mittelwertkarten als solche in Erscheinung treten. Über den Festländern erreicht der Luftdruck längst keine so hohen Werte.

Der Vollständigkeit halber sei noch erwähnt, dass auch die im Zusammenhang mit gekrümmten Strömungslinien auftretenden Zentrifugalkräfte Auswirkungen dieser Art haben.

5.3 Besondere Windererscheinungen

In Mitteleuropa ist der Föhn einer der bekanntesten Winde. Wie er entsteht, wurde bereits auf Seite 93 erklärt. Er ist keine Besonderheit der Alpen. Auch an den Rocky Mountains gibt es einen entsprechenden Wind. Er heißt dort **Chinook**. Über die Westhänge der Anden weht der **Puelche**, über die Osthänge der Kordilleren die **Zonda**. Häufige föhnige Winde am Inlandeis ermöglichen in Grönland die Schafhaltung.

Ein anderer, sogar berüchtigter Wind ist der **Mistral,** der durch das Rhonetal nach Süden bläst, wo er düsenartig verstärkt wird. Bekannt sind auch die **Etesien** des östlichen Mittelmeeres, die während des gesamten Sommerhalbjahres aus Norden bis Nordosten wehen. Der **Schirokko** ist ein heißer Wüstenwind, der im gesamten Mittelmeerraum auftritt. Hat er das Mittelmeer überschritten und dabei viel Feuchtigkeit aufgenommen, führt er an den Nordküsten zu drückender Schwüle. Aus der Sahara kommt der **Ghibli**, der sich an den Gebirgen der südlichen Mittelmeerküste auch noch föhnig erwärmt.

In Ägypten kennt man den staubreichen **Chamsin**. Andere heiße Wüstenwinde sind der **Haboob** am mittleren Nil und der **Samum** in Palästina, dessen Name soviel wie „giftig" bedeutet. Auch in Australien gibt es einen heißen Wüstenwind, den **Brickfielder**, was soviel bedeutet wie „Ziegelbrenner". Diesen Namen hat er erhalten, weil er den Boden derart austrocknet, dass er hart wie Ziegelstein wird. Andere heiße Winde sind der **Suchowej** in Südrussland und der Ukraine und der **Harmattan**, der von Westafrika und von Oberguinea bis zu den Kapverden auftritt.

Gefürchtet sind auch die mit Kaltlufteinbrüchen einhergehenden **Burane** in Ostrussland und Sibirien und die **Blizzards** von Kanada bis zum Golf von Mexiko. Auf der Südhalbkugel heißen die entsprechenden Winde **Pamperos**. Der nordsüdliche Verlauf des Urals, der Rocky-Mountains und der Anden gibt diesen Winden freie Bahn bis in die Subtropen und Tropen hinein, während die ostwestlich verlaufenden Gebirge Europas für diese Art von Winden eine nur schwer zu überwindende Barriere darstellen. Auch der **Yamase** Nordostjapans führt zu Temperaturstürzen. Er ist gefürchtet, weil er bei längerem Anhalten die Blüte der Reispflanzen gefährdet.

Sehr wichtige Winde sind die Passate und der Monsun. Beide sind Teile der allgemeinen Zirkulation der Atmosphäre und werden zusammen mit ihr (s. Seiten 301, 308) besprochen.

5.3.1 Tornados

Tornados gehören zu den eindrucksvollsten Wettererscheinungen, die es auf der Erde gibt. Wegen ihrer enormen Zerstörungskraft zählen sie auch zu den gefährlichsten. Berichte über diese Naturerscheinungen lassen die Leser manchmal geradezu erschauern. So wurden gemauerte Häuser niedergerissen, Autos, sogar Lokomotiven hochgehoben und regelrechte Schneisen in Wälder geschlagen.

Charakteristisch für einen Tornado ist seine Form, die einem Trichter oder einem Elefantenrüssel gleicht. Er ist meist dunkel bis tiefschwarz, zuweilen diffus-flaumig und hängt mehr oder weniger steil aus einer rotierenden Wolkenmase heraus. Sein Durchmesser ist üblicherweise weniger als 100 m. Er berührt den Boden oft nur für wenige Minuten. Dann aber reißt er alles mit sich, was ihm in die Quere kommt, und verwirbelt es zu einer riesigen Wolke aus Staub, Erde, Schlamm und allem möglichen sonstigen Material. Der Rüssel selbst besteht aus kondensiertem Wasserdampf. Er rotiert mit unvorstellbarer Geschwindigkeit. Aufgrund von Dopplerradarmessungen glaubt man, dass Spitzengeschwindigkeiten von 150 m/s möglich sind. Es wurde sogar schon die Vermutung geäußert, dass Schallgeschwindigkeit erreicht werden könnte, was durch typische Geräusche in dem begleitenden brüllenden und tosenden Lärm gestützt wird.

— Der Druckfall im Innern des Tornadorüssels führt zu einer erheblichen adiabatischen Abkühlung (vgl. Seite 45). Dabei wird der Taupunkt (vgl. Seite 67) unterschritten und es kondensieren große Mengen Wasserdampf aus. Die dabei entstehenden Tröpfchen sind es, die zusammen mit den vom Boden aufgewirbelten Materialien den Rüssel sichtbar werden lassen.

Der **Luftdruck** in einem Tornadorüssel ist erheblich niedriger als in der Umgebung. Brauchbare direkte Messungen gibt es natürlich so gut wie nicht. Man schätzt, dass der Unterschied 100 mbar ausmachen könnte. Daraus erklärt sich neben der hohen Windgeschwindigkeit auch seine Zerstörungskraft. Wenn er über ein Gebäude hinwegzieht, sackt der Außendruck plötzlich ab, während der Innendruck, besonders bei geschlossenen Türen und Fenstern, nur langsam zurückgeht. Dadurch herrscht im Haus ein enormer Überdruck, der Dächer, Wände, Türen und Fenster wie bei einer Explosion auseinanderreißen kann. Eine kleine Rechnung soll das verdeutlichen. Geht der Luftdruck um 100 mbar, also um 10 % zurück, so zerrt an einem 100 m^2 großen Flachdach die gleiche Kraft wie durch das Gewicht einer 100 t schweren Masse.

Meist sind Tornados mit **Gewittern** verbunden. Früher glaubte man sogar, sie würden durch elektrische Vorgänge ausgelöst und aufrechterhalten. Für die Entstehung von Tornados ist notwendig, dass extrem feuchte, labil geschichtete Warmluft schräg von kalter, trockener Luft überstrichen wird. Solche Situationen sind in den meisten Teilen der Erde relativ selten. Im zentralen Nordamerika treten sie jedoch fatalerweise im Frühjahr und den zeitigen Sommermonaten recht häufig auf. Hier gelangt hinter der Nord-Süd-Mauer der Rocky Mountains warme, feuchte Luft aus dem Golf von Mexiko nach Norden in die Great Plains. In den höheren Schichten schiebt sich kalte, trockene Luft aus Westen bis Nordwesten darüber, wobei es zu der für die Entstehung von Tornados notwendigen schrägen Überströmung kommt.

Dabei wird eine extrem starke Labilisierung eingeleitet, die die feuchtheiße Luft buchstäblich aufbrodeln lässt. Die zum Ausgleich am Boden zuströmende Luft erhält durch Corioliskräfte einen ersten noch unbedeutenden Anstoß zu einer Rotationsbewegung. Beim Zusammenströmen konzentriert sich diese Drehbewegung auf einen immer kleiner werdenden Raum und wächst dabei enorm schnell an wie bei einem Pirouetten drehenden Tänzer. Da die Luft im Tornadorüssel mit ungeheurer Geschwindigkeit rotiert, werden Zentrifugalkräfte wirksam, die den schon genannten Druckfall hervorrufen.

Zwar sind die Vereinigten Staaten das klassische Land der Tornados, in einem durchschnittlichen Jahr werden etwa 700 dieser Stürme gemeldet, dennoch treten sie auch in anderen Ländern der Erde regelmäßig auf, z. B. auf dem indischen Subkontinent, in Australien, Argentinien und in Fernost. In Mitteleuropa gehören sie zu den ganz seltenen Wettererscheinungen. Mit am bekanntesten ist der Pforzheimer Tornado vom 10.7.1968, der fünf Todesopfer und Hunderte von Verletzten forderte. Hier sind mehr die kleinen Ausgaben, die **Wind- und Wasserhosen** bekannt, die es ebenfalls auf beträchtliche Schäden bringen können. Durchschnittlich werden von ihnen zwei pro Jahr beobachtet. Eine noch kleinere Erscheinungsform von Wirbelwinden stellen die **Sand- oder Staubteufel** dar. Man sieht sie oft an heißen Sommernachmittagen. Diese putzigen Wirbel, die man auch **Windhexen** nennt, haben oft nur 1 oder 2 m Durchmesser und wenige Meter Höhe. Sie leben höchstens ein paar Minuten. Ihr Entstehen verdanken sie hohen Temperaturunterschieden benachbarter Stellen des Erdbodens. Sie vermögen auch kaum mehr als Sand, Staub und loses Laub aufzuwirbeln.

5.3.2 Hurrikane, Taifune, Zyklonen

Das sind drei Namen für ein und dieselbe Erscheinung, die allgemein als **tropischer Wirbelsturm** bezeichnet wird. Die oben genannten Namen stammen nur aus verschiedenen Sprachbereichen. Hurrikane heißen sie in Amerika, Taifune in Fernost und Zyklonen im Indischen Ozean. Von „Hurrikan" leitet sich auch das Wort „Orkan" ab.

Zwar ist ihre Erscheinungsform völlig anders als die eines Tornados, sie haben aber dennoch den tiefen Druck im Zentrum und die darum herumwirbelnden Orkanwinde mit ihnen gemeinsam. Der Kerndruck kann mehr als 50 mbar tiefer sein als außerhalb, in besonders krassen Fällen bis 100 mbar. Spitzengeschwindigkeiten von 80 m/s und mehr sind nicht selten. Dadurch bilden sich auf den Meeren 15 bis 20 m hohe Wellen. Das Geschwindigkeitsmaximum findet man meist innerhalb von 30 bis 50 km um das Zentrum. In ihren Dimensionen unterscheiden sie sich daher grundlegend von Tornados. Sie bestehen aus einer nahezu kreisförmigen, einer Haarlocke nicht unähnlichen Wolkenmasse von 500 bis 600 km Durchmesser und vielen tausend Metern Höhe. Ihre Lebenszeit ist erheblich länger. Oft können sie über viele Tage hinweg existieren, manchmal mehr als eine Woche.

Zum typischen Erscheinungsbild des tropischen Wirbelsturms gehört das so genannte Auge. Das ist der innerste Bereich mit einem Durchmesser von etwa 20 bis 40 km. Darin ist der Himmel heiter oder sogar wolkenlos, und es herrscht kaum Wind.

Tropische Wirbelstürme sind üblicherweise von sintflutartigen Regenfällen begleitet. Niederschlagsmengen zwischen 80 und 150 mm sind keine Seltenheit. Die Messungen sind meist sehr fehlerhaft, weil wegen der hohen Windgeschwindigkeiten ein großer Teil des Niederschlags über den Regenmesser weggehoben wird. Im September 1921 hat man bei einem Hurrikan in Texas eine Regenmenge von 750 mm gemessen.

Tropische Wirbelstürme entwickeln sich nur über den Ozeanen in der Zone zwischen 5° und 20° nördlicher wie südlicher Breite, was auf einen Einfluss der Corioliskraft schließen lässt. Das Meer muss eine Temperatur von mindestens 26 bis 27 °C haben. Solche

TorDACH, das ist eine Vereinigung privater Tornadoforscher, hat eine Tornado-Klimatologie vorgelegt. Danach werden in Deutschland jährlich zwischen 4 und 7 Tornados beobachtet. Jedoch muss man davon ausgehen, dass eine größere Zahl von Tornados unbeobachtet bleibt. In den Statistiken zeichnen sich drei Gebiete mit erhöhter Tornado-Aktivität ab: die Küstenregion, die Hügelländer von Mittel- und Süddeutschland und eine Zone im Südwesten, die im Sommer von feuchtheißer Mittelmeerluft beeinflusst wird (Dotzek, 2001; www.tordach.org). Aufgrund der für die Zukunft befürchteten Klimaänderungen muss mit einer deutlichen Zunahme von Tornados gerechnet werden.

— Es wird als ein merkwürdiges Erlebnis geschildert, sich im Auge eines Hurrikans zu befinden: „Wenn das Auge auf den Beobachter zukommt, lässt der Wind schnell nach. Die heftigen Sturmböen werden von Windstille abgelöst. Der Himmel über dem Beobachter ist klar oder nur mit kleinen Wolken bedeckt und die Luft ist warm, feucht und drückend. Man ist ringsum von einer Wolkenwand umgeben und kann das Sausen des Windes oft noch aus mehreren Kilometern Entfernung hören. Diese Erholungspause ist allerdings nur kurz. Innerhalb weniger Minuten ist das Auge vorbeigezogen und der Wind weht wieder mit betäubendem Lärm, jetzt aber aus der entgegengesetzten Richtung" (Hardy et al. 1982).

Bedingungen finden wir regelmäßig jeden Spätsommer im Westatlantik, im Pazifik und im Indischen Ozean vor. Diese Gegenden sind auch als Wiegen der tropischen Wirbelstürme bekannt.

Ihre Energie beziehen sie überwiegend aus der Kondensation von Wasserdampf, der unter solchen Bedingungen in Fülle vorhanden ist. Obwohl der Entstehungsmechanismus noch nicht vollständig geklärt ist, weiß man, dass tropische Wirbelstürme aus „easterly waves" entstehen. Das sind Störungen im Luftdruckfeld, die in der Wetterkarte als Wellen erscheinen, sich mit der Passatströmung von Osten nach Westen bewegen und dabei zu einem Wirbel entwickeln.

Im Durchschnitt bilden sich über dem Atlantik jedes Jahr rund 100 solcher Wirbel. Etwa sechs von ihnen gelingt es, sich zu einem Hurrikan zu entwickeln. Dazu muss die Windgeschwindigkeit über 32,7 m/s (Windstärke 12, s. Seite 402) ansteigen. Sonst werden sie als tropische Tiefdruckgebiete bezeichnet. Als voll entwickelte tropische Wirbelstürme ziehen sie weiter nach Westen, biegen aber bei der Annäherung an die Kontinente meist rasch nach Norden ab. Beim Vordringen in höhere Breiten schwächen sie sich allmählich ab und werden zu gewöhnlichen Tiefdruckgebieten. Diese Abschwächung ist auf Energiemangel zurückzuführen. Je weiter sie nach Norden wandern, desto weniger energiespendender Wasserdampf steht zur Verfügung. Auf dem Festland tritt zusätzlich noch Bodenreibung auf, die die Geschwindigkeit bremst und das Auffüllen beschleunigt.

Ein vollentwickelter tropischer Wirbelsturm hat den in Abb. 118 dargestellten Aufbau. In der Mitte finden wir ein trichterförmiges Gebiet mit absinkender und dabei sich erwärmender und abtrocknender Luft: das Auge. Darum herum herrscht spiraliges Aufsteigen feuchtwarmer Luft mit Abkühlung und Kondensation. Das ist die energieliefernde Zone, in der auch die höchsten Windstärken auftreten.

Tropische Wirbelstürme können, wenn sie sich dem Festland nähern oder darauf übertreten, unvorstellbare Schäden anrichten und eine schauerliche Zahl von Menschenleben kosten. Die Hauptursache dafür ist die Flutwelle, die sie auslösen. Meereswellen haben die Eigenschaft, sich in seichterem Wasser langsamer fortzubewegen als in tiefem. Das hat zur Folge, dass eine aufs Land zulaufende Flutwelle höher und höher wächst. 5 m und mehr sind keine Seltenheit. Verbunden mit den heftigen Regenfällen kann es dabei zu katastrophalen Überflutungen kommen.

Glücklicherweise kann man Wirbelstürme heute mit Wettersatelliten, Radar und Wetterflugzeugen schon in einem frühen Entwicklungsstadium ausfindig machen und die Menschen in bedrohten Landstrichen rechtzeitig warnen. Doch will man sich mit passivem Zusehen nicht mehr begnügen. Seit es Langmuir im Jahr

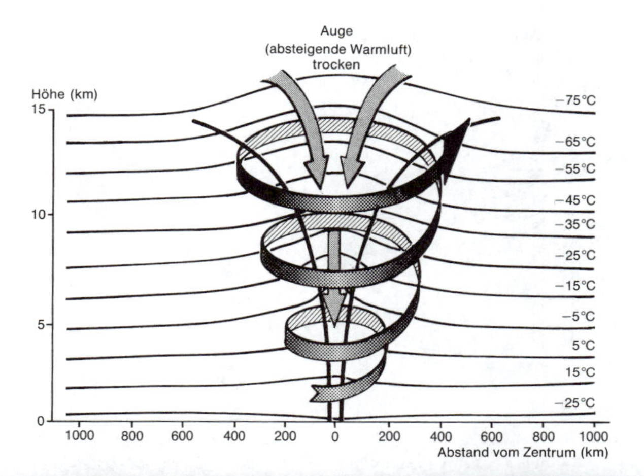

Abb. 118a
Schematisierter Vertikalschnitt durch einen tropischen Wirbelsturm (Erläuterungen im Text).

Abb. 118b
Hurrikan „Ivan" im September 2004 (Quelle: Visualization Laboratory des NOAA/NESDIS. www.noaa.gov).

1947 gelungen ist, die Windgeschwindigkeit in einem Wirbelsturm durch Impfung mit Eiskeimen zu verringern, hat dieses Verfahren großes Interesse gefunden. Doch gibt es noch immer sehr viele fehlgeschlagene oder nicht zufriedenstellende Versuche. Jedoch besteht unter den Fachleuten vorsichtiger Optimismus, eines Tages die Gewalt der tropischen Wirbelstürme doch brechen zu können.

5.4 Böigkeit des Windes

Ein Blick auf eine Windregistrierung, wie sie in Abb. 119 zu sehen ist, zeigt, dass der Wind keineswegs etwas Beständiges und Gleichmäßiges ist. Vielmehr erkennt man teilweise erhebliche Schwankungen sowohl der Geschwindigkeit als auch der Richtung. Man bezeichnet das als Böigkeit. Während man im ersten Fall von Geschwindigkeitsböen oder nur kurz Böen spricht, heißen die anderen Richtungsböen.

Im November 1970 kamen in Bangladesch 250 000 Menschen in einem Taifun ums Leben. Seit 1942 wurden dort eine halbe Million Menschen von Wirbelstürmen getötet. Im August 1979 hat ein Hurrikan an der Ostküste der USA einen Schaden von 250 Mrd. € angerichtet. Evakuierung in höher gelegene Landesteile ist die sicherste Maßnahme, der lebensbedrohenden Gefahr zu begegnen.

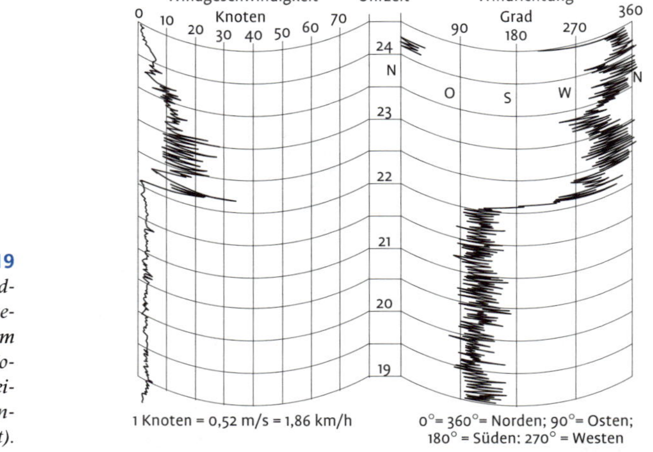

Abb. 119
Registrierung der Windrichtung und Windgeschwindigkeit auf einem Böenschreiber vom 2. November 1983 in Weihenstephan (Erläuterungen im Text).

Eine besonders auffällige Böe ist kurz vor 21.50 Uhr über das Land gefegt. Innerhalb kürzester Zeit wurde ein Anschwellen der Windgeschwindigkeit von 5 Knoten auf knapp 35 Knoten registriert. Auch Richtungsböen bis über 90° können wir der Registrierung entnehmen. Die Geschwindigkeit kann in einzelnen Fällen sogar das 10-Minuten-Mittel noch ohne weiteres um 20 bis 30 % über- oder unterschreiten. Richtungsböen können die Windrichtung kurzzeitig regelrecht umdrehen.
Die Böigkeit des Windes hat drei Ursachen:

- Rauigkeit der Bodenoberfläche,
- Austausch,
- Turbulenz der Luftströmung.

Durch die **Rauigkeit** der Bodenoberfläche bilden sich Wirbel, überwiegend mit waagerechter Rotationsachse. Um uns diesen Vorgang zu verdeutlichen, müssen wir einen kurzen Abstecher in die Alltagsphysik machen: Wir wissen, dass man auf einem hohlen Schlüssel pfeifen kann. Auch Flaschen geben, wenn man sie an der Öffnung anbläst, einen Ton von sich. Wie kommt er zustande? Der vom Mund ausgehende Luftstrom streicht über die Kante des Schlüsselschaftes bzw. die Glaswand der Flasche. Dabei entstehen Wirbel, die die Luftsäulen im Schlüssel oder in der Flasche zum Schwingen bringen. Auch an jeder anderen im Luftstrom liegenden Kante kommt es zu solchen Wirbeln. Orgeln und viele Blasinstrumente funktionieren nach diesem Prinzip.

Was hier im kleinen Maßstab passiert, spielt sich im großen an Hausdächern, Baumwipfeln, Waldschneisen, Straßendämmen, Hügelkuppen und Gebirgen ab. Wie leicht einzusehen ist, werden diese so genannten Leewirbel (Abb. 120) hinsichtlich Größe und

Rotationsgeschwindigkeit sehr verschiedenartig ausfallen. Das hat auch eine recht uneinheitliche Beeinflussung der vorbeiströmenden Luft zur Folge, was sich als Böigkeit äußert.

Abb. 120
Leerwirbel hinter den Türmen der Münchner Frauenkirche, im Windkanal sichtbar gemacht.

Die zweite Quelle für die Böigkeit ist der **Austausch**. Wie schon dargelegt, versteht man darunter folgenden Vorgang: Wird der Boden erwärmt, so steigen von ihm aus Luftblasen wie Heißluftballons in die Höhe. Zum Ausgleich sinken an anderen Stellen Luftpakete aus höheren Schichten ab. Da nun, wie wir wissen, die Windgeschwindigkeit in der Höhe größer ist als in Bodennähe, kommen die absinkenden Pakete unten mit einer gegenüber der Umgebung erhöhten Geschwindigkeit an. Die Strömung am Boden wird dadurch kurzzeitig beschleunigt, geht dann aber gleich wieder auf ihre bisherige Geschwindigkeit zurück, bis ein nächstes Luftpaket erneut eine Beschleunigung auslöst, und so fort.

Schließlich ist es die Luftströmung selbst, die aufgrund ihrer Instabilität zu **turbulenter Bewegung** und damit zu Böigkeit führt. Was man sich unter turbulenter Bewegung vorzustellen hat, sieht man am besten an dem von einer brennenden Zigarette aufsteigenden Rauch. Er steigt zunächst völlig geradlinig in die Höhe, man glaubt fast zu sehen, wie sich die einzelnen Rauchteilchen parallel nebeneinander herbewegen. Dann aber fällt diese gleichförmige Strömung ganz plötzlich auseinander. Die Bewegungen geraten in völlige Unordnung, alle möglichen Richtungen werden eingeschlagen, sogar die nach unten. Aus den gleichmäßigen Rauchfäden ist das geworden, was man eine Rauchwolke nennt. In der Physik heißt man diesen Zustand turbulent, während die vorhergegangene gleichmäßige Strömung als laminar bezeichnet wird.

— Die Böigkeit des Windes geht zurück auf:
1. Bodenrauigkeit mit der Folge von Wirbelbildung;
2. Vertikalaustausch zwischen Luftschichten mit unterschiedlicher Windgeschwindigkeit;
3. Turbulenz mit ihrer ungeordneten Luftbewegung.

Auch der Wind ist eine turbulente Strömung. Je leichter sich Luftpakete quer zur eigentlichen Strömungsrichtung, also nach oben und unten verschieben lassen, desto turbulenter ist die Luftbewegung. Am Tag ist der Wind daher wegen der labileren Schichtung und der daraus folgenden besseren Austauschbedingungen böiger als in der Nacht. Auch der Tagesgang der Windgeschwindigkeit erklärt sich daraus. Bekanntlich ist der Wind in Bodennähe tagsüber stärker als in der Nacht. In der Höhe ist es umgekehrt. Dort finden wir das Maximum in der Nacht, wie Abb. 121 zeigt.

Am Tag gelangen wegen der besseren Austauschbedingungen und damit stärkeren Turbulenz viele Luftpakete aus der langsamen bodennahen Strömung in die schnellere Höhenströmung und

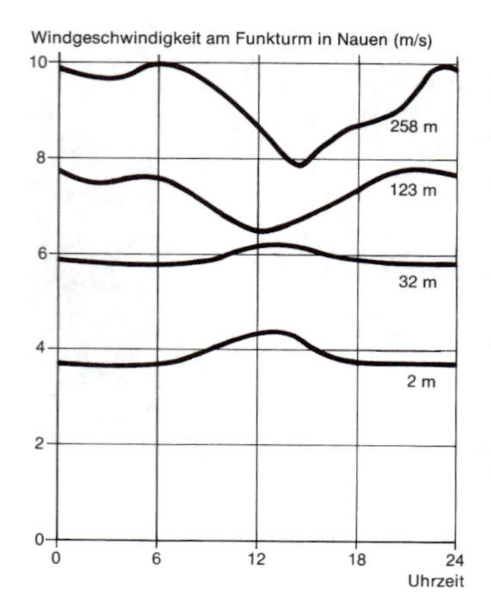

Abb. 121
Tagesgang der Windgeschwindigkeit in verschiedenen Höhen am Funkturm in Nauen (nach Meteorologisches Institut der Universität München).

bremsen diese dadurch. Umgekehrt sinken gleichzeitig viele schnelle Luftpakete aus der Höhe zum Boden und beschleunigen auf diese Weise die Bodenströmung. Die Geschwindigkeit in der Höhe und die am Boden nähern sich einander dadurch. Nachts aber ist die Strömung in der Höhe von der Bodenströmung durch die Austausch hemmende Inversion entkoppelt, so dass keine gegenseitige Beeinflussung möglich ist. Dadurch steigt die Geschwindigkeit in der Höhe, und die in Bodennähe geht zurück.

5.5 Windschäden und Windschutz

Wie stark der Wind auf die Umwelt einwirken kann, kommt spätestens dann wieder ins allgemeine Bewusstsein, wenn bei einem Sturm Baugerüste einstürzen, Äste abbrechen, Bäume entwurzeln und Strommasten umgeknickt werden. Die Schäden, die der Wind anrichtet, gehen entweder auf seine Druckwirkung, seine Sogwirkung oder seine Böigkeit zurück.

5.5.1 Schäden durch Druck-, Sog- und Böeneinwirkung

Der Winddruck hängt wesentlich von der Form des angeströmten Körpers ab. Eine konkave Halbkugel setzt ihm 20 % mehr Widerstand entgegen als eine ebene Fläche. Eine Kugel dagegen besitzt 40 %, eine konvexe Halbkugel 30 % und ein Stromlinienkörper gar nur 5 % des Widerstands der ebenen Fläche. In Windkanaluntersuchungen konnte man nachweisen, dass sich Baumkronen bei Windbelastung so verformen, dass sie im Grundriss angenähert Stromlinienform annehmen und so ihren Windwiderstand minimieren. Es wird sich auch noch zeigen, dass das Entwurzeln der Bäume bei Sturm im Allgemeinen nicht auf Winddruck zurückgeht (s. unten).

Der Wind zeigt aber nicht nur eine Druckwirkung. Vielmehr treten an Flächen, über die er tangential hinwegströmt, Sogwirkungen auf, die ihren physikalischen Hintergrund in der **Bernoullischen Gleichung** haben.

Bernoulli, Daniel
Physiker und Mathematiker
* 29.1.1700 Groningen
+ 17.3.1782 Basel
Professor in St. Petersburg und Basel.
Hauptarbeitsgebiete: Hydrodynamik, kinetische Gastheorie.

Die Bernoullische Gleichung lautet:

$$P_b = P_r - \frac{1}{2} * \rho * v^2$$

P_b ist der Druck in der bewegten und P_r, der in der ruhenden Luft. ρ ist die Luftdichte und v die Windgeschwindigkeit.

Die Gleichung besagt, dass der Druck an überströmten Flächen mit dem Quadrat der Geschwindigkeit unter den Druck in ruhender Luft absinkt. Dieser Unterdruck ist es, der Hausdächer abdeckt, die Dünen wandern und die Fahnen flattern lässt der Mensch und Tier bei Sturm das Atmen erschwert und der die Flugzeuge in der Luft hält. Er bewirkt, dass sich die Blätter im Wind bewegen, aber auch, dass sie bei Sturm zerfetzt und abgerissen werden. Eine vermeintlich durch den Winddruck geborstene Fensterscheibe oder Jalousie kann genauso gut durch die Sogwirkung einer tangential vorbei pfeifenden Böe zerstört worden sein.

Das Entwurzeln und Abknicken der Bäume wie auch das Einstürzen von Bauwerken geht in vielen Fällen nicht auf die unmittelbare Druckwirkung des Windes zurück, sondern auf seine Böigkeit. Sie bewirkt nämlich, dass diese Objekte ins Schwingen kommen. Ist die Frequenz der Eigenschwingung noch dazu ähnlich der der aufeinander folgenden Böen (Resonanz), so entsteht ein Aufschaukelungsprozess mit Amplituden, denen der Baum bzw. das Bauwerk nicht gewachsen ist, so dass es zum Bruch kommen kann. Der Vorgang ist der gleiche wie bei einer Schaukel. Auch dort wird durch Bewegungen der Beine immer nur ein kleiner Impuls gesetzt. Da dieser aber jeweils im passenden Moment kommt, führt er der Schaukel ständig Energie zu, so dass sie höher und höher schwingt.

Im Wald kann man der Sturmgefährdung durch verschiedene Maßnahmen entgegentreten, z.B. durch die Anlage von Mischwäldern oder stromlinienförmig gestufte Waldränder. Einzelheiten findet man in der Fachliteratur, z.B. bei SCHWERDTFEGER (1981).

Echte Sturmkatastrophen sind in Mitteleuropa glücklicherweise relativ seltene Ereignisse. Am meisten ist noch das Küstengebiet gefährdet. Dort können Sturmfluten verheerende Auswirkungen haben. Aber auch weiter im Landesinneren können Stürme beachtliche Schäden anrichten. So wurden am 13. November 1972 in Niedersachsen 17,6 Mio. Festmeter Holz, das ist rund $^1/_{10}$ der Waldfläche des Landes, stark geschädigt oder völlig zerstört. Dazu kamen noch erhebliche Schäden an Gebäuden, Verkehrsanlagen und sonstigen technischen Einrichtungen.

Weniger spektakulär, in ihrem Ausmaß jedoch nicht zu unterschätzen, sind die von häufigem mittelstarkem bis starkem Wind verursachten Schäden an Pflanzen und Boden. So können die Pflanzen durch Bestandteile, die der Wind mit sich führt, wie z.B. Sandkörner, Salzkristalle oder – im Winter – scharfkantige Eiskristalle oberflächlich beschädigt werden. Man nennt diesen Vorgang **Windschliff** oder **Windschur**. Sind Bäume regelmäßig einseitiger Windbelastung ausgesetzt, so deformieren sich ihre Kronen fahnenförmig. Gelegentlich nimmt die Deformation solche Ausmaße an, dass sie sich nur mehr auf der Leeseite entwickeln können.

Ein Musterbeispiel für Wind induzierte Schwingungen ist die Hängebrücke über die Tacoma Narrows bei Seattle, USA. Von jedem stärkeren Wind wurde sie in so dramatische Bewegungen versetzt, dass man ihr den Spitznamen „galoppierende Gertie" gab. Bei einem heftigen Sturm wurde die Fahrbahn so stark verwunden (tordiert), dass sie brach und in die Tiefe stürzte. Die im Film festgehaltene Einsturzkatastrophe hat in den 1940er-Jahren weltweites Aufsehen erregt (s. Seite 278).

Abb. 122
Einsturz der Tacoma-Brücke.

Auch landwirtschaftliche Kulturen leiden unter andauerndem Wind. Die Bestände erwärmen sich weniger und trocknen rascher aus, mit der Folge deutlicher Ertragseinbußen. Daneben führt der Wind zu Bodenverwehungen. Bei entsprechend trockenen Böden reichen bereits Windgeschwindigkeiten um 30 km/h aus, um die Krume fortzutragen. Sandböden, kultivierte Moorböden und die leichteren Lösse sind besonders gefährdet.

5.5.2 Windschutz

Die Landwirtschaft versucht durch die Anlage von Windschutzeinrichtungen größere Schäden abzuhalten. Die klassischen Gebiete sind die Küsten und das Rhonetal. Dort müssen die empfindlichen Gemüsekulturen vor dem Mistral geschützt werden. Daneben gehören Windschutzanlagen zum Landschaftsbild der Flachländer, Moore, Tiefebenen und Hochplateaus der Mittelgebirge. Empfehlenswert sind sie überall dort, wo geländebedingte Windverstärkungen auftreten (s. Seite 347). Meist verwendet man mehrreihige Baum- oder Strauchreihen senkrecht zur Hauptrichtung.

Die Reichweite einer Windschutzeinrichtung ist proportional zu ihrer Höhe. Für eine kleine Fläche reicht daher schon eine niedrige Anlage, will man dagegen ein größeres Areal schützen, braucht man eine höhere.

Abb. 123 zeigt die Geschwindigkeitsverteilung an einer Windschutzanlage. Die Entfernung vom Schutzstreifen ist in Vielfachen seiner Höhe angegeben. Der Wind weht von links nach rechts. Generell kann man sagen, dass sehr dichte Schutzeinrichtungen wie Mauern, Wälder oder Häuserzeilen die Geschwindigkeit außerordentlich stark verringern, unter günstigen Umständen bis auf 15 % des ursprünglichen Wertes. Ihre Reichweite ist jedoch gering. Schon nach 15-mal der Streifenhöhe sind schon wieder 90 % erreicht. Außerdem muss man in der Zone um 3- bis 8-mal der Streifenhöhe mit Böigkeit infolge von Wirbelbildung rechnen.

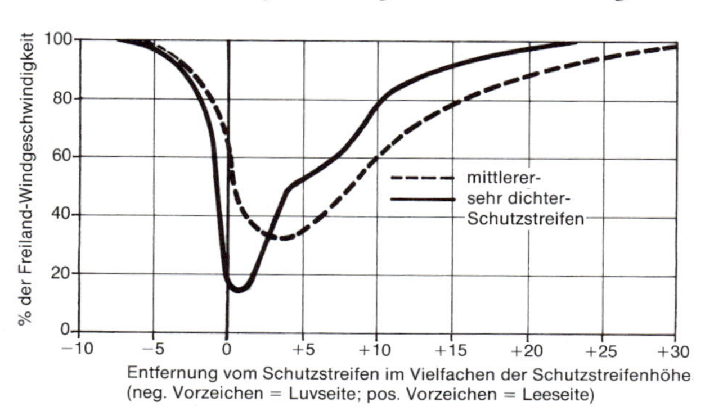

Abb. 123
Windgeschwindigkeit an einem Schutzstreifen in Abhängigkeit von seiner Durchlässigkeit (nach Nägeli 1946, und Kuhlewind et al. 1955).

Ein mitteldichter Streifen – er besteht etwa aus zwei bis vier Reihen Laubholz mit Strauchwerk im Stammraum – dämpft den Wind zwar nur bis etwa 30 %, dafür wirkt er gut 1,5-mal soweit.

Will man eine sehr starke Winddämpfung auf nur kurze Entfernung erreichen, bietet sich eine sehr dichte Anlage an. Soll jedoch eine mäßige Windschwächung auf größerer Fläche erreicht werden, muss man eine lockere Pflanzung vorsehen.

Eine tiefer gehende Behandlung dieses Themas ist hier nicht möglich. Einzelheiten zu diesem äußerst komplexen Problem findet man in Lehrbüchern der Agrarmeteorologie (s. Seite 431) oder in JEDDELOH (1980).

Ähnliche Prinzipien gelten bei einer ganz anderen Art von Windgefährdung, den Schneeverwehungen auf Straßen und Autobahnen. Man errichtet dagegen Schneeschutzzäune, die so angebracht sind, dass der Schnee noch vor der Straße deponiert wird, die Straße aber schneefrei bleibt.

Wichtige positive Auswirkungen von Windschutzanlagen auf den Pflanzenbau: tagsüber bis zu 4 K **höhere Bestandestemperaturen** schaffen in vielen Fällen ein besseres Wachstumsklima und eine längere Vegetationsdauer; **tiefere Nachttemperaturen** verringern die Veratmungsverluste der Pflanzen. Der Grund: Die Schwächung des Windes verkleinert die Wärmeübergangszahl (α_L; s. Seite 362ff.). Dadurch wird weniger fühlbare Wärme ausgetauscht; so bleibt das Temperaturniveau im Bestand tagsüber höher und nachts tiefer.
Bis etwa 30 % **weniger Verdunstung** (s. Seite 362ff.); und etwas **höherer Niederschlag** (Leewirbeleffekt; s. Seite 274); bewirken zusammen eine **Verbesserung der Wasserversorgung**.

Verständnisfragen

5.1 *Wie kommt es zur Entstehung von Land- und Seewind?*

5.2 *Beschreiben Sie bitte den Tagesgang des Windes in einem Gebirgstal unter der Wirkung der Hang- und der Talwindzirkulation.*

5.3 *Welche Kräfte halten sich bei großräumigen Windsystemen auf der rotierenden Erde die Waage? Welche Rolle spielt dabei die Bodenreibung?*

5.4 *Wodurch unterscheiden sich Stromlinien und Trajektorien?*

5.5 *Welche drei Ursachen hat die Böigkeit des Windes?*

5.6 *Warum entstehen bei Nachtwind keine Inversionen?*

5.7 *Wovon hängt die Corioliskraft ab? (Mind. 3 Einflussgrößen)*

5.8 *Warum hat der Wind in Höhen über 100 m sein Maximum in der Nacht und sein Minimum am Tage?*

5.9 *Welche Windwirkung verursacht in erster Linie den Windbruch in Wäldern?*

5.10 *Vergleichen Sie bitte eine sehr dichte und eine lockere Windschutzpflanzung hinsichtlich der Winddämpfung und der Reichweite ihrer Schutzwirkung.*

6 Dynamik der Atmosphäre

6.1 Hoch- und Tiefdruckgebiete

6.1.1 Thermische Hoch- und Tiefdruckgebiete

Thermische Hoch- und Tiefdruckgebiete gehen auf die unterschiedlichen Luftdruckwerte zurück, die verschieden warme Luftmassen hervorrufen. Sie sind meist ortsfest und spielen in der Klimatologie eine wichtige Rolle. Dynamische Hoch- und Tiefdruckgebiete dagegen entstehen durch bestimmte Strömungsvorgänge in der Atmosphäre; sie schwimmen mit der Strömung mit und gestalten wesentlich unser Wetter.

Bei der Besprechung des Luftdruckes wurde darauf hingewiesen, dass kalte Luft wegen ihrer großen Dichte einen **hohen** Luftdruck und warme Luft wegen ihrer geringeren Dichte einen – wie man in der Meteorologie sagt – **tiefen** Luftdruck hervorruft. Wir werden also überall, wo sich kalte Luft ansammelt, Hochdruckgebiete, und wo Luft stark erhitzt wird, Tiefdruckgebiete erwarten dürfen. So bildet (s. Seite 306) sich im Juli über dem heißen südlichen Asien ein massives Hitzetief aus, das bis in die Arabische Halbinsel hineinreicht. Auch über dem nordamerikanischen Kontinent findet man zu dieser Jahreszeit in etwa 30° Breite ein kleines Hitzetief. Dagegen gehen die Hitzetiefs über Südamerika, Südafrika und Australien im Januar (= Sommer auf der Südhalbkugel) in die innertropische Tiefdruckrinne über (s. Seite 301), so dass sie sich nicht als so auffällige Individuen abzeichnen wie das asiatische Sommertief. Im Norden kann sich der riesige asiatische Kontinent extrem stark abkühlen, was zur Ausbildung eines fast den ganzen Kontinent überdeckenden Kältehochs führt. Im Südwinter finden wir nur über Australien ein kleines Kältehoch. Auch die Hochdruckgebiete der Arktis und der Antarktis verdanken ihre Existenz den dort herrschenden tiefen Temperaturen. Da alle diese Druckgebiete ausschließlich auf die Wirkung der Lufttemperatur zurückzuführen sind, nennt man sie **thermische Hochs** und **thermische Tiefs**. Sie spielen in der Klimatologie eine außerordentlich wichtige Rolle.

Thermische Hochs und Tiefs gibt es aber auch in viel kleinerer Ausführung. Im Abschnitt Geländeklima (s. Seite 325) werden uns verschiedene begegnen. Selbst so kleinräumige Phänomene wie Staubteufel (s. Seite 271) gehen auf sie zurück.

6.1.2 Dynamische Hoch- und Tiefdruckgebiete

Die Druckgebilde, die unser Wetter gestalten, entstehen durch völlig andere Vorgänge. Weil dabei Strömungen in der Atmosphäre die entscheidende Rolle spielen, werden sie als **dynamische Hoch- und Tiefdruckgebiete** bezeichnet. Sie sollen uns im Folgenden beschäftigen.

Wegen der Kugelgestalt der Erde nimmt die auf den Boden auftreffende Sonnenstrahlung nach Maßgabe des Lambertschen Gesetzes (s. Seite 165) im Mittel von den äquatornahen Gebieten zu den Polen hin kontinuierlich ab. Diese Aussage ist zwar sehr stark generalisiert, trifft aber im Kern zu. Wer sich für Einzelheiten dazu interessiert findet sie in den Abb. 142 und Abb. 143. Die Folge dieser Strahlungsabnahme ist, dass die Atmosphäre in den niederen Breiten wärmer ist als in den hohen.

Das bedeutet, dass wir einen bestimmten Temperaturwert – sagen wir beispielsweise –30 °C – in den niederen Breiten in einer größeren Höhe messen werden als in den höheren Breiten. Der obere Teil der Abb. 125 zeigt in einem meridional angelegten Schnitt durch die Atmosphäre die Zusammenhänge in vereinfachter Form. Die vorhin genannten –30 °C findet man über dem Äquator in etwa 10, in unserer Breite in 7 und über den Polen in 5 km Höhe.

Betrachten wir die **horizontale Temperaturänderung** in einer **festen Höhe**, z.B. 5 km, so ergeben sich rein rechnerisch etwa 35 K pro 10 000 km (= Entfernung Äquator – Pol), grob gemittelt also 0,0035 K/km. Dieser Wert gilt näherungsweise für die gesamte Atmosphäre bis hinauf zur Tropopause.

So einleuchtend und überzeugend diese Darstellung auch ist, so hat sie doch einen wesentlichen Schönheitsfehler: Sie gilt nur im klimatologischen Mittel! Im Einzelfall kommt es zu erheblichen Abweichungen von diesem Schema. Der Grund dafür ist, dass die Atmosphäre dazu neigt, sehr große, relativ einheitlich temperierte Volumina zu bilden. Man bezeichnet diese als **Luftmassen.** Die von einer einzigen Luftmasse bedeckten Gebiete können viele Mio. km² durchmessen.

Nun liegt es nahe, dass sich auf der Erde zweierlei Luftmassen ausbilden: eine warme in den strahlungsreichen Zonen der niederen Breiten und je eine kalte in den strahlungsarmen, höheren Breiten. Entsprechend ihrer geographischen Lage bezeichnet man sie als **tropische** und als **polare Luftmasse**. Innerhalb jeder von beiden nimmt zwar die Temperatur auch nach den Polen hin ab, aber längst nicht so stark, wie es der obere Teil der Abb. 125 zeigt. Das führt dazu, dass dort, wo die beiden Luftmassen aneinandergrenzen, ein Temperatursprung auftreten muss. Da die Natur – jedenfalls in diesen Dimensionen – keine echten Sprünge macht, darf man sich darunter keine eigentliche Diskontinuität vorstel-

— Der Indianerhäuptling merkt, dass er seine Fähigkeit verloren hat, das Wetter zu prophezeien. Weil er sein Volk nicht gefährden will, sagt er vorsichtshalber: „Wir werden einen langen, harten Winter bekommen". Die Indianer stürzen los und schleppen riesige Mengen Holz zusammen. Aber irgendwie hat er doch ein schlechtes Gewissen. Er macht sich deshalb auf in die Stadt und geht zum Wetteramt. „Wir werden einen langen, harten Winter bekommen", meint der Chefmeteorologe. „Und woher wissen Sie das" fragt der Häuptling. „Schauen Sie doch einmal, welche riesigen Mengen Holz die Indianer zusammenschleppen."

Abb. 125
Meridionalschnitt durch die Erdatmosphäre im Bereich der Frontalzone zwischen der tropischen und der polaren Luftmasse.

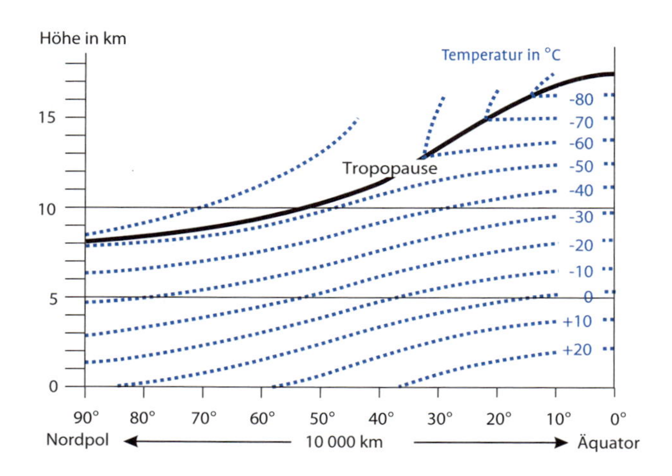

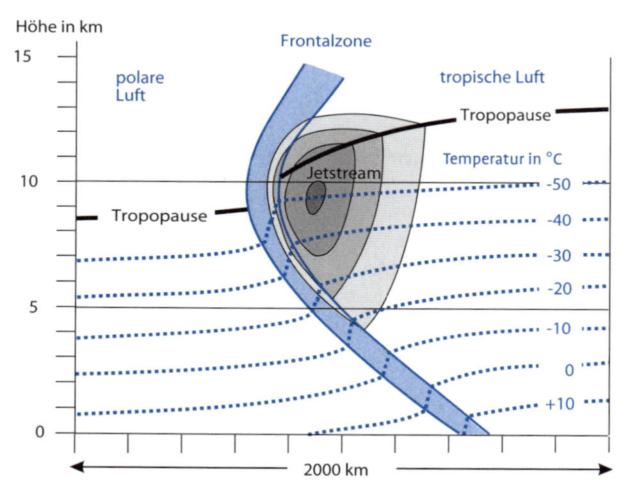

Temperaturverhältnisse und Frontalzone auf der Nordhalbkugel; Einzelheiten siehe Text.
Nach einer Vorlage bei Schönwiese (2003), schematisiert.

len, sondern eine relativ schmale Zone – häufig keine 100 km breit – in der sich die Temperatur in horizontaler Richtung sehr schnell ändert. Oft werden 10 K auf 100 km überschritten, das sind mehr als 0,1 K/km, also das 30fache der klimatologisch gemittelten, horizontalen Temperaturänderung (s. oben). Damit rechtfertigt sich auch der Begriff **Temperatursprung**. Man bezeichnet diesen Übergangsbereich als **Frontalzone**. Die Abb. 125 zeigt in ihrem unteren Teil eine solche individuelle Situation. Man sieht dort – analog zum oberen Bildteil – einen 2000 km langen meridional gelegten Schnitt durch die Stelle der Atmosphäre, an der die beiden Luftmassen aufeinander treffen und eine Frontalzone bilden.

Die Frontalzone darf man sich, wie man sieht, nicht als eine senkrechte Wand vorstellen. Vielmehr ist sie – jedenfalls bis zur Tropopause – zum jeweiligen Pol hin geneigt, unter typischen Bedingungen etwa 1:100. Oft werden aber auch erhebliche Abweichungen von diesem Wert beobachtet.

Auf Seite 40 haben wir gesehen, dass in warmer Luft der Luftdruck mit der Höhe langsamer zurückgeht als in kalter. Das bedeutet: Wir werden in der tropischen Luft stets einen höheren Luftdruck finden als in gleicher Höhe in der polaren Luft. Das wiederum hat zur Folge, dass in der Frontalzone nicht nur ein Temperatursprung sondern auch ein Luftdrucksprung stattfindet.

Horizontale Luftdruckunterschiede rufen Ausgleichsströmungen hervor, die wir als Wind bezeichnen (s. Seite 256). Je größer die Luftdruckunterschiede sind, desto stärker wird der Wind. Luftdrucksprünge, wie wir sie in der Frontalzone finden, müssen demnach zu ganz extremen Windgeschwindigkeiten führen. Da der Luftdrucksprung mit der Höhe immer schärfer wird, finden wir die höchsten Windgeschwindigkeiten in einem etwa 100 km breiten und bis zu einigen Kilometern mächtigen parallel zur Frontalzone verlaufenden, also in erster Näherung west-östlich gerichteten Starkwindband unmittelbar unterhalb der Tropopause. Es heißt **Strahlstrom** oder **Jetstream** (vgl. Randspalte). In Abb. 125 unten sind die Windgeschwindigkeiten schematisiert eingetragen: je dunkler die Tönung, desto stärker der Wind. Im Jetstream-Zentrum gelten Windgeschwindigkeiten von 300 km/h als ganz normal; in Extremfällen wurden schon 600 km/h und mehr gemessen.

Die Frontalzone ist nicht auf eine feste geographische Breite fixiert – sonst müsste sie sich ja auch im klimatologischen Mittel (Abb. 125 oben) durch einen Temperatursprung bemerkbar machen. Und doch gibt uns diese Abb. einen ersten Hinweis darauf, in welchen Breiten sie sich überwiegend aufhält. Beim genauen Betrachten der Linien gleicher Temperatur fällt nämlich auf, dass diese zwischen 30° und 60° ein auffällig größeres Gefälle zeigen als in den niederen und den hohen Breiten, was nur mit häufig dort auftretenden Frontalzonen-bedingten Temperatursprüngen erklärt werden kann. In der Tat verläuft die Frontalzone gar nicht so selten als langes, west-östlich gerichtetes Band in mittlerer geografischer Breite. In der Mehrzahl der Fälle wird sie jedoch instabil und bildet mächtige Wellen nach Norden oder nach Süden.

Schauen wir uns dazu Abb. 126 an. Sie zeigt Linien gleicher Lufttemperatur (Isothermen) in etwa 5 km Höhe über der Nordhe-

▬ Der Jetstream an der Frontalzone zwischen der polaren und der tropischen Luftmasse ist nicht der einzige. Ähnliche Strahlströme treten auch noch an anderen Stellen der Erde auf.

▬ Bezüglich der Richtung des Jetstream sei noch folgendes angemerkt: Wegen der Corioliskraft (s. Seite 261ff.) wird die vom hohen Druck in der tropischen Luft zum tiefen Druck in der polaren Luft gerichtete Strömung um 90° nach rechts abgelenkt. Dadurch kommt es zu einer west-östlichen, also zur Frontalzone parallelen Windrichtung. Für einen Betrachter der Abb. 125 unten weht der Wind also in die Papierebene hinein. Aus analogen Gründen kommt es auf der Südhalbkugel wegen der Linksablenkung ebenfalls zu einer west-östlichen Luftströmung. Ausnahmen von dieser Windrichtung werden uns noch begegnen.

— Rossby, Carl Gustav Meteorologe und Ozeanograf; * 28.12.1898 Stockholm † 19.8.1957 Stockholm Professor in Cambridge, Chicago und Stockholm. Arbeiten: Meereswellen, atmosphärische Wellen und Wirbel.

misphäre, gemessen am 6. Februar 1952. Zur besseren Orientierung sind die vier Hauptmeridiane und der Breitenkreis „45° Nord" blau hervorgehoben. Europa ist in der linken, Asien in der rechten unteren Ecke, Nordamerika in der linken oberen Ecke zu finden. Der Verlauf der Frontalzone verrät sich durch die bestechend eindrucksvolle Drängung der Isothermen als Folge des horizontalen Temperatursprunges. Das Frontalzonenband zeigt mächtige Wellen nach Süden, insbesondere über Nordamerika, Süd- und Osteuropa sowie nach Norden, z. B. über dem Atlantik. Sie werden als **planetarische Wellen** oder nach dem großen Meteorologen und Ozeanografen Carl-Gustav Rossby als **Rossby-Wellen** bezeichnet. Natürlich ist dieses Wellenbild in ständiger Veränderung begriffen, so dass in jeder Himmelsrichtung Wellenberge und Wellentäler auftreten können. Es zeigt sich aber sehr deutlich, dass sich die Wellen im Wesentlichen entlang des 45. Breitenkreises dahinschlängeln, wie wir bereits aus dem oberen Bildteil geschlossen haben.

Die Rossby-Wellen sowie eine weitere wichtige Konstellation der Frontalzone stellen die Wiege der dynamischen Hoch- und Tiefdruckgebieten dar.

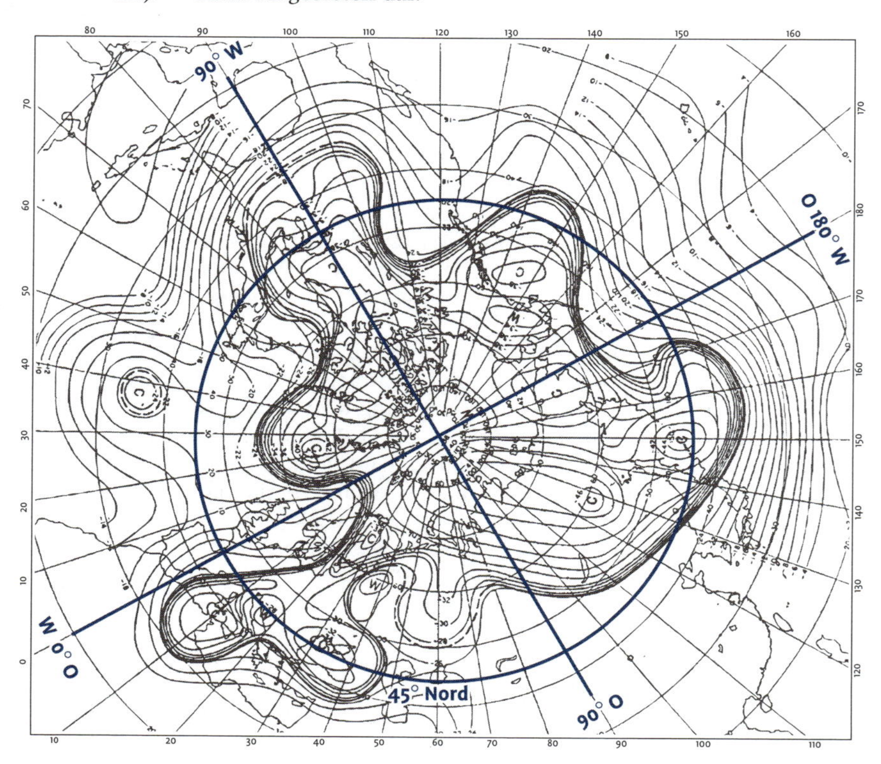

Abb. 126
Verteilung der Lufttemperatur in etwa 5 km Höhe am 6. Februar 1952 nach Bradbury und Palmén (1953), überarbeitet und ergänzt (Einzelheiten siehe Text).

Entstehung der dynamischen Hoch- und Tiefdruckgebiete

Abb. 127 zeigt Formen der Frontalzone, an denen sich dynamische Hoch- und Tiefdruckgebiete bilden. An allen mit (H) gekennzeichneten Stellen entstehen Hochs, an den mit (T) gekennzeichneten Tiefs. Neben den wellenartigen Auslenkungen sind es auch Situationen, bei denen die tropische und die polare Luftmasse besonders eng zusammengedrängt und dadurch besonders scharfe Temperatursprünge hervorgerufen werden.

Die Vorgänge rund um die Entstehung von Hochs und Tiefs (im Folgenden sind hier stets *dynamische* Hochs und Tiefs gemeint) sind teilweise kompliziert und verlangen ein großes räumliches Vorstellungsvermögen. Deshalb zeigt Abb. 124 die wichtigsten Entwicklungsphasen noch zusätzlich in schematisierten 3D-Ansichten.

Abb. 127
Isothermenformen, die zur Bildung von Hoch- und Tiefdruckgebieten führen.

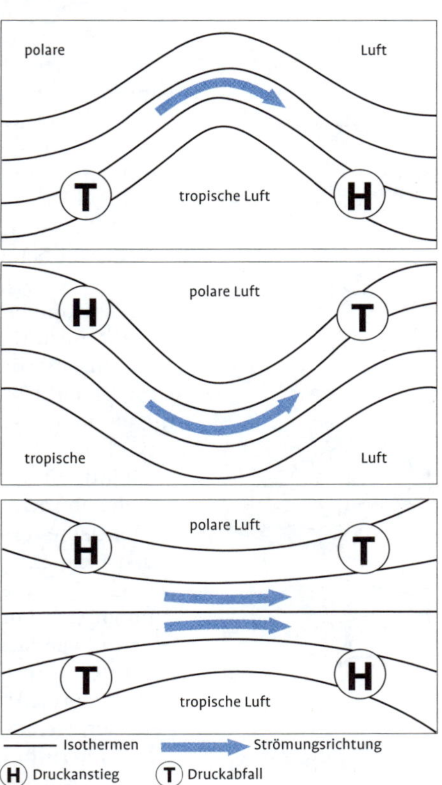

Wir wählen uns für die Diskussion der Tief-Entstehung die Situation nach Abb. 127 unten aus, denn diese ist am leichtesten zu verstehen. Dazu benützen wir die Darstellungsform der Abb. 128, d. h. wir betrachten nicht mehr Linien gleicher Temperatur sondern Linien gleichen Luftdruckes (Isobaren) in etwa 10 km Höhe, was nach dem vorhin gesagten (s. Seite 281ff.) keinen Fehler bedeutet.

Betrachten wir also die Abb. 128, deren Aufbau wir im Prinzip von der Abb. 117 schon kennen: Im unteren Bildteil liegt die warme tropische Luft mit hohen Druck, oben die kalte polare Luft mit geringerem Druck. Die Jet-Strömung ist also von links nach rechts gerichtet. In der Bildmitte sind, wie man deutlich sieht, die beiden Luftmassen sehr viel stärker zusammengedrängt als links und rechts im Bild. Deshalb ist der Luftdruckgradient im mittleren Bildteil größer als am rechten und am linken Bildrand.

Das 3D-Bild (Abb. 124 (a)) zeigt uns die Verhältnisse in einer Schrägansicht. Wir sehen ein quadratisches Stück der Erde ausgeschnitten (dunkelgraue Schnittfläche), darüber die Atmosphäre bis in etwa 10 km Höhe. Die nach links hinten verlaufende Schnittfläche entspricht der Darstellung auf der Abb. 125 unten. Die kalte Luft ist blau, die warme grau getönt. Die Neigung der Frontalzone ist gut zu erkennen. Der Jetstream wird durch eine Folge von kugelförmigen grauen Luftpaketen symbolisiert, die Pfeile geben seine Richtung an.

— Am Anfang des Entstehungsprozesses eines dynamischen Hoch- oder Tiefdruckgebietes steht eine Konvergenz oder eine Divergenz der Strömung in der Höhe um 10 bis 12 km.

Betrachten wir jetzt in der Abb. 128 ein Jetstream-Luftpaket, das gerade am Punkt (A) angekommen sein soll und vergegenwärtigen wir uns, was auf Seite 261 über die Entstehung großräumiger Windsysteme gesagt wurde. Wir sehen, dass sich die **Gradientkraft** (durchzogener Pfeil nach oben) und die **Corioliskraft** (gepunkteter Pfeil nach unten) gerade die Waage halten, so wie wir es von einem gleichmäßigen Wind her gewöhnt sind. Verfolgen wir jetzt unser Luftpaket beim Durchströmen des Luftdruckfeldes. Strömungsabwärts, also über (B) nach (C), rücken die Isobaren immer näher zusammen, d. h. der Gruckgradient und damit die Gradientkraft wachsen. Eine höhere Gradientkraft bewirkt, wie wir wissen, eine höhere Windgeschwindigkeit. Unser Luftpaket muss also auf seinem Weg beschleunigt werden. Bekanntlich versucht aber jede Masse infolge ihrer Trägheit stets in dem Bewegungszustand zu bleiben, in dem sie sich gerade befindet – widersetzt sich also einer Beschleunigung. Daran ändert auch die Tatsache nichts, dass ein m^3 Luft in dieser Höhe nur mehr an die 300 g wiegt. Die Geschwindigkeit unseres Luftpaketes wird demnach immer weiter hinter der zum Druckgradienten „passenden" zurückbleiben.

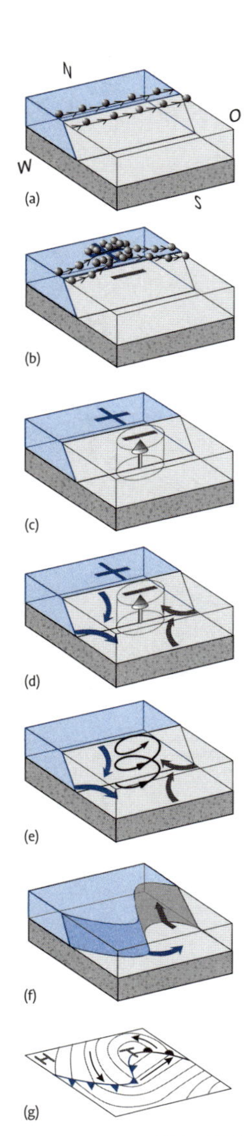

Abb. 124
Entstehung eines Tiefdruckgebietes.

Wenn aber die Geschwindigkeit des Luftpaketes zu klein ist, dann ist natürlich auch seine Corioliskraft kleiner, als sie sein müsste um der Gradientkraft das Gleichgewicht zu halten. Gradientkraft und Corioliskraft gleichen sich also nicht mehr aus. Die Gradientkraft überwiegt: (G > C), wie an den unterschiedlich langen Pfeilen sowohl bei (B) als auch bei (C) zu erkennen ist. Damit entsteht eine resultierende Kraft quer zur Strömungsrichtung. Sie erfasst Luftpakete aus dem Bereich (–) und verschiebt sie in den Bereich (+). Zusammenfassend kann man sagen, im Bereich (+) sammelt sich Luft an, die dem Bereich (–) verloren geht. In der Meteorologie bezeichnet man den Massenverlust im Bereich (–) als **Divergenz** und den Massenzufluss in den Bereich (+) als **Konvergenz**. Abb. 124 (b) zeigt die Situation in 3D-Ansicht.

Andererseits strömt Luft – wiederum wegen der Massenträgheit – mit zu hoher Geschwindigkeit in den Bereich sich verringernder Gradientkraft von (C) über (D) nach (E). Dort überwiegt jetzt die Corioliskraft und verschiebt auf analoge Weise Luft von Links nach Rechts, lässt also wieder einen Divergenz- und einen Konvergenzbereich entstehen – allerdings genau umgekehrt angeordnet.

Dieser Vorgang spielt sich, darauf muss noch einmal nachdrücklich hingewiesen werden, in Höhen von etwa 10 km ab. Aber die daraus resultierenden Massenverluste und Massengewinne wirken sich natürlich auf die gesamten Luftsäulen in den Konvergenz und Divergenzbereichen aus, bis hinunter zum Erdboden. In welcher Form das

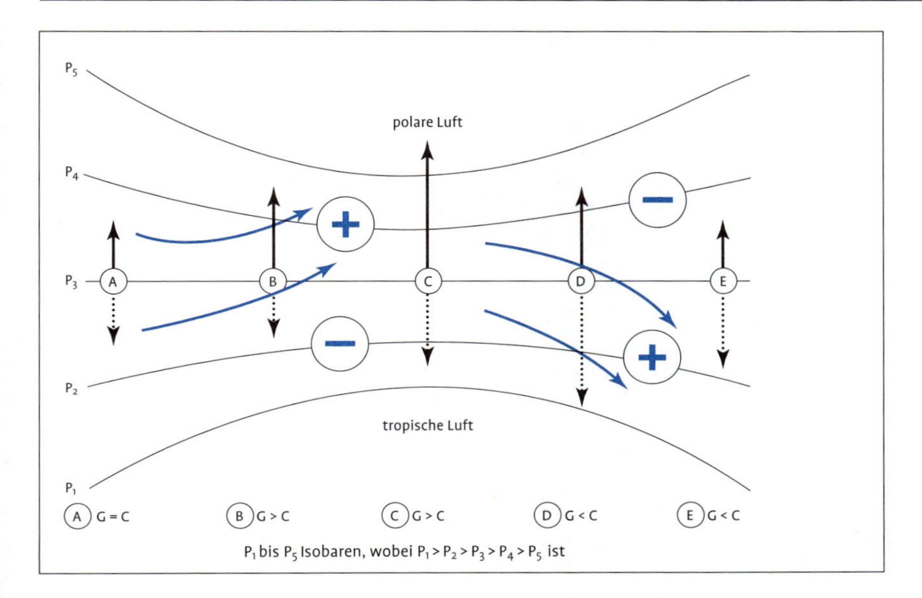

Abb. 128
Konvergenz- und Divergenzvorgänge (Einzelheiten siehe Text).

geschieht, zeigt Abb. 129. In ihr ist das Niveau, auf dem Konvergenzen und Divergenzen ablaufen, durch eine dicke Linie markiert. Betrachten wir zunächst die linke Hälfte der Abb. Dort ist der Fall der Divergenz, also des Massenverlustes, behandelt. Die Atmosphäre versucht, die durch seitliches Abfließen verloren gegangene Luft durch Ansaugen aus darüber- und darunter liegenden Schichten zu ersetzen. Das hat zur Folge, dass unterhalb des Divergenzniveaus eine aufsteigende, darüber eine absinkende Bewegung in Gang kommt. Das Ansaugen aus den höheren Schichten verursacht ein Absinken der Tropopause. Nach unten hin setzt sich der Sog bis zur Erdoberfläche fort. Man kann sich diesen Vorgang ganz grob vereinfacht vorstellen wie bei einem senkrecht dicht über den Boden gehaltenen Staubsaugerrohr. Vgl. auch Abb. 124 (c).

Was bei einem echten Staubsaugerrohr in einem solchen Fall vor sich geht, das kann man an einem lange nicht gekehrten Fußboden gut beobachten: Von allen Seiten her stürzen Staubpartikel, Krümel und was sonst noch so auf dem Boden herumliegt auf das Rohr zu und verschwinden blitzartig in seiner Öffnung. In der Atmosphäre läuft dieser Vorgang jedoch nicht ganz so einfach ab wie auf dem Fußboden. Das liegt daran, dass die zum Sogzentrum strömende Luft viele hundert oder gar tausend km lange Wege zurücklegen muss und dabei

Abb. 129
Zur Entstehung dynamischer Hochs und Tiefs (Erläuterungen im Text).

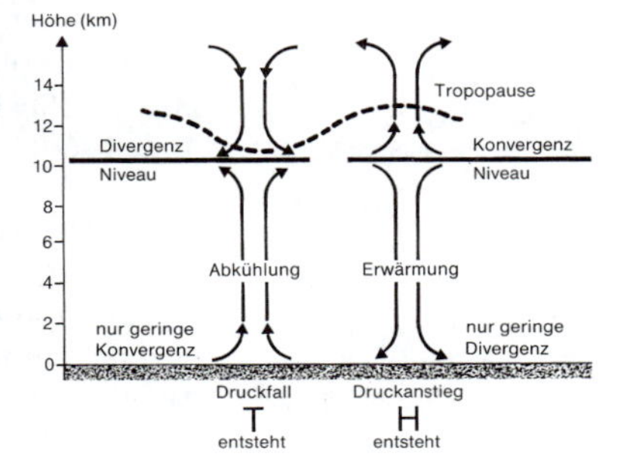

Zur Ausbildung von dynamischen Hoch- und Tiefdruckgebieten ist die Corioliskraft zwingend erforderlich. Würde die Erde nicht rotieren, gäbe es keine dynamischen Hochs und Tiefs.

unter den Einfluss der Corioliskraft gerät. Wie wir wissen, bewirkt diese, dass die zufließende Luft aus ihrer Bahn abgelenkt wird und dadurch ihr Ziel verfehlt. Statt in das Sogzentrum einzuströmen, wird sie (auf der Nordhalbkugel) rechts daran vorbeigeführt, wie Abb. 130 (obere Hälfte) zeigt. Hält dieser Vorgang lang genug an, dann bildet sich eine geschlossene Zirkulation aus, die entgegen dem Uhrzeigersinn – **zyklonal** wie der Meteorologe sagt – rotiert (vgl. Abb. 124 (d)).

Allerdings ist es durchaus nicht so, dass überhaupt keine Luft „im atmosphärischen Staubsaugerrohr" verschwinden und abgesaugt werden würde. Wie in Lehrwerken der Theoretischen Meteorologie (s. Seite 434) gezeigt, bewirkt die Bodenreibung eine bescheidene Strömungskomponete in das Sogzentrum hinein (vergl. Seite 267) und weiter nach oben in Richtung Divergenzniveau. Durch die Überlagerung der zyklonalen Rotationsbewegung mit dieser nach oben gerichteten Strömung entsteht eine Bewegungsform wie bei einem aus dem Korken herausgedrehten Korkenzieher (siehe Abb. 124 (e)). Darüber hinaus wandert das ganze System langsam an der Frontalzone entlang in östlicher Richtung.

Weil das Einströmen von Luft in das Sogzentrum sehr stark behindert wird, kann der Unterdruck nicht ausgeglichen werden. Bei anhaltender Divergenz fällt er sogar weiter und weiter: Ein Gebiet tiefen Drucks oder kurz ein **Tief** (T) oder eine **Zyklone** ist entstanden.

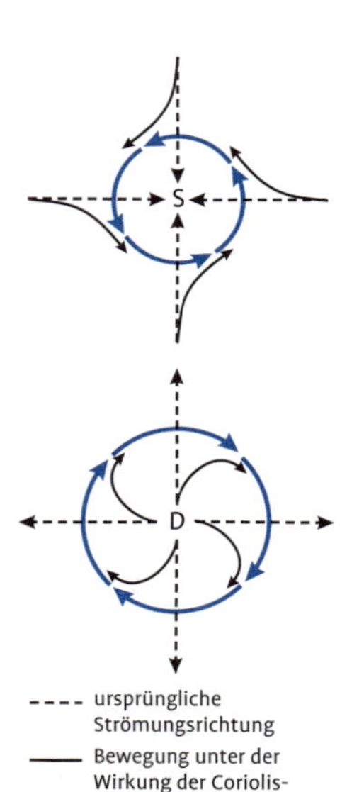

Abb. 130
Wirkung der Corioliskraft auf die zum Sogzentrum hin- (oben) bzw. vom Druckzentrum wegfließende Luft (unten) auf der Nordhalbkugel.

Durch analoge Überlegungen lässt sich mit der unteren Hälfte der Abb. 130 das Entstehen eines **Hochdruckgebietes** oder einer **Antizyklone** erklären. Vom Konvergenzniveau aus sinkt Luft zu Boden. Sie kann dort aber nur teilweise auseinander fließen, weil sie größtenteils von der Corioliskraft in eine dem Uhrzeigersinn entsprechende – **antizyklonal** genannte – Kreisbahn gezwungen wird. Damit sammelt sich zunehmend Luft an, der Druck steigt und ein Hoch ist entstanden.

Warum, so könnte man fragen, setzt im vorliegenden Fall nicht die von den thermischen Hoch und Tiefdruckgebieten her bekannte Ausgleichsströmung von der tropischen Luft zur polaren Luft ein. Sie setzt in der Tat ein, wird aber durch die Corioliskraft in den senkrecht dazu verlaufenden Jetstream umgelenkt.

Tiefdruckgebiete und Fronten

Tiefdruckgebiete entstehen im Grenzbereich zwischen tropischer Warmluft und polarer Kaltluft. Deshalb liegt es nahe, dass sie diese beiden Luftmassen in die zyklonale Zirkulation mit einbeziehen. Auf ihrer Ostseite, auch **Tiefdruck-Vorderseite** genannt, wird warme Luft nach Norden und auf ihrer Westseite, auch **Tief-**

druck-Rückseite genannt, kalte Luft nach Süden geführt. Damit erfährt die Frontalzone eine S-förmige Deformation (Abb. 124 (f)). Hinter ihrem auf der Tiefdruck-Vorderseite nach Norden wandernden Ast folgt die Warmluft. Er wird in der Wetterkarte dort, wo er den Erdboden berührt mit einer roten Linie markiert, die mit ebenfalls roten halbkreisförmigen Symbolen versehen ist. Diese Linie wird als **Warmfront** bezeichnet. Abb. 124 (g) zeigt die zu unseren 3D-Bildern gehörige Wetterkarte, in der die – aus drucktechnischen Gründen allerdings schwarz dargestellte – Warmfront gut zu erkennen ist. Hinter dem auf der Rückseite des Tiefs nach Süden vorstoßenden Ast der Frontalzone folgt die Kaltluft. Ihre Bodenspur wird in der Wetterkarte mit einer blauen Linie markiert, die mit dreieckigen Symbolen versehen ist und als **Kaltfront** bezeichnet wird. Sie ist in Abb. 124 (g) blau eingetragen.

Während der Wanderung der Fronten verlagert sich das Zentrum des Tiefs an die Spitze des mit warmer Luft erfüllten Sektors, der kurz **Warmsektor** heißt.

An der Warmfront gleitet die warme Luft wie auf einer schiefen Ebene (grauer Pfeil in Abb 124 (f)) auf die Vorderseitenkaltluft auf, wobei sie diese gleichzeitig sehr langsam vor sich herschiebt. Die schwere Rückseitenkaltluft schiebt sich – oft durch Bodenreibung an der Erdoberfläche sogar etwas zurückgehalten – wie ein zäher Brei unter die leichtere Warmluft und beginnt, diese hochzuheben.

Abb. 132 zeigt die Wettererscheinungen beim Herannahen und beim Durchzug von Warm- und Kaltfronten. Der obere Teil enthält in einem senkrechten Schnitt durch die Atmosphäre die Wolken und Niederschläge (die gestrichelte Linie in Abb. 131 (a); Seite 292 zeigt, wo der Schnitt verläuft). Im unteren Teil der Abb. 132 sind die Veränderungen von Luftdruck, Temperatur, Windrichtung- und -geschwindigkeit zu sehen. Denken wir uns als Beobachter am rechten Bildrand stehen – dort wo in Abb. 131 (a) das Kreuzchen ist – dann zieht das gesamte Wettergeschehen wegen der zyklonalen Rotationsbewegung des Tiefs wie in einer Prozession an uns vorbei.

Die ersten Wettererscheinungen zeigen sich bereits, wenn die Warmfront noch weit entfernt ist. Wegen der starken Neigung der Frontalzone – 1:100 ist ein typischer Wert – kann die Warmluft in 10 km Höhe über dem Beobachter schon eingetroffen sein, wenn die Warmfront selbst noch 1 000 km von ihm entfernt ist. Das Aufgleiten der Warmluft auf die Vorderseitenkaltluft führt zur Bildung der oben genannten Wolken und deren charakteristischer Abfolge, dem sog. **Aufzug**. Als erstes beobachtet man einzelne hohe Cirruswolken, die über Cirrostratus und Altostratus schließlich in einen mächtigen Nimbostratus übergehen. Aus ihm fällt lang anhaltender, großtropfiger, mäßig intensiver Regen- oder

— Die Tatsache, dass die Kaltluft in der Höhe oft rascher vorankommt als am Boden, erklärt auch, warum Castellanus-Wolken (s. Seite 122) besonders verlässliche Gewitterboten sind. Relativ häufig beginnt die Kaltluft bereits viele Stunden vor der eigentlichen Kaltfrontpassage in großen Höhen einzusickern. Die damit verbundene Labilisierung setzt damit zunächst nur im Altocumulus-Altostratus-Niveau ein, d. h. nur dort zeigen sich die als „Castellani" bekannten Quellungen. Gelegentlich bilden sich auch über den noch höher liegenden Kondensstreifen castellanusartige Quellungen.

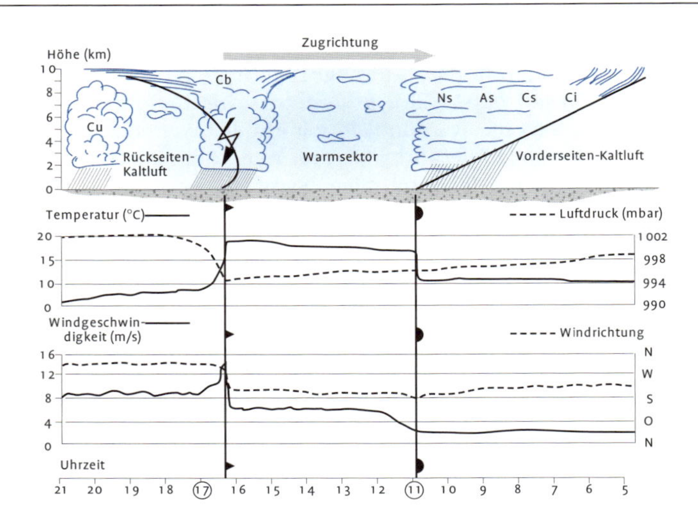

Abb. 132
Typische Wettererscheinungen beim Durchzug einer Warm- und einer Kaltfront.

Häufig kann man beobachten, dass sich beim Herannahen einer Kaltfront nicht der erwartete Süd- bis Südwestwind, sondern Südost-, manchmal sogar Ostwind einstellt. Dafür gibt es mehrere Gründe: Erstens die Reibung der strömenden Luft am Boden, die ja auf dem Festland, insbesondere im stark gegliedertem Gelände stets vorhanden ist. Sie bewirkt (vergl. Seite 267), dass der Wind nicht mehr streng parallel zu den Isobaren weht, sondern eine Komponente vom hohen zum tiefen Druck annimmt. Nach Außen hin manifestiert sich das durch eine Drehung der Windrichtung gegen den Uhrzeigersinn. Zweitens haben wir im bereich der Kaltfront Hebungsvorgänge mit starken Aufwinden, die ihrerseits aus einem horizontalen Sog zur Front hin gespeist werden. Auch das führt zu einer zusätzlichen Drehung der Windrichtung gegen den Uhrzeigersinn.

Schnee. Im Westen aufziehende, sich verdichtende Cirruswolken sind meist Vorboten einer Warmfront und weisen damit auf Wetterverschlechterung hin. Sehr detaillierte, farbige Bilder der genannten Wolken findet man bei Häckel (2004). Innerhalb der Nimbostratus-Schicht können sich infolge der Hebung auch konvektive Zellen entwickeln, die zu einer vorübergehenden Verstärkung der Niederschlagsintensität führen. In seltenen Fällen können sich sogar Schauer mit Gewittern bilden.

Der Wind (Abb. 132 unten) weht während des Aufgleitens schwach aus Süd bis Südwest. Im Alpenvorland ist die Aufgleitbewölkung durch Föhneinfluss oft aufgerissen. Manchmal lässt starker Föhn vom Herannahen warmer Luft überhaupt nichts mehr ahnen.

Der Luftdruck fällt während dieses Vorganges leicht und gleichmäßig (Abb. 132 Mitte). Hat die warme Luft die kalte soweit verdrängt, dass sie sich bis zum Boden durchsetzen kann, so sagt man, die **Warmfront sei durchgegangen** oder **durchgezogen**, und nennt den Vorgang eine **Warmfrontpassage**. Der Niederschlag und der Druckfall hören auf. Die Bewölkung lichtet sich, und die Sonne bricht durch. Der Wind kann etwas auffrischen und dreht in mehr westliche Richtung. Wegen der üblicherweise hohen Feuchtigkeit der Warmluft bleibt es aber oft diesig. Normalerweise steigt die Temperatur jetzt spürbar an (Abb. 132 Mitte). Ausnahmen kann es jedoch bei vorangegangenem starkem Föhn geben. Im Winter kann eine kräftige Warmfront eine viele Zentimeter hohe Schneedecke entstehen lassen, die in der nachfolgenden Warmluft in kurzer Zeit zu einem sulzigen Matsch zusammenschmilzt.

Warmfronten sind in den frühen Entwicklungsphasen der Tiefs typischer und deutlicher ausgeprägt als in den späteren. Im Winter kann man sie öfter in dieser charakteristischen Form beobachten als im Sommer. Auf dem Satellitenbild Seite 295 ist eine – allerdings schwach ausgeprägte – Warmfront zu sehen.

Während der Warmsektor durchzieht, sind keine sehr markanten Wettererscheinungen zu beobachten. Es ist nur leicht bewölkt, der Druck bleibt gleich oder fällt. Je stärker er fällt, desto rascher nähert sich die Kaltfront und desto intensivere Wettererscheinungen sind bei ihrer Passage zu erwarten.

Da die heranrückende Kaltluft unmittelbar über die raue Bodenoberfläche schleift, wird sie dort nicht unerheblich gebremst. Die Folge ist, dass die Grenzfläche zwischen dem Warmsektor und der Kaltluft relativ steil verläuft. Ihre Neigung ist nur etwa 1:50. Meist wird die Kaltluft von der Erdoberfläche sogar zurückgehalten, so dass sie in 1 bis 2 km Höhe früher ankommt als am Boden. In jedem Fall erfährt die Warmluft beim Heranrücken der Kaltluft eine kräftige und rasche Hebung, die zusammen mit dem noch warmen Boden zu starker Labilisierung führt (vgl. HÄCKEL 2007; Seite 175). Plötzlich aufkommende, stark quellende Bewölkung und gleich darauf einsetzende Schauer mit Hagel und Gewittern sind typische Zeichen für die erfolgte **Kaltfrontpassage**.

Manchmal schiebt sich die Kaltfront in Form einer blauschwarzen Wolkenwalze heran, die den treffenden Namen **Böenwalze** trägt. Böen sind eine typische Wettererscheinung der Kaltfront. Je größer die Temperaturgegensätze, d. h. je kälter die Kaltluft gegenüber der Warmluft ist, desto heftiger der Wind. Die Windregistrierungen der Abb. 119 zeigen einen typischen Kaltfrontdurchgang. Beim Luftdruck, der eben noch gleich bleibende oder fallende Tendenz zeigte, setzt jetzt spontan ein ausgeprägter Anstieg ein.

Sind die ersten Schauer vorbei, so merkt man auch die Abkühlung. Bei sehr prägnanten Kaltlufteinbrüchen kann es sogar zu einem regelrechten Temperatursturz bis weit über 10 K kommen. Ein außergewöhnlicher Kälteeinbruch, die berüchtigte Neujahrskälte von 1979, ist auf Seite 309 beschrieben. Wenn der Boden von vornherein noch sehr warm ist, dauert es unter Umständen bis zu einen Tag, ehe die Kaltluft voll zur Wirkung kommen kann. Nach der Kaltfrontpassage darf man nicht mit einer raschen Wetterberuhigung rechnen. Die nachströmende kalte Luft ist meist labil geschichtet und ermöglicht damit die Ausbildung weiterer Schauer, bei denen Gewitter nicht ausgeschlossen sind.

Das Wolkenband einer Kaltfront ist normalerweise schmäler als das einer Warmfront. Seite 295 zeigt, wie sich eine Kaltfront im Satellitenbild präsentiert. In besonderen Fällen geht es unmittelbar in die Frontalbewölkung der nächsten Warmfront über.

— Unsere heutige Vorstellung über Hoch- und Tiefdruckgebiete geht wesentlich auf die von Bjerknes gegründete Norwegische Meteorologenschule zurück. Sie begann ihre Arbeit während des Ersten Weltkrieges, in einer Zeit, als tagtäglich von „Fronten" die Rede war. Da die Wettervorgänge an den Grenzen unterschiedlich warmer Luftmassen durchaus den Charakter kriegerischer Auseinandersetzung haben können, hat man den Begriff „Front" aus der Militärsprache auf diese Luftmassengrenzen übertragen.

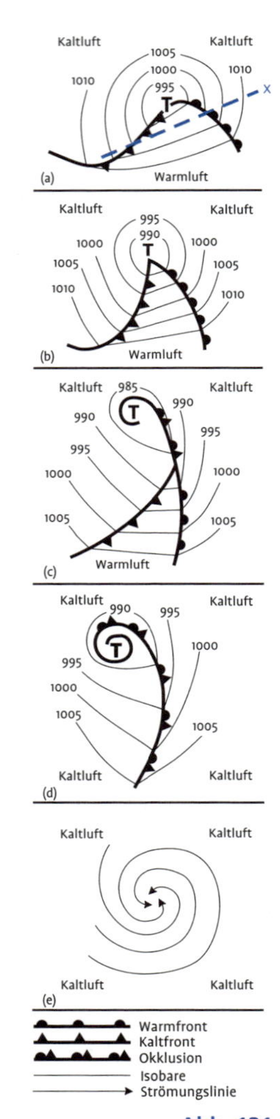

Abb. 131
Entwicklungsstadien eines Tiefdruckgebietes.

Kaltfronten sind besonders im Sommer sehr ausgeprägt, wo sie in vielen Fällen Hitze- und Dürreperioden spontan beenden. Im Winter tritt häufig die scheinbar widersinnige Situation auf, dass es hinter einer Kaltfront wärmer wird. Die Meteorologen bezeichnen solche in treffender Weise als **maskierte Kaltfronten.** Ihre Erklärung ist einfach. In solchen Fällen gelingt es der Warmluft eines Warmsektors nicht, eine dünne, sehr kalte, auf dem Boden lagernde Luftschicht wegzuschieben, so dass sie sich über ihr ausbreitet. Erst die mit Vehemenz vorrückende Kaltluft kann bis zum Boden durchgreifen. Hat diese aber schon einen längeren Weg über den im Winter vergleichsweise warmen Ozean hinter sich, so kann es hinter der Kaltfront in der Tat wärmer werden.

Okklusionen

Bemerkenswert ist nun, dass sich eine Kaltfront schneller vorwärts bewegt als eine Warmfront. Das führt dazu, dass die Warmfront früher oder später von der Kaltfront überholt wird. Was dabei mit den verschiedenen Luftmassen passiert, zeigt Abb. 133 im Aufriss. Da sich die Rückseitenkaltluft keil- oder zungenförmig unter die Warmluft schiebt, wird diese vom Boden hochgehoben, und die nachrückende Kaltluft nimmt mit der Vorderseitenkaltluft Verbindung auf. Dabei bildet sich wieder eine Grenzfläche. In der Wetterkarte zeichnet man dort, wo diese den Erdboden berührt, eine violette Linie ein und versieht sie abwechselnd mit runden und spitzen Frontsymbolen. Da es sich hierbei um den „Zusammenschluss" zweier Kaltluftmassen handelt, nennt man diese Linie **Okklusion.**

Abb. 131 (a) bis (e) zeigen, wie sich der Okklusionsvorgang in der Wetterkarte darstellt. Im Bildteil (a) ist das Tief in der Ausgangssituation zu sehen, wie wir es von Abb. 124 her kennen. Der Vorgang beginnt immer im Tiefzentrum; dass er eingesetzt hat erkennt man daran, dass der Warmsektor im Tiefzentrum eine scharfe Spitze ausbildet, wie im Bildteil b zu sehen. Aus ihr entspringt kurze Zeit später die Okklusion. Den Punkt, an dem die Warmluft die Erdoberfläche gerade noch berührt, nennt man den **Okklusionspunkt**. An ihm spaltet sich die Okklusion in gewohnter Weise in eine Warmfront und eine Kaltfront auf. Gleichzeitig beginnt sich die Okklusion im Tiefzentrum spiralig aufzurollen – siehe Bildteil (c).

Je nachdem, ob die Rückseitenkaltluft kälter oder wärmer ist als die Vorderseitenkaltluft, verhält sich eine Okklusion wettermäßig mehr wie eine Kaltfront oder mehr wie eine Warmfront. Im ersten Fall nennt man sie deshalb **Kaltfrontokklusion**, im zweiten heißt sie **Warmfrontokklusion.**

Bei einer **Kaltfrontokklusion** schiebt sich die Rückseitenkaltluft unter die weniger kalte Vorderseitenkaltluft. Dadurch

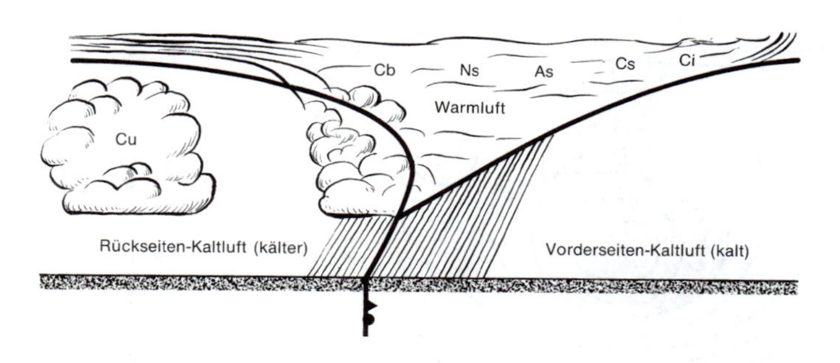

Abb. 133
Okklusion (Typ: Kaltluftokklusion).

kommt es zu Hebungsvorgängen wie an einer Kaltfront. Daher treten an ihr die für Kaltfronten typischen kurzen, aber intensiven Schauer auf, die auch von Gewittern begleitet sein können. Wie bei der Kaltfront beobachtet man auch an der Kaltluftokklusion ein vorübergehendes Auffrischen des Windes und einen Sprung der Windrichtung. Auch der Luftdruck verhält sich wie gewohnt mit fallender Tendenz davor und steigender dahinter. Da die nachfolgende Luft kühler ist als der Boden, behält sie eine labile Schichtung, die keine rasche Wetterbesserung zulässt.

Bei der **Warmfrontokklusion** folgt auf sehr kalte eine weniger kalte Luft nach, die spezifisch etwas leichter und dadurch in der Lage ist, auf die Vorderseitenluft auf zu gleiten. Die überwiegenden Wettererscheinungen sind deshalb die der Warmfront: eine allmähliche Wolkenverdichtung, langsam einsetzender, aber lang anhaltender Regen- oder Schneefall. Oft ist das Niederschlagsgebiet auf die Vorderseite der Okklusion beschränkt. Schauer treten, wenn überhaupt, erst hinter ihr innerhalb der Kaltluft auf, sind aber nicht besonders kräftig entwickelt. Der Grund dafür ist leicht einzusehen: Da der Boden durch die vorangegangene Kaltluft stark abgekühlt ist, stellt sich in der Rückseitenluft eine relativ stabile Schichtung ein, die der Entwicklung stärkerer Quellungen entgegenwirkt. Windböen und Richtungssprünge sind meist nur schwach ausgeprägt. Auch Luftdrucksprünge sind nicht so markant wie an einer Kaltfront. Die sommerlichen Okklusionen sind überwiegend vom Kaltfronttyp, während die winterlichen analog zu den maskierten Kaltfronten fast ausschließlich Warmfrontokklusionen sind.

Abb. 134, zu der das Satellitenbild Abb. 135 gehört, zeigt ein weitgehend okkludiertes Tief mit der typisch aufgerollten Okklusion. Sein Entwicklungszustand entspricht etwa der Phase (c) in Abb. 131. Der Okklusionspunkt liegt über dem Kanal. Die Warmfront über der Südwestküste Frankreichs ist nur noch schwer zu erkennen. Dagegen besitzt die Kaltfront noch ein breites Wolkenband.

Bjerknes, Vilhelm
Physiker und Meteorologe;
* 14.3.1862 Kristina (Oslo)
† 9.4.1951 Oslo
Arbeiten: Zirkulationssatz, Hydrodynamik der Atmosphäre, Polarfronttheorie, Zyklonentheorie.

Die an den Fronten und Okklusionen auftretenden typischen Wettererscheinungen: Regen- und Schneefälle, Schauer, Gewitter, Hagel, Änderung der Luftdrucktendenz, sprungartige Änderung der Windgeschwindigkeit, starke Böen sind für den Meteorologen wertvolle Hilfsmittel zum Auffinden der Fronten in der Wetterkarte.

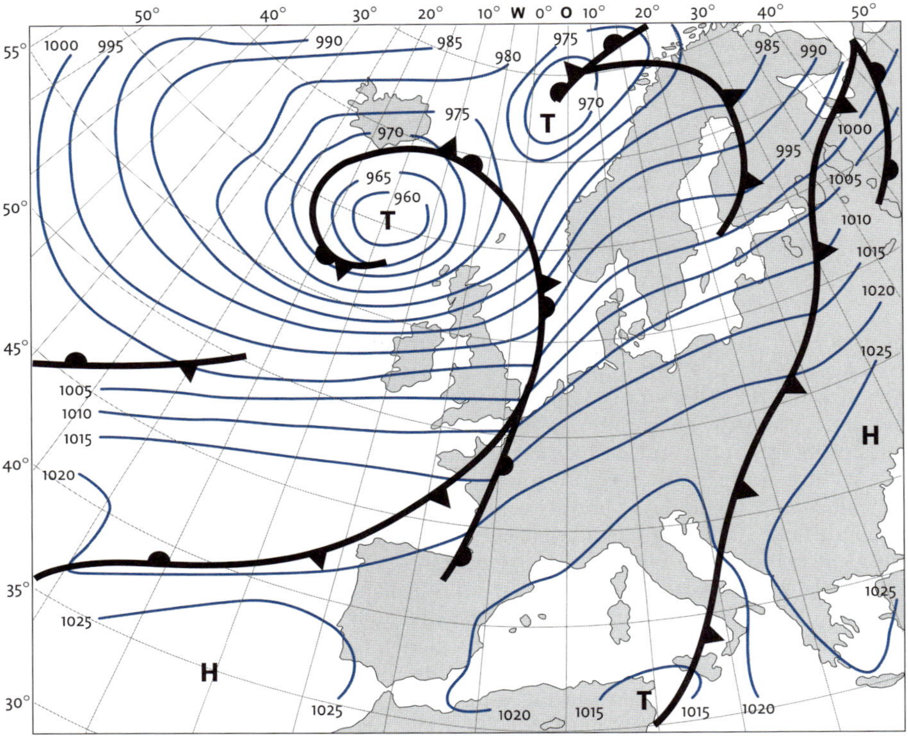

Abb. 134
Wetterlage vom 10. November 1982, 7.00 Uhr (nach Deutscher Wetterdienst). In der Bildmitte ist eine teilweise okkludierte Zyklone mit Warm- und Kaltfront zu sehen.

Im weiteren Verlauf der Entwicklung entfernt sich der Okklusionspunkt ständig weiter vom Tiefzentrum. Schließlich ist die gesamte in die Zirkulation einbezogene Warmluft vom Boden abgehoben, das Tief vollständig okkludiert, das die Okklusion begleitende Wolkenband dabei wie eine Spirale aufgerollt (s. Abb. 131 (e)). Das Tief hat damit das Endstadium seiner Entwicklung erreicht.

Oft treten Tiefs nicht als Einzelindividuen auf, sondern in Form so genannter Zyklonenfamilien, hintereinander angeordnet, das nachfolgende immer ein bisschen weiter äquatorwärts als das vorausgehende. Man kann sich die Bildung einer Familie so vorstellen, dass jeweils ein Tief den Anstoß zur Bildung des nächsten gibt. Oft finden sich fünf oder sechs, manchmal sogar sieben zu einer Familie zusammen. Abb. 136 zeigt eine Familie mit vier „Kindern" und zwischen ihnen drei so genannte Zwischenhochs (h). Zyklonenfamilien bereiten oft Kaltluftvorstöße bis in die niederen Breiten hinein vor. Meist folgt ihnen ein ausgedehntes Hochdruckgebiet nach.

Abb. 135
Wetterlage vom 10. November 1982, 1.59 bis 5.30 Uhr. Die Aufnahme wurde im Spektralbereich zwischen 10,3 und 11,3 µm gemacht. Sie entstand in 3 Umläufen: 1.59 – 2.10 Uhr, 3.38 – 3.53 Uhr und 5.19 – 5.30 Uhr (nach Berliner Wetterkarte).

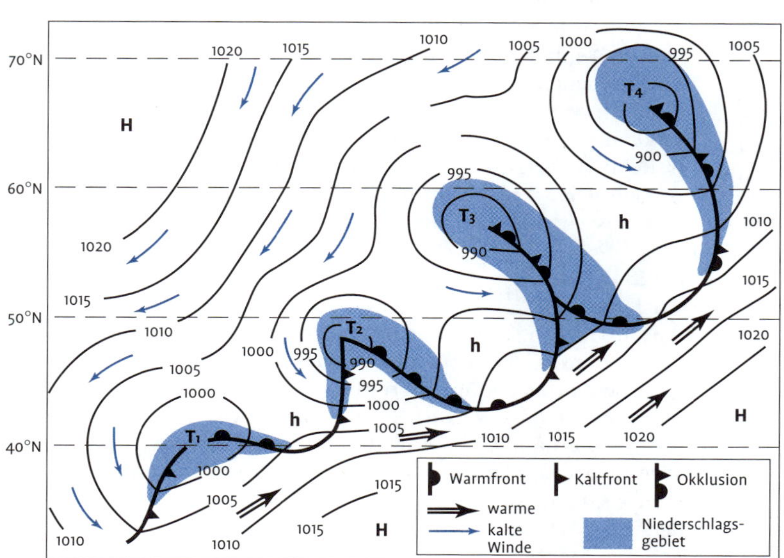

Abb. 136
Zyklonenfamilie.

Hochdruckgebiet

Die Entwicklung eines Hochs läuft wesentlich weniger spektakulär ab als die des Tiefs. Das hat zwei Gründe. Erstens gelingt es der ohnehin schwachen Divergenz am Boden (Abb. 129, rechte Hälfte) nicht, Fronten zu entwickeln. Zweitens, und das ist sogar noch wichtiger, bewirkt die absinkende Bewegung im Hoch eine adiabatische Erwärmung mit Abtrocknung und Wolkenauflösung. Die Folge ist, dass sich „schönes Hochdruckwetter" einstellt. Hochdruckgebiete müssen aber nicht zwangsläufig „schönes Wetter" bringen. Bei hoher Luftfeuchtigkeit, wie man sie besonders im Herbst und Frühwinter häufig hat, kann sich innerhalb der im Hoch entstehenden Absinkinversion (s. Seite 49) viel Wasserdampf ansammeln, der zu lang anhaltendem Nebel oder Hochnebel führt.

– Oberhalb des Konvergenzniveaus im Bereich aufsteigender Luft erfolgt unter Hebung der Tropopause (s. Seite 129) adiabatische Abkühlung, die manchmal – mitten im Hochzentrum – zur Bildung feiner, aber sich nicht verdichtender „Schönwettercirren" führen kann. Diese Cirruswolken sind wohl zu unterscheiden von denen, die (s. Seiten 189 und 115) beim Aufgleiten vor einer Warmfront entstehen und die eine bevorstehende Wetterverschlechterung ankündigen. Die Meteorologen drücken das gerne so aus: „Bei Frauen und Cirren kann man sich irren."

Wie später noch ausführlich besprochen werden muss (s. Seite 300), gibt es auf unserer Erde Zonen, die Hochs bevorzugt aufsuchen und in denen sie gewissermaßen stationär werden. Man bezeichnet sie als subtropische Hochdruckgürtel. Die dort und in den polaren Hochs ablaufenden Bodendivergenzen sind sozusagen die Quellen für die polare Kaltluft- und die subtropische Warmluftmasse.

Leider vollzieht sich die Entwicklung von Hoch- und Tiefdruckgebieten meistens nicht in der geschilderten konsequenten und einleuchtenden Form. Durch den Einfluss benachbarter Druckgebilde oder starker Krümmungen der Polarfront kommt es zu Deformationen sowohl der Isobaren als auch der Fronten und Okklusionen. In vielen Fällen, insbesondere in den Endphasen der Tiefdruckentwicklung, bilden sie Formen aus, die mit den oben beschriebenen scheinbar nichts mehr zu tun haben. Es verlangt von den Meteorologen viel Erfahrung und Fingerspitzengefühl, sie dann richtig einzuschätzen und ihre weitere Entwicklung zutreffend vorherzusagen. An den ab Seite 308 gezeigten Wetterlagenbeispielen kann man sehen, um wie viel anders Hochs und Tiefs aussehen können als nach unseren Überlegungen erwartet.

6.1.3 Luftmassen

Auch das, was am Anfang dieses Kapitels über Luftmassen gesagt wurde, muss noch etwas verfeinert werden. Wir hatten dort nur zwischen tropischer Warmluft und polarer Kaltluft unterschieden. Aber bereits bei den maskierten Kaltfronten und bei den Okklusionen ist uns die Tatsache begegnet, dass Kaltluft nicht gleich Kaltluft ist. Hat nämlich eine winterliche Kaltluftmasse einen langen Weg über das relativ warme Meer hinter sich, so kommt sie auf dem Festland wärmer und auch feuchter an als die bereits dort lagernde. Wir müssen also die Luftmassen noch zusätzlich nach anderen Merkmalen aufteilen.

Zunächst gliedern wir aber, wie schon geläufig, erst einmal nach der Ursprungsregion und unterscheiden tropische (T), polare (P) und gelegentlich auch arktische (A) Luftmassen. Je nachdem, ob sie aus einer Festlandregion oder vom Ozean herkommen, enthalten sie mehr oder weniger Wasserdampf. Da die Feuchteverhältnisse bei frontalen Vorgängen eine wichtige Rolle spielen, ist wohl zu unterscheiden, ob sich eine Luftmasse über dem Meer mit viel Wasser angereichert hat oder ob sie über Festland relativ trocken geblieben ist. Man setzt deshalb vor das thermische Symbol noch ein Feuchtesymbol in Form eines kleinen m bei maritimen und eines kleinen c bei kontinentalem Ursprungsgebiet. Eine „cP"-Luftmasse ist danach als kontinentale Polarluft anzusprechen, maritime Tropikluft wird als „mT" bezeichnet.

Wenn eine Luftmasse ihre Entstehungsregion verlässt, tritt sie mit der überströmten Erdoberfläche in Wechselwirkung. Je nachdem, ob der Untergrund wärmer oder kälter ist als sie selbst, erwärmt sie sich dabei oder kühlt sich ab. Wie wir wissen, haben Erwärmungs- und Abkühlungsvorgänge einen bedeutenden Einfluss auf die relative Luftfeuchtigkeit und damit auf Wolkenbildung und Wolkenauflösung. Man gibt deshalb zur Charakterisierung einer Luftmasse gelegentlich noch an, ob sie erwärmt oder abgekühlt wurde.

— Sowohl in thermischen als auch in dynamischen Hochdruckgebieten sinkt die Luft ab. Die Folge davon ist ein Ausströmen der Luft in Bodennähe. Die Hochdruckgebiete, insbesondere die großen thermischen Hochs, werden auf diese Weise zu regelrechten „Luftquellen". Die aus einem Hoch ausströmende, thermisch relativ einheitliche Luft wird als **Luftmasse** bezeichnet.

Leider sind diese Angaben nicht einheitlich definiert, so dass man in der Literatur durchaus Abweichungen von der hier verwendeten Bezeichnungsweise finden kann.

Wir wollen eine auf dem Weg abgekühlte Luftmasse durch Anfügen eines Index klein k und eine dabei erwärmte durch Anfügen eines Index klein w an das Luftmassensymbol kennzeichnen. Die hinter einer maskierten Kaltfront von Nordwesten her über den Atlantik zuströmende Luftmasse würde man demnach mit „mP_w" kennzeichnen. Gelegentlich wird die auf dem Weg erfolgte Veränderung auch dahingehend berücksichtigt, dass man fragt, ob die betreffende Luftmasse die Fähigkeit besitzt, Warm- oder Kaltfront zu bilden.

Die Ursprungsgebiete, Wege und Bezeichnungen der Luftmassen Mitteleuropas sind in Abb. 137 schematisch dargestellt. Die Tropikluft stammt entweder aus dem südlichen Ostatlantik (Azorenraum) oder aus dem Mittelmeergebiet. Beide tragen das Kennzeichen „mT". Kontinentale Tropikluft (cT) kommt aus Nordafrika, Kleinasien und Arabien, im Sommer auch noch aus Südrussland. Polarluft strömt aus den Gebieten nördlich von Mitteleuropa zu. Je nachdem, ob sie ihren Weg über die Ozeane des nordwestlichen Sektors oder über das europäisch-asiatische Festland des Nordostsektors nimmt, bezeichnet man sie als mP- oder cP-Luft.

Luftmassen, die auf weit ausschwingenden Bahnen aus westlicher oder östlicher Richtung zugeführt werden, haben ihre ur-

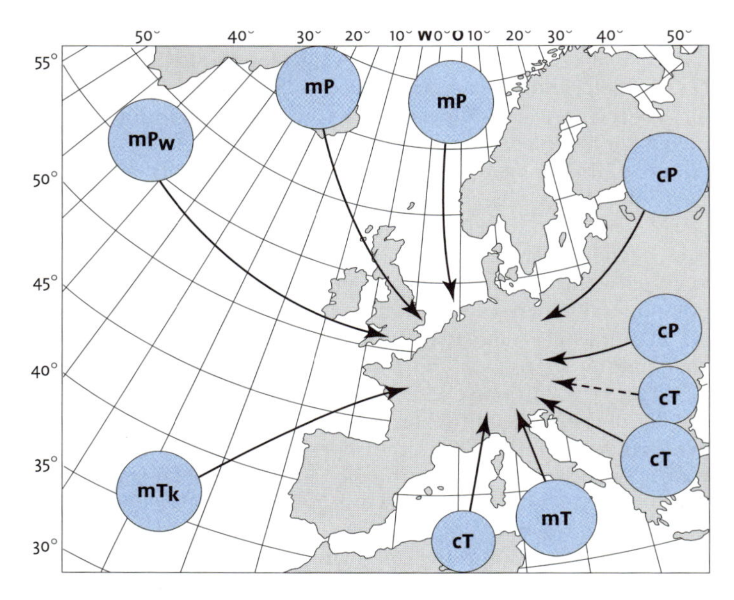

Abb. 137 *Ursprungsgebiete und Wege der Hauptluftmassen Mitteleuropas (in Anlehnung an* SCHERHAG *1948).*

sprünglichen thermischen Eigenschafte n am stärksten verändert und tragen deshalb entsprechende Indices. Die c P-Luft kann über dem asiatischen Kontinent nur im Sommer zur cP_w-Luft werden.

6.2 Allgemeine Zirkulation der Atmosphäre

Mit Hilfe physikalischer Gesetze kann man aus der Größe und dem Vorzeichen der Strahlungsbilanz für jeden Punkt der Erde einen theoretisch zu erwartenden Temperatur-Jahresmittelwert errechnen. Die von MILANKOWITCH (1920) vorgelegten Ergebnisse für verschiedene geographische Breiten sind in Zeile 2 von Tab. 22 wiedergegeben. Zwischen ihnen und den in Zeile 3 der gleichen Tabelle aufgeführten tatsächlichen Temperaturen treten teilweise erhebliche Unterschiede auf: Zum Äquator hin liegen die tatsächlichen Temperaturen mehr als 6 K tiefer, an den Polen fast 7 K höher als die theoretischen Werte. Der Grund dafür ist in der Zirkulation der Atmosphäre und der Weltmeere zu suchen. Offensichtlich transportieren sie erhebliche Energiemengen von den tropischen Überschussgebieten in die polaren Mangelgebiete und verringern dadurch die thermischen Gegensätze.

Die Zirkulation der Atmosphäre soll im Folgenden dargelegt werden. Die Bewegung der Ozeane kann nicht Thema dieses Buches sein. Informationen darüber findet man in Lehrbüchern der Ozeanographie.

Tab. 22 Theoretische und tatsächliche Temperaturen in den verschiedenen geographischen Breiten

1	Geographische Breite° (Grad)	0	10	20	30	40	50	60	70	80	90
2	Temperatur, berechnet aus der Strahlung (°C)	32,8	31,6	28,2	22,1	13,7	2,6	–10.9	–24,1	–32,0	–34,8
3	Gemessene Temperatur (°C)	26,2	26,0	24,1	19,4	13,0	5,8	–2,3	–12,1	–22,1	–27,9
4	Gemessene minus berechnete Temperatur (°K)	–6,6	–5,6	–4,1	–2,7	–0,7	–3,2	8,6	12,0	9,9	6,9

nach Milankovitch (1920)

Greifen wir noch einmal zurück auf Seite 282. Dort wurde gezeigt, dass die Flächen gleichen Luftdruckes – trotz Luftmassenbildung und trotz der Unterbrechung durch die Frontalzone – vom Äquator zu den Polen hin dachartig geneigt sind. Eine solche Konfiguration ist uns bei der Land-See-Wind-Zirkulation schon begegnet. Dort wurde in ihr die Ursache für das Zustandekommen eines Windes vom hohen zum tiefen Druck hin erkannt.

Ganz analog dazu dürfen wir auch je eine Strömung vom Äquator nach Norden und nach Süden erwarten. Jedoch haben wir es hier mit einem wesentlichen großräumigeren Phänomen zu tun als beim Land-See-Wind und müssen daher die Corioliskraft mit in unsere Überlegungen einbeziehen.

Unter ihrer Wirkung wird aus der ursprünglich meridionalen Luftbewegung eine die ganze Erdkugel umspannende zonale Strömung von Westen nach Osten. Man nennt sie die **planetarische Westdrift**. Zur Verdeutlichung sei noch einmal darauf hingewiesen, dass die Corioliskraft auf der Südhalbkugel linksdrehend ist. Im Mittel werden wir also auf der gesamten Erde Westwinde erwarten dürfen.

6.2.1 Hochdruckgürtel und Tiefdruckrinnen

Die dynamischen Hoch- und Tiefdruckgebiete (vgl. Seite 281) folgen – angetrieben durch die allgemeine Westdrift – dem Verlauf der Frontalzone in westöstlicher Richtung. Man darf sich diese Bewegung allerdings nicht so starr vorstellen wie die eines Eisenbahnzuges auf den Schienen. Hochs und Tiefs sind bekanntlich sehr große Gebilde. Durchmesser von vielen hundert Kilometern sind keine Besonderheit. Da sich, wie Abb. 116 zeigte, die Corioliskraft mit der geographischen Breite erheblich ändert, ist leicht einzusehen, dass ihre Wirkungen am Nordrand eines Hochs oder Tiefs ganz anders ist als am Südrand.

Abb. 138 zeigt die Verhältnisse für die Nordhalbkugel. Auf ihr nimmt die Corioliskraft von Süden nach Norden zu, was durch verschieden lange Pfeile angedeutet ist. Bei den Tiefs führt das dazu, dass die Kraft nach Norden die nach Süden überwiegt, bei den Hochs ist die nach Süden weisende Kraft stärker. Das hat zur Folge, dass auf der Nordhalbkugel die Tiefs nach Norden und die Hochs nach Süden aus der Frontalzone ausscheren. Auf der Südhalbkugel ist es umgekehrt, dort zeigen die Tiefs eine Tendenz nach Süden und die Hochs eine nach Norden.

Als Ergebnisse dieser Vorgänge finden wir Zonen, in denen sich bevorzugt Tiefs ansammeln, und Zonen, in denen gehäuft Hochs auftreten. Die Zone mit überwiegend tiefem Druck heißt **subpolare Tiefdruckrinne** oder **Tiefdruckfurche**. Sie liegt im langjährigen Mittel in etwa 55 bis 65° Breite und tritt unter anderem in Form von Islandtief und Aleutentief in Erscheinung. Die Zone mit hohem Druck zwischen 25° und 35° Breite heißt **subtropischer Hochdruckgürtel** und manifestiert sich z. B. im Azorenhoch. Entsprechende Zonen hohen bzw. tiefen Druckes finden wir auch auf der Südhalbkugel (vgl. Seite 302).

6.2.2 Passatzirkulation

Auf beiden Hemisphären besteht zwischen dem subtropischen Hochdruckgürtel und dem Äquator ein Druckgefälle. Beide haben einen geostrophischen Ostwind (s. Seite 266) zur Folge (auf der Südhalbkugel dreht die Corioliskraft nach links; s. Seite 265), man bezeichnet sie als **tropische Ostströmung**.

Als Folge der an der Erdoberfläche stets vorhandenen Reibung (s. Seite 266ff.) bildet sich auf beiden Halbkugeln in der untersten Schicht dieser Ostströmung eine Komponente in Richtung des Druckgefälles – also zum Äquator – aus. Am Äquator trifft sie auf

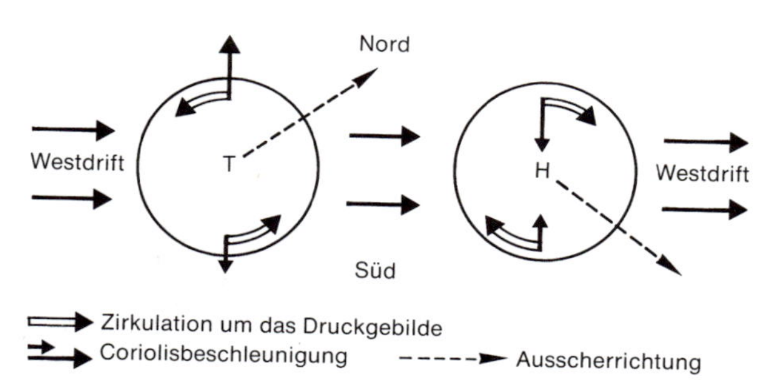

Abb. 138
Ausscheren von Hoch- und Tiefdruckgebieten aus der Westdrift auf der Nordhalbkugel (nach einer Vorlage bei Flohn *1960).*

den entsprechenden Strömungsast der anderen Halbkugel und wird dadurch gezwungen nach oben auszuweichen. Bereits in einer Höhe von nur 2 km schwenkt sie wieder polwärts um, wird dabei in den großflächigen Absinkvorgang im Bereich des subtropischen Hochdruckgürtels einbezogen und schließt damit den Kreislauf.

Zusammen mit der tropischen Ostströmung entsteht so ein Strömungsschema, das man sich wie zwei gegenläufig drehende Schrauben mit sehr lang gestreckten Windungen vorstellen kann. Die bodennahen, auf der Nordhalbkugel von Nordosten nach Südwesten und auf der Südhalbkugel von Südosten nach Nordwesten gerichteten Strömungsäste sind nichts anderes als die bekannten Nordost- bzw. Südostpassate. Deshalb bezeichnet man diesen Teil der Allgemeinen Zirkulation der Atmosphäre als **Passatkreislauf**. Abb. 139 zeigt ihn in schematisierter Form. Der Bereich aufsteigender Luft zwischen den Passaten heißt **innertropische Konvergenz** (**ITC**). Dort kommt es zu mächtiger Konvektionsbewölkung und den aus den Tropen bekannten regelmäßigen und heftigen Niederschlägen, den so genannten den **Zenitalregen**.

— Der Passatkreislauf ist hier stark vereinfacht dargestellt. Tatsächlich hat er auch noch eine nicht unkomplizierte innere Struktur, deren Besprechung aber der Fachliteratur über Klimatologie (siehe Literaturverzeichnis) überlassen werden muss.

6.2.3 Polare Zirkulation

Über den Polen bilden sich häufig flache Kaltlufthochs aus, die aus dem Energiehaushalt dieser Region resultieren (negative Strahlungsbilanz). Sie haben eine östliche Bodenströmung zur Folge. Darüber findet man ebenfalls die allgemeine Westdrift. Einen der Passatzirkulation vergleichbaren Massenaustausch zwischen subpolarer Tiefdruckrinne und dem polaren Hoch lässt die in diesen Breiten sehr starke Corioliskraft nicht zu. Ein meridionaler Massentransport ist dort nur mehr über Kaltluftausbrüche und Vorstöße von Warmluft möglich.

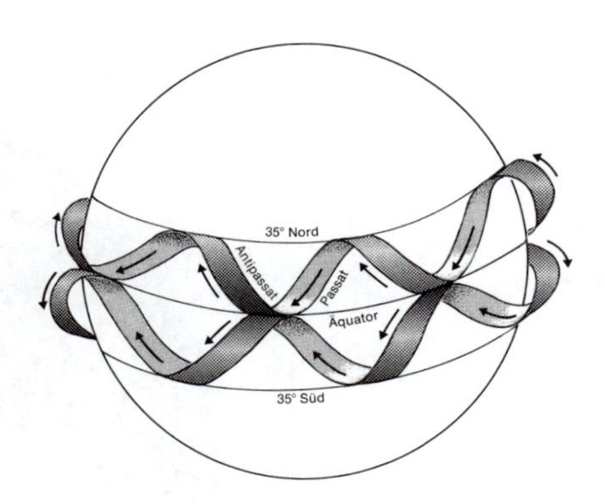

Abb. 139
Schematisierte Darstellung des Passatkreislaufes (nach einer Vorlage bei FLOHN 1960).

6.2.4 Zusammenfassung der allgemeinen Zirkulation

Kurz zusammengefasst kann man die allgemeine Zirkulation der Atmosphäre mit Hilfe der Abb. 140 und 141 folgendermaßen beschreiben: Aus der äquatornahen Wärmeüberschusszone tragen die Antipassate Wärme nach Norden bzw. Süden, die Passate führen zum Ausgleich kühlere Luft zu. Dort, wo die Passate aufeinanderstoßen, liegt die **innertropische Konvergenzzone**, auch **Kalmengürtel** genannt, die in der Satellitenaufnahme durch ein langgezogenes zonales Wolkenband sichtbar wird.

Die Passatzirkulation reicht bis etwa 15° bis 20° Breite. Daran schließt sich der subtropische Hochdruckgürtel mit überwiegend

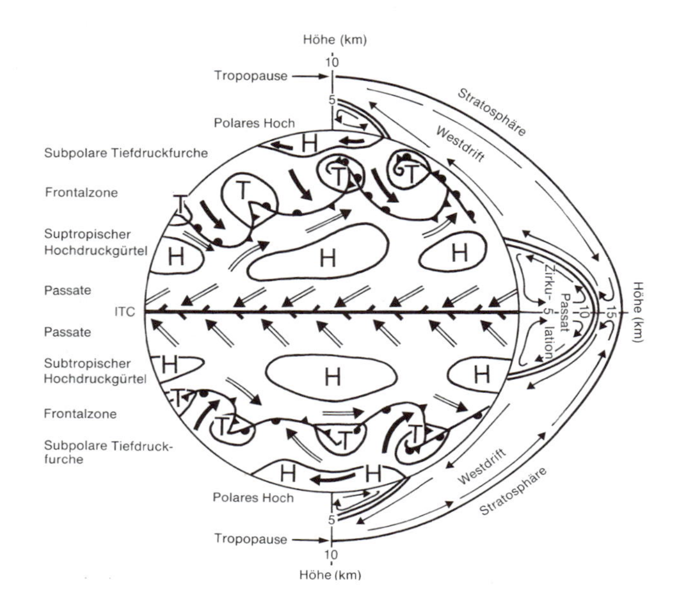

Abb. 140
Schematisierte Darstellung der allgemeinen Zirkulation der Atmosphäre. ITC = innertropische Konvergenz, Vertikale stark überhöht.

Abb. 141
Satellitenphoto zu Abb. 140.

absinkender Luftbewegung an. Diese Zone ist auch als **Rossbreitenhoch** bekannt.

Der Hochdruckeinfluss lässt kaum Wolken zu, so dass vom Satelliten aus dort die Erdoberfläche erstaunlich gut zu erkennen ist.

Jenseits der subtropischen Hochdruckgürtel übernehmen vor allem die mit der allgemeinen Westdrift ziehenden **Zyklonen** mit polwärts gerichteten Warmluftvorstößen und ihren äquatorwärts gerichteten Kaltluftausbrüchen den meridionalen Energietransport. Im Satellitenbild sind die Fronten und Okklusionen mehrerer wandernder Zyklonen zu sehen. Ihr Einfluss reicht bis in die subpolare Tiefdruckrinne hinein, die sich als recht wolkenreiche Gebiete abzeichnen. Zwischen den subpolaren Tiefdruckrinnen und den polaren Kältehochs findet Wärmeaustausch nur mehr durch gelegentliches „Austropfen“ von Arktikluft und Vordringen wärmerer Luft statt. Ein typisches Erscheinungsbild ist auf dem Satellitenbild nicht zu erkennen.

Die globale Verteilung von Gebieten mit überwiegend aufsteigender und überwiegend absinkender Luftbewegung bildet sich auch in der weltweiten Verteilung der jährlichen Sonnenstrahlung ab, die in Abb. 142 wiedergegeben ist: Obwohl die Äquatorzone an der Atmosphärenobergrenze im Jahresmittel die meiste Sonnenstrahlung von allen Gebieten der Erde erhält, kommt wegen des Wolkenreichtums der ITC am Boden weniger an als im Bereich der subtropischen Hochdruckzonen. Dort werden überhaupt die **höchsten Strahlungswerte** der Erde gemessen. Jenseits des Subtropenhochs nimmt der Strahlungsgenuss rasch ab, was einerseits auf die zunehmende Bewölkung, andererseits auf die Kugelgestalt der Erde zurückzuführen ist.

6.2.5 Mit der allgemeinen Zirkulation verbundener Energietransport

Schließlich soll – für interessierte Leser – der Energietransport durch die allgemeine Zirkulation noch kurz quantitativ (in physikalisch vereinfachter Form) vorgestellt werden. Dazu greifen wir auf eine Untersuchung von Budyko (1963) zurück. In Abb. 143 sind die entlang der Breitengrade gemittelten Jahreswerte der Energiehaushaltskomponenten der Atmosphäre dargestellt. Im Gegensatz zu unseren Betrachtungen in Kapitel 4, wo es um den Energiehaushalt der Erdoberfläche ging, haben wir es hier mit Luftvolumina zu tun, die vom Erdboden bzw. der Meeresoberfläche bis zur Atmosphärenobergrenze reichen.

In diesem Fall gibt es auch einen horizontalen Energieaustausch. Man nennt einen solchen Vorgang **Advektion**. Dieser kann stattfinden über einen Transport fühlbarer Wärme infolge von Luftströ-

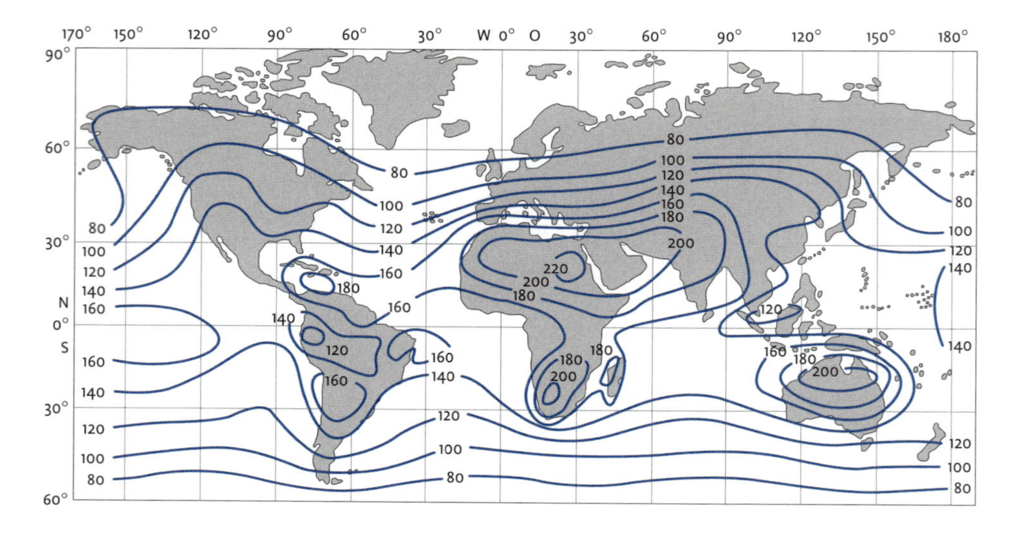

Abb. 142
Jährliche Globalstrahlungssumme in kly (eine Jahressumme von 1 kly = 11,6 kWh/m²) (nach GEIGER 1964/66).

mungen (L_L) und Meeresströmungen (L_W) sowie mit Hilfe latenter Energie, die mit der strömenden Luft mitgeführt wird (V). Dazu kommt als Energieträger noch die Strahlungsbilanz Q. Da die Jahresmittel betrachtet werden, nehmen alle weiteren energetischen Vorgange den Wert null an. Somit gilt:

$$Q + L_L + L_W + V = 0$$

Positive Werte besagen, dass das betrachtete Volumen aus dem betreffenden Vorgang Energie gewinnt, negative, dass es Energie verliert.

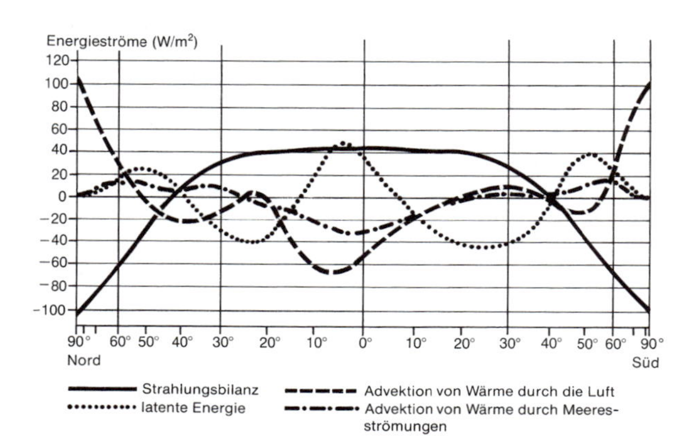

Abb. 143
Jahresmittel des Energiehaushaltes von Erde und Atmosphäre in Abhängigkeit von der geographischen Breite (nach BUDYKO 1963).

Die Strahlungsbilanz hat ihr Maximum mit etwa 45 W/m^2 in den niedrigen Breiten. Das steht nicht im Widerspruch zu der Tatsache, dass die Höchstwerte der Globalstrahlung in den Subtropen zu finden sind. In Q ist nämlich auch die langwellige Gegenstrahlung der reichlichen ITC-Bewölkung enthalten.

Bemerkenswert ist, dass die im Bereich der ITC durch Kondensationsvorgänge in der wasserreichen Passatluft freigesetzte Energie teilweise noch höhere Werte als die Strahlungsbilanz erreicht. Wohin mit der vielen Energie? Der größte Teil, bis etwa 70 W/m^2, wird zur Erwärmung der Luft aufgewendet und über die Antipassate weggeführt. Die Ozeane schöpfen einen verhältnismäßig kleinen Teil davon ab – maximal etwa 30 W/m^2 – und transportieren ihn in den warmen Meeresströmungen polwärts.

In den trockenen Zonen der subtropischen Hochdruckgürtel verdunsten außerordentlich große Mengen Meereswasser – auf der wasserreichen Südhalbkugel noch größere als auf der Nordhalbkugel. Das verlangt einen enormen Energieaufwand. Die V-Kurve sackt dort, wie man sieht, tief in den Minusbereich ab. Allgemeine Quelle für diese Energie ist die Strahlungsbilanz. Sie ist in diesen Breiten noch so hoch, dass sie praktisch die gesamte benötigte Energie aufbringen kann. Die Wärmevorräte von Luft und Meerwasser bleiben noch weitgehend unangetastet. Die latent gespeicherte Energie wird von den Passaten äquatorwärts und von den Zirkulationen um die Tiefdruckgebiete (zusammen mit der erwärmten Luft) polwärts geführt.

Jenseits der Subtropen verliert die Strahlungsbilanz rasch an Wirksamkeit. Ab etwa 40° wird sie sogar zunehmend negativ. Die weiter polwärts liegenden Gebiete beziehen ihre Energie ausschließlich aus der Advektion von Warmluft, warmem Meerwasser und in Form von Wasserdampf. Durch die in den Tiefdruckgebieten jener Breiten erfolgende Kondensation wird das Reservoir der latenten Energie erschlossen, das zum Hauptenergielieferanten anwächst und bis zu 40 W/m^2 bereitstellt. Die unmittelbare Polarregion erhält Energie nur noch über die Warmluftvorstöße der wandernden Tiefs. Mit maximal 100 W/m^2 führen sie allerdings enorme Energiemengen mit sich, die aber notwendig sind, um die gewaltigen Ausstrahlungsverluste zu decken. Abb. 143 zeigt somit noch einmal mit aller Deutlichkeit, welche wichtige Rolle bei der ausgleichenden Klimatisierung unseres Planeten der allgemeinen Zirkulation zukommt. Einzelheiten dazu findet man in Lehrbüchern der Klimatologie wie z.B. Blüthgen und Weischet (1981).

In den mittleren Breiten (40° bis 60°) liefert die Kondensation von Wasserdampf teilweise mehr als dreimal soviel Energie wie die warmen Meeresströmungen (vgl. Seite 305f.).

6.2.6 Jahresgang der allgemeinen Zirkulation

Man darf sich die allgemeine Zirkulation der Atmosphäre allerdings nicht als ein in sich starres System vorstellen. Vielmehr reagiert sie sehr dynamisch auf den mit den Jahreszeiten wechselnden Sonnenstand. Man kann sich davon eine stark vereinfachte Vorstellung machen, wenn man sich das Zirkulationsschema der Abb. 140 auf ein zwischen den Polen aufgespanntes Gummituch gezeichnet denkt, das man im Bereich der ITC links und rechts in die Hand nimmt und entsprechend dem Sonnenhöchststand abwechselnd nach oben und unten verschiebt. Die ITC schwingt dabei am weitesten auf und ab, die beiden subtropischen Hochdruckrücken haben bereits erheblich kleinere Amplituden und die subpolaren Tiefdruckrinnen zeigen überhaupt keine merkliche Bewegung mehr.

Dieses Bild ist natürlich extrem schematisiert. In Wirklichkeit sind die Verhältnisse weitaus komplizierter. Da uns der Jahresgang der allgemeinen Zirkulation zum Verständnis der großen Klimazonen der Erde noch außerordentlich hilfreich sein wird (s. Seite 323), müssen wir uns etwas genauer mit ihm beschäftigen. In Abb. 144 sind die mittlere Luftdruckverteilung, die Hauptwindrichtungen und die Lage der ITC im Januar (oben) und im Juli (unten) dargestellt. Wie man sieht, ist die ITC keineswegs eine zonale, in festen geographischen Breiten um den ganzen Erdball verlaufende Linie. Sie zeigt vielmehr in den verschiedenen Jahreszeiten nach Größe und Lage teilweise mächtige Auslenkungen. Offensichtlich – und das ist ja von der Dynamik her auch verständlich – wird sie von Tiefdruckbereichen angezogen und von Hochdruckbereichen abgestoßen.

Am auffälligsten ist der Einfluss des riesigen asiatischen Hitzetiefs, das im **Juli** mit einem Kerndruck von unter 1 000 mbar über dem Himalaja liegt. Es lenkt – mit Unterstützung durch die über dem Indischen Ozean liegende Zelle des südlichen subtropischen Hochdruckrückens – die ITC gut 30° nach Norden aus. Angeregt durch die Hitze der Sahara setzt sich das asiatische Sommertief bis nach Nordafrika hinein fort und bewirkt auch dort eine Auslenkung der ITC, allerdings nur um etwa 10°. Dagegen wird sie von der nordatlantischen und nordpazifischen Zelle des subtropischen Hochdruckrückens fast bis zum Äquator zurückgedrängt.

Im **Januar** bildet sich über der Südhalbkugel eine streng zonal angeordnete Folge von Hoch- und Tiefzellen aus. Über den heißen Kontinenten Südamerika, Südafrika und Australien entstehen jeweils Hitzetiefs, zwischen denen über den Ozeanen ortsfeste Kerne des südlichen subtropischen Hochdruckrückens bestehen bleiben. Innerhalb dieses Hoch-Tief-Taktes formiert sich die ITC zu einer gewaltigen Wellenlinie mit Wellenbergen im Bereich der Ozeane, die fast bis zum Äquator reichen, und tiefen Wellentälern über den Festländern. Auf der winterlich kalten Nordhalbkugel bilden sich gleichzeitig fünf Hochdruckschwerpunkte aus. Die beiden über den Ozeanen liegenden gehören zum subtropischen

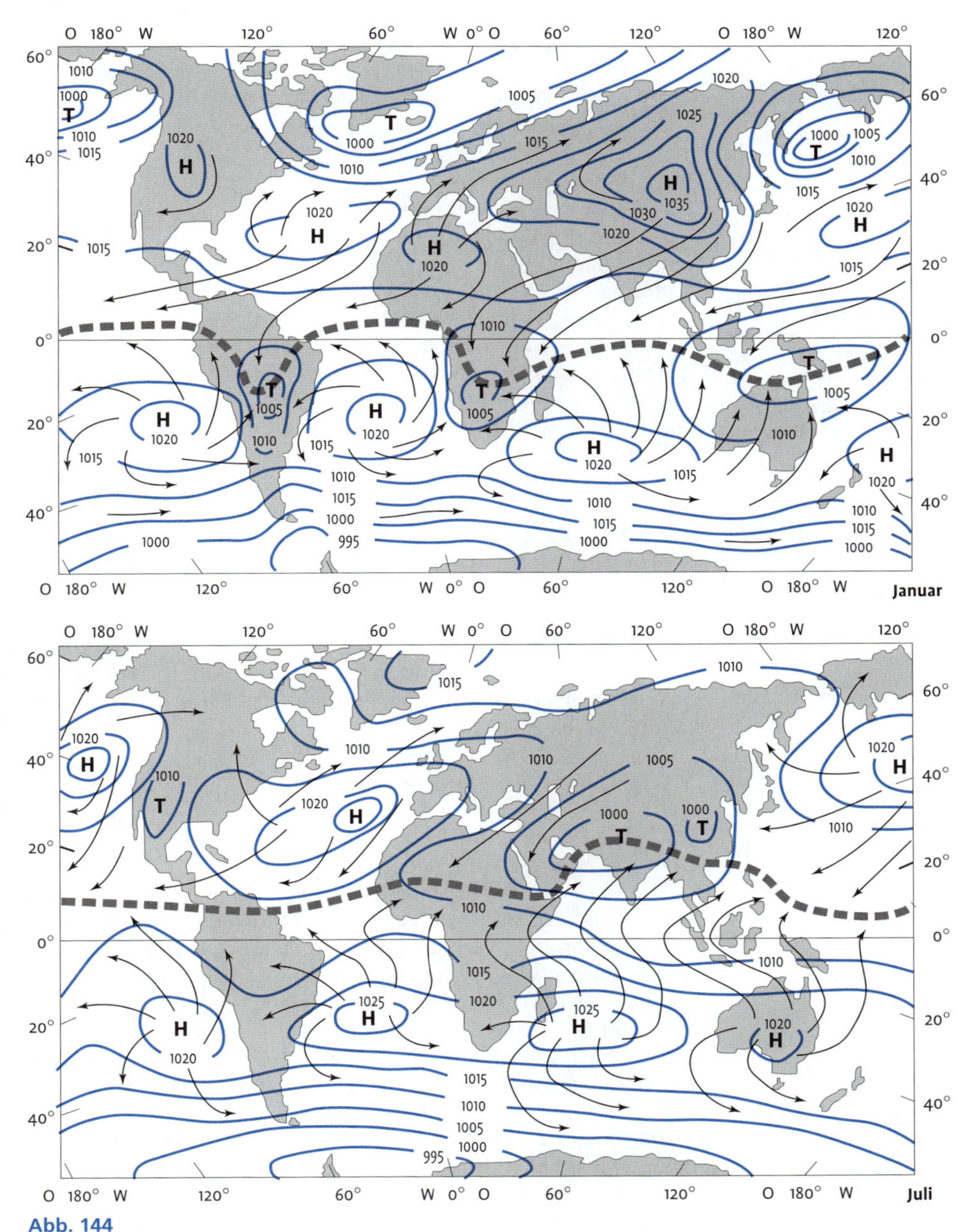

Abb. 144

Jahresgang der allgemeinen Zirkulation.

Hochdruckrücken, die drei über den Festländern sind thermischer Natur. Das eigentlich Bestimmende ist das mächtige asiatische Kältehoch, dessen Schwerpunkt mit einem Kerndruck von über 1035 mbar über der Mongolei liegt. In seinem Bereich wurden auch regelmäßig Spitzenwerte des Luftdruckes gemessen.

6.2.7 Monsune

Monsune sind Winde, die ihre Richtung mit der Jahreszeit ändern. Über den indischen Subkontinent wehen der Wintermonsun aus Nordost und der **Sommermonsun** aus Südwest. Wie die Abb. 144 zeigt, sind diese Monsune nichts anderes als die Passate, die infolge der jahreszeitlichen Dynamik der allgemeinen Zirkulation ihre Richtung ändern.

Die Verschiebung der ITC liefert uns auch ganz zwangsläufig die Erklärung für die jahreszeitlich wechselnden Monsune des indischen Subkontinents. Sie sind demnach nichts anderes als die Südostpassate, die beim Überschreiten des Äquators unter der Wirkung der auf der Nordhalbkugel rechtsdrehenden Corioliskraft zu Südwestwinden werden (s. Abb. 144 unten). Im Winter dagegen wehen die Passate, unterstützt vom asiatischen Festlandshoch, aus Nordosten über Indien hinweg (s. Abb. 144 oben), so dass ein jahreszeitlich wechselndes Windsystem entstehen kann. Der Monsun entpuppt sich so als ein Teil der allgemeinen atmosphärischen Zirkulation. Allerdings könnte er nicht die vorgefundene Form annehmen, wenn nicht das asiatische Hitzetief die ITC bis beinahe 30° N auslenken würde. Wenn also, wie sehr oft der Fall, die Sogwirkung dieses Tiefs als unmittelbare Ursache für die Entstehung des Monsuns genannt wird, so ist das kein grundsätzlicher Widerspruch zur Erklärung über die allgemeine Zirkulation.

Eine tiefer gehende Erörterung der atmosphärischen Zirkulation ist im Rahmen dieses Buches nicht möglich. Eine sehr ausführliche, auf die Didaktik zugeschnittene Beschreibung hat Flohn (1960) vorgelegt.

6.3 Beispiele besonderer Wetterlagen

6.3.1 Die Dürre- und Hitzeperiode im Sommer 1976

Abb. 145 zeigt die Wetterlage vom 27. Juni 1976, 7.00 Uhr. Man sieht darauf eine langgestreckte Hochdruckzone von den Azoren über Frankreich und Norddeutschland hinweg bis ins Baltikum. An ihrer Nordseite verläuft – an einer Reihe von Tiefdruckgebieten gut erkennbar – die Frontalzone. Aufgrund der Zirkulation um das Gebiet hohen Druckes wird auf seiner Nordwestseite warme Meeresluft bis nach Südskandinavien geführt, während von Südosten her heiße Festlandsluft nach Mitteleuropa vordringen kann. Diese Wetterlage hielt mit kleinen Variationen von Mitte Juni 1976 bis in den August hinein an.

Der ständige Hochdruckeinfluss über Deutschland führte zu einer lang anhaltenden Dürreperiode, in deren Folge in größeren Landschaftsräumen sechs Wochen lang kein Tropfen Regen fiel. Im Flächenmittel brachte der Juni 1976 weniger als die Hälfte, in Südwestdeutschland sogar weniger als ein Viertel der normalen

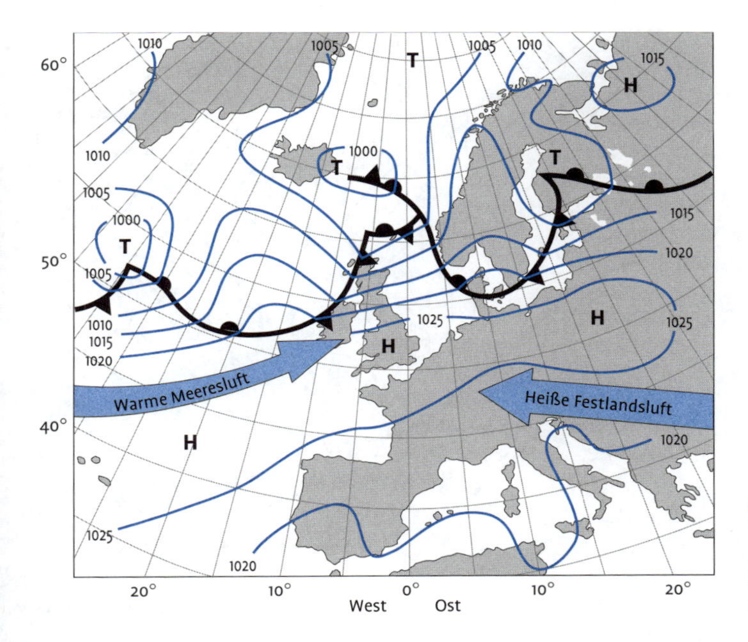

Abb. 145
Wetterlage vom 27. Juni 1976, 7.00 Uhr (nach Deutscher Wetterdienst, ergänzt).

Monatsregenmenge. Er erwies sich damit als der trockenste Juni seit dem Beginn regelmäßiger Messungen.

Im Juli und August war es teilweise ähnlich schlimm. Die große Trockenheit, verbunden mit hohen Temperaturen, führte in Norddeutschland zu einer der schwersten Waldbrandkatastrophen seit Menschengedenken. Bei den Ernten musste man erhebliche Einbußen hinnehmen. Stellenweise, besonders auf flachgründigen Almweiden, verdorrte sogar das Gras.

Zu erklären ist diese außergewöhnliche Witterungssituation mit einer Anomalie in der Lage der Frontalzone. Nach Geb (1976) wurde eine der großen Wellen, die die Frontalzone üblicherweise bildet (s. Seite 284), mit einem Wellenberg über Europa ortsfest. Gleichzeitig setzte sich eine zweite, kleinere Welle auf dem Gipfel der größeren fest, so dass für längere Zeit ein extrem weit nach Norden reichender Wellenberg entstand. In ihm konnte tropische Warmluft bis nach Skandinavien hinauf vordringen.

6.3.2 Der Kälteeinbruch vom Dezember 1978

Im Dezember 1978 bildete sich eine Witterungssituation aus, bei der ein weitgehend westöstlich verlaufender Frontenzug arktische Kaltluft im Norden von milder Meeresluft im Süden trennte. Die Grenze zwischen den beiden Luftmassen verschob sich langsam südwärts und erreichte am Morgen des 1. Januar 1979 die Pyre-

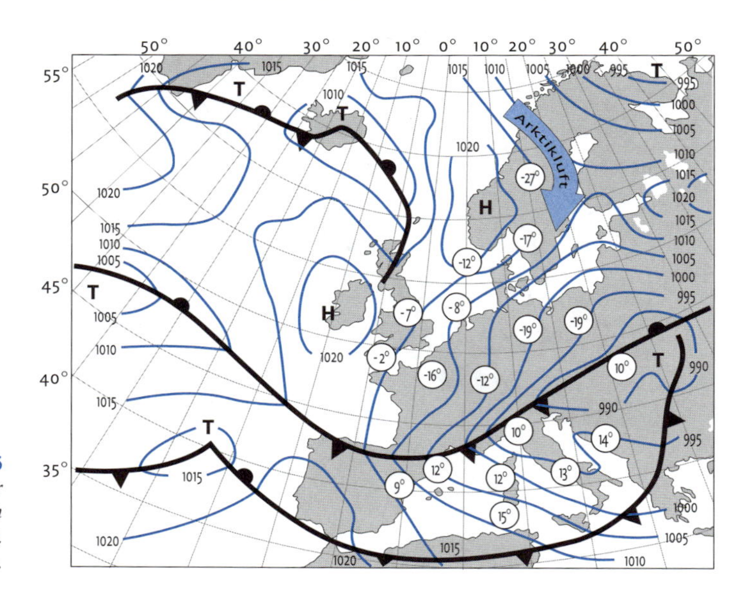

Abb. 146
Wetterlage vom 1. Januar 1979, 7.00 Uhr (nach Deutscher Wetterdienst, ergänzt).

näen und die Alpen. Abb. 146 zeigt die Wetterkarte vom Neujahrstag 1979, 7.00 Uhr.

Vergleicht man die Temperaturen in der Warmluft mit denen in der Kaltluft, so kann man Unterschiede bis zu 30 K auf engstem Raum finden. In München, wo die Polarluft in der Neujahrsnacht eintraf, wurde am 31.12. mittags noch eine Temperatur von +13 °C gemessen. 24 Stunden später stand das Quecksilber unter –15 °C. Das ist ein Temperatursturz um mehr als 28 K.

Trotz der vorausgegangenen milden Witterung war in ganz Süddeutschland die Frostfestigkeit der Gehölze nicht übermäßig gelockert worden, so dass durch den Kälteeinbruch weder an Rebstöcken noch Obstbäumen größere Schäden eintraten.

6.3.3 Die schweren Spätfröste vom Mai 1957

Abb. 147 zeigt die Wetterlage vom 4. Mai 1957, die eine mehrere Tage anhaltende schwere Spätfrostlage einleitete. Man erkennt auf der Wetterkarte ein gut ausgeprägtes Hoch mit seinem Schwerpunkt westlich der Britischen Inseln. Als Pendant dazu liegt ein Tief mit seinem Zentrum über der mittleren Ostsee. Zwischen den beiden Druckzentren wird hinter der eingezeichneten Kaltfront Polarluft nach Mitteleuropa geführt.

In den Folgetagen haben sich die Druckgegensätze weiter vergrößert, was sogar noch eine Verstärkung der bis zum 9. Mai anhaltenden Kaltluftzufuhr brachte. In den klaren Nächten während dieser Witterungsperiode sank das Thermometer am Erdboden bis

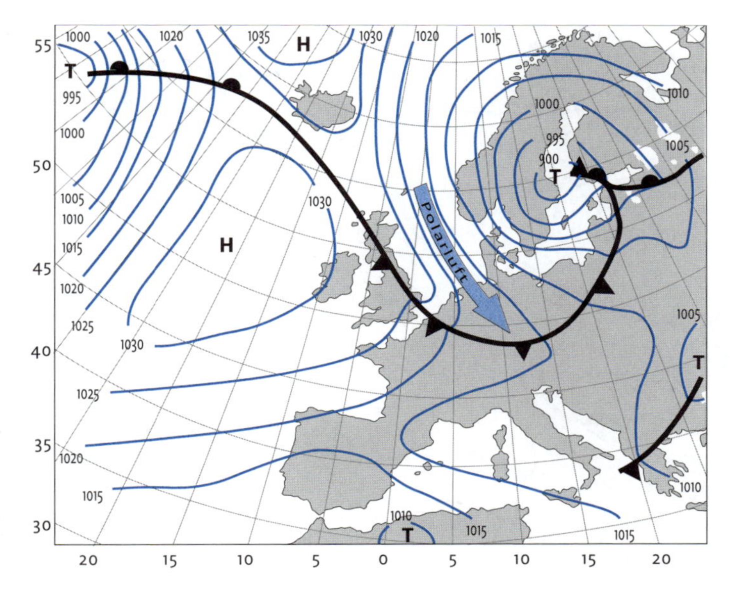

Abb. 147
Wetterlage vom 4. Mai 1957, 7.00 Uhr (nach Deutscher Wetterdienst).

unter –6 °C. Unglücklicherweise fiel diese Spätfrostperiode mitten in die Obstblüte, so dass es zu schwersten Schäden kam. Sogar einige wild wachsende Pflanzen wurden in Mitleidenschaft gezogen.

6.3.4 Der Frühfrost vom September 1971

Die Wettersituationen, die zu den ersten herbstlichen Frühfrösten führen, sind völlig anders als die Spätfrostlagen. Meist erstreckt sich zu dieser Jahreszeit über weite Teile Europas ein ausgedehntes Hochdruckgebiet, das oft bis nach Asien hineinreicht, wie es die Wetterkarte vom 16.9.1971 in Abb. 148 zeigt.

Das Hochzentrum lag an diesem Tag über der Nordsee. Auf der Südostseite solcher Hochs wird trockene Festlandsluft nach Europa geführt, die zu dieser Jahreszeit oft schon recht kühl sein kann. Dass es Mitte September trotzdem noch recht warme Tage gibt, liegt daran, dass die Absinkvorgänge im Hoch die Wolken zum Verschwinden bringen und so die Sonne ungehindert scheinen kann. Mitte September dauern aber die Nächte schon 12 Stunden, in denen infolge der trockenen Luft eine erhebliche effektive Ausstrahlung stattfindet. Dadurch kann die Temperatur zumindest am Boden leicht bis unter 0 °C sinken, wie bei der gezeigten Wetterlage geschehen. In der Nacht zum 17.9. wurden in Bayern Erdbodenminima bis –3 °C, in Alpentälern bis –4 °C gemessen. Frühfröste setzen der Vegetationszeit oft ein vorzeitiges Ende, schwere Schäden verursachen sie jedoch nicht mehr.

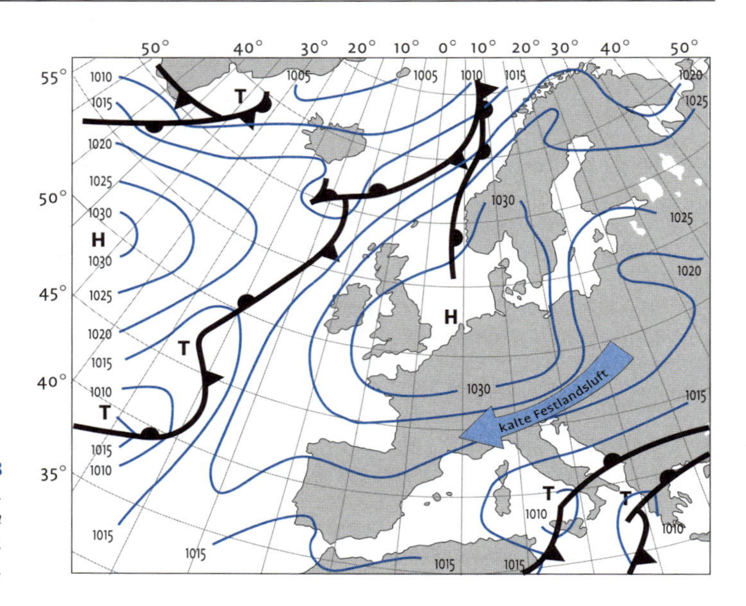

Abb. 148
Wetterlage vom 16. Sept. 1971, 7.00 Uhr (nach Deutscher Wetterdienst, ergänzt).

6.3.5 Die Föhnlage vom April 1983

Föhn setzt eine Luftdruckverteilung voraus, die ein Überströmen der Alpen von Süden her ermöglicht. Dazu gehört ein Tief über der Biskaya. Verstärkt wird die Strömung noch, wenn über dem östlichen Mittelmeer ein Hoch liegt. Wir haben es dann mit einer Situation zu tun, die der beim Spätfrost entspricht, nur mit dem Unterschied, dass die Luftzufuhr von Süden her erfolgt. Mitte April 1983 hat sich eine solche Wetterlage eingestellt.

In Abb. 149 ist die Wetterkarte vom 18. April 1983, 7.00 Uhr, abgedruckt. Das Tief über der Biskaya weist einen Kerndruck unter 995 mbar auf. Im östlichen Mittelmeerraum finden wir zwei kleinere Hochdruckzellen, die zu dem von Westrussland südwärts ausgreifenden Hochdrucksystem gehören. Quer durch das Tief läuft von Südsüdwest nach Nordnordost eine Luftmassengrenze. Auf ihrer Westseite wird Meeresluft in den südatlantischen Raum geführt. Auf ihrer Ostseite strömt warme Mittelmeerluft gegen die Alpen. Das führt zunächst zu einem Stau vor den Alpen, der sich in den Isobaren durch eine Art „Hochdrucknase" bemerkbar macht. Auf der Alpennordseite erfolgt dann bei leichtem Druckabfall die auf Seite 93 ausführlich besprochene föhnige Erwärmung. Diesen Verhältnissen entsprechend stellte sich auf der Alpensüdseite bei mäßig hohen Temperaturen Stauregen ein. So meldeten sowohl Mailand als auch Udine am 18. April bei Tageshöchsttemperaturen von 11 °C anhaltende Dauerniederschläge. Im bayerischen Alpenvorland dagegen

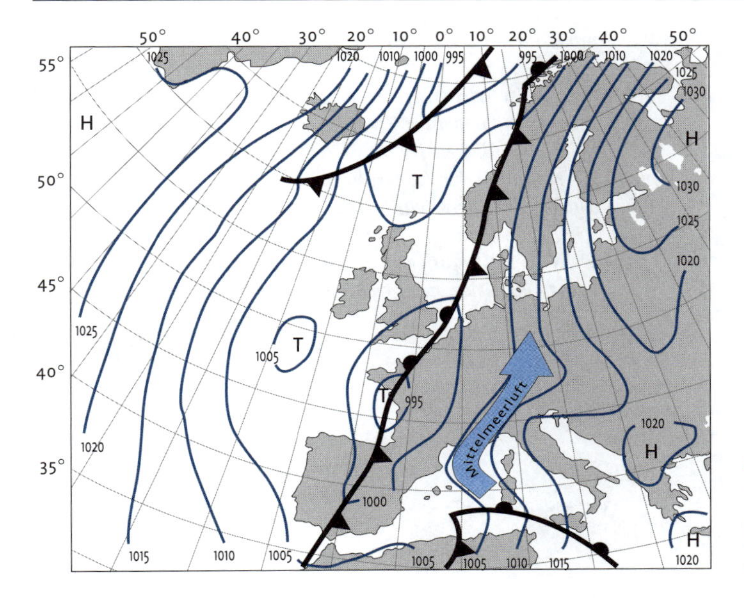

Abb. 149
Wetterlage vom 18. April 1983, 7.00 Uhr (nach Deutscher Wetterdienst, ergänzt).

herrschten bei herrlichem Sonnenschein Temperaturen bis über 22 °C.

In Weihenstephan bei München z.B. stieg das Thermometer auf 22,2 °C. Das sind 9,3 K mehr als der langjährige Mittelwert für diesen Tag. Selbst am Alpenrand, in Garmisch und in Kempten, wurden noch Spitzentemperaturen bis 20 °C gemessen. Gleichzeitig blieb die relative Luftfeuchte unter 30 %.

Auch während der Hitzeperiode im Juli 1983, die in Süddeutschland alle bisherigen Temperaturrekorde brach, war die Wetterlage ähnlich: Ein Tiefdrucksystem, das von Spanien über Frankreich bis nach Norddeutschland reichte, führte heiße Subtropenluft über die Alpen, die sich durch Föhnvorgänge noch zusätzlich erhitzte. So konnten die Tageshöchsttemperaturen bis 40 °C ansteigen.

Verständnisfragen

6.1 *Welche Arten von Hoch- und Tiefdruckgebieten gibt es? Wie entstehen sie? Welche Rolle spielen sie?*

6.2 *Was versteht man unter Jetstream, wo findet man ihn, und wie kommt er zustande?*

6.3 *Beschreiben Sie bitte die Entwicklungsgeschichte eines (dynamischen) Tiefdruckgebietes.*

6.4 *Welche Wettererscheinungen sind typisch für eine Warmfront, welche für eine Kaltfront?*

6.5 *An Kaltfronten kommt es kurzzeitig zu stark labilen Schichtungen.*

Wie kommen diese Schichtungen zustande, und wie wirken sie sich aus?

6.6 *In welcher Weise wirken Hoch- und Tiefdruckgebiete beim Zustandekommen der allgemeinen Zirkulation der Atmosphäre mit?*

6.7 *Welcher jahreszeitlichen Dynamik unterliegt das Schema der allgemeinen Zirkulation der Atmosphäre?*

6.8 *Wie entstehen die Passatwinde und der indische Monsun?*

6.9 *Es gibt Fälle, in denen hinter einer Kaltfront wärmere Luft folgt. Unter welchen Bedingungen kann das passieren?*

6.10 *Was ist eine Okklusion, und welches Wetter bringt sie?*

7 Klima

Zur Definition des Begriffes „Klima" gehen wir von einem anderen, allgemein geläufigen Begriff aus, nämlich dem des „Wetters". Unter **Wetter** versteht man den augenblicklichen Zustand der Atmosphäre an einem bestimmten Ort. Zum Wetter gehört, ob die Sonne scheint, ob Wolken vorhanden sind, welche und wie viele, ob es regnet, schneit oder hagelt. Dazu gehören weiter Temperatur, Luftfeuchtigkeit, Luftdruck, Windrichtung und -geschwindigkeit, also eine Vielzahl einzelner meteorologischer Parameter.

7.1 Was ist Klima?

Im Lauf der Zeit können an sich ein und demselben Ort sehr unterschiedliche Wettersituationen einstellen. In Mitteleuropa reicht ihr Spektrum von der klirrenden Kälte sternenklarer Winternächte (tiefste Temperatur an einer deutschen Flachlandstation: –37, °C am 12.2.1929 in Hüll/Niederbayern) bis zur dumpfen Hitze schwüler Sommernachmittage (höchste in Deutschland gemessene Temperatur: 40,4 °C am 8.8.2003 in Roth b. Nürnberg), vom milden „Mailüftchen" bis zum tobenden Hagel- und Gewittersturm (der deutsche Spitzenwert stammt von der Zugspitze, er wurde am 29.12.1981 gemessen und erreichte 238 km/h), von wochenlanger Trockenheit (in den Sommern 1976 und 2003) bis zu sintflutartigen Regenfällen (126 Liter in acht Minuten am 25.5.1920 in Füssen im Allgäu).

Das **Klima** eines Ortes zu bestimmen heißt, aus der Wettervielfalt an diesem Ort mit Hilfe von statistischen Mitteln eine überschaubare Zahl von Kenngrößen herauszurechnen, die die typischen Merkmale erkennbar machen.

Mit Hilfe des Wetters kann man also keine Aussagen über die für einen Ort **typischen, charakteristischen oder mittleren** meteorologischen Verhältnisse machen. Man versucht daher, aus langjährigen Wetterbeobachtungen mit Hilfe statistischer Verfahren einfache Kenngrößen zu errechnen, die eine rasche und übersichtliche Vorstellung darüber ermöglichen. Dazu gehören in erster Linie Mittelwerte und deren Standardabweichungen, absolute und mittlere Maximum- und Minimumwerte, Schwellenwerte, Kälte- und Wärmesummen, Häufigkeitsverteilungen sowie mittlere und extreme Tages- und Jahresabläufe. Neben diese einfache Statistik treten aber auch Verfahren höherer Ordnung: Varianzen, Korrelationen, Kovarianzen, Spektren und anderes mehr.

Das Ergebnis dieser Analysen nennen wir das „Klima eines Ortes".

Machen wir uns das Gesagte an einem anschaulichen Beispiel klar: Wenn in einer Spätfrostnacht die Obstblüte erfriert, so ist das eine Folge des **Wetters.**

Wenn aber in einer Gegend in 80 % aller Jahre während der Blüte ein Spätfrost auftritt, so dass der Obstbau wirtschaftlich nicht sinnvoll ist, so sagen wir, sein **Klima** sei nicht geeignet. Das Klima entscheidet also letzten Endes darüber, welche Pflanzen auf Dauer gedeihen und welche nicht. So wird man der Behauptung: „das Klima des Alpenvorlandes lässt keinen Weinbau zu", vorbehaltlos zustimmen, selbst wenn man in einem Einzeljahr sogar einmal eine sehr gute Qualität erzielen könnte. Andererseits ist das Klima Mittelamerikas für den Kaffeeanbau geeignet, obgleich gelegentliche Kaltlufteinbrüche in den Plantagen verheerende Schäden anrichten.

7.2 Der moderne Klimabegriff

Der Klimabegriff, so wie wir ihn oben abgeleitet haben und wie er in Dutzenden von Definitionen in stets ähnlicher Form auftaucht, entspricht der beschreibenden Arbeitsweise der klassischen Klimatologie. Seit einiger Zeit versucht man jedoch, einen Klimabegriff zu erarbeiten, der auch modernen Fragestellungen, wie etwa dem Problem der Klimaänderungen, Rechnung trägt. Das Wort „erarbeiten" ist hier ganz bewusst gewählt, denn eine endgültige Definition gibt es noch nicht.

Die Forderung nach einer Neudefinition kam auf, als man zu begreifen begann, dass die **Atmosphäre** nur ein Teil eines eigentlich viel größeren **Klimasystems** ist. Weitere Komponenten dieses Klimasystems sind:
die **Hydrosphäre,** zu der die Ozeane, Binnenseen und Fließgewässer zählen;
die **Kryosphäre,** zu der alle Eisoberflächen vom antarktischen Inlandeis bis zu den Gletschern gehören;
die **Pedosphäre,** also der Erdboden, der auf den **Festlandsoberflächen** liegt;
die **Lithosphäre,** das sind die darunter liegenden Gesteine;

- die **Geosphäre**, zu der der Erdkörper mit seinen tektonischen Vorgängen gehört;
- die **Biosphäre**, die die Gesamtheit aller Lebewesen umfasst.

Zwischen diesen Komponenten und damit auch zwischen ihnen und der Atmosphäre gibt es eine Fülle von physikalischen und chemischen Wechselwirkungen, die sich überdies gegenseitig beeinflussen. Damit sprengt die Klimatologie die Grenzen der Meteorologie und wird zu einer fachübergreifenden Wissenschaft. Ein moderner Klimabegriff muss das berücksichtigen und über eine beschreibende Betrachtungsweise hinaus um einen kausalen und einen multidisziplinären Aspekt erweitert werden.

Dazu kommt, dass das Klima auch stets eine zeitliche Betrachtungsweise verlangt. Alle Vorgänge in der Atmosphäre haben eine typische Lebensdauer oder eine typische Zykluslänge. Zur Verdeutlichung seien einige Beispiele genannt: Eine Windböe „existiert" maximal einige Sekunden, eine Eiszeit etwa 100 000 Jahre. Über nicht weniger als 19 Zehnerpotenzen erstreckt sich das Spektrum solcher **charakteristischer Zeiten**. Typische Zykluslängen sind der Tagesgang und der Jahresgang. Daneben ist aber auch eine Fülle von Zyklen mit ganz anderen Längen bekannt. Sie können sich durch gegenseitige Überlagerung zu komplizierten Schwingungen aufschaukeln, wie aus einschlägigen physikalischen Versuchen bekannt ist. Damit stellen sich zwei schwierig zu beantwortende Fragen. Erstens: Wie lange muss der Beobachtungszeitrum sein, bis man das gewonnene Datenmaterial statistisch und damit klimatologisch auswerten kann? Die WMO – das ist die meteorologische Fachorganisation der UNO – hat einen mindestens 30-jährigen Zeitraum vorgeschrieben und die Periode 1971 bis 2000 als neueste Normalperiode deklariert, was aber doch eine gewisse Willkür bedeutet.

Die zweite Frage betrifft den Zeittakt der Beobachtungs- und Messtermine. Auch dazu ein konkretes Beispiel: Die Intensität der Sonnenstrahlung kann sich innerhalb einer Sekunden um mehr als eine Größenordnung ändern, wenn unterschiedlich dichte Wolken über den Himmel ziehen; die Erdbodentemperatur in 1 m Tiefe dagegen ändert sich unter Umständen innerhalb von Wochen um weniger als $^1/_{10}$ K. Die Frage ist also: Wie weit darf man Messintervalle strecken, ohne dass Klima-relevante Ereignisse durch das Zeitraster fallen? Der zeitliche Aspekt spielt also bei der Definition eines modernen Klimabegriffes eine wesentliche Rolle.

Für die in den nächsten Abschnitten folgenden Klimabetrachtungen wird uns der klassische, ausschließlich beschreibende Klimabegriff ausreichen. Bei der Diskussion der Klimaänderungen im Anhang im Internet dagegen werden wir nicht mehr ohne die moderne Betrachtungsweise auskommen.

Die Erörterungen zum Klimabegriff wurden hier bewusst kurz gehalten. Eine erschöpfende Diskussion dieses Themas findet der interessierte Leser in dem 2003 ebenfalls in dieser UTB-Reihe erschienen Buch von C.-D. SCHÖNWIESE mit dem Titel Klimatologie.

7.3 Klimascales

Nach dem oben gesagten bezieht sich das Klima immer nur auf einen einzelnen Punkt. Vergleicht man die Klimate benachbarter Punkte miteinander, so stellt man fest, dass es sehr sinnvoll ist, mehr oder weniger große Areale zu klimatologischen Einheiten zusammenzufassen. Wie groß diese „klimatologisch einheitlichen" Areale gewählt werden müssen, hängt natürlich von der Fragestellung ab. Betrachten wir, um uns die Verhältnisse zu verdeutlichen, eine Wüste. Für die Beantwortung vieler, insbesondere großflächiger, geographisch orientierter Fragestellungen werden die vergleichsweise einfachen Merkmale des Wüstenklimas: *„Wärmster Monat über 30 °C; kältester Monat ca. 15 °C; extrem trocken und Sonnenschein reiche, heiße Tage – kalte Nächte"* als Definitionskriterium voll ausreichen.

Denken wir uns nun in der Wüste eine Oase. Infolge der Wasservorkommen und der Vegetation wird sich dort eine Energie zehrende Verdunstung und mit ihr ein deutlich kühleres Klima (vgl. Seite 247ff.) einstellen als in der umgebenden Wüste. Für einschlägige Fragestellungen, z. B. über eine landwirtschaftliche, gärtnerische oder anderweitige wirtschaftliche Nutzung der Fläche, wird also das Klima der Oase aus dem Wüstenklima herauszuschälen sein.

Setzen wir unser Gedankenspiel fort: Stellen wir uns vor, auf der Oase soll eine Plantage mit künstlicher Bewässerung angelegt werden. Dazu muss man über die Verdunstung im Pflanzenbestand Bescheid wissen, denn danach richtet sich die Dimensionierung der Bewässerungsanlage. Die Verdunstung wiederum hängt vom Klima innerhalb des Pflanzenbestandes ab, das wesentliche Unterschiede zum Klima der übrigen Oase zeigen wird.

Doch damit nicht genug: Die Pflanzen können von Krankheiten befallen werden. Die Ausbreitung beispielsweise von Pilzkrankheiten hängt wesentlich vom Klima im unmittelbaren Lebensraum des Pilzes ab. Der Lebensraum des Pilzes besteht – je nach Art – aus den Blättern, den Früchten oder anderen Pflanzenteilen. Um die Infektionsgefahr abschätzen und über die Notwendigkeit von Bekämpfungsmaßnahmen entscheiden zu können, muss man also das Klima an und in ihnen genau kennen. Dieses kann sich aber erheblich vom Klima im umgebenden Pflanzenbestand unterscheiden. So kann beispielsweise ein Blatt unter extremen Bedingungen bis zu 20 Grad wärmer sein als die Luft im Bestand (vgl. Seite 368ff.).

Wir sehen also: Innerhalb jedes Klimabereiches – egal ob es sich um einen großen oder einen kleinen handelt – gibt es stets wieder Teilbereiche, in denen sich von den Umgebungseinflüssen modifizierte Klimabedingungen einstellen. In sie sind dann noch kleinere

Teilklimate eingebettet sind usw. D. h., wir finden eine regelrechte Klimastruktur mit unterschiedlich ausgedehnten, in einander verschachtelten (heute sagt man gerne: **genesteten**) Teilklimaten. Die unterschiedlich großen Teilklimate wollen wir als **Klimascales** bezeichnen. Das Wort „scale" bedeutet hier soviel wie: Ausmaß, Ausdehnung oder Größenordnung.

Bezeichnet werden die Klimascales nach ihrer flächenmäßigen Ausdehnung. So spricht man gerne vom Weltklima, von den Klimazonen, vom Makro-, Mikro- und Spotklima. Leider gibt für diese Begriffe keine eindeutige Definition, ja nicht einmal eine allgemeingültige Nomenklatur. Teilweise wird einfach die Ursache für die Ausbildung der betreffenden Klimabesonderheiten im Namen verankert, wie z. B. Gebirgs-, Hang-, Stadt- oder Bestandesklima.

Wesentlich ist, sich klar zu machen, dass das Klima innerhalb eines Scales je nach Fragestellung als homogen bezeichnet werden darf, ein Scale also im Rahmen der vorgegebenen Betrachtungsweise eine Klimaeinheit darstellt.

Mit Hilfe der Abb. 150 soll versucht werden, sowohl eine Vorstellung über die Struktur des Klimas – vom Weltklima bis zum Klima an kleinen Objekten – zu vermitteln, als auch einen Überblick über die in diesem Buch verwendete Bezeichnungsweise zu geben. Links in Abb. 150 sehen wir eine Achse, an der die Flächenausdehnung der betrachteten Klimaareale abgelesen werden kann. Sie beginnt (oben) mit der Oberfläche der gesamten Erde und reicht unten bis in Dimensionen unter 1 cm^2. Weil man sich große Flächen oft nur schwer vorstellen kann, ist auf der rechten Seite der Achse angegeben, welchen Durchmesser ein ebener Kreis mit einer gleich großen Fläche hätte. Wie man sieht, entspricht die gesamte Erdoberfläche einer Kreisfläche mit etwa 25 500 km Durchmesser (die man sich aber – zugegebenermaßen – auch nicht ohne weiteres vorstellen kann). In der mittleren Spalte sind Beispiele für Klimate unterschiedlicher Dimension aufgelistet. Die Pfeile zeigen an der Größenachse ihre ungefähre Flächenausdehnung an. Die rechte Spalte schließlich enthält die Namen der Klimascales und die Spannweite ihrer Flächenausdehnung.

Betrachten wir die rechte Spalte und beginnen wir oben mit dem Klima der gesamten Erde, dem **Weltklima**. Hierunter fallen die weltweiten Mittel- und Extremwerte aller meteorologischen Parameter. Als Beispiel seien die mittlere Temperatur der Erde sowie die höchsten und tiefsten auf der Erde beobachteten Temperaturen angeführt. Aber auch über die gesamte Erde gemittelte meteorologische Prozesse gehören dazu, wie etwa der Energiehaushalt oder der hydrologische Zyklus. Auf Seite 321 werden wir noch etwas detaillierter auf das Weltklima eingehen.

Aufmerksamen Leser/Innen werden beim Studium dieses Kapitels Bedenken gekommen sein, ob die im Rahmen der verschiedenen Scales beschriebenen Phänomene der Definition von Klima (s. Seite 316) auch wirklich standhalten. In der Tat handelt es sich dabei streng genommen mehr um Wetterphänomene als um Klimate. Insbesondere treten die zur Klimadefinition gehörenden statistischen Kennzahlen (s. Seite 315) nur wenig oder gar nicht in Erscheinung. Hätten wir daher nicht korrekterweise von **Makro-, Mikro- und Spotmeteorologie** sprechen müssen? Sicher wird man einen solchen Einwand nicht zurückweisen können. Diese Unkorrektheit wurde jedoch in Kauf genommen, weil sich bei der Diskussion dieser Phänomene allgemein der Gebrauch des Begriffes Klima eingebürgert hat. Auch R. Geiger, der als Begründer der Mikroklimatologie gilt, hat sein grundlegendes Werk über die meteorologischen Vorgänge im Mikroscale mit „Das Klima der Bodennahen Luftschicht" überschrieben (Geiger, 1961).

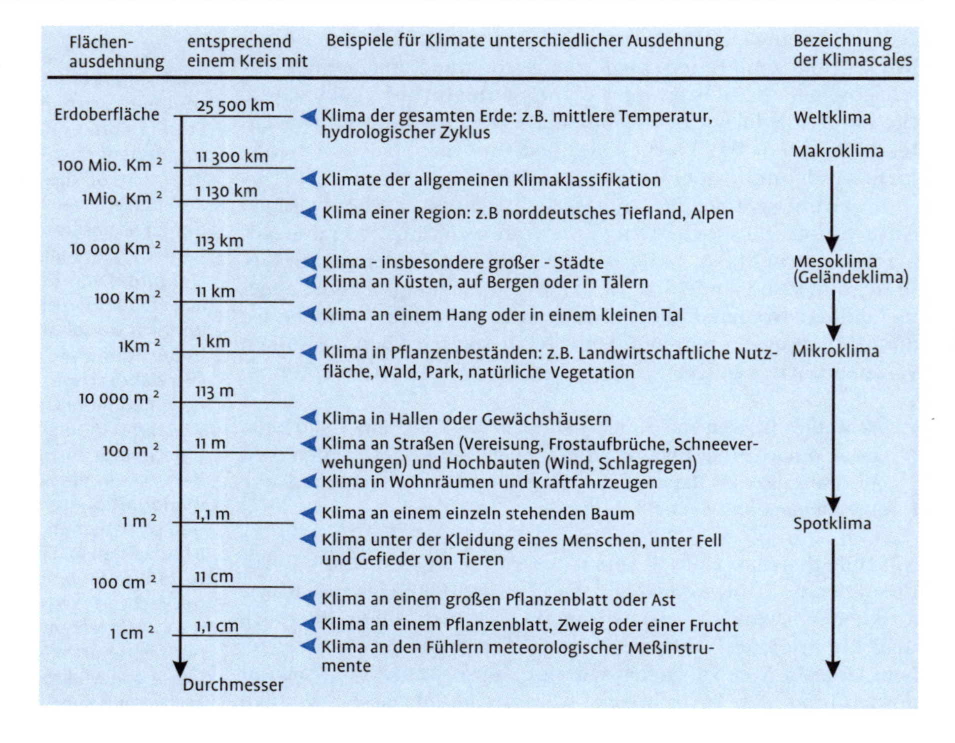

Abb. 150
Definition von Klimascales (Näheres siehe Text).

Mit den Klimaten der allgemeinen Klimaklassifikationen beginnt das **Makroklima**. Sie besitzen Ausdehnungen bis über 30 Mio. km². Deshalb wird die Obergrenze für das Makroklima etwa auf diese Marke gelegt. Zum Makroklima zählt auch das Klima einer landschaftlichen Region wie z. B. des norddeutschen Tieflandes oder eines großen Gebirges wie der Alpen oder des Himalaja.

Ab einer Ausdehnung von einigen Tausend km² spricht man vom **Mesoklima**. In diese Größenordnung fallen die meisten Gelände bedingten Klimabesonderheiten, deshalb wählt man alternativ auch gerne die Bezeichnung **Geländeklima**. Bei einer Ausdehnung zwischen 1 km² und 1 m² spricht man vom **Mikroklima.** Dieser Bereich ist insbesondere deshalb so interessant und vielseitig weil nicht nur natürliche Klimabesonderheiten sondern auch das Klima in Bauten und anderen künstlich geschaffen Räumen in diese Kategorie fallen. Ihm schließt sich das **Spotklima** an. Dazu zählt das Klima, das der Mensch unter seiner Kleidung hat, das Tiere unter ihrem Fell und Gefieder empfinden und das sich an Pflanzenteilen oder technischem Gerät einstellt. Als besonders wichtiges Beispiel seien hier die Fühler meteorologischer Messinstrumente genannt (vgl. Kapitel „Messtechnik“ ab Seite 374).

7.4 Weltklima

Zum Weltklima gehören die Mittel- und Extremwerte aller meteorologischen Parameter – gemittelt über die gesamte Erde – also aus einem weltweiten Beobachtungsmaterial gewonnen. Tab. 23 enthält eine kleine Auswahl an Mittel- und Extremwerten.

Aber auch weltweit betrachtete meteorologische Prozesse gehören zum Weltklima. Beispiele: das Strahlungsgleichgewicht der Erde (s. Seite 212), der Energiehaushalt der Erde (s. Seite 195) oder der Wasserhaushalt der Erde, der auch als „hydrologischer Zyklus" bezeichnet wird (s. Seite 61). Selbstverständlich zählen auch Meeresströmungen und die Allgemeine Zirkulation der Atmosphäre (s. Seite 298ff.), ihr Jahresgang (s. Seite 307) und ihre Energiebilanz (s. Seite 303) zum Weltklima. Weitere Informationen zum Weltklima findet man in Lehrwerken der Klimatologie (s. Seite 431).

Tab. 23 Kurze Auswahl aus dem Weltklima

Element	Auswertung	Ort, Zeit	Wert
Temperatur	höchstes Maximum	Al-Azyziah/Libyen; 112 m NN; 13.9.1922	58,0 °C
	tiefstes Minimum	Wostock/Antarkis; 3420 m NN; 21.7.1983	–89,2 °C
	Mittelwert		15 °C
Niederschlag	max. Jahres-Summe	Cherrapunji/Indien; 1312 m NN; 1860–61	26 461,0 mm
	min. Jahres-Summe	Oase Dachla/Ägypten; 1932 – 1985	0,7 mm
	Mittelwert		970,0 mm
Sonnenschein	max. jährl. Sonn.-Dauer	Sahara; Libyien; 97 % der astronomisch möglichen	4 300,0 h
	min. mittlere Sonn.-dauer	Süd-Orkney-Inseln/Schottland; 11 % d. astronom. Möglichen	478,0 h
	Mittelwert	Extraterrestrische Sonnenstrahlung	1 368,0 W/m^2
Luftdruck	maximaler, reduzierter	Agata/Nordwest-Sibirien; 236 m NN; 31.12.1968	1 083,8 mb
	minimaler, reduzierter	im Taifun „Tip"; 482 km westlich Guam/Pazifik; 12.10.1979	870,0 mb
	Mittelwert		1 013,3 mb

7.5 Makroklima

Vergleicht man die Klimate vieler über die ganze Erde verteilter Orte, so stellt man fest, dass sie innerhalb erstaunlich großer Bereiche überraschen ähnliche Züge tragen; z. B. dass zu bestimmten Jahreszeiten gewisse Temperaturgrenzwerte über- oder unterschritten werden, dass sich regelmäßig Trockenzeiten einstellen, dass es im Winter zu Schneefall kommt oder dass es keine markant unterschiedlichen Jahreszeiten gibt.

Aufgrund dieser Erkenntnisse hat man versucht, überschaubare Systeme von möglichst wenigen, aber in sich geschlossenen, homogenen Klimazonen zu konstruieren. Man bezeichnet solche globalen Gliederungen als **Klimaklassifikationen**. Hier wird die häufig verwendete Klassifikation nach Köppen und Geiger (1961) vorgestellt. Sie ist in Abb. 151 in bearbeiteter Form zu sehen.

Für eine Reihe von Orten, deren Klima für die betreffende Zone als typisch angesehen werden darf, sind noch zusätzlich die Klimadiagramme nach Walter aus der Klimadiagrammkarte von Walter et al. (1975) eingezeichnet. Diese Diagramme sind in der linken unteren Ecke der Karte erläutert. Anhand dieser Abbildungen sollen nun die einzelnen Klimazonen diskutiert werden.

Regenwaldklima:
Alle Monate:
25 – 27 °C
Niederschlag:
1 500 – 2 000 mm/a
extrem schwülwarm!

Beginnen wir mit unserer Betrachtung am Äquator bei etwa 20° östlicher Länge. Hier herrscht ganzjährig der Einfluss der ITC vor. Hohe Niederschlagsmengen sind die Folge. Jahressummen von 1 500 bis 2 000 mm sind die Regel. Die Monatsmitteltemperaturen liegen um 25 bis 27 °C. Ausgeprägte Jahreszeiten, insbesondere eine Trockenzeit gibt es nicht. Die Tagesschwankung ist größer als die Jahresschwankung. Die Luft ist feucht, das Wetter wird deshalb als sehr heiß und schwül empfunden, was aber die Grundlage einer prächtigen und äußerst üppigen Vegetation darstellt. Wir nennen dieses Klima das **Klima des tropischen Regenwaldes**. Ein markanter Vertreter dieses Klimatyps ist der Ort Djolu.

Savannenklima:
wärmster Monat:
ca. 27 °C
kältester Monat :
ca. 23 °C
Niederschlag:
<1 500 mm/a
Trockenzeit!

Gehen wir über 5° nach Norden hinaus, so finden wir wie in Bangui zunächst noch sehr schwache, doch allmählich immer deutlicher werdende Jahreszeiten als Folge der mit dem Sonnenhöchststand wandernden ITC. So ist der Einfluss der Konvergenzzone im Nordwinter, wenn sie tief im Süden liegt, schwächer als im Nordsommer, wenn sie auf die Nordhalbkugel herübergewandert ist. Damit können sich allmählich regenreichere und regenärmere Zeiten differenzieren. Die Unterschiede werden naturgemäß mit wachsender geographischer Breite immer größer. Schließlich kommt es – wie in Moundou – zu einer anhaltenden Trockenzeit. Wir sprechen dann vom tropischen **Savannenklima**. Es gedeiht dort der tropische Savannenwald. Er ist aber nicht mehr immergrün, in den Trockenzeiten sind die Bäume oft kahl. Immer noch ist die Tagesschwankung der Temperatur größer als die Jahresschwankung. Am wärmsten ist es kurz vor Beginn der Regenzeit. Monatsmitteltemperaturen zwischen 23 °C und 27 °C sind die Norm. Die Jahresniederschlagssummen liegen unter 1 500 mm.

Steppenklima:
wärmster Monat:
>30 °C
kältester Monat:
ca. 23 °C
Niederschlag:
<500 mm/a
Dürrezeit!

Geht die Trockenzeit in eine ausgesprochene Dürrezeit über, wie z. B. in Mao, dann spricht man vom **Steppenklima**. Hier bekommen wir, wenn die ITC im Süden liegt, in zunehmendem Maße die Nähe des Subtropenhochs zu spüren. Die Regenzeit wird

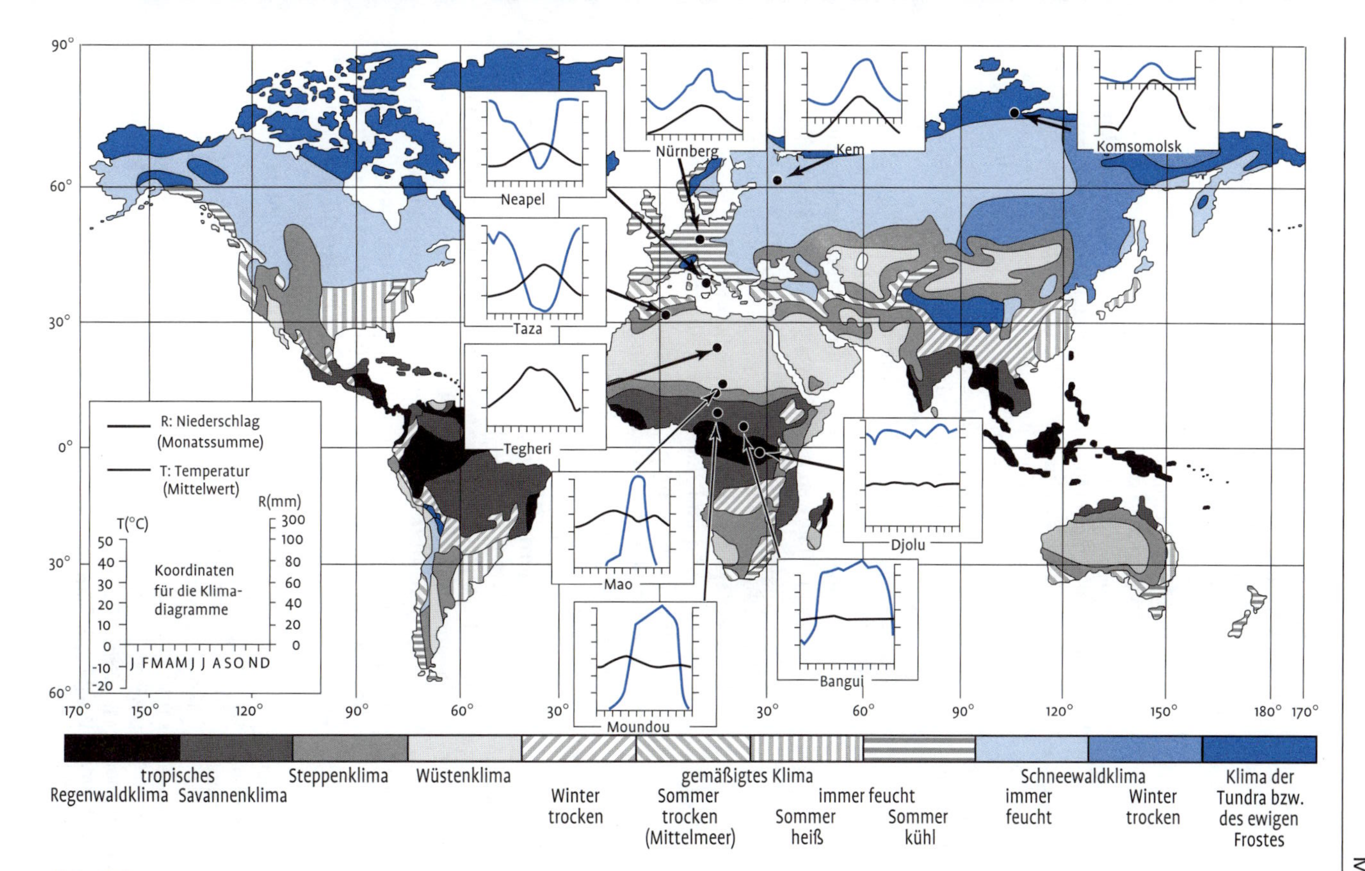

Abb. 151

Klimazonen der Erde und Jahresverlauf von Temperatur und Niederschlag (nach Monatsmittelwerten) an repräsentativen Orten (nach Köppen und Geiger 1961, Walter et al. 1975).

immer kürzer, bleibt manchmal ganz aus. Insgesamt kann mehr Wasser verdunsten, als durch Niederschlag zugeführt wird. Noch ist Vegetation vorhanden, doch ist sie auf überwiegend grasige Pflanzen und dorniges Gestrüpp beschränkt. Die Niederschlagssummen gehen kontinuierlich bis auf 250 mm zurück. Über 30 °C steigt die Monatstemperatur in der warmen Jahreszeit, unterschreitet aber auch in der kühleren 25 °C nur wenig.

Wüstenklima:
wärmster Monat: >30 °C
kältester Monat: ca. 15 °C
extrem trocken, heiße Tage, kalte Nächte.

Das Steppenklima geht schließlich in das **Wüstenklima** über. Hier gibt es überhaupt keinen Einfluss der ITC mehr. Einzig gestaltende Kraft ist das Subtropenhoch. Hohe Hitzegrade am Tag mit Lufttemperaturen bis über 45 °C und infolge ungehemmter Ausstrahlung empfindliche Kälte – bis zu Frostgraden – in der Nacht charakterisieren den Tagesablauf. Niederschlag fällt oft jahrelang nicht, wie das Beispiel Tegérhi zeigt. Dementsprechend gibt es auch so gut wie keine Vegetation.

Polwärts schließt sich den Wüsten nochmals eine Steppenzone an. Die Entstehungsursache dafür ist analog der beim Übergang von den Tropen zu den Wüsten: Im Winter liegt das Subtropenhoch weit im Süden, so dass die wandernden Zyklonen der gemäßigten Breiten Einfluss nehmen können, im Sommer dagegen greift das Subtropenhoch regelmäßig auf diese Zone über. Dadurch fällt wie in Taza die Dürrezeit in den Sommer, im Gegensatz zu den Steppen am Südrand der Wüste. Monatstemperaturen bis über 30 °C sind üblich, während monatelang kein Regen fällt. Dennoch treten während der Feuchtezeit schon wieder Niederschlagssummen bis 250 mm bei Temperaturen um 15 °C auf, die eine farbige Blütenpracht auf weiten grünen Flächen entstehen lassen.

Mittelmeerklima:
wärmster Monat: ca. 25 °C
kältester Monat: ca. 10 °C
Niederschlag: >700 mm/a
Sommer trocken.

Schließlich kommen wir auf unserem Weg nach Norden in den Bereich des **gemäßigten Klimas**. Im sommertrockenen Mittelmeerklima ist der Einfluss des Subtropenhochs soweit geschwächt und der Einfluss der wandernden Tiefs so groß geworden, dass wir keine ausgesprochene Dürrezeit mehr vorfinden. Warme, trockene Sommer und kühle, feuchte Winter sind kennzeichnend. Eine üppige Vegetation mit winterlicher Ruhepause herrscht vor. Die höchsten Monatstemperaturen erreichen im Mittel 25 °C, sinken aber im Winter bis unter 10 °C. Die Niederschlagssumme liegt oberhalb 700 mm. Ein Repräsentant für dieses Klima ist Neapel.

Gemäßigt-immerfeuchtes Klima:
wärmster Monat: ca. 20 °C
kältester Monat: ca. 0 °C
Niederschlag: 500 – 1 000 mm/a
regelmäßig Schneefall!

Verlassen wir den Mittelmeerraum in Richtung Norden, so erreichen wir das immerfeuchte gemäßigte Klima, das ganzjährig durch die wandernden Zyklonen geprägt ist. Niederschläge gibt es deshalb zu allen Jahreszeiten. Die Jahressumme liegt zwischen 500 und 1 000 mm, am Alpenrand noch weit höher. Hier ist auch jeden Winter mit Schnee zu rechnen. Die Vegetationszeit wird durch tiefe winterliche Temperaturen begrenzt, die bei 0 °C bis –2 °C liegen, während man in den wärmsten Sommermonaten Werte zwischen 15 °C und 20 °C findet. Die Vegetation dieser Klimazone entspricht der Mitteleuropas. Der Temperatur- und Niederschlagsverlauf von Nürnberg darf als typisch bezeichnet werden.

Noch weiter nördlich beginnt wieder hoher Druck Einfluss zu gewinnen. Vom zunächst noch **immerfeuchten Schneewaldklima** (Kem) mit seinen nordischen Wäldern und lang anhaltenden Schneedecken (höchste sommerliche Monatsmitteltemperaturen von 10 bis über 15 °C) kommen wir über das **wintertrockene Schneewaldklima** in das Klima der **Tundra**, wo wie in Komsomolsk sogar im wärmsten Sommermonat die Temperatur nur wenig über 0 °C steigt.

Schneewaldklima: wärmster Monat: 10 – 15 °C kältester Monat: unter –10 bis –15 °C Niederschlag: unter 400 mm/a wintertrocken!

Schließlich geht mit wachsender geographischer Breite die Temperatur weiter zurück, bis das ewige Eis erreicht ist. Die Niederschläge werden immer spärlicher und fallen nur noch in Form von Schnee. Das Phänomen der Mitternachtssonne tritt hier auf, ist aber kaum wirksam, weil die Schneedecke praktisch alle Sonnenstrahlung zurückwirft. Die ewige Nacht der Wintermonate bewirkt eine eminente Abkühlung bis unter –40 °C.

Tundrenklima: wärmster Monat: ca. 0 °C kältester Monat: –25 bis –40 °C Niederschlag: <200 mm/a Extrem lang anhaltender Frost (nur Juli und August im Mittel frostfrei).

Aufgrund der allgemeinen Zirkulation der Atmosphäre würde man – trotz der Wellen an der ITC (s. Seite 144ff.) – eigentlich eine viel strenger zonal ausgerichtete Gliederung der Makroklimate erwarten. Das Wort Klimazonen weist ja buchstäblich auf breitenkreisparallele, also ostwestlich verlaufende Grenzen zwischen den Klimaten hin. Abb. 151 zeigt jedoch eine sehr viel kompliziertere Strukturierung. Der Grund dafür ist, dass das Makroklima nicht nur von der allgemeinen Zirkulation, sondern von einer ganzen Reihe weiterer Einflussgrößen aus anderen Komponenten des Klimasystems mitbestimmt wird. Hier sind insbesondere die topographische Höhe und die Lage im Luv oder Lee von Hoch- oder Mittelgebirgen mit ihren Stau- und Föhneffekten (s. Seite 152ff.) sowie der Einfluss der Festländer mit ihren großen Temperaturgegensätzen zwischen Sommer und Winter zu nennen. Über sie macht sich der Einfluss der **Pedosphäre** bemerkbar. Die **Hydrosphäre** übt ihren Einfluss über die Ozeane mit ihrer thermischen Pufferwirkung, aber auch ihren kalten und warmen Meeresströmungen aus. Über Inlandeis und Grönlandeis greift die **Kryosphäre** ein, und die **Biosphäre** schließlich wirkt sich auf die Art und die Verbreitung der Vegetation aus.

7.6 Mesoklima und Mikroklima

Beim Makroklima haben wir bewusst alle Einflussfaktoren außer acht gelassen, die einer großflächigen Betrachtungsweise entgegengestanden wären, darunter auch die von der Topographie herrührenden Modifikationen. Man nennt sie **Mesoklima**, manchmal auch das **Geländeklima**. Dieses ist also eine räumlich begrenzte Klimabesonderheit, deren Ursache in der Topographie,

Bodenart, Bodenbedeckung, Vegetation oder Bebauung der Umgebung zu suchen ist. Ein Geländeklima stellt sich in Tälern ein, an Hängen und auf Bergen, aber auch in größeren Siedlungen, ausgedehnten Wald-, Moor- und Ackerflächen sowie an den Ufern von Seen und großen Strömen. Manchmal wählt man auch eine Bezeichnung, die den Namen der betreffenden Geländebesonderheiten beinhaltet, wie **Hangklima, Stadtklima** oder **Waldklima**.

Betrachtet man noch kleinere Areale, z.B. einen einzelnen Acker, eine Industrieanlage, einen Weinberg, eine städtische Grünanlage oder einen Gebäudekomplex, so hat man es mit dem **Mikroklima** oder **Kleinklima** zu tun.

Zum Schluss wird dann noch das Klima in einem Pflanzenbestand zu streifen sein.

7.6.1 Strahlungsverhältnisse im gegliederten Gelände

Wie bei der Besprechung der Strahlung im Allgemeinen wollen wir auch hier wieder den kurzwelligen und den langwelligen Spektralbereich getrennt voneinander betrachten und wenden uns zunächst der kurzwelligen Strahlung zu.

Kurzwellige Strahlung

Die Sonnenscheindauer kann im geneigten Gelände gegenüber einer waagerechten Ebene durch die Veränderung des Einfallswinkels und der zeitlichen Verschiebung von Sonnenauf- und -untergang erheblich verändert sein.

Wände

Für eine senkrechte Wand lässt sich die Zeit der Sonnenbestrahlung mit Hilfe der Abb. 73 (Seite 183) bestimmen. Dazu zeichnet man ihren Verlauf in die Grafik ein und sieht dann sofort, wann die Sonne darauf scheint. Häufig stellt sich auch die Frage, welche Energiemenge die auftreffende Sonnenstrahlung mitbringt. Abb. 152 gibt darauf eine Antwort. Sie geht auf Messungen in Wien zurück und vergleicht mit den Bedingungen in der Ebene. Diese erhält aus der direkten Sonnenstrahlung im Sommer mehr Energie als zu jeder anderen Jahreszeit. Das liegt einerseits an der Tageslänge, andererseits an der großen Sonnenhöhe. Im Winter ist das Strahlungsangebot am kleinsten.

Bei den Wänden liegen die Verhältnisse völlig anders. Auf die Südwand trifft im Sommer wegen der großen Sonnenhöhe während der Besonnungszeit die wenigste Energie, während in den Übergangsjahreszeiten und im Winter fast gleiche Intensitäten erreicht werden. Auch die Ost- und Westwand ist in den Übergangsjahreszeiten sehr begünstigt, während der Winter auffallend schlecht abschneidet. Natürlich sind beide nur jeweils einen halben Tag lang exponiert. Dafür wird das Maximum an der Ostwand

Die Tatsache, dass Mauern im zeitigen Frühjahr und im späten Herbst besonders begünstigt sind, erklärt, warum Wärme liebende Obstarten in Spalierform an einer Hauswand besser gedeihen als freistehend. Auch Wein lässt, an einer geschützten Wand angebaut, selbst in einem sonst ungeeigneten Klima überraschende Qualitäten erwarten. Dabei spielt auch die langwellige Strahlung eine wichtige Rolle, die auf Seite 334 diskutiert wird.

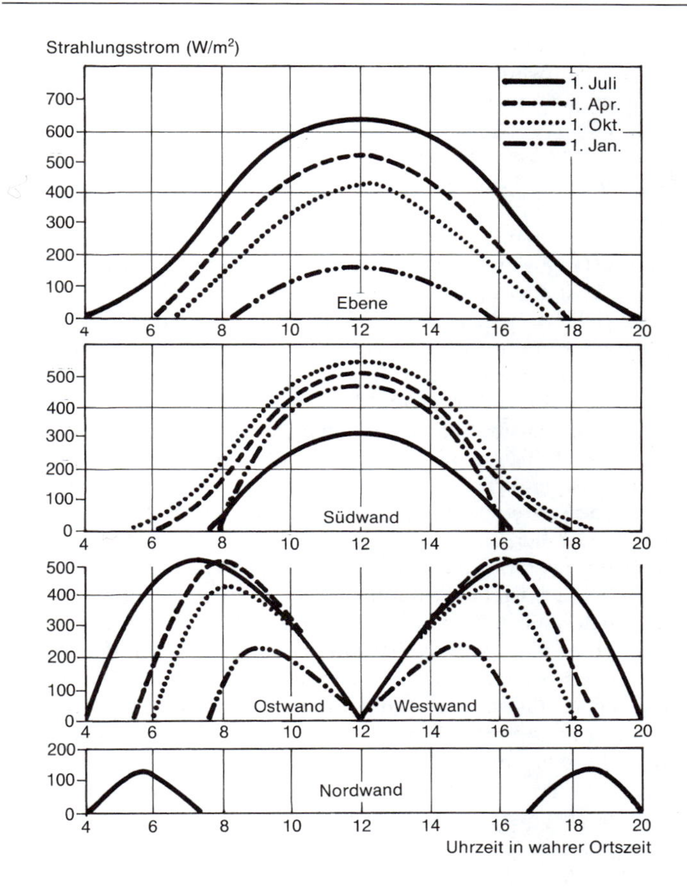

Abb. 152
Mittlerer Tagesgang der Sonnenbestrahlung auf eine Ebene und auf verschieden orientierte Wände in Wien (nach SCHMIDT 1926).

schon zwischen 7 und 9 Uhr erreicht. Der Höchstwert an der Westwand fällt in die Zeit zwischen 15 und 17 Uhr. Die Nordwand erhält nur im Hochsommer und auch dann nur in den frühen Morgen- und späten Abendstunden etwas Sonnenschein. In den Tropen sind die Unterschiede in der Sonnenbestrahlung von Wänden und Mauern wegen der viel geringeren jahreszeitlichen Variation der Sonnenhöhe geringer als in den mittleren Breiten. Nach den Polarregionen nehmen sie noch zu.

Geneigte Flächen

Wie verhalten sich nun aber beliebig geneigte Flächen? Hierbei ist nicht nur an das natürliche Gelände zu denken, sondern z. B. auch an Hausdächer und Sonnenkollektoren. Eine genaue Erfassung der zugestrahlen Energie in Abhängigkeit von ihrer Neigung und Exposition von der Bewölkung, der atmosphärischen Trübung

— Wie man den Einfluss der Atmosphäre berechnen und damit näherungsweise Werte der tatsächlichen Hangbestrahlung erhalten kann, ist in der VDI-Richtlinie 3789 Blatt 2 und 3 (1994) nachzulesen.

— Die Tatsache, dass die größten Bestrahlungsunterschiede zwischen einem Nordhang und einem Südhang im Frühjahr und im Herbst auftreten, hat wichtige landbauliche Konsequenzen. Im Frühjahr, wenn der Boden rasch abtrocknen und sich erwärmen soll, damit die Saaten ausgebracht werden und rasch aufgehen können, sind die Nordhänge besonders benachteiligt. Das gleiche gilt im Herbst, wenn in Mais, Zuckerrüben, Obst und Wein noch viel Zucker und Stärke eingelagert werden soll, denn dann steht auf den Nordhängen vergleichsweise wenig Strahlung zur Verfügung.

und der geographischen Breite würde einen immensen Mess- und Auswerteaufwand erfordern. Man kann unter gewissen Vereinfachungen aber auch Rechenwerte gewinnen, die den meisten Anforderungen durchaus genügen.

Die Vereinfachungen bestehen darin, dass man sich auf die reine Sonnenstrahlung beschränkt und sich die Atmosphäre mit ihren Streu-, Absorptions- und Reflexionsvorgängen wegdenkt. Dann lässt sich mit Hilfe astronomischer Gesetze eine „extraterrestrische Hangbestrahlung" berechnen. Sie liefert zwar nur fiktive Werte, lässt aber die Unterschiede im Strahlungsgenuss verschiedener Geländeformen besonders deutlich hervortreten. Und gerade darauf kommt es den Nutzern solcher Daten meistens an. Deshalb soll auch hier die Betrachtung in Wesentlichen auf die extraterrestrische Hangbestrahlung beschränkt werden.

In Abb. 153 sind solche Rechenergebnisse dargestellt. Die Graphiken sind folgendermaßen zu interpretieren: Die Hangneigung ist in radialer Richtung aufgetragen. 0° ist im Kreismittelpunkt, 90° am äußersten der konzentrischen Kreise dargestellt. Als Hangrichtung ist diejenige zu verstehen, in die der Hang abfällt. Da die Bestrahlungsstärke im westlichen Halbkreis zu der im östlichen spiegelbildlich ist, braucht nur immer einer dargestellt zu werden. Es wird deshalb auf der linken Hälfte jeweils das Sommer- und auf der rechten das Wintervierteljahr behandelt. Sie umfassen den Zeitraum 5.5. bis 8.8. bzw. 7.11. bis 4.2. Die obere Darstellung zeigt die Verhältnisse in 0°, die untere diejenigen in 50° Breite.

Am Äquator verläuft die Sonnenbahn im Sommer am nördlichen Himmel, im Winter am südlichen. Dementsprechend sind dort im Sommer die Nordhänge, im Winter die Südhänge strahlungsmäßig bevorzugt. Infolge des hohen Sonnenstandes erhalten flache und nur mäßig geneigte Hänge besonders viel Strahlungsenergie. Auf der jeweiligen Sonnenseite werden bis über 450 W/m² erreicht. Schattseitig fällt der Energiegewinn jedoch sehr schnell ab. Die Jahresschwankung wächst mit der Neigung und ist bei nord- und südexponierten Lagen viel größer als bei Ost- und Westhängen. Die höchste Jahressumme der Sonnenstrahlung erhält die Ebene. Fest montierte Sonnenkollektoren sollten deshalb waagerecht liegen.

50° N entspricht den Verhältnissen in der mittleren Bundesrepublik. Die Strahlungsdiagramme für diese Breite dürfen aber für das gesamte Bundesgebiet als brauchbar angesehen werden. Sie zeigen, dass sich die Sonne dort überwiegend in der südlichen Hälfte des Himmels aufhält. Insbesondere gilt das für den Winter. Die Folge davon ist, dass dann die steileren Südlagen die Hauptnutznießer sind, während nach Norden hin der Energiegewinn mit wachsendem Neigungswinkel sehr schnell abnimmt. Im Sommer dagegen sind es die Ebenen und die nur wenig geneigten Flä-

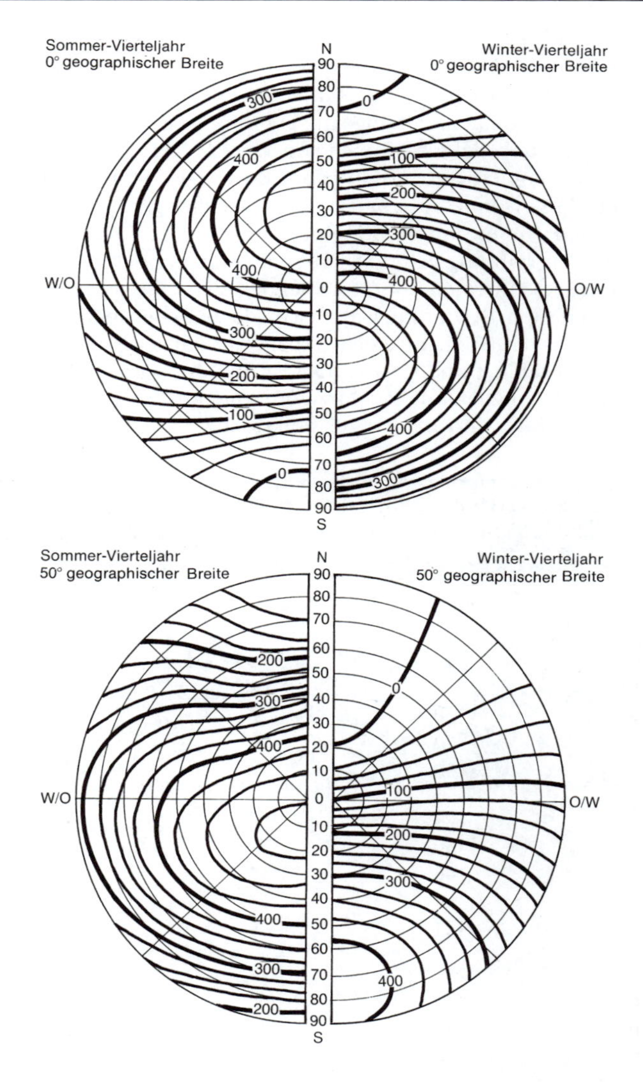

Abb. 153

Vierteljahresmittel der extraterrestrischen Hangbestrahlung in W/m² auf verschieden geneigte (0° bis 90°) und orientierte Hänge. Als Sommervierteljahr gilt der 5.5. bis 8.8., als Wintervierteljahr der 7.11. bis 4.2. (nach HEYNE *1962).*

chen insbesondere südlicher Orientierung, die man als bevorzugte Strahlungsempfänger bezeichnen darf. 10° bis 20° geneigte Südhänge erreichen Spitzenwerte von knapp 500 W/m², aber auch Nordhänge mit diesen Neigungswinkeln bringen es noch auf 425 bis 450 W/m². Mit wachsendem Gefälle geht der Strahlungsgenuss dann jedoch rasch zurück.

Auch die Ost- und Westhänge erhalten im Sommer große Energiemengen, weil die Sonne in den Morgen- und Abendstunden schon, bzw. noch recht hoch am Himmel steht. Schließlich ist das auch der Grund dafür, dass an diesen Hängen ein viel größerer Jahresgang beobachtet wird als in den Tropen. Die höchsten Jahressummen erhalten Südhänge mit etwa 45° Neigungswinkel. Von einem Sonnenkollektor wird jedoch bei etwas geringerer Neigung die hohe sommerliche Strahlung auf Kosten der ohnehin schwächeren Wintersonne besser ausgenützt. Da aber gerade im Winter die diffuse Himmelsstrahlung einen prozentual höheren Beitrag zur Gesamtstrahlung liefert als im Sommer, kann ein solcher Kollektor insgesamt einen höheren Energiegewinn erreichen.

Die größten Bestrahlungsunterschiede zwischen einem Nordhang und einem Südhang ergeben sich während der Übergangsjahreszeiten Frühling und Herbst. So zeigt Tab. 24, dass die Differenzen bei 10° Hangneigung im März und September mehr als doppelt so groß sind wie im Juni. Bei 20° sind sie sogar fast 3-mal so groß.

Tab. 24 Monatssummen der direkten Sonnenstrahlung (kWh/m^2) bei wolkenlosem Himmel für einen Ort in 50° nördlicher Breite bei mittlerer Atmosphärentrübung

Monat	Neigung	Südhang	Nordhang	Differenz
Dezember	0°	23	23	0
	10°	41	8	33
	20°	58	0	58
	30°	70	0	70
	90°	96	0	96
März	0°	102	102	0
	10°	130	82	48
	20°	148	57	91
	30°	164	24	140
	90°	141	0	141
Juni	0°	216	216	0
	10°	226	206	20
	20°	227	191	36
	30°	218	165	53
	90°	81	23	58
September	0°	125	125	0
	10°	150	107	43
	20°	167	75	92
	30°	179	45	134
	90°	130	0	130

nach Morgen (1957)

In der Polarregion ist der Strahlungsgenuss im Sommer fast unabhängig von Neigung und Richtung der Empfängerfläche. Wegen der dann den ganzen Tag flach über dem Horizont stehenden Sonne, sind alle Hänge annähernd gleich lang beschattet wie besonnt. Auf diese Weise kommen recht beträchtliche Energiegewinne von 400 bis knapp 500 W/m² zustande. Im Winter erhält die von der Sonne abgewandte Polarkalotte überhaupt keine direkte Sonnenstrahlung mehr. Schon in 70° Breite geht der Strahlungsgenuss auf weit unter 100 W/m² zurück und ist in Wesentlichen auf südlich orientierte, steil geneigte Flächen beschränkt.

Schattenwürfe

Für eine Reihe von Fragestellungen spielt eine Rolle, zu welchen Zeiten ein bestimmter Standort im Schatten liegt. Der Schattenwurf einzelner Gegenstände ist ein strenges Abbild der Sonnenbahn am Himmel. Nicht zuletzt hat man ihn schon vor Tausenden von Jahren in der Sonnenuhr als Zeitzeiger benützt. Obwohl er dem Lauf der Sonne folgt, ist seine Berechnung im geneigten Gelände doch ein nicht ganz einfaches Problem. Eine formelmäßige Behandlung würde deshalb zu weit führen. Hier soll die Diskussion über Schattenwürfe schwerpunktsmäßig auf waagerechte Flächen beschränkt bleiben.

Betrachten wir zunächst Objekte, die wesentlich höher als breit sind, z.B. Türme, Masten, Hochhäuser, schlanke Bäume oder Menschen. In Abb. 154 ist die Länge und Richtung ihres Schattens in Vielfachen ihrer Höhe dargestellt. Da die Schatten am Vormittag und am Nachmittag symmetrisch verlaufen, wird nur jeweils ein halber Tag betrachtet. Die linke Hälfte gilt für den Äquator, die rechte für 50° nördlicher Breite. Das schattenwerfende Objekt ist im Mittelpunkt (M) des Diagramms stehend zu denken. Der Schatten reicht dann von dort bis zu dem Kurvenpunkt, der dem betrachteten Tag und der betrachteten Uhrzeit entspricht. Die Länge ist in Vielfachen der Objekthöhe (h) angegeben.

Zur Verdeutlichung sei ein konkreter Punkt des Diagrammes erläutert. In 50° Nord weist der Schatten am 21.6. um 19 Uhr in die schraffiert eingezeichnete Richtung und ist 6,5-mal so lang, wie der Gegenstand hoch ist. Als Uhrzeit gilt die wahre Ortszeit. Wie man sieht, können die Schatten zu den verschiedenen Jahreszeiten sehr unterschiedliche Richtungen annehmen und auch sehr verschieden lang sein. Während zur Zeit der Wintersonnenwende die Länge selbst zur Mittagszeit nicht unter 3,5-mal h sinkt, erreicht sie zur Sommersonnenwende mittags kaum 0,5-mal h. Bedingt durch den tiefen Sonnenstand wird der Schatten am Winternachmittag, schnell länger und wandert in Richtung Nordost. Im Sommer bleibt er viel kürzer, zeigt am Mittag nach Norden, gegen 17 Uhr nach Osten und bei Sonnenuntergang sogar nach Südosten.

Fällt der Schatten eines senkrecht stehenden, dünnen Objektes (d.h. seine Längsachse weist zum Erdmittelpunkt), z.B. einer Stabes oder Turmes auf eine waagerechte Fläche, so gilt für die Schattenlänge L:
$L = h * \cot(\gamma)$;
wobei h = Höhe des Objektes und γ = Sonnenhöhe.

Fällt der Schatten auf eine beliebig orientierte und beliebig geneigte Fläche, so gilt für seine **Länge**:
$L = h * \cos(\gamma) * \cos(\eta)$;
mit:
$\cos(\eta) = \sin(\gamma) * \cos(\beta) + \cos(\gamma) * \sin(\beta) * \cos(\alpha - \psi)$
darin bedeuten:
γ = Höhenwinkel der Sonne
ψ = Richtung der Sonne
α = Richtung der Fläche
β = Neigungswinkel der Fläche.

Für die **Richtung** gilt:
Norden: 180°;
Osten: –90°
Süden: 0°;
Westen: +90°;
Die Flächenrichtung ist die, in die sie abfällt.

Die **Schattenrichtung** ist ψ + 180° (ggf. –360°). Die Schatten voluminöser Objekte berechnet man, indem man die Schatten seiner höchsten Punkte berechnet und miteinander verbindet.

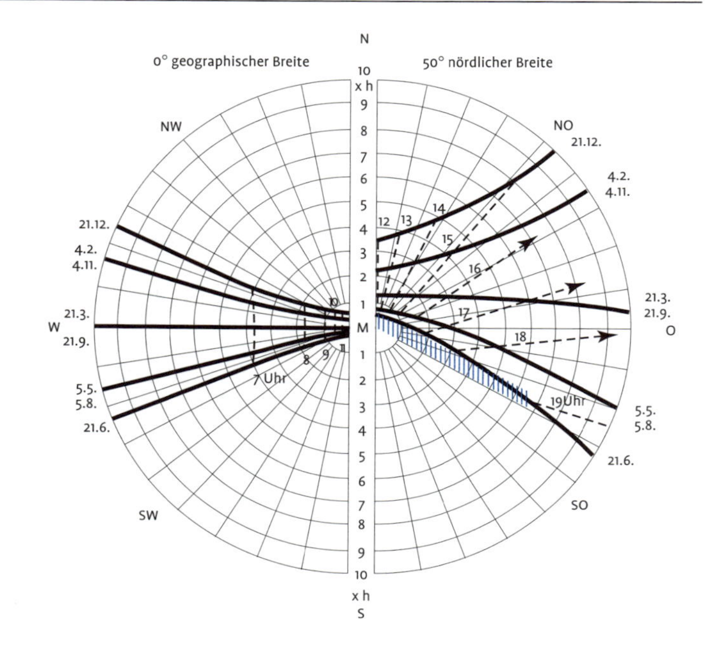

Abb. 154
Richtung und Länge des Schattens aufrechter stehender Objekte zu verschiedenen Tages- und Jahreszeiten. Die Schattenlänge ist in Vielfachen der Objekthöhe (h) angegeben. Die linke Hälfte gilt für 0°, die rechte für 50° nördlicher Breite.

Entgegen der verbreiteten Meinung, dass die häufigsten und längsten Schatten auf der Nordseite auftreten, zeigt das Schattendiagramm, dass sie gerade nach Norden zu besonders kurz sind. Eigentlich ist das selbstverständlich, denn zur Mittagszeit, wenn die Schatten nach Norden fallen, steht ja die Sonne besonders hoch am Himmel. Ganzjährig schattenfrei bleibt ein gut 100° breiter Sektor südlich des Schatten werfenden Objektes und ein etwa 80° breiter Sektor im Norden, der allerdings erst hinter der doppelten Objekthöhe beginnt. Immerhin wird knapp die Hälfte der Umgebung nie verschattet.

In den äquatorialen Gebieten verlaufen die Schattenkurven zwischen Sommer und Winter streng spiegelbildlich und weitaus enger gebündelt. Der ganzjährig schattenfreie Bereich ist dort viel größer als in den höheren Breiten. In der Polarregion bewegen sich die langen Schatten im Lauf des Tages ganz um das Objekt herum. Sie beschreiben Ellipsenbahnen, die sich mit wachsender geographischer Breite immer mehr der Kreisform nähern, bis sie diese am Pol schließlich erreichen. Am 21.6. nehmen sie dort mit 2,3-mal h ihren kleinsten Wert an. Bis zum 24.8. sind sie auf 5-mal h und bis zum 9.9. auf 10-mal h angewachsen.

Die Schattenwürfe flächiger Objekte wie Zäune, Mauern und Alleen oder voluminöser wie Häuser, Bergrücken oder anderer Geländeformationen lassen sich durch punktweise Konstruktion erhalten.

Im geneigten Gelände wachsen die Schatten, wenn sie hangabwärts, und schrumpfen, wenn sie hangaufwärts fallen. Stehen die schattenwerfenden Objekte nicht senkrecht, d.h. radial zum Erdmittelpunkt, so verkürzen sich ihre Schatten, wenn sie zur Sonne hingeneigt sind, und verlängern sich, wenn sie von ihr weggeneigt sind.

Dadurch, dass in den Schattenbereichen nur die indirekte Zustrahlung wirksam ist, hat das Spektrum dort einen höheren Blauanteil, besonders bei wolkenlosem Himmel. Deshalb erscheinen

Schattenpartien auf Farbfotos gerne etwas zu blau und wegen der geringen Intensität der Himmelsstrahlung auch oft recht dunkel.

Horizontüberhöhung

Bisher wurde immer davon ausgegangen, dass der Horizont nach allen Seiten hin frei ist. Eine solche Situation ist aber nur in seltenen Fällen gegeben, strenggenommen eigentlich nur über See oder auf einsamen Bergspitzen. In vielen Fällen ist der Horizont sogar erheblich eingeschränkt. In Abb. 155 sind Horizontbilder einiger sehr unterschiedlicher Geländeformen dargestellt. Die Graphik zeigt die Überhöhung als geschwärzte Flächen an. Zusätzlich enthält sie die Sonnenbahnen für ausgewählte Tage des Jahres für 50° nördlicher Breite (wie bei Abb. 73 links unten).

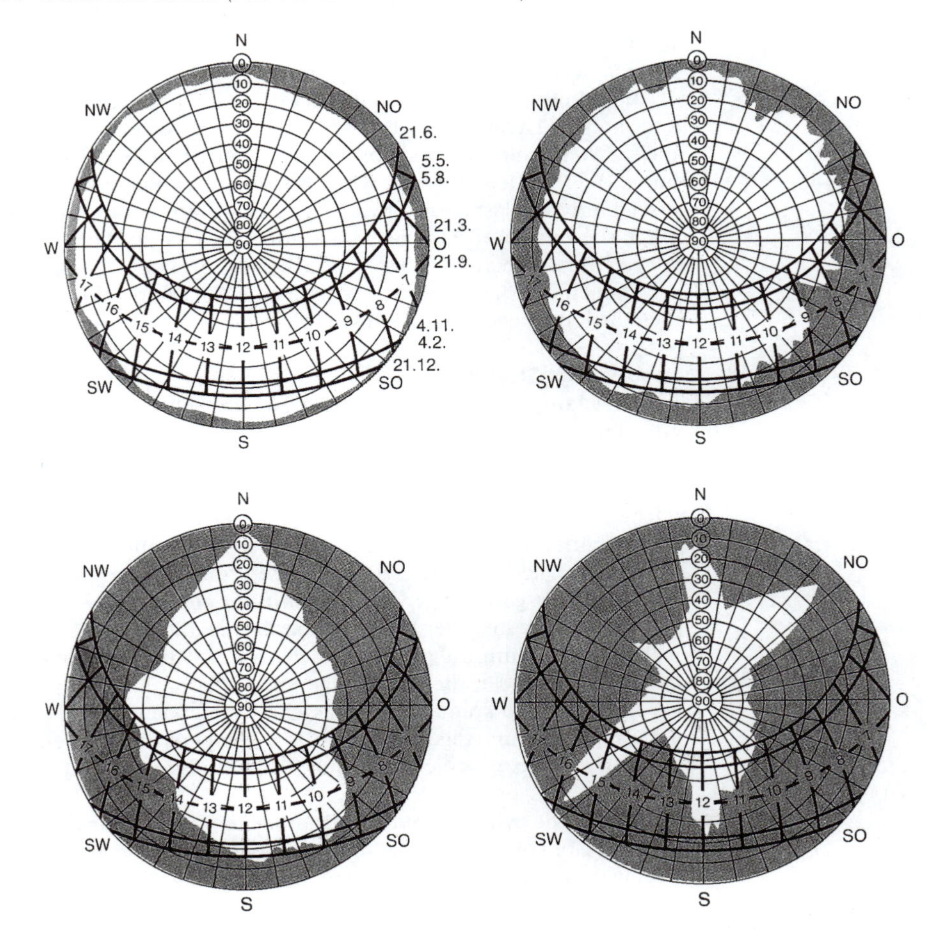

Abb. 155
Beispiele für die Horizontüberhöhung verschiedener Geländeformen. Oben links: Berggipfel. Oben rechts: Berg- und Waldland. Unten links: Nord-Süd-Tal. Unten rechts: Großstadt. Die Sonnenbahnen beziehen sich auf 50° nördlicher Breite (nach GEIGER *1961,* DIRMHIRN *1964 und eigenen Messungen).*

Das Bild links oben stammt von einer Bergspitze. Man sieht, dass nur wenige, weit entfernte Gipfel über den Standort hinausragen. Die Überhöhungen bleiben dadurch vernachlässigbar gering. Im bewaldeten Hügelland, von dem die Darstellung rechts oben stammt, ist das schon etwas anderes. Hier zeichnen sich Hügel und Bäume deutlich erkennbar ab und verdecken merkliche Teile des Himmels. Ganz markant zeichnet sich der nordsüdlich verlaufende Teileinschnitt links unten ab. Die Höhen beiderseits des Tales erheben sich fast bis 50°.

Noch extremer engen die Gebäude einer Großstadt den Horizont ein. Das rechts unten gezeigte Bild stammt aus der Fußgängerzone in München.

Je nach Landschaftsform und Jahreszeit können die Tagbögen der Sonne ganz erheblich beschnitten werden. Im stark gegliederten Gelände und erst recht in Großstädten sind die jahreszeitlichen Schwankungen besonders groß.

Die diffuse Strahlung wird durch eine Horizontüberhöhung in den meisten Fällen verringert. An die Stelle der verdeckten Himmelsflächen treten Geländeformationen und Objekte der Umgebung: Die Himmelsstrahlung wird also dort durch Reflexstrahlung ersetzt. Im Mittel ist diese schwächer als die Himmelstrahlung. Das gilt insbesondere, wenn die reflektierenden Oberflächen kleine Albedowerte haben wie Pflanzenwuchs oder dunkles Gestein. Bei sehr hellen Oberflächen, etwa Schnee und Gletscherfeldern, kann aber auch der gegenteilige Effekt eintreten.

Langwellige Strahlung

Auch die **langwellige Strahlung** erleidet im gegliederten Gelände zum Teil recht erhebliche Veränderungen. Bei geneigten Flächen bildet nicht mehr ausschließlich das Himmelsgewölbe den oberen Halbraum, sondern teilweise auch die Topographie der Erdoberfläche und die Objekte der Umgebung. Überall dort wird dann die atmosphärische Gegenstrahlung durch die Ausstrahlung der betreffenden Oberfläche ersetzt. Wie wir wissen, ist aber die Ausstrahlung der gasförmigen Atmosphäre immer geringer als die gleichwarmer fester oder flüssiger Oberflächen. Somit ist die langwellige Zustrahlung auf geneigte Flächen oder Wände erhöht oder anders ausgedrückt, die langwellige Strahlungsbilanz wird weniger negativ. Dazu kommt noch, dass die strahlenden Oberflächen der Umgebung im Allgemeinen höhere Temperaturen haben als die Atmosphäre, was die langwellige Strahlungsbilanz positiv beeinflusst.

Das gleiche wie für geneigte Oberflächen gilt auch bei überhöhtem Horizont. Auch hier wird ein Teil der atmosphärischen Gegenstrahlung durch die höhere Ausstrahlung der Umgebung ersetzt, was den effektiven Strahlungsverlust mindert. In Abb. 156

sind einige ausgesuchte Geländeformen behandelt: A gilt für eine Mulde, deren Hänge um den Winkel α geneigt sind, B für einen Hang mit dem Neigungswinkel β, C für eine Geländestufe, Mauer, Hauswand oder Baumreihe, die unter den Winkel γ betrachtet wird, D und E schließlich für eine Straße mit beidseitigen Häuserreihen, eine Waldschneise oder näherungsweise ein Gebirgstal. Im Fall D steht der Betrachter an einer Hauswand und sieht die gegenüberliegenden Gebäude unter dem Winkel δ, im Fall E steht er in der Straßenmitte, und die Häuser ragen auf beiden Seiten bis zur Höhe ε auf.

Die Abb. 156 zeigt, dass bei einer Mulde A selbst Abschirmungen von ringsum 20° die Strahlungsbilanz noch nicht einmal um 10 % erhöht. Bei einer Neigung von 90°, wie man sie angenähert in einer Waldlichtung vor sich hat, hört der Strahlungsverlust naturgemäß ganz auf, weil die ausstrahlende Bodenoberfläche und die zustrahlenden Bäume in etwa die gleiche Temperatur haben.

Vor einem Hang B nimmt die Strahlungsbilanz noch weniger zu als in einer Mulde. Bei den geringen Neigungen, wie man sie im Hügelland findet, darf man den Geländeeinfluss meistens vernachlässigen. Selbst bei den steilsten noch bewachsenen Gebirgshängen erreicht er kaum 10 %. Vor einer vertikalen Wand beträgt die Strahlungsbilanz nur noch die Hälfte von der des ebenen Bodens. Ähnlich verhält sich eine Geländestufe oder Vergleichbares (C). Je mehr man sich ihr nähert, desto größer wird γ und desto weniger negativ wird die Strahlungsbilanz. Unmittelbar davor beträgt sie noch 50 %, weil dann gerade der halbe Himmel verdeckt ist.

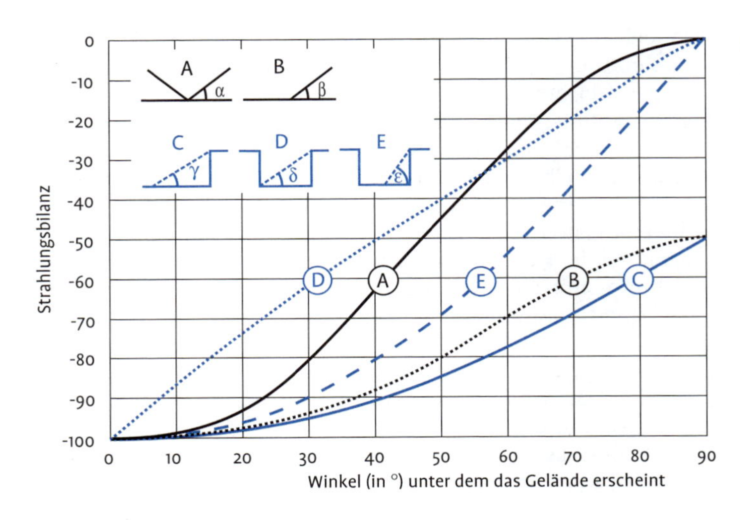

Abb. 156
Näherungswerte der langwelligen nächtlichen Strahlungsbilanz im gegliederten Gelände in % der entsprechenden Strahlungsbilanz einer waagerechten Fläche (nach Geiger, 1961, überarbeitet)

Ein Vergleich von D und E zeigt, dass es an Hauswänden noch ausgeglichener ist als in der Straßenmitte. Das gilt für alle Straßenbreiten und Häuserhöhen. In engen Häuserschluchten ist die nächtliche Strahlungsbilanz fast völlig ausgeglichen. Deshalb kühlen Städte in heißen Sommernächten nur wenig aus. Die Beduinen nutzen gerne die wärmespendende Strahlung von Felswänden und -spalten aus, um sich vor der empfindlichen Kälte der Wüstennächte (s. Seite 247) zu schützen. Auch das besondere Klima an Spalierwänden lässt sich auf diese Weise erklären.

7.6.2 Temperaturverhältnisse im gegliederten Gelände

Am Tag

Die Temperatur der bodennahen Luftschicht ergibt sich zwangsläufig aus dem Energiehaushalt der Erdoberfläche, das wurde auf Seite 247 bereits ausführlich diskutiert. Je nachdem wie die Strahlungsbilanz, der Boden- und Pflanzenwärmestrom sowie der Austausch von fühlbarer Wärme und von latenter Energie zusammenspielen, stellt sich eine höhere oder tiefere Temperatur ein. In unserem Klimabereich haben die vier Komponenten des Energiehaushaltes recht unterschiedliche Gewichte. Während die Strahlungsbilanz und die Verdunstung die Spitzenpositionen einnehmen, sind der Austausch fühlbarer Wärme und erst recht der Boden- und Pflanzenwärmestrom von ihrer Größe her eher als bescheiden einzustufen (s. Seite 246ff.). Demgemäß werden wir im Gelände dort die höchsten Temperaturen zu erwarten haben, wo die Strahlungsbilanz besonders groß und die Verdunstung besonders klein ist.

Der Einfluss der Strahlungsbilanz geht sogar soweit, dass sich geländebedingte Klimabesonderheiten nur dann zeigen, wenn sich die Strahlungsbilanz genügend entfalten kann, also an sonnenscheinreichen Tagen und in klaren Nächten. Man spricht dann von „Strahlungswetter". Bei bedecktem Himmel entwickelt sich so gut wie kein Geländeklima.

— Von Strahlungswetter spricht man, wenn mindestens der halbe Himmel wolkenfrei ist. Es stellt sich bei uns im Mittel nur in rund 20 % aller Tage und in 30 % aller Nächte ein. **Strahlungstage** treten häufig im Mai sowie in den Herbstmonaten September und Oktober auf. **Strahlungsnächte** sind im Sommerhalbjahr weitaus häufiger als im Winterhalbjahr, wobei die Schwerpunkte im Frühsommer und im Herbst liegen (Wilmers 1976, Reichsamt für Wetterdienst 1939).

Auch der Wind verwischt geländebedingte Temperaturmuster. Da er aus wärmeren Geländelagen mehr Wärme fortträgt als aus kühleren, glättet er die tagsüber entstehenden Temperaturunterschiede. In der Nacht verhindert er die Entstehung von Inversionen und damit die Bildung von Kaltluft und somit auch deren Abfluss und Ansammlung in tieferen Geländelagen (s. unten).

In unseren Breiten ist der Strahlungsgewinn an Südhängen am größten, das hat Abb. 153 deutlich gemacht. Aber damit ist noch nicht gesagt, dass dort zwangsläufig die höchsten Temperaturen auftreten müssen. In den Vormittagsstunden, bei pflanzenbewachsenen Flächen sogar bis in den Mittag hinein, muss nämlich ein Teil der zugestrahlten Energie zur Verdunstung des in der Nacht gebildeten Taus aufgewendet werden. Auch der in der Nacht ausgekühlte Boden verlangt seinen Teil. Die Folge ist, dass die Temperaturen erst am Nachmittag ihre Maximalwerte erreichen, wenn gerade die Südwesthänge unter voller Sonnenbestrahlung stehen.

Abb. 157 enthält die Verteilung der Tageshöchsttemperaturen in 40 cm Höhe in einem Buchenhochwald am fast kegelförmigen Staufenberg im Harz. Mit rund 23 °C liegt das Temperaturmaximum auf der Südwestseite des Berges, während am gegenüberliegenden Hang aus den gleichen Gründen nur knapp 19 °C gemessen wurden. Kommt es am Nachmittag, wie im Sommer häufig der Fall, zur Ausbildung von sonnenabschirmender Quellbewölkung, so verschiebt sich das Temperaturmaximum zum Südhang hin; ebenso, wenn der Boden sehr trocken ist und nur wenig Wasser verdunstet. Diese Zusammenhänge erklären, warum in Südwestlagen oft besondere Qualitätsweine erzeugt werden.

Bei ostwestlich verlaufenden Tälern findet man die höchste Temperatur oft nicht im unteren Bereich des Südhanges, sondern wegen der Hangaufwinde im oberen oder unmittelbar an der Terrassenkante.

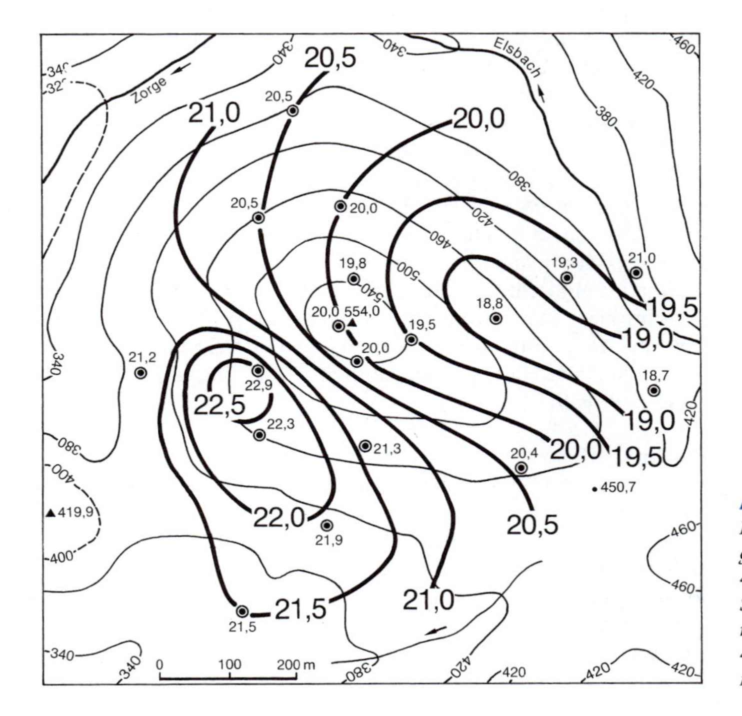

Abb. 157
Mittlere Verteilung der Tageshöchsttemperaturen von 4 sonnigen Tagen in °C am Staufenberg im Harz in einem Buchenhochwald in 40 cm Höhe (nach VAN EIMERN *und* HÄCKEL *1984).*

Volz (1984) konnte anhand umfangreicher Messungen nachweisen, dass die Temperaturen an Hängen bis 10° Neigung nur wenige Kelvin von denen in der Ebene abweichen. Mit zunehmender Neigung werden jedoch die Temperaturunterschiede größer.

In der Nacht

Die nächtlichen Temperaturverhältnisse im gegliederten Gelände sind zunächst ebenfalls vom Energiehaushalt geprägt. Von den vier Komponenten sind dann aber praktisch nur zwei wirksam: die **Strahlungsbilanz** – von ihr überdies nur die langwellige Komponente – und der **Bodenwärmestrom**. Die Ströme fühlbarer Wärme und latenter Energie sind während der Nachtstunden üblicherweise vernachlässigbar gering (vgl. Seite 241ff.).

Kaltluftbildung

Im Zusammenhang mit den nächtlichen Temperaturverhältnissen im Gelände spielt die Bildung von **Kaltluft** eine herausragende Rolle. Einerseits hat diese wichtige Auswirkungen auf den Pflanzenbau, insbesondere die Spätfrostgefährdung (Spätfröste heißen diejenigen, die nach Ende des Winters, zu Beginn der Vegetationszeit auftreten). Andererseits spielt sie eine wichtige Rolle bei der nächtlichen Abkühlung und Durchlüftung überhitzter Großstädte. In diesem Fall spricht man üblicherweise von **Frischluft**. In Tab. 25 sind die für die Kaltluftbildung förderlichen und hinderlichen Einflussfaktoren zusammengestellt.

Über – insbesondere größeren – Gewässern bildet sich keine Kaltluft aus. Gleiches gilt für Siedlungen. Je nach Bevölkerungsdichte können dort bis zu 120 Wm^{-2} an Energie freigesetzt werden, das ist das Doppelte des normalen nächtlichen Bodenwärmestromes. Dass Wald die Bildung von Kaltluft verhindert oder zumindest eindämmt, wurde schon auf Seite 250 erläutert.

Alles hier über Kaltluft gesagte gilt aber nur – und darauf muss mit Nachdruck hingewiesen werden – wenn nicht aus höher gelegenen Geländeteilen Kaltluft zufließt. Doch gerade das ist sehr häufig der Fall.

Wie lassen sich derart schwache Strömungen eigentlich beobachten? Häufig bildet sich in der Kaltluft Nebel, dessen Bewegung leicht zu verfolgen ist. Notfalls kann man Nebel mit Hilfe von Nebelpatronen auch künstlich erzeugen. Oft verrät sich aber die zufließende Kaltluft alleine schon durch einen markanten Temperatursprung.

Kaltluftabfluss

Der Grund dafür, dass sich Kaltluft in Bewegung setzt, ist, dass sie eine höhere Dichte besitzt als warme Luft. Ihre Bewegungsform kann man sich wie die eines zähen Breies oder die von Honig vorstellen. Wegen der Reibung am Boden bildet sich oft ein zungenförmiges Profil aus (vgl. Seite 289). Meist setzt sich die Luft nicht auf breiter Front und auch nicht kontinuierlich in Bewegung, sondern „tropft“ in kleinen Schüben ab. Man beobachtet dieses portionsweise Abfließen, wenn man am Abend an einem Hang

Tab. 25 Kaltluftbildung

Energiehaushalts-komponente	Einflussgröße	Für die Bildung von Kaltluft: förderlich	Für die Bildung von Kaltluft: hinderlich	vergl. Seite
Strahlungsbilanz	atm. Gegenstrahlung	geringe oder dünne Bewölkung	starke oder dichte Bewölkung	207
		trockene Luft	feuchte Luft	
		saubere Luft	verschmutzte Luft	
		ebenes Gelände	stark strukturiertes Gelände	
Bodenwärmestrom	Bodenart	stark humushaltiger Boden	mineralischer Boden	227ff.
	Bodenwassergehalt	trockener Boden	feuchter Boden	227ff.
	Lockerungszustand	lockerer, bearbeiteter Boden	verfestigter Boden	227ff.
	Bodenbedeckung	Gras, Nutzpflanzenbestände, Laub, Schnee, unbewachsener Boden	Gewässer, Siedlungen, Asphalt, Wald	234
	Wind	gering bis keiner	mäßig bis stark	241ff.

spazieren geht. Es äußert sich dadurch, dass man plötzlich eine Art „Kaltluftschauer“ verspürt, der nur wenige Sekunden dauert und dann wieder verschwindet. Erst mit fortschreitender Nacht und bei entsprechendem Nachschub wachsen die einzelnen Kaltluftpakete zu einem kontinuierlichen Strom zusammen, den man als Hangabwind bezeichnet (vgl. Seite 259). Seine Geschwindigkeit ist kaum größer als 2 bis 3 m/s. Sie hängt von der Temperatur der Kaltluft, dem Gefälle und der Bodenreibung ab. Seine Mächtigkeit beträgt meist nicht mehr als 10 m. Erstaunlich ist, bei welch geringen Neigungswinkeln sich die Luft schon in Bewegung zu setzen beginnt. Man hat eindeutige Kaltluftflüsse schon bei einem Gefälle von weit weniger als einem Prozent (–0,5°) nachweisen können.

Je nach Geländeform münden Kaltluftabflüsse in den Bergwind (s. Seite 259) größerer Täler ein oder sammeln sich in Geländevertiefungen zu einem regelrechten Kaltluftsee an. Dieser braucht gar nicht sehr tief zu sein. Winter hat nach seinen Messungen in einer Spätfrostnacht eine sehr eindrucksvolle Darstellung veröffentlicht, die in Abb. 158 wiedergegeben ist. Sie zeigt in schwarz dargestellten „Tortenstücken“ den Anteil erfrorener jun-

— Kaltluftseen können extrem seicht sein. Man hat schon beobachtet, dass bei Obstbäumen in einer Frostnacht die unteren Partien erfroren sind, während die oberen heil blieben.

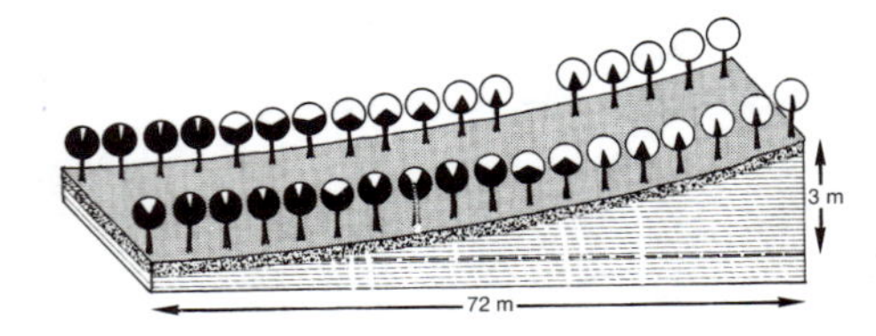

Abb. 158
Bildung eines Kaltluftsees. Schwarze Sektoren = Anteil der erfrorenen Pfirsichfrüchte in einem geneigten Obstgarten während einer Spätfrostnacht (nach WINTER 1958).

ger Pfirsichblüten an einem nicht einmal 2,5° geneigten Hang. Man glaubt hier förmlich das „Ufer" des Kaltluftsees erkennen zu können. Er hat eine Tiefe von nicht einmal 2 m.

In größeren Vertiefungen können sich dagegen Kaltluftseen beachtlicher Mächtigkeit bilden. Dort sinken dann die Temperaturen auf Werte, die manchmal fast unglaublich wirken. Das klassische Objekt für die Untersuchung extremer Geländeklimaphänomene ist die durch Einsturz entstandene Doline „Gstettneralm" in 1 270 m Seehöhe bei Lunz in Österreich. Sie wurde wegen ihrer berüchtigt tiefen Temperaturen schon um 1930 systematisch untersucht. Dabei zeigte sich, dass die Temperatur in besonders krassen Fällen vom Dolinenrand bis zum 90 m tiefer gelegenen Dolinengrund um über 31 K zurückgeht, das entspricht einem Temperaturgradienten von fast 35 K/100 m. Dadurch lässt sich auch die ungewöhnliche Vegetationsschichtung in der Doline erklären. Während der Pflanzenbewuchs üblicherweise mit der Höhe immer spärlicher wird, ist es dort umgekehrt: Am oberen Rand steht Hochwald, darunter folgen einzelne Fichten, die immer kümmerlicher werden. Schließlich tauchen Schneerosen und Latschen auf und am Grund besteht der Pflanzenbewuchs aus harten Gräsern und krautigen Pflanzen. Genaueres darüber und über ähnliche Ergebnisse an anderen Geländeformationen findet man bei GEIGER (1961).

In Kaltluftseen findet man also die tiefsten Temperaturen am Grund, die höchsten an der Oberfläche. Das ist eine Folge der Dichte von Kaltluftpaketen. Kältere und damit dichtere schieben sich stets unter wärmere und damit weniger dichte. In einer Kaltluftschicht bildet sich also eine Inversion aus. Je nach Jahreszeit und Geländesituation können sich Temperaturgradienten bis über +10 Kelvin/100 m einstellen, meist liegen sie jedoch im Bereich +1 Kelvin bis +6 Kelvin je 100 m.

Die Tiefe eines Kaltluftsees und damit seine Ausdehnung kann je nach der Geländegestaltung ganz verschieden sein. Je enger ein Tal oder ein Kessel ist, desto höher steigt sein Spiegel, je flacher das Gelände ist, desto seichter bleibt er. Man hat in engen Gebirgstälern schon Mächtigkeiten bis zu 700 m gemessen. Eine wichtige Rolle spielt in diesem Zusammenhang natürlich auch die Größe des Einzugsgebietes. Ist es sehr ausgedehnt, wird auch viel Kaltluft entstehen und einen tiefen, weitläufigen See bilden und umgekehrt. Steile Lagen innerhalb des Einzugsgebietes lassen mehr Kaltluft abgleiten als wenig geneigte.

Jahreszeitliche Unterschiede gibt es dagegen überraschenderweise kaum, d. h. in einer langen Herbst- oder Winternacht wird nicht mehr Kaltluft produziert als in einer kurzen Sommernacht. Die stärkere Abkühlung während langer Nächte macht sich jedoch über schärfere Temperaturgradienten innerhalb der Inversion bemerkbar.

Aus der Neigung der Kaltluft, in tieferen Geländelagen Inversionen zu bilden, ergibt sich eine außerordentlich wichtige Konsequenz. An der Obergrenze der Kaltluftschicht muss eine Zone vorhanden sein, in der die Temperatur höher ist als am Grund der Kaltluftschicht. Über dieser Zone wird die normale Temperaturabnahme mit der Höhe stattfinden. In der Tat findet man diese **warme Hangzone** am „Ufer" des Kaltluftsees und überall dort, wo Geländeerhebungen aus ihm herausragen. In ihr kann es 5 K wärmer sein als am Grund des Kaltluftsees.

Oft wird ein Kaltluftstrom auf seinem Weg durch allerlei Hindernisse aufgehalten. In Frage kommen dafür quer zur Strömungsrichtung stehende Häuserreihen, Hecken, Mauern oder Zäune sowie Eisenbahn- und Straßendämme. Vor ihnen staut sich die Kaltluft zu kleinen Seen auf, deren Tiefe von der Hindernishöhe abhängt. Die aufgestaute Kaltluft verstärkt natürlich das Frostrisiko. Andererseits ist es auf der dahinter liegenden Seite verringert. Das gilt aber nur, solange der „Kaltluftstausee" nicht überläuft. Erreicht er eine so große Mächtigkeit, dass das Hindernis überspült wird, dann unterscheiden sich die Temperaturen davor und dahinter kaum mehr.

Will man einen Kaltluftstau verhindern, so muss man Möglichkeiten zum Durchfließen des Hindernisses vorsehen. Dafür kommen wegen der trägen Bewegungsform nur sehr breite Schneisen in Frage, die der Kaltluft genügend Raum bieten. Dass die Schneisen wirklich sehr breit sein müssen, wird dadurch verdeutlicht, dass sogar die in ein Tal vorspringenden Berghänge oder Waldstücke den Kaltluftfluss beeinträchtigen können. Andererseits kann man solche Hindernisse aber auch benutzen, um die aus höher gelegenem Gelände zufließende Kaltluft beispielsweise um eine frostempfindliche Kultur herumzulenken. Dazu dienen Baum- oder Strauchreihen, die schräg zur Falllinie gepflanzt sind und die Kaltluft dadurch seitlich abdrängen.

Die Tatsache, dass Wälder das Abfließen von Kaltluft weitgehend verhindern, wird im Weinbau gerne zum vorsorgenden Frostschutz ausgenutzt. Man forstet dazu die Hänge und Kuppen oberhalb der Weinberge auf, so dass die dort entstehende Kaltluft festgehalten und so von den Rebanlagen ferngehalten wird.

Natürlich wird die Kaltluft auf ihrem Weg auch vom Untergrund her beeinflusst. Fließt sie z. B. über kaltes Moorgelände, so sinkt ihre Temperatur weiter, wälzt sie sich dagegen über einen warmen See, so wird sie dabei erwärmt. So kann ein flacher Kaltluftstrom (<2 m) schon nach gut einem Kilometer nahezu die Temperatur der Wasseroberfläche erreicht haben.

Abschließend muss darauf hingewiesen werden, dass Kaltluftbildung und -zustrom nicht in jedem Fall einen Nachteil darstellen

- Die Entstehung von Kaltluft, ihre Bewegung durch das Gelände sowie die Stau- und Sammelstellen haben große Bedeutung für die Beurteilung des Geländeklimas, insbesondere für Spätfrostgefährdung und Frischluftzufuhr. So hat man früher versucht, mit Hilfe von Kartierungen oder maßstabsgetreuen Nachbildungen des Geländes, durch die man eine zähe Flüssigkeit laufen ließ, eine Vorstellung über das Kaltluftverhalten zu gewinnen. Heute kann man die Kaltluftbewegung mit Fernerkundungsverfahren verfolgen oder mit Hilfe von physikalisch-topographischen Modellen im Computer nachvollziehen.

muss und dass eine ausschließliche Betrachtung unter dem Blickwinkel der Frostgefährdung einseitig, ja falsch wäre. Einmal ist es für das Pflanzenwachstum von Vorteil, wenn nachts bei tieferen Temperaturen die Atmungsverluste geringer sind. Zum anderen ist es in den vom Tag her überhitzten Städten enorm wichtig, dass durch nächtliche Frischluft die dringend nötige Kühlung ermöglicht wird (s. oben und Seite 327). Sehr detaillierte Informationen zum Thema Kaltluft findet man in der VDI-Richlinie 3787/5 (2003).

7.6.3 Wind im gegliederten Gelände

Wie wir aus Kapitel 5 schon wissen, wird der Wind an der Erdoberfläche durch Reibung gebremst. Dieser Reibungseinfluss hängt ganz wesentlich von der Oberflächengestalt ab. Eine glatte Fläche wie etwa die Ozeane, Wüsten oder weite Moore mit überwiegend niederwüchsiger Vegetation stellen dem Wind weitaus weniger Widerstand entgegen als Städte mit Hochhäusern, Wälder oder stark oberflächenstrukturiertes Gelände. So beträgt die mittlere Windgeschwindigkeit in 10 m Höhe auf Helgoland 8 m/s, auf den Ostfriesischen Inseln 6 m/s und in Oldenburg nur mehr 4 m/s. Am Oberrhein werden sogar nur 2 m/s gemessen.

Daraus erklärt sich unter anderem, warum in See- und Küstengebieten der Wind beständiger und stärker weht als im Binnenland und warum es dort öfter und schwerere Stürme gibt als im Inneren der Kontinente. Auch die große Windhäufigkeit in den Wüsten wird dadurch verständlich. Wenn, wie vorhin gesagt wurde, die Erdoberfläche den Wind bremst, dann werden wir zum Boden hin geringere Windgeschwindigkeiten vorfinden als in der Höhe. Von unserem Standort am Boden aus betrachtet, liegt es uns allerdings näher zu sagen: Die Windgeschwindigkeit nimmt mit der Höhe zu. Das ist zwar nicht ganz korrekt, denn der ursprüngliche Wind ist ja der von der Luftdruckverteilung hervorgerufene. Und den finden wir nur in der Höhe oberhalb der Bodenreibung. Also müssten wir uns eigentlich auf diesen Höhenwind beziehen und dementsprechend von einer Geschwindigkeitsabnahme nach unten sprechen. Solange wir uns jedoch dieser Tatsache bewusst sind, ist auch die Formulierung: „Geschwindigkeitszunahme mit der Höhe" erlaubt.

Wie rasch diese Zunahme erfolgt, hängt zunächst einmal von der Stabilität der Atmosphäre, also vom Temperaturgradienten (s. Seite 50), ab: Bei einer labilen oder adiabatischen Schichtung können die am Boden verzögerten Luftpakete leicht in höheren Schichten vorstoßen und mit ihrer geringen Geschwindigkeit die dortige Strömung behindern. Die Folge ist, dass die Windgeschwindigkeit mit der Höhe nur bescheiden zunimmt. Ist die Schichtung jedoch stabil oder ist gar eine Inversion vorhanden, so bleiben die langsamen bodennahen Luftpakete in der untersten Schicht „gefangen“, und die Höhenströmung kann ihre Geschwindigkeit unbeeinflusst beibehalten. Die bodennahe Schicht und die Höhenschicht sind in diesem Fall „entkoppelt“.

Diese Vorgänge erklären auch den Tagesgang der Windgeschwindigkeit (s. Seite 275). Neben der Schichtung der Atmosphäre übt aber auch der Grad der Bodenrauigkeit einen erheblichen Einfluss aus.

Für den Fall einer adiabatischen Schichtung kann man die Zunahme der Windgeschwindigkeit mit der Höhe – die man üblicherweise als Windprofil bezeichnet – mit einer einfachen Gleichung beschreiben. Sie lautet:

$$v(h) = C * \ln \frac{(h - h_v)}{h_0}$$

Darin bedeuten: v(h) die in der Höhe h herrschende Windgeschwindigkeit; h_v bezeichnet man als **Verdrängungshöhe** und h_o als **Rauigkeitslänge**. C ist eine Konstante und ln steht für den natürlichen Logarithmus.

Die Verdrängungshöhe braucht uns erst auf Seite 359 zu interessieren. Wir setzen sie deshalb vorerst einmal gleich null. Mit der Rauigkeitslänge dagegen müssen wir uns gleich etwas ausführlicher befassen. Leider ist sie eine nur wenig anschauliche Größe. Üblicherweise beträgt sie etwa 10 % der mittleren Umgebungshöhe: für einen kurz gehaltenen Rasen also einige Millimeter, für landwirtschaftliche Nutzflächen je nach Höhe einige bis mehrere Zentimeter. Die Größenordnung von Dezimetern erreicht sie bei einem Obstgarten oder in Villenvierteln mit ihren großzügigen Gärten. Die mittelhohen Wohnhäuser der Vororte erreichen Werte um einen Meter, ausgewachsene Wälder und die Wolkenkratzer unserer Großstädte kommen sogar auf mehrere Meter.

Mathematisch geschulte Leser werden der obigen Gleichung sofort ansehen, dass das Windprofil bei einem kleinen h_0 einen steilen, bei einem großen h_0 dagegen einen stark geschwungenen Kurvenverlauf hat. Abb. 159 zeigt Windprofile für einige gängige Rauigkeitslängen. Die Windgeschwindigkeiten sind darin jeweils in Prozent der von der Bodenreibung nicht mehr beeinflussten (Höhen-)Geschwindigkeit angegeben. Bei sehr kleinen h_0-Werten ist der BodenEinfluss in etwa 250 m Höhe abgeklungen, bei sehr großen in rund 500 m. Wie man sieht, bremst eine sehr glatte Bodenoberfläche den Wind in Bodennähe nur auf gut die Hälfte des Höhenwindes herunter, während ihn eine extrem große Rauigkeit fast völlig zum Erliegen bringt.

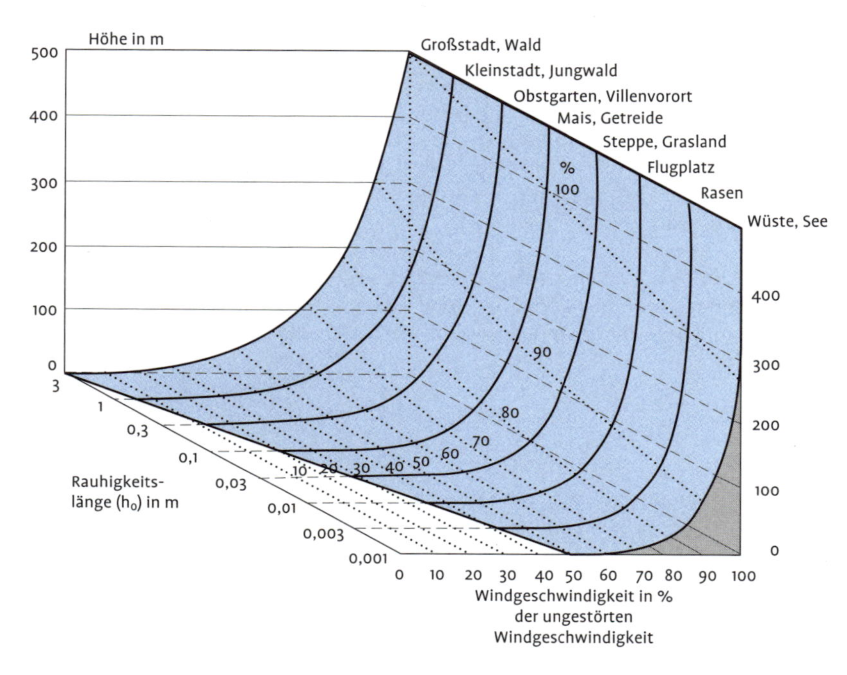

Abb. 159
Windprofile in unterschiedlicher landschaftlicher Umgebung.

Ist der Boden mit Wald, landwirtschaftlichen Kulturen oder anderen gleichmäßig verteilten Hindernissen bestanden, dann wird das gesamte Windregime nach oben verdrängt. Die Windprofilgleichung muss dann um die Verdrängungshöhe h_v erweitert werden. Sie wird mit etwa $^2/_3$ der Bestandeshöhe angesetzt (s. Seite 359). Auch bei nichtadiabatischer Schichtung ist eine Korrektur erforderlich.

Für praktische Rechnungen hat sich ein anderer, auf Davenport (1960) zurückgehender Ansatz als zweckmäßig erwiesen: Kennt man die Windgeschwindigkeit in irgendeiner Höhe, so kann man daraus mit dem Davenportschen Verfahren die Geschwindigkeit in jeder gewünschten Höhe (bis einige Hundert Meter) berechnen. Es benützt folgende Formel:

$$v_1 = v_o * \left(\frac{h_1}{h_0}\right)^C$$

In ihr bedeuten v_o die bekannte Windgeschwindigkeit in der Höhe h_0 und v_1 die zu berechnende Windgeschwindigkeit in der Höhe h_1. Der Exponent C ist eine von Gelände, Bebauung und Bewuchs der Umgebung, also von der Bodenrauigkeit abhängige Konstante.

Tab. 26 enthält eine Zusammenstellung für verschiedene Umgebungsbedingungen. C_1 gilt für Mittelwerte der Windgeschwindigkeit, C_2 für einzelne Böen.

Zum Schluss sei noch ein konkreter Anwendungsfall vorgestellt: An den Wetterstationen wird die Windgeschwindigkeit in einer einheitlichen Höhe gemessen, beim Deutschen Wetterdienst z.B. in 10 m. Häufig benötigt man aber Windgeschwindigkeiten aus anderen Höhen. Man denke einerseits etwa an landwirtschaftliche, andererseits an architektonische Fragestellungen. Während landwirtschaftliche Nutzpflanzen üblicherweise zwischen etwa 0,5 und 3 m hoch sind, wachsen Wolkenkratzer bis über hundert Meter in den Himmel. Für alle diese Höhen lassen sich die gewünschten Windgeschwindigkeiten mit meist ausreichender Genauigkeit bequem über das Davenport-Verfahren berechnen.

Der Wind wird aber an der Erdoberfläche nicht in jedem Fall gebremst. Bestimmte Geländeformen führen sogar zu einer **Verstärkung**. Man denke etwa an die Düsenwirkung, die einem in engen Gebirgstälern oder den Häuserschluchten unserer Großstädte begegnet. Abb. 160 zeigt einige wichtige Beispiele an vereinfachten Geländemodellen. Gleich links oben finden wir unser Tal mit der düsenartigen Engstelle. Dort steht der Luft nur noch ein schmaler Ausschnitt aus dem Talquerschnitt zur Verfügung. Dadurch „staut" sich die Luft vor der Engstelle, was sich in einem erhöhten Luftdruck äußert. Wir wissen aber von Seite 266 her: Je höher der Luftdruck, desto größer die Windgeschwindigkeit, die er auslöst. Also wird die Luft durch die Engstelle mit besonders hoher Geschwindigkeit hindurchgepresst.

— Ein bekanntes Beispiel für düsenartig verstärkten Wind ist der schon auf Seite 268 erwähnte Mistral, der bei bestimmten Wetterlagen das Rhonetal „hinunterpfeift" und von dem die Franzosen sagen, dass er einem „die Seele aus dem Leib blasen kann".

Windverstärkungen sind stets an der typischen Drängung der Stromlinien erkennbar. Dabei ist es unerheblich, ob sie sich in horizontaler oder in vertikaler Richtung zusammenschieben. Dementsprechend findet man auch über Hochplateaus (rechts oben), Bergrücken (rechts Mitte) oder beiderseits von quer überströmten Tälern (links unten) besonders hohe Geschwindigkeiten. Aus analogen Gründen beruhigt sich der Wind überall dort, wo sich das Windfeld weitet: hinter einem Bergrücken, einer Hochebene oder im unmittelbaren Bereich des überströmten Tales.

— Physikalisch ist die Düsenwirkung eine Folge des Kontinuitätsprinzips. Es besagt, dass das Produkt aus Strömungsgeschwindigkeit und durchströmten Querschnitt stets konstant ist. Bei einem schmalen Querschnitt ist demnach die Geschwindigkeit hoch, bei einem breiten ist sie dagegen niedrig.

Beim Durchströmen des Geländes kommt es noch zu einem weiteren wichtigen Windphänomen, der Bildung von Wirbeln. Wir haben auf Seite 273 im Zusammenhang mit der Böigkeit des Windes bereits darüber gesprochen. Immer wenn der Wind über Kanten streicht oder von schmalen Hindernissen „zerschnitten" wird, entstehen solche Wirbel. Im kleinen passiert das an Hausecken oder Mauerkanten, an Zaunlatten, Stromleitungen oder den Zweigen und Ästen der Bäume. Diese Wirbel sind es, die die Drähte „singen" und den Sturm „heulen" lassen. Sie regen näm-

Tab. 26 Abhängigkeit der Faktoren C_1 und C_2 von Gelände, Bebauung und Vegetation

Geländetyp, Bebauung, Vegetation	Faktor C_1	Faktor C_2
Sehr glatte Oberflächen, z. B. weite offene Wasserflächen, niedrige ungeschützte Inseln, Wattflächen, in See übergehendes Flachland	0,12	0,075
	0,13	
Ebene Flächen mit nur geringen Bodenhindernissen: Grasland der Prärie, Wüste, arktische Tundra	0,13	0,08
	0,14	
Ebene oder leicht gewellte Flächen mit geringfügigen Bodenhindernissen: Ackerland mit weit verstreut stehenden Bäumen und Gebäuden, Ödland mit niedrigem Unterholz oder anderer niedriger Vegetation, Moore	0,15	0,083
	0,17	
Sanft gewelltes oder ebenes Gelände mit niedrigen Hindernissen, offene Felder mit Schutzwällen und Hecken, verstreut stehende Bäume und Gebäude	0,18	0,087
	0,20	
Gewelltes oder ebenes Gelände mit zahlreichen Hindernissen unterschiedlicher Größe: Ackerland mit schmalen Feldern und dichten Hecken, verstreut angelegte Windschutzstreifen aus Bäumen, vereinzelte, bis zu zweistöckigen Gebäude	0,22	0,091
	0,25	
Gewelltes oder ebenes Gelände, das mit zahlreichen, großen Hindernissen bedeckt ist: Wald, Buschwerk, Parklandschaft	0,29	0,095
	0,30	
Sehr unebenes Gelände mit großen Hindernissen: Städte, Wohnviertel, Vorstädte von Großstädten, Ackerland mit zahlreichen Wäldern und weiträumigen, aus hohen Bäumen bestehenden Windschutzstreifen	0,33	0,1
	0,40	
Unebenes Gelände mit extrem großen Hindernissen: Zentrum einer Großstadt	0,70	0,105

$v_1 = v_0 (h_1/h_0)^{C_1}$ für Mittelwerte
$v_1 = v_0 (h_1/h_0)^{C_2}$ für Spitzenböen
v = Windgeschwindigkeit; h = Höhe

nach DAVENPORT (1960)

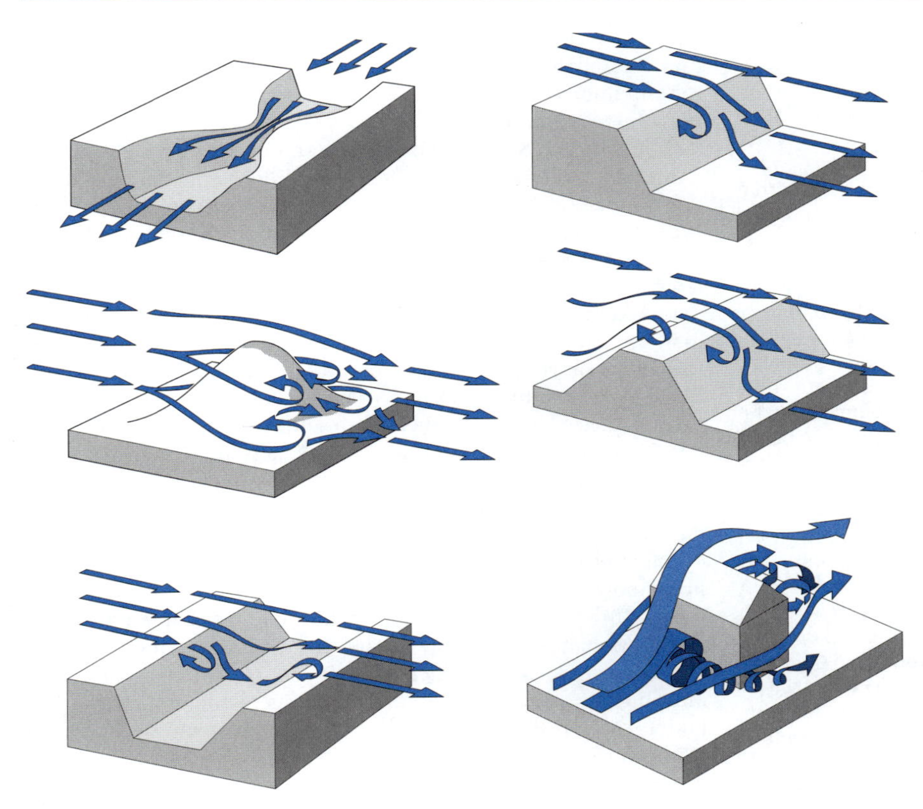

Abb. 160
Windverstärkung durch bestimmte Geländeformen.

lich die Luft zu Schwingungen an, die unser Ohr wahrnehmen kann. Da sie hinter den Hindernissen auftreten, also im Lee, werden sie gerne als **Leewirbel** bezeichnet. Solche Wirbel bilden sich auch im Gelände, allerdings sind sie dort viel größer und äußern sich nicht als hörbarer Schall, sondern in Form plötzlicher, kräftiger Windstöße, kurz als **Böen** bezeichnet. An den runden Pfeilen in unseren Geländemodellen sieht man, wo solche Wirbel besonders gerne auftreten: hinter Hügeln (links Mitte) oder wo eine Hochebene in einen Hang übergeht (rechts oben), man spricht in diesem Fall gerne vom **Überfallwind**, sowie schließlich an der Kante, an der ein Hang zur Hochebene abflacht (rechts Mitte Luvseite). Quer überströmte Täler (links unten) und Bergrücken darf man sich aus den genannten Geländeformen zusammengesetzt denken und findet deshalb Böen an den entsprechenden Stellen.

Da **Windbruch** in den Wäldern meistens von der Böigkeit verursacht wird (s. Seite 277), ist an den genannten Stellen die Ge-

Der Sage nach soll der Teufel, nachdem er vom Baumeister des Münchner Liebfrauendomes bei einer Wette hinters Licht geführt worden war, so zornig auf den Kirchenboden gestampft haben, dass in der Steinplatte der Abdruck seines Fußes zurückblieb. Und er soll seinen Gesellen, den Winden, befohlen haben, nur recht scharf um die Kirche herumzufegen, damit die Bürger am Betreten des Gotteshauses gehindert würden. Der „Teufelstritt" ist noch heute zu sehen und die Windböen kann man auch leicht zu spüren bekommen, wenn man über den Domplatz geht. Natürlich haben sie nichts mit dem Teufel zu tun! Es sind die Auswirkungen der Leewirbel, die sich hinter den beiden mächtigen Türmen bilden (vergl. Seite 275).

fahr von Waldschäden stets besonders groß. Auch hinter Straßen- und Eisenbahndämmen, Waldrändern, dichten Strauch- und Baumreihen, Mauern und Gebäuden – insbesondere langgestreckten – findet man Leewirbel.

Mit Hilfe von **Schneeschutzzäunen** erzeugt man sie sogar absichtlich. Man will damit erreichen, dass der vom Wind verfrachtete Schnee noch innerhalb des nach unten gerichteten Astes der Wirbelströmung, also bereits kurz hinter den Zäunen, abgelagert wird und deshalb nicht mehr auf die zu schützende Straße gelangt. Da aus diesen Wirbeln möglicherweise stärkere, den Straßenverkehr gefährdende Böen entstehen könnten, verwendet man für Schneeschutzzäune halbdurchlässige Materialen, z. B. Folien- oder Gewebestreifen. An ihnen kommt es nur zu einer mäßigen Wirbelbildung. Dadurch wird zwar der Bereich, in dem der Schnee abgesetzt wird, erheblich breiter, so dass man dann mit den Zäunen weiter von der Straße abrücken muss, man kann dafür aber sicher sein, dass der Verkehr bestmöglich geschützt ist. Auch bei Hecken, die längs einer Straße angelegt werden, ist auf dieses Phänomen sorgfältig zu achten.

Die hier beschriebenen Gesetzmäßigkeiten findet man in ähnlicher Form auch im Zusammenhang mit Windschutzanlagen (s. Seite 278). In sehr komplizierten Bahnen werden **einzelnstehende** Gebäude umströmt. In Abb. 160 sind rechts unten die Verhältnisse stark schematisiert dargestellt. Neben dem natürlich auch hier auftretenden Leewirbel mit waagerechter Rotationsachse bilden sich an den leeseitigen Mauerkanten noch zwei weitere Wirbel aus, natürlich mit senkrechten Rotationsachsen. Besonders interessant ist die spiralige Umströmung der beiden luvseitigen Mauerkanten. An Gebäuden im Bereich innerstädtischer Bebauung mit ihren vielfachen Wechselwirkungen sind die Verhältnisse noch sehr viel komplizierter.

Eine ausgezeichnete Einführung in die Theorie der Windbeeinflussung im Gelände sowie eine Fülle von Ergebnissen findet man bei Christoffer und Ulbricht-Eissing (1989).

Die Form des Geländes, wie etwa Höhenzüge, Täler, Steilküsten und ähnliches nimmt auch Einfluss auch die Windrichtung. Abb. 161 enthält die mittlere Windrichtungsverteilung von vier Stationen. Die Länge des Richtungspfeiles ist ein Maß für die Häufigkeit dieser Richtung. Die in der freien Atmosphäre in 1 500 m gemessene Richtungsverteilung ganz oben darf als eine Art „Normalverteilung" für die alpenferneren Teile der Bundesrepublik betrachtet werden. Sie weist überwiegend Winde aus dem Sektor Nordwest bis Südwest auf. Ein allerdings schwaches Maximum liegt auch noch im Bereich Ost bis Südost.

Eine ganz ähnliche Windverteilung finden wir auch in Hannover-Langenhagen, 10 km nördlich der Stadt in relativ ungestörtem, ebenem Gelände. Ganz anders sieht es jedoch in Trier aus. Das enge von Südwest nach Nordost verlaufende Moseltal zwingt den Wind nicht selten, seine Richtung der des Tales anzupassen. Die dort gefundene Richtungsverteilung hat keinerlei Ähnlichkeit mehr mit der „Normalverteilung“. Ähnlich, wenn auch nicht ganz so krass, sind die Verhältnisse in Köln unter dem Einfluss des dort von Südost nach Nordwest verlaufenden Rheintals.

Zum Schluss sei noch bemerkt, dass jedes Gelände seine typischen Windsysteme hervorbringt, wie etwa den Hangwind, den Berg-Tal-Wind, den Land-See-Wind, Flurwinde oder die verschiedenen katabatischen Winde, wie z. B. den Gletscherwind. Sie sind im Kapitel „Wind“ ab Seite 256 ausführlich besprochen.

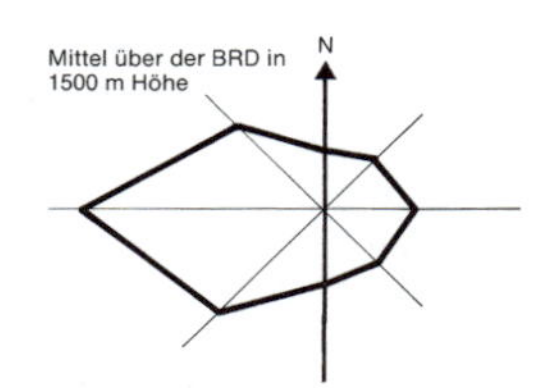

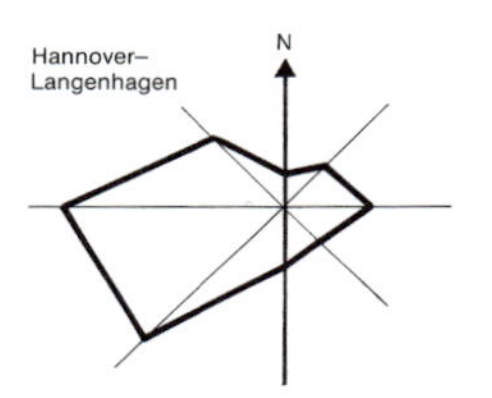

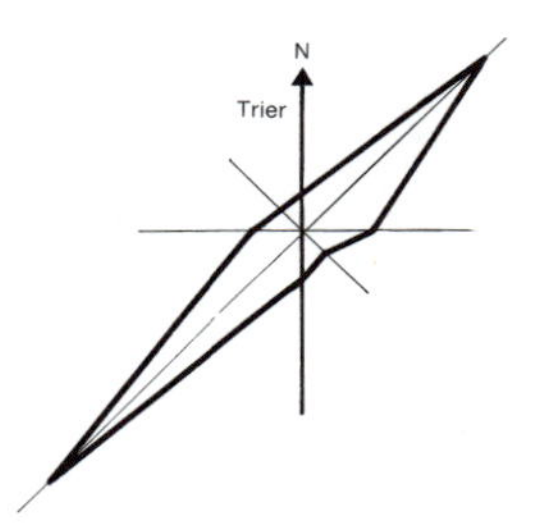

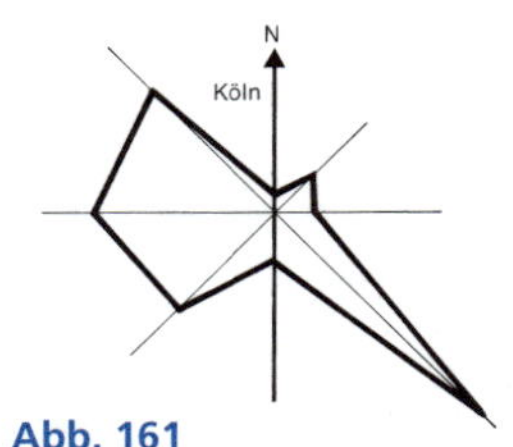

Abb. 161
Mittlere Windrichtungsverteilungen (nach Daten des Deutschen Wetterdienstes).

Wind- und Luftreinhaltung

Frischer Wind zusammen mit einer labilen Schichtung der Atmosphäre sind die besten Voraussetzungen für eine rasche Verdünnung von Luftverschmutzungen. Auch die luftreinigende Wirkung des Waldes ist wenigstens teilweise darauf zurückzuführen. Die vielen aus dem Wald herausragenden Baumspitzen bilden ein sehr reich gegliedertes Relief, an dem sich eine Fülle von Wirbeln bilden. Dadurch werden Verunreinigungen rasch in vertikaler Richtung verdünnt.

Bestimmte Windverhältnisse können aber auch genau das Gegenteil bewirken. Über sie soll im Folgenden kurz berichtet werden.

In Abb. 162 (oben) sind die Ausbreitungsbedingungen an einer Küste während der **Seewindphase** dargestellt. Da die Luft über See absinkt, herrscht dort eine stabile Schichtung, die vom Seewind in das Küstengebiet hineingetragen wird. Die von einem an der Küste stehenden Emittenten ausgestoßenen Verunreinigungen werden sich demnach, wie die Abbildung zeigt, entsprechend der Fanning-Form ausbreiten. Über dem Festland jedoch wird der Boden stark erwärmt. Dadurch stellt sich in den unteren Schichten eine Labilisierung ein, die zu einer gefährlichen Fumigation-Situation (s. Seiten 54, 104) führt, in der sich die vom Seewind mitgebrachten Verunreinigungen ungehemmt bis zum Boden ausbreiten können. Für eine Schadstoffquelle, die landeinwärts in der labilen Looping-Zone liegt, besteht diese Gefahr nicht.

Ähnliche Verhältnisse finden wir über einer **nächtlichen Stadt** (s. Abb. 162 Mitte). Während sich in der Umgebung ungestört die nächtliche Strahlungsinversion mit der typischen Fanning-Ausbreitung einstellt, hält sich über dem Stadtgebiet wegen der dort höheren Temperatur eine bodennahe, weniger stabile Schicht. Zusammen mit der darübergeschobenen Inversion kommt es dadurch zu Fumigation (siehe auch Seite 351ff.).

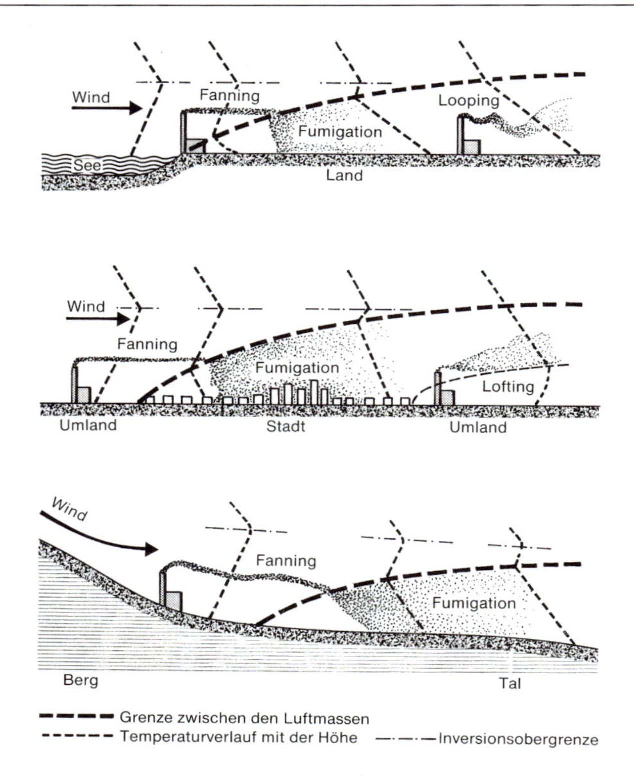

Abb. 162
Austauschverhalten und atmosphärische Verunreinigungen bei verschiedenen Windsystemen (nach Angaben bei Lyons *und* Olsson *1973,* Oke *1978,* Tyson *1969).*

Auch bei **Berg-Tal-Wind-Systemen** bildet sich während des vormittäglichen Umkippens in der Berührungszone des labilen Talwindes mit dem stabilen Bergwind vorübergehend eine solche Schichtung aus (s. Abb. 162 unten).

7.6.4 Niederschlag im gegliederten Gelände

Auch die Niederschlagsverteilung wird durch das Gelände erheblich modifiziert. Einen Einflussfaktor haben wir schon kennengelernt. Es ist der Stau-Föhn-Effekt. Er bewirkt, dass es auf der windzugewandten Seite, der Luvseite, infolge von Hebung und damit verbundener Abkühlung zu einer Erhöhung und auf der windabgewandten, der Leeseite durch föhnartige Absinkvorgänge zu einer Verringerung der Niederschläge kommt. Höhen von einigen hundert Meter reichen dazu oft schon aus. Da bei uns Niederschläge meist mit West- bis Nordwestwinden gekoppelt sind, misst man an den Nordwest- und Westhängen im Allgemeinen höhere Niederschläge als an den Südost- und Osthängen.

Neben diesem Einflussfaktor gibt es noch einen zweiten, der sich besonders im kleinräumig gegliederten Gelände bemerkbar macht. Ist nämlich eine geneigte Fläche gegen den Wind orientiert, so fängt sie mehr Niederschlag auf, als wenn sie vom Wind weggeneigt ist. Das ist im Prinzip der gleiche Vorgang, wie wir ihn bei der Strahlung in Form des Lambertschen Gesetzes (s. Seite 165) kennengelernt haben. Es versteht sich von selbst, dass die dadurch hervorgerufenen Unterschiede um so deutlicher ausfallen werden, je stärker der Hang geneigt ist und je schräger der Niederschlag fällt, also je größer die Windgeschwindigkeit ist.

Eine Untersuchung am allseits etwa 20° geneigten Hohenpeißenberg (Grunow 1953) hat ergeben, dass bei einer Windgeschwindigkeit von 2 m/s auf den Luvhang etwa 12 % mehr und auf den Leehang etwa 10 % weniger Regen fallen als auf eine ebene Fläche. Bei 4 m/s sind es 15% mehr beziehungsweise 10% weniger. Noch größer sind die Unterschiede bei Schnee, der viel leichter vom Wind vertragen werden kann als der Regen. Am Hohenpeißenberg lagerte ein 2-m/s-Wind am Luvhang fast 30 % mehr, am Leehang etwa 15 % weniger Schnee ab als auf der Ebene. Bei 4 m/s waren es 40 % mehr beziehungsweise 13 % weniger.

Die Abhängigkeit der Niederschlagsspende von der Orientierung der Auffangfläche wirft zwangsläufig die Frage auf, ob es nicht sinnvoll wäre, die Auffangfläche der Niederschlagsmesser prinzipiell hangparallel zu orientieren. Das würde aber insbesondere in steileren Lagen zu einer Fehleinschätzung der gefallenen Niederschlagsmenge führen.

Jedoch wächst die Benachteiligung des Leehanges mit steigender Windgeschwindigkeit nicht unbegrenzt weiter. Vielmehr fällt am windabgewandten Hang ab einer bestimmten Windgeschwindigkeit, am Hohenpeißenberg waren es 7 bis 8 m/s, sogar wieder bis zu 10 % mehr Regen und Schnee als in der Ebene. Dieses zunächst wohl unerwartete Ergebnis findet eine Erklärung in den am abfallenden Hang entstehenden Leewirbeln, die mit ihrer nach unten gerichteten Bewegung die Niederschläge verstärkt ausfällen.

Ähnliche Leewirbeleffekte treten auch an jeder anderen Art von Windhindernissen auf. So findet man oft hinter Alleen, Windschutzpflanzungen oder Häuserreihen auffallend große Schneehöhen. Beim Schneeschutzzaun neben der Straße benützt man diesen Vorgang dazu, den Schnee schon dicht hinter den Zaun abzusetzen und ihn dadurch von der Fahrbahn fernzuhalten (vgl. Seite 348). Sehr intensiv befassten sich Oke (1978) und Geiger (1961) mit diesem Problem.

7.6.5 Stadtklima

Eine besondere Form des gegliederten Geländes stellt eine Stadt, insbesondere eine Großstadt mit ihren Hochhäusern und sonstigen stark strukturierten Baukomplexen dar. Aber auch die in Städten vorhandenen Grünanlagen, Friedhöfe, Straßenzüge, Parkplätze, Bahn- und Industrieanlagen sowie die verschiedenartige Bauweise von lockeren, durchgrünten Villenvororten bis zur Steinwüste der innerstädtischen Bürokomplexe beeinflussen den Energiehaushalt auf sehr unterschiedliche Weise und lassen dadurch individuelle Klimakomponenten entstehen. Dementsprechend bildet sich in den Städten ein Gesamtklima aus, das sich

Tab. 27 Abweichung des Stadtklimas gegenüber dem Umlandklima

1)	**Lufttemperatur in Bodennähe**			
	am Tag	+0,5 K	bis	+2 K
	in der Nacht	+2 K	bis	+10 K
	im Mittel	+1 K	bis	+3 K
	Lufttemperatur in 2 m Höhe			
	Jahresmittel	+0,5 K	bis	+1,5 K
	Minima im Winter	+1 K	bis	+2 K
	Gradtagzahl (= Summe der Differenzen zwischen der Tagesmitteltemp. und der Raumtemp. (20 Grad) aller Tage der Heizperiode (1.9. bis 31.5.)			–10 %
	Zahl der Tage ohne Frost			+10 %
2)	**Strahlung**			
	Globalstrahlung	–10 %	bis	–20 %
	UV (Winter)			–30 %
	UV (Sommer)			–5 %
	Sonnenscheindauer	+5 %	bis	–15 %
3)	**relative Feuchte in Bodennähe**	–2 %	bis	–10 %
	im Winter			–2 %
	im Sommer			–8 %
4)	**Niederschlag**			
	Niederschlagshöhe	+5 %	bis	+10 %
	Zahl der Regentage			+10 %
	Zahl der Tage mit mehr als 5 mm Regen			+10 %
	Schneefall	–5 %	bis	–10 %
5)	**Wolken und Nebel**			
	Bewölkungsgrad	+5 %	bis	+10 %
	Nebel im Winter			+100 %
	Nebel im Sommer	+20 %	bis	+30 %
	Nebelneigung kann in Städten wegen höherer Temperatur auch verringert sein			
6)	**Windverhältnisse**			
	Windgeschwindigkeit	–10 %	bis	–30 %
	Windstille	+ 5 %	bis	+20 %
	Spitzenböen	–10 %	bis	–20%
7)	**Luftbeimengungen**			
	gasförmige	+5	bis	+25fach
	Kondensationskerne	+10	bis	+100fach
	Staub	+10	bis	+50fach

nach Landsberg (1969), Mayer (2004), Schönwiese (1979) und Schirmer (1988) von dem des Umlandes sehr wohl unterscheidet. Tab. 27 vergleicht das Stadtklima mit dem des umgebenden Landes.

Die Temperaturverhältnisse in der Stadt

Es ist allgemein bekannt, dass Städte **Wärmeinseln** darstellen. Nach Tab. 27 findet man im Mittel Übertemperaturen zwischen 1 und 3 K, wobei zu beobachten ist, dass die Unterschiede vom Äquator in Richtung Pole zunehmen. 1 bis 3 K mögen wenig erscheinen. Man sollte sich jedoch vergegenwärtigen, dass während der letzten Eiszeit die Jahrestemperatur in Mitteleuropa nur etwa 10 K tiefer lag als heute (s. Anhang). Die Überwärmung der Stadt zeigt eine deutliche Tag-Nacht-Schwankung. Tagsüber sind die Temperaturunterschiede gegenüber dem Umland mit etwa 0,5 bis 2 K geringer als nachts, wo sie bei windschwachem Wetter bis zu 10 K erreichen können.

Die höchsten Temperaturen findet man am Tag an Bahnanlagen (vgl. Seite 249), gefolgt von Hausdächern im Innenstadtbereich; nicht mehr ganz so warm sind die großen Straßenzüge, die mit Entfernung vom Stadtzentrum an Überwärmung verlieren. Von Grünanlagen gehen die Temperaturen über Friedhöfen, Parks und Wälder dann weiter zurück bis sie über Flüssen uns Seen ihre Tiefstwerte erreichen.

Nachts sinkt das Temperaturniveau von innenstädtischen Straßen zu Gebäuden und weiter zu Bahnanlagen, Gewässern, Grünflächen und Friedhöfen bis zu Parks und Wäldern (Kuttler 2004; vgl. auch Seite 248ff.).

Welches sind nun die Ursachen für die Aufheizung der Städte? Auf diese Frage kann uns wieder der Energiehaushalt eine Antwort geben. Beginnen wir mit der **kurzwelligen Strahlungsbilanz**. Zwar ist die Albedo (s. Seite 193) des bebauten Geländes etwas, die der Straßenbeläge deutlich kleiner als die (niederwüchsige) Vegetation, so dass mehr Strahlungsenergie absorbiert werden könnte. Die Globalstrahlung ist jedoch bis zu 20 % reduziert, wie Tab. 27 zeigt. Schuld daran sind die stärkere Bewölkung und die erhöhte Luftverschmutzung. Lediglich im Winter, wenn bei Temperaturen wenig unter 0 °C die Niederschläge in der Stadt als Regen, auf dem Land aber als Schnee gefallen sind, wird im urbanen Bereich deutlich mehr absorbiert. Aus der kurzwelligen Strahlung ist also kein generell höherer Energiegewinn zu erwarten.

Bleibt die **langwellige Strahlung.** Hier liegen die Verhältnisse allerdings ganz anders. Aufgrund der höheren Lufttemperatur innerhalb und oberhalb der Stadt, des größeren Aerosolgehaltes und der häufigeren Bewölkung ist die atmosphärische Gegenstrahlung erheblich verstärkt. Außerdem ist in Städten infolge der Bebauung der Horizont extrem überhöht. Wie warm Hausmauern werden können, auf die der Hauptteil der Horizontüberhöhung

▬ Die Stadtklimatologie ist keineswegs eine Wissenschaft der Neuzeit. Ihre Anfänge reichen bis ins Altertum zurück. Erste Arbeiten dazu werden Vitruvius (75 bis 27 v. Chr.): „Stadtplanung und Klimabedingungen" und Horaz (ca. 24 v. Chr.): „Luftverschmutzung in Rom" zugeschrieben. Sie stützen sich auf Untersuchungen in Rom. Ab dem Mittelalter verlagerte sich der Schwerpunkt stadtklimatischer Diskussionen auf die schwer unter anthropogenen Luftverunreinigungen leidende Stadt London (Kuttler, 2004).

zurückgeht, zeigt eine Untersuchung von KESSLER (1971), bei der Temperaturen von 15 K über der Lufttemperatur gemessen wurden. Dazu kommt, dass Mauerwerk, insbesondere Stahlbeton, ein sehr gutes Wärmespeichervermögen besitzt. Dadurch bleibt in der Nacht über viele Stunden hinweg eine verstärkte langwellige Zustrahlung erhalten. Sie verringert die Energieabgabe über die langwellige Strahlung und trägt so zu den hohen Nachttemperaturen bei.

Auch über den **Bodenwärmestrom** unter den Straßen kann viel Wärme gespeichert werden. Wie wir von Seite 228 her wissen, ist der Straßenunterbau ein guter Wärmeleiter. Er nimmt also tagsüber viel Wärme auf und gibt in den Nachtstunden entsprechend viel Wärme zurück. Abb. 107 (Seite 248) zeigt, wie warm Asphaltstraßen nachts bleiben können. Die großen Straßenzüge der Innenstädte haben in den Nachtstunden häufig die höchsten Oberflächentemperaturen der gesamten Stadt aufzuweisen. Ein Zahlenbeispiel dazu: In Vancouver ist die Wärmespeicherung von Boden plus Gebäuden etwa 4-mal so groß wie die Wärmespeicherung im Boden des Umlandes.

Das Verhältnis der fühlbaren Wärme zur latenten Energie (das so genannte Bowen-Verhältnis) kann im innerstädtischen Bereich den Wert 2:1 annehmen, während es im Umland etwa 1:2 beträgt.

Einen erheblichen Einfluss auf den „Wärmeinseleffekt" der Städte hat der hohe Versiegelungsgrad (siehe nächster Abschnitt) der die Verdunstung drastisch reduziert. Dadurch wird nur sehr wenig **latente Energie** (s. Seite 77) gebunden. Die Folge ist, dass – ähnlich wie in den Wüsten – ein großer Teil der Strahlungsenergie für den Strom **fühlbarer Wärme**, oder anders ausgedrückt: zur Erwärmung der Luft zur Verfügung steht (s. Seite 243ff.).

Die Städte besitzen neben der Strahlung noch eine weitere Energiequelle: die **anthropogene Wärmeerzeugung.** Dazu gehört einerseits die Energie, die durch den Stoffwechsel der Menschen, den so genannten **Metabolismus** freigesetzt wird, andererseits die gesamte künstlich freigesetzte Energie: Industrieabwärme, Gebäudeheizung, Verbrauch von elektrischem Strom im gewerblichen wie im privaten Bereich sowie Kraftverkehr. In vielen Städten der wärmeren Klimazonen kommt dazu noch die Wärme aus der Raumklimatisierung.

Während der Metabolismus nur einen vernachlässigbaren Beitrag leistet – üblicherweise bleibt er unter 0,6 W/m² – kann die künstliche Energiefreisetzung je nach Klima, Industrialisierung und Umgang mit der Energie teilweise erhebliche Werte annehmen. So erreicht dieser anthropogen verursachte Wärmestrom in

Faibanks/Alaska (64° N):	35 W/m² = 106 %	der dortigen Strahlungsbilanz
Berlin (52° N):	21 W/m² = 37 %	--------- " ---------
Manhattan (40° N):	117 W/m² = 126 %	--------- " ---------
Singapur (1° N):	3 W/m² = 3 %	--------- " ---------

(Daten nach KUTTLER 2004)

Das Phänomen „Stadt als Wärmeinsel" wird durch eine Reihe weiterer meteorologischer, klimatologischer, topografischer und struktureller Einflussgrößen modifiziert. Andererseits wirkt sich die Wärme der Stadt ihrerseits auf eine Reihe von meteorologischen Vorgängen und Eigenschaften der Atmosphäre aus. Zu den wichtigsten zählen sicherlich die Ausbreitungsbedingungen für Luftschadstoffe, die gerade in Städten in großen Mengen anfallen. Abb. 162 auf Seite 350 zeigt ein Beispiel. Zu näheren Diskussion dieser Probleme muss auf die Spezialliteratur (s. Seite 431) verwiesen werden, insbesondere auf Mayer (2004).

— Die maximalen Temperaturdifferenzen zwischen dem Zentrum von Städten und ihrem Umland wachsen mit der Einwohnerzahl kontinuierlich an:
Bei 10 000 Einwohnern beträgt sie etwa 5 K,
bei 100 000 Einwohnern rund 8 K,
bei 1 Million Einwohnern circa 11 K und
bei 10 Millionen Einwohnern an die 14 K
(nach Schönwiese 2003).

Der Wasserhaushalt der Stadt

Schon bei der Diskussion der Temperaturverhältnisse in der Stadt wurde auf die stark reduzierte **Verdunstung** hingewiesen, die auf den hohen **Versiegelungsgrad** zurückzuführen ist. Man versteht unter Versiegelung die Abdeckung des Erdbodens mit weitgehend wasserundurchlässigen Materialien: Musterbeispiel Straßendecken aus Asphalt. In Städten schwankt der Versiegelungsgrad (prozentualer Anteil der versiegelten Fläche an der gesamten Bodenfläche) zwischen 10 bis 30 % in Villenvororten und teilweise über 90 % in Innenstädten und Industrieanlagen. Dabei ist aber zu beachten, dass die verschiedenen Versiegelungsmaterialien durchaus unterschiedliche hydrologische Eigenschaften besitzen. Dazu wurden in Berlin Messungen durchgeführt. Sie zeigten, dass von dem auf Asphaltstraßen fallenden Niederschlag 72 % in der Kanalisation verschwinden; 8 % im Erdboden versickern und nur 20 % verdunsten (Interception; s. Seite 100). Von einem mit Rasengittersteinen abgedeckten Boden fließen nur 5 % des Niederschlags in die Kanalisation; 50 % versickern und 45 % verdunsten. Daraus lässt sich errechnen dass Rasengittersteine 43 % der Strahlungsbilanz in latente Verdunstungsenergie überführen, asphaltierte Straßendecken dagegen nur 19 % (Kuttler 2004). In den Städten ist kühlende Verdunstung also praktisch nur auf Freiflächen wie Grünanlagen, Parks, Gärten, Kinderspielplätzen, Sportplätzen und Wasserflächen möglich. In Deutschland machen diese nur etwa 5 % bis 20 % der urbanen Flächen aus.

Es ist aber nicht nur der Mangel an Wasser, was die Verdunstung hemmt. Auch der für die Verdunstung notwendige Wind (s. Seite 95), der in der Stadt bis zu 30 % schwächer ist als im Umland, trägt dazu bei.

Dass die **relative Luftfeuchtigkeit** in der Stadt kleiner ist als im Umland, geht ausschließlich auf die höheren Temperaturen zurück. Man hat sogar festgestellt, dass der Dampfdruck im Stadtgebiet kaum kleiner ist als in ländlichen Gegenden. In der Nacht kann die Luft dort sogar trockener sein als in der Stadt. Dieses Phänomen geht darauf zurück, dass auf dem Land wegen der tieferen Temperaturen recht bald Taubildung einsetzt, die den Wasserdampf der Luft bindet. Wie aber kommt der hohe Wasserdampfgehalt in der Stadt zustande? Für Karlsruhe gibt es darüber eine Abschätzung (Fiedler 1979). Sie zeigt, dass der Stadt durch Industrie, Gewerbe und Haushalte eine Wassermenge zugeführt wird, die der doppelten Niederschlagsmenge entspricht. Ein großer Teil davon wird – z.B. in Kühltürmen – verdunstet und gelangt so in die Atmosphäre. Wesentlich ist dabei jedoch, dass die dafür erforderliche Energie fast ausschließlich aus anthropogenen Quellen stammt. Würden diese Verdunstungsvorgänge nicht stattfinden, dann wären unsere Städte noch überhitzter, als sie ohnehin schon sind.

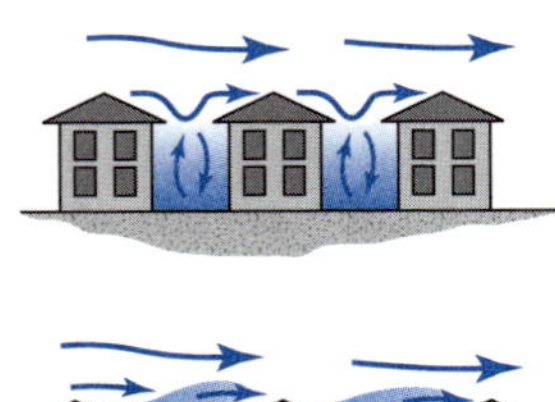

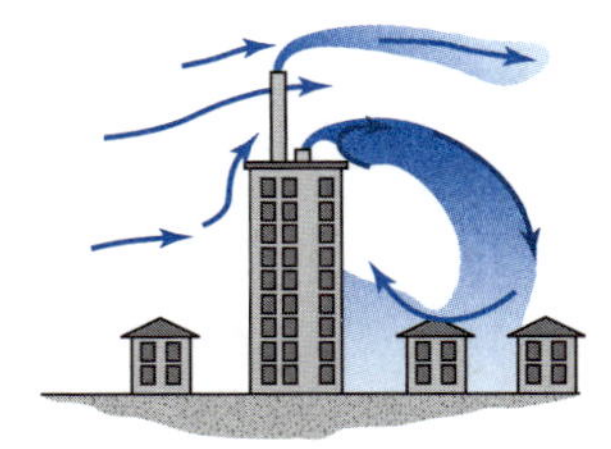

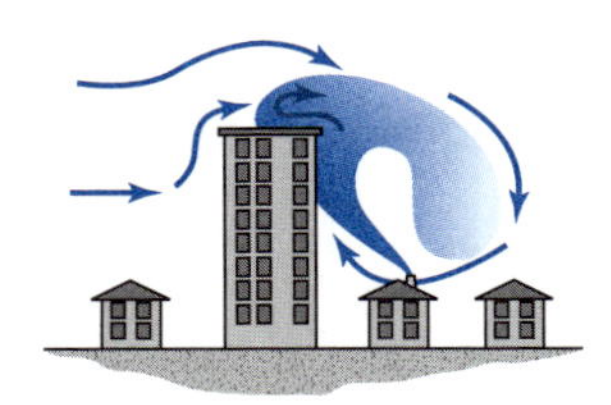

Abb. 163
Der Einfluss von Gebäuden auf den Wind und auf die Verdünnung von atmosphärischen Verunreinigungen (nach Oke 1978).

Windverhältnisse in der Stadt

Tab. 26 zeigt, dass die Windgeschwindigkeit in der Stadt im Mittel zwischen 10 % und 30 % kleiner ist als auf dem freien Land. Ausgenommen davon sind Leewirbel höherer Gebäude oder die Düsenwirkung von Straßenschluchten die nicht nur zu höheren Windgeschwindigkeiten sondern auch zu kräftiger Böigkeit führen. Die Strömungsverhältnisse zwischen den Gebäudekomplexen von Städten sind teilweise äußerst kompliziert und können oft nur im Windkanal oder in aufwändigen Strömungs-Modellrechnungen nachvollzogen werden. Durch sie wird nicht nur der Energiehaushalt, sondern auch die Verdünnung bzw. die Beseitigung der gerade in den industriereichen Großstädten in reichem Maße produzierten Luftverunreinigungen beeinflusst. Bei zu enger Bauweise bleiben die Luftverunreinigungen, die der Kraftverkehr hervorruft, unvermindert zwischen den Häuserzeilen, oder die Leewirbel blasen sie an den Häuserwänden hoch und durch offene Fenster in die Räume hinein (Abb. 163 oben). Ähnliches passiert, wenn Schornsteine unpassend angeordnet sind (Abb. 163 unten).

Städte können aber auch selbst Windströmungen initiieren: die so genannten **Flurwinde**. Ihre Geschwindigkeit wächst mit der Wurzel aus dem Temperaturgradienten zwischen Stadt und Umland.

Stadtklimatologie und Stadtplanung

Neben den hier besprochenen meteorologischen Komponenten enthält das Thema Stadtklima noch eine Reihe weiterer wichtiger Aspekte. So muss nach der bioklimatischen Auswirkungen des Stadtklimas auf die belebte Natur, insbesondere den Menschen gefragt werden. Hier spielen Strahlung, Temperatur und Luftfeuchtigkeit eine wichtige Rolle. Eine weitere Komponente des Stadtklimas ist die Lufthygiene, d.h. die Ausbreitung und Verdünnung von unerwünschten Luftbeimengungen sowie Smog und deren Auswirkungen auf die Stadtbewohner.

Nicht nur die Vielzahl und Kompliziertheit dieser Fragestellungen, sondern und vor allem die Tatsache, dass künftig mehr als 70 % der Erdbevölkerung in Städten, davon 27 Megastädte mit jeweils mehr als 10 Mio. Einwohnern, leben werden (Kuttler 2004), haben die Stadtklimatologie zu einem umfangreichen und wichtigen Spezialgebiet der Meteorologie werden lassen. Sie ist gefordert, Instrumente bereitzustellen, mit denen die Planer „bewohnbare" Städte entwickeln können. Über weitere Einzelheiten zu diesem Thema gibt die im Literaturverzeichnis genannte Spezialliteratur (s. Seite 431) Auskunft.

7.6.6 Klima im Pflanzenbestand

Pflanzenbestände greifen, wie wir schon gesehen haben (s. Seite 234), erheblich in den Energiehaushalt des Erdbodens ein und entwickeln auf diese Weise ihr eigenes Bestandsklima. Da sie je nach Zusammensetzung äußerst unterschiedliche und inhomogene Strukturen aufweisen, ist es schwierig, das Phänomen Bestandsklima pauschaliert zu beschreiben.

Betrachten wir als relativ leicht zu verstehendes Beispiel das Strahlungsklima. Hätten wir ein homogenes Medium vor uns, so würde die Abnahme der Strahlungsintensität von der Bestandesobergrenze zum Boden hin entsprechend dem Bouguer-Lambert-Beerschen Gesetz (s. Seite 165) einer e-Funktion folgen. Wie sich dagegen reale Pflanzenbestände verhalten, zeigt die Abb. 164. In ihr sind die Absorptionseigenschaften eines Mischwaldes, einer Mähwiese, eines Kiefernwaldes und eines Kleefeldes gegenübergestellt. Man sieht gravierende Unterschiede im Strahlungsklima je nach der Struktur der sich gegenseitig überdeckenden Blattschichten und je nach der Blatthaltung in den einzelnen Wuchsetagen. In einem dichten Mischwald und in einem Kleefeld durchdringen nur noch rund 20 % der photosynthetisch aktiven Strahlung das oberste Bestandsdrittel, während in einem lichten Kiefernwald fast 30 % der Strahlungsenergie sogar die Krautschicht am Boden erreichen. Oft lässt sich das Absorptionsverhalten über den Blattflächenindex (s. Seite 102) berechnen.

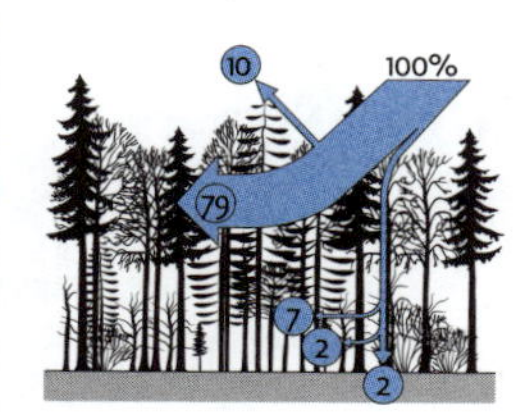

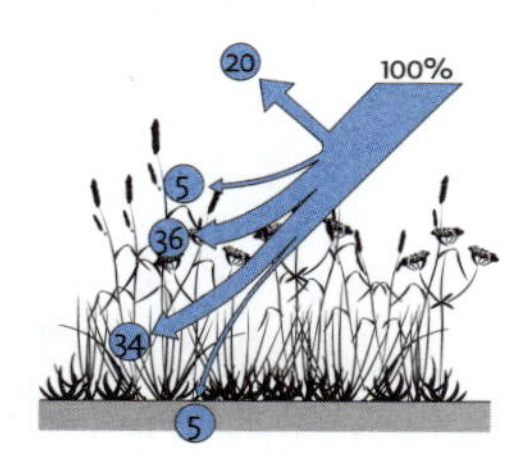

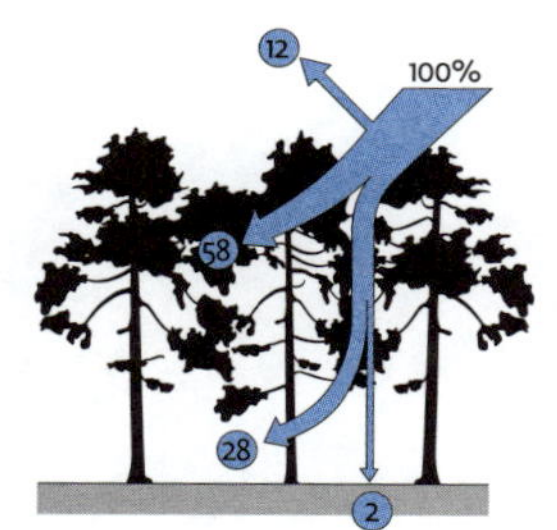

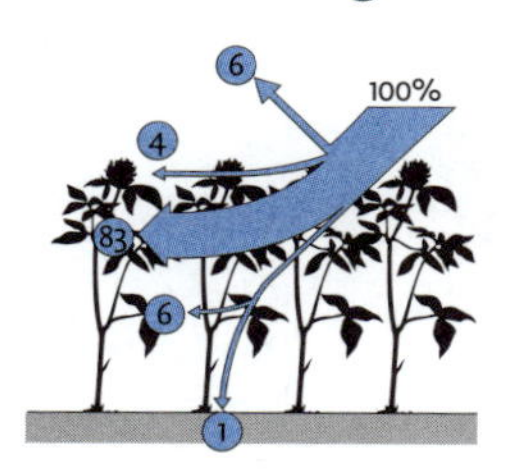

Abb. 164
Vergleich der Absorption photosynthetisch aktiver Strahlung in verschiedenen Ökosystemen (nach Janetschek 1982).

Zum Thema Strahlungseindringung sei noch ein besonders interessantes Beispiel angeführt. Beim Körnermais sitzt das Ernteprodukt, der Kolben, tief im Innern des Bestandes. Er wird in erster Linie von den Blättern mit Photosyntheseprodukten versorgt, die unmittelbar unter ihm am Stengel sitzen, während die der oberen Bestandsetagen nur wenig dazu beitragen. Damit diese tief im Bestandesinneren sitzenden Blätter eine möglichst hohe Photosyntheseleistung erbringen und damit einen großen Kolben aufbauen können, müssen sie optimal bestrahlt werden. Um das zu ermöglichen, hat man so genannte Heliotropsorten gezüchtet, die die oberen Blätter steil aufgerichtet und die unteren fast waagerecht abgespreizt halten. Damit kann die Sonnenstrahlung problemlos bis zu den kolbennahen Blättern vordringen und dort die erwünschte Photosyntheseleistung erbringen.

In den unteren Etagen von Pflanzenbeständen nimmt nicht nur die Strahlungsintensität ab, auch der physiologische Wert der Strahlung geht verloren, weil die höher gelegenen Blattschichten ja gerade die für die Photosynthese benötigten Wellenlängen bereits weitgehend absorbiert haben. Die Blätter der unteren Vegetationsschichten veratmen daher oft mehr Substanz, als sie durch Photosynthese produzieren können. So gesehen erklärt sich die alte Gärtnerregel, wonach ein geschlossener Pflanzenbestand der beste Unkrautschutz sei, ganz von selbst.

In der Gesamtstrahlungsbilanz Q überwiegt tagsüber die **Globalstrahlung**. Es ist deshalb nicht verwunderlich, dass sich Q ganz ähnlich verhält wie die photosynthetisch aktive Strahlung: Der größte Teil wird in den obersten Schichten absorbiert, und nur ein kleiner Rest gelangt bis zum Boden (s. Abb. 165). In der Nacht ist nur die langwellige Strahlung vorhanden. Sie geht überwiegend von der Bestandsoberfläche aus. Je weiter man ins Innere des Bestands kommt, desto ausgeglichener wird der Strahlungshaushalt, weil mehr und mehr die Zustrahlung gleich warmer Nachbarpflanzen zum Tragen kommt.

Da also am Tag die Strahlung überwiegend in den oberen Bestandsetagen absorbiert und in der Nacht von dort abgegeben wird, dürfen wir auf diesem Niveau auch die höchsten Tages- und

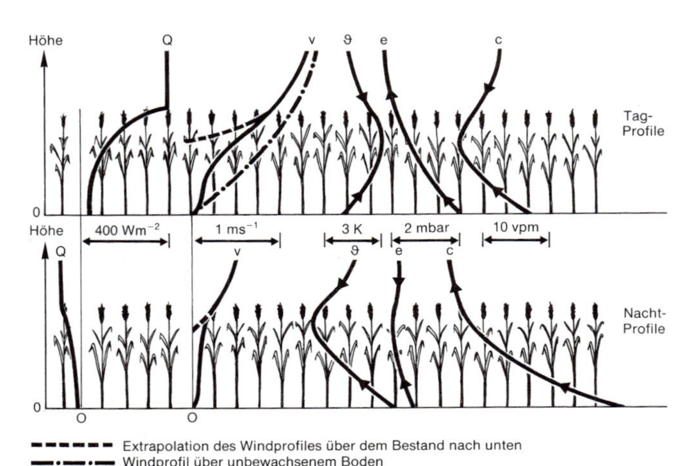

Abb. 165
Idealisierte Profile der Strahlungsbilanz (Q), der Windgeschwindigkeit (v), der Lufttemperatur (ϑ), des Dampfdruckes (e) und der CO2-Konzentration (c) in einem Weizenbestand (nach MONTEITH 1978).

die tiefsten Nachttemperaturen erwarten. Die Hauptstrahlungsumsatzfläche, die auch als **tätige Oberfläche** bezeichnet wird, fällt bei Pflanzenbeständen mit einem dichten Blätterdach, wie bei Kartoffeln, praktisch mit der Bestandsobergrenze zusammen. Bei einer nach oben hin lockeren Belaubung wie bei Weizen, Mais oder den meisten natürlichen Pflanzengesellschaften wandert sie bis in 2/3 oder die Hälfte der Bestandshöhe hinunter.

Auf einen wichtigen Aspekt sei in diesem Zusammenhang noch hingewiesen. In Wäldern, insbesondere in lockeren, findet man nachts die tiefsten Temperaturen in Bodennähe. Das steht nicht im Widerspruch zum Energiehaushalt des Baumbestandes. Die Bildung der Kaltluft findet natürlich – wie bei jedem anderen Pflanzenbestand – im oberen Bereich statt. Aber im Wald kann die kalte Luft zwischen den Bäumen hindurch bis zum Boden hinuntersickern und sich dort sammeln. Wälder vermeiden auf diese Weise das Abgleiten von Kaltluft im hängigen Gelände. Winzern wird deshalb nachdrücklich empfohlen, die Kuppen ihrer Weinberge aufzuforsten, um in Frostnächten das Zufließen von Kaltluft aus dem höhergelegenen Gelände zu vermeiden.

— Aus dem nächtlichen Bestandsklima wird die Förderung bzw. Verhinderung der Kaltluftbildung verständlich. Im Prinzip entsteht ja an jeder Vegetationsdecke Kaltluft. Während sie über flachen Beständen, z. B. Gras, zu einer immer höher werdenden Schicht anwächst, sickert sie im Wald nach unten und vermischt sich mit der dort vorhandenen wärmeren Luft. Besonders in lockeren Wäldern findet man die tiefsten Temperaturen häufig in Bodennähe (vgl. Seite 250).

Das Temperaturmaximum des Tages hängt sehr stark vom Verdunstungsverhalten des Bestandes ab. Lorenz (1976) konnte vom Flugzeug aus bei einem stark transpirierenden Wald eine Übertemperatur von 4 K gegenüber der Luft messen. Gleichzeitig fand er bei Gras eine Überwärmung von 6 K und bei einem Acker eine von 9 K. Unbewachsener trockener Boden war sogar 12 K wärmer als die Luft (vergl. Seite 248).

Auch der **Wind** wird durch einen Pflanzenbestand erheblich beeinflusst, wie Abb. 165 zeigt. Nach der Form des Windprofils oberhalb der Pflanzen würde man erwarten, dass er im Bestand den gestrichelten Geschwindigkeitsverlauf annimmt. Das ist aber, wie die durchgezogene Kurve zeigt, nicht der Fall. Vielmehr geht er zwischen den Pflanzen viel langsamer zurück. Über unbewachsenem Boden ist die Windgeschwindigkeit wegen der geringeren Reibung immer größer, wie die strich-punktierte Kurve in Abb. 165 zeigt. Selbstverständlich ist in der Form der Windprofile zwischen Tag und Nacht kein prinzipieller Unterschied. Extrapoliert man das oberhalb eines Bestands gemessene Windprofil in den Bestand hinein und vergleicht es mit dem Profil über unbewachsenem Boden, so scheint das „Bestandsprofil" gegenüber dem „Freilandprofil" angehoben zu sein. In der Windprofilgleichung (vgl. Seite 343) erfolgt diese Höhenkorrektur über die „Verdrängungshöhe" (h_v), die üblicherweise mit 2/3 der Bestandshöhe angesetzt wird. Jedoch wird die Winddämpfung um so größer, je höher die Außenwindgeschwindigkeit ist. Selbst bei Stürmen wächst der Wind am Waldboden nicht über 1 m/s (Abb. 166)

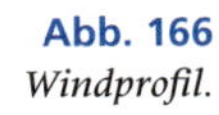

Abb. 166
Windprofil.

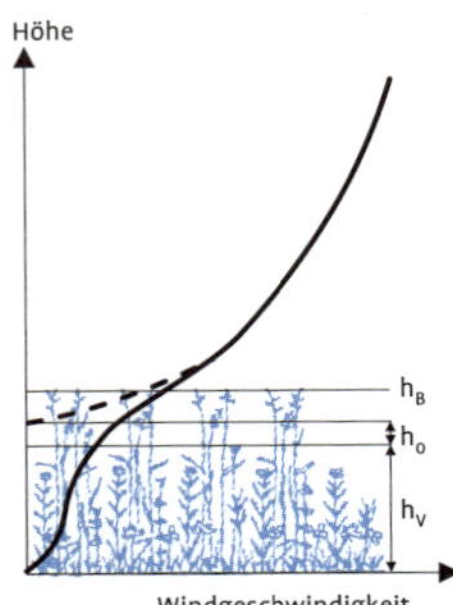

Das Windprofil in und über einem Pflanzenbestand der Höhe h_B und wie es mit Hilfe der Verdrängungshöhe h_V und der Rauhigkeitslänge h_0 beschrieben werden kann. Aus dem Verlauf oberhalb des Bestandes extrapoliertes, theoretisches - - - - vom Bestand gestaltetes tatsächliches ——— Profil (Einzelheiten siehe Text).

Eine unmittelbare Folge des Windprofils ist auch die sich am Tag einstellende **Dampfdruckverteilung**. Obwohl die oberen Blattetagen wegen der höheren Temperaturen mehr verdunsten als die unteren, nimmt der Dampfdruck mit zunehmender Höhe ab. Als Grund dafür ist der windbedingte Austausch zu sehen. Dass in der Nacht an der tätigen Oberfläche ein Dampfdruckminimum zu beobachten ist, liegt an den tieferen Temperaturen. Bekanntlich bildet sich der nächtliche Tau bevorzugt an der Bestandsoberfläche (vgl. Seite 148).

Den geringsten **Kohlendioxidgehalt** der Luft misst man am Tage nahe der tätigen Oberfläche. Dort findet aufgrund reichlicher Strahlung und hoher Temperatur ergiebige Photosynthese statt, die einen hohen CO_2-Bedarf hat. In der Nacht veratmet die Pflanze einen Teil der tagsüber gebildeten Assimilate wieder (Respiration): je wärmer die Nacht ist, desto mehr. In den wärmeren unteren Schichten wird also mehr CO_2 gebildet als nahe der kalten tätigen Oberfläche. Deshalb und auch wegen der Atmung der Bodenlebewesen ist die höchste Konzentration am Boden zu finden.

Die beschriebenen Profile der verschiedenen meteorologischen Parameter findet man prinzipiell in ähnlicher Form in jedem Pflanzenbestand. Der Maßstab und die Gradienten hängen jedoch in vielfältiger Weise von der Art, der Höhe, der Dichte, der Belaubung und der Architektur des Bestandes ab. Einzelheiten findet man in Lehrbüchern der Agrarmeteorologie sowie der Bestands- und Mikroklimatologie (s. Seite 431).

Natürlich können die Windprofile innerhalb von Pflanzenbeständen je nach der Struktur der Bestände ganz unterschiedliche Formen annehmen, ähnlich wie uns das bei der Strahlungsabsorption auch schon begegnet ist. So kann man z. B. beobachten, dass in Wäldern im lockeren Stammraum die Windgeschwindigkeit spürbar größer ist als im dichten Kronenraum.

7.7 Klima an Einzelpflanzen und Pflanzenorganen als Beispiel für das Spotklima

Im vorigen Kapitel haben wir, ausgehend von den großen Klimazonen der Erde, die klimatischen Besonderheiten des gegliederten und gestalteten Geländes diskutiert. Wir sprachen von Geländeklima. Eine Sonderstellung nahm das Stadtklima und das Klima in Pflanzenbeständen ein.

Verkleinern wir den Maßstab unserer Betrachtungen noch weiter, so kommen wir zum Klima einzelner auf der Erdoberfläche befindlicher Objekte, z. B. dem von Bauwerken, Pflanzen, Tieren und Menschen. Dazu gehören das in den letzten Jahren infolge der Energieverteuerung so außerordentlich wichtig gewordene **Heizungsproblem** bei Wohnhäusern und Zweckbauten wie Gewächshäusern, die Klimatisierung von Gebäuden und Lagerhäusern und das Klima von Stallungen. Diese Themen zu besprechen würde jedoch den Rahmen des vorliegenden Buches sprengen. Deshalb soll hier nur auf die klimatischen Besonderheiten der im

Freien stehenden Pflanzen hingewiesen werden, wobei eine Beschränkung auf die Strahlungs- und Temperaturbedingungen angebracht erscheint.

7.7.1 Strahlung

Wenden wir uns zunächst dem **kurzwelligen Strahlungsbereich** zu. Die Energieaufnahme eines einzelnen Pflanzenblattes hängt sehr stark von seiner Orientierung ab. Im Prinzip gilt hier das gleiche wie bei den verschieden orientierten Hängen. Zweige und Äste können bestenfalls auf einer Hälfte ihrer Oberfläche von der Sonne beschienen werden, die andere ist zwangsläufig immer im Schatten. Ganze Pflanzen, insbesondere größere Bäume, versucht man gerne, als einfache räumliche Gebilde wie Kugeln oder Kegel zu betrachten, deren Strahlungsgenuss sich dann mit den Gesetzen der Stereometrie näherungsweise berechnen lässt. Auch Früchte kann man wie einfache geometrische Körper behandeln und dadurch den Gesetzen der Strahlungsgeometrie zugänglich machen.

Abb. 167 *Sonnenstrahlungsgenuss eines Baumstammes in Abhängigkeit von Himmelsrichtung und Jahreszeit (nach Meteorologisches Institut der Universität München).*

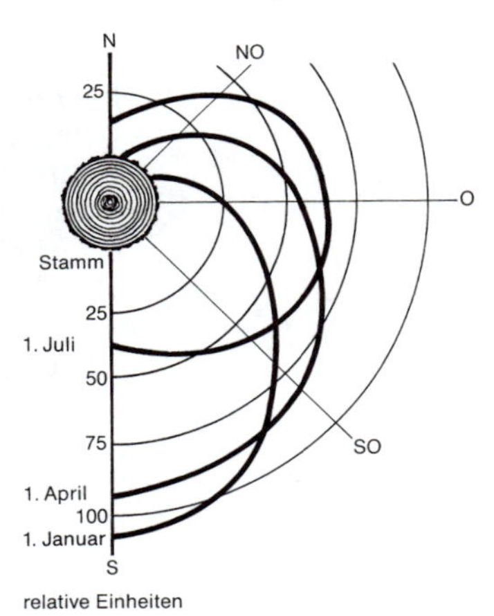

Relativ leicht ist es, die auf Baumstämme fallende Sonnenstrahlung zu bestimmen, denn sie lassen sich durch senkrecht stehende Zylinder simulieren. Abb. 167 zeigt das Beispiel eines Baumes in den österreichischen Alpen in einer Höhe von knapp 1 500 m. Die Werte gehen jedoch nicht auf Rechnungen, sondern auf tatsächliche Messungen zurück. Wie man sieht, erhält die südliche Stammseite im Sommer weniger Strahlung als im Winter und in den Übergangsjahreszeiten. Bei tief stehender Wintersonne fällt auf die Stammsüdseite fast 3-mal soviel Energie wie im Sommer. Die Differenz zwischen dem Strahlungsgenuss am südlichen und am nördlichen Teil ist im Sommer kleiner als im Winter, weil im Sommer die Sonne morgens und abends die nördliche Stammhälfte unter einem relativ steilen Winkel bescheint.

Bezüglich der **langwelligen Zustrahlun**g gilt für Blattoberseiten das gleiche wie für Bodenoberflächen im geneigten Gelände. Bei Blattunterseiten sind jedoch die atmosphärische Gegenstrahlung und die Zustrahlung von der Umgebung her anteilmäßig zu vertauschen, d.h. ein schwach geneigtes Blatt erhält auf seiner Oberseite viel atmosphärische Gegenstrahlung und wenig aus der Umgebung (bei nicht oder nur wenig überhöhtem Horizont). Das gleiche Blatt empfängt auf seiner Unterseite viel Energie aus der Umgebung und wenig atmosphärische Gegenstrahlung. Oberflächen von Zweigen und Ästen erhalten, unabhängig von Richtung und Neigung, immer etwa 50 % derjenigen atmosphärischen Gegenstrahlung, die auf eine gleich große, waagerechte, ebene Flä-

Bei winterlich tief stehender Sonne wurden zwischen der Südseite und der Nordseite eines Baumstammes Temperaturdifferenzen von mehr als 30 K gemessen.

che fallen würde, plus etwa 50 % der Umgebungsstrahlung. Das gleiche gilt für Stämme. Die langwellige Ausstrahlung von Pflanzenoberflächen gehorcht dem Stefan-Boltzmann-Gesetz, wobei die ε-Werte (s. Seite 174) je nach Pflanze zwischen etwa 0,94 und 0,98 liegen.

7.7.2 Temperatur

Vom Kapitel 4.4 her wissen wir, dass die Lufttemperatur als Resultat des Zusammenspiels aller Energiehaushaltskomponenten zu sehen ist. Was für die Lufttemperatur gilt, das gilt natürlich auch für die **Temperatur eines Pflanzenorgans**. Um ihr Verhalten verstehen und deuten zu können, müssen wir also über den gesamten Energiehaushalt des betreffenden Pflanzenorgans Bescheid wissen. Beim Energiehaushalt des Erdbodens hatten wir neben der Strahlungsbilanz noch den Bodenwärmestrom sowie den Austausch fühlbarer Wärme und latenter Energie gefunden. Es wird also zu fragen sein, welche analogen Energietransportmechanismen an den Pflanzenorganen angreifen und welchen Gesetzmäßigkeiten sie gehorchen.

Bodenwärmestrom

Dem Bodenwärmestrom entspricht ein Wärmetransport von der Pflanzenoberfläche ins Innere bzw. aus dem Inneren an die Oberfläche zurück. Genauso wie über den Bodenwärmestrom vorübergehend Energie gespeichert werden kann, macht sein Analogon die Pflanzenorgane zu Wärmepuffern.

Während aber der Boden, auch bei geringer Leitfähigkeit, bis in relativ große Tiefen hinunter Wärme aufnehmen kann, ist die Speicherkapazität selbst voluminöser Pflanzenorgane wie Baumstämme oder Kakteen vergleichsweise bescheiden. Bei dünnen Ästen, Zweigen, Blättern und kleineren Früchten darf sie völlig vernachlässigt werden. Und selbst bei dickeren Baumstämmen werden wegen der schlechten Wärmeleitfähigkeit des Holzes nur unbedeutende Energiemengen gespeichert. Im Prinzip gehorcht dieser Wärmestrom den gleichen Gesetzmäßigkeiten wie der Bodenwärmestrom, d. h., erreicht um so höhere Werte, je größer der Temperaturgradient zwischen der Oberfläche und dem Inneren der Pflanze und je besser ihre Wärmeleitfähigkeit ist.

Austausch fühlbarer Wärme und latenter Energie

Etwas anders als vom Energiehaushalt der Erdoberfläche her bekannt, verhalten sich jedoch der Austausch fühlbarer Wärme und latenter Energie.

> Für die pro Fläche und Zeit zwischen einer Pflanzenoberfläche und der Luft ausgetauschte fühlbare Wärme L gilt

$$L = -\alpha_L * (\vartheta_0 - \vartheta_L) \quad (a)$$

Dabei bedeuten α_L die Wärmeübergangszahl, ϑ_0 die Temperatur der Oberfläche und ϑ_L die der ungestörten Luft. Das Minus-Vorzeichen weist darauf hin, dass Wärme abgegeben wird, wenn die Oberfläche wärmer als die Luft ist und, dass Wärme zur Oberfläche fließt, wenn diese kälter als die Luft ist.
Für die pro Fläche und Zeit an einer nassen Oberfläche ausgetauschte latente Energie gilt

$$V = -C * \alpha_L * (E_0 - e_L) \quad (b)$$

Dabei bedeutet C eine Konstante, E_0 den Sättigungsdampfdruck an der nassen Oberfläche und e_L den Dampfdruck der ungestörten Luft.

Wir sehen daraus, dass sowohl der Austausch fühlbarer Wärme als auch latenter Energie von Gleichungen beschrieben werden, die dem Typ nach Transportgleichungen sind (s. Seite 231): Die Temperatur- und die Dampfdruckdifferenz (die sich weiter unten noch als echte Gradienten entpuppen werden!) stellen die Antriebsterme dar, die Wärmeübergangszahl beschreibt die Transportbedingungen. Diese für uns neue Größe geht auf die **Grenzschichttheorie** zurück, die im Folgenden kurz skizziert werden soll. Einzelheiten dazu findet man in der Spezialliteratur, z. B. Eckert (1964), Gröber et al. (1963), Monteith (1978) oder Gates (1980).

Die Grenzschichttheorie spielt insbesondere in der technischen Thermodynamik eine außerordentlich wichtige Rolle. Dort wird sie benutzt, um den Wärmeaustausch an den unterschiedlichsten Oberflächen von Bauwerken, Kesselanlagen und Maschinen zu beschreiben.

Stellen wir uns, wie in Abb. 168 gezeigt, eine waagerecht liegende Platte vor, über die der Wind längs hinwegstreicht. Die Platte soll eine höhere Temperatur haben als die herangeführte Luft. Beim Überstreichen der Platte wird die Luft natürlich thermisch verändert. Diese Temperaturveränderung wollen wir jetzt etwas genauer unter die Lupe nehmen. Dazu suchen wir uns auf der Platte drei in Strömungsrichtung hintereinander liegende Punkte aus und bestimmen über ihnen das Temperaturprofil in der Luft. Sie sind in Abb. 168 eingezeichnet und mit 1 bis 3 numeriert. Die Temperatur an der Oberfläche der Platte ist jeweils mit ϑ_0, die der

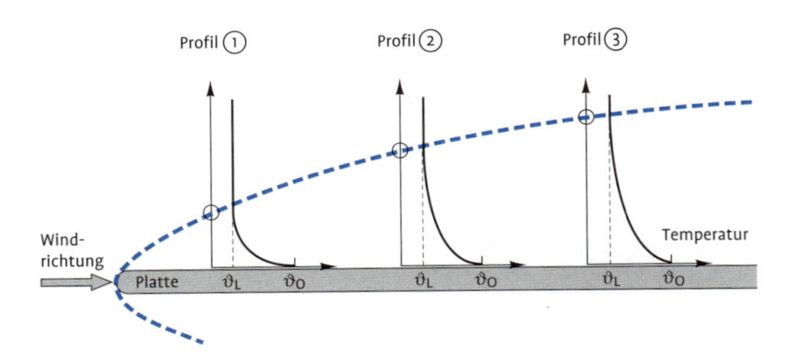

Abb. 168
Grenzschichttheorie (Erläuterungen im Text).

ungestörten Luft mit ϑ_L bezeichnet. Wie man sieht, erwärmt die Platte die vorbeistreichende Luft in der Nähe der angeblasenen Kante (Profil 1) nur in einer sehr dünnen Schicht. Bereits in einer geringen Höhe über der Platte ist die Lufttemperatur schon wieder auf den ungestörten Wert zurückgegangen. Strömungsabwärts nimmt der Temperatureinfluss auf die Luft allerdings deutlich zu. Je weiter wir uns von der Anblaskante entfernen, desto dicker wird die von der Platte erwärmte Luftschicht.

Diese strömungsabwärts immer dicker werdende Schicht, in der sich der Temperaturübergang zwischen der Platte und der ungestörten Luft vollzieht, wird als **Temperaturgrenzschicht** bezeichnet. Sie soll hier der Einfachheit halber nur kurz **Grenzschicht** genannt werden. Grenzschichten haben ganz typische Formen, die im Prinzip bei allen Körpern den gleichen Gesetzmäßigkeiten folgen: An der Anblasstelle sind sie sehr dünn, blähen sich in Strömungsrichtung zunehmend auf und werden schließlich von der weiter strömungsabwärts aufkommenden Turbulenz

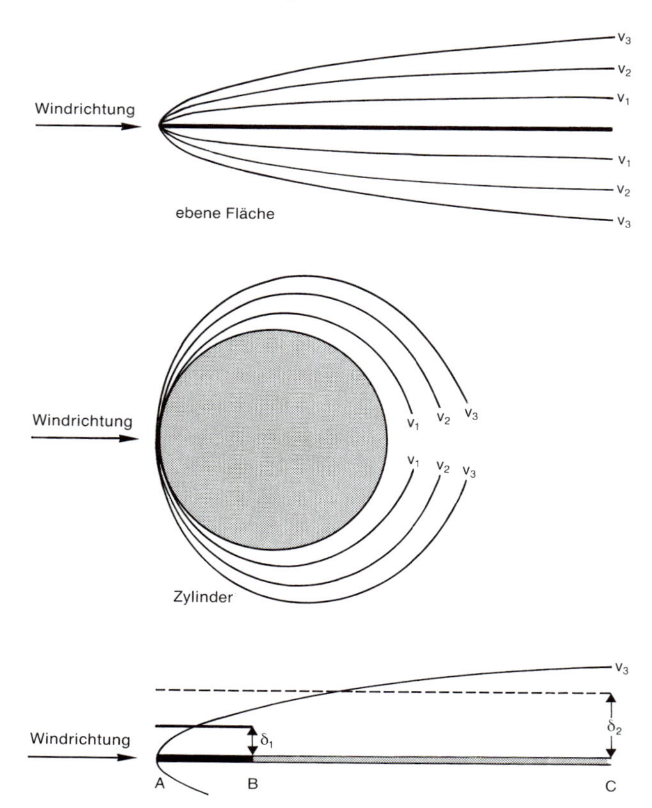

Abb. 169
Schematischer Verlauf der Grenzschicht bei 3 Windgeschwindigkeiten v_1 bis v_3 wobei $v_1 > v_2 > v_3$ und Grenzschichtdicke δ (Erläuterungen im Text).

zerstört. Abb. 169 zeigt in der Mitte stark schematisiert den Grenzschichtverlauf an einem Zylinder.

Welche Verbindung besteht nun zwischen der Grenzschicht und der Wärmeübergangszahl α_L? Das zeigt die folgende Gleichung:

$$\alpha_L = 1{,}5 * \frac{\Lambda}{\delta} \quad \text{(c)}$$

wobei Λ für die Wärmeleitfähigkeit der Luft und δ für die Grenzschichtdicke stehen.

Die Wärmeübergangszahl ist demnach zur Grenzschichtdicke umgekehrt proportional und wird damit zu einer sehr anschaulichen Größe. α_L nimmt immer dann einen großen Wert an, wenn die Grenzschicht dünn ist, und einen kleinen, wenn die Grenzschicht dick ist.

Dieser Zusammenhang ist leicht zu verstehen, wenn man sich klarmacht, dass innerhalb der Grenzschicht die Wärme nicht durch wärmebeladene Luftpakete transportiert wird, so wie wir es von der Atmosphäre her gewöhnt sind, sondern, anschaulich gesagt, mühsam von Molekül zu Molekül weitergegeben wird – ähnlich wie im Erdboden.

Das bedeutet, je dicker die Grenzschicht ist, desto schwieriger gestaltet sich der Wärmefluss von der Oberfläche an die Luft und je dünner sie ist, desto leichter wird der Wärmeübergang.

Wir werden uns deshalb als nächstes fragen müssen, wovon denn die mittlere Dicke der Grenzschicht abhängt. Die mittlere deshalb, weil uns ja der Austausch an fühlbarer Wärme über das gesamte Blatt oder den gesamten Zweig einer Pflanze interessiert. Im Prinzip gibt es zwei Einflussgrößen: einerseits die Windgeschwindigkeit, andererseits die Größe und Form des angeblasenen Objektes. Der Einfluss der Windgeschwindigkeit ist sehr einfach: Je höher die Windgeschwindigkeit ist, desto dünner ist die Grenzschicht. Die beiden oberen Drittel der Abb. 169 zeigen die Verhältnisse für eine Platte und einen Zylinder in stark schematisierter Form.

Den Einfluss der Objektgröße zeigt das untere Drittel der Abb. 169 am Beispiel einer Platte: Hat sie die Länge AB, so beträgt die mittlere Grenzschichtdicke δ_1. Reicht die Platte aber von A bis C, so wächst die mittlere Grenzschichtdicke auf δ_2 an. Demnach wird α_L um so größer, je höher die Windgeschwindigkeit und je kleiner die Platte ist.

Für physikalisch besonders Interessierte sei der folgende Absatz noch als ergänzende Bemerkung angefügt:

Die Grenzschichttheorie beschreibt nicht nur den Austausch von Wärme zwischen festen Körpern und einem sie umströmenden Medium, wie z. B. Wasser oder Luft. Auch der Materieaustausch an einem umströmten Körper lässt sich mit ihrer Hilfe berechnen, z. B. die CO_2-Aufnahme und die O_2-oder Wasserdampfabgabe eines Pflanzenblattes lässt sich mit ihr berechnen. Schließlich liefert sie auch den Strömungswiderstand von Objekten in einem umgebenden, strömenden Medium z. B. von Schiffen im Wasser oder Flugzeugen in der Luft. Sie ist deshalb zu einem außerordentlich wichtigen Hilfsmittel der Strömungsmechanik geworden. Begründet wurde sie 1904 von Ludwig Prandtl.

Prandtl, Ludwig (Ingenieur u. Physiker) * 4.2. 1875 in Freising, † 15.8. 1953 in Göttingen, Direktor des Kaiser Wilhelm Institutes für Strömungsforschung; schuf wichtige Grundlagen der Strömungsmechanik (unter anderem die Grenzschichttheorie) und der Theorie des Fliegens.

Setzt man Gleichung (c) in Gleichung (a) ein, so erhält man nach einer kleinen Umformung:

$$L = -1{,}5 * \Lambda * \frac{\vartheta_0 - \vartheta_L}{\delta} \qquad \text{(d)}$$

Diese Gleichung enthält, wie oben bereits angedeutet, als Antriebsterm einen echten Temperaturgradienten:

$$\frac{\vartheta_0 - \vartheta_L}{\delta}$$

nämlich die Temperaturänderung innerhalb der Grenzschicht. Dass in diesem Gradienten die Grenzschichtdicke auftaucht, ist eigentlich selbstverständlich, denn nur innerhalb der Grenzschicht spielt sich ja ein Wärmetransport ab. Außerhalb der Grenzschicht ist der Temperaturgradient gleich null, und damit wird der gesamte Wärmestrom gleich null. Analoges gilt natürlich auch für den Strom latenter Energie, wenn man die Gleichung (c) in Gleichung (b) einsetzt.
Kommen wir noch einmal auf Gleichung (d) zurück. Sie enthält zur Beschreibung der Transportbedingungen auf dem Weg durch die Grenzschicht die Größe Λ, also die Wärmeleitfähigkeit der Luft. Da diese – wie wir aus Tab. 18 wissen – außerordentlich klein ist, kann ein nennenswerter Wärmeaustausch nur durch extrem große Temperaturgradienten innerhalb der Grenzschicht ermöglicht werden. Wie wir noch sehen werden (s. Seite 367) sind übliche Grenzschichten zum Teil nur Bruchteile von Millimetern dick. Pflanzenorgane können sich aber, wie wir ebenfalls noch sehen werden (s. Seite 369) leicht mehr als 10 Kelvin über die Lufttemperatur erwärmen. Nimmt man vereinfachend eine Überwärmung von nur einem 1 K und eine Grenzschichtdicke von 1 mm an, dann errechnet sich daraus (rein formal!) ein Temperaturgradient von 100 000 K/100 m, also das 100 000fache des adiabatischen Gradienten.
Vorhin (s. Seite 365) wurde gesagt: „Je dünner die Grenzschicht ist, desto leichter wird der Wärmeübergang". Dieser Zusammenhang ist zwar schon aufgrund seiner Anschaulichkeit durchaus plausibel, er findet aber in Gleichung (d) darüber hinaus noch eine sehr einfache formale Erklärung: Je dünner eine Grenzschicht ist, desto schärfer ist natürlich der Temperaturgradient. In einer dünneren Grenzschicht herrscht also auch eine größere Antriebskraft für den Wärmetransport als in einer dickeren. Ist ein Pflanzenorgan z. B. um 1 K wärmer als die Luft und die Grenzschicht 1 mm dick, dann errechnet sich der Temperaturgradient zu 1 K/mm. Wäre aber (bei den gleichen Temperaturverhältnissen) die Grenzschicht nur 0,5 mm dick, dann wäre der Temperaturgradient mit 2 K/mm doppelt so groß wie im ersten Fall.

Die von uns empfundene Temperatur ist nicht identisch mit der Lufttemperatur. Sie ist vielmehr eine Funktion des Wärmestromes aus dem 37 °C warmen Körperinneren an die Haut (ähnlich dem Bodenwärmestrom). Je größer dieser Wärmestrom, desto kälter ist es uns und umgekehrt. Damit erklärt sich unser Wärmeempfinden aus dem Wärmehaushalt des Körpers: In der Sonne ist es uns wärmer als im Schatten – weil die Strahlungsbilanz größer ist; bei windigem Wetter empfinden wir es kühler als bei windstillem – weil bei Wind die Wärmeübergangszahl größer ist; Wenn wir schwitzen, empfinden wir es – wegen der Verdunstung – kühler als mit trockener Haut; bekleidet fühlen wir uns wärmer als nackt, weil Kleidung wie Mulch (s. Seite 235) wirkt. Die gefühlte Temperatur gibt an, welche Temperatur bei Windstille die gleiche Empfindung hervorrufen würde, wie die beim momentanen Wind.

Beisp.: Temp. = –10 °C

Wind	gefühlte Temp.
10 km/h:	–15 °C
50 km/h:	–23 °C

Die folgende Gleichung quantifiziert den Zusammenhang zwischen der Wärmeübergangszahl, der Windgeschwindigkeit und der Objektgröße für eine unendlich breite Platte der Länge l (= Objektgröße):

$$\alpha_L = 38 * \sqrt{\frac{v}{l}} \quad \text{(e)}$$

Man erhält α_L in W/(m² * K), wenn man die Windgeschwindigkeit v in m/s und die Länge l in cm angibt. Da l im Nenner steht, schrumpft α_L mit wachsender Plattenlänge und umgekehrt. Steigende Windgeschwindigkeiten bewirken wachsende Wärmeübergangszahlen.

Die Gleichung gilt zwar streng nur für eine unendlich breite Platte, sie darf aber angenähert auch für Pflanzenblätter benützt werden, wobei l in Strömungsrichtung zu messen ist.

Setzt man die beiden Ausdrücke (c) und (e), die beide für α_L gelten, gleich, so erhält man nach einigen kleinen Umformungen die Gleichung

$$\delta = 0{,}039 * \Lambda * \sqrt{\frac{l}{v}}$$

mit der man die Dicke der Grenzschicht für konkrete Fälle bequem berechnen kann.
Mit dem Wert 0,025 W/(m * K) für Λ, den uns Tab. 18 liefert, ergibt sich nämlich daraus

$$\delta = 0{,}001 * \sqrt{\frac{l}{v}}$$

Für eine Platte, die in Strömungsrichtung 1 cm lang (und quer dazu unendlich breit) sein soll, errechnet sich bei einer Windgeschwindigkeit von 1 m/s eine mittlere Grenzschichtdicke von 1 mm. Steigt die Windgeschwindigkeit auf 10 m/s, so schrumpft die Grenzschicht auf 0,3 mm. Bei einer 10 cm langen (ebenfalls unendlich breiten) Platte und einer Windgeschwindigkeit von 1 m/s ist die Grenzschicht gut 3 mm dick; erhöht sich die Windgeschwindigkeit auf 10 m/s, so schwindet sie auf 1 mm.

Für quer angeströmte Zylinder hat man die folgende Gleichung gefunden:

$$\alpha_L = 35 * \sqrt{\frac{v}{d}}$$

In ihr bedeutet α_L wieder die Wärmeübergangszahl in W/(m² * K), v die Windgeschwindigkeit in m/s und d den Zylinderdurchmesser in cm.

Wie auf dieser und der nächsten Seite gezeigt wird, ist die Wärmeübergangszahl α_L bei großen Objekten klein und bei kleinen Objekten groß. Das bedeutet, dass von kleineren Objekten unter sonst gleichen Bedingungen stets mehr Wärme an eine kältere Umgebung abgegeben wird als von größeren. Dieser Zusammenhang erklärt zwanglos, warum wir bei tiefen Lufttemperaturen stets zuerst an kleinen Körperteilen wie Nase, Ohren und Fingern frieren und warum wir genau dort auch besonders leicht Erfrierungen erleiden.

Diese Formel darf angenähert für Stämme, Äste und Zweige verwendet werden. Analog zur Platte zeigt sich auch hier, dass dicke Zylinder zu einem kleinen Wurzelausdruck und damit zu kleinen Wärmeübergangszahlen und dünne Zylinder zu großen Wärmeübergangszahlen führen. Natürlich wächst α_L auch bei Zylindern mit der Windgeschwindigkeit; Abb. 170 zeigt ihre Abhängigkeit vom Durchmesser und von der Windgeschwindigkeit. Es ist deutlich zu sehen, wie schnell sie nach größeren Durchmessern hin abnimmt und wie sie bei steigender Windgeschwindigkeit wächst. Bei einem nur 1 mm dicken Zweig und einem Wind mit 1 m/s ist sie mehr als 10-mal so groß wie bei einem 3 cm dicken Ast und einer Luftbewegung mit 0,1 m/s.

Auch für Kugeln – die man zur näherungsweisen Beschreibung der Vorgänge an Früchten verwenden darf – hat man eine Formel gefunden, die jedoch recht kompliziert ist, so dass hier nicht näher darauf eingegangen werden kann. Näheres findet man bei GRÖBER et al. (1963). Auch sie ergibt für kleine Kugeln größere Wärmeübergangszahlen als für große.

Wärmeübergangszahlen lassen sich nicht nur für einfache geometrische Körper angeben. HOFMANN (1986) nennt für einen stehenden Menschen: $\alpha_L = 6 * \sqrt{v}$; für einen liegenden Menschen: $\alpha_L = 15 * \sqrt{v}$; für einen kurz geschnittenen Rasen hat er den Ausdruck: $\alpha_L = 7 * \sqrt{v}$ gefunden.

Fassen wir zusammen: α_L und damit der Austausch fühlbarer Wärme und latenter Energie erreichen umso größere Werte, je höher die Windgeschwindigkeit und je kleiner das betrachtete Objekt ist.

Damit haben wir die Grundlagen, um das Temperaturverhalten der verschiedenen Pflanzenorgane verstehen zu können.

Zunächst hängt ihre **Temperatur** natürlich von der Strahlungsbilanz ab. Ist diese infolge von Sonnenschein positiv, so steigt die Pflanzentemperatur über die der umgebenden Luft, nachts bei negativer Strahlungsbilanz wird die Pflanze kälter als die Luft. Bei vollem Sonnenschein können die Temperaturen einzelner Pflan-

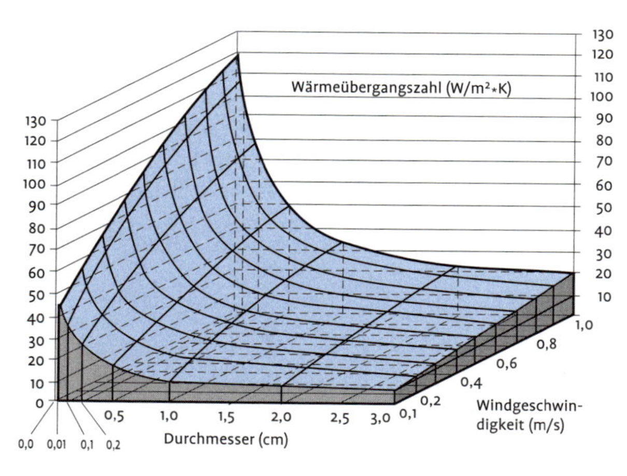

Abb. 170
Wärmeübergangszahl eines unendlich langen Zylinders in Abhängigkeit vom Durchmesser und der Windgeschwindigkeit (berechnet nach Angaben bei HOFMANN 1960).

zenteile 15 und mehr K über die Lufttemperatur steigen. Unter den extremen Strahlungsbedingungen an Hochgebirgsstandorten hat man schon Blattüberhitzungen bis 32 K gemessen (LARCHER 2001). Da die Werte der Strahlungsbilanz in der Nacht weniger weit in den negativen Bereich sinken, als sie am Tag in den positiven Bereich steigen, fallen die nächtlichen Untertemperaturen der Pflanzenorgane gegenüber der Luft wesentlich geringer aus als die Übertemperaturen am Tag.

Ist aber erst einmal eine Temperaturdifferenz zwischen dem Pflanzenorgan und der Luft zustande gekommen, so können L und, wenn Verdunstung oder Taubildung stattfinden, auch V wirksam werden und die Differenzen verringern oder bei stärkerem Wind sogar völlig abbauen. Es ist wichtig, sich klarzumachen, dass der Wind am Tag auf die Pflanzenorgane kühlend wirkt, in der Nacht jedoch Wärme von der Luft auf die dann kälteren Pflanzen überträgt und sie auf diese Weise erwärmt.

In Abb. 171 ist die Kühlwirkung des Windes über den Austausch fühlbarer Wärme und latenter Energie bei verschieden stark bestrahlten Teeblättern dargestellt. Man sieht, dass schon eine leichte Luftbewegung selbst bei hoher Zustrahlung die Temperatur erheblich zu senken vermag. Das entspricht der allgemeinen Erfahrung, dass ein leichter Wind die Hitze selbst heißester Sommertage erträglich macht.

Die Transpirationskühlung wirkt bei sonst gleichen Bedingungen um so nachhaltiger, je trockener die Luft ist und je mehr Wasser zur Verfügung steht (was durch die Wassernachlieferung der Pflanze über den Widerstand der Atemöffnungen geregelt wird). Bei hohen Luftfeuchtigkeiten werden Überhitzungen weniger leicht abgebaut als bei geringen. Konsequenterweise kühlen sich Pflanzenorgane nachts in feuchter Luft (mit reichlicher Taubildung) nicht so stark ab wie in trockener Luft.

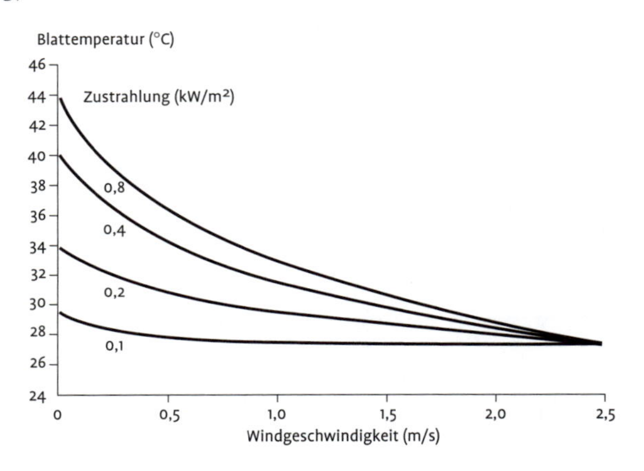

Abb. 171
Temperatur eines Blattes einer Teepflanze in Abhängigkeit von der Zustrahlung und der Windgeschwindigkeit (nach HADFIELD 1975, schematisiert).

Schließlich spielt die **Größe** der Pflanzenorgane eine wesentliche Rolle: Kleine Blätter, dünne Zweige und unscheinbare Früchte überhitzen sich wegen der größeren α_L-Werte am Tage weniger und unterkühlen in der Nacht weniger als große, dicke Pflanzenorgane. Abb. 172 zeigt die Temperatur verschieden großer Blätter bei unterschiedlichen Strahlungs- und Feuchtebedingungen. Es handelt sich dabei um Rechenwerte, die von GATES und PAPIAN (1971) mit einem Wärmehaushaltsmodell gewonnen wurden. Die beiden Autoren haben ein ganzes Buch mit Graphiken über die Abhängigkeit der Blatttemperatur von den verschiedensten Umweltbedingungen vorgelegt. Abb. 172 gilt für eine Lufttemperatur von 20 °C, eine Windgeschwindigkeit von 1 m/s und einen internen Widerstand (= kapillarer Widerstand der Leitungsbahnen) von 1 s/cm. Das betrachtete Blatt soll quer zur Strömung eine Größe von 5 cm haben.

Die Kurven zeigen, um wie viel große Blätter wärmer werden als kleine. Bei einer Strahlungsbilanz von 1,0 kW/m², das ent-

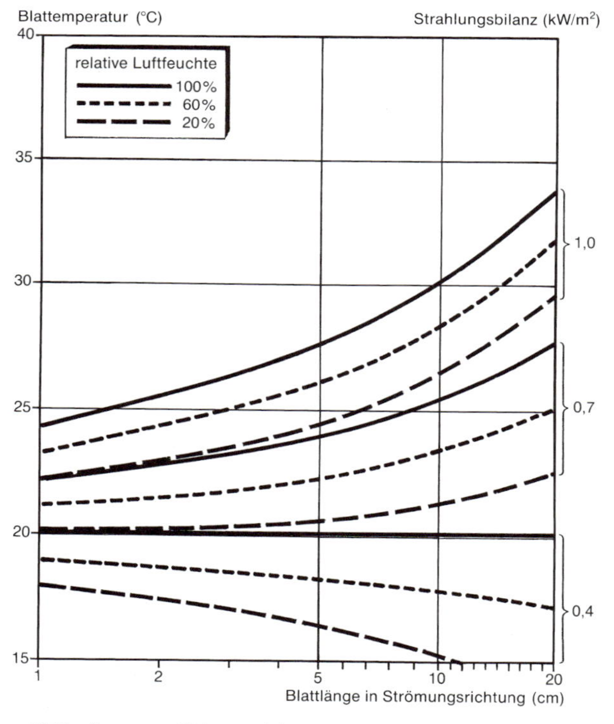

Abb. 172
Blatttemperatur in Abhängigkeit von der Blattgröße, der Strahlungsbilanz und der relativen Luftfeuchte (nach GATES und PAPIAN 1971).

spricht prallem sommerlichem Sonnenschein, erwärmt sich bei minimaler oder fehlender Verdunstung (relative Feuchte = 100 %) ein 20 cm langes Blatt auf fast 35 °C, ein 1 cm langes dagegen nur auf 24 °C. Selbst bei sehr starker Verdunstung (relative Feuchte = 20 %) bleibt das kleine Blatt um etwa 8 K kühler als das große.

Bei einer Strahlungsbilanz von nur mehr 0,4 kW/m^2 senkt eine kräftige Verdunstung die Blatttemperatur sogar unter die Lufttemperatur – überraschenderweise bei den großen Blättern weiter als bei den kleinen. Dieses Phänomen erklärt sich unter anderem damit, dass in diesem Fall fühlbare Wärme (über L) von der Luft an das kühlere Blatt fließt, und zwar an ein kleineres mehr als an ein größeres. Ganz ähnliche Verhältnisse findet man auch an Zweigen, Ästen und Früchten.

Die nächtlichen Temperaturdifferenzen zwischen Pflanzenoberflächen und der Luft gehorchen den gleichen Gesetzen. In Abb. 173 ist dargestellt, wie weit sich Zweige mit einem Durchmesser von 0,2 cm und von 2 cm in winterlichen Strahlungsnächten bei verschiedenen Windgeschwindigkeiten unter die Lufttemperatur abkühlen können. Auch hier handelt es sich wieder um Rechenwerte, die mit einem Wärmehaushaltsmodell gewonnen wurden, in das die Strahlungsbilanz, der Austausch fühlbarer Wärme und die Taubildung eingehen. Generell zeigt sich, dass die dicken Zweige je nach Situation 1 bis 4 K kälter sind als die dünnen. Auch die Windabhängigkeit der Unterkühlung ist wieder deutlich erkennbar. Bei 0,1 m/s sind die Zweige 1 bis 2 K kälter als bei 1 m/s. Bemerkenswert ist, dass die Unterkühlung auch vom Temperaturniveau insgesamt abhängt. Bei –30 °C Lufttemperatur ist sie zum Teil fast 3-mal so groß wie bei –10 °C.

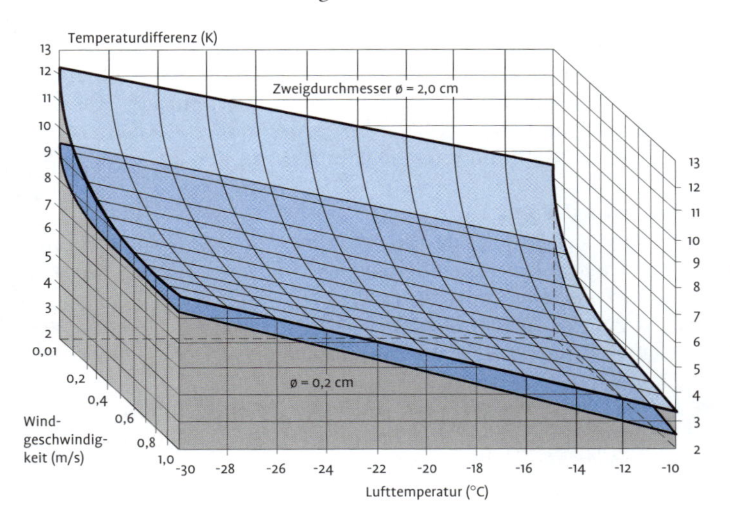

Abb. 173
Temperaturdifferenz zwischen der Luft und einem Zweig in Abhängigkeit von Temperatur, Windgeschwindigkeit und Zweigdurchmesser bei einer relativen Luftfeuchtigkeit von 100 % (nach Häckel 1979).

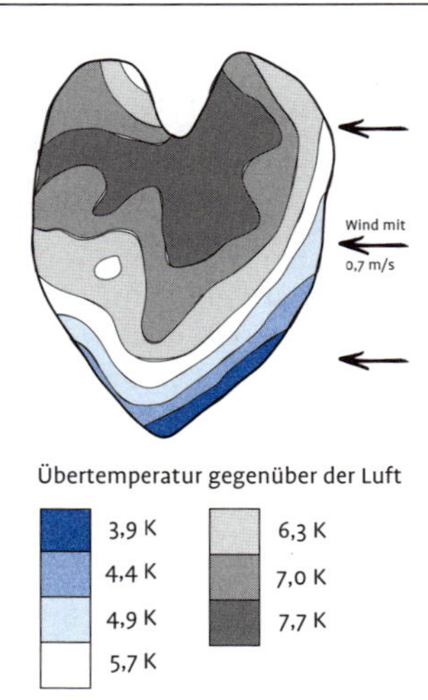

Abb. 174
Temperaturverteilung auf einem Bohnenblatt (nach Clark und Wigley 1974, schematisiert).

Da die Grenzschicht an jeder Stelle einer Pflanzenoberfläche eine andere Dicke besitzt, variieren auch die Austauschbedingungen innerhalb kleinster Distanzen. Die Folge davon ist, dass sich auf den verschiedenen Pflanzenorganen sehr differenzierte Temperaturmuster einstellen.

In Abb. 174 ist die auf einem Bohnenblatt gemessene Temperaturverteilung dargestellt. An den von rechts nach links wachsenden Übertemperaturen ist die Geometrie der Grenzschicht unschwer zu erkennen. Infolge zunehmender Grenzschichtdicke steigen die Temperaturdifferenzen von etwa 4 K am rechten unteren Blattrand auf fast 8 K an den Stellen mit besonders dicker Grenzschicht. Eine bemerkenswerte Erscheinung findet man am linken oberen Blattzipfel. An seiner dem Wind zugewandten Seite bildet sich die Grenzschicht offensichtlich neu aus, was sich durch auffallend kleine Übertemperaturen äußert. Auch am linken unteren Blattrand setzt die Grenzschicht neu an.

— Die Form der Grenzschicht erklärt auch das häufig zu beobachtende Phänomen, dass sich Raureif bevorzugt oder gar ausschließlich an den Blatträndern und Blattrippen absetzt. Die Grenzschicht ist an diesen Stellen besonders dünn, so dass sie der Wasserdampf dort sehr leicht durchdringen kann. Auch die Tatsache, dass nach Taunächten die Tropfen in erster Linie an den Grasspitzen und Blatträndern sitzen, lässt sich damit erklären.

Verständnisfragen

7.1 *Versuchen Sie bitte, den Begriff „Klima" zu definieren, wobei zwischen dem klassischen Klimabegriff und dem modernen Klimabegriff unterschieden werden soll.*

7.2 *Versuchen Sie bitte, die Klimazonen der Erde aus der jahreszeitlichen Dynamik der allgemeinen Zirkulation der Atmosphäre abzuleiten.*

7.3 *Die Klimazonen sind keine echten, um die ganze Erde zu verfolgenden Zonen. Durch welche Einflüsse werden sie modifiziert?*

7.4 *Angenommen, Sie hätten einen kegelförmigen Berg: In welcher Himmelsrichtung würden Sie darauf einen Weinberg anlegen, um*

Spitzenweine zu erzeugen, und warum würden Sie gerade so entscheiden?

7.5 *Warum würden Sie auf der Kuppe des Berges von Frage 7.4 als Frostschutzmaßnahme einen Wald anlegen, obwohl an der Waldoberfläche nachts Kaltluft entsteht?*

7.6 *Welche Möglichkeiten gibt es, die Bewegung von Kaltluft zu beeinflussen?*

7.7 *An welchen Stellen im Gelände ist der Wind besonders stark, an welchen besonders schwach und an welchen besonders böig?*

7.8 *Welches sind die markantesten Unterschiede zwischen dem Klima einer Stadt und dem des Umlandes, und wie kommen sie zustande?*

7.9 *Sie haben sich eben eine Tasse Kaffee eingeschenkt, da läutet es an der Tür. Sie lieben Kaffee aber nur heiß. Schütten Sie Milch und Zucker in den Kaffee, bevor Sie zur Tür gehen oder erst wenn Sie zurückkommen?*
Antwort: Die pro Zeit an die Luft abgegebene Wärme ist proportional zur Temperaturdifferenz zwischen Kaffee und Luft. Wird – vereinfacht ausgedrückt – die Temperatur des Kaffees durch Zugeben von Milch und Zucker gesenkt, dann wird weniger Wärme an die Luft abgegeben, der Kaffee bleibt also länger heiß.

7.10 *Warum bildet sich Reif bevorzugt an den Rändern und Rippen von Blättern?*

8 Messung meteorologischer Größen

Parallel mit den Fortschritten in der Elektronik und der Datenverarbeitung hat sich die meteorologische Messtechnik in den letzten Jahren stark gewandelt. Aus den sehr anschaulich arbeitenden Messgeräten früherer Zeiten sind oft genug „black boxes" geworden, denen man ihre Funktionsweise kaum oder überhaupt nicht mehr ansieht. Andererseits ist die Messtechnik nicht nur ein außerordentlich wichtiges Hilfsmittel für die Meteorologie, sondern auch ein Musterbeispiel für angewandte Mikroklimatologie, wie HOFMANN (1990) in seinem „Meteorologischen Instrumentenpraktikum" so eindrucksvoll zeigt. Aus diesem Grund werden hier die klassischen Messverfahren, die noch Einblick in ihre Arbeitsweise geben und damit einen „Erlebniswert" (STEUBING und FANGMEIER 1991) besitzen, etwas breiter behandelt, als es ihrer heutigen Bedeutung entspricht. Detaillierte, insbesondere anwendungsbezogene Einzelheiten über die meteorologische Messtechnik findet man in mustergültiger Form in den VDI-Richtlinien 3786 (Meteorologische Messungen) Blatt 1 bis 16 (vgl. Seite 433).

8.1 Temperatur

Celsius, Anders (Astronom)
* 27.11.1701 in Uppsala
† 25.4.1744 in Uppsala
Professor für Astronomie und Direktor der Sternwarte in Uppsala. 1742 hat er die nach ihm benannte Thermometerskala entwickelt, interessanterweise mit 100 ° auf dem Eispunkt und 0 ° auf dem Siedepunkt. C.v. Linné hat die Skala später umgekehrt.

Bevor das Instrumentarium zur Messung der Temperatur besprochen wird, sei kurz auf die Einheiten eingegangen, in denen Temperaturen üblicherweise angegeben werden. Die am häufigsten benützte Skala ist die nach **Celsius** (°C). Sie ist nach dem Gefrierpunkt und Siedepunkt reinen Wassers unter Normaldruck (1013,2 mbar) definiert. Der Gefrierpunkt ist zu 0 °C, der Siedepunkt zu 100 °C festgelegt.

Obwohl die Celciusskala heute international die amtliche Skala ist, findet man in Datensammlungen aus den angelsächsischen Ländern noch oft die Skala nach **Fahrenheit** (°F).

Die Umrechnung zwischen Celsius-Graden und Fahrenheit-Graden erfolgt mit Hilfe der Formeln

$$°C = \frac{5}{9} * (°F - 32) \text{ und } °F = 32 + \frac{9}{5} °C$$

Früher wurde auch noch die Temperaturskala nach REAUMUR benützt, die aber heute so gut wie nirgends mehr Verwendung findet. Für verschiedene Zwecke ist es sinnvoll, die Temperatur im Absolutmaß anzugeben, z.B. bei Berechnungen der Ausstrahlung nach der Gleichung auf Seite 170. Ihre Einheit heißt Kelvin (K).

Zwischen der Skala nach Celsius und der absoluten gelten folgende Umrechnungen:

$$K = °C + 273{,}15 \text{ und } °C = K - 273{,}15$$

Temperaturdifferenzen werden überwiegend in K angegeben. Da sich °C und K nur um ein Additionsglied unterscheiden, das sich bei der Subtraktion weghebt, entspricht in diesem Fall 1 K zahlenmäßig 1 °C.

In der Meteorologie werden zur Messung der Temperatur meist die folgenden vier physikalischen Effekte benützt, die alle eine besonders empfindliche Temperaturabhängigkeit besitzen:

- Ausdehnung von Flüssigkeiten und festen Körpern,
- Änderung des elektrischen Widerstandes,
- Thermoelektrischer Effekt,
- Strahlungsemission nach dem **Planckschen Gesetz**.

Die beiden ersten werden überwiegend für meteorologische Standardmessungen und die letzten fast ausschließlich für Sondermessungen benützt.

8.1.1 Flüssigkeitsthermometer

Das klassische und bekannteste Instrument zur Temperaturmessung ist das Flüssigkeitsthermometer, das wahrscheinlich um 1611 von **Galilei** erfunden wurde. Es enthält Quecksilber, Toluol oder Alkohol. Die Thermometerflüssigkeit steigt beim Ausdehnen in einer engen Kapillare hoch. Die Länge des Flüssigkeitsfadens zeigt daher die Temperatur an. Sie kann an einer Skala unmittelbar abgelesen werden. Zur Messung von Temperaturen unter –30 °C sind quecksilbergefüllte Thermometer nicht geeignet, weil die Flüssigkeit bei –39 °C fest wird und die Instrumente daher ab etwa –30 °C rasch an Genauigkeit verlieren. Andererseits können Alkoholthermometer bei hohen Temperaturen fehlerhafte Werte an-

Fahrenheit, Gabriel Daniel
(Instrumentenbauer und Physiker)
* 14.5.1686 in Danzig
† 16.9.1736 in Den Haag
1736 hat er das Quecksilberthermometer erfunden und mit der nach ihm benannten Skala versehen.

Réaumur, Réne-Antoine
(Physiker und Biologe)
* 28.2.1683 in La Rochelle
† 17.10.1757 in Bermondiere
Mitglied der Acad. Paris.
Erfand das Alkoholthermometer und das Réaumursche Porzellan.

Thomson, Sir William, ab 1892 Lord Kelvin of Largs
(Physiker)
* 26.6.1824 in Belfast
† 17.12.1907 in Netherhall/Schottland
Professor für Physik in Glasgow.
1848 hat er den 2. Hauptsatz der Thermodynamik aufgestellt und den absoluten Nullpunkt definiert.

zeigen, wenn sich durch Destillation Tröpfchen in der Kapillare oberhalb des Alkoholfadens ansammeln.

Bei guter Pflege und sorgsamem Umgang entsprechend den Anleitungen der Hersteller behalten Flüssigkeitsthermometer über Jahre hinweg ihre Genauigkeit. Diese beträgt bei zertifizierten Instrumenten üblicherweise $^1/_{10}$ K. Solche Geräte haben allerdings ihren Preis. Bei billigen Thermometern muss man entsprechende Genauigkeitsabstriche hinnehmen.

Zur Registrierung sind Flüssigkeitsthermometer nicht geeignet. Es gibt jedoch Konstruktionen, die den höchsten bzw. tiefsten Temperaturwert seit der letzten Ablesung und Neueinstellung zu konservieren gestatten. Sie heißen **Maximum-** bzw. **Minimumthermometer**. Das Maximumthermometer arbeitet wie das bekannte Fieberthermometer. Wie in Abb. 175 (unten) gezeigt, befindet sich innerhalb der Kapillare eine Engstelle (E), durch die bei steigender Temperatur das Quecksilber hindurchgedrückt wird. Bei fallender Temperatur dagegen reißt der Faden dort ab und markiert auf diese Weise den höchsten Wert.

Im gezeichneten Fall ist die Temperatur nach der letzten Einstellung bis auf 23,8 °C gestiegen und dann wieder gefallen. Die Quecksilbersäule hat sich dabei bis zur Marke 23,8 ausgedehnt. Beim darauf folgenden Temperaturrückgang ist sie dann an der Engstelle abgerissen, der ausgetretene Quecksilberfaden ist jedoch stehengeblieben. Zum Zurückstellen schleudert man das Maximumthermometer mit nach außen gehaltener Kugel, dabei wird der abgerissene Faden von der Zentrifugalkraft durch die Engstelle hindurchgetrieben.

Beim Minimumthermometer Abb. 175 (oben) befindet sich im klaren Alkoholfaden ein dunkler, hantelförmiger Stift (S). Liegt das Thermometer waagerecht, so wird der Stift bei sinkender Temperatur von der Oberflächenspannung des Fadens zurückgeschoben. Steigt sie, so fließt der Alkohol am Stift vorbei, ohne ihn zu bewegen. Auf diese Weise kann immer der tiefste Wert abgelesen werden. Im Fall der Abb. 175 ist die Temperatur nach der letzten

Abb. 175
Maximum- und Minimumthermometer. E = Engstelle, S = Anzeigestift (Erläuterungen im Text).

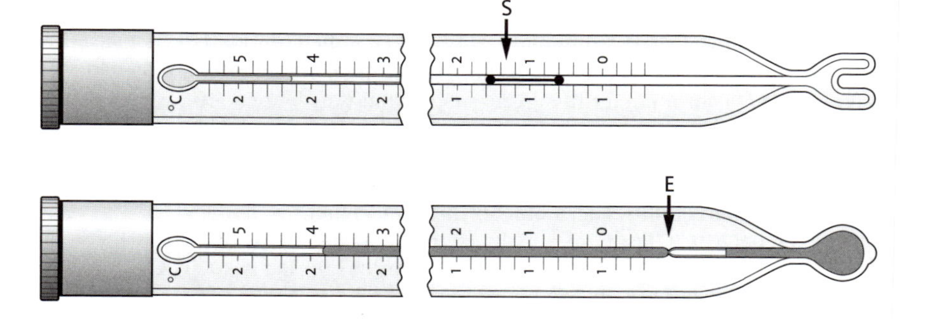

Einstellung auf 11,6 °C gesunken. Der Alkoholfaden hat den Stift entsprechend weit mit zurückgenommen. Anschließend ist sie, wie man sieht, wieder auf 24,3 °C gestiegen. Zum Zurückstellen neigt man das Thermometer mit dem Vorratsgefäß nach oben, so dass der Stift bis zum Ende des Alkoholfadens rutschen kann. Das Instrument ist dann erneut messbereit. **Aus der Funktionsweise der Extremthermometer ist leicht einzusehen, dass sie zur Messung waagrecht liegen müssen.**

8.1.2 Bimetallthermometer

In den Fällen, in denen man mit den Extremtemperaturen nicht auskommt, muss man den Verlauf der Temperatur mit Hilfe eines Registriergerätes aufzeichnen. Das klassische Instrument für diesen Zweck ist der **Bimetallthermograph**. Abb. 176 zeigt den prinzipiellen Aufbau des Gerätes.

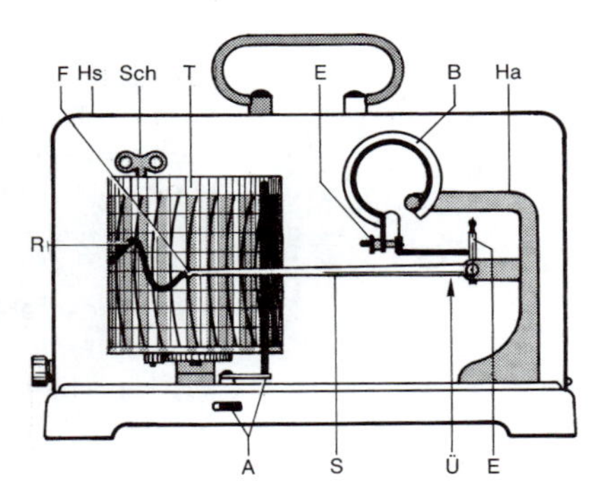

Abb. 176
Thermograph (schematisch). B = Bimetallring, Ha = Halterung, Ü = Hebelmechanismus, F = Schreibfeder, S = Schreibarm, T = Registertrommel, R = Registrierschrieb, Sch = Schlüssel zum Aufziehen des Uhrwerkes, A = Hebel zum Anhebend des Schreibarmes, E = Eichschrauben, Hs = Schutzgehäuse (nach LAMBRECHT*, Göttingen).*

Er besitzt als Messelement einen Bimetallring (B). Das sind zwei fest miteinander vernietete, verschweißte oder verlötete gebogene Metallstreifen (hier hell bzw. dunkel dargestellt), deren Wärmeausdehnung verschieden groß ist. Jede Temperaturänderung bewirkt infolgedesssen ein Verbiegen des Bimetallrings. Er ist mit Hilfe der Halterung (Ha) am Thermographen befestigt. Ein Hebelmechanismus (Ü) überträgt die Formänderung auf einen mit einer Schreibfeder (F) bestückten Schreibarm (S). Die Feder liegt auf einer von einem Uhrwerk angetriebenen, mit Registrierpapier belegten Metalltrommel (T) und hinterlässt dort eine dem Temperaturverlauf entsprechende Registrierspur, den so genannten Schrieb (R). Mit Hilfe des fest eingebauten Schlüssels (Sch) wird das Uhrwerk aufgezogen. Mit dem Hebel (A) lässt sich die Feder vom Registrierpapier abheben, um den Papierwechsel zu erleichtern. Mit den Schrauben (E) wird das Gerät geeicht. Die gesamte Mechanik befindet sich unter einem Schutzgehäuse (Hs). Aufgrund der komplizierten Mechanik, die eine erhebliche Amplitudenvergrößerung bewirken muss, liegt die Messgenauigkeit des Thermographen weit unter der eines Flüssigkeitsthermometers. Die Anzeigenfehler betragen auch bei sorgfältiger Wartung 0,5 bis 1 K.

– Aufgrund ihrer Robustheit und ihrer geringen Störanfälligkeit werden Bimetall-Thermographen auch heute noch vielfach eingesetzt.

8.1.3 Widerstandsthermometer

Von den elektrischen Messverfahren ist das **Platin-(Pt)-100-DIN-Verfahren** besonders verbreitet. Die Temperatur wird dabei über die Änderung des elektrischen Widerstandes eines genormten Platindrahtes gemessen. Genauere Angaben darüber findet man in der DIN 43 760.

Platinthermometer gibt es in den verschiedensten Ausführungen und Bauformen. Früher wurden die Platindrähte ausschließlich in unterschiedlich große Glasstäbchen eingeschmolzen. Abb. 177 zeigt unter 5 bis 7 einige Beispiele. Heute werden sie meist in kleine Keramikplättchen oder -zylinder eingebrannt geliefert. Mit dieser Technologie war auch eine Miniaturisierung der Fühler möglich. So werden inzwischen Platinthermometer mit einer Größe von nur 1 mm² und einer Dicke von ½ mm angeboten. Sie sind deshalb insbesondere für ökologisch orientierte Fragestellungen sehr gut geeignet.

Auch flexible Platinthermometer, bei denen der Draht in eine weiche Silikonfolie eingebettet ist, sind auf dem Markt. Mit ihnen lassen sich Oberflächentemperaturen an gewölbten Oberflächen bequem und sicher messen.

Die Registrierung der von den Platinthermometern gelieferten Messsignale erfolgt heute praktisch nur noch nach der so genannten Vierleiterschaltung, bei der Störeinflüsse und Leitungswiderstände in den Messkabeln praktisch restlos unterdrückt werden können. Die Genauigkeit der Platinthermometer ist in dem in der Meteorologie interessierenden Temperaturbereich je nach Güteklasse der Fühler besser als 0,1 bis 0,2 K. Einzelheiten sind in der DIN 43 760 festgelegt.

8.1.4 Messfehler bei der Temperaturmessung

Bei der Temperaturmessung kann sich eine Reihe von Messfehlern einschleichen. Neben den trivialen Fehlern wie Alterung der Geräte, falsche Ablesung, unkorrekte Eichung oder – bei den

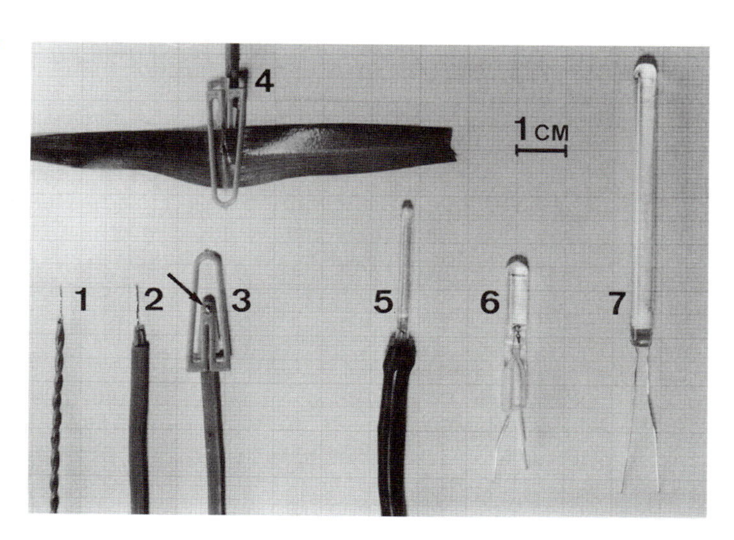

Abb. 177 *Verschiedene Ausführungsformen von Thermoelementen (1 bis 4) und Pt-100-DIN-Thermometern (5 bis 7) (nach Larcher und Häckel 1985).*

elektrischen Verfahren – Anschlussfehler sind es vor allem die Strahlungsfehler, die zu unbrauchbaren Messwerten führen. Um sie zu verstehen, müssen wir uns klarmachen, dass jedes Thermometer stets nur seine eigene Temperatur anzeigt, nicht die der umgebenden Luft. Nur wenn es gelingt, das Thermometer auf die Temperatur der Luft zu bringen, misst es das, was wir haben wollen.

Wie wir wissen, wird jeder Körper, auf den die Sonne scheint, wärmer als die umgebende Luft. Das gilt auch für Thermometer. Ein Instrument, das der Strahlung ausgesetzt ist, zeigt also immer unsinnig hohe Werte an. Es muss nicht unbedingt die direkte Sonnenstrahlung sein, auch die diffuse Himmelsstrahlung führt bereits zu Fehlern. Umgekehrt kühlt sich ein Thermometer in der Nacht aus den bekannten Gründen unter die Lufttemperatur ab und zeigt deshalb zu tiefe Werte an.

Strahlungsfehler beseitigt man dadurch, dass man die Geräte in so genannten **Wetterhütten**, auch englische Hütten genannt, unterbringt. Diese müssen nicht nur die fehlerbringende Zu- und Abstrahlung verhindern, sondern auch ausreichend luftdurchlässig sein. Die amtliche Hütte, die in Abb. 178 gezeigt ist, besteht aus einem weiß lackierten, rundum mit Jalousien versehenen Kasten mit einem abgeschrägten Dach und weitgehend offenem Boden. Sie wird auf einem Gestell so montiert, dass die Messgeräte in eine Höhe von 2 m zu stehen kommen.

Die Wetterhütte wird so aufgestellt, dass die beiden Türen nach Norden weisen. Die Jalousien sind pagodenförmig angeordnet, so dass auch keine vom Erdboden reflektierte Strahlung eindringen kann. Für Sonderuntersuchungen gibt es auch kleine Wetterhütten.

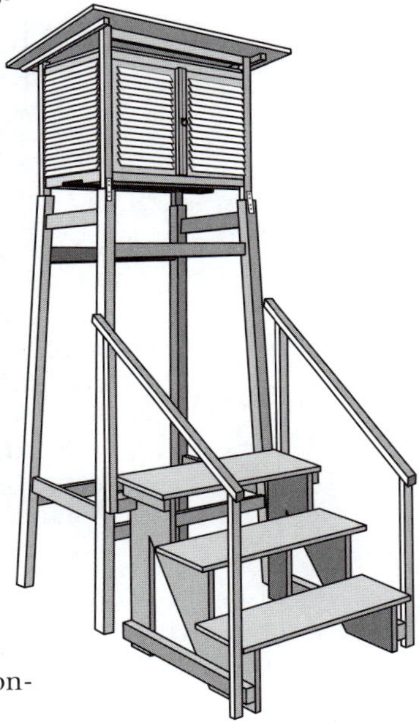

Abb. 178
Die amtliche Wetterhütte (neuerdings muss die Treppe mit einem Geländer versehen sein).

Neben der Strahlung übt auch der Erdboden als Energieumsatzfläche einen Einfluss aus. Um ihm zu entgehen, hat man für die Standardmessung die **Messhöhe** von 2 m über kurz geschnittenem Gras festgelegt. Über weitere Fehlerquellen informieren z. B. Hofmann (1990) und Cernuska (1982).

An gut bewindeten Stellen reicht als Strahlungsschutz die **Kugelhütte** nach Baumbach aus. Sie besteht, wie Abb. 179 zeigt, aus mehreren ineinandergebauten Halbkugelschalen. Diese sind aerodynamisch so aufeinander abgestimmt, dass an der Stelle, wo das Thermometer (M) sitzt, eine Windgeschwindigkeit von knapp 75 % der Außengeschwindigkeit herrscht. Damit soll gewährleistet werden, dass die Überwärmung des Thermometers infolge nicht restlos ferngehaltener Strahlung von der vorbeistreichenden Luft über den Austausch fühlbarer Wärme „mitgenommen" wird.

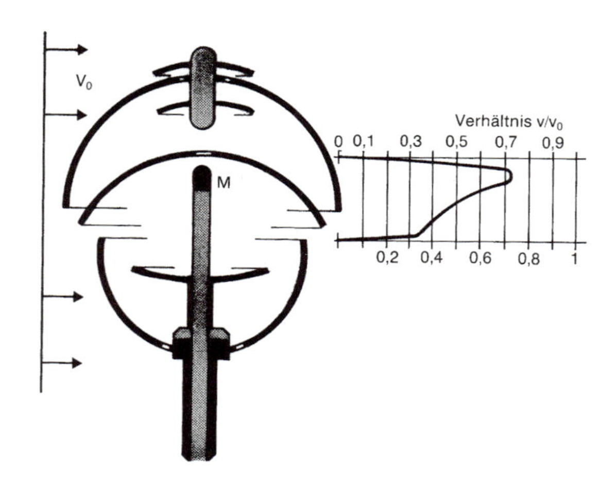

Abb. 179
Querschnitt durch eine Strahlungsschutzhütte (Kugelhütte, nach Baumbach) mit Windverteilung im Innern des Gerätes. M = Messfühler, v_0 = Freilandgeschwindigkeit, v = Windgeschwindigkeit am Ort des Messfühlers (nach Lambrecht, Göttingen).

Darüber hinaus gibt es ähnliche , meist „pagodenförmig" anmutende Konstruktionen.

In jedem Fall zuverlässig arbeiten Messgeräte mit künstlicher Ventilation, wie das in Abb. 180 gezeigte, das von Frankenberger entwickelt wurde. Es besteht aus einem Haltekopf (K), an dem das Thermometer (T) – vor der Sonnenstrahlung durch ein doppeltes, hochglanzverchromtes Rohr (R) geschützt – befestigt ist. (Beim linken Thermometer ist das Schutzrohr abgenommen.) Die Bewindung erfolgt durch einen elektrisch angetriebenen Ventilator (V), der Luft durch die Strahlungsschutzrohre über das Halterohr (H) nach oben saugt. (S) ist das Stromkabel für den Ventilator.

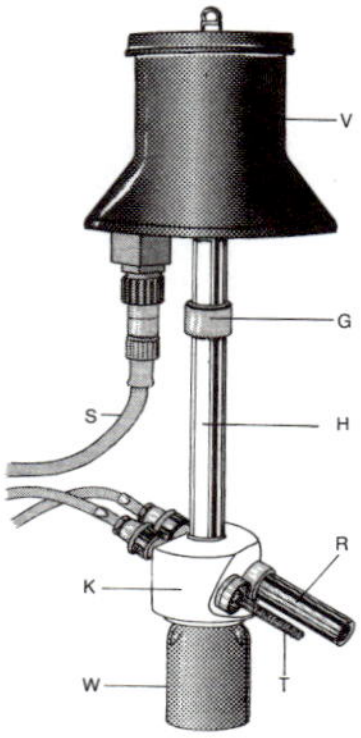

Für Messungen innerhalb von Pflanzenbeständen kann man das Instrument am Halterohr (G) auseinanderschrauben und Ventilator und Messteil über einen bis zu einige Meter langen dicken Plastikschlauch verbinden. Damit braucht nur mehr der eigentliche Thermometerteil am Messort montiert zu werden. Das Frankenberger-Gerät gewährleistet einen sehr guten Strahlungsschutz. Wegen des elektrischen Antriebs ist es auf das Vorhandensein von Strom angewiesen. Das in Abb. 180 gezeigte Gerät besitzt zwei Thermometer. In dieser Form dient es neben der Temperatur- auch der Feuchtemessung und heißt dann **Psychrometer**. Seine Funktionsweise wird auf Seite 391 besprochen.

Abb. 180
Psychrometer (nach Frankenberger). V = Ventilationsmotor, G = Schraubgewinde, H = Halterohr, K = Messkopf, W = Wasservorratsgefäß, T = Thermometer, R = Strahlungsschutzrohr, S = Stromzuführung für Ventilationsmotor (Erläuterungen im Text).

8.1.5 Thermoelemente

Für Temperaturmessungen an kleinen Objekten benötigt man sehr feine Fühler, die nur einen geringen oder noch besser überhaupt keinen Strahlungsschutz verlangen, damit das Mikroklima nicht mehr als unbedingt notwendig gestört wird. Dafür bietet sich neben dem Platinverfahren das **thermoelektrische Messprinzip** an, das anhand der Abb. 181 erläutert werden soll. Die Thermoelemente bestehen, wie im oberen Teil gezeigt, aus einem Draht (D_1), an dessen beiden Enden je ein zweiter Draht (D_2) aus einem anderen Material angelötet, angeschweißt oder angedrillt ist. Haben die beiden Verbindungsstellen (V_1 und V_2) verschiedene Temperaturen, so tritt an den beiden freien Enden der Drähte D_2 eine elektrische Spannung auf, die nach Vorzeichen und Größe der Temperaturdifferenz proportional ist. Das Messgerät (M) zeigt sie an.

Thermoelemente messen immer nur **Temperaturdifferenzen,** was jedoch für manche Fragestellungen einen besonderen Vorzug darstellt. Kommt es darauf an, absolute Werte zu erhalten, so muss eine der beiden Verbindungsstellen, die man gerne „Vergleichsstelle" nennt, auf eine bekannte und konstante Temperatur gebracht werden. Dazu verwendet man am besten ein kleines, auf 0 °C einstellbares Thermostatgerät (Abb. 181 Mitte) oder heizt die Vergleichsstelle auf eine konstante Temperatur auf, die dann in der Eichung berücksichtigt wird. Weniger empfehlenswert ist das früher häufig praktizierte Temperieren mit einem Eis-Wasser-Gemisch, weil es sich nur schwer auf dem Sollwert von 0 °C halten lässt. Es gibt auch eine rein elektrische Methode, Thermoelemente für Absolutmessungen benützbar zu machen.

Thermoelemente werden aus Materialien aufgebaut, die besonders hohe Thermospannungen liefern. Für den häufig notwendigen Eigenbau solcher Messfühler – bei CERNUSKA (1982) findet man eine detaillierte Bauanleitung – empfehlen sich Kupfer und Konstantan, die sich hervorragend löten lassen. Diese Kombination liefert eine Spannung von 43 µV/K. Da die Thermospannungen sehr klein sind, stellt das Verfahren hohe Ansprüche an die elektrischen Mess- und Registriereinrichtungen.

Zur Erhöhung der Messspannung lassen sich mehrere Thermoelemente zu einer so genannten **Thermobatterie** hintereinanderschalten (Abb. 181 unten). Die dabei erreichte Spannung ist gleich der Spannung des Einzelelements mal der Zahl der verwendeten Exemplare. Nimmt man wie in Abb. 181 vier Elemente, so erhält man die 4fache Spannung. Montiert man die Messstellen der hintereinandergeschalteten Elemente an verschiedenen Messorten, während man alle Vergleichsstellen auf 0 °C hält, und dividiert die gemessene Spannung durch die Zahl der Elemente, so erhält man daraus sofort die mittlere Temperatur aller Messpunkte.

Thermoelemente kann man sehr klein bauen. Abb. 177 (1, 2, 3) zeigt einige Ausführungen. Bei der Bauform (3) ist die punktförmige Lötstelle auf einer Plastikbriefklammer montiert. Man

— Neben dem Frankenbergerschen Gerät gibt es noch eine Vielzahl anderer Konstruktionen, bei denen der Strahlungsfehler von Thermometern mit Hilfe künstlicher Ventilation verringert wird. Es sind auch Instrumente mit erheblich kleineren Abmessungen auf dem Markt.

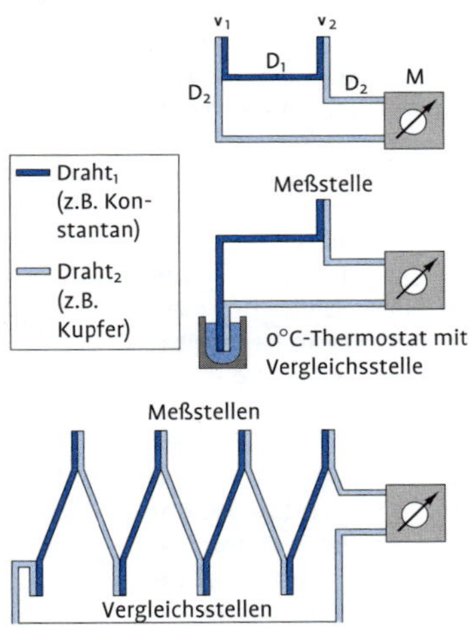

Abb. 181
Thermoelektrische Temperaturmessung. Oben: Prinzip eines Thermoelementes. Mitte: Thermoelement mit thermostatisierter Vergleichsstelle. Unten: vierarmige Thermobatterie (Erläuterungen im Text).

kann sie so unmittelbar auf Blätter schieben (4). In Form von Thermonadeln lassen sie sich in die Messobjekte einstechen. Wegen ihrer Feinheit und damit großen Wärmeübergangszahl sind Thermoelemente auf Strahlungsfehler nur wenig anfällig. Verwendet man sehr dünnes, blankes Thermoelementmaterial (hohe Albedo; vgl. Seite 193), so kann man (große Wärmeübergangszahl; vgl. Seite 368) auf einen Stahlungsschutz meist ganz verzichten.

Thermoelemente und Thermobatterien lassen sich leicht selbst bauen und damit auf individuelle Fragestellungen ausrichten. Ein wichtiger Tipp für Selbstbauer: Infolge der extrem niedrigen Thermospannungen reagiert dieses Messverfahren sehr empfindlich auf Störungen von außen. Häufig verursachen Restspannungen aus dem Stromnetz so genannte „Brumm-Einstreuungen". Sie äußern sich durch ein unruhiges, brummendes Zittern analoger Registriereinrichtungen bzw. durch stark schwankende oder völlig unsinnige Messwerte bei digitaler Datenaufnahme. Neben sorgfältigem Abschirmen der Messleitungen hilft häufig eine Erdung des gesamten Systems. Die Hersteller der Datenaufnehmer geben darüber hinaus Hinweise zur Beseitigung solcher Probleme.

8.1.6 Strahlungsthermometer

Das thermoelektrische Messverfahren hat den Nachteil, dass ein unmittelbarer, möglichst fester Kontakt zwischen dem Messfühler und dem Messobjekt notwendig ist, was den Wärmehaushalt an der Messstelle stören und zu fehlerhaften Ergebnissen führen kann. Völlig ohne Berührung der zu vermessenden Oberfläche kommt dagegen das Strahlungsthermometer aus.

Dieses Instrument nutzt den Effekt, dass jeder Körper entsprechend seiner Oberflächentemperatur Strahlung aussendet. Es misst diese Strahlung und errechnet daraus mit Hilfe des Stefan-Boltzmann-Gesetzes (s. Seite 170) die Temperatur. Leider haben die einzelnen Materialien unterschiedliche Emissionseigenschaften (ε-Werte).

Man hat daher beim Strahlungsthermometer eine Materialkorrektur zu berücksichtigen. Bei Pflanzenoberflächen liegen die ε-Werte nahe an 1,0. Verschiedene Stoffe besitzen jedoch erheblich kleinere Werte (s. Tab. 10 auf Seite 174).

Bei sorgfältigem Umgang hat das Strahlungsthermometer eine Genauigkeit von 1 bis 2 K, die durch rechnerische Fehlerkorrektur in günstigen Fällen noch bis etwa 0,2 K verbessert werden kann. Tastet man das zu untersuchende Objekt mit einer geeigneten Einrichtung Punkt für Punkt und Zeile für Zeile ab, so erhält man ein Thermobild, auf dem sich warme und kalte Stellen entweder durch verschiedene Farbgebung oder nach der Dichte der Schwärzung unterscheiden lassen.

Verfahren dieser Art eignen sich sehr gut zur Fernerkundung auch über Satelliten und zur großflächigen Bestimmung von Temperaturverteilungen. Einzelheiten findet man bei Lillesand und Kiefer (1994).

8.1.7 Messungen der Temperatur im Erdboden

Je nachdem, ob man sich mit Momentanwerten begnügt oder ob man den Verlauf der Erdbodentemperatur haben muss, kann man sich auf Flüssigkeitsthermometer beschränken, oder aber man muss elektrische Thermometer einsetzen. Von den elektrischen Thermometern ist für die Messung im Erdboden das Pt-100-Verfahren sehr gut geeignet.

Flüssigkeitsthermometer für die Bodentemperaturmessung gibt es in zwei Ausführungsformen. Für Tiefen bis zu 20 cm benützt man fest in den Boden eingebaute Quecksilberthermometer mit entsprechend langem Rohr. Damit leichter abgelesen werden kann, sind diese über dem Erdboden schräg abgeknickt und zum Schutz vor Brüchen in ein Stativ eingespannt. In dieser Form gibt es Erdbodenthermometer auch in Maximum- und Minimumausführung.

Für Tiefen ab 50 cm werden in einen Holz- oder Kunststoffstab eingelassene Thermometer verwendet. Am Messplatz schlägt man ein Kunststoffrohr in den Boden, das gerade etwas dicker ist als der Stab. In dieses Rohr wird das Bodenthermometer hinuntergelassen. Zum Ablesen zieht man es aus dem Boden heraus.

Für Tiefen über 1 m werden die Thermometer an einer Kette in den Boden hinuntergelassen. Bei allen Bodenthermometern ist guter Bodenkontakt wichtigste Voraussetzung für brauchbare Messergebnisse. Durch Schrumpfen und Quellen mancher Böden, besonders aber durch die Frosthebung im Winter, kann sich die Messtiefe des Thermometers ändern. Diese Vorgänge haben auch schon manchem festmontierten Glasthermometer ein vorzeitiges Ende beschert.

Aus dem gleichen Grund dürfen auch Pt-100-Thermometer nicht in ungeschützter Form in den Boden gebracht werden. Vielmehr baut man sie, eingebettet in eine gut wärmeleitende Substanz, wasserdicht in nichtrostende Stahlröhrchen ein. Zur Montage hebt man ein Loch mit möglichst senkrechten Wänden aus und schiebt dann die Thermometer von dort aus waagerecht in den ungestörten Boden. Danach wird das Loch wieder zugefüllt und möglichst festgetreten, damit die Wärmeleitungseigenschaften des Bodens nicht allzusehr gestört werden.

■ Flüssigkeitsthermometer zur Messung der Temperatur im Erdboden sind so konstruiert, dass sie auf Temperaturänderungen nur sehr langsam reagieren. Auf diese Weise wird vermieden, dass sich beim Herausziehen die Anzeige wesentlich verändert. Dennoch gilt für den Beobachter der Grundsatz: „Erst die Zehntelgrad ablesen, dann die ganzen".

8.2 Niederschläge und Beschläge

Der Niederschlag gehört zu den schon am längsten beobachteten meteorologischen Elementen. Bereits vor 5 000 Jahren ließen die chinesischen Herrscher den Regen in Behältern sammeln und messen. Aus alten Aufzeichnungen weiß man auch, dass zur Zeit vor Christi Geburt in Indien und Israel der gefallene Regen systematisch aufgezeichnet wurde. Ab 1533 sind auch Niederschlagsmessungen aus Chile bekannt. Die ersten genaueren Messungen jedoch, zumindest aus dem europäischen Bereich, sind erst für das Jahr 1677 in Lancashire in England belegt. Aus England, und zwar aus Kew bei London, stammt auch die längste Niederschlagsmessreihe der Welt. Sie begann 1697 und wird bis heute ununterbrochen fortgeführt.

Das erste internationale Klimanetz, das auch den Niederschlag in seinem Beobachtungsprogramm enthält, wurde 1780 von Kur-

Abb. 182
Regenmesser aus dem Messnetz der Societas Meteorologica Palatina, dem von Kurfürst Karl Theodor ins Leben gerufenen ersten internationalen Klimamessnetz.

fürst Karl Theodor von Bayern und der Pfalz ins Leben gerufen. Es umfasste 39 Stationen und reichte von Massachusetts (USA) bis zum Ural und von Grönland und Südskandinavien bis nach Italien.

Heute gibt es in der Bundesrepublik 4500 haupt- und nebenamtliche Niederschlagsmessstationen. Damit besitzt das deutsche Messnetz für Niederschläge eine Maschenweite von nur 9 ∗ 9 km. Diese hohe Netzdichte ist erforderlich, weil die Niederschläge, besonders die kurzzeitigen Schauer, erhebliche lokale Unterschiede aufweisen. Wer hätte nicht schon selbst beobachtet, wie vor der eigenen Haustür ein Wolkenbruch niedergegangen ist, während nur wenige Kilometer weiter kein Tropfen Regen fiel. Außerdem trägt auch die starke Beeinflussung durch Stau- und Leewirkung dazu bei, dass die Niederschläge von Ort zu Ort außerordentlich unterschiedlich ausfallen.

Angegeben wird der Niederschlag in **mm Niederschlagshöhe** oder kurz mm. Man denkt sich dazu, dass der gefallene Niederschlag weder versickert noch verdunstet, sondern einen See bildet. Seine Tiefe in mm ergibt die Einheit mm Niederschlagshöhe. 1 mm entspricht 1 l/m^2 oder 10 m^3/ha.

8.2.1 Niederschlagsmesser

Das Standardmessgerät für den Niederschlag ist der Regenmesser nach Hellmann. Abb. 183 zeigt das Instrument. Er besteht aus einem Schutzgehäuse (S), auf das das Auffanggefäß (A) aufgesetzt ist. Dieses besitzt an seinem oberen Ende einen nach innen abgeschrägten Rand, der eine kreisförmige Auffangöffnung (F) von 200 cm^2 freilässt. Im Auffanggefäß befindet sich ein mit der Wand verlöteter Trichter (T), dessen Ausflussrohr unmittelbar in den Hals der darunterstehenden Sammelkanne (K) reicht. Das Instrument steht auf einer Haltevorrichtung (H), die an einen Holzpfahl (P) oder ein Eisengestell geschraubt ist.

Zur Messung des aufgefangenen Niederschlage hebt man das Auffanggefäß ab und entleert die Sammelkanne in einen Messzylinder. Dieser ist bereits in mm Niederschlagshöhe geeicht, so dass keine lästigen Umrechnungen mehr nötig sind.

– Besondere Probleme bereitet die Niederschlagsmessung insbesondere im geneigten Gelände. Wie schon auf Seite 351 gesagt, gibt es Gründe dafür, die Auffangfläche hangparallel zu montieren. Da eine solche Maßnahme aber vor allem im steileren Gelände zu Fehleinschätzungen des gefallenen Niederschlages führen würde, werden die Geräte weltweit mit waagerechter Öffnung aufgestellt.

Obwohl die Messung des Niederschlages ein scheinbar einfaches und sicheres Verfahren ist, enthält es doch eine ganze Reihe von **Fehlermöglichkeiten**. Einen Teil davon versucht man durch konstruktive Maßnahmen bei der Gestaltung des Messgerätes zu beseitigen. Dazu gehört der abgeschrägte Rand an der Auffangöffnung. Er soll verhindern, dass Regentropfen, die der Wind an die Innenwand des Auffanggefäßes schleudert, beim Aufprallen wieder teilweise herausspritzen. Die gleiche Absicht verfolgt man, wenn man das Auffanggefäß so auffällig hoch macht: Regentropfen, die auf den Trichter fallen, dürfen nicht wieder nach oben herausspritzen. Das gilt erst recht für Hagelkörner, die mit großer Geschwindigkeit (s. Seite 137) aufschlagen und leicht zurückspringen. Auch hierbei leistet der schräge Rand noch einmal gute Dienste.

Schließlich ist der Niederschlagsmesser so konstruiert, dass aus der Sammelkanne möglichst wenig Wasser verdunsten kann. Dazu wird sie innerhalb des Schutzgehäuses untergebracht, wo sie sich, abgeschirmt von der Sonnenstrahlung, nur wenig erwärmen kann. Auch die Aufstellungsvorschrift, die eine Montage des Gerätes auf der nördlichen Seite des Pfahles verlangt, zielt in diese Richtung. Schließlich soll der enge Hals der Sammelkanne die Verdunstung reduzieren helfen.

Dennoch können sich bei der Bedienung des Gerätes noch gravierende **Messfehler** einschleichen. Das beginnt damit, dass das Gerät an einem ungeeigneten Platz aufgestellt wird. Wenn es zu nahe an Bäumen, Sträuchern oder Gebäuden steht, wird der Niederschlag je nach Windrichtung abgehalten oder durch Leewirbel in verstärktem Maße eingetragen. In jedem Fall ist dann die Messung mit einem kaum abschätzbaren Fehler behaftet. Als Faustregel gilt, dass Hindernisse mindestens so weit weg sein müssen, wie sie hoch sind, besser noch weiter. Beim Aussuchen eines geeigneten Standortes sollte man auch daran denken, dass Bäume und Sträucher im Laufe der Zeit größer werden. Auch ein völlig windoffener Standort hat seine Tücken. Der Niederschlagsmesser beeinflusst nämlich das Strömungsfeld in der Form, dass Regen, vor allem aber Schnee über die Auffangfläche weggetragen wird, anstatt hineinzufallen. Man hat, um diese Fehler abschätzen zu können, Windschutzeinrichtungen um die Niederschlagsmesser herum aufgebaut und die Messergebnisse geschützter und ungeschützter Geräte miteinander verglichen. Dabei zeigten sich an stark windexponierten Standorten Unterschiede bis zu 20 %.

Die Verdunstungsverluste kann man noch weiter reduzieren, wenn man auf einen sauberen, lückenlosen Außenanstrich achtet. Wird nur in längeren Zeitabständen abgelesen, so verhindern einige Tropfen Öl in der Sammelkanne die Verdunstung. Auch beim Ablesen des Messglases können sich Fehler einschleichen, wenn man es schräg hält oder schief blickt. Man sollte das Glas dazu am oberen Rand halten und frei hängen lassen.

Gute Messwerte erhält man nur, wenn man jeden Tag zur gleichen Zeit abliest. Im amtlichen Klimanetz wird der Niederschlag jeweils um 7 Uhr abgelesen. Der gemessene Wert wird dann dem Vortag zugerechnet.

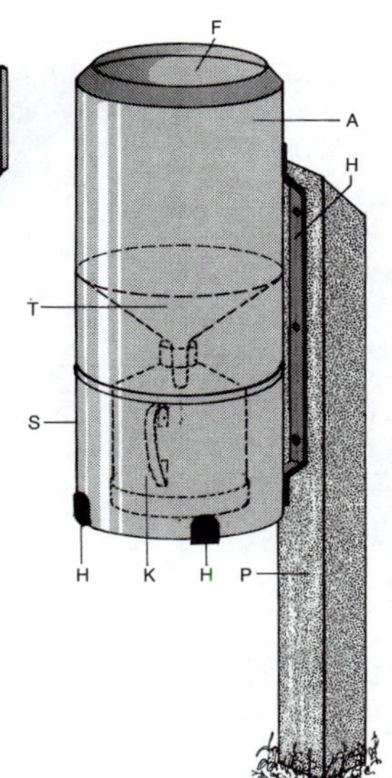

Abb. 183

Regenmesser (nach HELLMANN). F = Auffangöffnung, A = abnehmbares Auffanggefäß mit eingebautem Trichter (T), K = Sammelkanne, S = Schutzgehäuse, H = Halterung, P = Montagepfahl, T = Trichter, B = Schneekreuz (Erläuterungen im Text).

Hellmann, Gustav J. G.
Meteorologe und Klimatologe
* 3.7.1854 in Löwen (Schlesien)
† 21.2.1939 in Berlin
Professor in Berlin, Leiter des preußischen Meteorologischen Institutes.
Arbeiten: meteorologische Messtechnik, moderne Klimatologie.

Bei Schneefall muss man in das Auffanggerät ein Blechkreuz (B in Abb. 183) einsetzen, das das Herauswehen des Schnees verhindern soll.

Zur Messung wird das gesamte Gerät abgenommen und durch ein Austauschgerät ersetzt. Das abgenommene stellt man, mit einem Deckel versehen (Verdunstungsschutz!), in einen kühlen frostfreien Raum. Dort bleibt es, bis der gesamte Schnee geschmolzen ist. Die Messung erfolgt dann wie beim Regen.

Häufig werden, insbesondere im Privatbereich, kleine Kunststoffregenmesser benützt, die Auffang- und Messgefäß in einem sind. Da ihre Konstruktion kaum Möglichkeiten zur Verhütung von Messfehlern zulässt, sollte man sie nur ausnahmsweise verwenden.

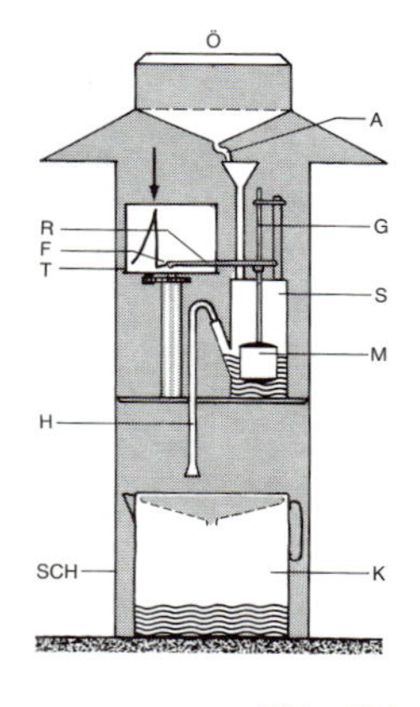

Abb. 184
Registrierender Regenmesser, F = Schreibfeder, Ö = Auffangöffnung, A = Ableitungsschlauch, S = Schwimmergefäß, M = Schwimmer, R = mit dem Schwimmer verbundener Schreibarm, G = Führungsgestänge für Schreibarm, T = Registriertrommel mit Schrieb, H = Heberohr zum automatischen Entleeren des Schwimmgefäßes, K = Auffangkanne, SCH = Schwimmergefäß (nach LAMBRECHT, *Göttingen).*

8.2.2 Registrierende Niederschlagsmesser

Wenn nicht nur die Menge des gefallenen Niederschlages, sondern auch der **zeitliche Verlauf der Niederschlagsintensität** interessiert, muss man einen registrierenden Niederschlagsmesser verwenden. In Abb. 184 ist der Aufbau eines solchen Gerätes schematisiert gezeigt. Es besteht wie das Standardinstrument aus einem Auffanggerät mit der Auffangöffnung (Ö). Der durch Ö in das Messsystem gefallene Niederschlag wird vom Ableitschlauch (A) in eine Messkammer (S) geleitet. In ihr befindet sich ein Schwimmer (M), der mit dem Wasserstand hochsteigt. Geführt wird der Schwimmer durch ein Gestänge (G), an dem ein waagerechter Arm (R) mit einer Schreibfeder (F) sitzt. Unter der Schreibfeder dreht sich die mit Registrierpapier belegte Trommel (T).

Je nach der Intensität des Niederschlages steigt der Schwimmer mehr oder weniger schnell hoch und hinterlässt dabei einen entsprechend steil verlaufenden Schrieb auf dem Registrierpapier. Das Papier ist so bedruckt, dass man den pro Zeit gefallenen Niederschlag unmittelbar in mm ablesen kann. Ist das Schwimmergefäß voll, so wird es durch das Heberohr (H) automatisch in die Auffangkanne (K) entleert. Auf dem Schrieb ist dieser Vorgang durch einen senkrechten Strich zu erkennen, wie man ihn an der Trommel (unter dem Pfeil) sieht. Fällt kein Niederschlag, so verläuft der Schrieb waagerecht. Die gesamte Messeinrichtung ist in einem etwa 1,2 m hohen Schutzgehäuse (SCH) untergebracht.

Zur Messung von Schnee ist in die Wände und den Boden des Auffanggefäßes eine Folienheizung eingebaut, die ein verdunstungsfreies Schmelzen ermöglicht. Das Schwimmermessverfahren ist auch zur elektrischen Registrierung geeignet. Dazu wird der Schwimmer mit einem einstellbaren elektrischen Widerstand (Potentiometer) gekoppelt. Der Widerstandswert entspricht dann der Wasserhöhe im Schwimmergefäß. Einzelheiten zu diesem

Verfahren werden im Zusammenhang mit der Messung der Windrichtung gebracht (s. Seite 397). Dieses Messprinzip ist besonders für die Analogregistrierung geeignet. Zur digitalen Datenaufnahme benötigt es noch einen zusätzlichen Analog-Digital-Wandler.

Dieser ist beim so genannten **Wippenprinzip** nicht notwendig. Bei diesem Verfahren wird das aufgefangene Niederschlagswasser in eine so genannte Kippwaage geleitet, die üblicherweise kurz „Wippe“ genannt wird und dem Verfahren seinen Namen gegeben hat. Die Wippe besteht aus zwei symmetrisch angeordneten, nach außen spitz zulaufenden Gefäßen, die durch eine senkrechte Wand voneinander getrennt sind. Das ganze Gebilde ist so an einer Achse befestigt, dass es nach links und rechts kippen kann. Auf unseren Abbildungen ist es gerade nach links gekippt. Dadurch gelangt der aufgefangene Niederschlag in das rechte der beiden Gefäße. Mit steigendem Wasserspiegel rückt der Schwerpunkt dieses Gefäßes immer weiter nach außen, bis es schließlich umkippt und sich entleert. Dabei klappt das andere Gefäß unter die Niederschlagszuführung.

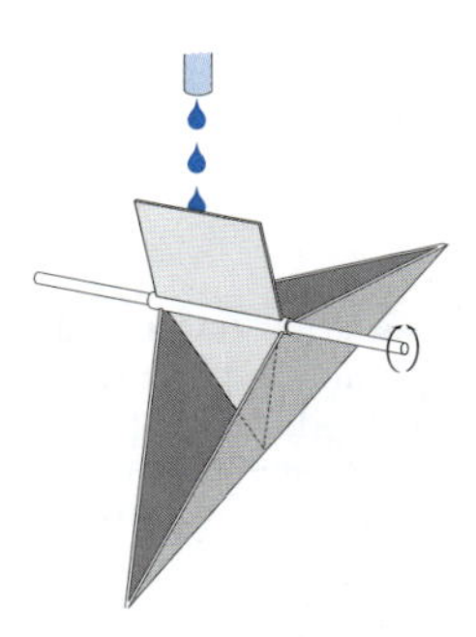

Abb. 185
„Wippe“ zur Registrierung des Niederschlages (Einzelheiten siehe Text und auch Abb. 186).

Man konstruiert die Wippe so, dass sie immer genau nach 0,1 mm Niederschlag umkippt. Die Zahl der Wippenschläge ist also ein exaktes Maß für den aufgefangenen Niederschlag. Durch Einrichtungen wie Lichtschranken oder Reedschalter lassen sich die Wippenumschläge leicht elektronisch zählen und in Niederschlagsmengen pro Zeit umrechnen.

Bei einem anderen Messverfahren – möglicherweise dem Verfahren der Zukunft – wird nicht das Volumen des gefallenen Niederschlages gemessen, sondern sein **Gewicht**. Da 1 cm^3 Wasser 1 Gramm wiegt, lässt sich daraus unmittelbar die Niederschlagsmenge bestimmen. Das Messgerät besteht lediglich aus einer üblichen Sammelkanne und einer empfindlichen elektronischen Waage. Über eine Zeittaktschaltung wird in kurzen Abständen das Gewicht der Kanne mit dem aufgefangenen Niederschlagswasser bestimmt. Die Gewichtszunahme zwischen zwei Messungen zeigt dann den während dieser Zeit gefallenen Niederschlag an. Wählt man die Messintervalle kurz genug, so kann man mit diesem Verfahren auch die Niederschlagsintensität und deren zeitlichen Verlauf bequem und problemlos bestimmen. Verdunstungsverluste spielen keine Rolle mehr, denn die mit ihnen verbundenen Gewichtsabnahmen lassen die Verluste klar erkennen. Schwierigkeiten machen jedoch noch immer starke und böige Winde, die das Messsystem ins Schwingen bringen und so die Messwerte verfälschen können.

Die Niederschlagsmessung mit Hilfe von **Radar** wird auf Seite 412 behandelt.

8.2.3 Regenmelder

Häufig interessiert nicht die Menge des Niederschlags, sondern nur, ob im Zeitpunkt der Beobachtung welcher gefallen ist oder nicht. Dafür gibt es den so genannten **Regenmelder**. Er besteht aus einer geheizten Kunststoffplatte, auf der wie bei den Platinen der modernen elektronischen Geräte Leiterbahnen aufgebracht sind. Diese stehen abwechselnd unter positiver und negativer elektrischer Spannung. Fällt auf die Platte Niederschlag, so fließt zwischen den Leiterbahnen ein elektrischer Strom, der zu einem Meldesignal aufbereitet wird. Nach Beendigung des Niederschlages sorgt die eingebaute Heizung für ein schnelles Abtrocknen der Messplatte, so dass die Elektronik wieder „trocken" meldet.

8.2.4 pH-Wert-Messer

Unter natürlichen Bedingungen hat der Niederschlag einen pH-Wert von etwa 5,0 bis 5,7, liegt also im leicht sauren Bereich. Der Grund dafür ist, dass sich das Kohlendioxid der Luft im Regenwasser löst und Kohlensäure bildet. Dazu kommt, dass auch andere, auf natürlichem Wege in die Atmosphäre gelangende Gase im Regenwasser Säuren entstehen lassen (HNO_3, HCl, H_2SO_4).

Die Bestimmung des pH-Wertes von Niederschlagswasser ist eine äußerst problematische und fehlerträchtige Angelegenheit. Insbesondere dort, wo der Wind Stäube in den Auffangtrichter wehen kann, die vom aufgefangenen Regen oder Schnee ausgewaschen werden, sind erhebliche Verschiebungen des pH-Wertes in die eine oder andere Richtung möglich. So konnte beobachtet werden, dass Staub von kalkhaltigen Böden den pH-Wert um zwei bis drei Stufen erhöhen kann. Will man eine einwandfreie pH-Messung haben, so muss das Messgerät zwischen zwei Niederschlagsereignissen abgedeckt werden. Seit einiger Zeit sind Konstruktionen auf dem Markt, die eine Abdeckeinrichtung besitzen.

In Abb. 186 ist ein solches Gerät schematisch dargestellt. Beginnt Niederschlag zu fallen, so gibt der Regenmelder (M) den Befehl, den Verschlussdeckel (D) zu öffnen. Dadurch kann der Niederschlag in das stets saubere Auffanggefäß gelangen, von wo er sofort in die pH-Messkammer (K) geleitet wird. Dort wird mit einer Einstab-Messkette (S) der pH-Wert bestimmt. Anschließend wird das Wasser in das Wippenmesswerk (W) geleitet, wo die Menge erfasst wird. Nach Niederschlagsende veranlasst der Regenmelder das alsbaldige Verschließen des Messgerätes.

Die Bestimmung des pH-Wertes von Nebel- und Wolkentröpfchen verlangt eine ganz eigene Messtechnik. Dazu müssen die Tröpfchen zunächst mit einer Saugeinrichtung gesammelt werden. Hat man eine ausreichende Wassermenge gewonnen, kann man mit Standardverfahren den pH-Wert bestimmen. Genaueres über die dafür erforderlichen, sehr speziellen Geräte findet man z. B. bei PAHL und WINKLER (1995).

8.2.5 Nebeltraufe

Die Nebeltraufe lässt sich mit dem so genannten Nebelfänger messen. Das ist, wie Abb. 187 zeigt, ein feines Maschendrahtnetz, das auf den Regenmesser aufgesetzt wird. Es leitet die ausgekämmten

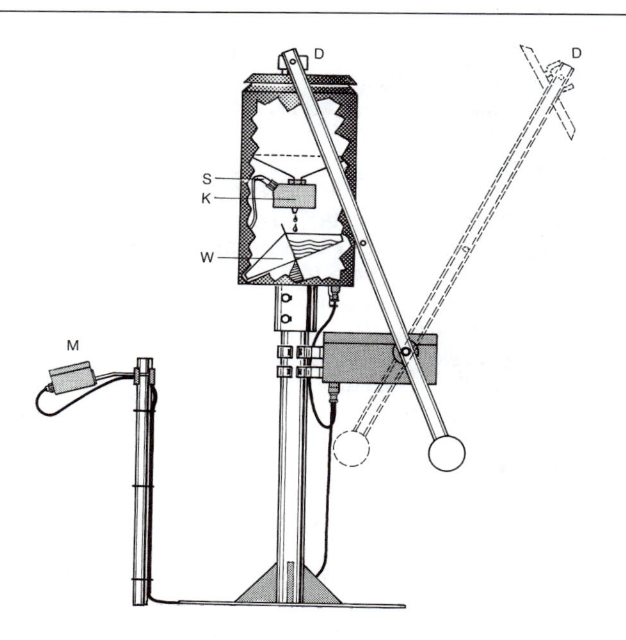

Abb. 186
Anlage zur Messung von Menge und pH-Wert des Niederschlags. D = Deckel, S = pH-Messsonde, K = pH-Messkammer, W = Kippwaage, M = Regenmelder (nach THIES, Göttingen).

Nebeltröpfchen in den Niederschlagsmesser und macht die Nebeltraufe auf diese Weise messbar. Der Nebelfänger will nicht als optimal ausgereiftes Instrument verstanden werden. Dennoch hat sein Schöpfer J. GRUNOW damit weltweit wertvolle Messungen durchführen können (s. Seite 149). Informationen über moderne Nebelfängerkonstruktionen findet man bei JAESCHKE und ENDERLE (1988).

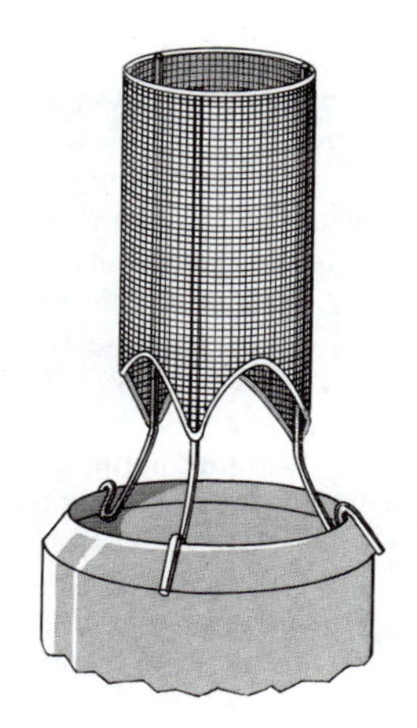

Abb. 187
Nebelfänger (nach GRUNOW).

8.2.6 Stamm- und Stängelabfluss

Der Stamm- und Stängelabfluss, der besonders im Zusammenhang mit Interzeptionsproblemen eine Rolle spielt, wird üblicherweise mit Hilfe von Kunststofftrichtern gemessen, in deren Wand ein Loch geschnitten wird. Hat man schnellwüchsige Pflanzen zu untersuchen, so lässt man sie einfach durch das Loch hindurchwachsen und befestigt die Trichter mit Dichtmasse. Zur Messung an langsam wachsenden Pflanzen schneidet man den Trichter vom Loch in der Wand aus in radialer Richtung auf und schiebt ihn über den Stamm. Die Befestigung erfolgt wieder mit Abdichtmasse.

Der Niederschlag, der durch einen Pflanzenbestand hindurch auf den Boden fällt oder tropft, kann leicht mit gewöhnlichen Büchsen oder Gläsern aufgefangen werden. Hier spielt der Verdunstungsverlust längst nicht die Rolle wie beim frei installierten Niederschlagsmesser, denn die Pflanzen halten Sonnenstrahlung und Wind ab. Außerdem ist das Sättigungsdefizit im Bestand geringer. Wegen der im Allgemeinen geringen Fallhöhe der Tropfen ist auch die Gefahr von Spritzverlusten wesentlich kleiner.

8.2.7 Benetzungsdauer

Die Benetzungsdauer durch Tau und Regen spielt sowohl bei ökologischen als auch besonders bei phytopathologischen Fragestellungen eine wichtige Rolle. Es gibt eine ganze Reihe von Verfahren, sie zu messen. Die wichtigsten sind Gewichts- und Längenänderungen von Testoberflächen sowie der Nachweis von Benetzungswasser auf elektrischem Wege über die elektrische Leitfähigkeit oder die hohe Dielektrizitätskonstante des Wassers. Man hat auch schon versucht, die Nässedauer unmittelbar an Pflanzenoberflächen zu messen. Näheres zur Benetzungsmessung findet man bei Häckel (1984). Die Menge des Taues lässt sich nur über sein Gewicht mit Tauwaagen messen.

8.2.8 Schneehöhe und Schneedichte

Schließlich sei noch die **Schneehöhe** und **Schneedichte** genannt. Während sich die erste mit einem Metermaß leicht bestimmen lässt, muss man zur Dichtebestimmung eine definierte Probe ausstechen und schmelzen. Dazu hebt man in der Schneedecke ein senkrechtes Loch aus, so dass der Erdboden zugänglich wird. Dann wird unmittelbar neben dem Loch ein rohrförmiger Schneeausstecher durch Drehbewegung bis zum Erdboden durchgedrückt. Der Schnee darf dabei nicht zusammengepresst werden. Von dem vorher ausgehobenen Loch aus wird dann eine Spezialschaufel unter den Ausstecher geschoben und die Probe herausgenommen. Das Volumen der ausgehobenen Schneeprobe kann man an einer Skala am Ausstecher unmittelbar ablesen. Das Schmelzen erfolgt in einem kühlen Raum. Die Dichte ergibt sich dann als Quotient aus Schmelzwasser (in g) und ausgestochenem Volumen (in cm^3).

8.3 Luftfeuchtigkeit

Der Wasserdampfgehalt der Luft lässt sich mit einer ganzen Reihe verschiedenartiger Verfahren messen.

8.3.1 Haarhygrometer

Das am meisten verbreitete ist sicher das **hygrometrische Verfahren**, das die relative Feuchte angibt. Es beruht auf der Eigenschaft menschlicher Haare, ihre Länge entsprechend der relativen Luftfeuchte der Umgebungsluft zu ändern. Sie reagieren auf einen Anstieg der relativen Feuchte von 10 % mit einer Längenzunahme von im Mittel 0,25 % und umgekehrt.

— Dass Haare ihre Länge mit der relativen Feuchte der Umgebungsluft verändern, geht darauf zurück, dass sie mit der Luft in einem ständigen Wasserdampfaustausch stehen. Wird die Luft feuchter, so nehmen sie Wasser auf und quellen dabei. Wird sie trockener, so geben sie Wasser unter gleichzeitigem Schrumpfen an sie ab. Dieses Verhalten ist uns auf Seite 65 im Zusammenhang mit Trocknungsvorgängen bei Naturprodukten bereits begegnet. Im Prinzip findet man diese Erscheinung bei allen organischen Materialien, als Messfühler konnte sich jedoch nur das Haar durchsetzen.

Leider zeigt das Haar einige Mängel. Seine Anzeige ist nicht genauer als 3 % bis 5 % relativer Feuchte. Beim längeren Stehen in trockener Luft zeigt es Alterungserscheinungen, die Fehler bis zu 10 % bewirken können. Man muss es dann in sehr feuchter Luft regenerieren, was jedoch beim Messen im Freien ohnehin jede Nacht geschieht. Es reagiert sehr empfindlich auf Zerrungen und Verschmutzungen, insbesondere mit fettigen oder chemisch aggressiven Substanzen (Ammoniak in Ställen!). Die Skala ist nicht linear. Bei hoher Feuchte wird die Auflösung geringer. Naturbelassene Haare reagieren etwas träge auf Feuchteänderungen. Man kann aber ihre Trägheit verringern, wenn man ihre Oberfläche durch Walzen vergrößert. Schließlich unterliegt das Haar auch einem Strahlungseinfluss. Wird es von der Sonnenstrahlung über die Lufttemperatur erwärmt, so zeigt es eine zu geringe relative Luftfeuchte an. Ein ausreichender Strahlungsschutz ist deshalb in jedem Fall erforderlich. Das Haar hat aber auch erhebliche Vorzüge. So ist seine Anzeige praktisch unabhängig von der Temperatur der Umgebung. Sein größtes Plus ist jedoch, dass man die Längenänderung mit einfachsten Mitteln anzeigen und registrieren kann.

In Abb. 188 ist die Funktionsweise eines **Hygrographen** schematisiert gezeigt. Er enthält nicht nur ein einzelnes Haar, sondern eine ganze Haarharfe (Ha). Wegen der Reibung der Schreibfeder auf dem Papier und in den Scharnieren des Übertragungsmechanismus reicht die Stellkraft eines Einzelhaares nicht aus. Die Hebelmechanik (H) zur Übertragung der Längenänderung ist auf eine weitgehende Vergrößerung der Amplitude angelegt. Die Mechanik endet in einem Schreibarm (S), an dessen Spitze die Schreibfeder sitzt. Die Registrierung (R) erfolgt genauso wie beim Thermographen auf einer papierbelegten Trommel (T). Das Schutzgehäuse ist in Abb. 188 weggelassen. Oft baut man auch ein Thermographen- und ein Hygrographenmesswerk in ein einziges Gerät zusammen, das dann **Thermohygrograph** heißt.

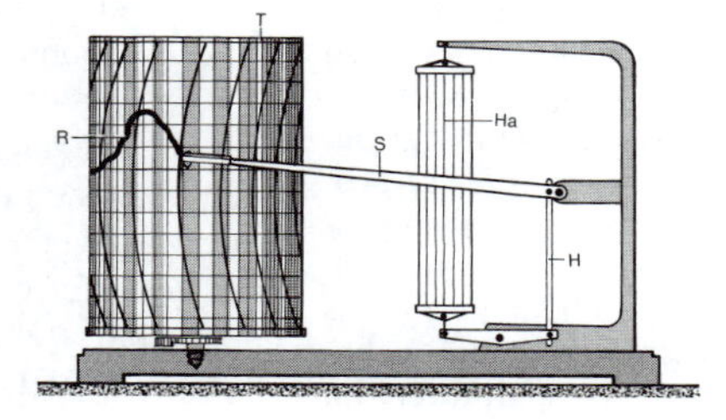

Abb. 188
Schematisierter Querschnitt durch einen Hygrographen. Ha = Haarharfe, H = Hebelmechanismus zur Messwertübertragung, R = Registrierschrieb, S = Schreibarm, T = Registriertrommel.

Auch für die elektrische Fernübertragung und Registrierung ist das Hygrometer gut geeignet. Man verwendet dazu einen veränderlichen elektrischen Widerstand, der bei einer Längenänderung des Haares verstellt wird. Genaueres zu diesem Übertragungsprinzip wird bei der Windrichtungsmessung (s. Seite 397) besprochen.

8.3.2 Psychrometer

Das zweite wichtige Verfahren zur Messung des Wasserdampfgehaltes der Luft ist das **psychrometrische**. Es beruht auf der Tatsache, dass zum Verdunsten von Wasser Energie aufgewendet werden muss. Zu seiner Erklärung denken wir uns eine nasse Fläche, über die Luft hinweggeblasen wird. Dabei verdunstet Wasser. Die für die Verdunstung notwendige Energie wird der vorbeistreichenden Luft entnommen, wobei diese sich abkühlt. Wie wir gesehen haben, sinkt dadurch auch die Temperatur der nassen Oberfläche.

Enthält die vorbeistreichende Luft sehr viel Wasserdampf, so dass nur wenig verdunsten kann, dann bleibt auch der Bedarf an Verdunstungsenergie klein, die Temperatur sinkt nur unbedeutend. Ist die Luft jedoch sehr trocken, so kann sie noch viel Wasserdampf aufnehmen, und die Fläche kühlt sich stark ab. Die Temperaturdifferenz zwischen der unbeeinflussten Luft und einer nassen, ventilierten Oberfläche ist also ein Maß für den Wasserdampfgehalt der Luft.

Das psychrometrische Verfahren zur Bestimmung der Luftfeuchtigkeit gilt als eines der sichersten und genauesten. Im Mittel kann man damit die relative Feuchte auf 1 bis 2 % genau bestimmen, wenn die beiden Thermometer eine Genauigkeit von 0,1 K haben. Nach tiefen Temperaturen hin werden die Psychrometerdifferenzen kleiner, damit wird auch die Genauigkeit etwas schlechter; nach höheren Temperaturen hin ist es umgekehrt. Wegen der günstigen Eigenschaften der Psychrometer sind die amtlichen Wetterstationen mit diesem Gerätetyp ausgestattet.

Wenn die Ventilationsgeschwindigkeit mindestens 2 m/s beträgt, kann man den Dampfdruck e der Luft nach der folgenden Psychrometerformel berechnen:

$$e = E_f - C * (\vartheta_L - \vartheta_f)$$

Dabei bedeuten E_f der Sättigungsdampfdruck bei der Temperatur der feuchten Oberfläche, ϑ_L die Temperatur der Luft und ϑ_f die der feuchten Oberfläche (= Feuchttemperatur).
C ist eine Konstante, die unter anderem vom Luftdruck abhängt.
$\vartheta_L - \vartheta_f$ nennt man kurz die Psychrometerdifferenz.

Geräte, die nach diesem Prinzip arbeiten, enthalten zwei Thermometer. Das eine der beiden misst die unbeeinflusste Lufttemperatur. Das zweite, mit einem Textilgewebe überzogen, das seinerseits mit destilliertem Wasser getränkt ist, stellt die verdunstende Oberfläche dar. Beide Thermometer sind so angeordnet, dass durch einen federwerkgetriebenen Ventilator Luft mit der verlangten Geschwindigkeit an ihnen vorbeistreicht.

Der Ventilator wird als **Aspirator** bezeichnet, und das ganze Gerät nennt man **Aspirationspsychrometer**. Aus den an den beiden Thermometern angezeigten Temperaturwerten lässt sich mit Hilfe der Psychrometerformel der Dampfdruck und daraus jedes andere Feuchtemaß berechnen.

Für Seehöhen bis 500 m beträgt der Wert der Konstanten C 0,67. Darüber macht sich der Luftdruckeinfluss bemerkbar und sie muss reduziert werden. Dazu multipliziert man sie mit

$$\frac{p}{1007}$$

wobei p den Luftdruck in mbar bedeutet. Ist das feuchte Thermometer vereist, so nimmt C den Wert 0,57 an.

Da die Anwendung der Psychrometerformel etwas unbequem sein kann – heute gibt es dafür allerdings schon programmierte Taschenrechner –, benützt man dazu Graphiken (s. Abb. 189) oder Psychrometertafeln. Das sind Tabellenwerke, die den Wasserdampfgehalt für sämtliche denkbaren ϑ_L- und ϑ_f-Werte enthalten.

Wichtig ist, dass das Psychrometer erst abgelesen werden darf, wenn sich die Temperatur am feuchten Thermometer nicht mehr ändert. Für elektrische Messungen benützt man das Psychrometer nach Frankenberger, das auf Seite 380 abgebildet ist. Das feuchte Thermometer ist dort mit einem Docht überzogen, der in das Wasservorratsgefäß (W) hinunterreicht.

8.3.3 Elektronische Feuchtemessung

Das wichtigste elektronische Messverfahren ist heute das kapazitive. Nach anfänglichen Schwierigkeiten, die darin bestanden,

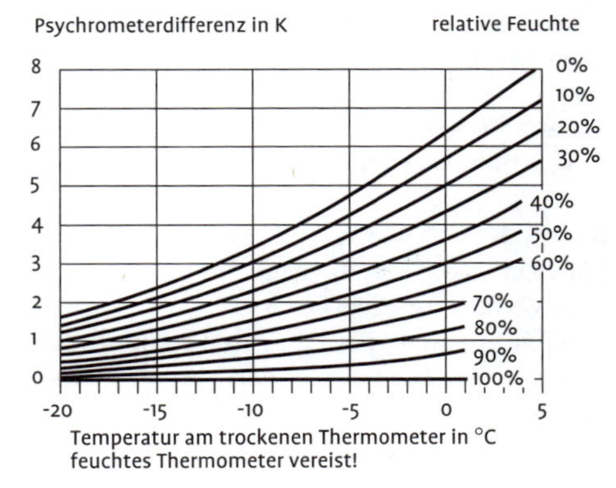

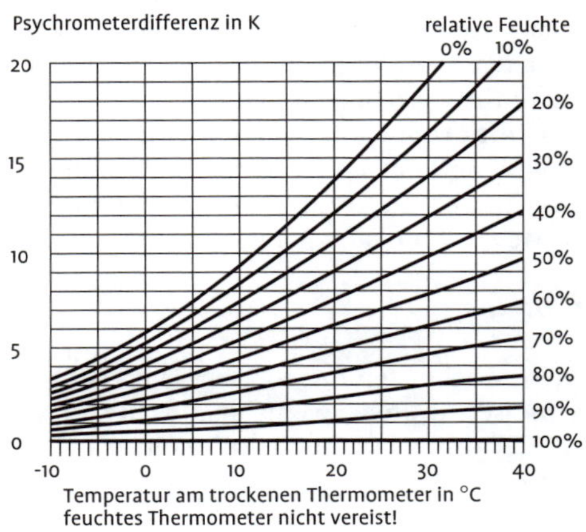

Abb. 189
Relative Luftfeuchte in Abhängigkeit von Lufttemperatur (trockenes Thermometer) und Psychrometerdifferenz.

dass die Fühler nach einer Betauung oder bei Kontakt mit flüssigem Wasser unbrauchbar wurden, kann es inzwischen als ausgereift gelten.

Das Messprinzip ist folgendes: Bekanntlich hängt die Kapazität eines Kondensators davon ab, welches Material sich zwischen den Kondensatorplatten befindet. Man bezeichnet es als **Dielektrikum**. Wie stark es die Kapazität beeinflusst, wird durch die **Dielektrizitätskonstante** ausgedrückt. Für Vakuum wird diese Konstsante zu 1,0 festgelegt. Wasser hat eine sehr hohe Dielektrizitätskonstante, nämlich fast 82.

Der kapazitive Feuchtesensor nun besteht aus einem rund 2 cm langen und etwa 0,5 cm breiten Folienstreifen eines Polymerkunststoffes, der auf beiden Seiten mit einer Metallschicht bedampft ist, also einen Kondensator bildet. Die Materialschichten sind zum Schutz vor Beschädigungen mit einer wasserdampfdurchlässigen Schutzfolie überzogen. Zwischen dem Wassergehalt des Kunststoffes und der relativen Feuchte der Umgebungsluft stellt sich (wie beim Haar und anderen organischen Substanzen) ein Gleichgewichtszustand ein.

> Das bedeutet: Bei einer hohen relativen Feuchte ist die Kapazität des Messkondensators größer als bei einer geringen.

Das früher häufig benutzte Lithium-Chlorid-Verfahren zur Messung des Dampfdruckes der Luft hat seine Bedeutung – nicht zuletzt wegen der unbequemen Handhabung – praktisch völlig verloren.

Der Zusammenhang ist zwar temperaturabhängig und auch nicht linear, was aber elektronisch ausgeglichen werden kann. Die Genauigkeit des Verfahrens liegt zwischen 1% und 5% relativer Feuchte. Die Eichung bleibt für lange Zeit stabil und braucht nicht öfter als ein- bis zweimal jährlich überprüft zu werden. Empfindlich ist der Kondensatorfühler allerdings gegen Verschmutzung. Er kann jedoch mit einer 40%igen Alkohollösung mit Hilfe einer weichen Bürste oder eines fusselfreien Lappens leicht gereinigt werden. In stark staubhaltiger Luft muss das Fühlerelement mit einem zusätzlichen (ventilierten) Filter versehen werden.

Insbesondere für Spezialmessungen wird das so genannte **Absorptionshyhrometer** benutzt. Dieses Gerät misst die Absorption von Strahlung innerhalb einer Absorptionsbande des Wasserdampfes (s. Seiten 185 und 179). Näheres dazu findet man in der Literatur zur Messtechnik oder bei Foken (2003).

8.4 Verdunstung

Sie ist eine der unsichersten meteorologischen Größen und sollte nur dann gemessen werden, wenn man sicher ist, dass man sie nicht durch Berechnung erhalten kann. Keinesfalls darf man Verdunstungswerte, die mit verschiedenen Geräten gemessen worden sind, miteinander vergleichen.

Das einfachste Messgerät ist die **Verdunstungspfanne**. Das ist ein flaches, offenes, wassergefülltes Becken, das der freien Atmosphäre ausgesetzt wird. Die Verdunstungsrate kann sofort in mm abgelesen werden. Bei anderen Verfahren wird das Gewicht einer wassergefüllten Schale gemessen oder registriert.

Das **Evaporiometer** nach PICHE besitzt ein Plättchen aus saugfähigem Papier, das als Verdunstungsfläche am unteren Ende eines senkrechten, wassergefüllten Glasrohres befestigt ist. Eine Registrierung ist bei diesem Gerät nicht möglich.

Beim **Verdunstungsmesser** nach CZERATZKI besteht die verdunstende Oberfläche aus einer porösen Tonscheibe. Sie ist über einen Schlauch mit einem Wasservorratsgefäß verbunden. Die Verdunstung lässt sich am gesunkenen Wasserspiegel ablesen. Dieses Gerät gibt es auch in einer registrierenden Version.

- Sehr zuverlässig lässt sich die Verdunstung mit einem **Lysimeter** bestimmen. Es besteht aus einem senkrecht in den Boden gegrabenen Schacht, auf dessen Grund eine Waage steht. Auf ihr liegt ein Container mit einem zuvor ungestört ausgehobenen, mindestens 1 m^3 großen Bodenmonolithen. Dieser ist so dimensioniert, dass er exakt in den Schacht passt und mit der Bodenoberfläche bündig abschließt. Aus dem gefallenen Niederschlag, der Gewichtsänderung des Monolithen und der aus ihm ausgelaufenen Sickerwassermenge lässt sich die Verdunstung auf 0,1 mm genau berechnen, wenn die Waage präziser als 30 Gramm/Tonne arbeitet. Wegen der erheblichen Preise kommen Lysimeter nur für Forschungszwecke in Frage. Weitere Informationen findet man bei SCHIFF (1971).

8.5 Bodenwassergehalt

Die einfachste und auch heute noch am meisten verbreitete Methode ist die **gravimetrische**. Sie besteht darin, dass man mit einem speziellen Hohlbohrstock eine Bodenprobe entnimmt und wiegt. Anschließend wird sie 6 bis 8 Stunden lang bei 105 °C getrocknet und noch einmal gewogen. Der Gewichtsverlust ist dann gleich dem ursprünglichen Wassergehalt des Bodens.

Will man den Bodenwassergehalt in %vol (B_v) bestimmen, so muss man die folgende Formel benützen:

$$B_v = \frac{g_f - g_t}{g_t} * \rho$$

Darin bedeuten g_f das Gewicht der feuchten und g_t das der trockenen Probe, ρ ist die Dichte des Bodens. Für sie gelten als Orientierungshilfe die Werte der Tab. 3 auf Seite 76.

Bei 10 cm dicken Bodenschichten entspricht die Angabe in %vol gerade der in mm (Niederschlagshöhe) und kann somit leicht mit Verdunstung und Niederschlag verglichen werden. Die Proben wollen überlegt gezogen sein, damit sie einigermaßen repräsentativ sind. Außerdem müssen Steine herausgelesen und Verdunstungsverluste vermieden werden.

Als schnelle Feldmethode bietet sich die so genannte **Spiritusmethode** an. Bei ihr erfolgt das Trocknen der Bodenprobe in einem Spezialgefäß mit einer Spiritusflamme. Es ist nur für humusarme Böden geeignet, weil der Humus mit verbrennen kann.

Das gravimetrische Verfahren mag umständlich und in der erstgenannten Form auch recht langwierig sein. Da es keiner Eichung bedarf, hat es aber auch seine unbestreitbaren Vorteile. Alle ande-

— Die exakte Bestimmung des Bodenwassergehaltes ist trotz des Einsatzes modernster Technik nach wie vor ein großes Problem der angewandten Meteorologie. Wie sich immer wieder zeigt, kann man mit überlegt ausgewählten Verdunstungsformeln und sorgfältigen Niederschlagsmessungen den Bodenwassergehalt mit der gleichen Genauigkeit berechnen, wie man ihn messen kann.

— Die Windfahne gehört zu den ältesten Wettermessgeräten. In früheren Jahrhunderten stand sie als individuell gestaltetes Kunstwerk auf dem Kirchturm oder dem Rathaus. Mit der gemessenen Windrichtung und einem reichen Schatz an Wetterregeln hoffte man auf sichere Vorhersagen. Im Lauf des 19. Jahrhunderts bemächtigte sich die aufkommende Industrie der Massenfertigung von Windfahnen und ermöglichte damit eine wachsende Verbreitung. Besonders beliebt war die Form eines Hahnes, der stets dem Wind entgegenblickt (Ströbel-Dettmer 1987).

ren Verfahren müssen nämlich erst anhand der gravimetrischen Methode kalibriert werden.

Zur ihr gehört die **Carbidmethode**, bei der der Druck gemessen wird, den das Bodenwasser bei der Reaktion mit Calciumcarbid in einem verschlossenen Gefäß hervorruft.

Außerdem wären die **Nylon**- und die **Gipsblockmethode** zu nennen. Bei ihr werden zwei Elektroden in einen 1 bis 2 cm dicken und einige Zentimeter langen Nylon- oder Gipsblock eingegossen, der nach dem Aushärten im Boden vergraben wird. Durch Diffusion stellt sich zwischen ihm und der Umgebung, wie beim Haar im Hygrometer, ein Wassergleichgewicht ein. Der elektrische Widerstand zwischen den Elektroden kann als ein Maß für den Bodenwassergehalt gelten.

Ein relativ häufig benütztes Gerät ist das **Tensiometer**. Es besteht aus einer porösen keramischen Zelle, die luftdicht an ein mit Wasser gefülltes Rohr angeschlossen ist. Dieses wird mit der Zelle nach unten in den Boden eingegraben. Je trockener der Boden ist, desto mehr Wasser saugt er über die Zelle heraus. Der im Rohr gemessene Unterdruck kann in Bodenwassergehalt umgerechnet werden. Gleichzeitig zeigt das Gerät an, welche Saugkraft die Wurzeln aufwenden müssen, um dem Boden Wasser zu entziehen. Gut funktioniert es nur bei hohem Bodenwassergehalt und wenn wenig Steine im Boden sind. Andere Verfahren benützen die Streuung von Neutronen oder die Absorption von γ-Strahlung oder Mikrowellen durch das Bodenwasser.

Hingewiesen werden sollte in diesem Zusammenhang noch auf das wägbare **Lysimeter**. Es besteht aus einer Waage, auf der das Gewicht eines bis zu mehreren Kubikmetern großen Bodenmonolithen bestimmt oder registriert werden kann. Die Gewichtsänderungen entsprechen den Änderungen des Bodenwassergehaltes.

8.6 Wind

Im Gegensatz zu den anderen meteorologischen Parametern ist der Wind ein Vektor, d. h., er besitzt eine Richtung und eine Geschwindigkeit. Eine korrekte Angabe verlangt also zwei Messungen.

8.6.1 Windrichtung

Für die Windrichtung, die entweder nach der Himmelsrichtung oder nach einer 360-, gelegentlich auch 36-teiligen Skala angegeben wird, verwendet man überwiegend die **Windfahne**. Wegen der aerodynamischen Instabilität eines einzelnen Bleches baut man gern zwei oder mehrere, durch besondere Formgebung aufeinander abgestimmte Streifen zu einer Windfahne zusammen. Man erreicht dadurch, dass sie ruhiger im Wind steht. Abb. 190 zeigt eine solche Windfahne.

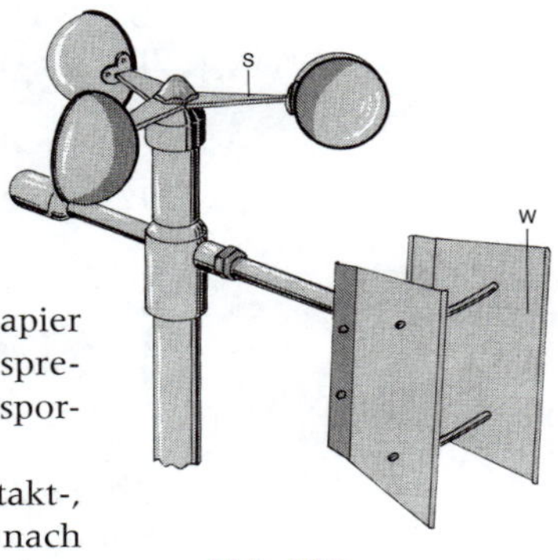

Zur Registrierung bzw. zur Fernanzeige kann man die Stellung der Fahne mechanisch oder elektrisch übertragen. Zu den interessantesten mechanischen Registriergeräten gehört der **Windschreiber** nach WÖLFLE. Bei ihm ist die Windfahne mit einer Stahlwalze verbunden, über deren Oberfläche schneckenförmig eine scharfkantige, langgestreckte Rippe verläuft. Diese liegt auf einem druckempfindlichen Registrierpapier auf und hinterlässt dort eine der Fahnenstellung entsprechende Spur. Das Papier wird von einem Federwerk transportiert.

Zur elektrischen Übertragung benützt man gerne Kontakt-, Widerstands- oder Drehfeldgeber. Beim ersten wird je nach der Stellung der Windfahne über eine bestimmte Ader eines vielpoligen Kabels ein Strom geschickt, der ein der Windrichtung entsprechendes Lämpchen zum Aufleuchten bringt. Das Widerstandsverfahren ist in Abb. 191 schematisch dargestellt.

An der Drehachse der Windfahne (W) ist ein Schleifkontakt (K) montiert. Er bewegt sich mit der Windfahne mit und gleitet dabei über den Widerstand (P) (Potentiometer). Je nach der Stellung der Windfahne wird dadurch auf dem Potentiometer ein mehr oder weniger großer Widerstand abgegriffen. In der oberen Darstellung liegt bei Westwind der große Widerstand (R) im Messbereich, dadurch wird die Stromstärke klein und ebenso der Ausschlag am Instrument. Die untere Darstellung zeigt die Verhältnisse bei Ostwind. Jetzt wird nur ein kleiner Widerstand (r) abgegriffen, dadurch kommt es zu einem großen Zeigerausschlag. Die Skala kann unmittelbar in Windrichtungen geeicht werden.

Beim Drehfeldverfahren bewirkt ein mehrphasiger Wechselstrom die Nachführung des Anzeige- oder Registriergerätes nach der Stellung der Windfahne.

Abb. 190
Schalenkreuzanemometer. W = Windfahne, S = Schalenkreuz.

In der Flugmeteorologie ist immer noch der Windsack sehr beliebt, weil er schon aus großer Entfernung leicht erkennbar die Windverhältnisse am Landeplatz anzeigt. Auch an besonders windanfälligen Straßenbrücken warnen Windsäcke die Kraftfahrer vor gefährlichen Seitenwinden. Schließlich tauchen sie immer öfter in Gärten auf, wo sie ihre bunten Bänder im Sommerwind spielen lassen.

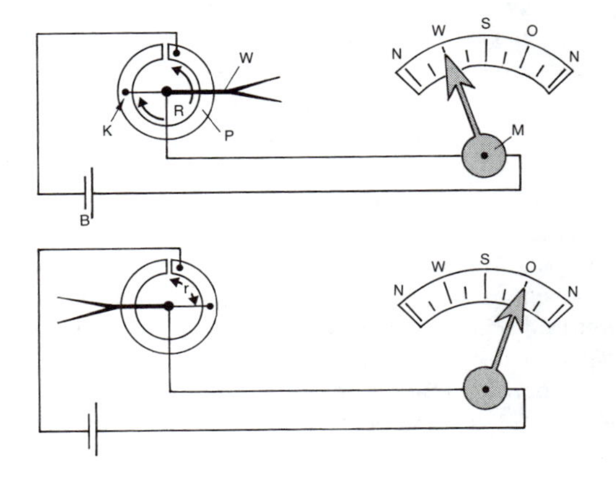

Abb. 191
Messwertübertragung mit einstellbarem Widerstand (Potentiometer) bei einer Windfahne (stark schematisiert). P = Potentiometer, W = Windfahne, K = Schleifkontakt, M = Messgerät (schematisiert).

8.6.2 Windgeschwindigkeit

Die Geschwindigkeit wird in allen üblichen Geschwindigkeitsmaßen angegeben, z. B. in Meter pro Sekunde (m/s), Kilometer pro Stunde (km/h) oder Knoten, wobei 1 Knoten 1 nautischen Meile pro Stunde entspricht.

Zwischen den Einheiten gelten folgende Umrechnungen:

1 m/s	= 3,6 km/h	= 1,9 Knoten
1 km/h	= 0,54 Knoten	= 0,28 m/s
1 Knoten	= 0,52 m/s	= 1,86 km/h

Schalenkreuzanemometer

Für die Messung der Windgeschwindigkeit steht eine ganze Reihe von verschiedenartigen Verfahren zur Verfügung. In der meteorologischen Praxis wird vor allem das **rotierende Schalenkreuzanemometer** verwendet.

Das Schalenkreuzanemometer hat sich weltweit als Standardmessgerät für die Windgeschwindigkeit durchgesetzt. Der Grund dafür ist, dass es unabhängig von der Windrichtung arbeitet, also nicht auf den Wind ausgerichtet zu werden braucht. Damit lassen sich sehr einfache, dauerhafte und wenig störanfällige Instrumente konstruieren, die den Anforderungen aller Klimate der Erde gewachsen sind.

Es besteht, wie Abb. 190 zeigt, aus einem drei- oder vierzackigen Stern, der um eine senkrechte Achse rotieren kann. An jeder Zacke des Sterns sitzt eine Halbkugel. Diese sind so angeordnet, dass der Wind immer gleichzeitig auf eine konkave und auf eine konvexe Halbkugel trifft. Wie auf Seite 276 bereits dargelegt wurde, setzt die konkave Fläche dem Wind einen erheblich höheren Strömungswiderstand entgegen als die konvexe. Der Wind übt also jeweils auf den Zacken mit der konkaven Halbkugel eine größere Kraft aus als auf den mit der konvexen. Die Folge ist, dass sich der Stern zu drehen beginnt und umso schneller rotiert, je stärker der Wind ist.

Man nennt den Stern häufig auch „Schalenkreuz", wovon das Verfahren seinen Namen hat. Der große Vorteil dieses Messprinzips ist, dass es unabhängig von der Windrichtung arbeitet. Wegen der Reibung in den Lagern läuft es jedoch erst bei einer bestimmten Mindestgeschwindigkeit an. Bei guten Geräten ist das bei 0,2 m/s der Fall, bei billigeren erst bei 0,5 bis 1,0 m/s. Ein weiterer Nachteil ist seine Trägheit. Bei einem plötzlichen Windstoß braucht das Schalenkreuz eine gewisse Beschleunigungszeit, bis es die der Böe entsprechende Rotationsgeschwindigkeit erreicht hat. Andererseits läuft es nach dem Abflauen noch eine Zeitlang nach. Das führt zu einer Glättung der Windregistrierung: Geschwindigkeitsspitzen werden abgeschliffen. Da sich das Schalenkreuz bei zunehmender Windgeschwindigkeit schneller anpasst als bei abnehmender, ist der angezeigte Mittelwert dann höher als der tatsächliche.

Die Bewegung des Schalenkreuzes kann auf vielfache Weise angezeigt und registriert werden. Die einfachste Form besteht darin, dass man die Rotation über ein Schneckengetriebe auf ein Zählwerk überträgt. Dieses zeigt dann den seit der letzten Ablesung vom Wind zurückgelegten Weg an. Man kann daraus auch eine mittlere Windgeschwindigkeit berechnen. Bei dem schon oben erwähnten **Windschreiber** nach Wölfle dreht das Schalenkreuz eine weitere Stahlwalze mit aufgesetzter Druckrippe quer über das Registrierpapier. Je nach Windgeschwindigkeit verläuft die zurückbleibende Spur dann steiler oder flacher. Mit Hilfe einer Zentrifugalkraftmechanik kann man einen der Windgeschwindigkeit entsprechenden Zeigerausschlag bekommen. Dieses Prinzip wird gerne bei Handwindmessern angewendet.

Bei den **elektrischen Übertragungsverfahren** wird die Drehung des Schalensterns möglichst reibungsarm über einen Schleifkontakt, einen Magneten (induktiv oder Reedschalter) oder eine Lichtschranke abgetastet. Je nachdem, ob das Messsystem digital oder analog arbeitet, werden die Impulse in bestimmten Zeitabständen abgefragt und in eine mittlere Windgeschwindigkeit umgerechnet, oder über einen Digital-Analog-Umwandler in einen proportionalen Strom umgewandelt.

Setzt man auf die Achse des Schalenkreuzes einen **Dynamo**, so ist die von ihm erzeugte Spannung der Rotationsgeschwindigkeit und damit der Windgeschwindigkeit proportional. Mit diesem Prinzip lassen sich auch Windspitzen registrieren (Böenschreiber). Bei vielen meteorologischen Diensten werden solche Geräte netzmäßig eingesetzt. Dabei benützt man üblicherweise eine Messhöhe von 10 m über dem Gelände.

Früher hat man das Schalenkreuzanemometer auch in „gefesselter" Form benutzt. Ein solches Gerät besteht aus einem Stern mit bis zu 12 Schalen. Seine Achse ist mit einer Spiralfeder verbunden, so dass sich der Stern nicht frei drehen kann. Je nach der Stärke des Windes wird die Feder mehr oder weniger stark gespannt, so dass die Auslenkung des Sternes aus seiner Ruhelage zu einem Maß für die Windgeschwindigkeit wird. Auf dem Turm des Deutschen Museums in München kann man eines der wenigen noch in Betrieb befindlichen gefesselten Schalensternanemometer sehen.

Hitzdrahtanemometer

Für Messungen in Pflanzenbeständen sind Schalenkreuzanemometer aus zweierlei Gründen meist nicht geeignet: Erstens sind dort die Windgeschwindigkeiten häufig unterhalb oder gerade im Bereich der Anlaufgeschwindigkeit und zweitens ist das Instrument besonders bei dichten Beständen zu groß. Für solche Aufgaben ist das Hitzdrahtanemometer besonders gut geeignet. Bei ihm wird die windbedingte Abkühlung eines mit konstanter Leistung geheizten Drahtes gemessen. Dazu wird, wie in Abb. 192 gezeigt, ein frei aufgespannter Edelmetalldraht (D) durch einen elektrischen Strom erhitzt. Der vorbeistreichende Wind kühlt ihn je nach seiner Geschwindigkeit mehr oder weniger ab. Je dünner der Draht ist, desto größer ist die Wärmeübergangszahl und desto empfindlicher wird das Instrument. Die Temperatur, die sich letzten Endes am Draht einstellt, hängt aber nach dem, was auf Seite 362ff. über den Wärmehaushalt kleiner Körper gesagt wurde, auch von der Lufttemperatur ab. Bei festgelegter Heizleistung wird also die Temperaturdifferenz zwischen Draht und Luft ein Maß für die herrschende Windgeschwindigkeit. Diese lässt sich bequem mit einem Thermoelement messen, dessen eine Verbindungsstelle (V_1) mit dem Heizdraht verbunden ist, während die zweite (V_2) frei der Luft ausgesetzt ist.

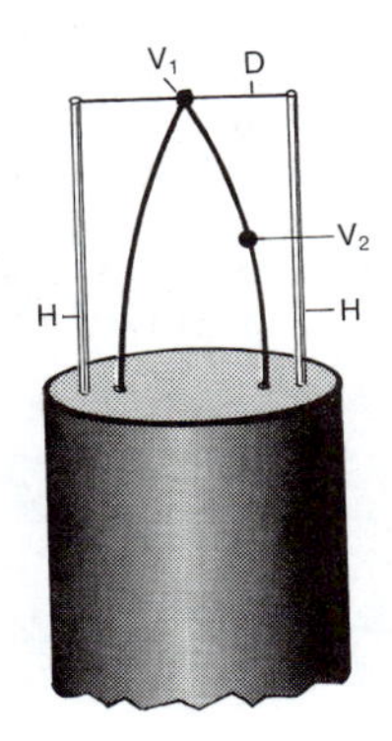

Abb. 192
Hitzdrahtanemometer. D = Geheizter Edelmetalldraht, V_1, V_2 = Verbindungsstellen des Thermoelementes, H = Haltestäbe.

Da die Wärmeübergangszahl eines langgestreckten Zylinders der Wurzel aus der Windgeschwindigkeit proportional ist, sind Hitzdrahtanemometer für kleine Windgeschwindigkeiten, unter 1 m/s, besonders gut geeignet. Leider sind sie richtungsempfindlich und verlangen einen sehr sorgsamen Umgang. Zur Registrierung kann die vom Thermoelement abgegebene Spannung benützt werden.

Weitere Verfahren

Neben den beiden geschilderten Messverfahren gibt es noch eine ganze Reihe weiterer, die aber keine große Verbreitung haben oder nur für Spezialmessungen Anwendung finden. Das **Staurohr** nach PRANDTL wird überwiegend in der Strömungstechnik verwendet. Es ist stark richtungsabhängig, seine Empfindlichkeit sinkt mit abnehmender Windgeschwindigkeit. **Windplatten** sind frei hängende Metallplatten, die durch den Wind mehr oder weniger angehoben werden. Ihre Auslenkung aus der Senkrechten ist ein ganz grobes Maß für die Windgeschwindigkeit. Sie werden heute nur noch in Ausnahmefällen benützt. Das **Flügelradanemometer** funktioniert wie eine Windmühle. Wegen seiner Richtungsabhängigkeit findet es praktisch nur im Labor Verwendung. Schließlich gibt es **akustische Anemometer**, die die Abhängigkeit der Schallausbreitung von der Windgeschwindigkeit ausnützen. Sie sind sehr aufwendig und teuer und kommen daher nur für Forschungszwecke in Frage.

Beaufort, Sir Francis Admiral, Hydrograph * 1774 Country Meath/ Irland † 17.12.1857 Neben der Windstärkenskala, hat er die erste Codierung für Wettererscheinungen entwickelt.

Neben der Messung der Windgeschwindigkeit wird auch heute noch ein Schätzverfahren angewendet, das auf den Wirkungen des Windes beruht: die **Beaufort-Skala**. Sie ist nach Admiral Beaufort benannt, der sie im Jahr 1805 entwickelt hat. Ursprünglich war die Beaufort-Skala auf das Aussehen der See bezogen. Später wurde sie auf die Windwirkungen auf dem Festland erweitert. Sie ist in so genannte Windstärkenstufen gegliedert, wobei jede Windstärke einen Namen bekommt. In Tab. 28 ist sie zusammen mit den zugehörigen Geschwindigkeitsbereichen abgedruckt.

Für Umrechnungen zwischen der Windstärke in Beaufort-Graden und der Windgeschwindigkeit in 10 m Höhe kann man näherungsweise folgende Umrechnungsformel benützen:

$$v = 0{,}834 * \sqrt{Bf^3} + 0{,}07 \text{ bzw. } Bf = \sqrt[3]{\left(\frac{v - 0{,}07}{0{,}834}\right)^2}$$

Die Windgeschwindigkeit v ist in m/s anzugeben. Bf bedeutet die Windstärke in Beaufortgraden.

Tab. 28 Beaufort-Skala, Windgeschwindigkeit und Staudruck

Beaufort-Grad	Bezeichnung	Auswirkungen des Windes im Binnenlande	Auswirkungen des Windes auf der See	Geschwindigkeit m/s[1]	Geschwindigkeit km/h[1]	Geschwindigkeit Knoten[1]	Staudruck mbar[2]
0	still	Windstille, Rauch steigt gerade empor.	Spiegelglatte See.	0–0,2	1	1	0
1	leiser Zug	Windrichtung angezeigt nur durch Zug des Rauches, aber nicht durch Windfahne.	Kleine schuppenförmig aussehende Kräuselwellen ohne Schaumköpfe.	0,3–1,5	1–5	1–3	0–0,01
2	leichte Brise	Wind am Gesicht fühlbar, Blätter säuseln, Windfahne bewegt sich.	Kleine Wellen, noch kurz, aber ausgeprägter. Kämme sehen glasig aus und brechen sich nicht.	1,6–3,3	6–11	4–6	0,02–0,06
3	schwache Brise	Blätter und dünne Zweige bewegen sich, Wind streckt einen Wimpel.	Kämme beginnen sich zu brechen. Schaum überwiegend glasig, ganz vereinzelt können kleine weiße Schaumköpfe auftreten.	3,4–5,4	12–19	7–10	0,07–0,18
4	mäßige Brise	Hebt Staub und loses Papier, bewegt Zweige und dünnere Äste.	Wellen noch klein, werden aber länger, weiße Schaumköpfe treten aber schon ziemlich verbreitet auf.	5,5–7,9	20–28	11–15	0,19–0,38
5	frische Brise	Kleine Laubbäume beginnen zu schwanken. Schaumköpfe bilden sich auf Seen.	Mäßige Wellen, die eine ausgeprägte lange Form annehmen. Überall weiße Schaumkämme. Ganz vereinzelt kann schon Gischt vorkommen.	8,0–10,7	29–38	16–21	0,39–0,71
6	starker Wind	Starke Äste in Bewegung, Pfeifen in Telegraphen-Leitungen, Regenschirme schwierig zu benutzen.	Bildung großer Wellen beginnt. Kämme brechen sich und hinterlassen größere weiße Schaumflächen. Etwas Gischt.	10,8–13,8	39–49	22–27	0,72–1,17
7	steifer Wind	Ganze Bäume in Bewegung, fühlbare Hemmung beim Gehen gegen den Wind.	See türmt sich. Der beim Brechen entstehende weiße Schaum beginnt sich in Streifen gegen die Windrichtung zu legen.	13,9–17,1	50–61	28–33	1,18–1,80

Fortsetzung nächste Seite

Tab. 28 Beaufort-Skala, Windgeschwindigkeit und Staudruck (Fortsetzung)

Beaufort-Grad	Bezeichnung	Auswirkungen des Windes im Binnenlande	Auswirkungen des Windes auf der See	Geschwindigkeit m/s[1]	Geschwindigkeit km/h[1]	Geschwindigkeit Knoten[1]	Staudruck mbar[2]
8	stürmischer Wind	Bricht Zweige von den Bäumen, erschwert erheblich das Gehen im Freien.	Mäßig hohe Wellenberge mit Kämmen von beträchtlicher Länge. Von den Kanten der Kämme beginnt Gischt abzuwehen, Schaum legt sich in gut ausgeprägten Streifen in die Windrichtung.	17,2–20,7	62–74	34–40	1,81–2,63
9	Sturm	Kleinere Schäden an Häusern (Rauchhauben und Dachziegel werden abgeworfen).	Hohe Wellenberge, dichte Schaumstreifen in Windrichtung. „Rollen" der See beginnt. Gischt kann die Sicht schon beeinträchtigen.	20,8–24,4	75–88	41–47	2,64–3,66
10	schwerer Sturm	Entwurzelt Bäume, bedeutende Schäden an Häusern.	Sehr hohe Wellenberge mit langen überbrechenden Kämmen. See weiß durch Schaum. Schweres stoßartiges „Rollen" der See. Sichtbeeinträchtigung durch Gischt.	24,5–28,4	89–102	48–55	3,67–4,95
11	orkanartiger Sturm	Verbreitete Sturmschäden (sehr selten im Binnenland).	Außergewöhnlich hohe Wellenberge. Durch Gischt herabgesetzte Sicht.	28,5–32,6	103–117	56–63	4,96–6,52
12	Orkan	Schwerste Verwüstungen.	Luft mit Schaum und Gischt angefüllt. See vollständig weiß. Sicht sehr stark herabgesetzt. Jede Fernsicht hört auf.	32,7–36,9	118–133	64–71	6,53–8,37

)[1] gemessen in 10 m Höhe
)[2] ein Druck von 1 mbar wird erzeugt, wenn eine Masse von 10 kg (gleichmäßig!) auf 1 m^2 lastet

8.7 Strahlung

Strahlungsströme (physikalisch exakt Strahlungsstromdichten) sollen nach den neuesten Richtlinien in Watt pro m^2 (W/m^2) angegeben werden. Häufig findet man aber auch andere Einheiten.

Zwischen den am meisten gebrauchten bestehen die in Tab. 29 genannten Beziehungen.

Keine Strahlungsmessung im eigentlichen Sinn stellt die Bestimmung der maximal möglichen und der aktuellen Sonnenscheindauer dar. Beide sind jedoch für das Planungs-, Bau- und Heizungswesen wie für die Ökologie von großer Bedeutung, weswegen hier ein kurzer Hinweis gerechtfertigt erscheint.

8.7.1 Sonnenscheindauer

Die **maximal mögliche Sonnenscheindauer** ist die Zeit, die die Sonne am betrachteten Standort an den einzelnen Tagen des Jahres längstens über dem Horizont stehen kann. Letzten Endes geht es also dabei um eine Horizontvermessung. Man kann dazu einen Theodoliten benützen, mit dem man den Horizont Schritt für Schritt abtastet. Die Horizonthöhen trägt man dann in eine Sonnenbahnkarte (s. Abb. 73) ein und kann daraus die maximale Sonnenscheindauer entnehmen.

Einfacher, aber mit einer gewissen Einbuße an Genauigkeit, geht es mit dem **Horizontoskop** nach TONNE. Das Instrument besteht aus einer halbkugelförmigen Plexiglashaube, die über eine ebene, kreisförmige Plexiglasscheibe montiert ist. Blickt man von oben auf die Haube, so sieht man darauf den Horizont sich spiegeln. Jetzt spannt man auf die ebene Unterseite des Horizontoskops ein transparentes Papier und kann mit einem verkehrt herum gehaltenen Bleistift (Spitze nach oben) den gespiegelten Horizont auf das Transparentpapier durchzeichnen. Mit der dem Gerät beigefügten Sonnenbahnkarte lässt sich die maximal mögliche Sonnenscheindauer bestimmen.

Die **tatsächliche Sonnenscheindauer** kann man mit dem **Sonnenscheinautographen** nach CAMPBELL-STOKES messen (Abb. 193). Er besteht aus einer Glaskugel (G), die mit der Schraube (SCH) auf einem Haltefuß (H) befestigt ist. Die Kugel wird von einer konzentrischen Kugelschale (K) umgriffen, in die Kerben zum Einschieben von Registrierpapierstreifen (R) eingefräst sind. Das Besondere dieser Konstruktion ist, dass die Kugelschale genau im Abstand der Brennweite der Kugel montiert ist. Scheint die Sonne auf die Kugel, so wird das Registrierpapier wie mit einem Brennglas angesengt (S). Da sich die Sonne im Lauf des Tages über den Himmel bewegt, zeigt die auf dem Papier hinterlassene Brennspur (B) an, von wann bis wann die Sonne geschienen hat. Zur Auswertung ist auf die Registrierstreifen eine Zeitskala aufgedruckt.

Im Sommer steigt die Sonne höher als im Winter, man braucht deshalb für jede Jahreszeit einen anders geformten Streifen. In Abb. 193 (unten) sind sie abgebildet. Der Verlauf

Abb. 193
Sonnenscheinautograph (nach CAMPBELL-STOKES). G = Glaskugel, H = Kugelhalter, R = Registrierstreifen, K = Kugelschale mit Schlitzen zum Einschieben der Registrierstreifen, B = Brennspur, S = Stelle, an der die Sonne im Augenblick einbrennt, Sch = Schraube zum Befestigen der Kugel, N = Neigeeinrichtung zum Einstellen der geographischen Breite (Erläuterungen im Text).

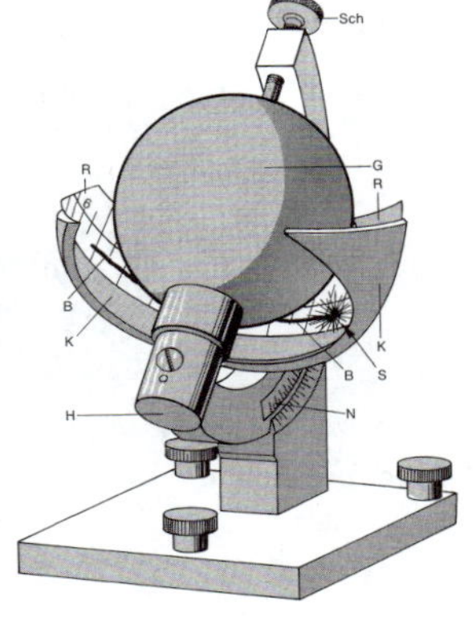

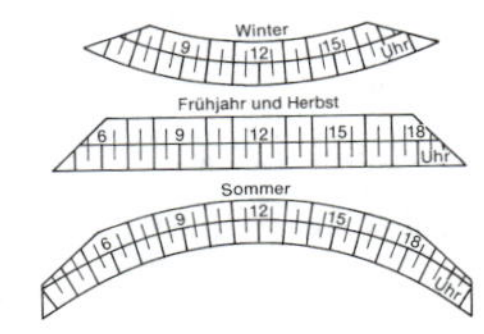

Tab. 29 Umrechnungsfaktoren zwischen verschiedenen Energie- und Energiestromeinheiten

Energie-Einheiten

1 cal = 4,186 J = 4,186 Ws; 1 kcal = 1,16 Wh

1 cal/cm^2 = 1 ly; 1 ly = 1cal/cm^2

1 J = 1,0 Ws = 2,78 $\ast$ 10^{-7} kWh = 0,239 cal = 6,24 $\ast$ 10^{18} eV = 0,34 $\ast$ 10^{-7} kgSKE

Energiestromdichte-Einheiten

(bzw. verkürzt ausgedrückt: Energiestrom-Einheiten)

		$\frac{\text{mcal}}{\text{cm}^2\,\text{min}}$	$\frac{\text{cal}}{\text{cm}^2\,\text{h}}$	$\frac{\text{mJ}}{\text{cm}^2\,\text{s}}$	$\frac{\text{J}}{\text{cm}^2\,\text{h}}$	$\frac{\text{W}}{\text{m}^2}$
$1\ \frac{\text{mcal}}{\text{cm}^2\,\text{min}}$	=	1	0,06	0,0698	0,251	0,698
$1\ \frac{\text{cal}}{\text{cm}^2\,\text{h}}$	=	16,7	1	1,16	4,19	11,6
$1\ \frac{\text{mJ}}{\text{cm}^2\,\text{s}}$	=	14,3	0,862	1	3,6	10,0
$1\ \frac{\text{J}}{\text{cm}^2\,\text{h}}$	=	3,98	0,239	0,27	1	2,78
$1\ \frac{\text{W}}{\text{m}^2}$	=	1,43	0,0859	0,1	0,36	1

Verdunstungsäquivalent

Umrechnung von Energiestromdichte in äquivalente verdunstete Wassermenge

$$1\ \frac{\text{W}}{\text{m}^2} = 0{,}1\ \frac{\text{mW}}{\text{cm}^2} = 0{,}035\ \frac{\text{mm}}{\text{d}}$$

$$1\ \frac{\text{mm}}{\text{d}} = 28{,}4\ \frac{\text{W}}{\text{m}^2} = 2{,}84\ \frac{\text{mW}}{\text{cm}^2}$$

$$1\ \frac{\text{W} \ast \text{d}}{\text{m}^2} = 0{,}035\ \text{mm}; \quad 1\ \frac{\text{mW} \ast \text{d}}{\text{cm}^2} = 0{,}035\ \text{mm}$$

dabei bedeuten:

cal = Kalorie

d = Tag

eV = Elektronenvolt

J = Joule

kcal = Kilokalorie

kgSKE = Kilogramm Steinkohleeinheiten

kWh = Kilowattstunde

ly = Lengley

mm = Millimeter (Niederschlagshöhe)

W = Watt

Wh = Wattstunde

Ws = Wattsekunde

Bitte beachten: Nur Joule und Wattsekunde sind SI-Einheiten

der Sonnenbahnen hängt auch von der geographischen Breite des Messortes ab. Die Kugelschale mit dem Registrierpapier muss deshalb darauf eingestellt werden. Dazu ist eine Neigeeinrichtung (N) vorhanden. Der Sonnenscheinautograph ist ein sehr robustes Gerät und überall problemlos einsetzbar. Seine Eichung ist leider nicht konstant, weil Verschmutzung der Kugel, abgesetzter Tau und Reif wie auch feuchtes Registrierpapier den Einbrennvorgang verzögern können. Als Nachteil ist schließlich auch zu sehen, dass die Streifen täglich gewechselt werden müssen.

Diese Probleme hat man bei entsprechenden elektrischen Geräten nicht. Bei ihnen wird ein **lichtempfindliches Photoelement** durch ein Flügelrädchen abwechselnd abgeschattet und wieder frei exponiert. Während der Abschattung gibt das Element eine kleinere Spannung ab als während der offenen Phase. Bei bedecktem Himmel sind die Spannungssprünge klein, bei Sonnenschein überschreiten sie einen bestimmten Grenzwert. Man kann also an der Größe der Spannungsprünge sehen, ob die Sonne geschienen hat oder nicht.

Elektrische Sonnenscheinmessgeräte sind einfach zu handhaben und zu überwachen. Dank der eingebauten Heizung sind sie auch kaum anfällig auf Tau- und Reifbildung. Aber ihr Preis ist hoch.

Der Sonnenscheinautograph hat sich aus der so genannten „Schusterkugel" entwickelt. Darunter versteht man ein kugelförmiges Glasgefäß, das mit Wasser gefüllt ist. Stellt man hinter der Kugel eine Lampe auf, so wird ihr Licht wie von einem Brennglas auf einen Punkt vor der Kugel fokussiert. Mit der Schusterkugel konnte man in den düsteren Handwerksstuben vergangener Jahrhunderte mit einer einzigen Kerze das Werkstück, z. B. einen Schuh, ausreichend beleuchten.

8.7.2 Kurzwellige Strahlung

Alle Sonnenscheinmessgeräte machen nur Angaben über die Dauer des Sonnenscheins. Über die Strahlungsintensität können sie nichts aussagen. Dafür benötigt man eine andere Art von Messgeräten, die Pyranometer. Aus der Vielzahl von Pyranometertypen sei hier das **Solarimeter** nach MOLL-GORCYNSKI vorgestellt: Abb. 194 und 195. Es besitzt als Messelement ein etwa 1 cm^2 großes geschwärztes Plättchen (P), das unter einer doppelwandigen Glashaube (G) waagerecht montiert ist. Dort absorbiert es die auftreffende Globalstrahlung und erwärmt sich dabei. Der Ring (R), der seinen Schatten (S) auf das Messelement wirft, gehört nicht zum Solarimeter, über ihn wird noch zu sprechen sein. Da die Haube das Plättchen vor Wind, Regen, Tau und Reif schützt, bestimmt alleine die Strahlungsintensität, um wie viel seine Temperatur höher als die der umgebenden Luft wird. Die Temperaturdifferenz ist also ein Maß für die Intensität der Globalstrahlung.

Wie schon auf Seite 381 erläutert wurde, ist zur Messung von Temperaturdifferenzen das Thermoelement sehr gut geeignet. Es wird deshalb im Solarimeter eingesetzt. Da ein Einzelelement eine viel zu geringe Spannung liefern würde, benützt man eine **Thermobatterie**, deren Vergleichsstellen auf Lufttemperatur gehalten werden. Dazu werden sie in einen Metallblock (M) eingebettet, der thermisch gut vom Messelement isoliert (I) und unter dem

Joule, James Prescott
Brauereibesitzer und Privatgelehrter
* 24.12.1818 in Salford
† 11.10.1889 Sale/London
1843 hat er das Energieprinzip formuliert und das mechanische Wärmeäquivalent bestimmt.

Watt, James
Ingenieur
* 19.1.1736 in Greenock-on-Clyde (Schottland)
† 19.8.1819 in Heathfield b. Birmingham
Erfinder der Dampfmaschine.

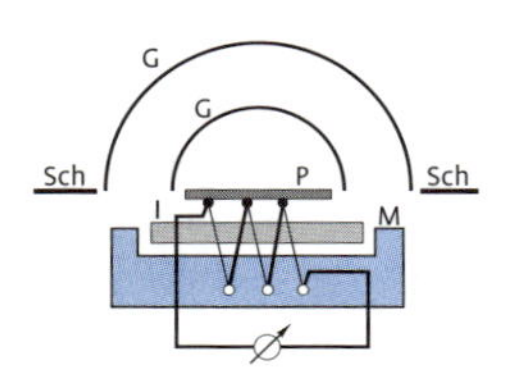

Abb. 194
Konstruktiver Aufbau des Solarimeters nach MOLL-GORCYNSKI.

Instrument angebracht ist. Eine weiß lackierte Scheibe (Sch) schützt ihn vor Sonnenbestrahlung. Um Tau und Reif von der Glashaube abzuhalten, ventiliert man sie mit Hilfe eines kleinen Gebläses. Pyranometer messen nur die kurzwellige Strahlung, weil die Glashauben für den langwelligen Spektralbereich undurchlässig sind (vgl. Seite 210).

Mit Hilfe besonderer Konstruktionen lässt sich auch der **Himmelsstrahlungsanteil** erfassen (Abb. 195). Dazu montiert man einen Schattenring (R) so über das Gerät, dass die direkte Sonnenstrahlung vom Messelement abgehalten wird. Bei anderen Konstruktionen wird ein Schattenlöffel dem Sonnenstand entsprechend darüber hinweggeführt,so dass sein Schatten stets auf das Messelement fällt. Die jahreszeitliche Variation der Sonnenhöhe berücksichtigt man durch eine Höhenverstellung (H) mit Hilfe der Skala (Sk). Benützt man ein abgeschattetes und ein freies Pyranometer nebeneinander, so lässt sich aus der Differenz ihrer Messwerte die Sonnenstrahlung berechnen.

Ein Pyranometerpaar, von denen das eine nach oben und das andere nach unten gerichtet ist, ermöglicht die Bestimmung der kurzwelligen Strahlungsbilanz, denn was die untere Empfängerfläche aufnimmt, ist nichts anderes als die Reflexstrahlung des Bodens. Daraus lässt sich dann auch die Albedo (s. Seite 193) der Bodenoberfläche berechnen. Beim **Albedometer** sind die beiden Messelemente gleich in einem einzigen Gerät zusammengebaut.

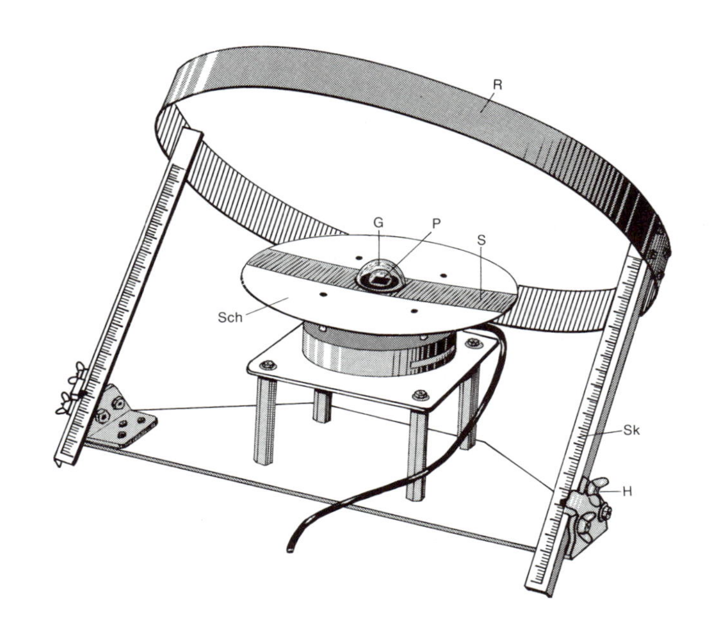

Abb. 195
Gerät zur Messung der Himmelsstrahlung. P = Messelement, G = doppelwandige Glashaube, R = Schattenring, S = Schatten auf dem Messgerät, Sch = Schutzscheibe zum Abhalten der Sonnenstrahlung vom Messelement, H = Einrichtung zur Höhenverstellung, Sk = Skala für die Höhenverstellung (Erläuterungen im Text).

8.7.3 Strahlungsbilanz

Interessiert der gesamte (kurz- und langwellige) Strahlungsbereich, so muss man die Schutzhaube aus einem Material machen, das für beide Wellenbereiche durchlässig ist. Dafür ist der Kunststoff Lupolen geeignet. Selbstverständlich muss auch das zum Schwärzen der Messfläche verwendete Material im kurz- wie im langwelligen Bereich „schwarz" sein. Je nach Konstruktion lässt sich der von oben und der von unten kommende Strahlungsstrom trennen, oder es wird nur die Strahlungsbilanz als Ganzes gemessen. Man bezeichnet solche Geräte als **Strahlungsbilanzmesser**. Für ökologische Messungen gibt es sehr kleine Strahlungsbilanzmesser mit einem Durchmesser von nur gut 1 cm.

Die langwelligen Strahlungsströme kann man berechnen, wenn man von der gemessenen Gesamtstrahlung die kurzwellige subtrahiert. Hat man Instrumente zur Verfügung, die den von oben und den von unten kommenden Anteil getrennt ausweisen, so lässt sich auch die langwellige Strahlung entsprechend aufspalten. In der Nacht sind Gesamtstrahlung und langwellige Strahlung ohnehin identisch.

8.7.4 Photosynthetisch aktive Strahlung und Licht

Bisher haben wir großen Wert darauf gelegt, dass die Messflächen der Strahlungssensoren über den gesamten Messbereich „schwarz" waren. Dadurch wird gewährleistet, dass alle ankommenden Wellenlängen vollständig und gleichmäßig absorbiert und somit ihre Energie richtig gemessen wurde.

Wie wir leicht mit eigenen Augen sehen können, gibt es aber nur sehr wenige Stoffe, die alle Wellenlängen vollständig absorbieren. Es erscheinen ja nur äußerst wenige Oberflächen tiefschwarz. Die allermeisten absorbieren selektiv. Ein Musterbeispiel dafür sind die Pflanzen, wie schon auf Seite 198ff. erläutert wurde. Da ihr Absorptionsverhalten eine erhebliche ökologische Bedeutung besitzt, baut man Messfühler, deren spektrale Empfindlichkeit der photosynthetischen Wirkungsfunktion (PAR, s. Seite 201ff.) entspricht. Mit ihrer Hilfe lässt sich angeben, wie viel der angebotenen Strahlungsenergie die Pflanze überhaupt ausnützen kann. Man bezeichnet sie kurz als **PAR-Sensoren**.

- Da PAR-Sensoren sehr teuer sind, werden auch vereinfachte Konstruktionen angeboten. Sie messen nicht den Energieinhalt der auftreffenden photosynthetisch aktiven Strahlung, sondern zählen die ankommenden Strahlungsquanten aus dem Wellenlängenbereich der photosynthetisch aktiven Strahlung (0,4 bis 0,7 mm). Näheres dazu findet man in der VDI 3786 Blatt 13.

Auch unser Auge absorbiert keineswegs alle Wellenlängen gleichermaßen. Seine Empfindlichkeit ist für die als gelbgrün empfundenen Wellenlängen am größten und fällt zu den blauen und zu den roten hin rasch ab. Strahlungsmessgeräte, deren Empfindlichkeitskurve der Augenempfindlichkeit des Menschen angepasst ist, nennt man **Luxmeter**. Sie dürfen nur für Messungen benützt werden, die sich auf unser Auge beziehen, beispielsweise auf die Helligkeit am Arbeitsplatz, Raumausleuchtung und ähnliches. Keinesfalls darf man damit das Strahlungsangebot für Pflanzen

Die früher gebräuchliche Druckeinheit „Torr" geht zurück auf:
Torricelli, Evangelista
Physiker und Mathematiker
* 15.10.1608 in Faenza
† 25.10.1647 in Florenz
Hofmathematiker des Großherzogs von Toskana.
Arbeiten: Hydrodynamik, Luftdruck, Vakum-Erzeugung, Erfinder des Quecksilberbarometers (s. unten), Infinitesimalrechnung.

messen, da diese ja gerade in seinem empfindlichsten Bereich, im Gelbgrün, sehr wenig absorbieren. Besonders gravierend werden die Fehler, wenn man damit Strahlungsströme aus Quellen mit unterschiedlicher Spektralverteilung vergleichen will.

Bei Strahlungsmessungen innerhalb von Pflanzenbeständen fällt es meist sehr schwer, einen repäsentativen Messwert zu finden, oft ist es sogar völlig unmöglich. Durch die unregelmäßige Struktur kann es vorkommen, dass an einem Punkt die Sonne bis zum Boden durchscheint und gleich daneben tiefer Schatten herrscht. Infolge der Bewegung der Sonne am Himmel unterliegt dieses Strahlungsmuster außerdem noch einer ständigen Veränderung. Man hilft sich in solchen Fällen damit, dass man den Strahlungsmesser auf einer Schiene durch den Bestand bewegt und dann einen Mittelwert über alle Messwerte berechnet. Findige Wissenschaftler haben dazu auch schon handelsübliche Modelleisenbahnen benützt.

8.8 Luftdruck

Das SI-Einheitensystem sieht für den Druck die Einheit „Pascal" vor. Alternativ sind aber auch die Einheiten „Bar" und damit auch „Millibar" erlaubt. Da das Millibar im Bewusstsein vieler Leser tief verankert und zudem auf einer großen Zahl von Skalen insbesondere älterer Messgeräte zu finden ist, wird hier die traditionelle Einheit Millibar der neuen Einheit Hektopascal vorgezogen.

Barometer und Wetter empfindet man allgemein als eng zusammengehörig. In der Tat spielt auch die genaue Messung des Luftdruckes für die Wettervorhersage und die Fliegerei, die ihn als Höhenmaßstab benützt, eine beherrschende Rolle.

Einheiten für den Luftdruck sind das Millibar (mbar) und das Hektopascal (hPa).

$$1 \text{ mbar} = 10^2 \text{ N/m}^2 = 10^2 \text{ Pa} = 1 \text{ hPa} = 103 \text{ dyn/cm}^2$$

Dabei bedeuten N = Newton, Pa = Pascal, hPa = Hektopascal.
Zwischen den früher häufig verwendeten Einheiten Torr oder mm Quecksilber besteht folgende Beziehung:

$$1 \text{ mbar} = 0{,}750 \text{ Torr} = 0{,}750 \text{ mm Hg}$$

Für die physikalische Atmosphäre, das ist der mittlere auf Meeresniveau reduzierte Luftdruck der Erde, gilt

$$1 \text{ atm} = 1\,013 \text{ mbar} = 760 \text{ Torr}$$

8.8.1 Quecksilberbarometer

Das heute noch wichtigste LuftdruckMessgerät, das **Quecksilberbarometer**, wurde schon im Jahr 1643 von Torricelli erfunden. Im Prinzip kann man es mit einer Balkenwaage vergleichen, auf der man das Gewicht der Luftsäule mit dem einer Quecksilbersäule ins Gleichgewicht bringt.

Es besteht aus einem U-förmig gebogenen Glasrohr mit zwei verschieden langen Schenkeln, wie Abb. 196 zeigt. Das Rohr ist teilweise mit Quecksilber gefüllt. Der längere Schenkel ist zugeschmolzen, der kürzere ist offen. Im geschlossenen Schenkel befindet sich oberhalb des Quecksilberspiegels ein luftleerer Raum V.

Wie in der linken Hälfte gezeigt wird, drückt die Luft mit ihrem Gewicht auf die Oberfläche f_L des im offenen rechten Schenkel des Messgefäßes stehenden Quecksilbers. Mit dem gleichen Gewicht drückt im linken Schenkel die Quecksilbersäule Q der Länge l_1 auf die in der gleichen Höhe befindliche Oberfläche f_Q. Das zwischen f_Q und f_L im U-förmigen Teil des Gefäßes befindliche Quecksilber hat nur die Funktion eines Waagebalkens. Denkt man sich, wie in der rechten Hälfte der gleichen Abbildung dargestellt, den Luftdruck angestiegen, so ist das Gleichgewicht zwischen der Luft und dem Quecksilber gestört. Als Folge davon wird f_L herunter- und dadurch ein Teil des Quecksilbers in den linken Schenkel hinübergedrückt, so dass dort der Quecksilberspiegel f ansteigt. Dieser Vorgang läuft solange, bis die Säule Q lang genug ist (l_2), dass ihr Gewicht wieder gleich dem der Luft ist.

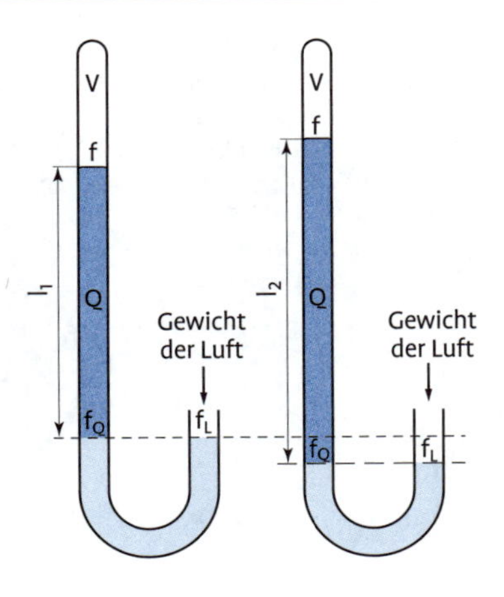

Abb. 196
Zur Funktionsweise des Quecksilberbarometers (Erläuterungen im Text).

Der Druck, den die Quecksilbersäule Q mit ihrem Gewicht erzeugt, ist also immer gleich dem Luftdruck. Sind f_L und f_Q gleich groß, dann reicht zur Angabe des Luftdrucks die Länge dieser Säule. Aus diesem Grund hat man früher die Einheit des Luftdruckes, das Torr, als die Länge der mit der Luft im Gleichgewicht stehenden Quecksilbersäule definiert. Mit der Einführung des SI-Einheitensystems wurde das Torr jedoch abgeschafft.

Da sich das Quecksilber beim Erwärmen ausdehnt und beim Abkühlen zusammenzieht, muss die Länge der Säule auf die Länge bei einer Normaltemperatur reduziert werden. Man wählt dazu 0 °C. Die Temperatur des Quecksilbers wird mit einem kleinen am Gerät angebrachten Thermometer gemessen. Da die Erdanziehungskraft von der geographischen Breite und der Höhe über dem Meeresspiegel abhängt, verlangt das Quecksilberbarometer auch noch zwei diesbezügliche Korrekturen.

- Pascal, Blaise
  Mathematiker, Physiker und Religionsphilosoph.
  * 19.6.1623 in Clermont-Ferrand
  † 19.8.1662 in Paris
  Diverse Arbeiten zum Druck, insbesondere Luftdruck (Barometrische Höhenformel, s. Seite 38f.); Wahrscheinlichkeitsrechnung, Rechenmaschinen.

Die heute an den Wetterwarten eingesetzten Stationsbarometer sind in ihrer Konstruktionsform so aufbereitet, dass die Ablesung schnell, bequem und mit der erforderlichen Genauigkeit erfolgen kann. Mit diesen Geräten kann man den Luftdruck auf 0,1 mbar genau bestimmen. Der Fehler des Messwertes beträgt demnach etwa 0,01 %. Damit ist der Luftdruck von allen meteorologischen Größen die am genauesten messbare.

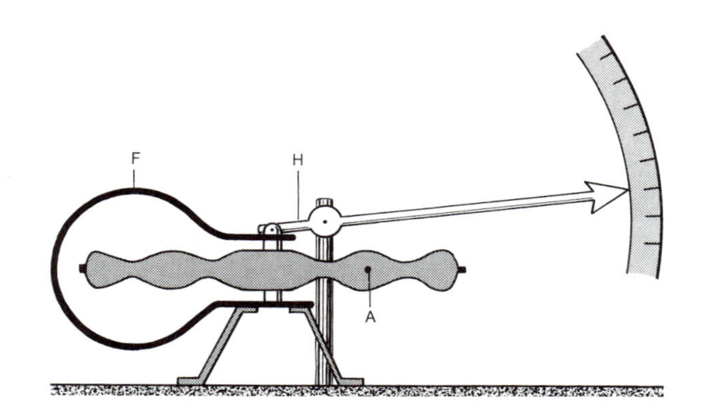

Abb. 197
Schematischer Querschnitt durch ein Aneroidbarometer. A = Aneroiddose, F = Feder zum Spannen der Dose, H = Hebelmechanismus zur Messwertübertragung.

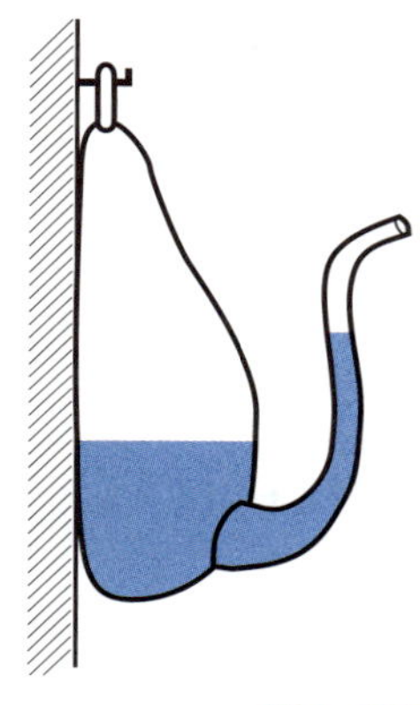

Abb. 198
Das Wasserbarometer, das schon Goethe benutzte, soll wegen seiner dekorativen Wirkung wenigstens erwähnt werden. Es besteht aus einem – etwa zur Hälfte mit (gefärbtem) Wasser gefüllten – Glasgefäß mit einer angeschmolzenen Tülle. Steigt der Luftdruck, so steigt auch die Last auf die Wassersäule in der Tülle und drückt die Luftblase im Gefäß zusammen: Die Wassersäule sinkt. Umgekehrt steigt sie, wenn der Luftdruck fällt. Diese Situation ist oben dargestellt. Um thermische Volumenänderungen der Luftblase zu vermeiden, benötigt das Gerät eine konstante Umgebungstemperatur.

8.8.2 Aneroid- oder Dosenbarometer

Für den Einsatz an unterschiedlichen Orten ist das Quecksilberbarometer nur schlecht, zur Registrierung ist es überhaupt nicht geeignet. Dafür verwendet man das **Aneroid-** oder **Dosenbarometer**, das in Abb. 197 gezeigt ist. Es enthält eine weitgehend luftleer gepumpte flache Dose aus Blech mit gewelltem Deckel und Boden (A). Eine Feder (F) verhindert, dass sie der außen auflastende Luftdruck zusammenpresst. Ändert sich der Luftdruck, so ändert sich auch die Höhe der Dose. Die Höhenänderung wird über einen Hebel (H) auf einen Zeiger übertragen. Da die Elastizität des Dosenmaterials von der Temperatur abhängt, belässt man in der Dose einen kleinen Restdruck, der diesen Einfluss kompensiert. Dennoch darf das Dosenbarometer keiner direkten Sonnenbestrahlung ausgesetzt werden. Häufig reagiert das Gerät wegen der Lagerreibung im Übertragungsmechanismus nicht auf kleine Druckänderungen. Hier hilft das berühmte Klopfen auf das Gehäuse.

Zur Registrierung des Luftdrucks kombiniert man die Barometerdose mit einer Registriereinrichtung ähnlich wie beim Thermo- und Hygrographen (s. Seite 391) und nennt das Gerät **Barograph**. Zur Erhöhung der Stellkraft enthält es einen Turm aus mehreren Aneroiddosen. Barographen mit einem Messpotentiometer ermöglichen eine elektrische Fernübertragung der Luftdruckwerte.

Wie schon erläutert (s. Seite 72), hängt der Siedepunkt des Wassers vom Luftdruck ab. Man kann daher die Siedetemperatur zur Luftdruckmessung benützen. **Siedebarometer**, die auch **Hypsometer** heißen, besitzen Thermometer, die im Bereich um 100 °C besonders genau messen.

8.9 Flugmeteorologisch wichtige Größen

8.9.1 Sichtweite

Darunter versteht man die Entfernung, in der ein normalsichtiger Beobachter einen Gegenstand gerade noch erkennen kann. Diese Definition ist ausgesprochen subjektiv und deshalb nur mit Einschränkung zu verallgemeinern. Neben den physikalischen Besonderheiten spielen bei der Beobachtung der Sichtweite auch die Lichtverhältnisse, die optischen Eigenschaften des beobachteten Objektes und sein Hintergrund eine Rolle. Je nachdem, ob das Objekt beleuchtet wird oder selbst leuchtet, sind deshalb erhebliche Differenzen in der Sichtweite zu erwarten. Im letzteren Falle spricht man von der **Feuersicht.**

Neben den Augenbeobachtungen werden aber heute überall elektronische Messgeräte eingesetzt. Sie verlangen jedoch eine neue Definition der Sichtweite. Man hat dazu die so genannte **Normsichtweite** festgelegt. Das ist die Entfernung, bei der der Kontrast einer schwarzweiß geteilten Scheibe infolge der Trübung der Luft auf 5% des ursprünglichen Wertes zurückgegangen ist.

Zur Messung der Normsichtweite gibt es zwei Prinzipien. Beim ersten misst man den Intensitätsverlust, den ein Lichtstrahl auf seinem Weg durch die getrübte Luft erleidet. Dazu stellt man eine helligkeitsgenormte Blitzlampe mit Reflektor am Anfang einer 75 m langen Teststrecke auf, an deren Ende ein Lichtdetektor den ankommenden Strahl auffängt. Je schwächer er ankommt, desto größer war die Zahl der streuenden Partikel entlang der Messstrecke. Aus dem Intensitätsverlust lässt sich dann die Normsichtweite ableiten. Geräte dieser Art heißen **Transmissometer**.

Beim zweiten Prinzip wird ein Lichtstrahl durch die Luft geschickt und die Intensität des von den trübenden Partikeln gestreuten Lichts gemessen. Je stärker die Trübung ist, desto mehr Licht wird gestreut und desto schlechter ist die Normsicht, dieses Prinzip ist im **Videographen** verwirklicht.

- Im praktischen Wetterdienst hat man sich auf die Beobachtung der Feuersicht verlegt. Der Grund dafür ist, dass die Hauptbedarfsträger von Sichtweitemeldungen, die Flugzeugpiloten, zu Zeiten verminderter Sichtbedingungen immer eine eingeschaltete Pistenbefeuerung vorfinden und deshalb daran interessiert sind zu erfahren, wie weit diese Lichterketten für sie erkennbar sein werden.

8.9.2 Wolkenuntergrenze

Dazu richtet man einen intensiven pulsierenden Lichtstrahl nach oben an die Wolkendecke. Die Höhe des Punktes, an dem der Lichtstrahl die Wolke trifft, kann entweder mit einem Theodoliten oder elektronisch bestimmt werden. Die dafür verwendeten Geräte heißen **Ceilometer**. Oft hat eine Wolke keine scharfe Untergrenze, sondern wird allmählich immer dichter. In solchen Fällen kann man auch keinen exakten Auftreffpunkt ausmachen, vielmehr dringt der Strahl in die Wolke ein und verliert sich dort langsam. Man wendet dann besser eine andere Methode an, die die Sichtbedingungen im unteren Grenzbereich der Wolke besser widerspiegelt. Dazu lässt man einen Ballon bekannter und konstanter Steigegeschwindigkeit in die Wolke hinein aufsteigen und bestimmt die Höhe, ab der er nicht mehr zu sehen ist.

8.9.3 Bestimmung der Wolkenmenge

Die Bestimmung der Wolkenmenge, wie übrigens auch der Wolkenart, ist immer noch dem menschlichen Auge vorbehalten. Bis heute konnte kein Instrument diese Aufgabe übernehmen, was sich aber mit den Fortschritten in der Computerlogik in absehbarer Zeit ändern kann. Der Beobachter denkt sich dabei die über die Himmelshalbkugel verteilte Bewölkung auf einen Haufen zusammengeschoben und schätzt, wie viele Achtel des Himmmels dieser Haufen bedecken würde.

8.10 Wetterradar

Das Wetterradar ist in den letzten Jahren zu einem zentralen Hilfsmittel für die praktische Meteorologie geworden. Insbesondere die Integralmessung des Niederschlags über eine größere Fläche (im Gegensatz zu klassischen Punktmessung), die Kürzestfrist-Wettervorhersage (das ist eine Vorhersage für nur wenige Stunden) und der Unwetterwarndienst haben davon sehr profitiert. Einen wesentlichen Fortschritt hat das System KONRAD des Deutschen Wetterdienstes gebracht, das nicht nur die Verlagerung einzelner Gewitter- oder Hagelzellen sondern auch deren Intensivierung oder Abschwächung vorhergesagt.

— Technische Daten eines Wetterradargeräts, dargestellt am Beispiel des „POLDIRAD" der Deutschen Forschungs- und Versuchsanstalt für Luft- und Raumfahrt, Oberpfaffenhofen: Sendeleistung: 400 kW; Wellenlänge: 5,45 cm; Sendefrequenz: ca. 5,5 GHz; Impulslänge: 150, 300, 600 m; Impulsfolgefrequenz: 160 – 2400 Hz; Öffnungswinkel des Radarstrahles (Bündelung auf Halbwertsbreite): 1 Grad (d.h.10 km vom Radarstandort entfernt hat der Strahl einen Durchmesser von 175 m); Reichweite: je nach Auflösung 60 bis 300 km.

Das Radarprinzip ist sehr einfach: Man sendet über eine spezielle Antenne in rascher Folge kurze, stark gebündelte Mikrowellenimpulse aus und misst die Zeit, bis die von einem angepeilten Objekt erzeugten Echos wieder am Radarstandort eintreffen. Da sich die Mikrowellen mit Lichtgeschwindigkeit ausbreiten, kann man aus der Impulslaufzeit bequem die Entfernung zum Radarziel bestimmen. Aus der Stärke der Echos kann man sogar auf die Größe des angepeilten Zieles schließen. Richtet man die Radarimpulse nicht gegen feste Objekte, sondern gegen eine Wolke, so hängt die Echostärke von der Zahl, dem Aggregatzustand und der Größenverteilung der in der Wolke enthaltenen Hydrometeore ab.

In den 60er-Jahren hat man begonnen, die Verteilung und Intensität von Radarechos, die man von rotierenden Antennen erhalten hatte, auf Monitoren in Kartenform darzustellen (ppi-scope = plan position indication). Man konnte auf diese Weise das Herannahen von niederschlagsintensivem Wetter, insbesondere Fronten und Okklusionen (s. Seite 288ff.), frühzeitig erkennen und ihre Verlagerung recht genau vorhersagen. Durch Vertikalsonierungen bei fest eingestelltem Azimutwinkel (rhi-scope = range height indication) war auch die Höhenentwicklung der Bewölkung bequem zu bestimmen. Die Radarmeteorologie wurde auf diese Weise insbesondere für den Luftverkehr zu einem wertvollen Hilfsmittel.

Mit dem Fortschritt in Wissenschaft und Technik wurde eine zunehmend detailliertere Auflösung und Deutung der Radarechos möglich. So konnte man mit den Erkenntnissen über die Tröpfchengrößenspektren in den Wolken brauchbare Informationen über ihren Wassergehalt gewinnen und daraus ihre Niederschlagsspende berechnen. Damit war es möglich geworden, flächendeckende **Niederschlagsmessungen** zu machen. Wenn man sich klarmacht, wie feinstrukturiert insbesondere Schauerniederschläge sein können und damit selbst ergiebige Niederschlagszellen oft unbemerkt durch ein noch so enges Netz bodengebundener Niederschlagsmesser schlüpfen können, wird man diese Möglichkeit schnell als bedeutenden Fortschritt in der meteorologischen Messtechnik zu würdigen wissen. Auch wenn die quantitative Radarflächenmessung immer noch mit Fehlern behaftet ist, stellt sie doch eine außerordentlich wertvolle Ergänzung zum konventionellen Niederschlagsmessnetz dar.

Ein zentrales Problem, für dessen Lösung sich das Radarprinzip von Anfang an geradezu anbot, war die Frage, ob eine Wolke **hagelträchtiges Eis** enthält oder ob damit gerechnet werden kann, dass alle in der Wolke befindlichen Eisklümpchen vor dem Auftreffen auf dem Erdboden zu Regentropfen schmelzen werden (zum Hagelbildungsvorgang s. Seite 135). Zunächst war man ausschließlich auf die Intensität der Radarechos angewiesen. Interessanterweise – und das war eine wichtige Hilfe bei der Hagelanalyse – besitzen schmelzende Eiskörnchen ein besonders starkes Reflexionsvermögen. Damit konnte man ihre Verbreitung gut abschätzen. Eine verlässliche Aussage über die akute Hagelgefahr war aber damit noch nicht möglich.

Dazu kam es erst, als man einen weiteren physikalischen Effekt für die Radartechnik nutzbar machen konnte: die **Polarisation**. Verwendet man zur Analyse einer Wolke polarisierte Radarstrahlen, so stellt man fest, dass die Wolkentröpfchen bei der Radarreflexion die Polarisation anders verändern als Regentropfen und diese wieder anders als Eispartikel. Der Grund dafür liegt in der unterschiedlichen Form der verschiedenen in der Wolke vorhandenen Hydrometeore: während Wolkentröpfchen praktisch Kugelgestalt haben, werden fallende Regentropfen deformiert (s. Seite 127). Eispartikel schließlich nehmen häufig die Form einer Birne an oder haben Ansätze aus kleineren angefrorenen Eisklümpchen. Auf diese Weise lässt sich die Verbreitung von Eis und flüssigen Niederschlägen innerhalb einer Wolke sehr genau erkennen und damit das Hagelrisiko recht gut abschätzen.

Eine weitere wichtige Verbesserung in der Radartechnik hat die Anwendung des **Dopplereffektes** gebracht.

Den Dopplereffekt kennt man insbesondere von der Akustik her: Bekanntlich erscheint der von einer Schallquelle ausgehende Ton höher als der tatsächliche, wenn sich die Quelle und der Beobachter aufeinander zubewegen und tiefer als der tatsächliche, wenn sie sich von einander wegbewegen. Musterbeispiele dafür sind die Signalhörner von Feuerwehr und Rettungsdienst. Auch Radarwellen zeigen den Dopplereffekt. Das hat schon mancher Autofahrer erfahren müssen, dem bei einer Radarkontrolle überhöhte Geschwindigkeit nachgewiesen wurde.

Interessanterweise zeigen nicht nur die vom Sender ausgehenden, sondern auch die vom Ziel reflektierten Radarwellen diesen Effekt. Ist die empfangene Frequenz höher als die Sendefrequenz, so bewegt sich das Ziel auf den Standort zu, ist sie tiefer, dann bewegt es sich weg. Aus der Differenz der beiden Frequenzen kann man bequem seine Geschwindigkeit berechnen. Auf diese Weise lassen sich nicht nur die generellen Bewegungen von Wolken- und Niederschlagsfeldern relativ zum Radarstandort erkennen, sondern auch Detailbewegungen innerhalb der Wolken.

Radargeräte haben aus verschiedenen Gründen (u.a. Dämpfung der Wellen, Schatteneffekte hinter Zielen, Impulsfolge, Erdkrümmung) stets nur einen begrenzten Wirkungskreis, der im günstigsten Fall einen Radius von etwa 200 km hat. Damit ist die **flächendeckende Radarüberwachung** beliebiger Areale mit einem Einzelgerät nicht zu erreichen. Die moderne Digitaltechnik hat es jedoch möglich gemacht, Radargeräte beliebig miteinander zu vernetzen, und damit zu einem neuen Höhepunkt in dieser Technik geführt. So wird das gesamte Wetter über Deutschland derzeit in 12 Schichten von einem System von 16 verbundenen Radarstationen rund um die Uhr überwacht. Die schichtweise Analyse erreicht man dadurch, dass man den Antennenspiegel nach jedem Umlauf um einen bestimmten Winkel kippt. Auf diese Weise entsteht ein dreidimensionaler „Wetterraum". Die Messwerte werden in so genannten „Kompositbildern" (siehe Abb. 199) regelmäßig veröffentlicht und stehen somit allen interessierten Nutzern zur Verfügung. 1992 wurde eine internationale Radar-Arbeitsgruppe ins Leben gerufen, die einen europaweiten Radarverbund aufbauen soll.

— Am 21. Juli 1992 zog eine Kaltfront mit extrem heftigen Gewittern über Mitteleuropa. Zufälligerweise lief zu dieser Zeit das Meteorologische Experiment „CLEOPATRA", so dass die Gewitterfront mit allen derzeit verfügbaren Messsystemen im Detail erfasst werden konnte. Die Deutsche Forschungs- und Versuchsanstalt für Luft- und Raumfahrt hat eine komplette Datensammlung dieses wissenschaftlichen Glücksfalles auf einer CD-ROM veröffentlicht. Sie zeigt unter anderem außerordentlich interessante Bildfolgen von Wetterradar-Aufnahmen, die die Darstellungsmöglichkeiten dieser Technik in exzellenter Weise dokumentieren (Finke und Hauf 1997).

8.11 Nicht bodengebundene Messgeräte

Für die Zwecke der Wettervorhersage interessieren nicht nur die meteorologischen Bedingungen in Bodennähe, sondern auch in den verschiedenen Höhen der Atmosphäre. Früher führte man dazu Drachen- oder Flugzeugaufstiege durch, bei denen man robuste Standardmessgeräte an Bord hatte.

8.11.1 Radiosonden

Heute werden dafür allgemein so genannte Radiosonden verwendet. Eine **Radiosonde** ist ein Messsystem, das von einem Ballon in die Atmosphäre hochgetragen wird und dabei die aufgenommenen Messwerte zu einer Bodenstation funkt.

Radiosonden bestehen aus drei Einheiten:

- erstens den Messfühlern für Luftdruck, Lufttemperatur und relative Luftfeuchte,

- zweitens einem Messwertwandler, der die Signale dieser Fühler in eine funkübertragbare Form wandelt, damit sie die
- dritte Einheit, ein Kurzwellensender, als Funksignale ausstrahlen kann.

Die gesamte Messeinrichtung ist in einem kleinen Styroporkästchen untergebracht. Zur Messung wird die Radiosonde von einem mit Wasserstoff oder Helium gefüllten Gummiballon mit einer durchschnittlichen Steiggeschwindigkeit von 5 m/s nach oben getragen. Das Gespann steigt, bis der Ballon platzt. In welcher Höhe das passiert, hängt von den Wetterbedingungen und der Ballongröße ab. Normalerweise werden etwa 30 km erreicht, in Einzelfällen sind Radiosonden aber auch schon bis 50 km Höhe gestiegen. Nach dem Platzen des Ballons schwebt die Radiosonde an einem Fallschirm wieder langsam zu Boden.

Um den Aufwand in der Radiosonde möglichst gering zu halten, werden zunehmend Messfühler eingesetzt, die alle nach einem einheitlichen Prinzip, nämlich dem der Kapazitätsmessung, arbeiten. Früher hat man die Lufttemperatur und die relative Luftfeuchte häufig über den elektrischen Widerstand eines entsprechenden Fühlersystems gemessen (s. Seite 377). Je kleiner die Messfühler sind, desto schneller reagieren sie auf Temperatur- bzw. Feuchteänderungen und desto kleiner bleibt auch das Gewicht der Radiosonde. So werden heute beispielsweise Kugelthermometer (Perlthermistoren) mit einem Durchmesser von nur

Abb. 199
Wetterradarbild (Kompositbilder): links eine gewittrige Kaltfront mit nachfolgenden Schauern (vgl. Seite 289ff., 294), rechts verbreitete Schauer- und Gewittertätigkeit, sog. Luftmassengewitter (vgl. Seite 139). Je dunkler blau die Wolkenmuster wiedergegeben sind, desto stärker ist das Radarecho und desto heftigere Wettererscheinungen treten dort auf (nach Daten des Deutschen Wetterdienstes; bearbeitet und veröffentlicht von www.WetterOnline.de).

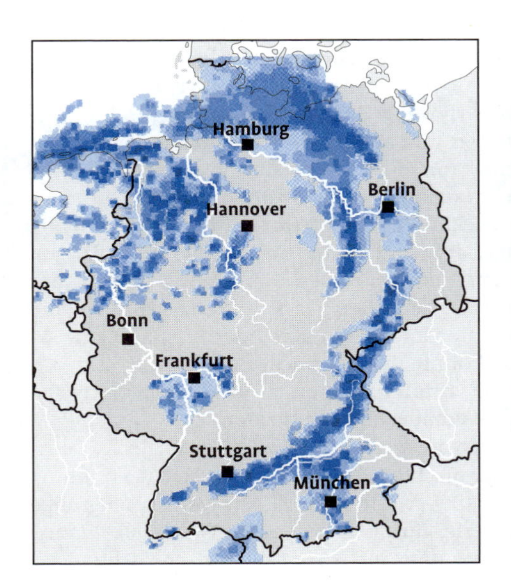

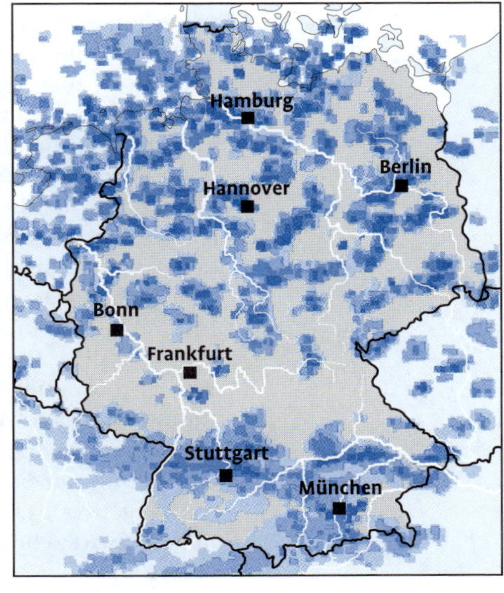

- Der Messbereich einer Radiosonde reicht beim Luftdruck von 1 050 mbar bis ca. 3 mbar, bei der Lufttemperatur von +40 °C bis –90 °C und bei der relativen Luftfeuchte von 0 % bis 100 %. Dabei ist es wichtig, dass alle Werte mit extrem hoher Genauigkeit gemessen werden. Bei der Lufttemperatur z. B. dürfen die Fehler nicht größer als 0,2 K sein.

0,2 mm verwendet; dadurch kann das Gesamtgewicht der Radiosonde auf weniger als 200 g gedrückt werden.

Die Messergebnisse werden während des Aufstieges in einem Frequenzbereich von 403 bis 405 MHz zur Bodenstation übertragen. Dort wird aus ihnen ein atmosphärisches Druck-Temperatur-Feuchte-Profil erstellt, das dann weltweit an alle Wetterdienste verbreitet wird. Derartige Profile werden an etwa 800 Aufstiegsstellen auf der ganzen Welt 2- bis 4-mal pro Tag zu gleichen Zeiten erstellt.

Neben den genannten Größen spielt für die Wettervorhersage die **Richtung** und **Geschwindigkeit** des Windes in den verschiedenen Höhen der Atmosphäre eine wichtige Rolle. Auch sie können mit Hilfe von Radiosonden gemessen werden, denn das Radiosondengespann wird ja in jeder Höhe exakt vom Wind vertragen. Bestimmt man die Position in regelmäßigen Zeitabständen, so gibt die Projektion dieser Flugbahn auf die Erdoberfläche die Windrichtung und -geschwindigkeit in den jeweiligen Höhenabschnitten wieder. Für die Windmessung gibt es mehrere Verfahren. Am gebräuchlichsten sind die Verfolgung des Ballongespanns mit einem Radargerät, einem Radiotheodoliten oder über das **Satellitennavigationssystem GPS** (**G**lobal **P**ositioning **S**ystem).

8.11.2 Fernerkundung

Insbesondere für Fragen der Geländeklimatologie, des Umweltschutzes und der technischen Klimatologie werden radiometrische Messungen von Flugzeugen und Satelliten aus durchgeführt. In erster Linie geht es dabei um die Temperaturverteilung an der Bodenoberfläche. Dazu verwendet man spezielle **Strahlungsthermometer**, die das überflogene Gelände wie bei einem Fernsehbild zeilenweise abtasten und auf diese Weise ein Temperaturbild erzeugen. Außerdem kann man eine Reihe wichtiger Erkenntnisse über Luftverschmutzung, Pflanzenwachstum und den landwirtschaftlichen Entwicklungsstand gewinnen. Besonders wichtig sind in diesem letztgenannten Zusammenhang die Wellenlängen des nahen Infrarot um 1 µm. In diesen Bereichen reflektiert das Chlorophyll der Pflanzen besonders stark (s. Seite 198ff.). Seine Intensität ist ein Indikator für eine intakte oder kranke Pflanzenwelt. Auf diese Weise konnte schon mancher Pflanzenstress durch Hitze, Trockenheit oder Krankheiten entdeckt werden, noch ehe unmittelbar sichtbare Veränderungen auftraten.

Neuerdings versucht man auch solche Wellenlängen für die Fernerkundung nutzbar zu machen, die in der natürlichen Strahlung mit zu geringer Intensität vertreten sind. Dazu werden Flugzeuge mit einer Art Scheinwerfer für die betreffenden Wellenlängen ausgerüstet, die damit das zu untersuchende Gelände „beleuchten".

Eine interessante Zusammenstellung von derzeit gebräuchlichen Fernerkundungsmethoden sowie weiterführende Literatur findet sich bei LORENZ (1990); als Standardlehrwerk für Fernerkundungsfragen gilt LILLESAND und KIEFER (1995).

8.11.3 Wettersatelliten

Eine neue Epoche meteorologischer Mess- und Beobachtungstechnik wurde am 1.4.1960 mit dem Start des ersten **Wettersatelliten (Tiros 1)** eingeleitet. Damit wurde eine bis dato ungeahnte Übersicht über das Wettergeschehen auf der Erde möglich. Wettersatelliten arbeiten auf der Basis von Strahlungsabsorption. Deshalb ist ihr Herzstück stets ein so genanntes **Radiometer**, das je nach Aufgabe Strahlung unterschiedlicher Wellenlängen misst. Neben der sichtbaren Strahlung, die ein Bild liefert, wie es angenähert auch unser Auge sehen würde, werden darüber hinaus Wellenlängen aus dem Infraroten und langwelligen Strahlungsbereich genutzt. Für Informationen von der Erdoberfläche, z. B. der Oberflächentemperatur werden Wellenlängen verwendet, die beim Durchdringen der Atmosphäre durch kein Atmosphärengas absorbiert werden, also Wellenlängen aus atmosphärischen Fenstern, z. B. 12 µm. Für Informationen über bestimmte atmosphärische Gase benötigt man dagegen Wellenlängen die das betreffende Gas emittiert, andere Atmosphärengase aber nicht absorbieren: zur Bestimmung der Ozonkonzentration z. B. 9,7 µm (vgl. Seiten 175 und 185). Üblicherweise werden die Strahlungsmessdaten durch zeilenweises Abscannen gewonnen und dann zu Bildern zusammengesetzt.

Im Prinzip sind zwei Gruppen von Wettersatelliten im Routineeinsatz: polumlaufende und geostationäre.

Polumlaufenden Wettersatelliten fliegen in einer Höhe von 850 km mit einer Umlaufszeit von knapp 2 Stunden in nahezu meridionalen Bahnen um die Erde. Die Umlaufzeiten sind so gestaltet, dass sich die Erde unter der Satellitenbahn zwischen zwei Umläufen immer gerade so viel weiterdreht, dass die Erdoberfläche in nebeneinander liegenden, sich kaum überlappenden Streifen abgetastet wird.

Geostationäre Satelliten stehen scheinbar ortsfest über der Erdoberfläche. Diese „Fixierung" erreicht man dadurch, dass man ihren Umlauf exakt mit der Erdrotation synchronisiert. Damit die erforderliche Umlaufzeit von genau einem Tag erreicht wird, muss der Satellit in einer Höhe von 36 000 km längs des Äquators in Ost-West-Richtung fliegen.

Geostationäre Satelliten haben zwar optisch die halbe Erde im Blickfeld, wegen deren Kugelgestalt erscheint jedoch der Randbereich unter einem zunehmend flacher werdenden Winkel, so dass nur etwa ein Drittel der Erdoberfläche quantitativ auswertbar

- Im Oktober 2006 begann mit dem Start von MetOp-A (Meteorological Operational Satellite) bei den polumlaufenden Wettersatelliten eine neue Ära. Zusammen mit zwei weiteren wird er sowohl zu einer Verbesserung der Wettervorhersage als auch zur sichereren Dokumentation von Klimaänderungen beitragen. Wesentliches Merkmal der Vertreter der neuen Satellitenreihe ist die relativ geringe Flughöhe von nur 817 km. Sie umrunden die Erde von Pol zu Pol in 110 Minuten und scannen dabei etwa 2000 km breite Streifen der Erdoberfläche ab. Ihre Bahnen sind sonnensynchron, das heißt, sie verlaufen in einem stets gleich bleibenden Winkel zur Sonne. Das heißt, dass der Äquator immer zur gleichen Lokalzeit überflogen wird. Die geringe Flughöhe und die moderne Sensortechnik (s. Text) erlauben eine bisher nicht mögliche Auflösung. Sie liefern Bilder und Messwerte von meteorologischen Parametern und den „Klimagasen" Ozon und Methan (s. Seite 418).

Wellenlängen (mm) der SEVIRI-Beobachtungskanäle und ihre Nutzung; (Fe) bedeutet atmosphärisches Fenster:

0,64 und 0,81 (Fe): Wolken, -zug, Aerosol, Bodenbedeckung, Vegetation;

1,64 (Fe): unterscheidet Wolken/Schnee und Eis-/Wasserwolken; beobachtet Aerosole;

3,90 (Fe): tiefe Wolken und Nebel, Oberflächentemperatur;

6,25 und 7,35: misst Wasserdampf in mehreren Atmosphärenschichten;

8,70 (Fe): erkennt Cirruswolken, unter scheidet Eis-/Wasserwolken;

9,66 misst Ozon;

10,8 und 12,0 (Fe): beobachtet Land-, Seeoberflächen; misst Temperaturen an Wolkenobergrenzen;

13,4 (CO2–Bande): Höhen dünner Wolken, Temperatur der unteren Atmosphäre, Stabilität der Atmosphäre;

0,4 bis 1,1 sichtbares Bild;

wird. Auf dem auf Seite 302 abgedruckten Bild kann man diesen Effekt gut erkennen.

1970 nahm die NASA die Erprobung des ersten geostationärer Wettersatelliten auf. Ab 1972 hat man auch in Europa an einem entsprechenden Beobachtungs- und Nutzungsprogramm unter dem Namen „Meteosat“ (**Meteo**rological **Sat**ellite) gearbeitet. 1977 wurde der erste europäische geostationäre Wettersatellit: „Meteosat 1“ in 36 000 km Höhe über dem Schnittpunkt des Greenwich-Meridians (0°) mit dem Äquator (Golf von Guinea) positioniert. In den Folgejahren hat man in internationaler Zusammenarbeit ein System von geostationären Satelliten geschaffen, die wie Perlen an einer Schnur längs des Äquators aufgereiht sind. Durch Zusammenführen der von ihnen erhobenen Beobachtungsdaten erhält man ein lückenloses Bild des Wettergeschehens auf der Erde zwischen etwa 75° Nord und 75° Süd. Den „blinden“ Bereich jenseits jeweils 75° kann man durch regelmäßiges Überfliegen mit polumlaufenden Satelliten ausreichend erschließen. Im Lauf der Jahre wurden die Satelliten regelmäßig verbessert und modernisiert. Der letzte in der Baureihe war Meteosat 7.

Seine Ära ging mit dem Start von „Meteosat zweite Generation“ (**M**eteosat **S**econd **G**eneration) am 29.8.2002 zu Ende. Mit der Inbetriebnahme der zweiten Generation wurde ein neues Kapitel Wettersatelliten-Technik aufgeschlagen: MSG besitzt eine erheblich bessere Auflösung, ein beträchtlich erweitertes Beobachtungsprogramm, kann sehr viel schnellere Wetterabläufe beobachten und diverse neue Informationen über atmosphärische und Vorgänge für Wettervorhersage und Klimatologie liefern.

Das Herzstück der Anlage ist das Radiometer „SEVIRI“ (Spinning Enhanced Visible and Infrared Imager), das 12 Beobachtungskanäle im Wellenlängenbereich zwischen 0,6 µm und 13,4 µm besitzt (Einzelheiten in der Randspalte). Die Auflösung im so genannten Subsatellitenpunkt – das ist der Punkt genau unterhalb der Satellitenposition – beträgt 3 km, im besonders hochaufgelösten sichtbaren Bereich sogar 1 km. Das System ist in der Lage alle 15 min einen Bilddatensatz aufzunehmen. Darüber hinaus hat MSG ein zweites Radiometer an Bord, das die Strahlungsbilanz an der Atmosphärenobergrenze misst. Dieses Gerät ist Bestandteil eines Sondermessprogramms für die Klimaforschung.

Folgende Aufgaben werden bereits jetzt oder in naher Zukunft regelmäßig durchgeführt:

- Erstellen von hoch aufgelösten Bildern im sichtbaren Wellenlängenbereich;
- Erstellen von Bildern im Bereich der langwelligen (Wärme-)Strahlung;
- Bestimmung des Wasserdampfgehaltes in verschiedenen Höhen;

- Wolkenanalyse: Menge, Höhe und physikalische Eigenschaften der Wolken;
- Analyse der Windrichtung und -geschwindigkeit in verschiedenen Höhen durch Verfolgen von Wolken und Wasserdampfclustern;
- Analyse von Eis- und Wasserwolken im Hinblick auf Vereisungsgefahr beim Durchfliegen;
- Erkennen von tiefen Wolken und Nebel;
- Abschätzung der Niederschlagsmenge und -intensität;
- Analyse des Labilitätsgrades der Atmosphäre;
- Bestimmung der Ozonmenge;
- Bestimmung des Kohlendioxidgehaltes;
- Strahlungsströme an der Atmosphärenobergrenze und am Erdboden;
- Analyse der Verbreitung von Treibeis und seine Vorhersage;
- Vegetationsanalyse: Landnutzung, Pflanzenbedeckung, Blattflächenindex und zu erwartende Ernteerträge.

Die von MSG gemessenen Daten werden nicht im Satelliten selbst verarbeitet sondern erst als Rohdaten zur Erde gefunkt und von der Europäischen Wettersatellitenbehörde EUMETSAT in Darmstadt bearbeitet. Von dort aus werden die fertigen und ergänzten (Kontinentumrisse, Koordinatennetz) Produkte wieder an den Satelliten zurückgegeben, von wo aus sie von den Nutzern abgerufen werden können.

Weitere detaillierte Informationen über Wettersatelliten findet man bei Bittner und Sachweh (erscheint 2006) (s. Seite 433).

Verständnisfragen

8.1 *Welche vier physikalischen Effekte nutzt man zur Temperaturmessung?*

8.2 *Welche der aufgeführten Maßnahmen ist nicht geeignet, Strahlungsfehler bei Thermometern zu beseitigen: Aufstellen des Thermometers im Schatten; Befeuchten des Thermometers; Schleudern des Thermometers im eigenen Körperschatten?*

8.3 *Warum werden für ökologische Untersuchungen gerne Thermoelemente zur Temperaturmessung verwendet? (mindestens drei Gründe!)*

8.4 *Wie viel Liter Wasser pro* m^2 *entspricht 1 mm Niederschlagshöhe?*

8.5 *Welche drei Verfahren werden zur Registrierung des Niederschlages eingesetzt?*

8.6 *Setzt man ein Haarhygrometer der Sonne aus, so zeigt es einen falschen Wert der relativen Feuchte an. Ist dieser Wert zu hoch oder zu niedrig?*

8.7 *Das Hitzdrahtanemometer ist ein Musterbeispiel für die praktische Anwendung der Grenzschichttheorie – warum?*

8.8 *Warum und in welche Richtung dreht sich ein Schalenkreuzanemometer?*

8.9 *Welchen entscheidenden Vorteil hat das Schalenkreuzanemometer allen anderen Windmessverfahren gegenüber?*

8.10. *Mit dem Wetterradar versucht man, hagelträchtige Wolken ausfindig zu machen. Welche Verfahren wendet man dazu an? (mindestens zwei Verfahren).*

Anhang
Schwankungen und Veränderungen des Klimas

Der Anhang ist im Internet unter **www.utb-met.de/Anhang** abrufbar.

Literaturverzeichnis

Hinweis: Als Ergänzung zum vorliegenden Buch sind im Verlag Eugen Ulmer folgende Bilddokumenationen erschienen:

HÄCKEL, H.: Wetter & Klimaphänomene, Ulmer, Stuttgart 2007.

HÄCKEL, H.: Naturführer Wolken, Ulmer, Stuttgart 2004.

Benützte Literatur

ACHTNICH, W.: Bewässerungslandbau. Ulmer, Stuttgart 1980.

AICHELE, H.: unveröffentlichte Vorlesungsunterlage.

ALBRECHT, F.: Untersuchungen über den Wärmehaushalt der Erdoberfläche. Wiss. Abh. R. f. W. 8, Nr. 2, 1940.

– Zit. in SAUBERER und HÄRTEL (1959).

AMBERGER, A.: Pflanzenernährung. Ulmer, Stuttgart, 1988, 3. Auflage.

ANONYM: Siebenmal in die Höhle des Löwen. GEO-Spezial 2, 98–107, 1982.

AUGUSTSON, T., RAMANATHAN. V.: A radiative-convective model study of the CO_2-climate problem. J. Atmos. Sci. 34, 448–451, 1977.

BACH, W.: Gefahr für unser Klima. Müller, Karlsruhe 1982.

– Das Ozon-Loch über der Antarktis: Natürlich oder anthropogen? Geogr. Rdsch. 39, 53–58, 1987.

BATTAN, L. J.: Wetter. Enke, Stuttgart 1979.

BAUMANN, H., SCHENDEL, U., MANN, G.: Wasserwirtschaft im Stichworten. Hirt, Kiel 1974.

BAUMGARTNER, A., MAYER, H., METZ, W.: Globale Verteilung der Oberflächenalbedo. Meteorol. Rdsch. 29, 38–43, 1976.

BAUMGARTNER, A., LIEBSCHER, H.-J.: Lehrbuch der Hydrologie Bd. 1 Allgemeine Hydrologie, Quantitative Hydrologie. Bornträger, Berlin und Stuttgart, 1990.

BAUR, F., PHILIPS, H.: Der Wärmehaushalt der Lufthülle der Nordhalbkugel im Januar und Juli. Gerl. B. 42, 160–207 und 45, 82–207, 1935.

BEINHAUER, R.: PERS. MITTEILUNG (1990).

BERG, H.: Allgemeine Meteorologie. Dümmler, Bonn 1948.

BERGE, H., JAAG, O.: SORAUER (Hrsg.) Handbuch der Pflanzenkrankheiten. 4. Lfg., 4. Teil Immissionsschäden, Abwasserschäden einschließlich Schäden durch Müll. Parey, Berlin, Hamburg 1970.

BERGLER, M.R.: Entstehung und Verhütung von Frostschäden an Straßen – Forschungsarbeiten aus dem Straßenwesen, Heft 105, Kirschbaum Bonn, 1994.

BERGMANN, L., SCHAEFER, C.: Lehrbuch der Experimentalphysik, Bd. I: Mechanik, Akustik; Wärmelehre. De Gruyter, Berlin 1961, 1990.

BERZ, G.: Untersuchungen zum Wärmehaushalt der Erdoberfläche und zum bodennahen atmosphärischen Transport. Wiss. Mitt. Meteorol. Inst. Univ. München Nr. 16, 1969.

BIERLY, E. W., HEWSON, F. W.: Some restrictive meteorological conditions to be considered in the design of stacks. J. Appl. Meteorol., I, 389–390, 1962.

BLÜTHGEN, J., WEISCHET, W.: Allgemeine Klimageographie. De Gruyter, Berlin 1980.

BOLIN, B., et al.: The Greenhouse Effect. Chemical change and Ecosystems. Wiley, Chichester 1986.

BOLLE, H.-J.: Die Bedeutung atmosphärischer Spurenstoffe für das Klima und seine Entwicklung. In: Globales Klima. Mögliche Klimaänderungen durch anthropogene Spurenstoffe. VDI-Kommission Reinhaltung der Luft, Bd. 7, Düsseldorf 1987.

DE BONT, G.: Wolkenatlas. Ulmer, Stuttgart 1987.

BRADBURY, D. L. Palmén, F.: On the Existence of a polar-front zone at the 500-mbar level – Bull. Americ. Met. Soc.; 34, 50–62; 1953.

BREUCH-MORITZ, M.: Die Beregnungsberatung nach dem Weihenstephaner Verfahren. Beitr. z. Agrarmet. 5, 1989.

BRÜHL, C.: Ein effizientes Modell für globale Klima- und Luftzusammensetzungsänderungen durch menschliche Aktivitäten. Diss. Johann Gutenberg-Universität, Mainz 1987.

Bundesministerium für Bildung und Forschung: Herausforderung Klimawandel – Broschüre 2003 (zu beziehen über:Bundesministerium für Bildung und Wissenschaft; Referat Publikationen; Postfach 30 02 35; 53182 Bonn bzw.: www.bmbf.de/pub/klimawandel.pdf)

CERNUSKA, A.: In: JANETSCHEK, H. (Hrsg.): Ökologische Feldmethoden. Ulmer, Stuttgart 1982.

CHISTOFFER, J., ULBRICHT-ESSING, M.: Die bodennahen Windverhältnisse in der Bundesrepublik Deutschland. Ber. DWD, Nr. 147, Offenbach/Main 1989, 2. Aufl.

CHANDLER, T. J.: Urban climatology and its relevance to urban design. WMO Techn. Note No. 149. Genf 1976.

CLARK, J. A., WIGLEY, G.: Heat and Mass Transfer from Real and Model Leaves. In: VRIES, B. (ed.): Proc. Conf. I. C. Heat and Mass Transfer – Scripta Wash. 413–422, 1974.

CLARKE, J. F.: A meteorological analysis of carbon dioxide concentrations measured at a rural location. Atmos. Environ. 3, 375–383, 1969.

CRUTZEN, P.: Atmospheric Interactions – homogenous gas reactions of C, N and S containing compounds. In: BOULIN, B., COOK, R. B. (eds.): The major biochemical cycles and their interactions. Scope 67–112, 1983.

VON DANWITZ, W., MEYER, J., VON ZABELTITZ, C.: Nutzung des Bodenwärmestromes in ungeheizten Gewächshäusern. Gartenbauwiss. 53, 199–210, 1988.

DEFANT, F.: Zur Theorie der Hangwinde nebst Bemerkungen zur Theorie der Berg- und Talwinde. Arch. Meteorol., Geophys., Bioklimat. A, 1, 421–450, 1949.

Deutscher Bundestag (Hrsg.): Schutz der Erdatmosphäre: Eine internationale Herausforderung. Zwischenbericht der Enquete-Kommission des 11. Deutschen Bundestages. Bonn 1989.

Deutscher Wetterdienst:
- Internationaler Wolkenatlas. Deutsche Übersetzung hrsg. vom Deutschen Wetterdienst, Offenbach/M. 1990.
- (Hrsg.): Stadtklima. Promet 4 Selbstverlag, Offenbach 1979.
- Anleitung für die Beobachter an Klimahauptstationen des Deutschen Wetterdienstes. Selbstverlag, Offenbach 1980.
- (Hrsg.): Klima und Planung II. Promet 4 Selbstverlag, Offenbach 1980.
- Bericht des Deutschen Wetterdienstes zum Reaktorunfall in Tschernobyl am 26. April 1986. Offenbach 1986.
- (Hrsg.): PROMET Meteorologische Fortbildung. Nr. 1/2, 23 (1993).
- Jahresbericht für 2001 – Eigenverlag Offenbach 2002.

Deutsches Institut für Normung
- DIN 43 760: Elektrische Thermometer: Grundwerte der Widerstände für Widerstandsthermometer. Beuth, Berlin 2000.
- DIN 5031-10: Photobiologisch wirksame Strahlung: Größen, Kurzzeichen, Wirkungsspektren – Beuth, Berlin 2000.

DIRMHIRN, I.: Das Strahlungsfeld im Lebensraum. Akademische Verlagsgesellschaft, Frankfurt 1964.

DOORENBOS, J., PRUIT, W. O.: Guidelines for predicting crop water requiriments. Irrigation and Drainage Paper 24, Food and Agricultural Organization of the United Nations (FAO), Rome 1975.

DOTZEK, N.: Tornadoes in Germany – Atmospheric Research 56, 233-251, 2001.

DRIMMEL, J.: Das Loch in der polaren Ozonosphäre ein Treibgaseffekt? Wetter und Leben 4, 181–185, 1987.

Dyck, S.: Peschke, G., Grundlagen der Hydrologie - Verlag für Bauwesen, Berlin 1995.

ECKERT, E.: Einführung in den Wärme- und Stofftransport. Springer, Berlin–Heidelberg 1949.

EGGER, J.: Vom Tornado zum Ozonloch, eine Einführung in Meteorologie und Klimaforschung – Oldenbourg München 1999

EHLERS, W.: Wasser in Boden und Pflanze: Dynamik des Wasserhaushaltes als Grundalge von

Pflanzenwachstum und Ertrag. Ulmer, Stuttgart 1996.

Eichenberger, W.: Flugwetterkunde. Schweizer Druck- und Verlagshaus, Zürich 1995.

van Eimern, J.: Strenge Bodenfröste und Schneedecke. Gartenwelt 72, 57–58, 1972.

– Häckel, H.: Wetter- und Klimakunde. Ein Lehrbuch der Agrarmeteoreologie. Ulmer, Stuttgart 1984.

Ernstberger, H.: Einfluss der Landnutzung auf Verdunstung und Wasserbilanz: Bestimmung der aktuellen Evapotranspiration von unterschiedlich genutzten Standorten zur Ermittlung der Wasserbilanz von Einzuggebieten in unteren Mittelgebirgslagen Hessens – Verlag Beiträge zur Hydrologie, Kirchzarten 1987

Esser, G.: Klimaimpaktforschung. Diskussionspapier Univ. Osnabrück. FB Biologie/Chemie, Arbeitsgr. Allg. Ökologie, 1988.

Fabian, P.: Atmosphäre und Umwelt. Chemische Prozesse, menschliche Eingriffe, Ozonschicht, Luftverschmutzung, Smog, saurer Regen. Springer, Berlin, Heidelberg 1992.

Fauve, M.: Schlussbericht vom KTI-Projekt Nr. 4529.2 - Eidg. Institut für Schnee- und Lawinenforschung, Davos Dorf 2000.

Feister, U.: Bestandteile und Eigenschaften des Bioklimas in: Moriske. H.J. u. Turowski, E. (Hrsg.): Handbuch für Bioklima und Lufthygiene - ECOMED, Landsberg/L. Ausg. 1999.

Fiedler, F.: Modifikation der Luftfeuchte in einem Stadtgebiet. Promet 4, 12–16, 1979.

Finke, U.: Hauf, Th. (eds.): The Severe Convective Storms in Central Europe on July 21, 1992: A Research Dataset. DLR-Mitteilungen 97-02 (CD-ROM), 1997.

Fleagle, R., Businger, J.: An Introduction to Atmospheric Physics. Academic Press, New York 1963.

Flohn, H.: Zur Didaktik der allgemeinen Zirkulation der Atmosphäre. Geogr. Rdsch. 12, 129–142 und 189–195, 1960.

Foken, T. Angewandte Meteorologie – Springer Berlin 2003.

Frede, H. G., Gebhardt, H., Meyer, B.: Größe, Ursachen und Bedingungen von Boden- und Dünger-N-Verlusten durch Denitrifikation aus dem Ap-Horizont einer Acker-Parabraunerde aus Löss. Göttinger Bodenkdl. Ber. 34, 69–165, 1975.

Früngel, F.: Der Videograph, ein Meßgerät für atmosphärische Trübung und Sichtweiten. Archiv f. techn. Messen, Bl. V, Jan. 1969.

Gaber, H., Natsch, B.: Gute Argumente: Klima, Beck, München 1989.

Gates, D. M.: Biophysical Ecology. Springer, New York–Heidelberg–Berlin 1980.

– Papian, V. E.: Atlas of Energy Budgets. Academic Press, London–New York 1971.

Geb, M.: Die westeuropäische Dürreperiode im Frühjahr und Sommer 1976. Beil. z. Berliner Wetterkarte 87, 1976.

Geiger, R.: Das Klima der bodennahen Luftschicht. Vieweg, Braunschweig 1961.

– Die Atmosphäre der Erde. Erläuterungen zu den Wandkarten. Pertes, Darmstadt 1964/66.

Geophysikalischer Beratungsdienst der Bundeswehr: Tafeln der Auf- und Untergangszeiten der Sonne mit Dämmerungsangaben für jeden Tag des Jahres. Fachl. Mitt. Luftwaffenamt Reihe III, 55, 1965.

Georgii, H. W., Trümper, J., et al.: Warnung vor drohenden weltweiten Klimaänderungen durch den Menschen. Mitt. Dt. Meteorol. Ges. 3, i–XVI, 1987.

Golchert, H. J.: Mittlere monatliche Globalstrahlungsverteilungen in der Bundesrepublik Deutschland. Meteorol. Rdsch. 34, 143–151, 1981.

Grassl, H.: Wirkung der Aerosolteilchen auf den Strahlungshaushalt. In: Globales Klima. Mögliche Klimaänderungen durch anthropogene Spurenstoffe. VDI-Kommission Reinhaltung der Luft Bd. 7, Düsseldorf 1987.

Gröber, H., Erk, S., Grugiuli, U.: Die Grundgesetze der Wärmeübertragung. Springer, Berlin–Göttingen–Heidelberg 1963.

Grunow, I.: Niederschlagsmessungen am Hang. Meteorol. Rdsch. 6, 85–91, 1953.

– Weltweite Messungen des Nebelniederschlags nach der Hohenpeißenberger Methode. Publ. UGGI, AIHS, No. 8, 324–342, 1964.

Gruppe für Wolkenphysik des Lapeth: Bericht über das Feldexperiment im Napfgebiet 21. Mai–20. August 1982. Eidgen. Komm. zum Studium der Hagelbildung und der Hagelabwehr, ETH Zürich, Wiss. Mitt. Nr. 99, 1983.

Haber, H.: Unser blauer Planet. Die Entstehungsgeschichte der Erde. Deutsche Verlagsanstalt, Stuttgart 1965.

– Eiskeller oder Treibhaus: zerstören wir unser Klima? Herbig, München 1989.

Häckel, H.: Temperaturen von Pflanzen in winterlichen Strahlungsnächten, abgeschätzt mit Hilfe eines Energiehaushaltsmodells – Wiss.

Mitt. Meteorol. Inst. Univ. München Nr. 35, 58–62, 1979.
– Über die Wärmeleitfähigkeit von Fruchtfleisch. Gartenbauwiss. 38, 2, 139–150, 1973.
– Zur Messung der Benetzungsdauer von Pflanzen: Verfahren und Ergebnisse. Meteorol. Rdsch. 37, 97–104, 1984.
– van Eimern, J.: Untersuchungen über die Wärmedämmwirkung verschiedener Abdeckmaterialien bei Cranberry-Beständen (Vaccinium macrocarpon Ait.) Mitt. Klosterneuburg 25, 433–446, 1975.
– Farbatlas Wetterphänomene. Ulmer, Stuttgart 1999.
– Naturführer Wolken - Ulmer, Stuttgart 2004
Hadfield, W.: The effect of high Temperatures on some Aspectse of the Physiology and Cultivation of the Tea-Bush (Camellia sinensis) in North East India. In: Evans, G. C., Rainbridge, R., Rackham, O.: Light as Ecological Factor II – 16th Symposium of the British Ecological Soc. Blackwell Scientific Publications, Oxford–London–Edinbourgh–Melbourne 1975.
Hardy, R., Wright, P., Gribbin, J., Kington, J.: Das Wetter-Buch. Christian, München 1982.
Harlfinger, O., Kobinger, W., Fischer, G., Pilger, H.: Industrieschneefälle, ein anthropogenes Phänomen Mitteleuropas – Met. Z. 9, 231–236, 2000.
Haude, W.: Zur Bestimmung der Verdunstung auf möglichst einfache Weise. Mitt. DWD 11, 1995.
Heagle, A. S.: Ozone and Crop-vield. Ann. Rev. Phytopathol. 27, 397–423, 1989.
Heath, D. F., et al.: Large-scale perturbations of stratospheric ozone during the period of slowly varying changes in solar UV-spectral irradiance and the eruption of EL Chichon 1978–1983. EOS 66, 1009, 1985.
Heindl, W., Koch, H. A.: Die Berechnung von Sonnenstrahlungsintensitäten für wärmetechnische Untersuchungen im Bauwesen. Gesundheits-Ingenieur 97, 301–314, 1976.
Held, G.: Das Globalstrahlungsklima von Österreich. Meteorol. Rdsch. 30, 33–42, 1977.
Hell, F.: Grundlagen der Wärmeübertragung. VDI-Verlag, Düsseldorf 1982.
Hennicke, P., Müller, M.: Die Klimakatastrophe. Dietz Nachf. Bonn 1989.
Hesse, W.: Handbuch der Aerologie. Akademische Verlagsgesellschaft, Leipzig 1961.
Heyne, H.: Diagramme zur Bestimmung der extraterrestrischen Hangbestrahlung. Mitt. Inst. f. Geophysik u. Meteorologie Univ. Köln 10, 1969.
Hofmann, G.: Verdunstung und Tau als Glieder des Wärmehaushaltes. Planta 47, 303–322, 1956.
– Meteorologisches Instrumentenpraktikum. Wiss. Mitt. Meteorol. Inst. Univ. München Nr. 5, 1990.
– Biometeorologie, Vorlesungsskriptum Met. Inst. Univ. München; Ausgabe 1986
Holweger, H.: Ist die Leuchtkraft der Sonne konstant? Forschung-Mitt. DFG 1, 17–20, 1982.
von Hoyningen: Mikrometeorologische Untersuchungen zur Evapotranspiration von bewässerten Pflanzenbeständen. Ber. Inst. Meteorologie und Klimatologie Univ. Hannover, 1980.
Hupfer, P., Kuttler, W. (Hrsg): Witterung und Klima – Teubner, Stuttart 2005.
Imbrie, J.: Time-Dependent Models of the Climatic Response to Orbital Variations. In: Berger, A. (ed.): Climate Variations and Variability: Facts and Theories. D. Reidel Publ. Comp., Dodrecht 1981.
Jaeschke, W., Enderle, K. H.: Chemistry and Physics of fogwater Collection. Ges. f. Strahlen- und Umweltforschung. BTP-Ber. 6, 1988.
Janetschek, H. (Hrsg.): Ökologische Feldmethoden. Ulmer, Stuttgart 1981.
zu Jeddeloh, H.: Über die Wirkungen von Windschutzanlagen auf die Landwirtschaft. Höhere Forstbehörde Rheinland, Bonn 1980.
Joussaume, S.: Klima gestern, heute, morgen – Springer, Berlin 1996.
Jung, J., et al.: Zum Stickstoffhaushalt von Leguminosen im Lysimeterversuch. BASF-Mitt. f. d. Landbau 3, 1988.
Keller, R.: Hydrologischer Atlas der Bundesrepublik Deutschland. Boldt, Boppart 1979.
Keppler, E.: Die Luft, in der wir leben. Piper, München 1988.
Kerner, D., Kerner, I.: Der Klimareport. Kiepenheuer u. Witsch, Köln 1990.
Kessler, A.: Über den Tagesgang von Oberflächentemperaturen in der Bonner Innenstadt an einem sommerlichen Strahlungstag. Erdkunde, Arch. f. wiss. Geogr. 25, 13–20, 1971.
– Über den Tages- und Jahresgang der Strahlungsbilanz an der Erdoberfläche in verschiedenen Klimaten der Erde. Ber. Inst. f. Meteo-

rologie u. Klimatologie TU Hannover 10, 1975.

Khalil, M. A. K., Rasmussen, R. A.: Secular trends of atmospheric methane. Chemosphere 11, 877–883, 1982.

Köppen, W., Geiger, R.: Die Klimate der Erde. Wandkarte, Pertes, Darmstadt 1961.

Kraus, H.: Was ist Klima? Erdkunde 36, 4, 249–258, 1984.

– Die Atmosphäre der Erde – Vieweg, Braunschweig, 2000.

– Specific Surfaces Climates – in: Landolt-Börnstein, Neue Serie, Gruppe V (Geophysik und Weltraumforschung), Band 4 (Meteorologie), Teilband c (Klimatologie) Teil 1; Springer Berlin 1987.

Kuhlewind, M., Bringmann, K., Kaiser, H.: Richtlinien für Windschutz, 1. Teil. DLG, Frankfurt/M. 1955.

Kuttler, W.: Stadtklima; Teil 1 Grundzüge und Ursachen – UWSF – Z. f. Umweltchem Ökotox (OnlineFirst) 1-3, 2004.

Labitzke, K.: Das Ozonloch aus meteorologischer Sicht. Mitt. Deutsch. Meteorol. Ges. 3, 37, 1987.

Lamb, H. H.: Climate: present, past and future. Vol. 1, Methuen, London 1972.

– Climate: present, past and future. Vol. 2, Methuen, London 1977.

– Klima und Kulturgeschichte. Rowohlt, Reinbek b. Hamburg 1989.

Landsberg, H. E.: Weather and health. Doubleday, New York, 1969.

– The Urban Climate. Int. Geophys. Ser. Vol. 28 Academic Press, London 1981.

Langholz, H., Häckel, H.: DFG-Forschungsbericht. Weihenstephan 1984.

Lapp, R. E., Andrews, H. L.: Nuclear Radiation Physics. Prentice-Hall Eaglewood Cliffs N. J., 1954.

Larcher, W.: Ökophysiologie der Pflanzen. Leben, Leistung und Streßbewältigung der Pflanzen in ihrer Umwelt. Ulmer, Stuttgart 2001.

– Häckel, H. (in Sorauer, P., Hrsg.): Handbuch der Pflanzenkrankheiten. Band 1, 7. Aufl., 5. Lieferung, Paul Parey, Berlin und Hamburg 1985.

Liljequist, G. H., Cehak, K.: Allgemeine Meteorologie. Vieweg, Braunschweig 1984.

Lillesand, T. M., Kiefer, R. W.: Remote Sensing and Image Interpretation. Wiley & Sons, New York et al. 1994.

Lorenz, D.: Die radiometrische Messung der Boden- und Wasseroberflächentemperatur und ihre Anwendung insbesondere auf dem Gebiet der Meteorologie. Z. Geophys. 39, 627–701, 1973.

– Temperaturmessungen von Boden- und Wasseroberflächen von Luftfahrzeugen aus. Pure and applied Geophysics 67, 197–220, 1976.

– Fernerkundung in der Meteorologie: Grundlagen, Methoden, Anwendung, Probleme. Promet 3/4, 74–77, 1990.

Lyons, W. A., Olsson, L. E.: Detailed mesometeorological studies of airpollution, dispersion in the Chicago lake breeze. Mounthly Weather Rev, 101, 387–403, 1973.

Maier, H. M.: Optimierung und Validierung eines Wachstumsmodells für Weizen zum Einsatz in der Bestandesführung und Klimawirkungsforschung. Diss. TU München in Weihenstephan, 1997.

Malberg, H.: Meteorologie und Klimatologie. Eine Einführung. Springer, Berlin–Heidelberg 1985.

Manabe, S., Wetherald, R. T.: On the distribution of climatic change resulting from an increase in CO_2 content of the atmosphere. J. Atmos. Sci. 37, 99–118, 1980.

Mason, B. J.: The Physics of Cloud. Oxford Univ. Press, London 1972.

Maunder, W.: The Uncertainity Business. Risks and Opportunities in Weather and Climate. Klimatologie wird zum Wetterverwalter der Zukunft. 1987.

Meteorologisches Institut der Universität München: Vorlesungstafeln.

Milankovitch, M.: Theorie mathematique des phenomenes termiques produit par la radiation solaire. Gauthier-Villars, Paris 1920.

– Mathematische Klimalehre und astronomische Theorie der Klimaschwankungen. In: Köppen, W., Geiger, R.: Handbuch der Klimatologie. Vol. 1 A. Springer, Berlin–Heidelberg 1930.

Mohrmann, J., Kessler, J.: Water deficiencies in european agriculture. A climatological survey. Int. Inst. for Land Reclamation and Improvement Publ. 5, Wageningen 1959.

Möller, F.: Einführung in die Meteorologie. BI 276 und 288 Bibliographisches Institut, Mannheim 1984.

Morgen, A.: Die Besonnung und ihre Verminderung durch Horizontbegrenzung. Veröff. Meteor. Hydrol. Dienst DDR, Nr. 12, 1957.

Munn, R. E.: Airflow in Urban Areas. In: WMO, Urban Climates. Tech. Note No. 108, 15–39, 1970.

Nagel, J. F.: Fog Precipitation at Swakopmund. Weather Bureau Union of South Africa, News Letter Nr. 125, 1–9, 1959.

Nägeli, W.: Untersuchungen über die Windverhältnisse im Bereich von Windschutzstreifen. Mitt. d. Schweiz. Anstalt f. d. forstliche Versuchswesen 23, 221–276, 1943 und 24, 657–737, 1946.

Nakaya, U.: Snow Crystals natural and artifical. Harvard Univ. Press, Cambridge 1954.

NASA: Present state of knowledge of the upper Atmosphere 1988; an assessment report – NASA Preference Publication 1208; Washington D.C. 1988

Neugebauer, W.: Töten Abgase unsere Wälder? LW 44, 9–11, 1981.

Nultsch, W.: Allgemeine Botanik – Thieme, Stuttgart 1996.

Oke, T. R.: Boundary layer climates. Methuen, London 1992.

Pahl, S., Winkler, P.: Deposition von sauren und anderen Luftbeimengungen durch Nebel (GCE). Abschlußbericht Deutscher Wetterdienst, Hamburg 1993.

– Höhenabhängigkeit der Spurenstoffdeposition durch Wolken auf Wälder. Ber. DWD, Nr. 198, 1995.

Parry, M. L., Carter, T. R., Konijn, N. T. (eds.): The Impact of Climatic Variations on Agriculture. Vol. 1: Assessments in cool temperated and cold regions. Kluwer Academic Publishers, Dodrecht–Boston–London 1988. The Impact of Climatic Variations on Agriculture. Vol. 2: Assessments in semi-arid regions. Kluwer Academic Publishers, Dodrecht–Boston–London 1996.

Pearce, F.: Treibhaus Erde. Westermann, Braunschweig 1980.

Pearman, G. I. (ed.): Greenhouse planning for climatic cange. CSIRO, Melbourne 1988.

Penman, H. L.: Natural evaporation from open Water, bare soil and grass. Royal Soc. London, Proc. Ser. A, 193, 120–145, 1948.

Pichert, H.: Haushaltstechnik. UTB 679. Ulmer, Stuttgart 1978.

Pfister, C.: Klimageschichte der Schweiz 1525–1860. Das Klima der Schweiz. Haupt, Bern 1988.

Pohlmann, P.: Simulation von Temperaturverteilungen und thermisch induzierten Zugspannungen in Asphaltstraßen - Schriftenreihe des Institutes für Straßenwesen TU Braunschweig; H. 9, 1989.

Pötzl, K.: Zur chemischen Analyse atmosphärischer Aerosole. Inst. f. atm. Umweltforschung Garmisch, Wiss. Mitt. Nr. 8, 1974.

Puls, K. E.: Ladungsschäden durch Wetter und Klima. Stork, Hamburg 1986.

– Cuno, H.: Laderaumlüftung nach Diagramm. Wetterlotse 29, 157–167, 1977.

Quenzel, H.: Die Entstehung der Erdatmosphäre in: Wilhelm, F. (Hrsg):Der Gang der Evolution; Beck, München 1987.

Regionale Planungs-Gemeinschaft Untermain: 5. Arbeitsbericht Frankfurt/M., 1974.

Regula, H.: Meteorologie und Luftverkehr. Zuerl, Steinebach/Wörthsee 1974.

Rehfuss, K.-E: Zum Fichtensterben in Bayern. AFZ 9/10, 218, 1983.

Reichsamt für Wetterdienst: Klimakunde des Deutschen Reiches. Reimer, Berlin 1939.

Reidat, R.: Arbeitsblätter zur Ermittlung des Sonnenstandes und der Besonnungsdauer. Ann. Meteor. 7, 321–337, 1955/56.

Reifsnyder, W. E., Luli, H. W.: Radiant energy in relation to forests. Tech. Bull. No. 1344 V.-S. Dept. of Agriculture, Forest service, Washington D.-C. 1965.

Reiner, L. et al.: Weizen aktuell – DLG-Verlags-GmbH, Frankfurt/M. 1981.

Robinson, N.: Solar Radiation. Elsevier, Amsterdam 1966.

Roedel, W.: Physik unserer Umwelt – Die Atmosphäre – Springer, Berlin 2000.

Rötzer, T., Würländer R, Häckel, H. (Hrsg.): Agrar- und Umweltklimatologischer Atlas von Bayern. CD-ROM, Eigenverlag Deutscher Wetterdienst, Weihenstephan 1997.

Roth, R.: Konvergenzeffekt an Flachküsten. Meteorol. Rdsch. 34, 24–26, 1961.

Rotty, R. M., Mitchel, J. M.: Man's energy and the world's climate. Paper to 67th annual meeting Amer. Inst. Chem. Engineers Washington D. C. 1974.

Salm, B.: Lawinenkunde für den Praktiker. Verlag des Schweizer Alpenclubs, Zürich 1972.

Sanchez, W.: Zum Mikroklima in Getreidebeständen. Einfluß von Sorte und Saatstärke auf Strahlung, Temperatur und Niederschlag. Diss. TU München, 1980.

Sandermann, H.: Ozon – Entstehung, Wirkung, Risiken – Beck, München 2001.

Sauberer, F., Härtel, O.: Pflanze und Strahlung. Geest und Portig, Leipzig 1959.

Sauermost, R. (Red): Lexikon der Naturwissenschaftler – Spektrum Akad. Ver., Heidelberg 2000.

Scherhag, R.: Neue Methoden der Wetteranalyse und Wetterprognose. Springer, Berlin 1948.

– Lauer, W.: Klimatologie. Westermann, Braunschweig 1982.

Schiff, H.: Meteorologische Lysimeteruntersuchungen (Wasserhaushalt des Bodens, Abhängigkeit von meteorologischen Einflußgrößen und Wetterlagen) Ber. Inst. Met. Klimatol. Tech. Univ. Hannover, Nr. 5 (a), (b), Hannover 1971

Schild, M.: Lawinen. Lehrmittelverlag des Kantons Zürich, 1972.

Schirmer, H.: Mittlere Zahl der Tage mit Nebel im Jahr. In: Deutscher Wetterdienst: Das Klima in Hessen. Standortkarte im Rahmen der strukturellen Vorplanung, 1981.

– Vent-Schmidt, V.: Mittlere Niederschlagshöhen für Monate und Jahr. In: Deutscher Wetterdienst: Das Klima der Bundesrepublik Deutschland. 1. Lieferung Offenbach/M., 1979.

Schmidt, W.: Auswertung der Wiener Sonnenstrahlungsmessungen für praktische Zwecke. Fortschr. Landwirtsch. 1, H. 19, 1926.

Schneider, A.: Ich freue mich auf die Klimakatastrophe. SZ-Magazin 31, 1990.

Schnelle, F.: Beiträge zur Phänologie Europas IV. Lange phänologische Beobachtungsreihen in West-, Mittel- und Osteuropa. Ber. D. Wetterdienst Nr. 158, Offenbach 1981.

Schönwiese, C. D.: Klimaänderungen – Daten, Analysen Prognosen. Springer, Heidelberg 1995.

– Klimatologie - Ulmer, Stuttgart 2003.

– Das natürliche Klima und seine Schwankungen. In: Globales Klima. Mögliche Klimaänderungen durch anthropogene Spurenstoffe. VDI-Kommission Reinhaltung der Luft Bd. 7, Düsseldorf 1987.

– Diekmann, B.: Der Treibhauseffekt. Der Mensch verändert das Klima. Deutsche Verlags-Anstalt, Stuttgart 1987.

– Malcher, J.: Der anthropogene Spurengaseinfluß auf das globale Klima. Statistsche Abschätzungen auf der Grundlage von Beobachtungsdaten. Ber. Nr. 67, Inst. Meteorol. Geophys. Univ., Frankfurt/M. 1987.

– Runge, K.: Der anthropogene Spurengaseinfluß auf das Klima. Erweiterte statistische Abschätzungen im Vergleich mit Klimamodell-Experimenten. Ber. Nr. 76, Inst. Meteorol. Geophys. Univ., Frankfurt/M. 1988.

Schrödter, H.: Verdunstung. Springer, Berlin–Heidelberg 1985.

Schütt, P.: Ursache und Ablauf des Tannensterbens. Versuch einer Zwischenbilanz. Forst. Cbl 100, 286–287, 1981.

Schwarzbach, M.: Das Klima der Vorzeit. Eine Einführung in die Paläoklimatologie. Enke, Stuttgart 1988.

Schwerdtfeger, F.: Waldkrankheiten, Parey, Berlin–Hamburg 1979.

Schwörbel, J.: Einführung in die Limnologie. Fischer, Stuttgart und Jena 1993.

Sellers, W. D.: Physical Climatology. The University of Chicago Press, Chicago–London 1965.

Simons, P.: Froschregen, Kugelblitze und Jahrhunderthagel – Warum das Wetter verrückt spielt – Droemersche Verlagsantalt Zh. Knaur Nachf., München 1997.

Slabbers, P. J.: Practical prediction of actual evapotranspiration. Irrigat. Sci. 1, 185–196, 1980.

Sönning, W., Keidel C.G.: Wolkenbilder Wettervorhersage - Blv München 1998.

Stadfield, W.: The Effect of high temperatures on some aspects of the physiology and cultivation of the Tea Bush, (Camellia sinensis) in North East India. In: Evans, G. C., Rainbridge, R., Rack-ham, O.: Light as Ecological Factor II. 16th symposium of the British Ecological Soc. Blackwell Scientific Publications, Oxford–London–Edinbourgh–Melbourne 1975.

Stratmann, H., Prinz, B., Krause, G, M. H.: Waldschäden in der Bundesrepublik Deutschland. Landesanstalt für Immissionschutz des Landes Nordrhein-Westfalen, Heft 28, 1982.

Ströbel-Dettmer, U.: Vom Winde verdreht; Wetterfahnen in Farbbildern und Texten. Eulen Verlag, Freiburg 1987.

TA Luft: Erste allgemeine Verwaltungsvorschrift zum Bundes-Immissionsschutzgesetz vom 27. Februar 1986.

Tung, K. K., et al.: Are Antarctic Ozone variations a manifestation of dynamics or chemistry? Nature 322, 811–814, 1986.

Tyson, P. D.: Air pollution fumigation conditions associated with the dissipation of the mountain wind and onset of the valley wind over Pietermartinizburg. South Afr. Geogr. J. 51, 99–104, 1969.

ULRICH, B.: Destabilisierung von Waldökosystemen durch Akkumulation von Luftverunreinigung. Der Forst- und Holzwirt 21, 525–532, 1981.

– Gefahren für das Waldökosystem durch saure Niederschläge. Landesanstalt für Ökologie, Landschaftsentwicklung und Forstplanung in Nordrhein-Westfalen. Sonderheft der Mitteilungen, 9–25, 1982.

VALKO, P.: Metereologische Strahlungsmessungen mit fahrbarer Station. NZZ Nr. 281, 30. 11. 1977.

VDI-Richtlinie 3786 Blatt 13: Agarmeteorologische Meßstation mit rechnergestütztem Datenbetrieb. Düsseldorf, 1993.

VDI-Richtlinie 3787-5: Umweltmeteorologie Lokale Kaltluft, Düsseldorf 2003.

VDI-Richtlinie 3789 Blatt 2: Wechselwirkungen zwischen Atmosphäre und Oberflächen; Berechnung der kurz- und langwelligen Strahlung. Düsseldorf 1994.

VDI-Richtlinie 3793-2: Messen von Vegetationsschäden am natütlichen Standort; Interpretationsschlüssel für die Auswertung von CIR-Luftbildern zur Kronenzustandserfassung von Nadel- und Laubgehölzen: Fichte, Buche und Eiche – Düsseldorf 1992.

VOGEL, H.: Gerthsen Physik – Springer, Berlin 1997.

VOLLMER, M.: Das ist ein seltsam wunderbares Zeichen! – Ein Streifzug durch die Kultur- und Wissenschaftsgeschichte des Regenbogens – Naturwiss. Rdsch. 10, 497-511, 2000.

VOLZ, R.: Das Geländeklima und seine Bedeutung für den landwirtschaftlichen Anbau. Geographica bernensia G-15, Bern 1984.

VORREITER, L.: Blitzhandbuch. Selbstverlag, München-Wiggensbach 1983.

WALDVOGEL, A.: Niederschlagsbeeinflussung am Beispiel der Hagelbekämpfung – PROMET – meteorologische Fortbildung 3, 87–91, 1993.

WALTER, H., HARNICKELL, E., MÜLLER-DOMBOIS, D. Klimadiagramm-Karten. Fischer, Stuttgart 1975.

WASHINGTON, W. M., MEEHL, G. A.: Seasonal cycle experiment on the climate sensitivity due to a doubling of CO_2 with an atmospheric general circulation model coupled to a simple mixed layer ocean model. J. Geophys. Res. 89, 9475, 1984.

WATZINGER, N: Kunstschnee – http://chemie7b 2002.tripod.com/nicola_watzinger.htm.

WEGE, K., CLAUDE, H., HARTMANNSGRUBER, R.: Several results from 20 years of ozone observations at Hohenpeissenberg. In: Ozone in the Atmosphere. Proceedings of a Quadvennial Ozone Symposium and Tropospheric Workshop 1988.

WEICKMANN, L.: Über aerologische Diagrammpapiere. Internationale Meteorologische Organisation, Berlin 1938.

WENTZEL, K. F.: Waldbau in verunreinigter Luft. Der Forst- und Holzwirt 21, 533–535, 1981.

WIESNIEWSKI, J., SAX. R.: Silver concentration in rainwater from seeded and nonseeded Floridad cumuli. J. appl. Meteor. 18, 1044–1055, 1979.

WILHELM, F.: Der Gang der Evolution: Die Geschichte des Kosmos, der Erde und des Menschen. Beck, München 1987.

WILMERS, F.: Die Anwendung von Wettertypen bei ökoklimatischen Untersuchungen. Wetter und Leben, 28, 224–235, 1976.

WINTER, F.: Das Spätfrostproblem im Rahmen der Neuordnung des südwestdeutschen Obstbaus. Gartenbauwiss. 23, 342–362, 1958.

Zentralanstalt für Meteorologie und Geodynamik: Ergebnisse von Strahlungsmessungen in Österreich 1979. H. 17, Winter 1983.

ZÖLLNER, R.: Laderaum-Meteorologie. Promet 2/3, 15–22, 1984.

ZMARSLY, E., KUTTLER, W., PETHE, H.: Meteorologisch-klimatologisches Grundwissen – Ulmer, Stuttgart 2002.

www.noaa.gov

Weiterführende Literatur

Allgemeine Meteorologie

BORCHERT, G.: Klimageographie in Stichworten. Hirt, Kiel 1987.

EMEIS, S.: Meteorologie in Stichworten – Bornträger, Berlin 2000.

FOKEN, TH.: Angewandte Meteorologie – Springer, Berlin 2003.

FORTAK, H.: Meteorologie. Habel, Berlin–Darmstadt 1982.

FLEMMING, G.: Einführung in die Angewandte Meteorologie. Akademie-Verlag, Berlin 1991.

HUPFER, P., KUTTLER, W. (HRSG): Witterung und Klima - Teubner, Stuttgart 2005.

LILJEQUIST, G. H., CEHAK, K.: Allgemeine Meteorologie. Vieweg, Braunschweig 1984.

MALBERG, H.: Meteorologie und Klimatologie; Eine Einführung. Springer, Berlin 2002.

MÖLLER, F.: Einführung in die Meteorologie. BI 276, 277, Mannheim 1984.

REUTER, H., HANTEL, M., STEINACKER, R.: Meteorologie – in: Bergmann Schaefer, Lehrbuch der Eyperimentalphysik, Band 7 (Erde und Planeten), Kap. 3, 131-310; de Gruyter, Berlin 1997

RIEHL, H.: Introduction to the atmosphere. McGraw-Hill, New York 1978.

ROEDEL, W.: Physik unserer Umwelt: Die Atmosphäre. Springer, Berlin 2000.

SALBY, M.L.: Fundamentals in Atmospheric Physics – Academic Press, San Diego 1996.

SCHIRMER, H. (Hrsg.): Meyers kleines Lexikon Meteorologie. Bibl. Inst. & Brockhaus, Mannheim 1987.

VISCONTI G.: Fundamentals of Physics and Chemistriy of the Atmosphere (incl. CD-ROM) – Springer, Berlin 2001.

ZMARSLY, E., KUTTLER, W.PETHE, H.: Meteorologisch-klimatologisches Grundwissen – Ulmer Stuttgart 2002.

Allgemeinverständliche Werke zur Meteorologie

ALLEN, O. E.: Die Atmosphäre. In der Reihe: Der Planet Erde. Time-Life, Amsterdam 1985.

BALZER, K.: Wetterfrösche und Computer. Möglichkeiten und Grenzen der Wettervorhersage. Harri Deutsch, 1989.

Deutscher Wetterdienst (Hrsg.): Internationaler Wolkenatlas. Lizenzausgabe des International Cloud Atlas, Volume II der WMO, Genf. Selbstverlag Deutscher Wetterdienst, Offenbach/Main 1990.

Deutscher Wetterdienst (Hrsg.): Stereowolkentafeln. Vorschriften und Betriebsunterlagen Nr. 12, Teil 2. Selbstverlag Deutscher Wetterdienst, Offenbach/Main 1994.

FRICK, M.: Wetterkunde. Hallwag, Bern 1985.

HÄCKEL, H.: Farbatlas Wetterphänomene. Ulmer, Stuttgart 1999.

– Naturführer Woken – Ulmer, Stuttgart 2004

HARDY, R., WRIGHT, P., GRIBBIN, J., KINGTON, J.: Das Wetter-Buch. Christian, München 1982.

KEPPLER, E.: Die Luft in der wir leben. Piper, München 1988.

KRÜGER, L.: Wetter und Klima, beobachten und verstehen. Springer, Berlin 1994.

LORENZ, D., MILLER, M.: Das 3-D-Wolkenbuch. Wittig, Hückelhoven 1991.

MALBERG, H.: Bauernregeln aus meteorologischer Sicht. Springer, Berlin 2003.

MANGELSEN, R.: Praktische Wetterkunde. Erkennen – Bestimmen – Vorhersagen. Kosmos Naturführer. Franckh, Stuttgart 1986.

ROTH, G.D.: Wetterkunde für alle; Wolkenbilder und andere Wetterphänomene, Wettervorhersage, Großwetterlagen – BLV, München 2002.

SCHIRMER, H. et al.: Wie funktioniert das? Wetter und Klima. Meyers Lexikonverlag, Mannheim 1989.

SÖNNING, W., KEIDEL, C. G.: Wolkenbilder, Wettervorhersage. BLV Naturführer, BLV, München 1998.

TANCK, H. J.: Meteorologie, Wetterkunde, Wetteranzeichen, Wetterbeeinflussung. Rowohlt, Reinbek bei Hamburg 1985.

WALCH, D., NEUKAMP, E.: Wolken Wetter; Wetterentwicklungen erkennen und vorhersagen. Mit Anleitungen für die eigene Wetterprognose. Gräfe und Unzer, München 1989.

WALCH, D.: So funktioniert das Wetter – blv, München 2000.

WEGE, K.: Wetter – Ursachen und Phänomene. Kosmos Naturführer. Franckh-Kosmos, Stuttgart 1992.

Wissenschaft auf Video: Das Wetter – bewegter Schauplatz Atmosphäre. Komplett-Video Verlag, München 1995.

– Das Klima der Erde –Schicksalhaft für die Menschen. Komplett-Video Verlag, München 1995.

Flugmeteorologie

EICHENBERGER, W.: Flugwetterkunde. Schweizer Druck- und Verlagshaus, Zürich 1995.

ENGLAND, J., ULBRICHT, H.: Flugmeteorologie. Transpress VEB Verlag für Transportwesen, Berlin 1980.

Meteorological Office: Handbook of Aviation. Meteorology – H. M. Stationery Office, London 1980.

Klimadatensammlungen und Klimaatlanten

BLÜMEL, K., HOLLAN, E., KÄHLER, M., PETER, R.: Entwicklung von Testreferenzjahren (TRY) für Klimaregionen der Bundesrepublik Deutschland. Bundesministerium für Forschung und Technologie: Forschungsbericht T 86-051, bearbeitet am Inst. f. Geophysik. Wiss., Fachrichtung Theoretische Meteorologie der FU Berlin, Berlin 1986.

Deutscher Wetterdienst (Hrsg.): Klimaatlanten der einzelnen Bundesländer, div. Erscheinungsjahre und -orte.

– Klimadaten von Europa.
Teil I: Nord-, West- und Mitteleuropa.
Teil II: Südwesteuropa u. Mittelmeerländer.
Teil III: Südost- und Osteuropa. Selbstverlag Offenbach, div. Erscheinungsjahre.

– Klimaatlas Bundesrepublik Deutschland: Teil 1 (Lufttemperatur, Niederschlagshöhe, Sonnenscheindauer) – Selbstverlag, Offenbach 1999; Teil 2 (Verdunstung, Maximumtemperatur, Minimumtemperatur, Kontinentalität) – Selbstverlag, Offenbach 2001; Teil 3 (Bewölkung, Globalstrahlung, Anzahl der Tage klimatologischer Ereignisse, Phänologie) – Selbstverlag, Offenbach 2003.

GEIGER, R.: Die Atmosphäre der Erde. 12 Wandkarten mit Erläuterungen. Perthes, Darmstadt 1964/1966.

Meteorological Office (Ed.): Tables of Temperature, Relative Humudity and Precipitation for the World Part I to VI - Meteorological Office, Her Majesty´s Stationary Office, London 1972 to 1978.

MÜLLER, M.: Handbuch ausgewählter Klimastationen der Erde. Univ. Trier, Forschungsstelle Bodenerosion. Mertesdorf, 1987.

– Selected Climatic Data for Global Set of Standard Stations for Vegetation Science. The Hague Boston, London: Dr. W. Junk Publishers, 1982.

Reichsamt für Wetterdienst (Hrsg.): Klimakunde des Deutschen Reiches. Reimer, Berlin 1939. (enthält ein außerordentlich umfangreiches Datenmaterial bis zum Jahr 1930)

ROCZNIK, K.: Wetter und Klima in Deutschland. Bearbeitet von G. Müller-Westermeier und H. Staiger. Hirzel, Stuttgart 1995.

RUDLOFF, W.: World-Climates with Tables of Climatic Data and practical suggestions. Wiss. Verlagsgesellschaft, Stuttgart 1981.

STRÄSSER, M.: Klimadiagramme zur Köppenschen Klimaklassifikation – Klett Gotha, 1998.

WALTER, H., HARNICKELL, E., MUELLER-DOMBOIS, D.: Klimadiagramm-Karten. Fischer, Stuttgart 1975.

Eine umfangreiche Zusammenstellung von Klimadatensammlungen und Klimaatlanten findet man bei Kraus (2000)

Nationale und internationale Klimadaten sowie Auskünfte über weitere, auch spezielle Datenkollektive sind erhältlich über: Deutscher Wetterdienst, Postfach 100465, 63004 Offenach/Main, Tel.: 069/80620.

Klimaschwankungen, Klimaimpact, Klimamodellierung

ALVERSON, K.D., BRADLEY, R.S., PEDERSEN, T.F.: Paleoclimate, Global Change und the Future – Springer, Berlin 2003.

Bundesministerium für Bildung und Forschung: Herausforderung Klimawandel – Broschüre 2003 (zu beziehen über: Bundesministerium für Bildung und Wissenschaft; Referat Publikationen; Postfach 300235, 53182 Bonn bzw. www.bmbf.de/pub/klimawandel.pdf).

Cubasch, K., Kasang, D.: Anthropogener Klimawandel – Perthes Geographie Kompakt; Perthes, Gotha 2000

DEUTSCHER WETTERDIENST (HRSG): Numerische Klimamodelle Teil I: Das Klimasystem der Erde – PROMET 3 bis 4, 2002; Teil II: Modellierung natürlicher Klimaschwankungen – PROMET 1 bis 4 , 2003; Teil III: Modellierung der Klimaänderungen durch den Menschen 1. und 2. Teilheft – PROMET 3 bis 4, 2004.

FABIAN, P.: Leben im Treibhaus – Springer, Berlin 2002 (gute Literaturübersicht).

GRAEDEL, T. E., CRUTZEN, P. J.: Atmosphäre im Wandel: Die empfindliche Lufthülle unseres Planeten. Spektrum Verlag, Heidelberg 1996.

GRASSL, H.: Wetterwende; Vision: Globaler Klimaschutz – Campus Frankfurt 1999.

GRASSL, H., KLINGHOLZ, R.: Wir Klimamacher, Auswege aus dem globalen Treibhaus. Fischer, Frankfurt/M. 1990.

HANTEL, M.: Climate modeling; the present global surface climate. In: Fischer, G.: (ed.): Landolt-Börnstein: Numerical Data and Functional Relationships in Science and Technology,

Vol. V/4/c2, pp. 1-116; 117-474; Springer, Berlin 1989.

HENDERSON-SELLERS, A. A., MCGUFFIE, K.: Climate Modelling Primer. Wiley, New York 1987.

IMBRIE, J., PALMER, K.: Die Eiszeiten; Naturgewalten verändern unsere Welt. Knaur, München 1981.

INDIA, M.B., BONILLO, D.L.: Detecting and Modelling Regional Climate Change - Springer, Berlin 2001.

JOUSSAUME, S.: Klima gestern, heute, morgen. Springer, Berlin 1996.

KERNER, D., KERNER, I.: Der Klimareport. Kiepenheuer u. Witsch, Köln 1990.

KONDRAT'EV, K. Y.: Changes in global climate; A study of the effects of radiation and other factors during the present century. Elsevier, Amsterdam 1985.

KUHN, M.: Klimaänderungen: Treibhauseffekt und Ozon. Kulturverlag, Thaur/Tirol 1990.

LAMB, H. H.: Climate, History and the Modern World. Methuen, London 1982.

– Klima und Kulturgeschichte, der Einfluß des Wetters auf den Gang der Geschichte. rororo, Reinbek b. Hamburg 1989.

NATO ASI Series I; daraus insbesondere:

Volume 26:

DESBOS, M., DESALMAND, F.: Global Precepitations and Climate Change. Springer, Berlin 1994.

Volume 32:

WANG, W.-C., ISAKSEN, I. S.: Atmospheric Ozone as a Climate Gas. Springer, Berlin 1995.

Volume 37:

DOWNING, T. E.: Climate Change and World Food Security. Springer, Berlin 1996.

Volume 41:

JONES, P. D., BRADLEY, R. S., JOURZEL, J.: Climatic Variations and Forcing Mechanism of the Last 2000 Years. Springer, Berlin 1996.

Volume 42:

FIOCCO, G., FUÀ, D., VISCONTI, G.: The Mount Pinatubo Eruption; Effects on the Atmosphere and Climate. Springer, Berlin 1996.

PEARCE, F.: Treibhaus Erde, die Gefahren der weltweiten Klimaveränderungen. Westermann, Braunschweig 1990.

PARRY, M.: Climatic Change and World Agriculture. Earthscan Publ. Ltd., London 1990.

SCHWARZBACH, M.: Das Klima der Vorzeit. Enke, Stuttgart 1988.

SCHÖNWIESE, C. D.: Klimaänderungen: Daten, Analysen, Prognose. Springer, Berlin 1995.

TRENBERTH, K. (ED.): Climate System Modeling - Cambridge University Press, Cambridge 1992.

WARNECKE, G., HUCH, M., GERMANN, K.: Tatort Erde, Menschliche Eingriffe in Naturraum und Klima. Springer, Heidelberg 1992.

WEINER, J.: Die nächsten 100 Jahre, wie der Treibhauseffekt unser Leben verändern wird. Bertelsmann, München 1990.

Klimatologie

BLÜTHGEN, J., WEISCHET, W.: Allgemeine Klimageographie. De Gruyter, Berlin 1980.

HEYER, E.: Witterung und Klima. Teubner, Leipzig 1984.

HANTEL, M.: Klimatologie in: Bergmann-Schaefer, Lehrbuch der Experimentalphysik, Band 7 (Erde und Planeten), Kap. 4, 311–426 – de Gruyter, Berlin 1997.

LANDSBERG, H. E. (Editor in chief): World survey of Climatology. Elsevier, Amsterdam.
besteht aus folgenden Bänden:

KESSLER, A.: General climatology 1 A: Heat balance climatology. Bd. 1 A; 1985.

ESSENWANGER, O. M.: General climatology 1 B. Elements of Statistical Analysis. Bd. 1 B; 1986.

FLOHN, H.: General Climatology 2. Bd. 2; 1969.

LANDSBERG, H. E.: General Climatology 3. Bd. 3; 1981.

REX, D. F.: Climate of the Free Atmosphere. Bd. 4; 1969.

WALLEN, C. C.: Climates of Northern and Western Europe. Bd. 5; 1970.

– Climates of Central and Southern Europe. Bd. 6; 1977.

LYDOLPH, P. E.: Climate of the Soviet Union. Bd. 7; 1977.

ARAKAWA, H.: Climates of Northern and Eastern Asia. Bd. 8; 1969.

TAKAHASHI, K., ARAKAWA, H.: Climates of Southern and Western Asia. Bd. 9; 1981.

GRIFFITHS, J. F.: Climates of Africa. Bd. 10; 1971.

BRYSON, R. A., HARE, F. K.: Climates of North America. Bd. 11; 1974.

SCHWERDTFEGER, W.: Climates of Central and South America. Bd. 12; 1976.

GENTILLI, J.: Climates of Australia and New Zealand. Bd. 13; 1971.

ORVIG, S.: Climates of the Polar Regions. Bd. 14; 1970.

VAN LOOHN, H.: Climates of the Oceans. Bd. 15; 1984.

PEIXOTO, J.P., OORT, A.H.: Physics of Climate – American Inst. of Physics; New York 1992.
SCHÖNWIESE, C. D.: Klimatologie. Ulmer, Stuttgart 2003.
SCULTETUS, H. R.: Arbeitsweisen Klimatologie. Westermann, Braunschweig 1982.
v. STORCH, H., GÜSS, S., HEIMANN, M.: Das Klimasystem und seine Modellierung – Springer, Berlin 1999.
STRINGER, E. T.: Techniques of Climatology. Freeman, San Francisco 1972.
WALTER, H.: Vegetation und Klimazonen. Ulmer, Stuttgart 1990.

Meso-, Mikro- und Spotklima

ACHTNICHT, W.: Bewässerungslandbau. Ulmer, Stuttgart 1980.
BAUMBACH, G.: Luftreinhaltung – Springer, Berlin 1990.
BAUMGARTNER, A.:LIEBSCHER, H.-J.: Lehrbuch der Hydrologie Bd. 1 Allgemeine Hydrologie, Quantitative Hydrologie – Bornträger Berlin, 1990.
BAUMÜLLER, J.; HOFFMANN, U.; REUTER, U.: Städtebauliche Klimafibel – Hinweise für die Bauleitplanung. Wirtschaftschaftsministerium Baden-Württemberg, Stuttgart 1998.
Bundesministerium für Umwelt, Natur und Reaktorsicherheit: Erste Allgemeine Verwaltungsvorschrift zum Bundes-Immissionsschutzgesetz (Technische Anleitung zur Reinhaltung der Luft - TALuft) vom 24. Juli 2002.
BURMANN, R. D., POCHOP, L. O.: Evaporation, Evaporaspiration and Climatic Data. Elsevier, Amsterdam 1994.
Deutscher Verband für Wasserwirtschaft und Kulturbau e. v.: Ermittlung der Verdunstung von Land- und Wasserflächen. DVWK Schriften Nr. 86, Bonn 1990.
– Grundlagen der Verdunstungsermittlung und Erosivität von Niederschlägen. DVWK Merkblätter zur Wasserwirtschaft 238, Bonn 1996.
Deutscher Wetterdienst (Hrsg): Umweltmeteorologie – PROMET 1 bis 2, 2003.
ERIKSEN, W.: Probleme der Stadt- und Geländeklimatologie. Wiss. Buchges., Darmstadt 1975.
FLEMMING, G.: Wald-Wetter-Klima: Eine Einführung in die Forstmeteorologie. Deutscher Landwirtschaftsverlag, Berlin 1994.
FOKEN, Th.: Angewandte Meteorologie; Mikrometeorologische Methoden – Springer, Berlin 2003.
GATES, D. M.: Biophysical Ecology. Springer, New York 1980.
GATES, D. M., Papian, V. E.: Atlas of energy-budgets. Academic press, London 1971.
GEIGER,R.: Das Klima der bodennahen Luftschicht. Vieweg, Braunschweig 1961.
HAMLYN, G. J.: Plants and Microclimate. A quantitative approach to environmental plant physiology. Cambridge Univ. Press, Cambridge 1983.
HELBIG, A., BAUMÜLLER, J., KERSCHGENS, M.J. (Hrsg.): Stadtklima und Luftreinhaltung. Springer, Berlin 1999.
HELL, F.: Grundlagen der Wärmeübertragung. VDI-Verlag, Düsseldorf 1982.
KRAUS, H., EBEL, U.: Risiko Wetter; Die Entstehung von Stürmen und anderen atmosphärischen Gefahren – Springer, Berlin 2003.
LANDSBERG, H.: The urban climate. Int. Geophys. Ser. Vol. 28. Academic Press, London 1981.
MAYER, H.: Vorlesungsskript zum Vertiefungsblock „Klima in urbanen Räumen"; Block Nr. 96a; Meteorologisches Institut der Univ. Freiburg, 2004 als kostenlose pdf-Datei zu erhalten über: www.mif.uni-freiburg.de > „Lehre" > „Skripten". Hinweis: enthält sehr viel weitere Literatur.
MONTEITH, J. L.: Grundzüge der Umweltphysik. Steinkopff, Darmstadt 1978.
NAKAYAMA, F. S., BUCKS, D. A.: TRICKLE Irrigation for Crop Production; Design, Operation and Management. Elsevier, Amsterdam 1986.
OKE, T. R.: Boundary layer climates. Routledge, London 1992.
SCHMALZ, J.: Das Stadtklima. Müller, Karlsruhe 1984.
SCHNELLE, F. (Hrsg.): Frostschutz im Pflanzenbau. Bd. 1: Die meteorologischen und biologischen Grundlagen der Frostschadensverhütung. BLV; München 1963.
SCHRÖDTER, H.: Wetter und Pflanzenkrankheiten. Biometeorologische Grundlagen der Pflanzen krankheiten. Springer, Berlin-Heidelberg-New York 1987.
– Verdunstung. Springer, Berlin-Heidelberg 1985.
SCHWOERBEL, F.: Einführung in die Limnologie – Fischer, Jena 1993.
STULL, R.B.: An introduction to boundary layer climates – Kluwer Acad. Publ., Dordrecht 1991.

SYMADER, W.: Was passiert, wenn der Regen fällt - Ulmer Stuttgart 2004.

TREIDL, R. A.: Handbook on agricultural and forest meteorology. Hull/Quebec: Can. Gov. publ. cent. suppl. serv., 1981.

v. STORCH, H., FLÖSER, G.: Models in Environmental Research – Springer, Berlin 2000.

VAN EIMERN, J. HÄCKEL, H.: Wetter- und Klimakunde für Landwirte, Gärtner, Winzer und Landschaftspfleger. Ein Lehrbuch der Agrarmeteorologie. Ulmer, Stuttgart 1984.

VAN EIMERN, J.: Untersuchungen über das Klima in Pflanzenbeständen. Ber. DWD Nr. 96, 1964.

VDI-Richtlinie 3787-5: Umweltmeteorologie Lokale Kaltluft, Düsseldorf 2003.

WALTER, H.: Vegetation und Klimazonen. Ulmer, Stuttgart 1990.

WARNECKE, G.: Meteorologie und Umwelt – Springer, Berlin 1997.

WOHLRAB, B., Ernstberger, H., Meuser, A., Sokollek, V.: Landschaftswasserhaushalt. Parey, Hamburg 1992.

YOSHINO, M. M.: Climate in a small area. Univ. of Tokyo Press, Tokyo 1975.

Luftchemie

BECKER, K., LÖBEL, J. (Hrsg.): Atmosphärische Spurenstoffe und ihr physikalisch-chemisches Verhalten. Springer, Berlin 1985.

BUDYKO, M. I., RONOV, A.-B., YANSHIN, A.-L.: History of the Earth's Atmosphere. Springer, Berlin 1987.

Deutscher Wetterdienst (Hrsg.): Ozon I, II und III. Promet, meteorologische Fortbildung. Offenbach 1986 und 1987.

– PHOTOSMOG I UND PHOTOSMOG II – PROMET 3 BIS 4, 1997 UND PROMET 1 BIS 2 , 2001.

FABIAN, P.: Atmosphäre und Umwelt. Chemische Prozesse, menschliche Eingriffe, Ozon-Schicht, Luftverschmutzung, Smog, saurer Regen. Springer, Berlin 1992.

HORVATH, M., BILITZKY, L., HÜTTNER, J. (eds.): Ozone. Elsevier, Amsterdam 1985.

SANDERMANN, H.: Ozon - Beck, München 2001.

VISCONTI G.: Fundamentals of Physics and Chemistriy of the Atmosphere (incl. CD-ROM) – Springer, Berlin 2001.

Maritime Meteorologie

BOCK, K.-H. et al.: Seewetter, Wetterkunde; Wetterpraxis für die Berufs- und Sportschiffahrt. DSV-Verlag, Hamburg 2002.

HOUGHTON, D.: Das Wetter auf See. Delius Clasing, Bielefeld 1999.

PULS, K. E.: Ladungsschäden durch Wetter und Klima. Stork, Hamburg 1986.

ROLL, H. U.: Physics of the marine atmosphere. Academic Press, London 1984.

SCHARNOW, U., BERTH, W., KELLER, W.: Maritime Wetterkunde. Transpress, Berlin 1991.

STEIN, W., HÖHN, R.: Krauss-Meldau: Wetter- und Meereskunde für Seefahrer. Springer, Berlin 1983.

SCHARNOW, U., BERTH, W., KELLER, W.: Maritime Wetterkunde. Transpress, Berlin 1990.

Messtechnik und Beobachtungspraxis

BITTNER, M., SACHWEH, M.: Satellitenmeteorologie. Ulmer, Stuttgart (erscheint 2006).

DEFELICE, TH.P.: An Introduction to Meteorological Instrumentation - Springer, New York 1979.

HOFMANN, G.: Meteorologisches Instrumentenpraktikum. Univ. München. Met. Inst. Wiss. Mitt. Nr. 5, 1990.

JANETSCHEK, H. (Hrsg.): Ökologische Feldmethoden. Ulmer, Stuttgart 1982.

KLEINSCHMIDT, E. (Hrsg.): Handbuch der Meteorologischen Instrumente und ihrer Auswertung. Springer, Berlin 1935.
(Ein historisch außerordentlich interessantes Werk über die meteorologische Meßtechnik).

LILLESAND, T. M., KIEFER, R. W.: Remote Sensing and Image Interpretation. John Wiley & Sons Verlag, Chechester 1994.

MARZANO, F.S., Visconti G.: Remote Sensing of Atmosphere and Ocean from Space: Models, Instruments an Techniques - Kluwer Academic Publisher, New York 2003.

METEOSCHWEIZ (Hrsg): Alte meteorologische Instrumente - Eigenverlag, Zürich 2000.

Meteorological Office: Handbook of Meteorological Instruments 2. Ed. H. M. Stationery Office, London 1980.

SCHWERDTFEGER, P.: Physical Principles of Micro-Meteorological Measurements. Elsevier, Amsterdam 1976.

VDI-Kommission Reinhaltung der Luft: VDI-

Richtlinie Nr. 3786 (Meteorologische Messungen zur Reinhaltung der Luft).
Blatt 1: Grundlagen (in Bearbeitung).
Blatt 2: Wind (2000).
Blatt 3: Messen der Lufttemperatur (1985).
Blatt 4: Messen der Luftfeuchte (1985).
Blatt 5: Globalstrahlung, direkte Sonnen-Strahlung und Strahlungsbilanz (1986).
Blatt 6: Trübung der bodennahen Atmosphäre, Normsichtweite (1988).
Blatt 7: Messen des Niederschlags (1985).
Blatt 8: Aerologie (1987).
Blatt 9: Visuelle Beobachtungen (1991).
Blatt 10: Lufttrübung durch Aerosolpartikeln mit Sonnenenphotometern, (1984).
Blatt 11: Bestimmung des vertikalen Windprofils mit Doppler-SODAR-Messgeräten, (1994).
Blatt 12: Turbulenzmessung mit Ultraschall-Anemometern (1994).
Blatt 13: Agrarmeteorologische Meßstation mit rechnergestütztem Datenbetrieb (1993).
Blatt 14: Bodengebundene Fernmessung des Windvektors – Doppler-Wind-LIDAR (2001).
Blatt 16: Messen des Luftdrucks (1996).
Zwatz-Meise, V.: Satellitenmeteorologie, Satelliten beobachten das Wetter. Springer, Berlin 1987.

Strahlung und optische Phänomene

Bakan, S., Hinzpeter, H.: Atmospheric Radiation. In: Landolt-Börnstein, Neue Serie, Gruppe V (Geophysik und Weltraumforschung), Band 4 (Meteorologie), Teilband b (Physikalische und chemische Eigenschaften der Luft); Springer Berlin 1988.
Bullrich, K.: Die farbigen Dämmerungserscheinungen. Birkhäuser, Basel 1982.
Dirmhirn, I.: Das Strahlungsfeld im Lebensraum. Akademische Verlagsgesellschaft, Frankfurt/M. 1964.
Greenler, R.: Rainbows, Halos, and Glories. Cambridge University Press, Cambridge 1980 (Paperback-Ausgabe 1991).
Hoeppe, G.: Blau, die Farbe des Himmels – Spektrum Akademischer Verlag, Heidelberg 1999.
Jeske, H.: Meteorological Optics and Radiometeorology – in: Landolt-Börnstein, Neue Serie, Gruppe V (Geophysik und Weltraumforschung), Band 4 (Meteorologie), Teilband b (Physikalische und chemische Eigenschaften der Luft); Springer Berlin 1988.
Liou, K.N.: Radiation and Cloud Processes in the Atmosphere – Oxford University Press, Oxford 1992.
Löw, A.: Luftspiegelungen: Naturphänomen und Faszination. BI Wissenschaftsverlag, Mannheim 1990.
Melnikova I.N., Vasilyev, A.V.: Short-Wave Solar Radiation in the Earth's Atmosphere – Springer, Berlin 2004.
Minnaert, M.: Licht und Farbe in der Natur. Birkhäuser, Basel 1992.
Perntner, J. M., Exner, F. M.: Meteorologische Optik. Braumüller, Wien 1922.
(Die „Bibel" der meteorologischen Optik; da es sich hierbei um ein abgeschlossenes Fachgebiet handelt, ist das Buch auch heute noch aktuell.)
Qbal, M.: An Introduction to Solar Radiation. Academic Press, Canada 1983.
Schlegel, K.: Vom Regenbogen zum Polarlicht: Leuchterscheinungen in der Atmosphäre. Spektrum Akademischer Verlag, Heidelberg 1995.
www.meteoros.de

Theoretische Meteorologie, synoptische und numerische Wettervorhersage

Atkinson, B. W.: Dynamical Meteorology: An Introductry Selection. Methuen London–New York 1981.
Balzer, K., Enke, W., Wehry, W.: Wettervorhersage, Mensch und Computer; Daten und Modelle – Springer, Heidelberg 1998.
Burridge, D. M., Källen, E.: Problems and Prospects in Long and Medium Range Weather Forecasting. Springer, Berlin 1984.
Deutscher Wetterdienst (Hrsg): Wettervorhersagedienst Teil I bis III – PROMET 1, 1995 bis PROMET 2, 1996.
– Die neue Modellkette des DWD Teil I und II – PROMET 3, 2001 bis PROMET 2, 2002.
Etling, D.: Theoretische Meteorologie – Springer, Berlin 2002.
Fleagle, R. G., Businger, J. A.: An Introduction to Atmospheric Physics. Academic Press, New York 1980.
Haltiner, G. J.: Numerical Weather Prediction. Wilney, New York 1971.
Holton, J. R.: Introduction to Dynamic Meteorology. Academic Press, New York 1979.
– An Introduction to Dynamic Meteorology; 3. Ed. – Academic Press, San Diego 1992.

KRAUS, H.: Die Atmosphäre der Erde – Springer, Berlin 2004.
KURZ, M.: Synoptische Meteorologie – Leitfäden für die Ausbildung im Deutschen Wetterdienst 8; Eigenverlag Deutscher Wetterdienst, Offenbach 1990.
PICHLER, H.: Dynamik der Atmosphäre – Spektrum Akademischer Verlag, Heidelberg 1997.
RAY, P.S. (ED.): Mesoscale Meteorology and Forecasting – American Meteor. Soc., Boston 1986.
REITER, E. R.: Strahlströme und ihr Einfluß auf das Wetter. Verständliche Wissenschaft 108. Springer, Berlin 1984.
REUTER, H.: Die Wettervorhersage. Einführung in die Theorie und Praxis. Springer, Wien 1976.
SATOH, M.: Atmospheric Circulation Dynamics and General Circulation Methods – Springer, Berlin 2004.
SCHERHAG, R.: Neue Methoden der Wetteranalyse und Wetterprognose. Springer, Berlin 1948. (Das grundlegende Werk zur synoptischen Wettervorhersage; außerordentlich hoher historischer Wert!).

Bildquellen

Die Grafiken fertigte Helmuth Flubacher (Waiblingen) nach Vorlagen des Autors und aus der Literatur.

Sachregister

T hinter der Seitenzahl
bedeutet: Tabelle